LEXIKON
STATISTIK

RÖNZ/STROHE (Hrsg.)

LEXIKON STATISTIK

HERAUSGEBER:
PROF. DR. BERND RÖNZ
PROF. DR. HANS GERHARD STROHE

AUTOREN:
PROF. DR. PETER ECKSTEIN
PROF. DR. WOLFGANG GÖTZE
DR. FRIEDRICH HARTL
PROF. DR. BERND RÖNZ
PROF. DR. HANS GERHARD STROHE

GABLER

Die Deutsche Bibliothek – CIP-Einheitsaufnahme

Lexikon Statistik / Hrsg.: Bernd Rönz ; Hans Gerhard Strohe.
Autoren: Peter Eckstein ... – Wiesbaden : Gabler, 1994
   (Gabler Wirtschaft)
   ISBN 978-3-409-19952-0   ISBN 978-3-322-91144-5 (eBook)
   DOI 10.1007/978-3-322-91144-5
NE: Rönz, Bernd [Hrsg.]; Eckstein, Peter

Der Gabler Verlag ist ein Unternehmen der Verlagsgruppe Bertelsmann International.
© Betriebswirtschaftlicher Verlag Dr. Th. Gabler GmbH, Wiesbaden 1994
Softcover reprint of the hardcover 1st edition 1994

Lektorat: Dr. Walter Nachtigall

Höchste inhaltliche und technische Qualität unserer Produkte ist unser Ziel. Bei der Produktion und Verbreitung unserer Bücher wollen wir die Umwelt schonen: Dieses Buch ist auf säurefreiem und chlorfrei gebleichtem Papier gedruckt. Die Einschweißfolie besteht aus Polyäthylen und damit aus organischen Stoffen, die weder bei der Herstellung noch bei der Verbrennung Schadstoffe freisetzen.

Die Wiedergabe von Gebrauchsnamen, Handelsnamen, Warenbezeichnungen usw. in diesem Werk berechtigt auch ohne besondere Kennzeichnung nicht zu der Annahme, daß solche Namen im Sinne der Warenzeichen- und Markenschutz-Gesetzgebung als frei zu betrachten wären und daher von jedermann benutzt werden dürften.

Umschlaggestaltung: Schrimpf und Partner, Wiesbaden

ISBN 978-3-409-19952-0

Vorwort

Das vorliegende Lexikon ist als Nachschlagewerk für alle bestimmt, die in ihrer praktischen Arbeit und bei Studien mit Statistik konfrontiert werden. Es gab bisher kein allgemeinverständliches Statistik-Lexikon in deutscher Sprache, das neben der Stochastik auch die beschreibende Statistik sowie die Begriffswelt der Wirtschafts- und Sozialstatistik darbietet. Die Nutzer werden in der Mehrzahl im Wirtschaftsleben Tätige und Mitarbeiter von verschiedensten Institutionen bzw. Verwaltungen sein. Auch für Studenten von Studiengängen auf vorgenannten Fachgebieten soll das Lexikon zu einer vielgenutzten Lern- und Arbeitshilfe werden. Nicht zuletzt kann sich das Nachschlagewerk auch Wissenschaftlern aller anderen Disziplinen in Lehre, Forschung und bei analytischen Arbeiten als dienlich erweisen.

Den Kern des Buches bildet die Erklärung von Begriffen aus den Bereichen der Erhebung, Aufbereitung, Darstellung und Analyse von Daten. Das Schwergewicht muß dabei wegen der leichteren Eingrenzbarkeit auf dem Gebiet der Methodenlehre liegen. Aufgebrochen wurde diese Selbstbeschränkung jedoch vor allem durch die Aufnahme vieler Begriffe aus der Bevölkerungs- und Wirtschaftsstatistik, ohne hier ein ähnliches Maß an Vollständigkeit anzustreben. Die wichtigsten Verfahren der Statistik werden unter den jeweiligen Stichworten anwendungsbereit mit den eventuell notwendigen Formeln dargestellt, wobei auf deren Ableitung verzichtet wurde. Bei einfachen Verfahren wird das Vorgehen an einem numerischen Beispiel gezeigt und zum Teil durch die Ausweisung realer Datensätze, vor allem aus dem Bereich der Ökonomie und der Bevölkerungsstatistik, ergänzt. Bei sehr umfangreichen oder anspruchsvollen Verfahren beschränkten sich die Autoren auf die Darstellung des Anwendungsgebietes, der Zielstellung und die grobe Skizzierung der Vorgehensweise. Auf Grenzen der Anwendbarkeit und Interpretationsfähigkeit der statistischen Verfahren und ihrer Resultate wird hingewiesen.

Obwohl die Mehrzahl der genannten Nutzer aus Wirtschaft, Wissenschaft und Verwaltung vorwiegend mit beschreibender Statistik arbeitet, enthält unser Lexikon auch die wichtigsten Begriffe der Wahrscheinlichkeitsrechnung, der induktiven Statistik und der Theorie stochastischer Prozesse. Diese Gebiete wurden aufgenommen, um hier Schranken abzubauen, Schwellenängste zu mindern und eventuell neue Wege für diesen Nutzerkreis zu öffnen.

Tafeln der gebräuchlichsten Wahrscheinlichkeitsverteilungen, allerdings mit einem sehr groben Punkteraster, werden beim jeweiligen Stichwort angeführt, um die exemplarische Vermittlung der Gestalt der zugehörigen Verteilungsfunktion und zumindest Beispielrechnungen zu ermöglichen.

Die Herausgeber sind sich darüber im klaren, daß ein Lexikon vom Umfang des vorliegenden Buches nicht einmal annähernd den gegenwärtigen Wissensstand auf dem Gebiet der Statistik im Überblick darstellen kann. Das betrifft bei einem Lexikon für Praktiker natürlich vor allem die theoretischen Bereiche. Beschränkungen in der Stichwortwahl und in der Tiefe der Ausführungen waren daher unumgänglich.

Für Kritiken und Hinweise zur Verbesserung des Lexikons sind wir jederzeit aufgeschlossen und dankbar.

Wir danken dem Betriebswirtschaftlichen Verlag Dr. Th. Gabler für die Unterstützung der Herausgabe des Lexikons und insbesondere dem Programmbereichsleiter in der Berliner Geschäftsstelle des Verlages, Herrn Dr. Walter Nachtigall, für die verständnisvolle Zusammenarbeit. Gleichermaßen sind wir der Lektorin Frau Ingrid Stolte für die kritische und konstruktive Durchsicht des Manuskripts sehr verbunden. Weiterhin danken wir Herrn Dipl.-Math. Jörg Betzin und Herrn Dipl.-Volkswirt Sascha Rieken für ihre Hilfe bei der Illustration bzw. der Korrektur des Manuskriptes.

Berlin und Potsdam, Juni 1994

Die Herausgeber

Benutzerhinweise

1. Die Stichwörter des Lexikons sind nach Art eines Konversationslexikons geordnet. Die alphabetische Reihenfolge wird - auch bei zusammengesetzten Stichwörtern - strikt gewahrt und folgt den allgemeingültigen Regeln nach Duden.

   Zusammengesetzte Begriffe, wie "gleitender Durchschnitt", sind unter dem alphabetisch eingeordneten Adjektiv zu finden. Das gilt ebenso für fachliche Abkürzungen, wie "PLS", "AR-Prozeß" u.a.

   Begriffe, die griechische Buchstaben oder mathemathische Symbole enthalten, wie z. B. "χ^2-Verteilung", werden als Stichwort mit dem ausgeschriebenen deutschen Namen dieser Buchstaben oder Symbole, also z. B. "Chi-Quadrat-Verteilung", lexikographisch eingeordnet.

   Bindestriche und Leerzeichen in Begriffen werden bei der lexikographischen Einordnung ignoriert, d. h., das Stichwort wird so eingeordnet, als ob die beiden angrenzenden Buchstaben unmittelbar aufeinander folgen.

2. Synonyme von Stichwörtern stehen vor dem erklärenden Text in kursiver Schrift.

3. Verweise ($\rightarrow$) finden sich in drei Formen:

   - als Hauptverweis, d. h., von einem Stichwort wird mit Pfeil auf ein anderes verwiesen, unter dem das betreffende definiert und erläutert ist;

   - als Textverweis, d. h., im laufenden Test eines Stichwortes wird der Leser mit Pfeil vor einem Begriff darauf aufmerksam gemacht, daß dieser an der entsprechenden Stelle definiert ist und eventuell der gerade behandelte Sachverhalt dort näher erläutert wird;

   - als Schlußverweis, d. h., am Ende eines Artikels wird der Leser auf einen Begriff aufmerksam gemacht, der mit dem hier behandelten in engem Zusammenhang steht und den zusätzlich nachzuschlagen sich lohnen könnte.

A

ABC-Kurven

Sammlung von → Zeitreihen, die in den zwanziger Jahren als Konjunkturindikatoren eingeführt, später wegen deutlich falscher Prognosen aufgegeben wurden. Die Kurvenklasse A umfaßte 4 Zeitreihen mit einem Index der Erwartungsbildung, die Kurvenklasse B 5 Zeitreihen mit einem Index für die Produktivitätsentwicklung und die Klasse C 4 Zeitreihen mit einem Index der Finanzmarktsituation in New York City (Harvard Barometer). Die Zeitreihen in jeder Klasse wiesen Ähnlichkeiten bei periodischen Schwingungen und Wendepunkten (Umkehrzeitpunkte) auf. Die moderne Konjunkturdiagnose stützt sich dagegen auf stochastische Prozesse (→ BSM, → Kointegration), auf Methoden der → Szenario-Technik oder auf eine → Expertenbefragung. Eine Kombination verschiedener Ansätze ist sinnvoll (→ kombinierte Prognose).

Abgangsfunktion → dynamische Modellierung

Abgangsordnung

Lebenskurve einer Gesamtheit, die den Abbau der Gesamtheit bis zu ihrem "Aussterben" beschreibt. Zur empirischen Darstellung der A. werden die Zeitintervalle, die Anzahl der Ausfälle in dem jeweiligen Zeitintervall, die Anzahl der Nichtausfälle zu Beginn des Zeitabschnittes sowie die relative Häufigkeit der Nichtausfälle (als maßgebliche Angabe für die A.) tabellarisch erfaßt. Die graphische Wiedergabe der A. ist die Abgangslinie, wobei auf der Abszisse die Zeit und auf der Ordinate der Anteil überlebender Elemente abgetragen wird. Die Abgangslinie ist monoton fallend. Stochastisch gesehen gibt die A. zu jedem Zeitpunkt t die Überlebenswahrscheinlichkeit an, d.h., mit welcher Wahrscheinlichkeit ein Element noch zu der Gesamtheit gehört (→ Lebensdauer). Ein klassisches Beispiel einer A. ist die → Sterbetafel. Die Kenntnis der A. spielt u.a. eine wichtige Rolle bei der Bestimmung der mittleren Lebensdauer in der Bevölkerungsstatistik und in der Technik sowie bei der Ermittlung des Umfangs und des Ersatzbedarfs bei der Lagerhaltung. Im Gegensatz zu biologischen Gesamtheiten, deren A. sich nur allmählich in der Zeit verändern, sind A. technischer und wirtschaftlicher Gesamtheiten durch relativ rasche Veränderungen der Technik bzw. der wirtschaftlichen Gegebenheiten weniger stabil. → Ausfallrate, → dynamische Modellierung

Abgangsprozeß → dynamische Modellierung

Abhängige Variable → endogene Variable

Abhängigkeit von Zufallsvariablen

Abhängigkeit von Zufallsvariablen

Stochastischer Zusammenhang von → Zufallsvariablen. Es seien X und Y zwei Zufallsvariablen mit den → Erwartungswerten $E(X) = \mu_X$ und $E(Y) = \mu_Y$ sowie den → Varianzen $Var(X) = \sigma_X^2$ und $Var(Y) = \sigma_Y^2$. Die Kovarianz von X und Y ist $Cov(X,Y) = E[(X-E(X))(Y-E(Y))]$. Die Zufallsvariablen X und Y heißen korreliert, wenn der Korrelationskoeffizient

$$\varrho_{XY} = \frac{Cov\,(X,Y)}{\sigma_X\,\sigma_Y}\,,\ -1 \le \varrho \le +1,$$

verschieden von Null ist. Der Zahlenwert von ϱ ist ein Maß für die lineare Abhängigkeit von X und Y. Ist $\varrho = 0$, so heißen X und Y unkorreliert. Aus der Unabhängigkeit von X und Y folgt ihre Unkorreliertheit. Diese Beziehung ist nur mit Einschränkungen umkehrbar. Sind X und Y diskrete Zufallsvariablen mit den Wahrscheinlichkeiten $p_{ik} = P(X=x_i,\ Y=y_k)$ und mit den → Randverteilungen $p_{i.} = P(X=x_i)$ und $p_{.k} = P(Y=y_k)$, so ist die quadratische → Kontingenz

$$\phi^2 = \sum_i \sum_k \frac{(p_{ik} - p_{i.}\,p_{.k})^2}{p_{i.}\,p_{.k}}$$

ein Maß für die Abhängigkeit zwischen X und Y. Können X und Y nur n bzw. m Werte annehmen (mit $m \le n$), so gilt $\phi^2 \le m - 1$. X und Y sind genau dann unabhängig, wenn $\phi^2 = 0$ ist.

Ablehnungsbereich

Kritischer Bereich, kritische Region, Verwerfungsbereich, bei einem statistischen → Test Teil des Wertebereichs der Testvariablen oder entsprechende Teilmenge der Menge möglicher Stichprobenresultate $(x_1,..., x_n)$, deren Elemente zur Ablehnung der → Nullhypothese H_0 führen. Die Nullhypothese wird abgelehnt, wenn die Testvariable auf Grund einer Stichprobe einen Wert im A. annimmt. I. allg. wird der A. durch einen oder zwei kritische Werte begrenzt, die von der → Wahrscheinlichkeitsverteilung der Testvariablen und vom gewählten → Signifikanzniveau α abhängen. Beispiel: Wird eine Hypothese über den unbekannten Erwartungswert μ der Zufallsvariablen X auf einem Signifikanzniveau α geprüft und ist X in der Grundgesamtheit normalverteilt (→ Normalverteilung), so ist der A. bei einem zweiseitigen Test durch die Menge aller Stichprobendurchschnitte $\bar{x}$ mit der Eigenschaft $\bar{x} \le c_1$ oder $\bar{x} \ge c_2$, bei einem linksseitigen Test durch die Menge aller Stichprobendurchschnitte $\bar{x}$ mit der Eigenschaft $\bar{x} \le c$ und bei einem rechtsseitigen Test durch die Menge aller Stichprobendurchschnitte $\bar{x}$ mit der Eigenschaft $\bar{x} \ge c$ gegeben, wobei die Konstante c als kritischer Wert geeignet festgelegt werden muß. Die drei folgenden Graphiken skizzieren diese A. für einen zweiseitigen Test auf μ, für einen linksseitigen Test auf μ und einen rechtsseitigen Test auf μ, wobei die schraffierte Fläche unter der Dichtefunktion von $\overline{X}$ das vorgegebene Signifikanzniveau α kennzeichnet.

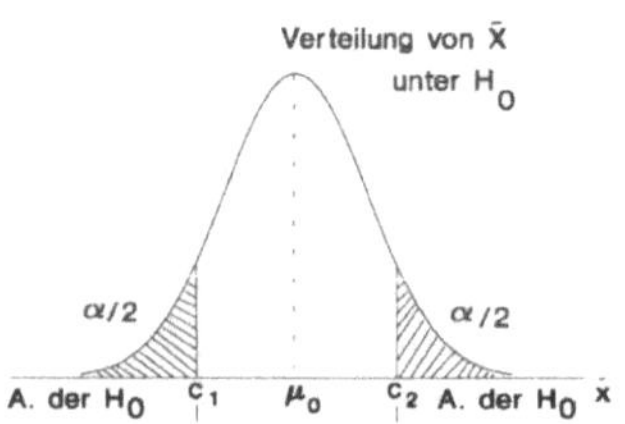

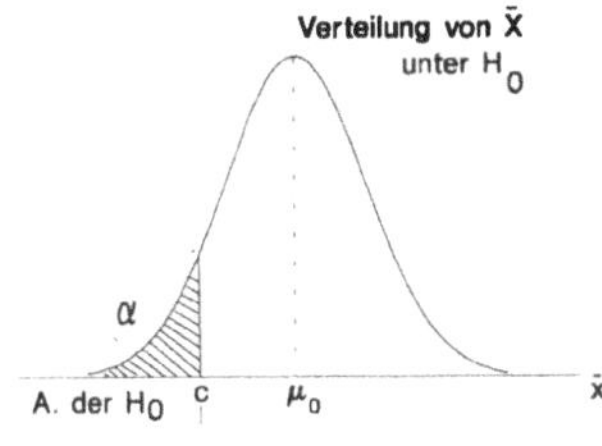

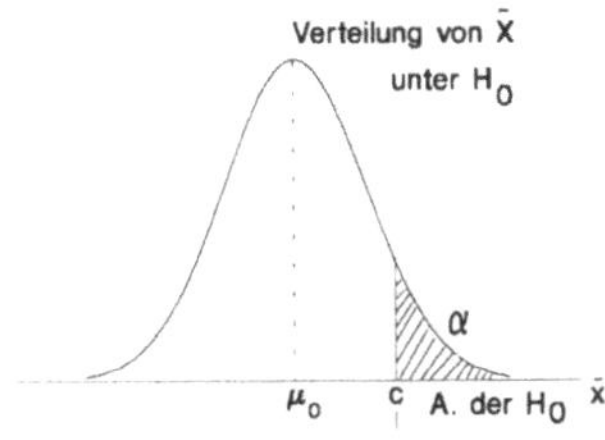

Abnehmerrisiko → Attributprüfung, → Variablenprüfung

Absatzelastizität → Absatzfunktion

Absatzfunktion

Formale Beschreibung der Abhängigkeit der in einem bestimmten Zeitraum abgesetzten Menge M eines Gutes oder Produktionsfaktors von seinem Preis P. Die A., die auch als Preis-Absatz-Funktion bezeichnet wird, wird i.allg. als ein Spezialfall der → Nachfragefunktion behandelt, weil hier der Absatz eines Gutes aus der Sicht des Nachfragers in Abhängigkeit vom Preis betrachtet wird. Existiert eine Nachfragefunktion M = f(P), dann existiert auch ihre Umkehrfunktion P = g(M), die als A. aus der Sicht des Anbieters aufgefaßt werden kann. Mit Hilfe der aus dieser A. ermittelten Elastizitätsfunktion ε(M) (→ Elastizität) kann man für eine (infinitesimal) kleine Veränderung in den abgesetzten Mengen M auf dem Niveau M = M_0 die Preis-

elastizität des Absatzes (also der Nachfrage aus der Sicht des Anbieters) berechnen. Betrachtet man einen bestimmten Punkt $(M_0, P(M_0))$ der A. P = g(M) und den entsprechenden Punkt $(P_0, M(P_0))$ der Nachfragefunktion M = f(P), dann gilt für die entsprechenden Punktelastizitäten die folgende Beziehung:

$$\varepsilon(M_0) = \frac{1}{\varepsilon(P_0)} \, .$$

Demnach ist die Preiselastizität bezüglich der abgesetzten Menge die reziproke Nachfrage- oder Absatzelastizität bezüglich des Preises.

Abschneidestichprobenverfahren

Auswahl nach dem Konzentrationsprinzip, spezielles nichtzufälliges (sogenanntes bewußtes) Auswahlverfahren (→ Stichprobenverfahren), das im Fall einer Grundgesamtheit mit sehr schiefer → Häufigkeitsverteilung angewandt wird. Durch das Abschneiden eines Teiles der Verteilung konzentriert man sich auf das Wesentliche der Grundgesamtheit. Beispiel: Nichtberücksichtigung aller Kleinbetriebe aus der Grundgesamtheit der Industriebetriebe eines Landes, wenn der Umsatz oder der Absatz von Interesse ist.

Absolute Häufigkeit → Häufigkeit

Absolutskala → Skala

Abstand

Distanz, Maß d(j,k) für die Unähnlichkeit zwischen zwei Objekten j und k mit Variablen X_i (i = 1, ..., I) metrischen Skalenniveaus (→ Skala). Je unähnlicher die Objekte sind, de-

Abstand

sto größer ist der A. Zwei Objekte sind als gleich anzusehen, wenn ihr A. null ist. Weit verbreitete Abstandsmaße sind die sogenannten Minkowski-Metriken oder L_r-Normen:

$$d(j,k) = \left[\sum_{i=1}^{I} \mid x_{ji} - x_{ki} \mid^r \right]^{\frac{1}{r}} ,$$

wobei x_{ji} und x_{ki} die Werte der Variablen X_i bei den Objekten j bzw. k und r die Minkowski-Konstante ($r \geq 1$) sind. Für $r = 1$ ist d(j,k) die Summe der absoluten A. der Variablenwerte zwischen den Objekten j und k und wird als L_1-Norm oder City-Block-Metrik bezeichnet. Die sich für $r = 2$ ergebende L_2-Norm ist auch als euklidischer A. bekannt. Eine Verallgemeinerung der L_2-Norm ist der → Mahalanobissche Abstand. Voraussetzung für die Anwendung der Minkowski-Metriken sind gleiche Maßeinheiten der Variablen. Beispiel: Gegeben seien zwei Objekte j und k mit den Koordinaten (1;5) bzw. (5;1). Dann beträgt der A. zwischen diesen Objekten nach der L_2-Norm
$d(j,k) = [\mid 1 - 5 \mid^2 + \mid 5 - 1 \mid^2]^{0,5} = 5,66$,
graphisch veranschaulicht im Teil a) der nachfolgenden Abbildung, und nach der L_1-Norm
$d(j,k) = \mid 1 - 5 \mid + \mid 5 - 1 \mid = 8$,
graphisch dargestellt im Teil b) der nachfolgenden Abbildung.

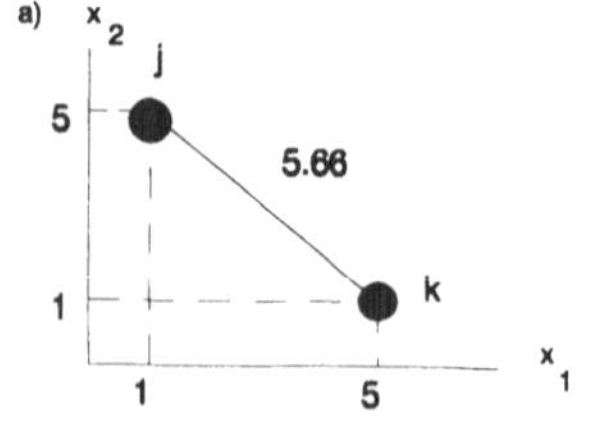

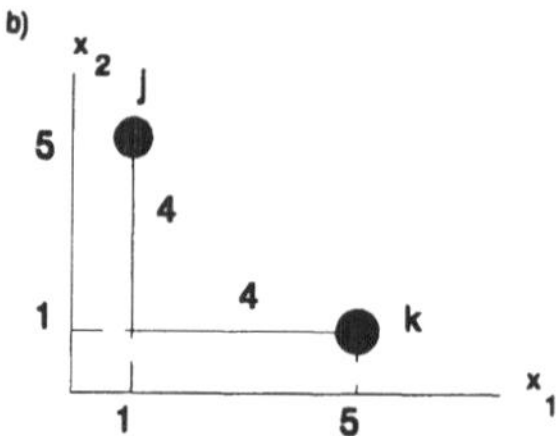

Zur Beurteilung der Homogenität einer Klasse K von Objekten ist es üblich, aufbauend auf dem A. d(j,k), die folgenden drei Homogenitätsmaße (→ Clusteranalyse) zu verwenden:

a) minimaler Distanzindex

$$h_1(K) = \min_{j,k \in K} d(j,k) ,$$

b) maximaler Distanzindex

$$h_2(K) = \max_{j,k \in K} d(j,k) ,$$

c) normierte Summe der Distanzen

$$h_3(K) = \frac{1}{c} \sum_{j \in K} \sum_{k \in K} d(j,k) ,$$

wobei c eine Normierungskonstante ist. Zur Einschätzung der Heterogenität zwischen zwei Klassen K_1 und K_2 werden als Verschiedenheitsmaße genutzt:

a) single linkage (die Verschiedenheit des ähnlichsten Objektpaares)

$$v_1(K_1,K_2) = \min_{j \in K_1, k \in K_2} d(j,k) ,$$

b) complete linkage (die Verschiedenheit des unähnlichsten Objektpaares)

$$v_2(K_1,K_2) = \max_{j \in K_1, k \in K_2} d(j,k) ,$$

c) average linkage (die durchschnittliche Verschiedenheit der Objekte)

$$v_3(K_1, K_2) = \frac{1}{|K_1||K_2|} \sum_{j \in K_1} \sum_{k \in K_2} d(j,k),$$

wobei $|K_1|$ und $|K_2|$ geeignet zu definierende Normen der Klasse K_1 und K_2 sind.

Abstandsziffer → Proximität

Absterbeordnung

In einer → Sterbetafel dargestellte Abgangsordnung einer realen oder fiktiven (meist 100000 Personen) Ausgangskohorte (→ Kohorte). In der Praxis wird die für einen bestimmten Zeitraum gültige A. der Bevölkerung eines geographischen Gebiets auf der Grundlage der jeweiligen Perioden-Sterbetafel geschlechtsspezifisch für alle Altersjahre x rekursiv über die Beziehung

$$l_x = l_{x-1} \cdot p_{x-1}$$

berechnet. l_x ist die in der Perioden-Sterbetafel übliche Bezeichnung für die Zahl der männlichen bzw. weiblichen Personen, die mindestens das Alter x erreichen, und p_{x-1} ist die zur Sterbewahrscheinlichkeit komplementäre Überlebenswahrscheinlichkeit im davorliegenden Altersjahr. Die nachstehende Graphik zeigt die für Deutschland zur Zeit gültige A., die aus den Sterbetafeln in gekürzter Form für die Bundesrepublik von 1986/88 und die DDR von 1987/88 ermittelt wurde.

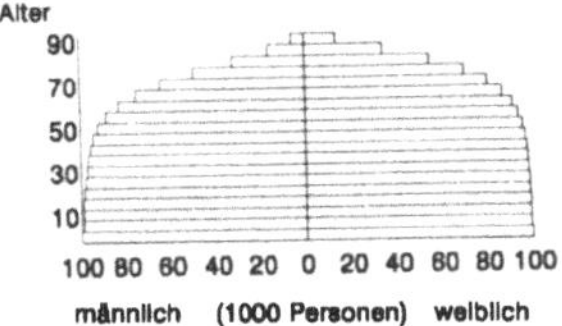

Abweichung

Differenz zwischen Merkmalswerten eines metrisch skalierten Merkmals oder Differenz zwischen einem Merkmalswert und einem Bezugspunkt c auf der Merkmalsachse. Die A. charakterisieren die → Streuung der Merkmalswerte und gehen in die Berechnung von Streuungsmaßen ein. Da die Richtung (positiv oder negativ) der Veränderung bei Streuungsbetrachtungen oftmals keine Rolle spielt, werden die A. in der Regel unabhängig vom Vorzeichen betrachtet, indem entweder absolute A. oder quadratische A. ermittelt werden. Bei statistischen Auswertungen häufig verwendete A. sind: a) A. zwischen bestimmten → Quantilen; b) A. unter Verwendung des → arithmetischen Mittels oder des → Medians als Bezugspunkt c.

Adäquatheit → Validität

Adäquation

Übertragung sozialer und wirtschaftlicher Phänomene oder theoretischer, idealtypischer Begriffe in Gattungsbegriffe der Statistik, um sie einer empirischen Untersuchung, der Anwendung der quantitativen Methoden der Statistik zugänglich zu machen. Die A. ist vor allem ein fundamentales Problem statistischer Arbeit in den Sozial- und Wirtschaftswissenschaften, da deren theoretische Begriffe, die oft selbst unscharf und historisch wandelbar sind, nicht unmittelbar meß- bzw. zählbar und für eine eindeutige Abgrenzung des statistischen → Elementes, der statistischen Gesamtheit und der → Merkmale geeignet sind. Bei der A. muß erreicht werden, daß die statistischen Begriffe den Sachbegriffen möglichst gut entsprechen, d.h. die Diskrepanz zwischen beiden Begriffen möglichst gering gehalten wird. Erst wenn das Adäquationsproblem gelöst ist, kann mit der statistischen Erhebung und Verarbeitung begonnen werden. Die A. umfaßt auch die Auswahl geeigneter statistischen Methoden der Erhebung, Aufbereitung und Auswertung, die nicht nur nach den formalen Eigenschaften dieser Methoden erfolgen darf, sondern der sachlichen Fragestellung und dem Untersuchungsziel entsprechen müssen. Da stets eine gewisse Diskrepanz zwischen den theoretischen und statistischen Begriffen bestehen bleibt, muß bei der Interpretation der statistischen Ergebnisse die vorgenommene A. berücksichtigt werden. Beispiel: Eine statistische Untersuchung des Arbeitsmarktes ist nur möglich, wenn eine A. einer Vielzahl von wirtschaftsfachlichen Begriffen, wie z.B. Erwerbspersonen, Nichterwerbspersonen, Erwerbstätige, Erwerbslose, Kurzarbeiter, Arbeitslose, offene Stellen, Arbeitsvermittlungen, vorgenommen wurde. Die statistischen Begriffe und Konzepte der Messung sind im Statistischen Jahrbuch der Bundesrepublik Deutschland enthalten.

Additionssätze

Berechnungsvorschriften für Wahrscheinlichkeiten von Vereinigungen zufälliger Ereignisse:

a) Sind zwei zufällige Ereignisse A und B unvereinbar, gilt also $A \cap B = \varnothing$, wobei $\varnothing$ die leere Menge oder das unmögliche Ereignis bedeutet, so gilt $P(A \cup B) = P(A) + P(B)$. Die Wahrscheinlichkeit dafür, daß A oder B auftreten, ist also gleich der Summe der beiden Einzelwahrscheinlichkeiten.

b) Wird nicht vorausgesetzt, daß A und B unvereinbar sind, so gilt $P(A \cup B) = P(A) + P(B) - P(A \cap B)$. Hier ist also zusätzlich die Wahrscheinlichkeit dafür zu subtrahieren, daß sowohl A als auch B eintritt. - Diese A. lassen sich durch wiederholte Anwendung auf mehr als zwei zufällige Ereignisse ausdehnen. Der Additionssatz für unvereinbare zufällige Ereignisse ist Bestandteil des → Kolmogorowschen Axiomensystems der Wahrscheinlichkeitsrechnung.

Additivitätstest

Test zur quantitativen Untersuchung der Einflüsse von zwei Faktoren A und B auf Versuchsergebnisse y_{ik}, i = 1, ..., p; k = 1, ..., q, im Rahmen der → Varianzanalyse mit dem Ziel, gegebenenfalls auftretende nichtadditive Wechselwirkungen zwischen diesen Faktoren auszuschließen. Verbreitet sind der A. nach Tukey und der A. nach Mandel.

Age-Child-Ratio → Greis-Kind-Relation

Agglomeration

Bevölkerungsballung in einem geographischen Gebiet zu einem bestimmten Zeitpunkt bzw. in einem bestimmten Zeitraum; Begriff der → Bevölkerungsstatistik und der → Demographie. Maßzahlen zur Kennzeichnung der A. sind die → Bevölkerungsdichte, die → Arealität und die → Proximität.

Aggregatform

Darstellung und Berechnung einer → Indexzahl auf der Basis von Summen bzw. Produktsummen (Skalarprodukt) statistisch beobachteter · Merkmalswerte eines oder mehrerer sinnvoll miteinander verknüpfter kardinalskalierter Merkmale. Beispiel: Die beiden (K × 1)-Vektoren

$$p = \begin{bmatrix} p_1 \\ p_2 \\ \vdots \\ p_K \end{bmatrix}, \quad q = \begin{bmatrix} q_1 \\ q_2 \\ \vdots \\ q_K \end{bmatrix}$$

enthalten die Preise p_k und die Mengen q_k von k = 1, 2,..., K Gütern eines → Warenkorbes, die jeweils im Basiszeitraum τ und im Berichtszeitraum t statistisch erhoben wurden. Dann ist

$$I_{\tau,t}^{Paa,p} = \frac{p_t{'}q_t}{p_\tau{'}q_t}$$

die Aggregatform des Preisindex nach Paasche in vektorieller Form und

$$I_{\tau,t}^{Paa,p} = \frac{\sum\limits_{k=1}^{K} p_{kt} \cdot q_{kt}}{\sum\limits_{k=1}^{K} p_{k\tau} \cdot q_{kt}}$$

die Aggregatform des Preisindex nach Paasche in expliziter Darstellung.

Aggregation

Zusammenfassung von gleichartigen a) statistischen → Elementen oder Teilgesamtheiten zu einer Gesamtheit, b) statistischen → Merkmalen zu einem Konstrukt (z.B. im Sinne einer Linearkombination), c) Merkmalswerten zu einer Summe (Summenbildung) bzw. zu einem Durchschnitt oder d) statistischen → Verhältniszahlen bzw. Durchschnitten zu einem Durchschnitt. In Anlehnung an die inhaltliche Abgrenzung einer statisti-

schen Gesamtheit unterscheidet man zwischen der sachlichen A. (z.B. der einzelnen Preismeßzahlen der Güter eines Warenkorbes zum Preisindex der Lebenshaltungskosten), der zeitlichen A. (z.B. des Monatseinkommens zum Jahreseinkommen) und der räumlichen A. (z.B. der Arbeitslosenquote der einzelnen Bundesländer zur gesamtdeutschen Arbeitslosenquote).

AIC → Akaike-Kriterium

Akaike-Kriterium

AIC, Akaike Information Criterion, Modellwahlkriterium bei der Anpassung von autoregressiven Gleitmittelprozessen der Ordnung p, q (→ ARMA-Prozeß) an eine gegebene → Zeitreihe, das die Funktion

$$AIC(n) = N \cdot ln\ \hat\sigma_a^2 + n$$

in Abhängigkeit von der Parameteranzahl n = p + q minimiert. Dabei sind N die Anzahl der beobachteten Zeitreihenwerte, p die maximale Größe der Zeitverschiebung der Prozeßvariablen X_t des autoregressiven Prozesses und q die maximale Größe der Zeitverschiebung der Störvariablen a_t des Gleitmittelprozesses. Die vom Modell nicht erklärbare Varianz (Varianz der Störvariablen a_t, Restvarianz) der Beobachtungen $Var(a_t) = \sigma_a^2$ geht als → Maximum-Likelihood-Schätzung in die Berechnung des A.-K. ein. Das A.-K. stellt einen Kompromiß zwischen zwei Tendenzen her, die sich bei wachsender Parameterzahl n abzeichnen: Einerseits sinkt die Restvarianz, und die Erklärungsgüte des Modells nimmt zu. Andererseits wird das Modell komplizierter und für Prognosezwecke weniger geeignet. Das A.-K. neigt bei kurzen

Aktienindex

Zeitreihen (weniger als 50 Beobachtungswerte) dazu, die optimale Parameterzahl zu überschätzen. Die Minimierungsaufgabe ist nicht immer eindeutig lösbar, was bei einer Automatisierung der Modellauswahl beachtet werden muß. Durch eine Modifikation der zu minimierenden Funktion dergestalt, daß

$$BIC(n) = N \cdot \ln \hat{\sigma}_a^2 + n \cdot \ln N$$

gilt, ist eine konsistente Schätzung der Parameteranzahl n möglich. Eine Modellselektion mit Hilfe der Funktion BIC(n) wird als BIC-Kriterium (Bayesian Information Criterion) bezeichnet. $\rightarrow$ Box-Jenkins-Technik

Aktienindex

Maßzahl der Wertveränderung eines repräsentativen Portefeuilles von Aktien im Zeitablauf. Da ein Aktienportefeuille eine Auswahl von K Wertpapieren börsengängiger Kapitalgesellschaften ist, deren Werte

$$w_{kt} = p_{kt} \cdot q_{kt} \, , \quad w_{k\tau} = p_{k\tau} \cdot q_{k\tau}$$

im Berichtszeitraum t und im Basiszeitraum τ durch ihre Kurse (Aktienpreise) p_{kt} bzw. $p_{k\tau}$ (k=1,...K) und ihre Nominalwerte (Stückzahlen oder "Mengen" der Aktien) q_{kt} bzw. $q_{k\tau}$ bestimmt sind, kann der A. aus statistisch-methodischer Sicht in seiner expliziten Darstellung mit Hilfe der Aggregatformel

$$A_{\tau,t} = \frac{\sum_{k=1}^{K} p_{kt} \cdot q_{kt}}{C_t \cdot \sum_{k=1}^{K} p_{k\tau} \cdot q_{k\tau}}$$

als eine Spezialform des $\rightarrow$ Wertindex

eines $\rightarrow$ Warenkorbes dargestellt und interpretiert werden. Allerdings unterscheidet sich der A. vom Wertindex durch den Korrekturfaktor

$$C_t = \prod_{i=\tau+1}^{t} \frac{\sum_{k=1}^{K} p_{k,i-1} \cdot q_{ki}}{\sum_{k=1}^{K} p_{k,i-1} \cdot q_{k,i-1}} \, ,$$

der in kurzen Zeitabständen (meist von Tag zu Tag) die Vergleichbarkeit des A. mit seinem vorherigen Stand garantiert. Auf diesem Ansatz beruht der vom $\rightarrow$ Statistischen Bundesamt berechnete amtliche A., auch "Portefeuille-Index" genannt. Seinem Wesen nach ist der Korrekturfaktor ein verketteter $\rightarrow$ Mengenindex, der die Vergleichbarkeit des A. mit dem Stand am Vortag hinsichtlich des zu Aktienkursen des Vortages bewerteten Wertvolumens eines in Menge und Struktur veränderlichen Aktienportefeuilles bewirkt. Dies wird ersichtlich, wenn man die Aggregatformel des A. derart umformt, daß man den A. in Anlehnung an den $\rightarrow$ Paasche-Index als Kettenindex

$$A_{\tau,t} = \prod_{i=\tau+1}^{t} \frac{\sum_{k=1}^{K} p_{ki} \cdot q_{ki}}{\sum_{k=1}^{K} p_{k,i-1} \cdot q_{ki}}$$

aus kurzfristigen Aktienkursindizes darstellen kann. Man kann für einen bestimmten Tag i im Vergleich zum Vortag i-1 die mittlere Kursveränderung für Aktien unter Zugrundelegung aktueller Nominalwerte im Sinne des Preisindex von Paasche (harmonischer Index) berechnen. Für andere Basiszeiträume als den Vortag versagt der A. jedoch als Maßzahl der "reinen" durchschnittlichen Kursveränderungen von Aktien, da die Konstanz der "Mengenstruktur" aufgrund von Aktienfluktuationen sowie Kapitalerhöhungen und -verminderungen im praktischen Börsengeschehen nicht zu realisieren ist. Dies ist auch der Grund dafür, daß A. als Maße für Kursentwicklungen auch heute noch umstritten sind. Dennoch spielen A. als Grundlagen für Aktienanalysen bzw. Indikatoren für Börsenentwicklungen als auch als Maße für Wertveränderungen in Aktienportefeuilles eine traditionell wichtige Rolle. Einer der bekanntesten A. in Deutschland ist der im Februar 1988 gemeinsam von der Frankfurter Wertpapierbörse, der Börsen-Zeitung und der Arbeitsgemeinschaft der deutschen Wertpapierbörsen konzipierte Deutsche Aktienindex (DAX) für 30 deutsche Standardwerte. Er wird für jedes zu einem neuen Kurs abgeschlossene Geschäft aktualisiert und im einminütigen Abstand publiziert. Die jeweiligen DAX-Werte werden auf der Grundlage des Eröffnungskurses, des Börsenumsatzes und der Börsenkapitalisierung bestimmt. Z.B. wurde der DAX am Donnerstag, dem 3. Februar 1994 mit einem Wert von 2183 Punkten eröffnet und mit 2137 Punkten geschlossen. Er verlor innerhalb eines Tages 46 Punkte. Zusätzlich wurde ab 11.4.1994 der DAX 100 eingeführt. Er spiegelt die Kursentwicklung der Wertpapiere der 100 wichtigsten deutschen Aktiengesellschaften wider. In ihm enthalten sind knapp ein Fünftel der in Deutschland gehandelten Wertpapiertitel. Die folgende Graphik zeigt die Entwicklung des DAX im Zeitraum von März und April 1994.

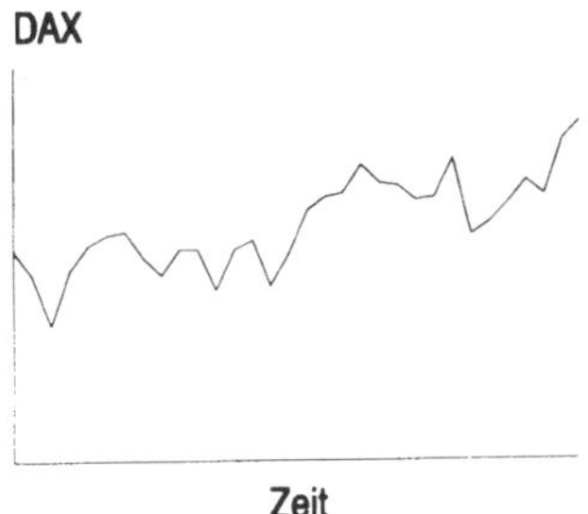

Einer der meist zitierten und bekanntesten A. der internationalen Börsenwelt ist der Dow-Jones-Index der New Yorker Börse. Er wurde 1897 von Ch. H. Dow (Chefredakteur des "Wall Street Journal") und E. D. Jones für zunächst zwölf verschiedene Aktien konzipiert, um die unübersichtliche Börsenentwicklung in einer Maßzahl zu komprimieren. Der Dow-Jones-Index in seiner heutigen Form besteht seit 1928. Er ist die Aggregation von drei Indizes: a) dem Industrie-Aktienindex mit nur 30 Werten führender Aktien aus allen Industriebranchen, die allerdings wertmäßig fast ein Drittel aller Tagesbörsenumsätze ausmachen, b) dem Eisenbahnindex mit 20 Werten und c) dem Index der Versorgungsunternehmen mit 15 Werten. Seit 1986 wird der Dow-Jones-Index täglich berechnet und veröffentlicht. Die Bedeutung des Dow-Jones-Index geht weit über die USA hinaus. Da an der New Yorker Börse etwa die Hälfte des gesamten Weltbörsenumsatzes getätigt wird, besitzt seine Entwicklung trotz aller Bedenken stets eine gewisse Signalwirkung für den zukünftigen Verlauf der Weltindustrieproduktion. Lag der Dow-Jones-Index im Januar 1900 noch bei 42 Punkten, wurde er am Freitag, dem 4. Februar 1994, 16 Uhr

New Yorker Ortszeit, mit 3871,42 Punkten notiert. Im Unterschied zum DAX ist der Dow-Jones-Index ein einfaches → arithmetisches Mittel aus Aktienkursen.

Aktueller Rand

Jüngste Beobachtungen einer → Zeitreihe. Der a. R. ist vor allem für die kurzfristige → Prognose bedeutsam. Seine Werte sollen beim Anpassen eines Prognosemodells an die Zeitreihe eine stärkere Gewichtung als ältere Beobachtungen erfahren. → exponentielle Glättung

Allgemeiner Faktor → Faktor

Allokation

Wahl der Versuchspunkte in einem Versuchsbereich (→ Versuchsplanung). Da die Auswahl eines konkreten Versuchsplanes V_n z.B. für die Genauigkeit der zu bestimmenden Schätzungen der Parameter und des funktionalen Erklärungszusammenhanges $f(\mathbf{x})$ in der → Regressionsanalyse von Bedeutung ist, wird eine optimale A. bezüglich eines Optimierungskriteriums angestrebt. Wegen ihrer Praxisrelevanz sind aus der Vielzahl von Kriterien die folgenden drei ausgewählt worden, wobei die ersten beiden Kriterien die Schätzung der Parameter betreffen und das dritte Kriterium sich auf die Schätzung von $f(\mathbf{x})$ bezieht: a) D-Optimalität für V_n: Die Determinante der → Kovarianzmatrix der Schätzfunktionen für die zu schätzenden Parameter soll minimal sein. b) A-Optimalität für V_n: Die Spur der Kovarianzmatrix der Schätzfunktionen soll minimal sein. c) G-Optimalität für V_n: Die maximale Varianz der Schätzung von $f(\mathbf{x})$ soll minimal sein.

Allokationsmatrix

Zusammenfassung der Koordinaten x_{ij} der Versuchspunkte eines Versuchsplanes in einer Matrix $\mathbf{X}$

$$\mathbf{X} = \begin{pmatrix} x_{11} & x_{12} & \cdots & x_{1n} \\ x_{21} & x_{22} & \cdots & x_{2n} \\ \vdots & \vdots & \ddots & \vdots \\ x_{p1} & x_{p2} & \cdots & x_{pn} \end{pmatrix}.$$

Die x_{ij} sind die Koeffizienten der Beobachtungsgleichungen

$$y_i = \sum_{j=1}^{p} x_{ij}\, \beta_j + e_i \quad (i = 1,...,n)$$

in den linearen Modellen der → Varianzanalyse. Jeder Koeffizient x_{ij} nimmt entweder den Wert eins oder null an, je nachdem, ob der Effekt β_j in der Gleichung für die Beobachtung y_i auftritt oder nicht.

Alpha-Fehler → Fehler erster Art

Alternativhypothese

In der → Testtheorie die der → Nullhypothese entgegengestellte Hypothese. Wird die Nullhypothese auf einem Signifikanzniveau α abgelehnt, dann ist dies gleichbedeutend damit, daß die A. angenommen wird, wobei ein Irrtum mit der Wahrscheinlichkeit α eintritt. Aus diesem Grunde wird häufig die Aussage als A. formuliert, die unter Begrenzung des Fehlerrisikos nach Möglichkeit bestätigt werden soll.

Alternativmerkmal → Merkmal

Alternierender Operator → Summenoperator

Altersaufbau

Nach dem statistischen → Merkmal Alter gegliederter → Bevölkerungsstand eines geographischen Gebiets zu einem bestimmten Zeitpunkt; Begriff der → Bevölkerungsstatistik. Der A. wird grundsätzlich nach Geburtsjahrgängen und/oder Altersjahrgängen dargestellt. Da erfassungsstatistisch das Alter einer Person gleich der Länge des Zeitraums von der Geburt dieser Person bis zum jeweiligen Erfassungszeitpunkt ist, können je nach Wahl des Erfassungszeitpunktes (etwa 30. 6. 1990) Personen eines Geburtsjahrganges (etwa am 6.5.1950 bzw. am 28.10.1950 Geborene) zu zwei benachbarten Altersjahrgängen (40 bzw. 39 durchlebte Jahre) oder Personen eines Altersjahrganges (etwa 40 vollendete Jahre) zu zwei benachbarten Geburtsjahrgängen (etwa am 28.10.1950 bzw. am 7.2.1951 Geborene) gehören. Man behebt das Problem der möglichen Divergenz von Geburts- und Altersjahrgängen, indem man das Jahresende (etwa den 31.12.1990) als Erfassungszeitpunkt festlegt. Nur für diesen Zeitpunkt ist garantiert, daß die Geburts- und Altersjahrgänge im A. einander entsprechen (etwa Geburtsjahrgang 1950 = Altersjahrgang 40, Geburtsjahrgang 1951 = Altersjahrgang 39). Dies ist auch der Grund dafür, warum die → amtliche Statistik den Stand des A. in der Regel auf das jeweilige Jahresende bezieht und den A. lediglich entsprechend den festgelegten Altersklassen auf der Basis von Altersjahrgängen erstellt. Da das Alter seinem Wesen nach ein stetiges Merkmal ist, hat sich in der amtlichen Statistik die Klassierungsregel "von ... bis unter ... Jahre" als Standard durchgesetzt (→ Klassierung). Die Festlegung und Benennung von Altersklassen im A. ist eher zweckbestimmt als formal. Formal ist die Gliederung des Bevölkerungsstands in einzelne Altersjahrgänge (→ Alterspyramide) (etwa Altersjahr unter 1 = Geburtsjahr 1990, Altersjahr 1 bis unter 2 = Geburtsjahr 1989, Altersjahr 2 bis unter 3 = Geburtsjahr 1988 usw.) oder in sogenannte Anstoßklassen meist mit 5- oder 10-Jahresbreite. Zweckbestimmt ist hingegen die Gliederung des Bevölkerungsstands in sogenannte Produktivitätsklassen wie etwa Vorschulpflichtige = Altersjahrgänge unter 6, Schulpflichtige = Altersjahrgänge 6 bis unter 15, Auszubildende = Altersjahrgänge 15 bis unter 21, Erwerbsfähige = Altersjahrgänge 15 bis unter 65, Altersrentner = Altersjahrgänge 65 und älter, Frauen im fertilen Alter = Altersjahrgänge 15 bis unter 45, Männer im wehrpflichtigen Alter = Altersjahrgänge 18 bis unter 48 usw. Der A. einer Bevölkerung ist der Ausgangspunkt einer Vielzahl von bevölkerungsstatistischen Begriffen (→ Altersstruktur, → Absterbeordnung), Analysekonzepten (→ Alterspyramide, → Sterbetafel), Bevölkerungsmodellen (stabile Bevölkerung, stationäre Bevölkerung) und Bevölkerungsprognosen.

Alterslastquote

Quotient aus der Zahl der 65-jährigen und älteren Einwohner und dem → Bevölkerungsstand; analytische Verhältniszahl zur Beschreibung der → Altersstruktur der Bevölkerung eines geographischen Gebiets zu einem bestimmten Zeitpunkt. Die A. wird in der Praxis als eine Kennzahl für die "Alterslast" verwendet, die eine Bevölkerung zu tragen hat. Zum Jahresende 1990 ergab die A. für die Bun-

Alterspyramide

desrepublik Deutschland

$$A = \frac{4\,350\,810\ Einw.}{79\,753\,230\ Einw.} = 0,149.$$

Demnach waren zum gegebenen Zeitpunkt 14,9% der deutschen Bevölkerung 65 Jahre alt und älter. Für den Ausweis etwa der jahresdurchschnittlichen A. verwendet man die entsprechenden jahresdurchschnittlichen Bevölkerungsstandsdaten.

Alterspyramide

Bevölkerungspyramide, Lebensbaum einer Bevölkerung, graphische Darstellung des geschlechtsspezifischen → Altersaufbaus der Bevölkerung eines geographischen Gebiets zu einem bestimmten Zeitpunkt. Da die A. auf Altersklassen von Geburts- bzw. Altersjahrgängen beruht, ist das → Histogramm die geeignete Form der graphischen Präsentation. Im Unterschied zum klassischen Histogramm wird bei der A. das zu analysierende statistische Merkmal "Alter" in Form von Altersjahrgängen nicht auf der Abszisse, sondern auf der Ordinate abgetragen. Die Abszisse fungiert in der A. als zweiseitige Meßlatte für die geschlechtsspezifischen absoluten Häufigkeiten in Gestalt der Anzahl der männlichen bzw. weiblichen Personen in der jeweiligen Altersklasse. Allerdings ist diese Form der graphischen Darstellung nur dann sinnvoll, wenn garantiert ist, daß die Altersjahrgänge auf äquidistanten (→ Äquidistanz) Altersklassen beruhen. Bei der Beschreibung und Beurteilung des Altersaufbaus einer Bevölkerung ist der durch die Geburtlichkeit, Sterblichkeit und Außenwanderung in den einzelnen äquidistanten und geschlechtsspezifischen Altersklassen

geprägte Umriß der A. ein entscheidendes Charakteristikum. In der Bevölkerungsstatistik und Demographie klassifiziert man Bevölkerungen u.a. durch die Umrißformen ihrer A. I.allg. unterscheidet man folgende Umrißformen: a) wachsende Bevölkerung = pyramidenförmiger Umriß, b) stationäre Bevölkerung = glockenförmiger Umriß und c) schrumpfende Bevölkerung = spindel- oder urnenförmiger Umriß. Die A. Deutschlands mit Stand vom 1.1.1991, die auf Seite 13 graphisch wiedergegeben ist, kann dem spindelförmigen Typ zugeordnet werden. Sie weist allerdings starke, historisch bedingte Unregelmäßigkeiten auf: a) Die Altersjahrgänge über 60 (Geburtsjahrgänge vor 1930) sind infolge der Männerverluste während des 2. Weltkrieges durch eine anomale Geschlechterasymmetrie (Frauenüberschuß) gekennzeichnet. b) Die Kerbe in den Altersjahrgängen 76 bis 72 (Geburtsjahrgänge 1914 bis 1918) ist eine Folge des Geburtenausfalls im 1. Weltkrieg. c) Der Knick in den Altersjahrgängen 60 bis 58 (Geburtsjahrgänge 1930 bis 1932) ist eine Folge der während der Weltwirtschaftskrise aus Unsicherheit wirtschaftlicher Not heraus ausgebliebenen Geburten. d) Die deutlich ansteigenden Jahrgangsstärken bei den Altersjahrgängen 57 bis 50 (Geburtsjahrgänge 1933 bis 1940) sind ein Ergebnis der nationalsozialistischen Bevölkerungspolitik und der Tatsache, daß diese geburtenstarken Jahrgänge von Müttern der geburtenstarken Jahrgänge um 1913 geboren wurden (Echoeffekt). e) Die Kerbe in den Altersjahrgängen 49 bis 43 (Geburtsjahrgänge 1941 bis 1947) ist ein Resultat der Geburtenausfälle während und kurz nach dem 2.Weltkrieg.

f) Die Altersjahrgänge 42 bis 25 (Geburtsjahrgänge 1948 bis 1965) sind infolge des sogenannten Babybooms besonders stark besetzt. 1965 verzeichnete man in Deutschland mit 1325386 Lebendgeborenen einen Höchststand der Nachkriegszeit. Anfang der 60er Jahre waren die Nettoreproduktionsraten größer als 1000 (→ Bevölkerungsreproduktion). Die grundlegenden Ursachen dafür sind: Gründung und Vergrößerung von Familien auf Grund wachsenden materiellen Wohlstands durch Aufbauleistungen und Wirtschaftswunder, sinkendes Heiratsalter lediger Personen mit dem kurzfristigen Effekt vermehrter Eheschließungen und Geburten, Aufrücken geburtenstarker Jahrgänge (nach 1933 bis 1940) ins fertile Alter (Echoeffekt). g) In den Altersjahrgängen bis 24 (Geburtsjahrgänge ab 1966) ist ein Geburtenrückgang zu beobachten, der das Resultat unterschiedlicher Faktoren ist, wie z.B. veränderter Wert- und Zielvorstellungen, der Verschiebung der modalen altersspezifischen Fruchtbarkeit ins höhere Alter (1990 bei 28 Jahren) und des Aufrückens geburtenschwächerer Jahrgänge ins fertile Alter. Schließlich bleiben die Maßnahmen

Alterspyramide: Altersaufbau der Bevölkerung Deutschlands am 1.1.1991

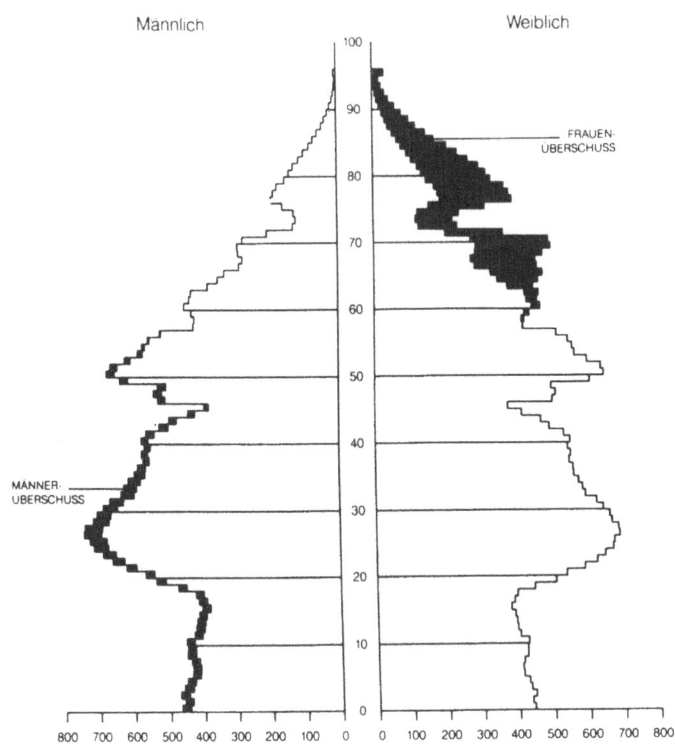

Altersstruktur

zur Schwangerschaftsverhütung (sogenannter Pillen- und Indikations-
knick) in der DDR nicht ohne spür-
bare Wirkung. Der Geburtenrückgang
in den 70er und 80er Jahren im Vergleich zu den 60er Jahren um durchschnittlich 35% wäre noch höher aus-
gefallen, wenn nicht zum einen soziale Maßnahmen und zum anderen die
höhere Fruchtbarkeit der in Deutschland lebenden Ausländer dieser negativen generativen Entwicklung ent-
gegengewirkt hätten. - Je nach Zielstellung findet man die A. noch erweitert durch Merkmale wie Familienstand, Beteiligung am Erwerbsleben, Staatsangehörigkeit, Religionszugehörigkeit usw.

Altersstruktur

Altersaufbau der Bevölkerung eines
geographischen Gebiets zu einem bestimmten Zeitpunkt bzw. in einem
bestimmten Zeitraum; Begriff der →
Bevölkerungsstatistik. Zur tabellarischen und graphischen Darstellung
der A. bildet man für das statistische
Merkmal Alter Klassen (→ Klassierung), gliedert den Bevölkerungsstand
in die festgelegten Altersklassen und
berechnet den (meist prozentualen)
Anteil der jeweiligen Altersklasse am
Bevölkerungsstand. Die vor allem in
der → Wirtschaftsstatistik übliche
Einteilung des Bevölkerungsstands in
die sogenannten Produktivitätsklassen
"Kinder", "Erwerbsfähige" und "Altersrentner" soll wegen ihrer Übersichtlichkeit für die beispielhafte Darstellung der A. herangezogen werden.
Am Ende des Jahres 1990 ergab sich
unter Verwendung dieser Produktivitätsklassen eine A. für die Bundesrepublik Deutschland, die in der folgenden Tabelle wiedergegeben ist.

Altersklasse von ... bis unter ... Jahre	Anteil am Bevölkerungs- stand in %
0 - 15	16,22
15 - 65	68,84
65 -	14,94

Graphisch wird die A. mit Hilfe eines geeigneten Struktogramms dargestellt, z.B. in Gestalt des abgebilde-
ten → Kreisdiagramms, das auf den
Daten der angeführten Tabelle beruht.

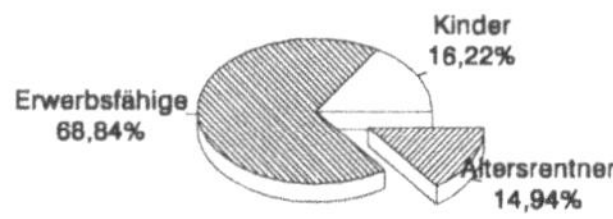

Amplitude → harmonische Analyse

Amtliche Statistik

Gesamtheit der staatlichen und kommunalen Stellen, die statistische Erhebungen vor allem auf dem Gebiet
der → Wirtschaftsstatistik und der →
Sozialstatistik auf der Grundlage von
Gesetzen und Rechtsvorschriften
(z.B. nach Artikel 73, 80, 83, 84 und
87 des Grundgesetzes) durchführen,
sowie deren Tätigkeit und die Ergebnisse dieser Tätigkeit. Institutionell
untergliedert man die a. S. in die aus-
gelöste und in die nichtausgelöste
Statistik. Unter dem Begriff "ausgelö-
ste" Statistik subsumiert man alle
statistischen Dienste, die als Behörden aus der allgemeinen Staatsver-
waltung "ausgelöst" sind. In der Bundesrepublik Deutschland zählen dazu
das Statistische Bundesamt, die Statistischen Landesämter sowie die Statistischen Dienststellen der Gemeinden.
Die nichtausgelöste Statistik (Ressortstatistik) umfaßt alle Behördentei-

le, die primär nicht für Statistik zuständig sind, aber in deren Geschäftstätigkeit Statistiken anfallen. Zur Ressortstatistik gehören z.B. solche Institutionen wie die Statistik-Abteilung der Deutschen Bundesbank mit der von ihr extern betriebenen Bankenstatistik oder der Bundesanstalt für Arbeit mit ihrer als "Geschäftsstatistik" erscheinenden Arbeitsmarktstatistik. Während die a. S. den weitaus überwiegenden Teil der Erhebungen auf dem Gebiet der Wirtschafts- und Sozialstatistik trägt und produziert, konzentrieren die nichtamtliche und private Statistik zum überwiegenden Teil ihre Aktivitäten auf die statistische Auswertung der durch die a.S. erhobenen Daten. Zu den Trägern der nichtamtlichen und privaten Statistik gehören z.B. Wirtschaftsforschungsinstitute, Wirtschaftsverbände, Meinungs- und Marktforschungsinstitute sowie der Sachverständigenrat zur Begutachtung der gesamtwirtschaftlichen Entwicklung.

Andrews-Plot

Graphisches Verfahren der → multivariaten Statistik zur Erkennung der Ähnlichkeit der Elemente einer statistischen Gesamtheit hinsichtlich der Ausprägungen interessierender Merkmale. Es sei

$$B = \begin{bmatrix} b_{11} & b_{12} & \cdots & b_{1m} \\ b_{21} & b_{22} & \cdots & b_{2m} \\ \vdots & \vdots & \ddots & \vdots \\ b_{n1} & b_{n2} & \cdots & b_{nm} \end{bmatrix}$$

eine (n × m)-Beobachtungsmatrix der (zahlenmäßig kodierten) Merkmalsausprägungen von j = 1, 2,..., m Merkmalen einer Gesamtheit von i = 1, 2,..., n Elementen. Dann ist der A.-P. durch die Menge der Graphen aller n trigonometrischen Funktionen

$$y_i = \frac{b_{i1}}{\sqrt{2}} + b_{i2} \cdot \sin x + b_{i3} \cdot \cos x +$$

$$b_{i4} \cdot \sin 2x + b_{i5} \cdot \cos 2x + \dots ,$$

z.B. für alle x im Intervall von $-\pi$ bis π, definiert. Die wichtigste Eigenschaft dieser Funktionen besteht in der Gewähr des euklidischen → Abstandes (Orthogonalität) zwischen den einzelnen Beobachtungswerten b_{ij}. Daraus folgt (z.B. auch im Sinne der → explorativen Datenanalyse), daß Elemente, deren Merkmalsausprägungen durch kleine euklidische Distanzen gekennzeichnet sind, ähnliche Kurvenverläufe zeigen. Große euklidische Distanzen spiegeln sich dagegen in Verzerrungen des Funktionsverlaufs wider. Mit dem A.-P. können auch Ausreißer bzw. Klumpen (→ Clusteranalyse) ähnlicher Elemente auf graphischem Weg identifiziert werden. Beispiel: Für 1992 erhält man für die n = 5 neuen Bundesländer (ohne das ehemalige Ost-Berlin) unter Einbeziehung der m = 4 Merkmale Arbeitslosenquote, Wachstumsrate des Bruttoinlandsprodukts, Bruttoinlandsprodukt je Einwohner und Exportquote den folgenden A.-P.:

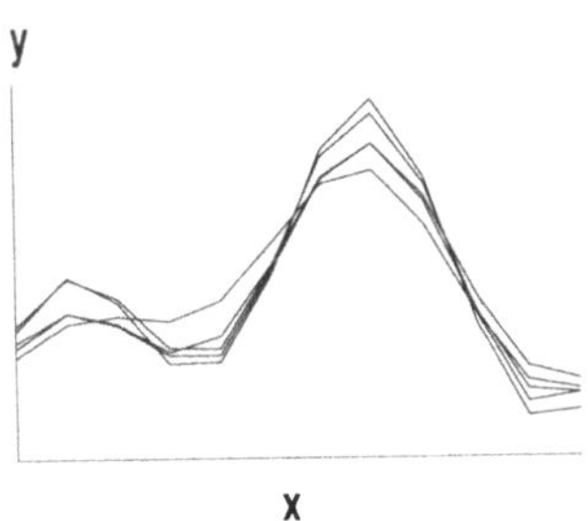

Angebotselastizität

Bezüglich der Ausprägungen der betrachteten vier Merkmale können die fünf neuen Bundesländer als ähnlich angesehen werden.

Angebotselastizität → Angebotsfunktion

Angebotsfunktion

Formale Beschreibung der Abhängigkeit der in einem bestimmten Zeitraum angebotenen Menge M eines Gutes oder Produktionsfaktors von seinem Preis P. Für eine A. gilt allgemein M = f(P). Die ökonomische Theorie unterscheidet zwischen individuellen A. einzelner Wirtschaftssubjekte (z.B. Unternehmen) und gesamtwirtschaftlichen A., die das Resultat der Aggregation individueller A. sind. A. werden i.allg. wie folgt ermittelt: a) empirisch, indem für eine bestimmte Anzahl von Preis-Mengen-Wertepaaren mit Hilfe der → Regressionsanalyse die Parameter der A. numerisch bestimmt werden, oder b) deduktiv, indem man auf der Grundlage ökonomischer Prämissen die A. aus dem Verlauf der Grenzkostenfunktion K´(M) für die Produktion eines Gutes ableitet. Eine das Angebotsgesetz (je höher bzw. niedriger der Angebotspreis, desto größer bzw. kleiner die in einem Zeitraum angebotene Menge eines Gutes) widerspiegelnde A. ist i.allg. durch den folgenden Verlauf gekennzeichnet:

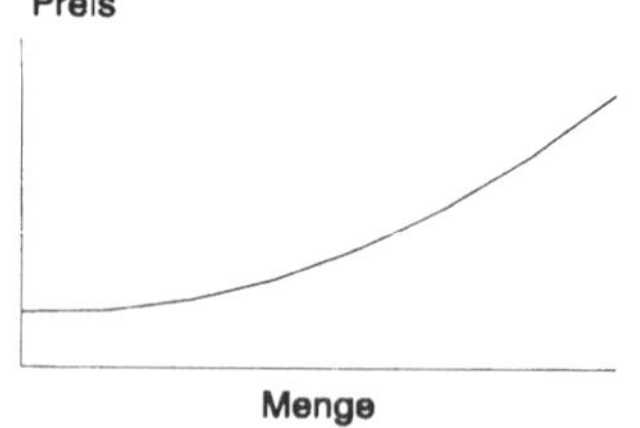

Ist man für eine gegebene A. an Aussagen über die Nachgiebigkeit (relative Reaktionsstärke) der angebotenen Mengen M bei (infinitesimal) kleinen Veränderungen in den Güterpreisen P interessiert, ermittelt man mit Hilfe der marginalen A. M´(P) und der Durchschnittsangebotsfunktion

$$\bar{m}(P) = \frac{M(P)}{P}$$

die Angebotselastizitätsfunktion

$$\varepsilon(P) = \frac{M´(P)}{\bar{m}(P)},$$

auf deren Grundlage man für einen beliebigen Preis $P = P_0$ die Angebotselastizität der Menge M berechnen kann. Die angebotenen Mengen M reagieren elastisch auf geringfügige Preisveränderungen, falls $\varepsilon(P_0) > 1$ und unelastisch, falls $0 < \varepsilon(P_0) < 1$ gilt. Im logischen Zusammenhang mit der A. steht die → Nachfragefunktion, die die Abhängigkeit der nachgefragten Menge M vom Preis P beinhaltet und in der ökonomischen Theorie zur mathematisch begründeten Erklärung des Gleichgewichts- oder Marktpreises herangezogen wird.

Annahmekennlinie → Attributprüfung, → Variablenprüfung

Annahmezahl → Attributprüfung

Anordnungsstichprobenverfahren

Spezielles bedingtes Zufallsauswahlverfahren (→ Stichprobenverfahren), bei dem die Untersuchungseinheiten einer Grundgesamtheit hinsichtlich interessierender Merkmale sortiert werden und anschließend eine systematische Stichprobe mit Zufallsstart gezogen wird. Im Gegensatz zu dem ähnlich gearteten → geschichteten Stichprobenverfahren sind keine getrennten Gruppen notwendig. Es wird deshalb die Stichprobe nur aufgrund eines → Auswahlsatzes gezogen.

Anordnungswerte

Die der Größe nach aufsteigend geordneten Beobachtungswerte eines metrisch skalierten Merkmals. Sind $x_1, x_2, ..., x_n$ die (ungeordneten) Werte in der Urliste, so werden die Indizes bei den A. in Klammern gesetzt: $x_{(1)}, x_{(2)}, ..., x_{(n)}$. $x_{(1)}$ ist der kleinste Wert und $x_{(n)}$ der größte Wert unter den n Beobachtungen, d.h., sie sind die Extremwerte. Allgemein ist $x_{(i)}$ der i-te A. $(i = 1,...,n)$. Ein weiterer wichtiger A. ist der → Median. Enthält die Urliste nur unterschiedliche Werte $(x_i \neq x_j; i, j = 1, ..., n; i \neq j)$, sind die Indizes identisch mit den → Rangzahlen, andernfalls treten → Bindungen auf. A. werden u.a. für das Auffinden von Extremwerten, die Bestimmung von → Quantilen und nichtparametrische Tests benötigt. Beispiel: 5 Zweipersonenhaushalte machten folgende Angaben zur Größe ihrer Wohnung (in m²): $x_1 = 87$; $x_2 = 55$; $x_3 = 120$; $x_4 = 67$; $x_5 = 74$. Die A. sind dann: $x_{(1)} = 55$; $x_{(2)} = 67$; $x_{(3)} = 74$; $x_{(4)} = 87$; $x_{(5)} = 120$.

Anpassung

In der Statistik die Auswahl eines Modells entsprechend den Beobachtungsdaten. Die Wahl des Modells hängt vom zu modellierenden Gegenstand (Objekt, Prozeß) und vom Untersuchungsziel ab. Beispiele: A. einer theoretisch erwarteten Verteilung (→ Normalverteilung, → Poisson-Verteilung, → Binomialverteilung usw.)

an die in einer Stichprobe beobachtete Verteilung einer Zufallsvariablen; Darstellung eines empirischen Zeitreihenverlaufs mittels eines Zeitreihenmodells (→ Zeitreihenanalyse); A. einer Regressionsfunktion an die empirischen Daten von zwei oder mehr Variablen (→ Regressionsanalyse). Die Güte der A. kann durch → Tests, z. B. Anpassungstests, oder durch die Berechnung von Maßzahlen, z.B. des → Bestimmtheitsmaßes, überprüft werden.

Anpassungstest

Test zur Prüfung der Hypothese, daß die Verteilungsfunktion F einer Zufallsvariablen eine ganz bestimmte Funktion F_0 ist oder zu einer bestimmten Klasse von Verteilungsfunktionen gehört. Beispiele für Anpassungstests sind der → Chi-Quadrat-Test, der → Kolmogorow-Test und der → Cramér-Smirnow-Test.

Anstiegscharakteristik

Erzeugende Differentialgleichung einer → Trendfunktion mit einer linearen Zeitfunktion als rechter Seite. Beispiel: Die A. einer Logarithmusfunktion $f(t) = a + b \cdot \ln t$ ist

$$\frac{1}{f'(t)} = \frac{t}{b}.$$

Die A. einer Trendfunktion wird als theoretische A. bezeichnet. Aus ihr ergibt sich für eine beobachtete → Zeitreihe wertemäßig die empirische A., wenn in die erzeugende Differentialgleichung der Trendfunktion die Zeitreihendaten x_t als Funktionswerte und die Differenzen der Zeitreihendaten näherungsweise als Ableitungen eingesetzt werden. Beispiel: Für die Trendparabel $f(t) = at^2 + bt + c$

mit der theoretischen A. f'(t)=2at + b ist die empirische A. durch $\Delta x_t = x_t - x_{t-1}$ gegeben. Werden die Abweichungen zwischen theoretischer A. und empirischer A. über alle Perioden t absolut aufsummiert, entsteht ein Maß für die Anpassung der Trendfunktion an die Zeitreihe. Beispiel: Das Anpassungsmaß einer Zeitreihe $\{x_t\}$, t=1,..., n, gegenüber der oben angegebenen Trendparabel ist

$$\sum_{t=1}^{n} |\Delta x_t - (2at + b)| \ .$$

Durch Minimieren dieses Fehlermaßes läßt sich die Anpassung einer Trendfunktion automatisieren. Gegenüber der Fehlerauswertung von Vergleichsprognosen fällt die Rechenzeit oft geringer aus.

Anteilzahl → Gliederungszahl

A-posteriori-Wahrscheinlichkeit → Bayessche Formel

Approximation
Näherung, angenäherte Berechnung oder Konstruktion unbekannter oder nur kompliziert darstellbarer Größen, insbesondere bei unvollständigen Daten oder unter Verwendung vereinfachender Annahmen. Auch die → Anpassung theoretischer Funktionen an empirische Daten wird gelegentlich als A. aufgefaßt. In der Mathematik werden z.B. Logarithmus- und trigonometrische Funktionen durch endliche Teilsummen unendlicher Reihen approximiert. In der → induktiven Statistik versteht man unter A. vor allem die Verwendung einer einfacher zu handhabenden Verteilung an Stelle der korrekten Wahrscheinlichkeitsverteilung einer Zufallsvariablen.

Z.B. kann durch die → Normalverteilung eine Reihe anderer Verteilungen unter gewissen Voraussetzungen approximiert werden. Die theoretische Begründung für solche A. liefern → Grenzwertsätze.

A-priori-Wahrscheinlichkeit → Bayessche Formel

Äquidistanz
Gleichgroße Abstände zwischen den der Größe nach geordneten Werten eines metrisch skalierten Merkmals oder die Eigenschaft einer Zeitreihe, daß ihre Daten zu Zeitpunkten in (näherungsweise) gleichen Abständen erhoben werden.

ARCH-Prozeß → nichtlineare Modellierung

Arealität
Arealitätsziffer, Quotient aus den statistischen Merkmalen Fläche und → Bevölkerungsstand eines geographischen Gebiets zu einem bestimmten Zeitpunkt. Die A. ist die reziproke → Bevölkerungsdichte. Als eine Kennzahl der Bevölkerungsagglomeration gibt die A. an, welche Fläche im Durchschnitt einem Einwohner zu einem bestimmten Zeitpunkt zur Verfügung steht. Zum Jahresende 1990 errechnete man für Deutschland eine A. von

$$A = \frac{356\ 854\ km^2}{79\ 753\ 230\ Einwohner}$$

$$= 0{,}004474\ km^2\ je\ Einwohner,$$

d.h., daß im Durchschnitt 4474 m^2 auf einen Einwohner entfielen. Im Vergleich dazu ergab sich für Berlin eine A. von

$$A = \frac{889 \; km^2}{3\,433\,700 \; \textit{Einwohner}}$$

$$= 0{,}000259 \; km^2 \; \textit{je Einwohner},$$

d.h., daß im Mittel 259 m² auf einen Einwohner kamen. In Abhängigkeit von den verfügbaren Daten ist es auch sinnvoll, die A. für einen bestimmten Zeitraum auf der Grundlage durchschnittlicher Bestandsdaten ($\rightarrow$ chronologisches Mittel) zu bestimmen.

ARIMA-Prozeß

Autoregressive Integrated Moving Average Process, autoregressiver integrierter Gleitmittelprozeß; instationärer $\rightarrow$ stochastischer Prozeß, der durch $\rightarrow$ Differenzenbildung in einen stationären Prozeß des Typs ARMA ($\rightarrow$ ARMA-Prozeß) überführt werden kann. Beispiel: Ein Prozeß $\{X_t\}$, dessen einfache Differenzen einem Gleitmittelprozeß der Ordnung 1 ($\rightarrow$ MA-Prozeß) folgen, so daß

$$X_t - X_{t-1} = a_t - \theta a_{t-1}$$

gilt, wobei a_t ein reiner Zufallsprozeß ($\rightarrow$ weißes Rauschen) und θ ein Parameter sind, ist ein A.-P. Die allgemeine Darstellung eines A.-P. kann mit Hilfe des $\rightarrow$ Lag-Operators L wie folgt gegeben werden:

$$(1-L)^d(1-L^s)^D(1-\phi_1 L - ... - \phi_p L^p)X_t$$

$$= \theta_0 + (1 - \theta_1 L - ... - \theta_q L^q)a_t \, .$$

d ist die Anzahl des Auftretens einfacher Differenzen, D die Anzahl von Saisondifferenzen bei einer Saisonlänge von s Perioden, p die Ordnung des autoregressiven Teils und q die Ordnung des Gleitmittelteils. ϕ_i und θ_j sind Parameter in dieser Darstellung. Bei betriebswirtschaftlichen Anwendungen reduzieren sich die Differenzengrade d und D meist auf die Werte 0 oder 1 und die Modellordnungen p auf Werte von 0 bis 2. Ein praktisch bedeutsamer A.-P. ist der $\rightarrow$ Random Walk, mit dessen Hilfe Kursschwankungen bei Aktien modelliert werden können. Eine Verfeinerung von A.-P. ist durch Einführung von multiplikativen Termen auf beiden Seiten der Differenzengleichung möglich, womit sich Saisonzeitreihen besonders parametersparsam modellieren lassen:

$$(1-L)^d(1-L^s)^D(1-\phi_1 L - ... - \phi_p L^p)$$

$$\cdot \, (1 - \phi_s L - ... - \phi_{p_s \cdot s} L^{p_s \cdot s})X_t$$

$$= \theta_0 + (1 - \theta_1 L - ... - \theta_q L^q)$$

$$\cdot \, (1 - \theta_s L^s - ... - \theta_{q_s \cdot s} L^{q_s \cdot s})a_t \, .$$

Als Abkürzung für einen solchen multiplikativen A.-P. hat sich die Schreibweise $(p, d, q)(p_s, D, q_s)_s$ eingebürgert. Die Modellordnungen p_s und q_s sind praktisch nicht größer als eins. Beispiel: Die monatliche Durchschnittstemperatur x_t einer Kleinstadt

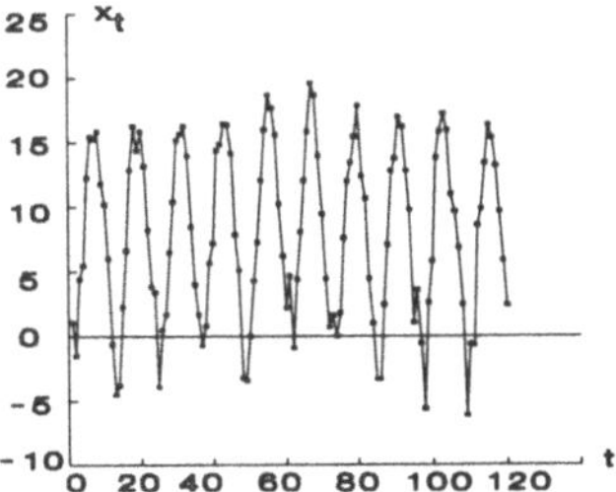

folgt einem Jahreszyklus. Die geschätzte $\rightarrow$ Autokorrelationsfunktion

Arithmetischer Index

der Differenzen $x_t - x_{t-12}$

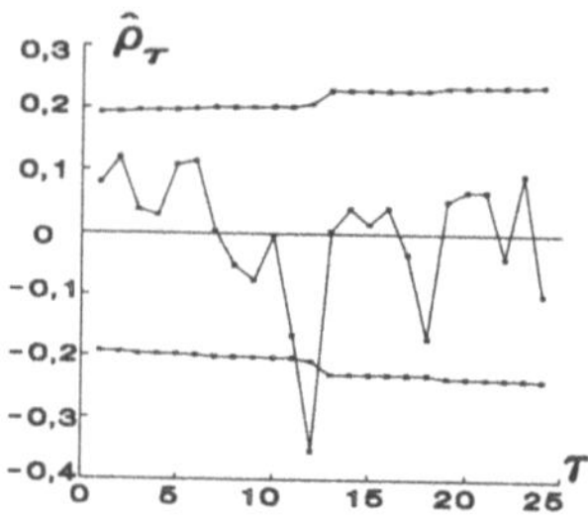

zeigt, daß $\hat{\rho}_{12}$ außerhalb der eingezeichneten 95% - Vertrauensgrenzen und alle anderen Werte von $\hat{\rho}_\tau$ innerhalb dieser Grenzen liegen. Das ermöglicht, die monatliche Durchschnittstemperatur x_t mittels eines multiplikativen Prozesses vom Typ $(0,0,0)(0,1,1)_{12}$ zu modellieren:

$$(1 - L^{12})X_t = \theta_0 + (1 - \theta_{12} L^{12})a_t \, .$$

Dieser Prozeß nimmt nach der Parameterschätzung die Gestalt

$$X_t - X_{t-12} = 0{,}03 + a_t - 0{,}78 a_{t-12}$$

an. Daraus läßt sich ein Prognosemodell für die monatliche Durchschnittstemperatur ableiten ($\rightarrow$ optimale Prognose).

Arithmetischer Index $\rightarrow$ Laspeyres-Index

Arithmetisches Mittel

Durchschnitt, Wert, der sich ergibt, wenn die Summe aller beobachteten Merkmalswerte gleichmäßig auf alle Merkmalsträger aufgeteilt wird. Das a. M. ist der am meisten verwendete $\rightarrow$ Mittelwert. Es ist nur ein sinnvoller Mittelwert für metrisch skalierte Merkmale. Sind $x_1,..., x_n$ die in der Urliste enthaltenen Beobachtungswer-

te eines Merkmals X, so ergibt sich das (einfache) a. M. als

$$\bar{x} = \frac{1}{n} \sum_{i=1}^{n} x_i \, .$$

Liegt eine Häufigkeitsverteilung vor, d.h. sind die verschieden aufgetretenen Merkmalswerte x_j (j=1,..., k) zusammen mit ihren absoluten Häufigkeiten $h(x_j)$ bzw. relativen Häufigkeiten $f(x_j)$ gegeben und gilt

$$\sum_{j=1}^{k} h(x_j) = n \; ; \quad \sum_{j=1}^{k} f(x_j) = 1 \, ,$$

so ist das (gewogene) a. M. gemäß

$$\bar{x} = \frac{1}{n} \sum_{j=1}^{k} x_j \, h(x_j) = \sum_{j=1}^{k} x_j \, f(x_j)$$

zu berechnen. Bei klassierten Beobachtungswerten ($\rightarrow$ Klassierung) kann das a. M. nur näherungsweise bestimmt werden, indem unter der Annahme, daß sich die Werte innerhalb der Klassen gleichmäßig verteilen, die $\rightarrow$ Klassenmitte für x_j in der Formel für das gewogene a. M. verwendet wird. Beispiel: Monatliches Haushaltsnettoeinkommen (MHNE) 1988 in der Bundesrepublik Deutschland (für Haushalte mit einem MHNE bis unter 25000 DM)

MHNE (in DM)	Anteil der Haushalte $f(x_j)$
1 - 800	0,044
800 - 1400	0,166
1400 - 3000	0,471
3000 - 5000	0,243
5000 - 25000	0,076

Quelle: Statistisches Bundesamt (Hrsg.), Datenreport 1992, S. 114-115

Unter Verwendung der Klassenmitten für x_j betrug das durchschnittliche MHNE 1988 für die untersuchten Haushalte näherungsweise 3348 DM. Das a. M. weist folgende Eigenschaften auf: a) Null- oder Schwerpunkteigenschaft: Die Summe der Abweichungen der Beobachtungswerte vom a.M. ist Null:

$$\sum_{i=1}^{n} (x_i - \bar{x}) = 0 \,.$$

b) Quadratische Minimumseigenschaft: Die Summe der quadratischen Abweichungen der Beobachtungswerte vom a. M. ist ein Minimum im Vergleich zur Summe der quadratischen Abweichungen zu irgendeinem anderen Wert c:

$$\sum_{i=1}^{n} (x_i - \bar{x})^2 < \sum_{i=1}^{n} (x_i - c)^2 \,.$$

c) Bei einer linearen $\rightarrow$ Transformation der Werte des Merkmals X gemäß $y_i = a + b x_i$ ($b \neq 0$) wird auch das a. M. linear transformiert: $\bar{y} = a + b\bar{x}$. Speziell für $a = -\bar{x}$ und $b = 1$ wird eine $\rightarrow$ Zentrierung und für $a = -\bar{x}/s$ und $b = 1/s$ (mit s als $\rightarrow$ Standardabweichung des Merkmals X) eine $\rightarrow$ Standardisierung bewirkt. d) Werden verschiedene, sich gegenseitig ausschließende (disjunkte) Datensätze zusammengefaßt ($\rightarrow$ gepoolter Datensatz), so ergibt sich das a. M. $\bar{x}$ für den gesamten Datensatz als gewogenes a. M. aus den a. M. der einzelnen Datensätze $\bar{x}_p$ bei Verwendung der Umfänge der einzelnen Datensätze n_p als Gewichte ($p = 1, ..., r$):

$$\bar{x} = \frac{1}{n} \sum_{p=1}^{r} \bar{x}_p\, n_p \,, \quad n = \sum_{p=1}^{r} n_p \,.$$

e) Das a. M. ist um so aussagekräftiger, je symmetrischer die Häufigkeitsverteilung ist. Es reagiert stark auf $\rightarrow$ Ausreißer, die seine Aussagekraft erheblich einschränken können. Deshalb wird vor allem in der $\rightarrow$ explorativen Datenanalyse ein getrimmtes a. M. durch Weglassen extremer Werte berechnet. - Für theoretische Verteilungen von Zufallsvariablen hat das a. M. seine Entsprechung im $\rightarrow$ Erwartungswert μ. - In der $\rightarrow$ induktiven Statistik hat das a. M. (Stichprobenmittelwert) als $\rightarrow$ Schätzfunktion (Schätzer)

$$\bar{X} = \sum_{i=1}^{n} X_i$$

wünschenswerte Eigenschaften, wie $\rightarrow$ Erwartungstreue, $\rightarrow$ Konsistenz, $\rightarrow$ Effizienz, und wird zum Schätzen des unbekannten Mittelwertes der $\rightarrow$ Grundgesamtheit μ und zum Testen von Hypothesen über μ verwendet.

ARMA-Prozeß

Autoregressive Moving Average Process, *autoregressiver Gleitmittelprozeß*, stochastischer Prozeß $\{X_t\}$, dessen Dynamik durch eine lineare $\rightarrow$ Differenzengleichung erfaßt wird, in der neben zeitverzögerten Zufallsvariablen X_t auch zeitverzögerte Störvariable eines reinen Zufallsprozesses $\{a_t\}$ ($\rightarrow$ weißes Rauschen) vorkommen können. Der A.-P. stellt eine Kombination aus einem autoregressiven Prozeß ($\rightarrow$ AR-Prozeß) der Ordnung p und einem Gleitmittelprozeß ($\rightarrow$ MA-Prozeß) der Ordnung q dar. Als Schreibweise dafür hat sich ARMA(p,q)-Prozeß eingebürgert. Die ausführliche Darstellung der Differenzengleichung eines A.-P. ist:

$$X_t - \phi_1 X_{t-1} - \phi_2 X_{t-2} - \ldots - \phi_p X_{t-p}$$
$$= a_t - \theta_1 a_{t-1} - \theta_2 a_{t-2} - \ldots - \theta_q a_{t-q},$$

wobei die ϕ_i die AR-Parameter und die θ_j die MA-Parameter sind. Mit Hilfe des $\rightarrow$ Lag-Operators L läßt sich eine Kurzform angeben:

$$(1 - \phi_1 L - \phi_2 L^2 - \ldots - \phi_p L^p) X_t$$
$$= (1 - \theta_1 L - \theta_2 L^2 - \ldots - \theta_q L^q) a_t \,.$$

Kurzfristige Zufallsstörungen ($\rightarrow$ Schock) können bis zu p + q Perioden fortwirken, d.h., eine Zufallsvariable $X_{t-\tau}$ kann auf eine Zufallsvariable X_t bis zu einer $\rightarrow$ Zeitverschiebung τ von p + q Perioden nachwirken. Ein A.-P. ist schwach stationär ($\rightarrow$ stationärer stochastischer Prozeß), wenn die Nullstellen seines autoregressiven $\rightarrow$ Lag-Polynoms

$$1 - \phi_1 L - \phi_2 L^2 - \ldots - \phi_p L^p = 0$$

dem Betrag nach größer als eins sind. Die eindimensionalen Kennfunktionen eines schwach stationären A.-P. ($\rightarrow$ Autokorrelationsfunktion, $\rightarrow$ partielle Autokorrelationsfunktion und $\rightarrow$ inverse Autokorrelationsfunktion) schwingen ab dem Summenlag p + q exponentiell-sinusähnlich ab. Anhand ihrer Verlaufsform ist eine Identifikation der einzelnen Ordnungen p und q im Gegensatz zu einem AR-Prozeß oder einem MA-Prozeß praktisch unmöglich. Erst mit Hilfe einer zweidimensionalen Kennfunktion ($\rightarrow$ Vektorkorrelationsfunktion) gelingt die Bestimmung von p und q. Ein Vorteil des A.-P. besteht darin, daß er oft mit weniger Parametern als ein entsprechender reiner AR- oder ein MA-

Prozeß auskommt (Parametersparsamkeit). Die Parameter ϕ_i und θ_j können mit der Maximum-Likelihood-Methode ($\rightarrow$ Maximum-Likelihood-Schätzung) geschätzt werden. Als Zeitreihenmodell darf ein A.-P. erst angesetzt werden, nachdem Anzeichen für Instationarität in den Daten, wie $\rightarrow$ Trend, $\rightarrow$ periodische Schwankungen und Kalendereffekte ($\rightarrow$ Kalenderkomponente), durch geeignete Transformationen ($\rightarrow$ Differenzenbildung) ausgeschaltet worden sind. Nach der Modellanpassung sind diese Transformationen durch Summation zurückzunehmen ($\rightarrow$ ARIMA-Prozeß). Beispiel: Ein ARMA(1,1)-Prozeß X_t mit den Parametern $\phi_1 = 0{,}4$ und $\theta_1 = 0{,}3$ hat folgende Darstellung: $X_t - 0{,}4\, X_{t-1} = a_t - 0{,}3\, a_{t-1}$. Damit läßt sich eine Zeitreihe simulieren, aus der sich die beiden Kennfunktionen Autokorrelationsfunktion ρ_τ und partielle Autokorrelationsfunktion π_τ schätzen lassen. Die folgende Graphik zeigt zunächst die Zeitreihe $\{x_t\}$:

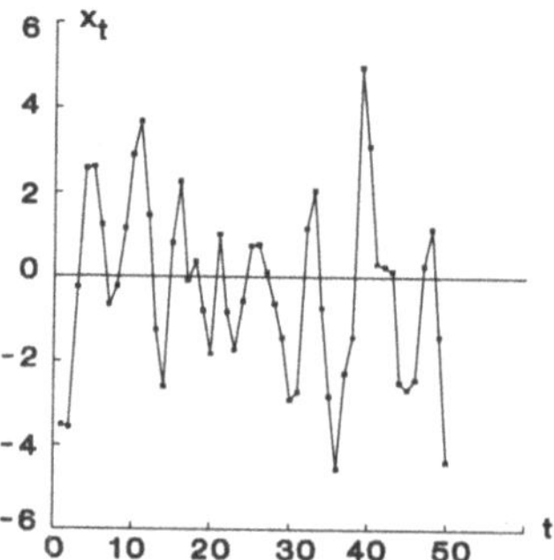

Die graphische Darstellung der beiden geschätzten Kennfunktionen mit den 95%-Vertrauensgrenzen ist in den nachstehenden Graphiken enthalten:

a) die Autokorrelationsfunktion $\hat{\rho}_\tau$

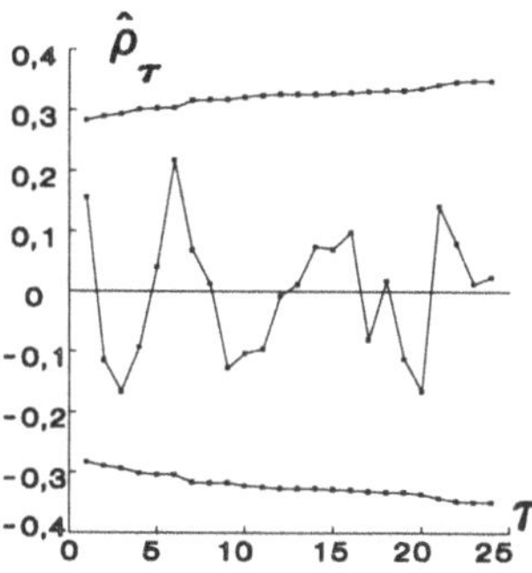

b) die partielle Autokorrelationsfunktion $\hat{\pi}_\tau$

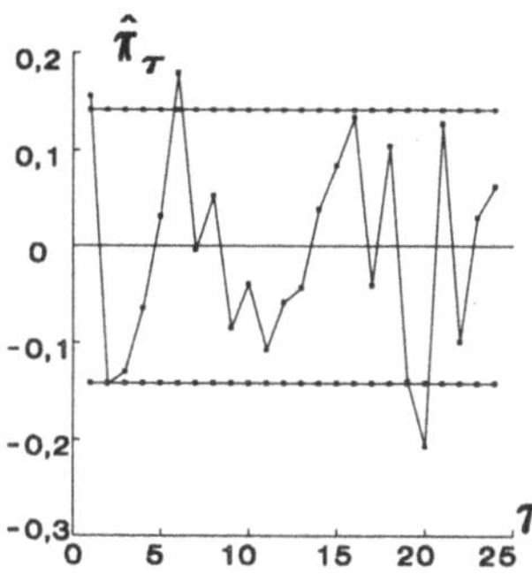

Diese Kennfunktionen zeigen die für ARMA-Prozesse typische Gestalt in der Weise, daß sie weder dem Muster des reinen AR-Prozesses noch dem des reinen MA-Prozesses zuzuordnen sind.

AR-Prozeß

Autoregressive Process, autoregressiver Prozeß, stochastischer Prozeß $\{X_t\}$ zur Modellierung kurzfristiger Abhängigkeit zwischen den Beobachtungen einer → Zeitreihe. Der A.-P. ist ein spezieller → ARMA-Prozeß. Seine erzeugende → Differenzengleichung läßt → Zeitverschiebungen der Prozeßvariablen X_t bis zu p Perioden, aber keine Zeitverschiebungen in den Störvariablen a_t zu. Die maximale Zeitverschiebung p von X_t wird als Ordnung des A.-P. bezeichnet. Als Schreibweise ist AR(p)-Prozeß üblich. Die Differenzengleichung kann in Langform

$$X_t - \phi_1 X_{t-1} - \phi_2 X_{t-2} - \dots - \phi_p X_{t-p} = a_t$$

oder mit Hilfe des → Lag-Operators L in Kurzform

$$(1 - \phi_1 L - \phi_2 L^2 - \dots - \phi_p L^p) X_t = a_t$$

dargestellt werden. Die Modellordnung p ist die höchste Periodenanzahl, über die hinweg eine Zufallsvariable X_t noch von einer Zufallsvariablen X_{t-p} abhängig sein kann. Wie stark die Abhängigkeit über weniger als p Perioden ist, hängt von der Größe der Parameter ϕ_i ab. Ein A.-P. ist schwach stationär (→ stationärer stochastischer Prozeß), wenn die Nullstellen seines → Lag-Polynoms

$$1 - \phi_1 L - \phi_2 L^2 - \dots - \phi_p L^p = 0$$

dem Betrag nach größer als eins sind. Ein schwach stationärer A.-P. der Ordnung p kann mit Hilfe seiner Kennfunktionen identifiziert werden. Während die → partielle Autokorrelationsfunktion bzw. die → inverse Autokorrelationsfunktion nach dem Lag p theoretisch null wird, schwingt die → Autokorrelationsfunktion exponentiell und/oder sinusähnlich ab. Beispiel: Es wird ein A.-P. $\{X_t\}$

$$X_t - 0,7\,X_{t-1} + 0,3\,X_{t-2} = a_t$$

mit den Parametern $\phi_1 = 0,7$ und $\phi_2 = -0,3$ betrachtet. Für eine Zeitreihe $\{x_t\}$ dieses Prozesses, dargestellt in der folgenden Graphik,

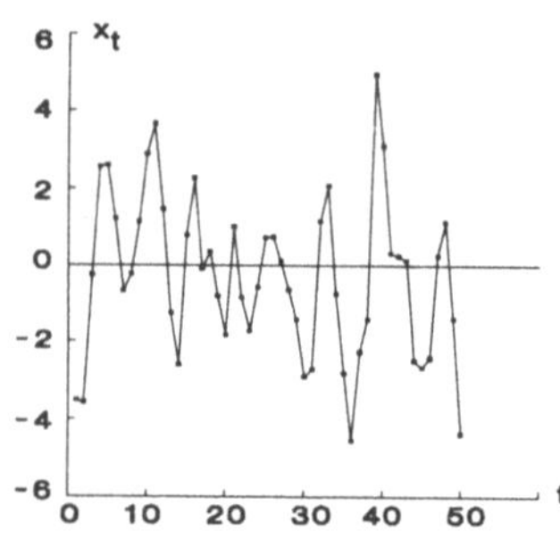

werden die Kennfunktionen zusammen mit den 95%-Vertrauensgrenzen geschätzt:

a) die Autokorrelationsfunktion $\hat{\rho}_\tau$

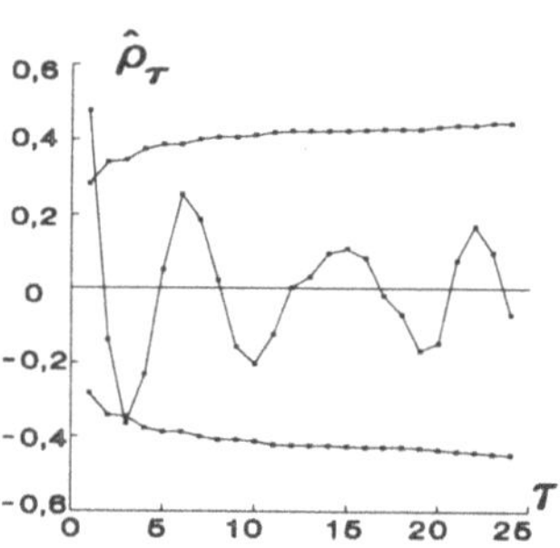

b) die partielle Autokorrelationsfunktion $\hat{\pi}_\tau$

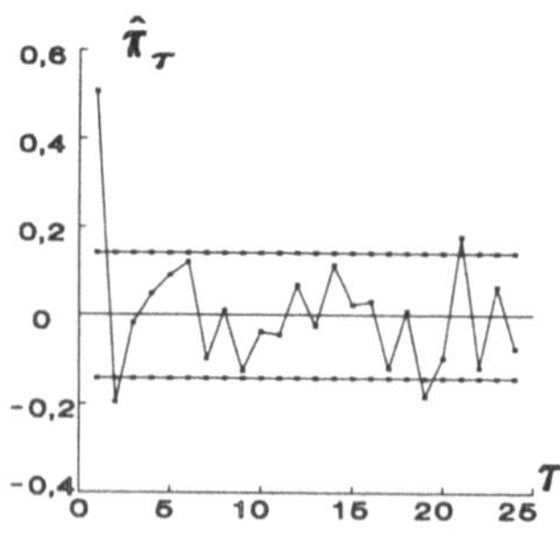

Sie zeigen die für AR(2)-Prozesse typische Gestalt, d.h. daß $\hat{\rho}_\tau$ exponentiell sinusähnlich abschwingt und $\hat{\pi}_\tau$

nach einem Wert außerhalb der 95%-Vertrauensgrenzen bei Lag $\tau=2$ abbricht, also im wesentlichen innerhalb der Vertrauensgrenzen liegt. Als Zeitreihenmodell darf ein A.-P. erst angesetzt werden, wenn Anzeichen für Instationarität in den Daten, wie → Trend, → periodische Schwankungen und Kalendereffekte (→ Kalenderkomponente), durch geeignete Transformationen (→ Differenzenbildung) ausgeschaltet worden sind.

Assoziation

Im weiteren Sinne Zusammenhang von Merkmalen beliebiger → Skalierung; im engeren Sinne Zusammenhang zweier nominalskalierter Merkmale X und Y mit jeweils genau zwei Ausprägungen x_1 und x_2 bzw. y_1 und y_2 (dichotome Merkmale). Beispiel: Zusammenhang zwischen Geschlecht mit den Merkmalsausprägungen männlich bzw. weiblich und Rauchgewohnheit mit den Merkmalsausprägungen Raucher bzw. Nichtraucher. Die → Häufigkeitsverteilung der Ausprägungen der Merkmale wird in diesem Fall in einer → Vierfeldertafel dargestellt. Zur Messung der A. werden → Assoziationskoeffizienten berechnet. - In der → induktiven Statistik stellen X und Y Zufallsvariablen dar. Ihre A. in der Grundgesamtheit wird mittels Tests, z.B. → Chi-Quadrat-(Unabhängigkeits-)Test, auf der Basis einer Stichprobe geprüft. Die → Nullhypothese ist dabei als Unabhängigkeit der beiden Zufallsvariablen formuliert.

Assoziationskoeffizient

Maß für den Zusammenhang zweier nominalskalierter Merkmale X und Y mit jeweils zwei Merkmalsausprägungen. Basis für die Berechnung von A.

ist die → Vierfeldertafel. Häufig verwendete A. sind:

a) A. von Yule (Q-Koeffizient): Dieser A. ist definiert als

$$Q = \frac{h_{11}\,h_{22} - h_{12}\,h_{21}}{h_{11}\,h_{22} + h_{12}\,h_{21}},$$

worin h_{ij} (i,j = 1,2) die absolute Häufigkeit für das gemeinsame Auftreten der Merkmalsausprägungen x_i und y_j ist. Es gilt $-1 \leq Q \leq +1$. Es ist ein Mangel, daß Q den Wert -1 bzw. +1 schon annimmt, wenn nur ein $h_{ij} = 0$ ist. Bei Unabhängigkeit der beiden Merkmale ist Q gleich 0. Das Vorzeichen ist nur in Verbindung mit der Vierfeldertafel interpretierbar, denn ein Vertauschen der Zeilen oder Spalten ändert das Vorzeichen. Beispiel: Die Erfassung der Erwerbspersonen im früheren Gebiet der Bundesrepublik Deutschland (Angaben in 1000) für April 1990 nach dem Merkmal Erwerbstätigkeit mit den Merkmalsausprägungen erwerbstätig (x_1) und erwerbslos (x_2) und nach dem Merkmal Geschlecht mit den Merkmalsausprägungen männlich (y_1) und weiblich (y_2) ergibt nachstehende Vierfeldertafel.

	y_1	y_2	gesamt
x_1	17 585	11 749	29 334
x_2	943	1 028	1 971
ges.	18 528	12 777	31 305

Quelle: Statistisches Bundesamt (Hrsg.), Datenreport 1992, S. 90

Es ist

$$Q = \frac{17585 \cdot 1028 - 11749 \cdot 943}{17585 \cdot 1028 + 11749 \cdot 943}$$

$$= 0,24 ,$$

d.h., ein Zusammenhang, wenn auch kein stark ausgeprägter, zwischen Erwerbstätigkeit und Geschlecht ist zu erkennen.

b) Phi-Koeffizient: Ein dem Bravais-Pearson - Korrelationskoeffizienten entsprechender Koeffizient (→ Korrelationskoeffizient). Er wird nach der Formel

$$\Phi = \frac{h_{11}\,h_{22} - h_{12}\,h_{21}}{\sqrt{h_{1.} \cdot h_{2.} \cdot h_{.1} \cdot h_{.2}}}$$

berechnet, worin h_{ij} (i,j = 1,2) die Häufigkeit für das gemeinsame Auftreten der Merkmalsausprägungen x_i und y_j, $h_{1.}$ und $h_{2.}$ die Werte der → Randverteilung des Merkmals X sowie $h_{.1}$ und $h_{.2}$ die Werte der Randverteilung des Merkmals Y sind. Es gilt $-1 \leq \Phi \leq +1$. Der Phi-Koeffizient nimmt seine Grenzen von -1 bzw. +1 nur an, wenn die Randverteilung des Merkmals X gleich der des Merkmals Y ist. Nur wenn beide Häufigkeiten auf einer Diagonalen der Vierfeldertafel gleich Null sind ($h_{11} = h_{22} = 0$ bzw. $h_{12} = h_{21} = 0$), ist $|\Phi| = 1$. Das Vorzeichen von Φ kann nur im Zusammenhang mit der Anordnung der Zeilen und Spalten in der Vierfeldertafel interpretiert werden, denn ein Vertauschen der Zeilen oder Spalten verändert das Vorzeichen. Für das obige Beispiel ist $\Phi = 0,06$.

Asymptotische Effizienz

Asymptotische Wirksamkeit, Grenzwert der → Effizienz einer Folge von Schätzfunktionen für Punktschätzungen $\hat{\pi}_n$ eines Parameters π. I. allg. ist die Zahl n der Umfang der in die Schätzung einbezogenen Stichprobe.

Asymptotische Erwartungstreue
→ Erwartungstreue

Asymptotische Wirksamkeit →
Asymptotische Effizienz

Asymptotisch normalverteilte Zufallsvariable

Folge von Zufallsvariablen X_n, für die mit $n \to \infty$ die Folge der Verteilungsfunktionen von $(X_n - \mu_n)/\sigma_n$ schwach gegen die Verteilungsfunktion der standardisierten → Normalverteilung konvergiert. Dabei bezeichnet μ_n den Erwartungswert und σ_n die Standardabweichung der Zufallsvariablen X_n.

Attribut

In der Statistik Bezeichnung für die aus Begriffen bestehenden Merkmalsausprägungen bei nominalskalierten Merkmalen (z.B. ledig, verheiratet, verwitwet beim Merkmal Familienstand) bzw. für die verbalen Intensitätsstufen (Ränge) bei ordinalskalierten Merkmalen (z.B. Benotung). → Attributprüfung

Attributprüfung

Gut-Schlecht-Prüfung, Art der Abnahmeprüfung in der → statistischen Qualitätskontrolle, bei der eine Prüfung der Ausführungsqualität eines Produktes lediglich aufgrund einer Einteilung (→ Klassifizierung) in fehlerhaft (schlecht) oder nicht fehlerhaft (gut) durchgeführt und die Anzahl der guten bzw. schlechten Produkte festgestellt wird (zählende Prüfung). Bei gegebenem Umfang N des Produktpostens (Los, Partie) ist der → Stichprobenplan für die A. durch den Stichprobenumfang n sowie durch die Annahmezahl c bestimmt. Letztere gibt an, wie viele fehlerhafte Produkte maximal zulässig sind, wenn der Posten bei der Prüfung aufgrund der Stichprobe angenommen werden soll.

Die Entscheidung über die Annahme oder Zurückweisung des Postens wird mittels des dem Stichprobenplan zugrunde liegenden → Testes gefällt. Ist z.B. bei einem → einfachen Stichprobenplan m die Anzahl der in einer konkreten Stichprobe aufgetretenen fehlerhaften Produkte, so wird der Posten angenommen, wenn $m \leq c$ ist, sonst wird er abgelehnt. In Abhängigkeit vom unbekannten Ausschußanteil p des Postens läßt sich die Annahmewahrscheinlichkeit für den Posten nach der → hypergeometrischen Verteilung und unter bestimmten Bedingungen approximativ nach der → Binomialverteilung bzw. → Poisson-Verteilung berechnen. Die sich ergebende Funktion L(p) heißt → Operationscharakteristik (Annahmekennlinie) und errechnet sich als: Eins minus Gütefunktion des Testes. Für die Operationscharakteristik des zu bestimmenden Stichprobenplanes werden zwei Punkte vorgegeben: $(p_{1-\alpha}, 1-\alpha)$ und (p_β, β), wobei der Ausschußanteil $p_{1-\alpha}$ die Annahmegrenze (Gutgrenze) und p_β die Ablehngrenze (Schlechtgrenze) ist. α gibt die Wahrscheinlichkeit an, einen noch guten Posten abzulehnen. α wird als Produzentenrisiko bezeichnet und ist aus Sicht der Testtheorie die Wahrscheinlichkeit für den → Fehler erster Art. Die Wahrscheinlichkeit β, einen schlechten Posten anzunehmen, heißt Abnehmerrisiko und ist die Wahrscheinlichkeit für den → Fehler zweiter Art. Für vorgegebene $p_{1-\alpha}$, p_β, α, β und N sind der minimale Stichprobenumfang n und die Annahmezahl c zu finden, so daß sowohl das Produzentenrisiko als auch das Abnehmerrisiko nicht überschritten werden: $L(p_{1-\alpha}) \geq 1-\alpha$ und $L(p_\beta) \leq \beta$. In der praktischen Durchführung werden zur

Auswahl des Stichprobenplanes fertige Tabellen und/oder Graphiken der
Operationscharakteristikenverwendet,
aus denen n und c abgelesen werden
können.

Aufbereitung

In der Statistik die Verarbeitung des
erhobenen Datenmaterials mit dem
Ziel der Ordnung, Systematisierung,
Zusammenfassung und übersichtlichen Darstellung der in Fragebögen
und anderen Erhebungsprotokollen
enthaltenen Ausgangsdaten (Datenverdichtung). Die A. beinhaltet die
Kontrolle des Urmaterials auf Vollständigkeit, Fehler und Widerspruchsfreiheit, die Verschlüsselung (Signieren) der Ausprägungen qualitativer
Merkmale, die Übertragung auf Datenträger, nach Maßgabe der → Skalierung der Merkmale eine → Klassierung der Merkmalsausprägungen, die
Ermittlung von → Häufigkeiten und
die Berechnung von Summen und
Anteilswerten. Die Darstellung erfolgt in → Tabellen und/ oder Graphiken (→ Diagramm). Damit werden die
im Urmaterial enthaltenen Informationen für den Anwender überschaubar gemacht und für die Anwendung
weiterer statistischer Methoden vorbereitet. Für den Untersuchungszweck Wesentliches wird hervorgehoben. Mit der A. gehen die Kenntnisse über die individuellen Merkmalsausprägungen des jeweiligen einzelnen Erhebungsobjektes verloren.
Die A. kann manuell (z.B. bei Wahlen) oder maschinell mittels Computer unter Nutzung von statistischer
Standard-Software erfolgen.

Ausdehnungsmaß

Summe aller normierten Merkmalswerte eines Gruppenindividuums, die

als Maß in der → Diskriminanzanalyse verwendet wird.

Ausfallquote → Ausfallrate

Ausfallrate

Hazardrate, Quotient der Dichtefunktion f(t) und der Überlebenswahrscheinlichkeit 1 - F(t) der Zufallsvariablen → Lebensdauer T mit der Verteilungsfunktion F(t)

$$r(t) = \frac{f(t)}{1 - F(t)}$$

zum Zeitpunkt t (t ≥ 0). Die Größe
r(t)Δt gibt die Wahrscheinlichkeit dafür an, daß ein Element (Komponente, Objekt, System) mit dem Alter t
im nachfolgenden sehr kleinen Intervall der Länge Δt ausfällt. Die A.
charakterisiert vollständig die Verteilung der Lebensdauer und ist eine
wichtige Zuverlässigkeitskennzahl.
Sie ist nur dann konstant, wenn die
Lebensdauerverteilung eine → Exponentialverteilung $F(t) = 1 - e^{-\lambda t}$ (für t
≥ 0) ist. Die A. der Exponentialverteilung ist zu jedem Zeitpunkt t: r(t)
= λ. Ist F(t) z. B. die → Weibull-Verteilung mit den Parametern α > 0
und β > 0, so ergibt sich die A. zu:
$r(t) = \alpha\beta t^{\beta-1}$, woran ihre Abhängigkeit vom bereits erreichten Alter
(Zeitpunkt t) zu erkennen ist. Weist
die A. mit fortschreitender Zeit eine
steigende Tendenz auf, so altern die
Elemente der betrachteten Grundgesamtheit; bei sinkender Tendenz der
A. fallen sie immer weniger aus, sie
"verjüngen" sich. In praktischen Fällen ist die graphische Darstellung der
A. oft eine typische Badewannenkurve, wie sie in der folgenden Graphik
schematisch gezeigt wird.

Ausgangspopulation

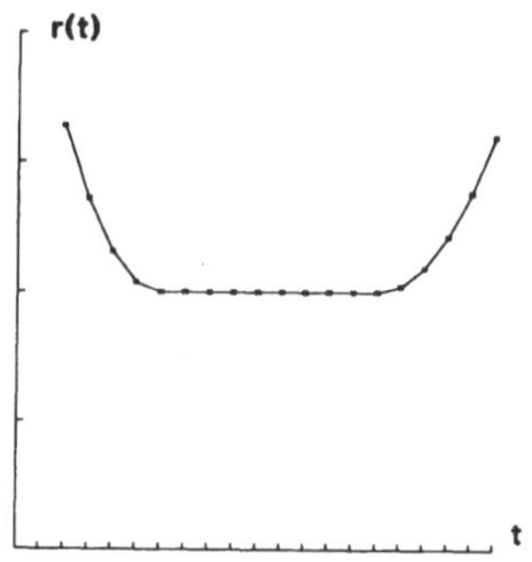

Die hohe A. zum Beginn der Nutzungszeit wird auf Frühfehler, die ebenfalls hohe A. zum Ende auf Alterungsfehler zurückgeführt. Dazwischen liegen die Zufallsfehler. Zur Modellierung von Früh- und Alterungsfehlern wird häufig eine Weibull-Verteilung, zur Beschreibung der Zufallsfehler eine Exponentialverteilung herangezogen. Wenn die Lebensdauerverteilung F(t) der Grundgesamtheit und somit die A. unbekannt ist, kann sie mittels der empirischen A. (Ausfallquote) geschätzt werden. Für jedes gewählte Zeitintervall $[t_i; t_{i+1}]$ berechnet sie sich als

$$r_{emp}(t_i; t_{i+1}) = \frac{B(t_i) - B(t_{i+1})}{B(t_i)\,(t_{i+1} - t_i)} \, ,$$

worin $B(t_i)$ der Bestand zum Zeitpunkt t_i, $B(t_{i+1})$ der Bestand zum Zeitpunkt t_{i+1} ist und $(t_{i+1} - t_i)$ die möglicherweise unterschiedliche Länge des Zeitintervalls berücksichtigt. Diese Formel wird auch für die deskriptive Analyse verwendet.

Ausgangspopulation

Menge wohlunterschiedener, eindeutig definierter statistischer → Elemente mit festgelegten, gleichen Ausprägungen von sachlichen, zeitlichen und örtlichen Identifikationsmerkmalen, i.allg. aber variierenden Erhebungsmerkmalen (→ Grundgesamtheit), die den Ausgangspunkt einer statistischen Analyse bilden. Beispiel: Die Menge aller im Wintersemester 1993/1994 an einer Universität eingeschriebenen Studenten bilden eine A., deren Bestands- und Strukturveränderungen z.B. mit Hilfe einer prospektiven → Kohortenanalyse ermittelt werden können.

Auslosungsstichprobenverfahren

Spezielles reines Zufallsauswahlverfahren (→ Stichprobenverfahren), bei dem jedem Element der Grundgesamtheit ein Los zugeordnet wird und aus der Losmenge per Zufall n Lose entnommen werden. Auf diese Weise werden n Stichprobenelemente aus der Grundgesamtheit ausgewählt. Auf Grund des damit verbundenen Aufwandes scheidet dieses Verfahren in der Praxis bei großen Grundgesamtheiten in der Regel aus.

Ausreißer

Extremer Beobachtungswert in einer statistischen Reihe, der ein qualitativ von der Gesamtheit abweichendes statistisches Element signalisiert. Er kann wesentlichen Einfluß auf die Auswahl des statistischen Analyseverfahrens haben. A. können durch Meß-, Übertragungs-, Berichts- oder Rechenfehler verursacht werden. Möglicherweise hat aber auch die Grundgesamtheit eine andere als die angenommene Verteilung, z.B. eine Mischverteilung. Die Erkennung eines A. fußt meistens auf einer visuellen Prüfung der Reihe (graphische Darstellung), was bei stark streuenden Daten schwierig wird. Als Ausreißerproblem wird bei Stichproben aus einer Grundgesamtheit mit der Zufallsvariablen X die Frage bezeichnet, ob der Maximalwert oder Minimalwert wesentlich größer bzw. kleiner als die übrigen beobachteten Werte und somit möglicherweise verfälscht und für die gegebene Grundgesamtheit damit nicht repräsentativ ist. Dann wird solch ein verdächtiger Wert x^* als A. bezeichnet, wenn ein Ausreißertest zur Ablehnung der Hypothese führt, daß x^* Element der zu X gehörenden Grundgesamtheit ist. Statistische Testverfahren für A. reagieren meist sehr sensibel. Ein A. sollte trotzdem nach Möglichkeit nicht aufgrund einer subjektiven Entscheidung, sondern aufgrund eines Tests festgelegt werden. Das Ausreißerproblem besteht weiter in einer nachfolgenden Ausreißerbehandlung, d.h. gegebenenfalls der Eliminierung der A. aus der Stichprobe, der Zensierung der Stichprobe, der Ersetzung einer Anzahl größter bzw. kleinster Werte durch ihre nächstgelegenen Werte in der Stichprobe (Winsorisierung). Die Entfernung eines A. aus der Reihe ist umstritten, da ein Werteverlust eintritt. Vorzuziehen sind Analyseverfahren, die hinreichend robust gegenüber A. sind ($\rightarrow$ Robustheit). Treten A. mehrfach in einem Datensatz auf, sind spezielle Datentransformationen zweckmäßig, z.B. bei Zeitreihen der $\rightarrow$ gleitende Median. In der Zeitreihenanalyse können A. als Kalendereffekte (additiver A.) oder als fortwirkender Schock (innovativer A.) auftreten.

Aussagebereich eines Versuches

Gültigkeitsbereich der aus einem Versuch gewonnenen Erkenntnisse.

Bei einem Modell mit festen Effekten ($\rightarrow$ Versuchsplanung) bezieht sich der A.e.V. auf die festgelegten Stufen der Faktoren, bei Modellen mit zufälligen Effekten auf die Grundgesamtheit, aus der die untersuchten Stufen eine Stichprobe bilden.

Äußere Varianz $\rightarrow$ Varianzanalyse

Auswahl nach dem Konzentrationsprinzip $\rightarrow$ Abschneidestichprobenverfahren

Auswahlsatz

Verhältnis des Stichprobenumfanges n zum Umfang N einer endlichen Grundgesamtheit

$$ w = \frac{n}{N} \quad oder \quad w = \frac{n}{N} 100\% \ . $$

Beispiel: Wird aus einer Lieferung von N=1000 Zwischenprodukten zum Zweck der Qualitätskontrolle eine Stichprobe vom Umfang n=50 gezogen, so beträgt der A. w = 50/1000 = 0,05 bzw. 5 %.

Auswahlverfahren $\rightarrow$ Stichprobenverfahren

Auswertung

Datenanalyse, systematische Analyse des aufbereiteten ($\rightarrow$ Aufbereitung) Datenmaterials mit Hilfe dem Untersuchungszweck, der fachlichen Fragestellung und den Daten angemessener statistischer und graphischer Verfahren und Modelle. Die adäquaten Verfahren und Modelle sind entweder im umfangreich vorhandenen Arsenal zu finden oder neu zu schaffen. Für die begründete Auswahl sind fundierte Kenntnisse der wesentlichen Voraussetzungen und Eigenschaften dieser Methoden unerläßlich, da oft

Autokorrelation

mehrere statistische Verfahren zur A. geeignet sind. Statistische Daten können zum Zwecke der Deskription ($\rightarrow$ deskriptive Statistik) oder zum Zwecke der statistischen Inferenz ($\rightarrow$ induktive Statistik) ohne oder mit Verwendung des Wahrscheinlichkeitskonzeptes ausgewertet werden. In jedem Falle werden mit der A. die in den Daten steckenden Informationen verdichtet, um aufschlußreiche Ergebnisse über Erscheinungen, Strukturen, Zusammenhänge und Vorgänge zu gewinnen, wobei vor allem deren praktische Relevanz und nicht ihre statistische Signifikanz zählt. Am Ende der A. stehen eine geeignete Präsentation und die sachgerechte Interpretation der numerischen Ergebnisse als Grundlage für die Überprüfung von Hypothesen und Theorien bzw. die problembezogene Entscheidungsfindung und Urteilsbildung.

Autokorrelation

Lineare, paarweise Abhängigkeit in einer Zeitreihe oder einer Folge von Residuen eines Zeitreihenmodells ($\rightarrow$ stochastischer Prozeß) bzw. eines $\rightarrow$ Regressionsmodells. Erkennung und Auswertung von A. gehören zu den fundamentalen Aufgaben der $\rightarrow$ Zeitreihenanalyse und der $\rightarrow$ Regressionsanalyse. Maßzahlen der A. sind verschiedene Autokorrelationskoeffizienten, die in Abhängigkeit von der paarweisen Zeitverschiebung berechnet werden ($\rightarrow$ Autokorrelationsfunktion). A. in einer Residuenfolge gilt als Indiz für eine $\rightarrow$ Fehlspezifikation des zugehörigen Modells. Bei der Modellierung sind entweder wesentliche Eigenschaften der Zeitreihe nicht erfaßt oder grundlegende Modellvoraussetzungen verletzt worden. Die Modellanpassung muß wiederholt

werden. Die Prüfung auf A. ist wichtiger Bestandteil der Modellüberprüfung. Es gibt zahlreiche Testverfahren auf A. ($\rightarrow$ Residuentest), die zumeist vom Wahrscheinlichkeitsmodell einer Normalverteilung ausgehen ($\rightarrow$ Gaußscher Prozeß). Bei der Querschnittsregression wird ebenfalls von A. der Residuen eines Regressionsmodells gesprochen ($\rightarrow$ Residualanalyse), wenn innere Abhängigkeiten in der Reihe der Residuen festgestellt werden.

Autokorrelationsfunktion

Korrelationsfunktion, normierte $\rightarrow$ Autokovarianzfunktion eines $\rightarrow$ stochastischen Prozesses $\{X_t\}$:

$$\rho(t_1, t_2) = \frac{Cov\,(X_{t_1}, X_{t_2})}{\sqrt{Var\,(X_{t_1})\,Var\,(X_{t_2})}}\;.$$

Die A. wird zur Anpassung $\rightarrow$ stationärer stochastischer Prozesse vom Typ ARMA ($\rightarrow$ ARMA-Prozeß) verwendet. Sie läßt sich für eine trend- und saisonbereinigte $\rightarrow$ Zeitreihe $\{x_t\}$, t = 1,..., n mit Hilfe der empirischen Autokovarianzen c_τ

$$\hat{\rho}(\tau) = \frac{c_\tau}{c_0}$$

für die Zeitverzögerung ($\rightarrow$ Lag) τ = 0, 1, 2, ... schätzen. Die Werte einer A. werden als Autokorrelationskoeffizienten bezeichnet. Je nach Lag τ = 1, 2,... wird zwischen Autokorrelationskoeffizienten erster, zweiter usw. Ordnung unterschieden. Beispiel: Für einen MA(1)-Prozeß bricht $\hat{\rho}_\tau$ nach Lag τ = 1 ab und verbleibt innerhalb der 95%-Vertrauensgrenzen. Dies verdeutlicht die nachfolgende Graphik, in der neben der Veränderung von $\hat{\rho}_\tau$ auch die Vertrauensgrenzen eingezeichnet sind:

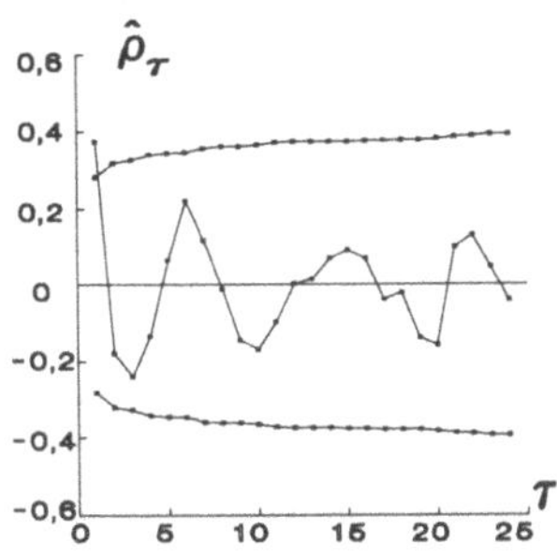

Autokovarianzfunktion

Kennfunktion $\gamma(t_1,t_2)$ eines $\rightarrow$ stochastischen Prozesses $\{X_t\}$, die zwei Werten t_1 und t_2 des Zeitparameters t die $\rightarrow$ Kovarianz $Cov(X_{t1},X_{t2})$ zwischen den Zufallsvariablen X_{t1} und X_{t2} zuordnet:

$$\gamma(t_1,t_2) = Cov(X_{t_1},X_{t_2})$$

$$= E[(X_{t_1}-\mu(t_1))(X_{t_2}-\mu(t_2))],$$

wobei $\mu(t)$ der Erwartungswertprozeß ist. Wird bei der A. t_1 gleich t_2 gesetzt, ergibt sich die $\rightarrow$ Varianzfunktion $\sigma^2(t)$ des stochastischen Prozesses. Die A. dient zur Messung der Stärke der linearen Abhängigkeit zwischen zwei Zufallsvariablen X_{t1} und X_{t2}. Sie gibt insbesondere Aufschluß darüber, wie sich die Abhängigkeit mit zeitlicher Entfernung voneinander verändert. Allerdings bleibt diese Aussage an die Zeitparameterwerte t_1 und t_2 gebunden. Erst wenn einschränkende Forderungen an den stochastischen Prozeß gestellt werden ($\rightarrow$ Stationarität), kann mit der A. eine globale (d.h. vom genauen Zeitpunkt unabhängige) und nur durch den Zeitabstand $\tau = t_2 - t_1$ ($\rightarrow$ Lag) determinierte Abhängigkeit gemessen werden. Die A. kann für eine trend-

und saisonbereinigte Zeitreihe $\{x_t\}$, $t=1,...,n$, mit Hilfe des $\rightarrow$ arithmetischen Mittels $\bar{x}$ der Beobachtungen geschätzt werden:

$$\hat{\gamma}(\tau)=c_\tau=\frac{1}{n}\sum_{t=1}^{n-\tau}(x_t-\bar{x})(x_{t+\tau}-\bar{x})$$

($\tau = 0, 1, 2,...$), wobei c_0 die Varianz

$$\hat{\gamma}(0)=c_0=\frac{1}{n}\sum_{t=1}^{n}(x_t-\bar{x})^2=\sigma^2$$

der Zeitreihenwerte ist. Die Schätzwerte c_τ heißen empirische Autokovarianzen. Sind $\rightarrow$ Trend und $\rightarrow$ Saisonschwankungen in der Zeitreihe belassen worden oder umfaßt die Zeitreihe nur wenige Beobachtungen, sollte die A. mit zwei verschiedenen Mittelwerten $\bar{x}_1$ und $\bar{x}_2$ geschätzt werden:

$$\hat{\gamma}(\tau)=c_\tau=\frac{1}{n}\sum_{t=1}^{n-\tau}(x_t-\bar{x}_1)(x_{t+\tau}-\bar{x}_2)$$

mit

$$\bar{x}_1=\frac{1}{n-\tau}\sum_{t=1}^{n-\tau}x_t,\quad \bar{x}_2=\frac{1}{n-\tau}\sum_{t=\tau+1}^{n}x_t.$$

Häufig verwendet wird eine normierte Darstellung der A., die $\rightarrow$ Autokorrelationsfunktion, deren Werte zwischen -1 und +1 liegen.

Automatische Klassifikation

Verfahren zur Erkennung von Klassen ähnlicher Objekte einer gegebenen Objektmenge und zu deren optimaler Konstruktion. $\rightarrow$ Clusteranalyse

Autoregressive Conditional Heteroscedasticity Process $\rightarrow$ nichtlineare Modellierung

B

Backshiftoperator $\rightarrow$ Lag-Operator

Balancierter Versuchsplan

Versuchsplan, der es ermöglicht, jede Stufendifferenz mit gleicher Genauigkeit zu schätzen. Ist die Anzahl p der Stufen eines Einflußfaktors A klein, so werden in der Regel zur Erfassung und Ausschaltung unerwünschter Einflüsse Versuche nach einem vollständigen Blockplan ($\rightarrow$ Versuchsplanung) durchgeführt, der in jedem $\rightarrow$ Block mindestens so viele Versuchseinheiten untersucht, wie Stufen vorgegeben sind. Sollen z.B. die Wirkungen eines (Einfluß-)Faktors X in p Stufen (z.B. Jahreszeit, aufgeteilt in p = 12 Monate) auf ein Merkmal (z.B. Niederschlagsmenge an m Stationen einer Region) analysiert werden, kann mit Hilfe des folgenden Versuchsplanes vorgegangen werden, wobei es sich um einen speziellen vollständigen Blockplan handelt, bei dem jede Stufe j in jedem Block i genau einmal auftritt:

Block i	Faktorstufen j			
	1	2	...	p
1	y_{11}	y_{12}	...	y_{1p}
2	y_{21}	y_{22}	...	y_{2p}
$\vdots$	$\vdots$	$\vdots$	$\ddots$	$\vdots$
m	y_{m1}	y_{m2}	...	y_{mp}

Dieser Versuchsplan ist balanciert, da die Anzahl der Messungen je Stufe für alle Stufen gleich ist. Dadurch wird gewährleistet, daß die Wirkungen (oder Effekte) des Faktors, gemessen durch die Spaltenmittelwerte, eine gleiche Präzision aufweisen. Ist die Anzahl p der Stufen eines Einflußfaktors groß bzw. ist p größer als die Anzahl der Versuchseinheiten pro Block, so verwendet man in der Regel unvollständige Blockpläne. Wird dieser Versuchsplan so konstruiert, daß jede Stufe des Faktors in jedem Block nur einmal und in genau r Blöcken auftritt und jedes Stufenpaar in genau λ Blöcken vertreten ist, dann heißt dieser Versuchsplan balanciert. Durch diese Vorgehensweise ist es möglich, alle Stufen mit der gleichen Präzision zu vergleichen. Beispiel: In jedem der m = 4 Blöcke können die Wirkungen eines Faktors mit insgesamt p = 4 Stufen nur in jeweils 3 Stufen analysiert werden. Ein unvollständiger b.V. hat folgende Struktur:

Block i	Faktorstufen j			
	1	2	3	4
1	y_{11}	y_{12}	y_{13}	
2	y_{21}	y_{22}		y_{24}
3	y_{31}		y_{33}	y_{34}
4		y_{42}	y_{43}	y_{44}

Insgesamt werden N = 12 Beobachtungsergebnisse y_{ij} registriert. Jedes Paar von Stufen des Faktors tritt in genau $\lambda = 2$ Blöcken auf, z.B. ist die Stufe 2 mit Stufe 4 im Block 2 und im Block 4 gekoppelt. Die Anzahl der Wiederholungen einer jeden Stufe ist r = 3. Die Aufstellung solcher Pläne ist i. allg. schwierig, zum Teil sind diese Pläne in Büchern über Versuchsplanung bereits konstruiert.

Balkendiagramm

Graphische Darstellungsform der → Häufigkeitsverteilung für vornehmlich nominalskalierte, aber auch für ordinalskalierte und metrisch skalierte, diskrete (nicht klassierte) Merkmale, bei der die Merkmalsausprägungen auf einer vertikalen Achse und die absoluten oder relativen Häufigkeiten als Längen von waagerechten Balken abgetragen werden. Die Balken sollten die gleiche Breite haben und nicht aneinander stoßen. Die Balken können noch unterteilt werden, um zusätzlich nach einem zweiten Merkmal zu untergliedern. B. werden häufig in den Medien (Tageszeitungen, Magazine, Fernsehen) verwendet. Beispiel: Das folgende B. zeigt die Bedeutung der Energieträger Kohle, Heizöl, Strom, Gas, Kraftstoffe und Fernwärme am Endenergieverbrauch für das Jahr 1989 in der Bundesrepublik Deutschland mittels der prozentualen relativen Häufigkeiten.

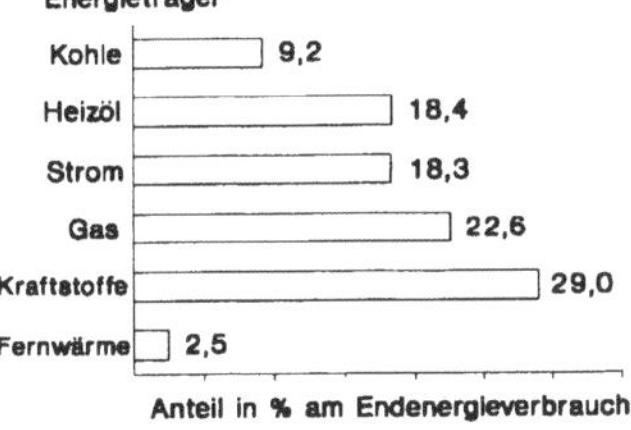

Bandpassfilter → Filtration

Bandsperrefilter → Filtration

Barometer

Konjunkturbarometer, Zusammenstellung und (meist graphische) Gegenüberstellung ökonomischer Zeitreihen zum Zwecke der Analyse, Diagnose und Prognose der konjunkturellen Entwicklung. Die Idee des B. geht auf E. Wagemann zurück, der Anfang der dreißiger Jahre für die Konjunkturdiagnose ein System von Wirtschaftsbarometern einführte, das heute noch die Grundlage der modernen Konjunkturforschung bildet. Die wichtigsten Einzel-Barometer sind: a) die Produktions-Barometer, die z.B. die Auftragseingänge, die Rohstoffeinfuhr, die Produktion, die Fertigwarenausfuhr, die Zahl der Beschäftigten usw. anzeigen; b) die Ertrags-Barometer, die anzeigen, unter welchen Bedingungen die Unternehmen z.B. Kapital, Güter und Dienstleistungen aufnehmen; darin eingeschlossen sind auch die sogenannten Kredit-Barometer, die kombiniert Wechselziehungen, Bankkredite, Emissionen von festverzinslichen und anderen Wertpapieren anzeigen, die sogenannten Lohn-Preis-Barometer, die die Entwicklung von Löhnen, Warenpreisen und Teuerungsraten erfassen, sowie das sogenannte Drei-Märkte-Barometer, das die Entwicklungen des Effekten-, Geld- und Warenmarktes gegenübverstellt; c) die Absatz-Barometer, die anzeigen, in welchem Umfang Angebot und Nachfrage auf dem Markt übereinstimmen bzw. voneinander abweichen; ein aussagekräftiges Absatz-Barometer ist das B. der Lagerbestandsveränderungen, das die repräsentativen Faktoren der Wareneingänge und -ausgänge erfaßt. - Für die Erstellung und Nutzung von B. gelten folgende Grundprinzipien: a) Jede Wirtschaftsepoche und jedes Wirtschaftssystem bedarf eines eigenen Systems von B. b) Eine konjunkturelle Prognose auf der Basis nur eines B. ist nicht sinnvoll. c) Nur eine Zusammenstellung von repräsentativen Einzel-Barometern ermöglicht eine Konjunkturdiagnose, auf deren Basis eine Konjunkturprognose erstellt werden kann.

Bartlett-Test

Test zum Prüfen der Hypothese über die Gleichheit der Varianzen σ_i^2 von p normalverteilten unabhängigen Zufallsvariablen $Y_1,..., Y_p$ anhand von p Stichproben $(y_{i1},...,y_{in_i})$ vom Umfang n_i aus den zu Y_i (i = 1,..., p; p > 2) gehörenden Grundgesamtheiten. Die Nullhypothese des Tests lautet H_0: $\sigma_1^2 =...= \sigma_p^2 = \sigma^2$ und die Alternativhypothese H_1: $\sigma_i^2 \neq \sigma^2$ für mindestens ein i. Unter H_0 ist die Testvariable

$$T = \frac{1}{C}\left[(N-p)\ln S^2 - \sum_{i=1}^{p}(n_i-1)\ln S_i^2\right]$$

für $n_i \to \infty$ asymptotisch χ^2-verteilt mit p - 1 Freiheitsgraden. Dabei sind $N = \sum n_i$ der Gesamtstichprobenumfang,

$$C = 1 + \frac{1}{3(p-1)}\left(\sum_{i=1}^{p}\frac{1}{n_i-1} - \frac{1}{N-p}\right)$$

und S_i^2 die Stichprobenvarianz einer Stichprobe vom Umfang n_i aus der zu Y_i gehörenden Grundgesamtheit (i = 1,..., p) sowie

$$S^2 = \frac{1}{N-p}\sum_{i=1}^{p}(n_i-1)\,S_i^2\,.$$

Die Nullhypothese wird abgelehnt, wenn der aus einer Stichprobe berechnete Wert von T größer als $\chi^2_{p-1;1-\alpha}$, das Quantil der Ordnung $1-\alpha$ der χ^2-Verteilung mit p-1 Freiheitsgraden und vorgegebenem Signifikanzniveau α, ist. Der B.-T. wird vor allem zur Überprüfung der Varianzhomogenität bei der Varianzanalyse verwendet. Er ist nicht robust gegenüber Abweichungen von der Normalverteilung. Die Gleichheit nur zweier Streuungen prüft man besser mit dem → F-Test.

Basic Structural Model → BSM

Basisperiode → Basiszeitraum

Basisstrukturmodell → BSM

Basiszeitraum

Basisperiode, Zeitraum, der im zeitlichen statistischen Vergleich mindestens zweier Merkmalswerte ein und desselben statistischen Merkmals (→ Meßzahl, → Indexzahl) als Bezugsperiode fungiert.

Bayessche Formel

Berechnungsvorschrift für die bedingte Wahrscheinlichkeit eines zufälligen Ereignisses A_i aus einem (vollständigen) System A_1, A_2, ..., A_N mit den Eigenschaften $A_1 \cup A_2 \cup...\cup A_N = \Omega$ (sicheres Ereignis, Ereignisraum) und $A_i \cap A_j = \emptyset$ für i ≠ j. Für $P(A_i) > 0$ (i=1,...,N) ist:

$$P(A_i\,|\,B) = \frac{P(A_i)\,P(B\,|\,A_i)}{\sum\limits_{j=1}^{N} P(A_j)\,P(B\,|\,A_j)}\,.$$

Die zufälligen Ereignisse A_i (i=1,2, ...,N) können gewisse Bedingungen sein, die mit den bekannten Wahrscheinlichkeiten $P(A_i)$ (den a-priori-Wahrscheinlichkeiten) eintreten. Ist bei einem Versuch das Ergebnis B eingetreten, so tritt die Frage auf, mit welcher Wahrscheinlichkeit $P(A_i|B)$ jetzt die Bedingung A_i erfüllt war. Die B. F. erlaubt es, aus gegebenen $P(B|A_j)$, $j = 1,...,$ N, diese Wahrscheinlichkeiten $P(A_i|B)$ zu berechnen. Beispiel: Eine neue elektronische Falschgelderkennungsanlage erkennt falsche Geldscheine mit einer Sicherheit von 90%. Mit 99% Sicherheit erkennt sie echte Banknoten als solche. Seien A_1 und A_2 die Ereignisse, daß eine Banknote falsch bzw. echt ist. Sei weiter B das Ereignis, daß eine Banknote von dem Gerät als falsch ausgewiesen wird. Dann ist $P(B|A_1) = 0{,}90$ und $P(B|A_2) = 0{,}01$. Nimmt man an, daß im Durchschnitt einer von 1000 Geldscheinen falsch ist, dann ist $P(A_1)=0{,}001$. Die Wahrscheinlichkeit dafür, daß eine von dem Gerät als falsch ausgewiesene Banknote wirklich falsch ist, ergibt sich nach der B. F. als

$$P(A_1|B) = \frac{0{,}001 \cdot 0{,}9}{0{,}001 \cdot 0{,}9 + 0{,}999 \cdot 0{,}01}$$

$$= 0{,}083{,}$$

d. h. nur 8,3 % werden zu recht als falsch ausgewiesen. $P(A_i|B)$ wird a-posteriori-Wahrscheinlichkeit von A_i nach Eintreten des Ereignisses B genannt. Die B. F. läßt sich auch auf → bedingte Wahrscheinlichkeitsverteilungen zufälliger Variablen ausdehnen.

Bayessches Prinzip
Entscheidungsprinzip, nach dem unter mehreren Hypothesen diejenige als wahr anzusehen ist, die bei vollzogener Beobachtung (z.B. Stichprobe)

die größte Wahrscheinlichkeit hat. Das B.P. spielt in der Bayesschen Theorie und damit in der Entscheidungstheorie eine fundamentale Rolle.

Bedarfselastizität → Bedarfsfunktion

Bedarfsfunktion
Formale Bestimmung der auf einem beliebigen Markt auftretenden, i.allg. jedoch nicht mit Kaufkraft ausgestatteten Güternachfrage von Wirtschaftssubjekten (meist Verbraucherschichten) in Abhängigkeit von bestimmten Bedarfsfaktoren, wie z.B. Einkommen, Preisen, Verbrauchs- und Kaufgewohnheiten. Die B. ist eine spezielle Form der → Nachfragefunktion und i.allg. Gegenstand der → Marktforschung. Die B. bildet die Grundlage für die Ermittlung von Bedarfselastizitäten. Die Bedarfselastizität ist eine Maßzahl, die ceteris paribus die Wirkung z.B. von Einkommensveränderungen bei bestimmten Verbraucherschichten auf den Bedarf bzw. auf die Nachfrage nach bestimmten Gütern anzeigt. In der Marktforschung unterscheidet man i.allg. zwei Formen von Bedarfselastizitäten: a) statische Bedarfselastizitäten, die zeitpunktbezogen und daher ein Forschungsgegenstand der → Marktanalyse sind, und b) dynamische Bedarfselastizitäten, die zeitraumbezogen und daher ein Forschungsgegenstand der Marktbeobachtung sind.

Bedingte Erwartung
Erwartungswert $E(X|Y=y_k)$ einer Zufallsvariablen X im diskreten Fall mit der → bedingten Wahrscheinlichkeitsverteilung $P(X=x_k|Y=y_k)$ oder im

Bedingte Häufigkeitsverteilung

stetigen Fall mit der bedingten Dichtefunktion f(x|Y = y). Die b. E. ist eine Funktion von y. Beispiel: Der Wert einer → Regressionsfunktion ist unter bestimmten Voraussetzungen die b. E. einer abhängigen Zufallsvariablen für den Fall, daß die Einflußvariable einen festen Wert annimmt.

Bedingte Häufigkeitsverteilung

→ Häufigkeitsverteilung

Bedingte relative Häufigkeit → Häufigkeit

Bedingte Überlebenswahrscheinlichkeit → Lebensdauer

Bedingte Wahrscheinlichkeit

Wahrscheinlichkeit für das Eintreten eines Ereignisses A unter der Annahme, daß ein anderes Ereignis B eingetreten ist. Sind A und B zwei zufällige → Ereignisse mit den Wahrscheinlichkeiten P(A) und P(B), wobei P(B) > 0 ist, so ist P(A $|$ B) = P(A∩B)/P(B) die bedingte Wahrscheinlichkeit von A bezüglich B. Im Spezialfall P(A $|$ B) = P(A) heißt A stochastisch unabhängig von B. Beispiel: Ein Produkt wird an 2 Standorten (Ereignisse A_1 und A_2) produziert. Aus der Gesamtproduktion wird zufällig ein Teil entnommen, und die Prüfung ergibt, daß es Ausschuß (Ereignis B) ist. Die b. W. $P(A_1|B)$ gibt die Wahrscheinlichkeit dafür an, daß dieses Ausschußteil am Standort 1 gefertigt wurde.

Bedingte Wahrscheinlichkeitsverteilung

Bei Zugrundelegung einer mehrdimensionalen Zufallsvariablen die Verteilung einer Zufallsvariablen, wenn die anderen Zufallsvariablen jeweils einen festen Wert angenommen haben. Dabei ist zu unterscheiden, ob die mehrdimensionale Zufallsvariable a) diskret oder b) stetig ist. Für eine zweidimensionale Zufallsvariable ergibt sich:

a) Ist (X, Y) eine zweidimensionale diskrete Zufallsvariable, die die Werte (x_i, y_k) mit den Wahrscheinlichkeiten $P(X=x_i, Y=y_k)=p_{ik}$ annimmt, dann ist

$$F_X(x|Y=y_k) = \sum_{i:x_i \le x} P(X=x_i|Y=y_k)$$

$$= \sum_{i:x_i \le x} \frac{p_{ik}}{p_{.k}}$$

die b.W. von X unter der Bedingung, daß die Zufallsvariable Y den festen Wert y_k angenommen hat. Die darin auftretenden bedingten Wahrscheinlichkeiten sind

$$P(X=x_i|Y=y_k) = \frac{P(X=x_i, Y=y_k)}{P(Y=y_k)}$$

$$= \frac{p_{ik}}{p_{.k}},$$

falls $p_{.k} = \Sigma_i\, p_{ik} > 0$ ist. Analog erhält man die b.W. von Y unter der Bedingung, daß die Zufallsvariable X den festen Wert x_i angenommen hat, als

$$F_Y(y|X=x_i) = \sum_{k:y_k \le y} P(Y=y_k|X=x_i)$$

$$= \sum_{k:y_k \le y} \frac{p_{ik}}{p_{i.}}$$

mit

$$P(Y=y_k|X=x_i) = \frac{P(X=x_i, Y=y_k)}{P(X=x_i)}$$

$$= \frac{p_{ik}}{p_{i.}},$$

als bedingte Wahrscheinlichkeiten, falls $p_{i.} = \sum_k p_{ik} > 0$ ist.

b) Ist (X,Y) eine zweidimensionale stetige Zufallsvariable mit der Wahrscheinlichkeitsdichte $f_{(X,Y)}$, dann ist die b.W. von X unter der Bedingung $Y = y$ definiert durch die (bedingte) Dichtefunktion $f_X(x \mid Y = y)$ und die zugehörige (bedingte) Verteilungsfunktion $F_X(x \mid Y = y)$. Dabei gilt

$$f_X(x \mid Y = y) = \frac{f_{(X,Y)}(x,y)}{f_Y(y)} \, ,$$

wobei

$$f_Y(y) = \int_{-\infty}^{\infty} f_{(X,Y)}(x,y) \, dx > 0$$

ist. Entsprechend ist die b.W. von Y unter der Bedingung $X = x$ definiert durch die (bedingte) Dichtefunktion $f_Y(y \mid X = x)$ und die (bedingte) Verteilungsfunktion $F_Y(y \mid X = x)$ mit

$$f_Y(y \mid X = x) = \frac{f_{(X,Y)}(x,y)}{f_X(x)}$$

und

$$f_X(x) = \int_{-\infty}^{\infty} f_{(X,Y)}(x,y) \, dy > 0 \, .$$

Bedingte Zufallsauswahl → Stichprobenverfahren

Befragung

Methode der Informationsgewinnung (→ Erhebung), bei der die Daten nicht durch → Beobachtung, sondern durch persönliche Kontaktierung, schriftlich oder per Telefon von Personen, Unternehmen usw. ermittelt werden. Sie wird u.a. in der Marktforschung angewandt. Die persönliche B. (Inter-

viewmethode), bei der ein Interviewer die Fragen stellt und die Antworten notiert, gewährleistet am ehesten einen Repräsentationsschluß auf die zu untersuchende Grundgesamtheit durch eine hohe Antwortquote bei entsprechender Anwendung eines → Stichprobenverfahrens. Sie zeichnet sich gegenüber den anderen Formen durch die Möglichkeit aus, Erläuterungen zu geben und die Richtigkeit der Fragen zu kontrollieren. Nachteilig sind die schlechte Erreichbarkeit bestimmter Personengruppen, die hohen Kosten und die bewußte oder unbewußte Beeinflussung durch den Interviewer. Bei der postalischen B. kann wegen des zu hohen Nichtbeantwortungsteiles die Repräsentanz der Stichprobe in Frage gestellt sein. Außerdem kann es wegen mangelnder Erläuterungen zu Mißverständnissen und damit zu falschen Antworten kommen. Andererseits ist kein Interviewereinfluß möglich, und die Erhebungskosten sind geringer. Die telefonische B. liegt in ihren Eigenschaften zwischen diesen beiden Erhebungsformen. Die Vorteile liegen in der Möglichkeit der Erläuterung und Kontrolle durch den Interviewer und in den geringeren Kosten bei dezentraler Organisation. Diese B. ist aber nur anwendbar, wenn die Telefonbesitzer die zu untersuchende Grundgesamtheit annähernd repräsentieren.

Begriffliches Merkmal → Merkmal

Behandlung

Faktorstufe, Ausprägung oder Zusammenfassung von Ausprägungen der → Faktoren, die einen Einfluß auf die Ergebnisvariable ausüben. Die Behandlungen werden bei der → Versuchsplanung zielgerichtet ausgewählt.

Behrens-Fisher-Problem

Bezeichnung für die Aufgabe, die Hypothese über die Gleichheit der Erwartungswerte zweier unabhängiger normalverteilter Zufallsvariablen, deren Streuungen unbekannt und verschieden sind, anhand zweier unabhängiger Stichproben zu testen. Zur Lösung des B.-F.-P. kann der Welch-Test oder der Bartlett-Scheffé-Test verwendet werden.

Der Welch-Test formuliert die Nullhypothese als H_0: $\mu_X = \mu_Y$ und die Alternativhypothese als H_1: $\mu_X \neq \mu_Y$. X und Y sind unabhängige, normalverteilte Zufallsvariable mit den unbekannten Erwartungswerten μ_X bzw. μ_Y und den unbekannten Varianzen σ^2_X bzw. σ^2_Y, wobei $\sigma^2_X \neq \sigma^2_Y$ ist. Die Verteilung der Prüfvariablen

$$T = \frac{\overline{X} - \overline{Y}}{\sqrt{\dfrac{S^2_X}{m} + \dfrac{S^2_Y}{n}}}$$

ist nicht exakt bekannt. $\overline{X}$ bzw. $\overline{Y}$ sind die arithmetischen Mittel, S^2_X bzw. S^2_Y die Stichprobenvarianzen zweier unabhängiger Stichproben vom Umfang m bzw. n. Die kritischen Werte werden näherungsweise nach einer von Welch angegebenen Vorschrift berechnet. Die Nullhypothese wird abgelehnt, wenn $|T|$ größer als $t_{k,1-\alpha/2}$, das Quantil der Ordnung $1-\alpha/2$ der t-Verteilung mit k Freiheitsgraden und dem vorgegebenen Signifikanzniveau α, ist. Die Zahl der Freiheitsgrade k wird dabei als die größte ganze Zahl, die gerade noch nicht größer als

$$\frac{(m-1)(n-1)\left(\dfrac{s^2_X}{m} + \dfrac{s^2_Y}{n}\right)^2}{(n-1)\left(\dfrac{s^2_X}{m}\right)^2 + (m-1)\left(\dfrac{s^2_Y}{n}\right)^2}$$

ist, bestimmt. Im Falle m = n benutzt man für große n näherungsweise das Quantil $z_{1-\alpha/2}$ der $\rightarrow$ Standardnormalverteilung und für kleine n $t_{2(n-1);1-\alpha/2}$, wobei sich nur geringe Abweichungen zu $t_{k,1-\alpha/2}$ ergeben.

Der Bartlett-Scheffé-Test ist in der Durchführung, insbesondere im Fall m = n, verhältnismäßig einfach. Es wird die Nullhypothese H_0: $\mu_X = \mu_Y$ gegen die Alternativhypothese H_1: $\mu_X \neq \mu_Y$ geprüft. Als Prüfvariable wird hier

$$T = \frac{\sqrt{m(m-1)}\,(\overline{X} - \overline{Y})}{\sqrt{\displaystyle\sum_{i=1}^{m} U^2_i}}$$

mit

$$U_i = X_i - \overline{X} - \sqrt{\frac{m}{n}}\, Y_i + \frac{\displaystyle\sum_{j=1}^{m} Y_j}{\sqrt{mn}}$$

verwendet. Die Nullhypothese wird abgelehnt, wenn $|T|$ größer als das Quantil $t_{m-1;1-\alpha/2}$ der t-Verteilung zum vorgegebenen Signifikanzniveau α ist.

Beobachtung

In der Statistik Art der $\rightarrow$ Erhebung statistischen Datenmaterials bei Tatbeständen, Verhaltensweisen, Reaktionen oder Prozessen durch Augenschein (z.B. Verkehrszählung) oder unter Verwendung von Meßgeräten (z.B. Messung des Kundenstromes durch fotomechanische Geräte, Messung der Länge eines Objektes mittels Bandmaß).

Beobachtungseinheit → Element

Bereichsmitte

Midextreme, Midrange, Durchschnitt (→ arithmetisches Mittel) aus dem kleinsten und größten beobachteten Wert eines metrisch skalierten Merkmals:

$$mr = \frac{x_{(1)} + x_{(n)}}{2} ,$$

wobei die Indizierung der Merkmalswerte x mit (1) und (n) eine vom kleinsten zum größten Wert geordnete Datenreihe impliziert. Die B. ist extrem anfällig gegen → Ausreißer und kann eine völlig verzerrte Einschätzung von der Lage der Verteilung geben. Sie wird aus diesem Grunde nur bei Stichprobenerhebungen verwendet, um einen ersten groben Überblick über die Lage der Verteilung zu erhalten. Beispiel: Bei einer → Stichprobe von n = 30 Haushalten wurden monatliche Haushaltsnettoeinkommen zwischen 1900 DM und 4300 DM beobachtet. Die B. ist (1900 + 4300)/2 = 3100 DM.

Bereichsschätzung → Intervallschätzung

Berichtsperiode → Berichtszeitraum

Berichtszeitraum

Berichtsperiode, Zeitraum, der im zeitlichen Vergleich mindestens zweier Merkmalswerte ein und desselben statistischen Merkmals (→ Meßzahl, → Indexzahl) als aktuelle Vergleichsperiode fungiert.

Berliner Verfahren

Verfahren zur → Dekomposition und → Saisonbereinigung von Zeitreihen, das von der Technischen Universität Berlin und dem Deutschen Institut für Wirtschaftsforschung Berlin entwickelt und mehrfach verfeinert worden ist. Das B. V. wird vom Statistischen Bundesamt z.B. zur Konjunkturdiagnose verwendet. Die methodische Fundierung ist umstritten (→ Census-X-11-Verfahren).

Bernoulli-Schema

Serie von unabhängigen Wiederholungen ein und desselben Versuches, wobei man sich jedesmal dafür interessiert, ob ein Ereignis A mit der Wahrscheinlichkeit P(A) = p eintrifft oder nicht. Das Eintreten von A nennt man Erfolg, p Erfolgswahrscheinlichkeit und den wiederholten Versuch ein Bernoulli-Experiment. Ist A_i das Eintreten des Ereignisses A beim i-ten Versuch, so ist die Wahrscheinlichkeit dafür ebenfalls $P(A_i)$ = P(A) = p. Die Wahrscheinlichkeit dafür, daß in einem B.-S. bei n Wiederholungen des Versuches das Ereignis A genau m-mal und das komplementäre Ereignis $\bar{A}$ genau (n-m)-mal eintritt, kann als

$$\binom{n}{m} p^m (1 - p)^{n-m}$$

berechnet werden. Damit folgt die Zufallsvariable, die in der Anzahl X der Erfolge eines B.-S. besteht, einer → Binomialverteilung mit den Parametern n und p.

Bernoulli-Variable → Indikatorvariable

Bernsteinsche Ungleichung

Abschätzung für eine Zufallsvariable X mit dem → Erwartungswert μ und der → Varianz σ^2, für die sämtliche absoluten zentralen → Momente $m_k = E(|X - \mu|^k)$ existieren und die mit einer positiven reellen Zahl H die Ungleichungen $m_k \leq \sigma^2 k! H^{k-2}/2$ für k= 2, 3, ... erfüllt:

$$P(|X-\mu| \geq \tau) \leq 2e^{-\frac{\tau^2}{4\sigma^2}}$$

für $0 < \tau \leq \sigma^2/H$ bzw.

$$P(|X-\mu| \geq \tau) \leq 2e^{-\frac{\tau}{4H}}$$

für $\tau \geq \sigma^2/H$. Hat X eine bezüglich des Erwartungswertes μ symmetrische Verteilung mit der Varianz σ^2 und erfüllen die zentralen Momente μ_{2k} die Ungleichung

$$\mu_{2k} \leq \sigma^2(1+3+5+...+(2k-1))$$

(k = 1, 2,...), so gilt für $\tau > 0$ die verschärfte B. U.

$$P(|X-\mu| \geq \tau) \leq 2e^{-\frac{\tau^2}{2\sigma^2}}.$$

Beschreibende Statistik → deskriptive Statistik

Besenkurve

In der Konjunkturdiagnose verwendete Darstellung der glatten Komponente einer Zeitreihe (→ Dekomposition) und der sukzessiven Einschritt-Prognose am → aktuellen Rand, wobei jeweils der Prognosewert und der Prognoseursprung durch eine Gerade verbunden werden. Die B. gibt Richtungsänderungen an.

Bestandsfunktion → dynamische Modellierung

Bestandsgröße → Bestandsmasse

Bestandsmasse

Punktmasse, Stock, Menge gleichartiger statistischer → Elemente, die über einen gewissen Zeitraum gemeinsam in einem Bestand verweilen. Der Umfang einer B. heißt Bestand. Das Merkmal, das an den Elementen einer B. beobachtet wird, bezeichnet man als Bestandsgröße. Struktur und Umfang einer B. werden stets nur zu einem bestimmten Zeitpunkt (Stichtag) statistisch erfaßt. B. werden festgestellt durch: a) Inventuren, b) Fortschreibung oder c) Beobachtung individueller Verläufe, bei denen der Bestand zu jedem beliebigen Zeitpunkt bekannt ist (→ Längsschnittdaten). Jeder B. ist eine Zugangs- und Abgangsmasse (→ Bewegungsmasse) zugeordnet (→ Fortschreibung). Beispiel: Die Bevölkerung der Bundesrepublik Deutschland zum Jahresende 1992 bildet eine B. mit der Zugangsmasse der Geborenen und Eingewanderten und der Abgangsmasse der Gestorbenen und Ausgewanderten für das Jahr 1992 (→ Bevölkerungsfortschreibung).

Bestandsprozeß → dynamische Modellierung

Bester Test

Test mit maximalen Werten $G(\pi)$ der Gütefunktion für $\pi \in \Pi_1$ innerhalb einer Klasse von Tests für eine Nullhypothese H_0: $\pi \in \Pi_0$ gegen eine Alternativhypothese H_1: $\pi \in \Pi_1$, wobei Π_0 und Π_1 Parameterbereiche sind. Das bedeutet, ein b.T. ist der Test mit der höchsten Wahrscheinlichkeit für die Ablehnung einer falschen Nullhypothese.

Beste Schätzung

Punktschätzung mit einer Schätzfunktion, die innerhalb einer gegebenen Klasse von Schätzfunktionen die kleinste Varianz hat. → Effizienz

Bestimmtheitsmaß

Maßzahl für die Güte der Anpassung einer → Regressionsfunktion an die Beobachtungswerte der → endogenen Variablen Y. Die Berechnung des B. basiert auf der → Varianzzerlegung der Gesamtvarianz der Variablen Y

$$s_y^2 = \frac{\sum_{i=1}^{n} (y_i - \bar{y})^2}{n}$$

in zwei Teilvarianzen: in die durch die Regressionsfunktion erklärte Teilvarianz

$$s_{\hat{y}}^2 = \frac{\sum_{i=1}^{n} (\hat{y}_i - \bar{y})^2}{n}$$

und in die nicht erklärte Teilvarianz

$$s_{\hat{u}}^2 = \frac{\sum_{i=1}^{n} (y_i - \hat{y}_i)^2}{n},$$

worin $\bar{y}$ das → arithmetische Mittel und n die Anzahl der Beobachtungswerte der Variablen Y, $\hat{y}_i$ die nach der → Methode der kleinsten Quadrate ermittelten → Regreßwerte sind. Somit gilt:

$$s_y^2 = s_{\hat{y}}^2 + s_{\hat{u}}^2$$

bzw. unter Verwendung der Quadratsummen

$$\sum_{i=1}^{n} (y_i - \bar{y})^2 = \sum_{i=1}^{n} (\hat{y}_i - \bar{y})^2 + \sum_{i=1}^{n} (y_i - \hat{y}_i)^2 \, .$$

Graphisch ist diese Zerlegung auf der Seite 42 veranschaulicht. Das B. gibt den Anteil der erklärten Varianz an der Gesamtvarianz an:

$$B = \frac{\sum_{i=1}^{n} (\hat{y}_i - \bar{y})^2}{\sum_{i=1}^{n} (y_i - \bar{y})^2} \, .$$

Im Fall der einfachen linearen Regressionsfunktion kann das B. unter direkter Verwendung der Beobachtungswerte x_i und y_i berechnet werden (→ einfaches Bestimmtheitsmaß). Es gilt $0 \le B \le 1$, wobei $B = 0$ keine Erklärung und $B = 1$ vollständige Erklärung der Varianz von Y durch die Regressionsfunktion bedeutet. Je größer also das B. ist, desto besser ist die Regressionsfunktion zur Erklärung der Abhängigkeit geeignet. Stellen die Beobachtungswerte der endogenen und exogenen Variablen eine Stichprobe aus einer Grundgesamtheit dar (→ induktive Statistik), kann das B. einer statistischen Prüfung mittels des F-Tests unterzogen werden. Die → Nullhypothese H_0 lautet: $B = 0$, d.h., keine der m exogenen Variablen der Regressionsfunktion übt einen signifikanten Einfluß auf die endogene Variable aus. Die → Alternativhypothese H_1 lautet: $B > 0$, d.h., mindestens eine der m exogenen Variablen der Regressionsfunktion übt einen signifikanten Einfluß auf die endogene Variable aus.

Bestimmtheitsmaß

Bestimmtheitsmaß:

Graphische Darstellung der Varianzzerlegung für das Bestimmtheitsmaß:

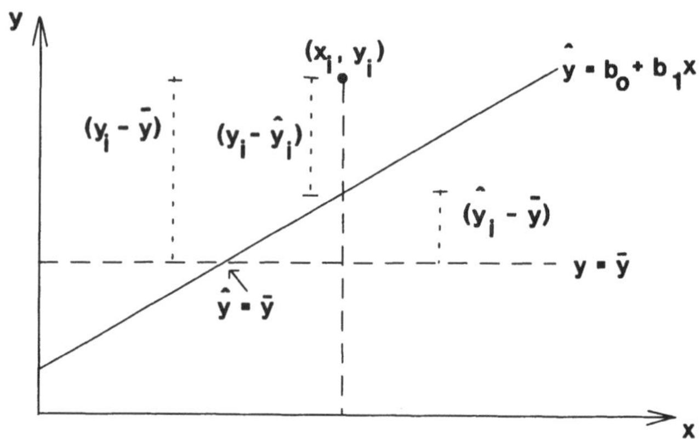

Varianztabelle zur Prüfung des Bestimmtheitsmaßes:

Streuungs-ursache	Summe der quadratischen Abweichungen	Anzahl der Freiheits-grade	mittlere quadratische Abweichung	Wert der Prüffunk-tion
exogene Variable $X_1,...,X_m$	$\Sigma(\hat{y}_i - \bar{y})^2 =$ $B \cdot \Sigma(y_i - \bar{y})^2$	m	$\dfrac{B \cdot \Sigma(y_i - \bar{y})^2}{m}$	
Rest	$\Sigma(y_i - \hat{y}_i)^2 =$ $(1-B) \cdot \Sigma(y_i - \bar{y})^2$	$n - m - 1$	$\dfrac{(1-B)\Sigma(y_i - \bar{y})^2}{n-m-1}$	$F = \dfrac{B(n-m-1)}{m(1-B)}$
Gesamt-streuung	$\Sigma(y_i - \bar{y})^2$	$n - 1$	.	.

Die → Testvariable

$$F = \frac{B\,(n - m - 1)}{m\,(1 - B)}$$

folgt unter der Nullhypothese H_0 einer → F-Verteilung mit den Freiheitsgraden $f_1 = m$ und $f_2 = n - m - 1$. Ist der berechnete Wert der Testvariablen F größer als der für ein vorgegebenes → Signifikanzniveau α aus der Tabelle der F-Verteilung gefundene Wert $F_{1-\alpha,m,n-m-1}$, wird die Nullhypothese H_0 abgelehnt. Die Varianztabelle, die die angegebene Varianzzerlegung beinhaltet und von vielen statistischen Softwarepaketen ausgegeben wird, stellt für diesen Test ein gutes Hilfsmittel dar. Die allgemeine Form der Varianztabelle ist auf der Seite 42 angegeben.

Beta-Fehler → Fehler zweiter Art

Beta-Funktion
In der Wahrscheinlichkeitstheorie viel verwendete Funktion $B(p,q)$, die durch das Eulersche Integral

$$B(p,q) = \int_0^1 t^{p-1}(1-t)^{q-1}\,dt$$

für $p,q > 0$ definiert wird. Zur → Gamma-Funktion hat sie die Beziehung

$$B(p,q) = \frac{\Gamma(p)\,\Gamma(q)}{\Gamma(p+q)}.$$

Die Funktion

$$B(x;p,q) = \int_0^x t^{p-1}(1-t)^{q-1}\,dt$$

heißt unvollständige B.-F. Der Quotient

$$F(x;p,q) = \frac{B(x;p,q)}{B(p,q)}$$

gibt für $0 \le x \le 1$ die Verteilungsfunktion einer Zufallsgröße X an, die eine → Beta-Verteilung 1. Art mit den Parametern (p,q) über dem Intervall $[0;1]$ hat.

Beta-Verteilung
Spezielle Wahrscheinlichkeitsverteilung einer stetigen Zufallsvariablen, die eine der folgenden Dichtefunktionen hat:

a) X ist betaverteilt 1. Art über dem Intervall (a,b) mit den Parametern (p,q), $p > 0$, $q > 0$, wenn die Zufallsvariable X dort die Dichtefunktion

$$f(x) = \frac{(b-a)^{1-p-q}}{B(p,q)}(x-a)^{p-1}(b-x)^{q-1}$$

hat, wobei $B(p;q)$ die Beta-Funktion ist. Erwartungswert und Varianz der B.-V. 1. Art sind

$$E(X) = a+(b-a)\frac{p}{p+q}$$

bzw.

$$Var(X) = \frac{(b-a)^2 pq}{(p+q)^2(p+q+1)}.$$

Für $p \ge 1$, $q \ge 1$ und $pq > 1$ nimmt die Dichtefunktion $f(x)$ ihr Maximum bei

$$M = a+(b-a)\,\frac{p-1}{p+q-2}$$

an. Für $p=1$ und $q=1$ ergibt sich eine stetige Gleichverteilung über (a,b).
b) Eine stetige Zufallsvariable X ist betaverteilt 2. Art mit $(2p,2q)$ Freiheitsgraden $(p > 0$, $q > 0)$, wenn ihre

Betriebswirtschaftliche Statistik

Wahrscheinlichkeitsdichte die Gestalt

$$f(x) = \frac{x^{p-1}}{B(p,q)(1+x)^{p+q}}$$

für x > 0 hat und sonst null ist. Erwartungswert und Varianz der B.-V. 2. Art sind für q > 1 bzw. q > 2

$$E(X) = \frac{p}{q-1}$$

bzw.

$$Var(X) = \frac{p(p+q-1)}{(q-1)^2\,(q-2)}\,.$$

Ist X betaverteilt 2. Art mit (2p, 2q) Freiheitsgraden, so ist die Variable (p/q)X F-verteilt mit (2p, 2q) Freiheitsgraden.

Betriebswirtschaftliche Statistik

Gesamtheit der Verfahren und Methoden zur Gewinnung, Erfassung, Aufbereitung, Analyse und Vorhersage von zähl-, meß- und beobachtbaren (möglichst massenhaften) Informationen über betriebswirtschaftliche Sachverhalte (reale Objekte und Vorgänge) zum Zwecke der unternehmerischen Kontrolle, der Erkenntnisgewinnung und Entscheidungsfindung (meist allerdings unter Ungewißheit). Die b.S. ist eng verbunden mit dem betrieblichen Rechnungswesen und speziell mit der Buchführung, der Bilanz-, Kosten- und Planungsrechnung. Die wesensbestimmenden Anwendungsgebiete der b.S. sind: a) die Erhebung, Aufbereitung und Analyse betriebswirtschaftlicher Kennzahlen z.B. in Gestalt von → Bestandsmassen und → Bewegungsmassen, → Verhältniszahlen und → Mittelwerten; b) die Vertriebs- und Umsatzstatistik; c) die Beschaffungs- und Lagerstatistik; d)

die Produktionsstatistik; e) die Personalstatistik einschließlich der Arbeitszeit-, Lohn- und Gehalts- sowie Sozialstatistik; f) die Bilanz- und Erfolgsstatistik zur Messung der → Produktivität und → Rentabiltität der betrieblichen Aktivitäten und g) der inner- und zwischenbetriebliche statistische → Vergleich.

Bevölkerungsbewegung

Veränderungen in Größe und Struktur des → Bevölkerungsstands eines geographischen Gebiets innerhalb eines bestimmten Zeitraumes (→ Bewegungsmasse). Größenveränderungen des Bevölkerungsstands aus dem natürlichen Zugang der Geburten und dem natürlichen Abgang der Sterbefälle sowie Strukturveränderungen im Bevölkerungsstand aus Eheschließungen und Ehelösungen werden unter dem Begriff "natürliche" B. zusammengefaßt. Größen- und Strukturveränderungen des Bevölkerungsstandes aus Binnen-, Außen- und Pendelwanderungen (→ Wanderung) werden als "räumliche" B. bezeichnet. Die logische und arithmetische Verknüpfung von Bevölkerungsstand und B. führt zum Begriff der → Bevölkerungsfortschreibung.

Bevölkerungsdichte

Quotient aus den statistischen Merkmalen → Bevölkerungstand und Fläche eines geographischen Gebiets zu einem bestimmten Zeitpunkt. Die B., die ihrem Wesen nach eine → Beziehungszahl ist, gibt an, wie viele Einwohner im Durchschnitt auf eine Flächeneinheit entfallen. In der Praxis verwendet man die B. zum statistischen Vergleich der Bevölkerungsagglomeration in unterschiedlichen geographischen Gebieten. Mitunter benennt und berechnet man verschiedene Formen der B. Die oben definierte B. wird auch als arithmetische B. bezeichnet. Setzt man die in der Landwirtschaft beschäftigten Personen eines geographischen Gebiets in Beziehung zu seiner landwirtschaftlichen Nutzfläche, spricht man von der agrarischen B. Als Wohndichte bezeichnet man die Verhältniszahl von Wohnbevölkerung und Wohnfläche eines geographischen Gebiets. Beispiel: Bezeichnet man die B. mit D, so errechnet man zum Jahresende 1990 für Deutschland eine B. von

$$D = \frac{79753230 \; Einwohner}{356854 \; km^2}$$

$$\approx 223 \; Einwohner \; je \; km^2$$

und im Vergleich dazu für Berlin eine B. von

$$D = \frac{3433700 \; Einwohner}{889 \; km^2}$$

$$\approx 3862 \; Einwohner \; je \; km^2.$$

Legt man hingegen die in Berlin für Wohnbauten genutzte Stadtfläche der Berechnung zugrunde, erhält man für das Jahresende 1990 und Berlin eine Wohndichte von

$$D = \frac{3433700 \; Einwohner}{235 \; km^2}$$

$$\approx 14611 \; Einwohnern \; je \; km^2.$$

Die nachfolgende Graphik zeigt einen statistischen Vergleich der dichtestbesiedelten deutschen Städte (Stand am Jahresende 1990) unter Verwendung der Bevölkerungsdichten auf der Basis der Wohnfläche.

Bevölkerungsdichten

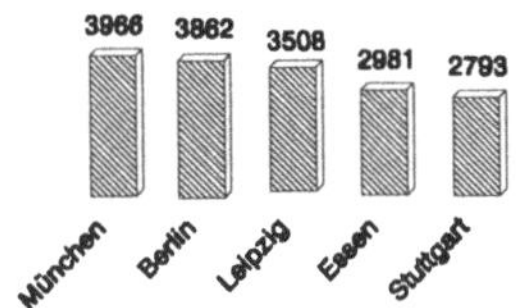

Es ist auch üblich, die B. für einen bestimmten Zeitraum auf der Basis mittlerer Bevölkerungsstandsdaten zu ermitteln.

Bevölkerungsfortschreibung

Einfaches mathematisches Modell der → Bevölkerungsstatistik zur Berechnung des aktuellen → Bevölkerungsstands eines geographischen Gebietes aus einem früheren Bevölkerungsstand durch Addition der zwischenzeitlichen Zugänge in Gestalt der Geborenen und Zugezogenen und Subtraktion der zwischenzeitlichen Abgänge in Gestalt der Gestorbenen und Fortgezogenen (→ Bevölkerungsbewegung). Da eine Volkszählung in der Regel nur alle zehn Jahre stattfindet, schreibt die → amtliche Statistik für die Bundesländer und die Bundesrepublik die Bevölkerungsbestandsdaten der letzten Volkszählung sowohl monatlich insgesamt als auch jährlich gegliedert nach Geschlecht, Alter und Familienstand fort. Da vor allem die räumliche Bevölkerungsbewegung, insbesondere die Außenwanderung, nicht vollständig erfaßt werden kann, sind die Ergebnisse der B. stets fehlerbehaftet. Zwischen zwei Volkszählungen ist die B. die einfachste, effektivste und kostengünstigste Form der Ermittlung des Bevölkerungsstandes eines geographischen Gebiets. Die folgende Tabelle verdeutlicht das Modell der B. für

Bevölkerungspyramide

Deutschland und 1990:

Bevölkerungsstand per 31.12.1989	79 112 830
Geborene	+ 905 675
Gestorbene	- 921 445
Zugezogenenüberschuß	+ 656 200
Bevölkerungsstand per 31.12.1990	79 753 260

Bevölkerungspyramide → Alterspyramide

Bevölkerungsreproduktion

Fähigkeit einer Bevölkerung, sich auf Dauer aus eigener Kraft zu erhalten bzw. zu vermehren. Bei der statistischen Beschreibung der B. eines geographischen Gebiets und eines bestimmten Zeitraums geht man von der → Bestandsmasse der Frauen im fertilen Alter (in der Regel zwischen ihrem 15. und 45. Lebensjahr) und der → Bewegungsmasse der lebendge-. borenen Mädchen aus. Diese Tatsache basiert auf der Überlegung, daß die Frau im fertilen Alter die Quelle und der Garant für den Fortbestand einer Bevölkerung ist und daß eine gegenwärtige Generation von Müttern nur durch die Lebendgeburt von Mädchen, die künftig wieder als Mütter fungieren können, erhalten bzw. vermehrt werden kann. Zur statistischen Bewertung der B. werden folgende Maßzahlen verwendet: a) Bruttoreproduktionsrate (auch Bruttoreproduktionsindex, -ziffer, rohe Reproduktionsziffer genannt): Summe der altersspezifischen Fruchtbarkeitsziffern für weibliche Lebendgeborene (→ Fertilitätsmaße). Die Bruttoreproduktionsrate gibt an, wieviel Mädchen durchschnittlich von 1000 Frauen im Verlaufe ihres fertilen Alters lebend geboren werden. Da bei der Berechnung der Bruttoreproduktionsrate weder Veränderungen in den Fertilitäts-, noch in den Mortalitätsverhältnissen bei den lebendgeborenen Mädchen und Frauen im fertilen Alter berücksichtigt werden, spiegelt sie die Reproduktionsfähigkeit einer Bevölkerung nur grob wider. Dies ist auch der Grund dafür, warum die → amtliche Statistik die Bruttoreproduktionsrate nicht ausweist. Man kann die Bruttoreproduktionsrate allerdings näherungsweise berechnen, indem man die zusammengesetzte Fertilitätsziffer mit der Sexualproportion der Lebendgeborenen (→ Natalitätsmaße) koppelt. Da 1989 für das geographische Gebiet der DDR eine zusammengesetzte Fertilitätsziffer von 1572 Lebendgeborenen je 1000 Frauen im fertilen Alter und eine Sexualproportion von 1061 lebendgeborenen Knaben je 1000 lebendgeborene Mädchen durch die amtliche Statistik ausgewiesen wurden, schätzt man die Bruttoreproduktionsrate B auf

$$B \approx \frac{1572}{1061 + 1000} \cdot 1000 \approx 763$$

lebendgeborene Mädchen je 1000 Frauen im fertilen Alter. Für das frühere Bundesgebiet schätzt man hingegen für 1989 eine Bruttoreproduktionsrate B von

$$B \approx \frac{1394}{1051 + 1000} \cdot 1000 \approx 680$$

lebendgeborenen Mädchen je 1000 Frauen im fertilen Alter. b) Nettoreproduktionsrate (Nettoreproduktionsindex, -ziffer, reine Reproduktionsziffer): Produktsumme aus den altersspezifischen Fruchtbarkeitsziffern für lebendgeborene Mädchen f_x^w und den Überlebenswahrscheinlichkeiten p_x^w gemäß der → Sterbetafel für Frauen im fertilen Alter (x = 15,..., 44 vollendete Jahre) eines geographischen Gebiets in einem bestimmten Zeitraum. Die Nettoreproduktionsrate, die ihrem Wesen nach eine hypothetische Maßzahl ist, gibt an, wie viele Mädchen unter den jeweils gültigen Mortalitäts- und Fertilitätsverhältnissen durchschnittlich von 1000 Frauen im Verlaufe ihres fertilen Alters zur Welt gebracht werden. Eine Nettoreproduktionsrate von 1000 kennzeichnet eine einfache, eine Nettoreproduktionsrate größer als 1000 eine erweiterte und eine Nettoreproduktionsrate kleiner als 1000 eine auf die Dauer nicht mehr gesicherte B. Unter Verwendung der Sterbetafeln von 1986/88 für das frühere Bundesgebiet und der von 1987/88 für die DDR sowie der jeweiligen altersspezifischen Fruchtbarkeitsziffern für lebendgeborene Mädchen für 1989 errechnet man für die Bundesrepublik Deutschland eine Nettoreproduktionsrate N von

$$N = \sum_{x=15}^{44} f_x^w \cdot p_x^w \approx 690$$

lebendgeborenen Mädchen je 1000 Frauen im fertilen Alter. Demnach werden in Deutschland 31% weniger Mädchen geboren, als zur Bestandserhaltung der Bevölkerung erforderlich wären. Unter Verwendung der für die Bestimmung der Nettoreproduktionsrate erforderlichen Daten errechnet man leicht den mittleren Generationenabstand G mit

$$G = \frac{\sum\limits_{x=15}^{44} \left(x + \frac{1}{2} \right) \cdot f_x^w \cdot p_x^w}{N}$$

$$= \frac{19355}{690} \approx 28 \; \textit{Jahren}$$

für die deutsche Bevölkerung als ein gewogenes → arithmetisches Mittel des Alters der Mütter bei der Geburt eines Mädchens.

Bevölkerungsschwerpunkt

Maßzahl der → Bevölkerungsstatistik zur Kennzeichnung der Bevölkerungsverteilung eines geographischen Gebiets. Bei der Berechnung des B. geht man wie folgt vor: Man bestimmt für die Ortschaften eines geographischen Gebiets die Koordinaten der geographischen Länge und der geographischen Breite und berechnet unter Verwendung der Einwohnerzahlen der betrachteten Ortschaften das gewogene → arithmetische Mittel aus den Längen- bzw. Breitenangaben, wobei die Einwohnerzahlen als Gewichte verwendet werden. Die so errechneten durchschnittlichen Koordinaten der geographischen Länge und Breite bilden den B. Die Bezeichnung als B. resultiert aus der Null- oder Schwerpunkteigenschaft des arithmetischen Mittels. Der B. wird oft nutzbringend zur optimalen Standortbestimmung etwa für Dienstleistungseinrichtungen verwendet. In der historischen → Demographie bedient man sich des B. auch zur Kennzeichnung der Besiedlungsrichtung innerhalb eines geographischen Gebiets. Ein klassisches Beispiel ist die Verlagerung des B. in den USA seit ihrer Gründung von Ost nach West. Der B. für Deutschland in den

Bevölkerungsstand

Grenzen von 1993 zeigt für die vergangenen einhundert Jahre eine geringfügige Verlagerung in Richtung Südwest.

Bevölkerungsstand

Bevölkerungsbestand, Anzahl der Einwohner eines geographischen Gebiets zu einem bestimmten Zeitpunkt (→ Bestandsmasse). Der B. wird durch die → amtliche Statistik über die → Volkszählung und die → Bevölkerungsfortschreibung erfaßt. Da bei einer Volkszählung über jeden Einwohner mehrere Eigenschaften (→ Merkmal) wie z.B. Alter, Geschlecht, Familienstand, Beruf usw. statistisch erhoben werden, kann der B. a) alters- und geschlechtsspezifisch (→ Alterspyramide), b) regional entsprechend den administrativen Gebietseinheiten (Länder, Kreise, Städte und Gemeinden) und c) sozialökonomisch nach Familienstand, Staatsangehörigkeit, Erwerbsfähigkeit, Ausbildungsstand, Religionszugehörigkeit usw. dargestellt werden. Zur Kennzeichnung des B. eines geographischen Gebiets innerhalb eines bestimmten Zeitraums berechnet man einen mittleren B. als → chronologisches Mittel aus den verfügbaren, zeitlich aufeinanderfolgenden Bevölkerungsstandsdaten (Zeitpunktdaten) innerhalb des interessierenden Zeitraums.

Bevölkerungsstatistik

Gesamtheit der Verfahren und Methoden zur Gewinnung, Erfassung, Aufbereitung, Analyse, Modellierung und Vorhersage zahlenmäßiger Informationen (Daten) über Größe (→ Bevölkerungsstand), Zusammensetzung (→ Bevölkerungsstruktur) und Veränderung (→ Bevölkerungsbewegung) der Bevölkerung eines geographischen Gebiets zu einem bestimmten Zeitpunkt bzw. in einem bestimmten Zeitraum. Die B. ist von fundamentaler praktischer Bedeutung für die öffentliche Verwaltung eines Staates. Methodisch und organisatorisch ist die B. eng mit der → Wirtschaftsstatistik und der → Sozialstatistik verbunden. Obgleich der Begriff der B. erst seit Mitte des 18. Jahrhunderts gebräuchlich ist, reichen die historischen Wurzeln der B. bis in die Anfänge des menschlichen Gemeinwesens. Erste bevölkerungsstatistische Erhebungen stammen aus China und Ägypten um 3000 v. Chr. Umfangreicher sind die Kenntnisse über die bevölkerungsstatistischen Erfassungen im Römischen Reich. Bekannt ist der römische Zensus, die periodische Bestandsaufnahme der Bevölkerung Roms in Steuerlisten und sogenannten Bürgerrollen. Um die Wandlung der B. von einer nur den Zustand beschreibenden zu einer wissenschaftlichen Disziplin hat sich vor allem der brandenburg-preußische Feldprediger J. P. Süßmilch mit seinen "Betrachtungen über die göttliche Ordnung in den Veränderungen des menschlichen Geschlechts, aus der Geburt, dem Tode und der Fortpflanzung desselben erwiesen" (1741) verdient gemacht. Wegen ihrer großen praktischen Bedeutung ist die B. in den Industriestaaten seit Beginn des 19. Jahrhunderts und für die Mehrheit der Entwicklungsländer seit Mitte des 20. Jahrhunderts Bestandteil der → amtlichen Statistik.

Bevölkerungsstruktur

Gliederung des → Bevölkerungsstands eines geographischen Gebiets nach bestimmten → Merkmalen (z.B. Alter, Geschlecht, Familienstand usw.) und

Darstellung der jeweiligen Teilmassen als → Gliederungszahlen (z.B. → Altersstruktur).

Bewegungsmasse

Ereignismasse, Stromgröße, Menge gleichartiger statistischer Elemente, die zeitpunktbezogene, zustandsändernde Ereignisse darstellen und daher nur über einen bestimmten Zeitraum hinweg ihrem Umfang nach statistisch erfaßt werden können. Der Umfang einer B. ist die Anzahl dieser punktuellen Ereignisse im betrachteten Zeitraum. Eine Zustandsänderung oder Bewegung bedeutet Zu- oder Abgang von einer → Bestandsmasse. Die Bewegungen werden festgestellt durch: a) Erhebung individueller Verläufe in der Zeit (Längsschnittdaten), b) Auswertung kumulierter Zu- und Abgänge (Bruttoströme) oder c) Feststellung von Bestandsveränderungen (Netto- oder Saldenströme). Beispiel: Die 1992 in Deutschland geborenen und zugewanderten bzw. gestorbenen und ausgewanderten Einwohner bilden B., die als Bruttoströme zur Bestimmung der Bevölkerungsstandsänderung am Jahresende gegenüber dem Jahresanfang 1992 verwendet werden (→ Bevölkerungsfortschreibung).

Bewertung

Gewichtung materieller Transaktionen mit entsprechenden Preisen zum Zwecke ihrer wertmäßigen Darstellung. In der → Wirtschaftsstatistik unterscheidet man zwei Formen der B.: a) die Nominalwertrechnung als die Darstellung materieller Transaktionen zu jeweiligen Preisen und b) die Realwertrechnung als die Darstellung materieller Transaktionen zu konstanten Preisen. Beispiel: Die statistische Beschreibung des Aggregats "Verbrauchsausgaben" eines privaten Haushalts kann rechnerisch über die Gewichtung der in einem bestimmten Zeitraum verbrauchten Mengen der Güter eines festgelegten → Warenkorbes mit laufenden bzw. konstanten Güterpreisen erfolgen.

Bewußte Auswahl

Geplante Auswahl, spezielle Form von → Stichprobénverfahren, bei der Einheiten einer Grundgesamtheit zielgerichtet für die Stichprobe entnommen werden. Zu den bekanntesten Verfahren der b. A. gehören das → Quoten-Stichprobenverfahren und das → Abschneidestichprobenverfahren.

Beziehungszahl

Rate, statistische → Verhältniszahl, deren Zähler und Nenner Umfänge oder Merkmalssummen zweier sinnvoll zueinander in Beziehung stehender ungleichartiger statistischer Gesamtheiten sind. Die B. sind bezeichnete Zahlen, d.h., sie tragen i. allg. unterschiedliche Maßeinheiten. In der statistischen Methodenlehre unterscheidet man (je nachdem, ob die durch die Nennergröße gemessene Erscheinung die durch die Zählergröße gemessene Erscheinung verursacht oder nicht) i. allg. zwei Arten von B.: a) Verursachungszahlen und b) Entsprechungszahlen. Beispiele für Verursachungszahlen sind die Produktivität als Output-Input-Quotient, die Rentabilität als Gewinn-Kapital-Quotient, die Umschlagshäufigkeit (Umschlagsgeschwindigkeit) eines Lagers als Quotient aus Umsatz und (mittlerem) Lagerbestand sowie die → Natalitäts- und → Fertilitätsmaße. Beispiele für Entsprechungszahlen sind alle → Dichtezahlen (→ Bevölkerungsdichte, Arealitätsziffer ($\rightarrow$ Arealität)) und Pro-Kopf-Zahlen.

Bias $\rightarrow$ systematischer Fehler

BIC $\rightarrow$ Akaike-Kriterium

Bifaktormodell

Spezielles Mehrfaktormodell der $\rightarrow$ Faktoranalyse, bei dem die Faktorladungen als positiv vorausgesetzt werden.

Bilddiagramm $\rightarrow$ Piktogramm

Bilinearer Prozeß $\rightarrow$ nichtlineare Modellierung

Bindung

In der Statistik Bezeichnung für den Tatbestand, daß bei mindestens ordinalskalierten Merkmalen mehrere statistische Elemente die gleichen Ausprägungen aufweisen. Das Auftreten von B. führt dann zu Problemen, wenn die Reihe der Merkmalsausprägungen der Größe nach zu ordnen ist und $\rightarrow$ Rangzahlen zu vergeben sind.

Binomialtest $\rightarrow$ Test zur Prüfung einer Wahrscheinlichkeit

Binomialverteilung

Spezielle Wahrscheinlichkeitsverteilung einer diskreten Zufallsvariablen X, wobei X angibt, wie oft ein Ereignis A mit der Einzelwahrscheinlichkeit p ($0 \leq p \leq 1$) bei n unabhängigen Wiederholungen eines Versuches eintritt. Die B. mit den Parametern n und p

$$b(m;n;p) = P(X=m)$$

$$= \binom{n}{m} p^m (1-p)^{n-m}$$

($m = 0, 1,..., n$) gibt die Wahrscheinlichkeit dafür an, daß bei n-maliger unabhängiger Wiederholung des Versuchs genau m-mal das Ereignis A (Erfolg) eintritt. Eine binomial verteilte Zufallsvariable läßt sich darstellen als Summe von n unabhängigen identisch verteilten Zufallsvariablen X_i mit der $\rightarrow$ Zweipunktverteilung $P(X_i = 0) = 1 - p$ und $P(X_i = 1) = p$ für $i = 1,..., n$. Erwartungswert und Varianz der B. sind $E(X) = np$ und $Var(X) = np(1-p)$. Das Maximum von $b(m;n;p)$ liegt bei $m = (n+1)p$ bzw. der nächstkleineren ganzen Zahl. Die diskrete Funktion verläuft darunter streng monoton wachsend und darüber streng monoton fallend. Eine Tabelle der Verteilungsfunktion

$$F(x;n;p) = P(X \leq x) = \sum_{m \leq x} b(m;n;p)$$

ist auf den Seiten 51-54 wiedergegeben. Nach dem $\rightarrow$ zentralen Grenzwertsatz ist X asymptotisch normalverteilt. Für $n \rightarrow \infty$, $p \rightarrow 0$ und $np \rightarrow \lambda$ konvergieren die Werte der B. gegen die der $\rightarrow$ Poisson-Verteilung mit dem Parameter λ, was bei sehr kleinen Einzelwahrscheinlichkeiten und hohen Versuchszahlen zur Erleichterung der Berechnung genutzt werden kann. Die B. beschreibt z.B. die Verteilung der Häufigkeit von Ausschußstücken in der $\rightarrow$ statistischen Qualitätskontrolle. Ist z.B. die Wahrscheinlichkeit $p = 0,3$, daß ein beliebiges Stück aus einer Produktionsserie fehlerhaft ist, dann ist die Wahrscheinlichkeit, daß sich genau $m = 2$ fehlerhafte Stücke in einer Probe von $n = 5$ Stücken befinden (vgl. auch die Graphik auf Seite 55):

$$b(2;5;0,3) = \binom{5}{2} \cdot 0,3^2 \cdot 0,7^3 = 0,309.$$

Binomialverteilung

Verteilungsfunktion $F(x;n;p) = \sum_{m \leq x} b(m;n;p) = P(X \leq x)$ der Binomialverteilung

n	x	p	0,05	0,10	0,20	0,25	0,30	0,40	0,50
2	0		0,9025	0,8100	0,6400	0,5625	0,4900	0,3600	0,2500
	1		0,9975	0,9900	0,9600	0,9375	0,9100	0,8400	0,7500
3	0		0,8574	0,7290	0,5120	0,4219	0,3430	0,2160	0,1250
	1		0,9927	0,9720	0,8960	0,8438	0,7840	0,6480	0,5000
	2		0,9999	0,9990	0,9920	0,9844	0,9730	0,9360	0,8750
4	0		0,8145	0,6561	0,4096	0,3164	0,2401	0,1296	0,0625
	1		0,9860	0,9477	0,8192	0,7383	0,6517	0,4752	0,3125
	2		0,9995	0,9963	0,9920	0,9492	0,9163	0,8208	0,6875
	3		1,0000	0,9999	0,9984	0,9961	0,9919	0,9744	0,9375
5	0		0,7738	0,5905	0,3277	0,2373	0,1681	0,0778	0,0313
	1		0,9774	0,9185	0,7373	0,6328	0,5282	0,3370	0,1875
	2		0,9988	0,9914	0,9421	0,8965	0,8369	0,6826	0,5000
	3		1,0000	0,9995	0,9933	0,9844	0,9692	0,9130	0,8125
	4			1,0000	0,9997	0,9990	0,9976	0,9898	0,9687
6	0		0,7351	0,5314	0,2621	0,1780	0,1176	0,0467	0,0156
	1		0,9672	0,8857	0,6554	0,5339	0,4202	0,2333	0,1094
	2		0,9978	0,9842	0,9011	0,8306	0,7443	0,5443	0,3438
	3		0,9999	0,9987	0,9830	0,9624	0,9295	0,8208	0,6562
	4		1,0000	0,9999	0,9984	0,9954	0,9891	0,9590	0,8906
	5			1,0000	0,9999	0,9998	0,9993	0,9959	0,9844
7	0		0,6983	0,4783	0,2097	0,1335	0,0824	0,0280	0,0078
	1		0,9556	0,8503	0,5767	0,4449	0,3294	0,1586	0,0625
	2		0,9962	0,9743	0,8520	0,7564	0,6471	0,4199	0,2266
	3		0,9998	0,9973	0,9667	0,9294	0,8740	0,7102	0,5000
	4		1,0000	0,9998	0,9953	0,9871	0,9712	0,9037	0,7734
	5			1,0000	0,9996	0,9987	0,9962	0,9812	0,9375
	6				1,0000	0,9999	0,9998	0,9984	0,9922
8	0		0,6634	0,4305	0,1678	0,1001	0,0577	0,0168	0,0039
	1		0,9428	0,8131	0,5033	0,3671	0,2553	0,1064	0,0352
	2		0,9942	0,9619	0,7969	0,6785	0,5518	0,3154	0,1445
	3		0,9996	0,9950	0,9437	0,8862	0,8059	0,5941	0,3633
	4		1,0000	0,9996	0,9896	0,9727	0,9420	0,8263	0,6367
	5			1,0000	0,9988	0,9958	0,9887	0,9502	0,8555
	6				0,9999	0,9996	0,9987	0,9915	0,9648
	7				1,0000	1,0000	0,9999	0,9993	0,9961
9	0		0,6302	0,3874	0,1342	0,0751	0,0404	0,0101	0,0020
	1		0,9288	0,7748	0,4362	0,3003	0,1960	0,0705	0,0195
	2		0,9916	0,9470	0,7382	0,6007	0,4628	0,2318	0,0898
	3		0,9994	0,9917	0,9144	0,8343	0,7297	0,4826	0,2539
	4		1,0000	0,9991	0,9804	0,9511	0,9012	0,7334	0,5000
	5			0,9999	0,9969	0,9900	0,9747	0,9006	0,7461
	6			1,0000	0,9997	0,9987	0,9957	0,9750	0,9102
	7				1,0000	0,9999	0,9996	0,9962	0,9805
	8					1,0000	1,0000	0,9997	0,9980

Binomialverteilung

Binomialverteilung (Fortsetzung)

n	x	p	0,05	0,10	0,20	0,25	0,30	0,40	0,50
10	0		0,5987	0,3487	0,1074	0,0563	0,0283	0,0060	0,0010
	1		0,9139	0,7361	0,3758	0,2440	0,1493	0,0464	0,0107
	2		0,9885	0,9298	0,6778	0,5256	0,3828	0,1673	0,0547
	3		0,9990	0,9872	0,8791	0,7759	0,6496	0,3823	0,1719
	4		0,9999	0,9984	0,9672	0,9219	0,8497	0,6331	0,3770
	5		1,0000	0,9999	0,9936	0,9803	0,9527	0,8338	0,6230
	6			1,0000	0,9991	0,9965	0,9894	0,9452	0,8281
	7				0,9999	0,9996	0,9984	0,9877	0,9453
	8				1,0000	1,0000	0,9999	0,9983	0,9893
11	0		0,5688	0,3138	0,0859	0,0422	0,0198	0,0036	0,0005
	1		0,8981	0,6974	0,3221	0,1971	0,1130	0,0302	0,0059
	2		0,9848	0,9104	0,6174	0,4552	0,3127	0,1189	0,0327
	3		0,9984	0,9815	0,8389	0,7133	0,5696	0,2963	0,1133
	4		0,9999	0,9972	0,9496	0,8854	0,7897	0,5328	0,2744
	5		1,0000	0,9997	0,9883	0,9657	0,9218	0,7535	0,5000
	6			1,0000	0,9980	0,9924	0,9784	0,9006	0,7256
	7				0,9998	0,9988	0,9957	0,9707	0,8867
	8				1,0000	0,9999	0,9994	0,9941	0,9673
12	0		0,5404	0,2824	0,0687	0,0317	0,0138	0,0022	0,0002
	1		0,8816	0,6590	0,2749	0,1584	0,0850	0,0196	0,0032
	2		0,9804	0,8891	0,5583	0,3907	0,2528	0,0834	0,0193
	3		0,9978	0,9744	0,7946	0,6488	0,4925	0,2253	0,0730
	4		0,9998	0,9957	0,9375	0,8424	0,7237	0,4382	0,1938
	5		1,0000	0,9995	0,9806	0,9456	0,8822	0,6652	0,3872
	6			0,9999	0,9961	0,9857	0,9614	0,8418	0,6128
	7			1,0000	0,9994	0,9972	0,9905	0,9427	0,8062
	8				0,9999	0,9996	0,9983	0,9847	0,9270
	9				1,0000	1,0000	0,9998	0,9972	0,9807
13	0		0,5133	0,2542	0,0550	0,0238	0,0097	0,0013	0,0001
	1		0,8646	0,6213	0,2336	0,1267	0,0637	0,0126	0,0017
	2		0,9755	0,8661	0,5017	0,3326	0,2025	0,0579	0,0112
	3		0,9969	0,9658	0,7473	0,5843	0,4206	0,1686	0,0461
	4		0,9997	0,9935	0,9009	0,7940	0,6543	0,3530	0,1334
	5		1,0000	0,9991	0,9700	0,9198	0,8346	0,5744	0,2905
	6			0,9999	0,9930	0,9757	0,9376	0,7712	0,5000
	7			1,0000	0,9988	0,9944	0,9818	0,9023	0,7095
	8				0,9998	0,9990	0,9960	0,9679	0,8666
	9				1,0000	0,9999	0,9993	0,9922	0,9539
	10					1,0000	0,9999	0,9987	0,9888
14	0		0,4877	0,2288	0,0440	0,0178	0,0068	0,0008	0,0001
	1		0,8470	0,5846	0,1979	0,1010	0,0475	0,0081	0,0009
	2		0,9699	0,8416	0,4481	0,2811	0,1608	0,0398	0,0065
	3		0,9958	0,9559	0,6982	0,5213	0,3552	0,1243	0,0287
	4		0,9996	0,9908	0,8702	0,7415	0,5842	0,2793	0,0898
	5		1,0000	0,9985	0,9561	0,8883	0,7805	0,4859	0,2120
	6			0,9998	0,9884	0,9617	0,9067	0,6925	0,3953
	7			1,0000	0,9976	0,9897	0,9685	0,8499	0,6047
	8				0,9996	0,9978	0,9917	0,9417	0,7880
	9				1,0000	0,9997	0,9983	0,9825	0,9102
	10					1,0000	0,9998	0,9961	0,9713
	11						1,0000	0,9994	0,9935

Binomialverteilung (Fortsetzung)

n	x	p	0,05	0,10	0,20	0,25	0,30	0,40	0,50
15	0		0,4633	0,2059	0,0352	0,0134	0,0047	0,0005	0,0000
	1		0,8290	0,5490	0,1671	0,0802	0,0353	0,0052	0,0005
	2		0,9638	0,8159	0,3980	0,2361	0,1268	0,0271	0,0037
	3		0,9945	0,9444	0,6482	0,4613	0,2969	0,0905	0,0176
	4		0,9994	0,9873	0,8358	0,6865	0,5155	0,2173	0,0592
	5		0,9999	0,9978	0,9389	0,8516	0,7216	0,4032	0,1509
	6		1,0000	0,9997	0,9819	0,9434	0,8689	0,6098	0,3036
	7			1,0000	0,9958	0,9827	0,9500	0,7869	0,5000
	8				0,9992	0,9958	0,9848	0,9050	0,6964
	9				0,9999	0,9992	0,9963	0,9662	0,8491
	10				1,0000	0,9999	0,9993	0,9907	0,9408
	11					1,0000	0,9999	0,9981	0,9824
	12						1,0000	0,9997	0,9963
	13							1,0000	0,9995
	14								1,0000
16	0		0,4401	0,1853	0,0281	0,0100	0,0033	0,0003	0,0000
	1		0,8108	0,5147	0,1407	0,0635	0,0261	0,0033	0,0002
	2		0,9571	0,7892	0,3518	0,1971	0,0994	0,0183	0,0021
	3		0,9930	0,9316	0,5981	0,4050	0,2459	0,0651	0,0106
	4		0,9991	0,9830	0,7982	0,6302	0,4499	0,1666	0,0384
	5		0,9999	0,9967	0,9183	0,8103	0,6598	0,3288	0,1051
	6		1,0000	0,9995	0,9733	0,9204	0,8247	0,5272	0,2272
	7			0,9999	0,9930	0,9729	0,9256	0,7161	0,4018
	8			1,0000	0,9985	0,9925	0,9743	0,8577	0,5982
	9				0,9998	0,9984	0,9929	0,9417	0,7728
	10				1,0000	0,9997	0,9984	0,9809	0,8949
	11					1,0000	0,9997	0,9951	0,9616
	12						1,0000	0,9991	0,9894
	13							0,9999	0,9979
	14							1,0000	0,9997
	15								1,0000
17	0		0,4181	0,1668	0,0225	0,0076	0,0023	0,0001	0,0000
	1		0,7922	0,4818	0,1182	0,0501	0,0193	0,0021	0,0001
	2		0,9497	0,7618	0,3096	0,1637	0,0774	0,0123	0,0012
	3		0,9912	0,9174	0,5489	0,3530	0,2019	0,0464	0,0064
	4		0,9988	0,9779	0,7582	0,5739	0,3887	0,1260	0,0245
	5		0,9999	0,9953	0,8943	0,7653	0,5968	0,2639	0,0717
	6		1,0000	0,9992	0,9623	0,8929	0,7752	0,4478	0,1662
	7			0,9999	0,9891	0,9598	0,8954	0,6405	0,3145
	8			1,0000	0,9974	0,9876	0,9597	0,8011	0,5000
	9				0,9995	0,9969	0,9873	0,9081	0,6855
	10				0,9999	0,9994	0,9968	0,9652	0,8338
	11				1,0000	0,9999	0,9993	0,9894	0,9283
	12					1,0000	0,9999	0,9975	0,9755
	13						1,0000	0,9995	0,9936
	14							0,9999	0,9988
	15							1,0000	0,9999
	16								1,0000

Binomialverteilung

Binomialverteilung (Fortsetzung)

n	x	p = 0,05	0,10	0,20	0,25	0,30	0,40	0,50
18	0	0,3972	0,1501	0,0180	0,0056	0,0016	0,0001	0,0000
	1	0,7735	0,4503	0,0991	0,0395	0,0142	0,0013	0,0000
	2	0,9419	0,7338	0,2713	0,1353	0,0599	0,0082	0,0007
	3	0,9891	0,9018	0,5010	0,3057	0,1646	0,0328	0,0038
	4	0,9985	0,9718	0,7164	0,5187	0,3327	0,0942	0,0154
	5	0,9998	0,9936	0,8671	0,7175	0,5344	0,2088	0,0481
	6	1,0000	0,9988	0,9487	0,8610	0,7217	0,3743	0,1189
	7		0,9998	0,9837	0,9431	0,8593	0,5634	0,2403
	8		1,0000	0,9957	0,9807	0,9404	0,7368	0,4073
	9			0,9991	0,9946	0,9790	0,8653	0,5927
	10			0,9998	0,9988	0,9939	0,9424	0,7597
	11			1,0000	0,9998	0,9986	0,9797	0,8811
	12				1,0000	0,9997	0,9942	0,9519
	13					1,0000	0,9987	0,9846
	14						0,9998	0,9962
	15						1,0000	0,9993
19	0	0,3774	0,1351	0,0144	0,0042	0,0011	0,0001	0,0000
	1	0,7547	0,4203	0,0829	0,0310	0,0104	0,0008	0,0000
	2	0,9335	0,7054	0,2369	0,1113	0,0462	0,0055	0,0004
	3	0,9868	0,8850	0,4551	0,2631	0,1332	0,0230	0,0022
	4	0,9980	0,9648	0,6733	0,4654	0,2822	0,0670	0,0096
	5	0,9998	0,9914	0,8369	0,6678	0,4739	0,1629	0,0318
	6	1,0000	0,9983	0,9324	0,8251	0,6655	0,3081	0,0835
	7		0,9997	0,9767	0,9225	0,8180	0,4878	0,1796
	8		1,0000	0,9933	0,9713	0,9161	0,6675	0,3238
	9			0,9984	0,9911	0,9674	0,8139	0,5000
	10			0,9997	0,9977	0,9895	0,9115	0,6762
	11			1,0000	0,9995	0,9972	0,9648	0,8204
	12				0,9999	0,9994	0,9884	0,9165
	13				1,0000	0,9999	0,9969	0,9682
	14					1,0000	0,9994	0,9904
	15						0,9999	0,9978
	16						1,0000	0,9996
20	0	0,3585	0,1216	0,0115	0,0032	0,0008	0,0000	0,0000
	1	0,7358	0,3917	0,0692	0,0243	0,0076	0,0005	0,0000
	2	0,9245	0,6769	0,2061	0,0913	0,0355	0,0036	0,0002
	3	0,9841	0,8670	0,4114	0,2252	0,1071	0,0160	0,0013
	4	0,9974	0,9568	0,6296	0,4148	0,2375	0,0510	0,0059
	5	0,9997	0,9887	0,8042	0,6172	0,4164	0,1256	0,0207
	6	1,0000	0,9976	0,9133	0,7858	0,6080	0,2500	0,0577
	7		0,9996	0,9679	0,8982	0,7723	0,4159	0,1316
	8		0,9999	0,9900	0,9591	0,8867	0,5956	0,2517
	9		1,0000	0,9974	0,9861	0,9520	0,7553	0,4119
	10			0,9994	0,9961	0,9829	0,8725	0,5881
	11			0,9999	0,9991	0,9949	0,9435	0,7483
	12			1,0000	0,9998	0,9987	0,9790	0,8684
	13				1,0000	0,9997	0,9935	0,9423
	14					1,0000	0,9984	0,9793
	15						0,9997	0,9941
	16						1,0000	0,9987
	17							0,9998

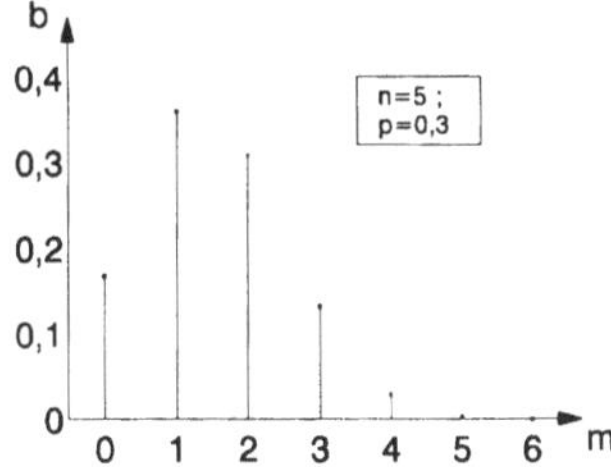

Unter Berücksichtigung der analog berechneten Wahrscheinlichkeit für genau ein Ausschußstück b(1;5;0,3) = 0,360 und der Wahrscheinlichkeit für genau kein Ausschußstück b(0;5;0,3) =0,168 ergibt sich, daß die Probe mit einer Wahrscheinlichkeit von 83,7 % höchstens zwei Ausschußstücke enthält:

b(0;5;0,3) + b(1;5;0,3) + b(2;5;0,3) = 0,168 + 0,360 + 0,309 = 0,837.

Biometrie

Im weitesten Sinne die Entwicklung und Anwendung mathematisch-statistischer Verfahren und Modelle in den biologischen Wissenschaften.

Bipolarmodell

Spezielles Mehrfaktormodell der → Faktoranalyse, bei dem im Unterschied zum → Bifaktormodell die Faktorladungen nicht unbedingt positiv sein müssen.

Biserialer Koeffizient

Zweizeilen-Korrelationskoeffizient, Maßzahl zur Messung des Zusammenhanges zweier Merkmale X und Y, deren → Skalierung nicht übereinstimmt. Ist X ein kardinalskaliertes Merkmal und Y ein natürlich dichotomes Merkmal, d.h. ein Merkmal, das tatsächlich nur zwei Merkmalsausprägungen hat (z.B. Geschlecht), so ist der sogenannte punktbiseriale

Koeffizient ein geeignetes Zusammenhangsmaß. Ist Y dagegen ein künstlich dichotomes Merkmal, d.h. ein Merkmal, das nur künstlich in zwei Klassen geteilt ist (z.B. ein Bewerber ist geeignet oder ungeeignet), so wird der b.K. verwendet. Der sogenannte biseriale Rangkorrelationskoeffizient wird angewandt, wenn X ordinalskaliert und Y dichotom ist.

Bivariater Prozeß

Wahrscheinlichkeitsmodell, das aus zwei stochastischen Modellprozessen $\{X_t, Y_t\}$ besteht, zur Untersuchung eines Paares von → Zeitreihen $\{x_t, y_t\}$ auf eine stochastische Ursache-Wirkungs-Beziehung und zur Erstellung von Prognosen. Beispiel: Schwankungen des Elektroenergieverbrauchs in Kühlhäusern hängen in besonderem Maße von der Umgebungstemperatur ab. - Die Abhängigkeitsbeziehung zwischen $\{X_t\}$ und $\{Y_t\}$ kann mit Hilfe der → Kreuzkorrelationsfunktion analysiert werden. Störungen a_t wirken direkt auf den zu erklärenden Prozeß $\{Y_t\}$ oder indirekt über den einflußnehmenden Prozeß $\{X_t\}$. Einstellbare Parameter eines b. P. sind die maximale Zeitverschiebung r von Y_t und s von X_t sowie die Zeitverzögerung b, mit der X_t auf Y_t wirkt. Im ersten Schritt der Modellspezifikation sind die beiden Prozesse $\{X_t\}$ und $\{Y_t\}$ mittels → Filtration in stationäre Prozesse $\{U_t\}$ und $\{V_t\}$ zu überführen. Danach kann eine lineare Differenzengleichung

$$U_t - \vartheta_1 U_{t-1} - ... - \vartheta_r U_{t-r} =$$

$$\omega_0 V_{t-b} - \omega_1 V_{t-b-1} - ... - \omega_s V_{t-b-s} + \varepsilon_t$$

angesetzt werden mit Störungen ε_t, die selbst noch kein → weißes Rau-

schen sind, sondern ihrerseits einem
→ ARMA-Prozeß

$$\varepsilon_t - \theta_1 \varepsilon_{t-1} - \ldots - \theta_p \varepsilon_{t-p}$$
$$= a_t - \phi_1 a_{t-1} - \ldots - \phi_q a_{t-q}$$

mit unkorrelierten Residuen a_t folgen, der die Wirkung von → Schocks modelliert. Dabei geben p die maximale Zeitverschiebung zwischen zwei voneinander abhängigen Störungen und q die maximale Fortwirkungsdauer eines Schocks auf den Störprozeß an. Bei vielen Zeitreihen, z.B. aus dem Absatzgeschehen von Unternehmen, reduzieren sich die 5 einstellbaren, aus dem Studium der Kreuzkorrelationsfunktion identifizierbaren Parameter r, b, s, p und q meist auf Werte zwischen null und eins. Beispiel: Der monatliche Verbrauch an Elektroenergie y_t eines Kühlhauses hängt von der Monatsdurchschnittstemperatur x_t ab. Die nachfolgende Graphik zeigt den Verlauf der beiden Zeitreihen, wobei y_t fett dargestellt ist:

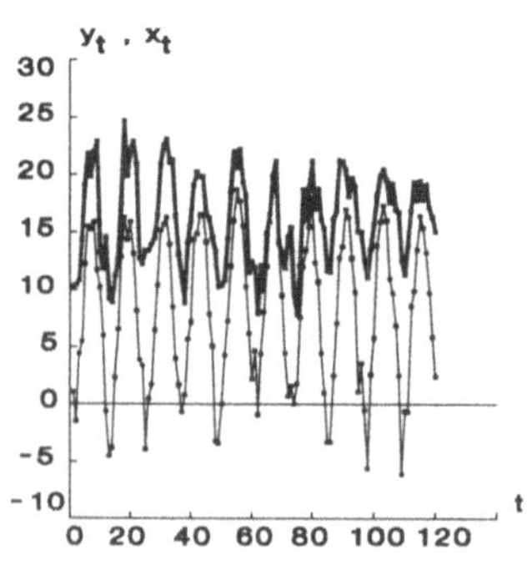

Die einfachen Differenzen

$$\Delta Y_t = Y_t - Y_{t-1}$$

$$\Delta X_t = X_t - X_{t-1}$$

folgen einem bivariaten Modellpro-

zeß mit r = 12, b = 1, s = 0, p = 1 sowie q = 0 und der Differenzengleichung

$$(1 + 0{,}4 L^{12}) \Delta Y_t = 0{,}425 \Delta X_{t-1}$$
$$+ \frac{1}{1 - 0{,}44 L} a_t \, ,$$

worin L der → Lag-Operator ist. Daraus läßt sich ein Prognosemodell für Y_t gewinnen in Abhängigkeit von verzögerten Werten des Elektroenergieverbrauchs des laufenden Jahres und des Vorjahres, von bis zu 3 Monaten verzögerten Werten der Temperatur, aber nicht in Abhängigkeit von zeitverzögerten Schocks.

Block

a) Gruppe von Erhebungseinheiten, die in bezug auf die Untersuchungsmerkmale weitestgehend homogen sind. Ziel einer Blockbildung ist die besondere Erfassung bzw. die Ausschaltung von Einflußfaktoren, die für die Untersuchung nicht von Interesse sind. B. dienen der Ausschaltung der → Varianz des Untersuchungsmerkmals zwischen den Gruppen (→ Varianzzerlegung). Stellt sich z.B. heraus, daß die Varianz σ^2 bei der Untersuchung der Wirkung eines Einflußfaktors X auf eine Ergebnisgröße Y sehr groß ist, dann kann dies u.a. die Ursache eines Störfaktors sein. Blockbildungen können z.B. nach Arbeitsschichten, Produktionschargen, Bodenqualitäten, Jahreszeiten usw. vorgenommen werden. Beispiel: Vergleich der mittleren Lebensdauer Y eines Produktes bei vier verschiedenen Herstellungsverfahren (Einflußfaktor X_1 mit vier Stufen). Unmittelbar interessiert nur die Abhängigkeit der Variablen Y von dem Faktor X_1. Die beiden wahrscheinlich in unter-

schiedlichen Stufen auftretenden (Stör-) Faktoren Materialqualität X_2 und Qualifizierung des Bearbeiters X_3 werden durch eine zweifache Blockbildung ausgeschaltet. Spezielle vollständige Blockpläne sind die → lateinischen Quadrate und die → griechisch-lateinischen Quadrate. Für die Auswertung der mit einem Blockplan ermittelten Beobachtungsergebnisse wird die → Varianzanalyse mit mehrfacher Klassifikation herangezogen.
b) Gruppe von Variablen, die bei der Erstellung von → Pfadmodellen einer → latenten Variablen zugeordnet werden.

Bootstrap-Schätzung

Methode zur Feststellung von Eigenschaften einer Schätzfunktion $\hat{\pi}$ für den Parameter π einer Verteilung durch mehrfaches Ziehen einer Stichprobe aus einer gegebenen Realisierung $x_1, ..., x_n$ einer Stichprobe $(X_1, ..., X_n)$ vom Umfang n. Aussagen über Eigenschaften von Schätzfunktionen $\hat{\pi} = \hat{\pi}_n(X_1, ..., X_n)$ werden lediglich anhand der Werte $x_1, ..., x_n$ gewonnen. Dazu wird die diskrete Verteilung $P_{X^*}(x_i) = P(X^*=x_i) = 1/n$ für $i = 1,2,...,n$ betrachtet, wobei die Zufallsvariable X^* das Resultat einer Ziehung aus den $x_1, ..., x_n$ darstellt. Es werden K-fach Stichproben $(x_1^{*(k)}, ..., x_n^{*(k)})$, $k = 1, 2, ..., K$, aus der Menge $\{x_1, ..., x_n\}$ mit Zurücklegen der einzelnen Stichprobenelemente erhoben. Daraus lassen sich gewisse Kenngrößen von $\hat{\pi}$ schätzen. Z.B. erhält man für die Verzerrung von $\hat{\pi}$ die Schätzung

$$\hat{E}(\hat{\pi}-\pi) = \frac{1}{K}\sum_{k=1}^{K} \hat{\pi}_n(x_1^{*(k)},...,x_n^{*(k)}) - \hat{\pi}$$

$$= \hat{\pi}^* - \hat{\pi}$$

und für die Varianz von $\hat{\pi}$ die Schätzung

$$v\hat{a}r(\hat{\pi}) =$$

$$\frac{1}{K-1} \cdot \sum_{k=1}^{K} (\hat{\pi}_n(x_1^{*(k)},...,x_n^{*(k)}) - \hat{\pi}^*)^2.$$

Der Vorteil besteht in einer sehr einfachen Realisierung umfangreicher Stichproben, die aus der durch die Wahrscheinlichkeitsverteilung P_{X^*} bestimmten Grundgesamtheit, d.h. der einen Stichprobe $(x_1, ..., x_n)$, genommen werden können.
Beispiel: Im → Regressionsmodell

$$y = X\beta + u$$

sei $\mathbf{y}$ ein Datenvektor der Länge n und $\mathbf{X}$ die n×m-Matrix von m Regressoren X_j. Eine Schätzung des unbekannten Parametervektors β werde mit $\mathbf{b}_n$ bezeichnet. Die Varianz von $\mathbf{b}_n$ berechnet sich theoretisch aus der Verteilung von $(\mathbf{b}_n - \beta)\cdot\sqrt{n}$, welche wiederum von der Verteilung F der Störvariablen U_i, $i=1,...,n$, abhängt. Die Verteilung dieser U_i ist i. allg. nicht bekannt, wird aber für alle i als identisch vorausgesetzt. Im Bootstrap-Verfahren werden die Residuen der Regressionsfunktion berechnet: $\hat{u}_i(n)=y_i-\mathbf{x}_i\mathbf{b}_n$ für alle i, wobei $\mathbf{x}_i$ der i-te Zeilenvektor der Datenmatrix $\mathbf{X}$ ist. Jedem dieser n Werte $\hat{u}_i(n)$ wird die Wahrscheinlichkeit 1/n zugeschrieben. Dadurch wird die empirische Verteilung P_{u^*} definiert. Ein Modell wird konstruiert, das das ursprüngliche Modell simuliert. Die theoretische und unbekannte Verteilung von U_i wird durch die empirische und bekannte Verteilung P_{u^*} ersetzt: Zunächst werden n neue Zufallsvariable konstruiert, die der Verteilung P_{u^*} gehorchen. Aus den n Werten $\hat{u}_i(n)$, i = 1,..., n, wird eine Stichprobe mit Zurücklegen vom Umfang n entnommen. Diese Ergebnisse $\hat{u}_i^*$ sind Wiederholungen der alten $\hat{u}_i(n)$, wobei allerdings einige Werte möglicherweise mehrfach gezogen werden, andere gar nicht. Der Parametervektor ß im obigen Modell wird gleich dem geschätzten Vektor $\mathbf{b}_n$ gesetzt. Damit wird aus der Wertematrix $\mathbf{X}$ der fehlende Regressand $\mathbf{y}^*$ berechnet: $y_i^* = x_i\mathbf{b}_n + \hat{u}_i^*$. Man erhält einen neuen Datensatz $(\mathbf{y}^*, \mathbf{X})$. Nun wird angenommen, daß die Verteilung der $\hat{u}_i^*$, also P_{u^*}, und der Parametervektor $\mathbf{b}_n$ unbekannt sind. $\mathbf{b}_n^*$ sei eine Schätzung für $\mathbf{b}_n$. Die Varianz von $\mathbf{b}_n^*$ berechnet sich aus der Verteilung von $(\mathbf{b}_n^* - \mathbf{b}_n)\cdot\sqrt{n}$, welcher die Verteilung P_{u^*} zugrunde liegt. Die so berechnete Varianz von $\mathbf{b}_n^*$ ist die B.-S. der Varianz von $\mathbf{b}_n$. Die Verteilung von $(\mathbf{b}_n^* - \mathbf{b}_n)\cdot\sqrt{n}$ konvergiert für n $\rightarrow \infty$ gegen eine Normalverteilung mit dem Erwartungswert 0 und der Varianz - Kovarianz - Matrix $\mathbf{V}$. Bei praktischen Modellschätzungen ist sie durch ein Monte-Carlo-Experiment approximierbar, indem die beschriebenen 3 Schritte K-mal wiederholt werden. Zu jedem erzeugten Datensatz $(\mathbf{y}^*, \mathbf{X})$ erhält man eine B.-S. $\mathbf{b}_n^{(k)}$, k=1,...,K, für den unbekannten Parameter. Die Approximation der Varianz ergibt sich dann als

$$\hat{var}\,(b) = \sum_{k=1}^{K} \frac{(\,b_n^{(k)} - b^*\,)^2}{K-1},$$

wobei $\mathbf{b}^* = \sum \mathbf{b}_n^{(k)}/K$ ist. Erfahrungsgemäß liefern K = 50 bis K = 100 Wiederholungen ausreichend gute Schätzungen der Varianz.

Bowley-Index → Lowe-Index

Box-Cox-Transformation

Transformation von Daten mit zwei einstellbaren Parametern λ und c:

$$g(x) = \begin{cases} \dfrac{(x+c)^\lambda - 1}{\lambda}, & \textit{falls } \lambda \neq 0 \\[2ex] \ln(x+c), & \textit{falls } \lambda = 0. \end{cases}$$

Sie soll bewirken, daß die transformierten Daten Voraussetzungen für bestimmte Methoden erfüllen. Sie dient z.B. zur Annäherung an eine → Normalverteilung, zur Stabilisierung der → Varianz einer → Zufallsvariablen (u.a. bei einem stochastischen Prozeß) sowie zur Spezifikation und Auswahl der Funktionsform in der → Regressionsanalyse und → Ökonometrie. Der Parameter c bewirkt eine Niveauverschiebung der Daten, die u.a. angeraten ist, wenn negative Beobachtungswerte vorkommen (z. B. bei Temperaturwerten). Der Parameter λ steuert die Funktionsauswahl. Beispiel: Die B.-C.-T. bewirkt, daß eine zeitvariable Datenvariation, z.B. bei auf- oder abschwingendem Saisonmuster, unterdrückt wird. Der in der nachstehenden Graphik dargestellte monatliche Tankbierabsatz x_t einer Brauerei in 1000 Kilohektolitern

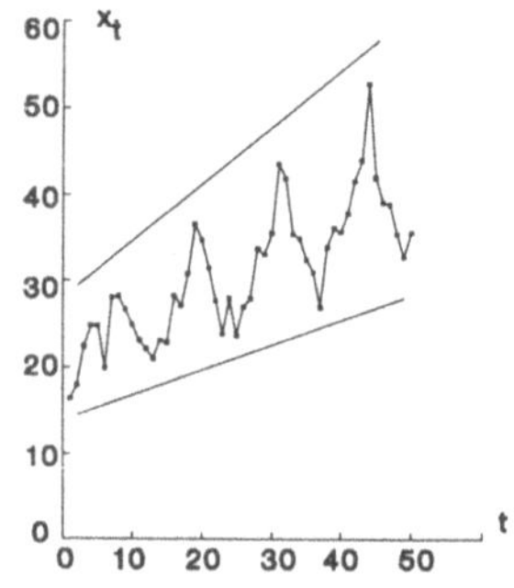

zeigt ein aufschwingendes Saisonmuster. Nach logarithmischer Transformation der Daten ergibt sich ein konstantes Saisonmuster:

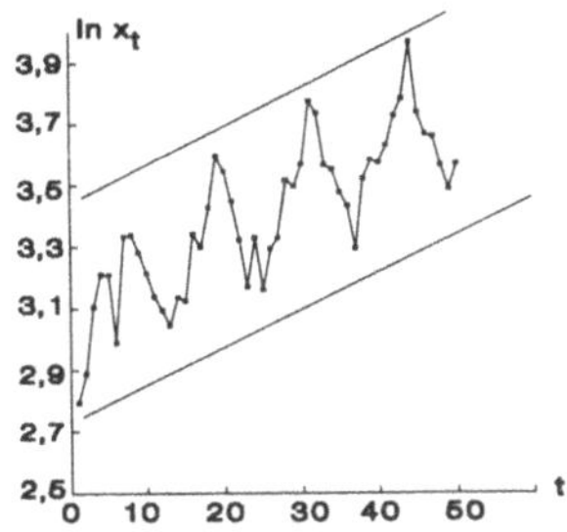

Die B.-C.-T. ist u.a. Bestandteil einer Zeitreihenanalyse nach der → Box-Jenkins-Technik.

Box-Jenkins-Technik

Methode zur Kurzfristprognose (→ optimale Prognose) einer → Zeitreihe mit Hilfe eines instationären stochastischen Modellprozesses vom Typ ARIMA (→ ARIMA Prozeß). Die B.-J.-T. ist eine Anpassungs- und Selektionsstrategie, mit der aus einer sehr umfangreichen Modellklasse ein für den Anwendungsfall besonders geeignetes Prognosemodell bestimmt wird. Sie umfaßt vier 4 Arbeitsstufen: a) Strukturidentifikation (Modellidentifikation, Identifikation), b) Parameterschätzung (Modellschätzung), c) Residualanalyse (Diagnose, Modellüberprüfung), d) Vergleichsprognose, wobei die Arbeitsstufen a) - c) auch als Spezifikation (Modellspezifikation) zusammengefaßt werden. Diese Stufen werden mehrfach durchlaufen, bis ein Modellprozeß gefunden ist, der die Gesetzmäßigkeiten in der Ausgangszeitreihe am besten erfassen und in den Dienst einer Kurzfristprognose stellen kann.

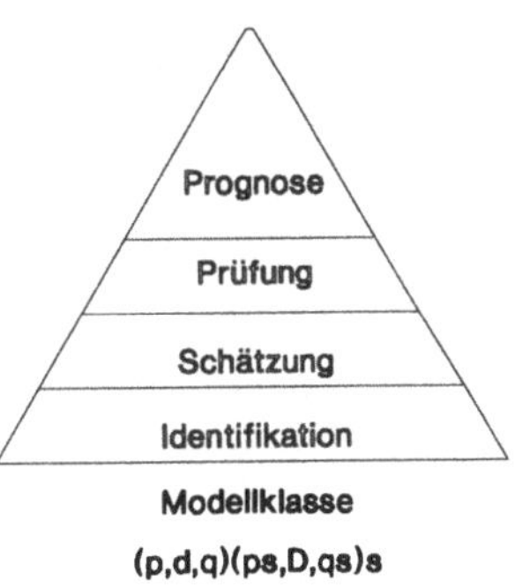

Wesentliche Hilfsmittel für die Identifikation, d. h. zur Bestimmung von Grenzen für die Ordnungen d und D des einfachen und des saisonalen Differenzenfilters (→ Filtration) sowie der autoregressiven Ordnung p und der Gleitmittelordnung q von geeigneten → ARMA-Prozessen, sind Schätzungen der → Autokorrelationsfunktion, der → partiellen bzw. → inversen Autokorrelationsfunktion, der → Vektorkorrelationsfunktion und der → Spektraldichtefunktion aus der Zeitreihe. Praktisch werden solange Differenzen gebildet, bis die Varianz über alle Beobachtungen ihr Minimum erreicht hat. Dann lassen sich aus den Darstellungen der geschätzten Kennfunktionen Hinweise auf p und q gewinnen. Meist ist am Beginn der Identifikation eine Datentransformation zur Stabilisierung der Varianz oder zur Herstellung einer näherungsweisen Normalverteilung angebracht (→ Box-Cox-Transformation). Das → Periodogramm der Zeitreihe kann Aufschluß über versteckte Periodizitäten geben. Die Schätzung der Parameter folgt einer zweistufigen Prozedur: a) Bestimmung von Startwerten für die Modellparameter (Grobschätzung), b) Bestimmung von Startwerten für die Residuen und Minimierung der Summe der Quadrate der Modellresiduen (Feinschätzung). Im ersten Schritt können auch subjektive Schätzwerte angegeben werden. Die Feinschätzung läßt sich wahlweise durchführen: a) als bedingte Kleinst-Quadrate-Schätzung mit verschwindenden Residuen und Beobachtungen für t ≤ 0 oder b) als unbedingte Kleinst-Quadrate-Schätzung mit einigen konstruierten Residuen und Beobachtungen für t ≤ 0 (Rückwärtsvorhersage, Backforecasting), wobei eine Rückwärtsvorhersage nur für voll ausgeprägte ARMA-Prozesse mit p≥1 und q ≥ 1 sinnvoll ist. Es gibt verschiedene Gradientenverfahren, z.B. Gauß-Newton-Verfahren, Marquard-Algorithmus, aber auch gradientenfreie Verfahren (Powel-Algorithmus) zur Minimierung der Residuenquadratsumme. Abbruchschranken für die iterative Lösungssuche sind vorzugeben. Neben der → Methode der kleinsten Quadrate wird auch die theoretisch anspruchsvollere Maximum-Likelihood-Methode verwendet. Aus einem Ensemble mehrerer geschätzter ARMA(p,q)-Prozesse mit verschiedenen Ordnungen p und q kann über ein Kompromißkriterium (→ Akaike-Kriterium) der Prozeß herausgefunden werden, bei dem Parameteranzahl und Residuenvarianz (Restvarianz) ausgewogen sind (Modell notwendiger Kompliziertheit). Die Diagnose des ARMA-Prozesses umfaßt die Signifikanzprüfung der geschätzten Parameter, die Untersuchung der Modellresiduen auf die Eigenschaften des → weißen Rauschens und die Überprüfung der Stationaritäts- und Invertibilitätseigenschaft anhand der Nullstellen der beiden Lag-Polynome. Bei der Residualanalyse wird nach Anzeichen von →

Autokorrelation und nichtstationären Rudimenten (→ Trend, → Saisonschwankungen) gesucht, die auf eine Fehlspezifikation hindeuten würden. Einfache Hilfsmittel sind die grafische Darstellung der Residuenfolge und ihr → Korrelogramm. Geeignete Testverfahren unter Normalverteilungsannahme (→ Gaußscher Prozeß) sind der Box-Ljung-Test auf Autokorrelation und der Kolmogorow-Smirnow-Test auf Restperiodizität. Wenn die Modellselektion in den Stufen a) - c) noch nicht zu einer eindeutigen Wahl des Modellprozesses geführt hat, sollte einem abschließenden Prognosevergleich mit den letzten Werten des Beobachtungszeitraumes die Entscheidung überlassen bleiben. Diese Beobachtungen werden vor Beginn der B.-J.-T. abgetrennt und stehen für die Spezifikation nicht zur Verfügung.

Box-Plot

Box - Whisker - Plot, Schachtelzeichnung, spezielle graphische Darstellung wesentlicher Kenngrößen einer der Größe nach geordneten Beobachtungsreihe bzw. einer Häufigkeitsverteilung eines kardinalskalierten Merkmals X. Das Schema eines B.-P. beinhaltet als wesentliche Kenngrößen den kleinsten und den größten Beobachtungswert $x_{(1)}$ und $x_{(n)}$ sowie die drei → Quartile $x_{0.25}$, $x_{0.5}$ und $x_{0.75}$, wobei das zweite Quartil mit dem → Median identisch ist. Auf einer Skala werden diese Werte durch senkrechte Striche abgetragen, die Striche des 1. und 3. Quartils zu einer Box vervollständigt und die Extremwerte durch waagerechte Linien mit der Box verbunden. Die folgende Graphik zeigt schematisch die Grundform eines B.-P.

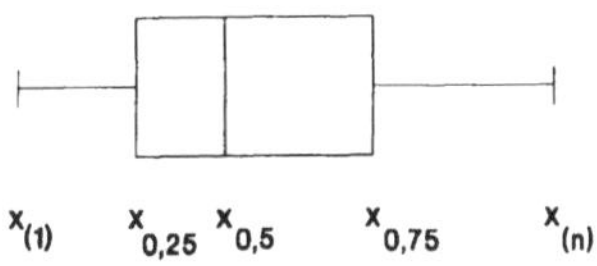

Das B.-P. gibt anschaulich Verteilung und Struktur der Beobachtungsdaten wieder. Zwischen $x_{(1)}$ und der Box liegen 25 %, in der Box die mittleren 50 %, zwischen Box und $x_{(n)}$ ebenfalls 25 % der Beobachtungswerte. Mit der Ausdehnung des B.-P. sind die → Spannweite, mit der Ausdehnung der Box der → Quartilsabstand als zwei → Streuungsmaße optisch erkennbar. Ist das B.-P. unsymmetrisch, gilt das auch für die Verteilung. B.-P. eignen sich auch für den Vergleich verschiedener Häufigkeitsverteilungen. In der explorativen Datenanalyse gibt es vielfältige Modifikationen des B.-P., insbesondere für die Darstellung von → Ausreißern.

Brandt-Snedecor-Formel

Formel zur einfachen Berechnung von χ^2 (Chi-Quadrat) aufgrund einer $k{\times}2$- → Kontingenztabelle zur Prüfung der stochastischen Unabhängigkeit zweier Merkmale X und Y, wobei das Merkmal X k Merkmalsausprägungen $x_1, ..., x_k$ und das Merkmal Y nur 2 Merkmalsausprägungen y_1 und y_2 aufweist:

$$\hat{\chi}^2 = \frac{n^2}{h_{.1} \cdot h_{.2}} \left[\left(\sum_{i=1}^{k} \frac{h_{i1}^2}{h_{i.}} \right) - \frac{h_{.1}^2}{n} \right].$$

Darin sind n der Stichprobenumfang, $h_{.1}$ und $h_{.2}$ die Häufigkeiten der → Randverteilung von Y, $h_{i.}$ die Häufigkeiten der Randverteilung von X und h_{i1} die Häufigkeit für das gemeinsa-

me Auftreten der Merkmalsausprägungen x_i und y_1. Es wird vorausgesetzt, daß die n Merkmalsträger unabhängig voneinander sind, für jedes Merkmal die Ausprägungen die beobachtete Mannigfaltigkeit erschöpfen und sich die Merkmalsausprägungen gegenseitig ausschließen. Beispiel: Zufällig ausgewählte Erwerbstätige werden nach der Stellung im Beruf (Merkmal X mit den Ausprägungen Arbeiter, Angestellte, Beamte, Selbständige und mithelfende Familienangehörige) und Geschlecht (Merkmal Y mit den Ausprägungen männlich und weiblich) erfaßt. Mittels eines → Chi-Quadrat-Tests unter Verwendung der B.-S.-F. wird die Unabhängigkeit der beiden Merkmale geprüft. - Die B.-S.-F. kann auch bei der Prüfung der Gleichheit (Homogenität) a) zweier unabhängiger Häufigkeitsverteilungen eines Merkmals mit k Ausprägungen und b) des Anteils der einen Merkmalsausprägung eines Alternativmerkmals in k unabhängigen Stichproben verwendet werden. Beispiel für a): Prüfung der Gleichheit der Verteilung des Familienstandes der Bevölkerung mit den k=3 Merkmalsausprägungen ledig, verheiratet und verwitwet für das frühere Gebiet der Bundesrepublik Deutschland (erste Häufigkeitsverteilung) und für die neuen Bundesländer (zweite Häufigkeitsverteilung). Beispiel für b): Prüfung der Gleichheit des Anteils der weiblichen Mitglieder in verschiedenen Parteien.

Bravais-Pearson-Korrelationskoeffizient → Korrelationskoeffizient

Brownsche Bewegung → Wiener-Prozeß

Brownsche Glättung

Grundmodell der → exponentiellen Glättung mit einem Parameter. Die B. G. ist nur für Zeitreihen ohne Saison- und Trendeinfluß anwendbar und ist in verfeinerten Glättungstechniken (→ Holt-Winters-Glättung) enthalten.

BSM

Basic Structural Model, Basisstrukturmodell, Ansatz zur Modellierung einer Zeitreihe als Überlagerung instationärer stochastischer Prozesse vom Typ → Random Walk, die nicht beobachtbar sind. Typisch ist eine additive Zerlegungsvorschrift (→ Dekomposition)

$$X_t = m_t + sk_t + g_t + e_t$$

mit folgenden Bestandteilen:

a) Trendprozeß zur Modellierung von Niveauschwankungen m_t und Zuwachsschwankungen b_t mit Störungen η_t und ζ_t durch Random Walks:

$$m_t = m_{t-1} + b_{t-1} + \eta_t,$$

$$b_t = b_{t-1} + \zeta_t.$$

b) Saisonprozeß mit einer Saisonlänge m zur Modellierung einer ungedämpften periodischen Jahresschwankung

$$sk_t = \sum_{i=1}^{m} s_i z_{it}, \quad z_{it} = \begin{cases} 0 & i \neq t \bmod m \\ 1 & i = t \bmod m. \end{cases}$$

Die Summe der Saisonauschläge s_i über alle m Periodenabschnitte ergibt weißes Rauschen

$$\sum_{\tau=0}^{m-1} s_{t-\tau} = \omega_t,$$

was ein Spezialfall des Ansatzes mit saisonalen Random Walks ist.

c) Zyklischer Prozeß zur Modellierung einer gedämpften Konjunkturschwingung mit einer Zyklenlänge von $1/\lambda$ Perioden und mit einem Dämpfungsfaktor ρ

$$g_t = \rho (g_{t-1} \cos(2\pi\lambda)$$

$$+ g_{t-2} \sin(2\pi\lambda)) + v_t$$

mit $0 < \rho < 1$ und $0 < \lambda < 1/2$. Die jeweiligen Störprozesse ε_t, η_t, ζ_t, ω_t und v_t werden als normalverteilt, unabhängig und paarweise unkorreliert vorausgesetzt (→ Gaußscher Prozeß, → weißes Rauschen). Die einstellbaren Parameter λ und ρ sowie die unbekannten Rauschvarianzen (Hyperparameter) σ_ε^2, σ_η^2, σ_ζ^2, σ_ω^2 und σ_v^2 lassen sich mit einer → Maximum-Likelihood-Schätzung bestimmen. Die Varianzverhältnisse

$$\frac{\sigma_\eta^2}{\sigma_\varepsilon^2}, \quad \frac{\sigma_\zeta^2}{\sigma_\varepsilon^2}, \quad \frac{\sigma_\omega^2}{\sigma_\varepsilon^2}, \quad \frac{\sigma_v^2}{\sigma_\varepsilon^2}$$

sind für $\sigma_\varepsilon^2 > 0$ als Maße für die Glattheit von Trend-, Saison- bzw. Konjunkturverlauf interpretierbar. Bei der Prognose $\hat{X}_t(h)$ werden die Störterme im Prognosehorizont, d. h. ab h = t + 1, null gesetzt. Der Zuwachs und die Saisonausschläge ändern sich ab Ursprung t nicht mehr. Die Konjunktur wird mittels ρ^h exponentiell gedämpft. Das BSM kann ergänzt werden durch eine deterministische Kalenderfunktion sowie einen erklärenden Prozeß $\{Y_t\}$, der eventuell zeitverzögert wirkt. Der Saisonprozeß läßt sich feiner strukturieren durch Einführung a) von Saisonzuwächsen (auf- bzw. abschwingende Periodizität), b) von korrelierten Saisonstörungen mit einer Fortwirkungsdauer von weniger als m-1 Perioden (Saison-schocks). Ein BSM kann als verall-gemeinertes, nichtlineares Regres-sionsmodell formuliert und behandelt werden ($\rightarrow$ Regressionsanalyse). Zwi-schen den beiden praktisch bedeut-samen Klassen instationärer Prozesse vom Typ BSM und vom Typ ARI-MA ($\rightarrow$ ARIMA-Prozeß) gibt es Be-ziehungen. Es sind Umformungen in beiden Richtungen möglich, aller-dings meist mit Informationsverlust. Die beiden Klassen sind weder iden-tisch, noch disjunkt und stellen zwei verschiedene Modellierungskonzepte mit typischerweise unterschiedlichen Resultaten dar. BSM zeichnen sich durch eine vergleichsweise höhere Flexibilität bei der Prognose aus. Bei-spiel: Die Zeitreihe der Luftfahrtpas-sagiere einer Fluggesellschaft, deren Werte in der folgenden Graphik als ln x_t über der Zeit (Monate) abgetra-gen sind, soll modelliert werden.

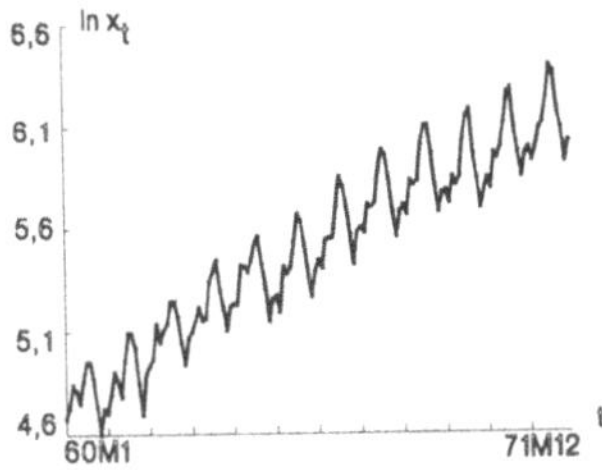

Angesetzt werden ein Random Walk für Niveau und Trend, sowie ein Sai-sonprozeß mit unkorrelierten Sum-men der Saisonausschläge. Die Mo-dellanpassung ergibt, daß der Trend-prozeß eine vernachlässigbar kleine Varianz besitzt und somit als nicht-stochastisch angesehen werden kann. Die nicht erklärbare Varianz σ^2_ε ver-schwindet ebenfalls, so daß Niveau- und Saisonprozeß die gesamte Varia-tion der Zeitreihe erklären können:

$\sigma_\varepsilon^2 \approx 0$, $\sigma_\eta^2 = 0{,}8 \cdot 10^{-3}$, $\sigma_\zeta^2 \approx 0$ und $\sigma_\omega^2 = 0{,}94 \cdot 10^{-4}$. Die in der folgenden Graphik enthaltene Mehrschrittpro-gnose $\hat{x}_t$ (dargestellt als +) über die letzten zwei Jahre weist einen mitt-leren quadratischen Fehler von 1,2 % auf.

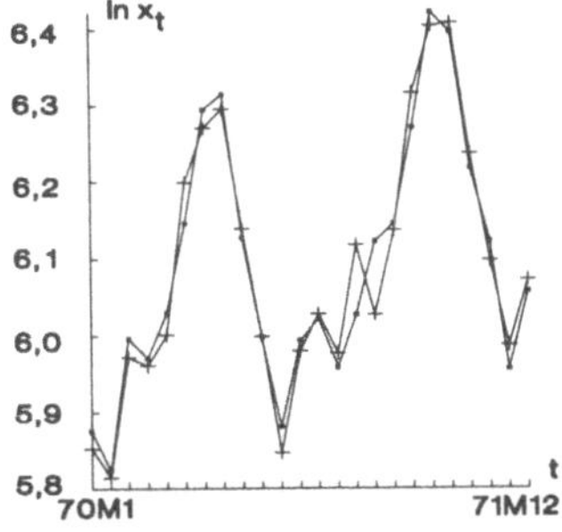

Ein so kleiner Wert des Prognosefeh-lers läßt sich mit einem multiplikati-ven ARIMA-$(0,1,0)(0,1,1)_{12}$-Modell nicht erreichen. BSM werden zuneh-mend bei der Konjunkturdiagnose an-gewandt.

C

Cantellische Ungleichungen

Abschätzungen für eine Zufallsvariable X mit dem Erwartungswert μ und der Varianz σ^2:

$$P(X - \mu > \tau) \leq \frac{\sigma^2}{\sigma^2 + \tau^2}$$

für $\tau \geq 0$ und

$$P(X - \mu \leq \tau) \leq \frac{\sigma^2}{\sigma^2 + \tau^2},$$

wenn $\tau < 0$ erfüllt wird.

Carli-Index

Preisindex von Carli, einfaches (ungewogenes) $\to$ arithmetisches Mittel

$$P_{\tau,t}^{Car} = \frac{\sum_{k=1}^{K} i_{\tau,t}^{P}(k)}{K}$$

aus den k = 1, 2,..., K (dynamischen) Preismeßzahlen ($\to$ Meßzahl)

$$i_{\tau,t}^{P}(k) = \frac{p_{kt}}{p_{k\tau}}, \quad p_{k\tau} > 0$$

von K Gütern eines gleichen $\to$ Warenkorbes für einen Basiszeitraum τ und einen Berichtszeitraum t. Da der C.-I. als eine durchschnittliche Preismeßzahl (im Unterschied zum $\to$ Dutot-Preisindex als Meßzahl aus durchschnittlichen Preisen) die Bedingung der $\to$ Kommensurabilität erfüllt, un-

terliegt seine Praktikabilität formal keinen Einschränkungen. Als nachteilig erweist sich lediglich die "ungewogene" Berücksichtigung der relativen Veränderungen im Preisniveau der Warenkorbgüter.

Census-X-11-Verfahren

Weltweit verbreitetes Verfahren zur $\to$ Dekomposition und $\to$ Saisonbereinigung von Zeitreihen, das im "Bureau of Census" des US-amerikanischen "Department of Commerce" entwickelt worden ist und vornehmlich in der $\to$ amtlichen Statistik verwendet wird. Die methodische Fundierung ist umstritten und weist alle grundsätzlichen Schwächen von deterministischen Ansätzen zur Dekomposition von Zeitreihen auf, wie Willkür der Komponentendefinition, praktisch nicht nachvollziehbare Bereinigungstechniken sowie unerwünschte Nebeneffekte bei der Datentransformation ($\to$ Spektralanalyse). In der deutschen amtlichen Statistik wird das $\to$ Berliner Verfahren bevorzugt.

CES-Funktion

Constant Elasticity of Substitution Function, homogene $\to$ Produktionsfunktion mit der Eigenschaft einer konstanten Substitutionselastizität. Die C.-F. ist neben der $\to$ Cobb-Douglas-Funktion die bekannteste makroökonomische Produktionsfunktion zur Analyse produktionstheoretischer Ansätze, meistens unter Verwendung hochaggregierter volkswirtschaftlicher Zeitreihendaten. Ihre mikroökonomische Bedeutung ist vergleichsweise gering. Bezeichnet man im Sinne der → Volkswirtschaftlichen Gesamtrechnung das Endprodukt mit y und die i = 1, 2,..., n Produktions- oder Inputfaktoren (z.B. Arbeit, Kapital, technischer Fortschritt) mit x_i, dann lautet die vereinfachte algebraische Form der C.-F.:

$$y = b_0 \cdot \left(\sum_{i=1}^{n} b_i \cdot x_i^{-a} \right)^{-\frac{1}{a}},$$

wobei für die Parameter gilt: $a \neq 0$, $a > -1$ und $b_i > 0$ für alle $i = 0, 1, ..., n$. Bei der C.-F. ergibt sich der Output y aus einer potenzierten Summe, wobei die einzelnen Summanden wiederum aus dem Vielfachen b_i eines potenzierten Inputfaktors x_i bestehen. Während die Funktionsparameter b_i als multiplikative Gewichte fungieren, kennzeichnet der Exponent a den sogenannten Substitutionsparameter. Ist der Substitutionsparameter a einer C.-F. gegeben, dann ist die Substitutionselastizität

$$\varepsilon_{yx} = \frac{1}{1 + a}$$

zwischen allen Produktionsfaktoren x_i gleich groß, also konstant. Aus dieser Eigenschaft (Constant Elasticity of Substitution) ist die Bezeichnung dieser Art von Produktionsfunktion als C.-F. abgeleitet. Die Substitutionselastizität (→ Elastizität) ist der Quotient aus der relativen Veränderung des Einsatzverhältnisses zweier Produktionsfaktoren und der relativen Veränderung der produktionstechnischen Substitutionsrate. Die Substitutionsrate wiederum gibt an, in welchem

Verhältnis die betrachteten Produktionsfaktoren gegeneinander ausgetauscht werden müssen, wenn bei Konstanz der übrigen Produktionsfaktoren das Produktionsniveau unverändert bleiben soll. Aus diesem Grunde verwendet und interpretiert man die Substitutionselastizität als eine Maßzahl für den Substitutionsgrad eines Produktionsfaktors durch einen anderen. Für die C.-F. ist der Substitutionsgrad für alle Produktionsfaktoren stets gleich. Die Frage, wie leicht ein Produktionsfaktor durch einen anderen ersetzt werden kann, hängt bei der C.-F. nur von der Größe des Substitutionsparameters a ab. Für spezielle a ergeben sich einige interessante Eigenschaften der C.-F.: a) Aus $a \to \infty$ folgt $\varepsilon_{yx} \to 0$. In diesem Fall ist eine Veränderung des Einsatzverhältnisses der Produktionsfaktoren nicht gegeben, d.h., sie können gegenseitig nicht substituiert werden. b) Der Grenzübergang $a \to 0$ und $\varepsilon_{yx} \to 1$ führt zur Cobb-Douglas-Produktionsfunktion und impliziert das Phänomen, daß die Veränderungen des Einsatzverhältnisses der Produktionsfaktoren stets im gleichen Maße mit den Veränderungen der Substitutionsrate einhergehen. c) Aus $a \to -1$ folgt $\varepsilon_{yx} \to \infty$. Dies bedeutet, daß die Veränderungen des Einsatzverhältnisses der Produktionsfaktoren nicht zu Veränderungen der Substitutionsrate führen, die Produktionsfaktoren also als vollkommene Substitute erscheinen. In diesem Fall nähert sich die C.-F. einer linearen Produktionsfunktion mit alternativer Substitution an. Betrachtet man die Substitutionselastizität zwischen zwei Produktionsfaktoren in (linearer) Abhängigkeit von ihren Einsatzmengen bzw. vom Verhältnis ihrer Einsatzmengen, gelangt man zu den Produktionsfunktionen mit variablen Substitutionselastizitäten, den sogenannten VES-Funktionen (Variable Elasticity of Substitution). Die VES-Funktionen sind aus dem Bemühen heraus entstanden, den Funktionstyp der C.-F. flexibler zu gestalten, um ihn für eine realitätsnahe Erklärung der produktiven Gesetzmäßigkeiten verwenden zu können. Die numerische Schätzung der Parameter einer C.-F. bzw. einer VES-Funktion unter Verwendung von makroökonomischen Zeitreihendaten ist eine Aufgabe der angewandten → Ökonometrie. Beispiel: Eine Modifikation der Cobb-Douglas-Produktionsfunktion

$$Q_t = b_0 \cdot L_t^{b_1} \cdot K_t^{b_2} + e_t$$

stellt die C.-F.

$$\ln Q_t = b_2 \ln[b_0 L_t^{b_1} + (1 - b_0) K_t^{b_1}] + e_t$$

zur Modellierung des volkswirtschaftlichen Endprodukts (Quantity) Q_t in Abhängigkeit von den eingesetzten Produktionsfaktoren Arbeit (Labour) L_t und Kapital K_t im Beobachtungszeitraum t dar. Die e_t symbolisieren für alle t die additiven Störterme (error terms), die an sich keine Linearisierung beider Ansätze ermöglichen, so daß die Parameter nur mit Hilfe der nichtlinearen Schätzverfahren (z.B. Gauß-Newton-Verfahren) numerisch bestimmt werden können.

Ceteris-paribus-Annahme

Annahme in der multiplen statistischen Zusammenhangs- und Abhängigkeitsanalyse (→ Korrelationsanalyse, → Regressionsanalyse), die unterstellt, daß a) sich nicht alle betrachteten Sachverhalte gleichzeitig

ändern und b) die gleichen Bedingungen, so wie sie "sonst" während der statistischen Beobachtung der Sachverhalte bestanden, Gültigkeit besitzen (unter sonst gleichen Bedingungen).

Chaos-Theorie

Theorie zur deterministischen Erklärung der Dynamik von instabilen komplexen Systemen, die sich durch drei Eigenschaften auszeichnen: a) Das System bezieht seine Antriebsenergie aus dem ständigen Austausch mit der Umwelt. b) Bremsende und verstärkende Einflüsse erzeugen ineinandergreifende Zyklen. c) Mindestens drei unabhängige Kräfte halten das System in Bewegung. Ein instabiles Wirtschaftssystem ist beispielsweise der Devisenmarkt mit seiner durch Informationen von außen genährten Motorik, der Verquickung von Transaktionen und Wechselkurserwartung und dem Wirken zahlreicher Interessengruppen. Chaotisches (instabiles) Verhalten äußert sich in Schwankungen, die ohne Anstoß von außen auftreten und dem Anschein nach von Zufallsprozessen nicht zu unterscheiden sind. Das chaotische System kann jedoch nicht zur Ruhe kommen und keinen Zustand mehrmals erreichen. Sein deterministisches Bewegungsgesetz wird durch nichtlineare Differential- bzw. Differenzengleichungen beschrieben. Der nichtlineare Ansatz erfaßt eine Überlagerung von Abhängigkeiten über sehr lange Zeiträume (Josef-Effekt) mit Ausreißereinflüssen, die springflutartig auftauchen und wieder vergehen (Noah-Effekt). Eine Prognose chaotischen Verhaltens wird oft durch hohe Empfindlichkeit des Systems gegenüber den Ausgangsbedingungen (wie

Anfangswerten und Systemparametern) erschwert. Sie ist aber praktisch möglich, wie Anwendungen in nichtwirtschaftlichen Systemen, z.B. bei kurzfristigen Wetterprognosen, zeigen. In der empirischen Wirtschaftsforschung wird die C.-T. als alternativer Ansatz zu stochastischen Prozessen angesehen, um instabiles Verhalten zu beschreiben und zu analysieren.

Charakteristische Funktion

Die Funktion

$$\phi(t) = E(e^{itX}) = \int_{-\infty}^{\infty} e^{itx} \, dF(x)$$

für eine Zufallsvariable X mit der Verteilungsfunktion F(x) ($i = \sqrt{-1}$). C. F. spielen in der theoretischen Analyse von Wahrscheinlichkeitsverteilungen eine große Rolle. ϕ ist komplexwertig und in $-\infty < t < \infty$ gleichmäßig stetig und genügt den Bedingungen

$$|\phi(t)| \leq 1 \,, \quad \phi(0) = 1 \,,$$

$$\phi(-t) = \overline{\phi(t)},$$

wobei $\overline{\phi(t)}$ die konjugiert komplexe Zahl zu $\phi(t)$ bedeutet. Für eine lineare Funktion $Y = aX + b$ von X ist

$$\phi_Y(t) = \phi_X(at)e^{ibt} \,.$$

ϕ ist genau dann reellwertig, wenn X eine bezüglich $x = 0$ symmetrische Verteilung hat. Die Beziehung zwischen F und ϕ ist umkehrbar eindeutig. Insbesondere sind im Falle einer → diskreten Zufallsvariablen X die Einzelwahrscheinlichkeiten $P(X = x_m) = p_m$ gegeben durch:

$$p_m = \lim_{T \to \infty} \frac{1}{2T} \int_{-T}^{T} e^{-itx_m} \phi(t)dt \,.$$

Unter der Voraussetzung

$$\int_{-\infty}^{\infty} |\phi(t)| \, dt < \infty$$

ist X eine stetige Zufallsvariable mit der Dichtefunktion

$$f(x) = \frac{1}{2\pi} \int_{-\infty}^{\infty} e^{-itx} \phi(t)dt \,.$$

Ist für eine natürliche Zahl n der Erwartungswert $E(|X|^n) < \infty$, so gilt

$$E(X^k) = i^{-k}\phi^{(k)}(0)$$

für $0 \leq k \leq n$, wobei $\phi^{(k)}$ die k-te Ableitung bezeichnet. Sind X und Y zwei unabhängige Zufallsvariablen mit den c. F. ϕ_X und ϕ_Y, dann ist die c. F. der Summe $X + Y$ gleich $\phi_X \cdot \phi_Y$.

Chi-Quadrat-Test

χ^2-*Test*, zusammenfassende Bezeichnung für Tests, deren Prüfvariable einer → Chi-Quadrat-Verteilung genügt. Die bekanntesten Tests sind:
a) Der χ^2-Varianztest: X sei eine normalverteilte Zufallsvariable mit Erwartungswert μ und Varianz σ^2. Die Annahme, daß σ^2 einem vorgegebenen Wert σ_0^2 für die Varianz entspricht, wird als Nullhypothese H_0: $\sigma^2 = \sigma_0^2$ und die Ungleichheit zwischen σ^2 und σ_0^2 als Alternativhypothese H_1: $\sigma^2 \neq \sigma_0^2$ formuliert. Die Testvariable

$$T = \frac{(n-1)\,S^2}{\sigma_0^2}$$

mit S^2 als Stichprobenvarianz besitzt unter H_0 eine χ^2-Verteilung mit $f=n-1$ Freiheitsgraden, wenn n der Stichprobenumfang ist. Für $T < \chi^2_{n-1;\,\alpha/2}$ oder $T > \chi^2_{n-1;\,1-\alpha/2}$ wird H_0 abgelehnt, wobei $\chi^2_{n-1;p}$ das Quantil p-ter Ordnung der χ^2-Verteilung mit $f=n-1$ Freiheitsgraden und α das Signifikanzniveau ist. In diesen Fällen wird die wahre Varianz σ^2 als von σ_0^2 verschieden betrachtet. Bei einer Alternativhypothese H_1: $\sigma^2 > \sigma_0^2$ wird H_0 abgelehnt, falls $T > \chi^2_{n-1;1-\alpha}$ gilt.

b) Der χ^2-Anpassungstest: X sei eine Zufallsvariable mit der unbekannten Verteilungsfunktion F(x). Die Nullhypothese dieses Tests beinhaltet die Annahme, daß die tatsächliche Verteilungsfunktion F(x) einer vorgegebenen Verteilungsfunktion $F_0(x)$ entspricht: H_0: $F(x) = F_0(x)$ für alle x. Die Verschiedenheit von F(x) und $F_0(x)$ enthält die Alternativhypothese H_1: $F(x) \neq F_0(x)$ für mindestens ein x. Die Testvariable

$$T = \sum_{j=1}^{r} \frac{(h_j - n\,p_j)^2}{n\,p_j}$$

hat unter H_0 asymptotisch eine χ^2-Verteilung mit $f=r-1$ Freiheitsgraden. Dabei bezeichnet h_j die Klassenhäufigkeit der j-ten Klasse in einer Stichprobe vom Umfang n bei einer Einteilung in r Klassen $I_j = [x_j, x_{j+1})$ und $p_j = F_0(x_{j+1}) - F_0(x_j)$ die Wahrscheinlichkeit, daß X in der Klasse I_j liegt, wenn H_0 wahr ist. H_0 wird abgelehnt, wenn $T > \chi^2_{r-1;1-\alpha}$ ausfällt. Bei der Berechnung von T sollte die Bedingung $np_j \geq 5$ für alle j erfüllt sein. Sonst muß man benachbarte Klassen zusammenfassen und die Klassenanzahl entsprechend reduzieren, bis die Bedingung erfüllt ist. Dieser C.-Q.-T. wird zum Beispiel bei der Prüfung

einer Aussage über die Anteilswerte p_i (i = 1,...,k) der verschiedenen Ausprägungen eines qualitativen Merkmals oder der Behauptung, die Verteilung eines Merkmals sei eine Normalverteilung mit einem bestimmten Erwartungswert und einer bestimmten Varianz, verwendet. In letzterem Fall ist für den C.-Q.-T. eine Klasseneinteilung einzuführen.

c) Der χ^2-Unabhängigkeitstest: (X,Y) sei ein zweidimensionaler diskreter zufälliger Vektor mit den Zufallsvariablen X und Y als Komponenten, der die Werte (x_i, y_j) (i = 1,..., r; j = 1,..., s) mit den Wahrscheinlichkeiten $p_{ij} = P(X=x_i,Y=y_j)$ annimmt. Die Nullhypothese lautet H_0: $p_{ij} = p_{i.} \cdot p_{.j}$ für alle i = 1,...,r und j = 1,...,s, was gleichbedeutend mit der Hypothese ist, daß die beiden Komponenten X und Y voneinander unabhängig sind. Dabei sind

$$p_{i.} = P\,(X = x_i) = \sum_{j=1}^{s} p_{ij}\,,$$

$$p_{.j} = P\,(Y = y_j) = \sum_{i=1}^{r} p_{ij}$$

die Randverteilungen der gemeinsamen Wahrscheinlichkeitsverteilung von X und Y. Die Alternativhypothese beinhaltet die Abhängigkeit der beiden Zufallsvariablen X und Y, H_1: $p_{ij} \neq p_{i.} \cdot p_{.j}$ für mindestens ein Paar (i,j). Die Testvariable ist hier

$$T = \sum_{j=1}^{s} \sum_{i=1}^{r} \frac{\left(h_{ij} - \dfrac{h_{i.} \cdot h_{.j}}{n}\right)^2}{\dfrac{h_{i.} \cdot h_{.j}}{n}}\,.$$

Dabei bezeichnen h_{ij} die Anzahl des Auftretens von (x_i, y_j) in einer Stichprobe vom Umfang n mit

$$\sum_{j=1}^{s} \sum_{i=1}^{r} h_{ij} = n$$

und

$$h_{i.} = \sum_{j=1}^{s} h_{ij} \,, \quad h_{.j} = \sum_{i=1}^{r} h_{ij}$$

die Randhäufigkeiten von X und Y in der Stichprobe. T hat bei Gültigkeit von H_0 asymptotisch eine χ^2-Verteilung mit f=(r-1)(s-1) Freiheitsgraden. Die Nullhypothese H_0 wird abgelehnt, wenn $T > \chi^2_{(r-1)(s-1);1-\alpha}$ ist, wobei $\chi^2_{(r-1)(s-1);1-\alpha}$ das Quantil der Ordnung $1-\alpha$ der χ^2-Verteilung mit f=(r-1)(s-1) Freiheitsgraden und α das vorgegebene Signifikanzniveau ist. Der χ^2-Unabhängigkeitstest kann allgemein zur Prüfung der Unabhängigkeit von zwei statistischen Merkmalen X und Y benutzt werden. Erforderlichenfalls muß eine geeignete Klasseneinteilung vorgenommen werden. Z. B. könnten die Variablen X und Y die Merkmale Schulabschluß und Arbeitseinkommen in einer Gesamtheit von Berufstätigen sein.

d) Der χ^2-Homogenitätstest: $X_1,..., X_k$ seien k unabhängige, diskrete Zufallsvariablen, die die Werte $z_1,..., z_s$ mit den Einzelwahrscheinlichkeiten $p_{ij} = P(X_i=z_j)$ (i=1,...,k; j=1,...,s) annehmen können. Dabei gilt

$$\sum_{j=1}^{s} p_{ij} = 1, \quad i = 1,...,k \,.$$

Es wird die Nullhypothese H_0: $p_{1j} = p_{2j} =...= p_{kj}$ für alle j (d.h.,.die X_i sind identisch verteilt) gegen die Alternativhypothese H_1: $p_{ij} \neq p_{i*j}$ für mindestens ein j, ein i und ein i*, geprüft. Die Testvariable

$$T = \sum_{j=1}^{s} \sum_{i=1}^{k} \frac{(h_{ij} - \dfrac{h_{i.} \cdot h_{.j}}{n})^2}{\dfrac{h_{i.} \cdot h_{.j}}{n}}$$

wird wie in c) verwendet. h_{ij} (i = 1,..., k; j = 1,..., s) bezeichnet aber hier die absolute Häufigkeit von z_j in einer Stichprobe vom Umfang n_i für die Zufallsvariable X_i. Weiter sind

$$h_{i.} = \sum_{j=1}^{s} h_{ij} = n_i, \quad h_{.j} = \sum_{i=1}^{k} h_{ij} \,,$$

$$n = \sum_{i=1}^{k} n_i \,.$$

Die Nullhypothese, daß die Zufallsvariablen identisch verteilt seien, d.h. daß die Stichproben aus einer "homogenen" gemeinsamen Grundgesamtheit stammen, wird verworfen, wenn $T > \chi^2_{(n-1)(s-1);1-\alpha}$ ausfällt.

Chi-Quadrat-Verteilung

χ^2-*Verteilung*, Verteilung einer stetigen Zufallsvariablen X, die die Wahrscheinlichkeitsdichte

$$f(x) = \frac{1}{2^{n/2}\, \Gamma(\dfrac{n}{2})} \, x^{\frac{n}{2}-1} \, e^{-\frac{x}{2}}$$

für x > 0 und f(x) = 0 für $x \leq 0$ besitzt, wobei Γ die Gamma-Funktion bezeichnet. X heißt dann χ^2-verteilt mit n Freiheitsgraden. Erwartungswert und Varianz sind E(X) = n bzw. Var(X) = 2n. Die χ^2-Verteilung tritt als Verteilung der Summe der Quadrate von n unabhängigen und standardnormalverteilten Zufallsvariablen (N(0,1)) auf. Die Summe zweier unabhängiger χ^2-verteilter Zufallsvariablen mit n bzw. m Freiheitsgraden ist

Chi-Quadrat-Verteilung

χ^2 - Verteilung

Quantile $\chi^2_{n,1-\alpha}$ der Verteilungsfunktion F für die Wahrscheinlichkeit $\gamma = 1-\alpha$:
$$F(\chi^2_{n,1-\alpha}) = P(\chi^2 \leq \chi^2_{n,1-\alpha}) = 1 - \alpha$$

n\α	0,10	0,05	0,01	0,001	n
1	2,71	3,841	6,635	10,827	1
2	4,61	5,991	9,210	13,815	2
3	6,25	7,815	11,345	16,268	3
4	7,78	9,488	13,277	18,465	4
5	9,24	11,070	15,086	20,517	5
6	10,6	12,592	16,812	22,457	6
7	12,0	14,067	18,475	24,322	7
8	13,4	15,507	20,090	26,125	8
9	14,7	16,919	21,666	27,877	9
10	16,0	18,307	23,209	29,588	10
11	17,3	19,675	24,725	31,264	11
12	18,5	21,026	26,217	32,909	12
13	19,8	22,362	27,688	34,528	13
14	21,1	23,685	29,141	36,123	14
15	22,3	24,996	30,578	37,697	15
16	23,5	26,296	32,000	39,252	16
17	24,8	27,587	33,409	40,790	17
18	26,0	28,869	34,805	42,312	18
19	27,2	30,144	36,191	43,820	19
20	28,4	31,410	37,566	45,315	20
21	29,6	32,671	38,932	46,797	21
22	30,8	33,924	40,289	48,268	22
23	32,0	35,172	41,638	49,797	23
24	33,2	36,415	42,980	51,179	24
25	34,4	37,652	44,314	52,620	25
26	35,6	38,885	45,642	54,052	26
27	36,7	40,113	46,963	55,476	27
28	37,9	41,337	48,278	56,893	28
29	39,1	42,557	49,588	58,302	29
30	40,3	43,773	50,892	59,703	30
40	51,8	55,8	63,7	73,4	40
50	63,2	67,5	76,2	86,7	50
60	74,4	79,1	88,4	99,6	60
70	85,5	90,5	100,4	112,3	70
80	96,6	101,9	112,3	124,8	80
90	107,6	113,1	124,1	137,2	90
100	118,5	124,3	135,8	149,4	100

ebenfalls χ^2-verteilt mit f=n+m Freiheitsgraden. Für große n werden χ^2-verteilte Zufallsvariable durch die Normalverteilung N(n,2n) approximiert. Die folgende Abbildung zeigt die Dichtefunktion der C.-Q.-V. für n=3 und n=10 Freiheitsgrade.

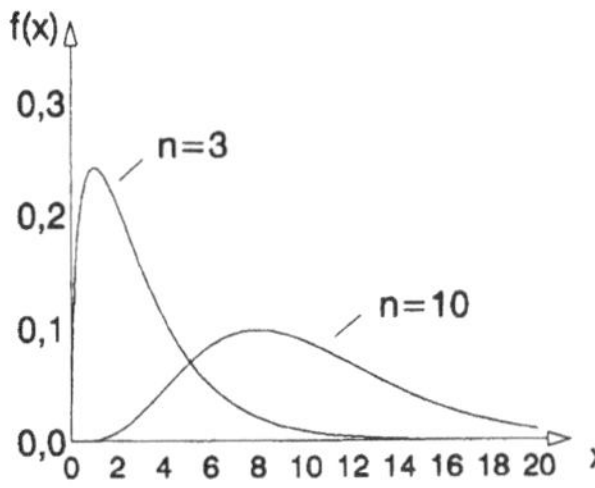

Ist $(X_1,...,X_n)$ eine Stichprobe aus einer $N(\mu,\sigma^2)$-verteilten Grundgesamtheit, so ist

$$v = \frac{(n-1)\,S^2}{\sigma^2}$$

χ^2-verteilt mit n-1 Freiheitsgraden, wobei

$$S^2 = \frac{1}{n-1} \sum_{i=1}^{n} (X_i - \overline{X})^2$$

die Stichprobenvarianz und

$$\overline{X} = \frac{1}{n} \sum_{i=1}^{n} X_i$$

der Stichprobendurchschnitt sind. Die χ^2-Verteilung spielt in der Praxis beim χ^2-Test, insbesondere bei der Prüfung der Streuung normalverteilter Zufallsvariablen, bei der Prüfung der Anpassung theoretischer Verteilungen an gegebene Häufigkeiten und bei der Prüfung der Unabhängigkeit von Variablen, eine große Rolle. Die Quantile $\chi^2_{n;q}$ der Ordnung q der χ^2-Verteilung mit n Freiheitsgraden, die

für den → Chi-Quadrat-Test benötigt werden, können aus Tafeln abgelesen werden (siehe Seite 70).

Chow-Test

Test zum Prüfen der Stabilität von Regressionskoeffizienten. Für die beiden Regressionsmodelle

$$y_1 = X_1\beta_1 + u_1$$

$$y_2 = X_2\beta_2 + u_2$$

für zwei disjunkte Teilzeiträume der Länge n_1 und n_2 lautet die zu prüfende Nullhypothese H_0: $\beta_1 = \beta_2$, wobei β_1 und β_2 jeweils die Koeffizientenvektoren der Länge k sind. Die Testvariable ist

$$F = \frac{\dfrac{e'e - e_1'e_1 - e_2'e_2}{k}}{\dfrac{e_1'e_1 + e_2'e_2}{n_1 + n_2 - 2k}},$$

wobei e, e_1 und e_2 die Residuenvektoren für den Gesamtzeitraum, den ersten Teilzeitraum bzw. den zweiten Teilzeitraum sind. F ist unter H_0 F-verteilt (→ F-Verteilung) mit $f_1 = k$ und $f_2 = n_1+n_2-2k$ Freiheitsgraden. Die Nullhypothese wird abgelehnt, d.h., die Koeffizienten des Modells werden als instabil betrachtet, wenn $F > F_{k,n1+n2-2k,1-\alpha}$ ausfällt, wobei α das vorgegebene Signifikanzniveau und $F_{k,n1+n2-2k,1-\alpha}$ das Quantil der Ordnung $1-\alpha$ der F-Verteilung ist.

Chronologisches Mittel

Spezielles gewogenes → arithmetisches Mittel für Bestandsangaben, die in zeitlicher Reihenfolge (→ Zeitreihe) in regelmäßigen Abständen erfaßt werden. Sind $x_1, ..., x_n$ die zeitlich geordneten Bestandsangaben, so ist

Clusteranalyse

das c. M. definiert als

$$\bar{x}_c = \frac{\dfrac{x_1 + x_n}{2} + \sum\limits_{i=2}^{n-1} x_i}{n - 1} .$$

Beispiel: Es soll der durchschnittliche monatliche Materialbestand eines Unternehmens für ein gegebenes Jahr ermittelt werden. Mit x_1 = Bestand Ende Dezember des Vorjahres = Bestand Anfang Januar des betrachteten Jahres, x_2 = Bestand Ende Januar = Bestand Anfang Februar, ..., x_{13} = Bestand Ende Dezember ergeben sich approximativ die Durchschnittsbestände der einzelnen Monate zu

$$\frac{x_1 + x_2}{2} , \quad \frac{x_2 + x_3}{2} , \quad \dots , \quad \frac{x_{12} + x_{13}}{2} .$$

Das arithmetische Mittel aus den 12 monatlichen Durchschnittsbeständen ist identisch mit der Berechnungsvorschrift des c. M.

$$\bar{x}_c = \frac{\dfrac{x_1 + x_2}{2} + \dfrac{x_2 + x_3}{2} + \dots + \dfrac{x_{12} + x_{13}}{2}}{12}$$

$$= \frac{\dfrac{x_1 + x_{13}}{2} + \sum\limits_{i=2}^{12} x_i}{12}$$

und beinhaltet den durchschnittlichen Materialbestand dieses Unternehmens über das betrachtete Jahr.

Clusteranalyse

Verfahren der → multivariaten Statistik mit dem Ziel der Strukturierung einer gegebenen heterogenen (mehrdimensionalen) Menge von n Objekten (z.B. Länder, Personen oder Unternehmen) in m Klassen (Cluster) $K_1, \dots, K_m$ derart, daß innerhalb der Cluster eine Homogenität oder Ähnlichkeit der Elemente, aber zwischen ihnen ein Unterschied erreicht wird. Einfache Anwendungsbeispiele sind die Klassifikation von Unternehmen auf Grund inputbezogener Merkmale, die Klassifikation von Ländern auf Grund von ökonomischen und sozialen Merkmalen oder die Klassifikation von Testpersonen auf Grund der Meinung zu bestimmten politischen Entscheidungen. Voraussetzung für eine C. von n Objekten, die durch p Merkmale (Variable) beschrieben werden, ist das Vorliegen einer Datenmatrix $\mathbf{X}$ mit den Merkmalsausprägungen der Objekte (Stufe 0 des unten angegebenen Ablaufschemas). Zur Quantifizierung der Ähnlichkeit zwischen den Objekten wird aus der Datenmatrix $\mathbf{X}$ eine Abstands- oder Ähnlichkeitsmatrix $\mathbf{D} = (d_{jk})$ (j,k = 1,..., n) berechnet, die den → Abstand d_{jk} bzw. die Ähnlichkeit jeweils zweier Objekte j und k enthält (Stufe 1). Als Maße werden bei einer metrischen → Skala die L_r-Normen (→ Abstand) und der Koeffizient der → Maßkorrelation verwendet. Typische Maße bei einer Nominalskala sind der sogenannte Tanimoto-Koeffizient, der RR- und M-Koeffizient. In der 2. Stufe wird ein Klassifikationstyp gewählt. Verschiedene Grundformen stehen hier zur Verfügung. Die wichtigsten sind a) Partitionen, d.h. Aufspaltung der Objektmenge in m disjunkte Klassen, und b) Hierarchien, d.h. Folgen von Partitionen. Eine Hierarchie läßt sehr feine Strukturen in einer Objektmenge erkennen. Je nach Vorgehensweise bei der Partitionenbildung (von grob zu fein oder umgekehrt) wird bei der Konstruktion von Hierarchien zwischen divisiven und agglomerativen Verfahren unterschieden. Die Homogenität innerhalb der Cluster (Intraklassenhomogenität) wird durch den minimalen oder den maximalen Abstandsindex bewertet. Die Beurteilung der Heterogenität zwischen den Clustern (Interklassenheterogenität) ist über die Verschiedenheitsmaße ($\rightarrow$ Abstand) wie single linkage, complete linkage und average linkage möglich. Für die Bewertung der Güte der Klassifikation werden in Abhängigkeit vom Klassifikationstyp Maße gewählt, die von den Homogenitäten der Klassen und/oder den Heterogenitäten zwischen den

Ablaufschema der C.:

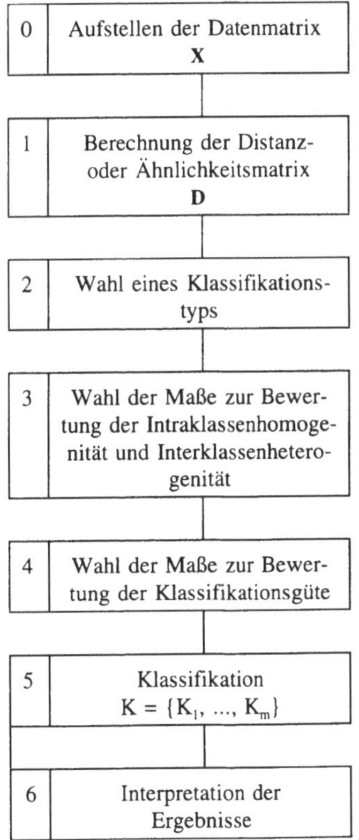

Klassen abhängen. Nach der Festlegung dieser Maße beginnt der eigentliche Prozeß der Clusterbildung. Es ist eine Klassifikation $K = \{K_1,..., K_m\}$ zu finden, die aus m Clustern von Objekten besteht und die Klassifikationsgüte erfüllt. Der Ablauf der C. ist in dem angegebenen Schema dargestellt.

Beispiel: Klassifikation von 6 Unternehmen A, B,..., F hinsichtlich der Organisationsstruktur unter Berücksichtigung verschiedener Merkmale wie Anzahl der Beschäftigten, Produktivität, Absatz usw. Nach Anwendung eines partitionierenden Verfahrens ergeben sich drei unterschiedliche Cluster $K_1=\{B,D\}$, $K_2 = \{A,C,E\}$ und $K_3 = \{F\}$, in denen jeweils die bezüglich der einbezogenen Merkmale strukturähnlichen Unternehmen enthalten sind. Die folgende Graphik veranschaulicht die gefundenen Cluster.

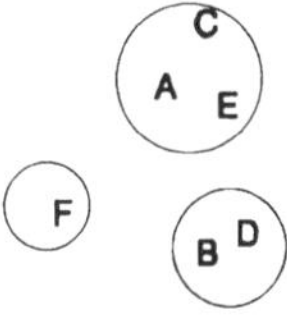

Bei Anwendung eines agglomerativen Verfahrens wird ausgehend von den sechs einelementigen Clustern K_1, K_2, ..., K_6, die die Anfangspartition bilden, bei Verwendung z.B. des Verschiedenheitsmaßes single linkage in jedem Schritt eine Vergröberung durch Zusammenfassung zweier minimal verschiedener Klassen vorgenommen, bis nur noch eine Klasse übrigbleibt. Es entstehen somit insgesamt $6 + 5 + 4 + 3 + 2 + 1 = 21$ Klassen, von denen $2 \cdot n - 1 = 11$ verschieden sind und somit die Hierarchie bilden:

Cobb-Douglas-Funktion

$K_1 = \{A\}$, $K_2 = \{C\}$, $K_3 = \{E\}$,
$K_4 = \{B\}$, $K_5 = \{D\}$, $K_6 = \{F\}$,
$K_7 = \{B,D\}$, $K_8 = \{C,E\}$,
$K_9 = \{A,C,E\}$, $K_{10} = \{A,B,C,D,E\}$,
$K_{11} = \{A,B,C,D,E,F\}$.

Die Graphik, auch Dendrogramm genannt, zeigt die Schrittfolge der Clusterzusammenfassung.

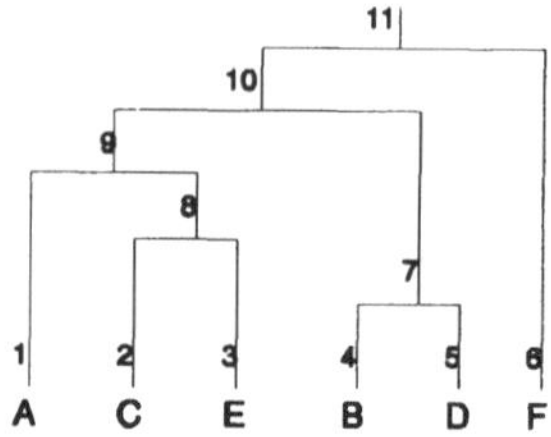

Cobb-Douglas-Funktion

Substitutionale neoklassische → Produktionsfunktion, bei der die Produktionsfaktormengen in bestimmten Grenzen gegeneinander austauschbar sind und die Ertragskurven bei partieller Faktorvariation von Anfang an abnehmende Ertragszuwächse aufweisen. Die allgemeine algebraische Form der 1928 von C.W. Cobb und P.H. Douglas aufgestellten Produktionsfunktion lautet:

$$y = b_0 \cdot \prod_{i=1}^{n} x_i^{b_i}.$$

Die Endproduktmenge (Output) y berechnet sich demnach als Produkt aus einer Konstanten b_0 und den potenzierten Einsatzmengen (Inputs) x_i der i = 1, 2,..., n am Produktionsprozeß beteiligten Produktionsfaktoren, wobei für die Parameter die folgenden Restriktionen gelten: $b_0 > 0$ und $0 \leq b_i < 1$. Da die C.-D.-F. eine multiple Potenzfunktion ist, sind wegen

$$\frac{\frac{\partial y}{\partial x}}{\frac{y}{x}} = \frac{\frac{\partial y}{\partial x_i}}{\frac{y}{x_i}} = b_i = \varepsilon_{yx_i} = \text{const.}$$

für alle i = 1, 2,..., n ihre partiellen Elastizitätsfunktionen ε_{yxi} unabhängig vom Umfang der eingesetzten Produktionsfaktoren x_i. Deshalb sind die Parameter b_i (konstante) partielle Produktionselastizitäten bezüglich der einzelnen (infinitesimal kleinen) relativen Produktionsfaktorveränderungen. Sie werden i.d. R. wie folgt interpretiert: Steigt (fällt) die Inputmenge des Produktionsfaktors x_i um 1 %, steigt (fällt) ceteris paribus der Produktionsoutput y näherungsweise um b_i %. Die Summe der partiellen Produktionselastizitäten

$$\lambda = \sum_{i=1}^{n} b_i = \sum_{i=1}^{n} \varepsilon_{yx_i}$$

heißt totale Produktionselastizität, Niveau- oder Skalenelastizität. Sie ist ein Maß für die relative Ergiebigkeit des Produktionsoutput y bei (infinitesimal kleinen) relativen Veränderungen aller i = 1, 2,..., n Produktionsinputs x_i und wird i.allg. wie folgt ökonomisch interpretiert: Steigen (fallen) alle eingesetzten Produktionsfaktormengen je um 1%, steigt (fällt) die Produktionsausstoßmenge y (im Mittel) um λ %. Die Skalenelastizität fungiert auch als Kriterium zur Bestimmung des Homogenitätsgrades einer C.-D.-F. Charakteristisch für eine C.-D.-F. ist eine konstante Substitutionselastizität von eins. Das impliziert, daß die Veränderungen des Einsatzverhältnisses der Produktionsfaktoren immer im gleichen Maße mit den Veränderungen der Substitutionsrate einhergehen, eine Restriktion, deren Realgeltung oft nicht gegeben ist, da i.allg. die eingesetzten Produktionsfaktoren in Umfang, Art, Struktur und Qualität stark differieren. Die Schätzung der Parameter einer C.-D.-F. unter Verwendung empirischer Datenbefunde ist eine Aufgabe der angewandten → Ökonometrie. Der Einsatz eines geeigneten Schätzverfahrens hängt dabei vom Modellansatz ab. Beispiel: Es existieren über $t = 1, 2,..., T = 60$ Quartale für den industriellen Produktionsoutput Q_t, die eingesetzte Menge des Produktionsfaktors Arbeit (Labour) L_t und die eingesetzte Kapitalmenge K_t die entsprechenden Zeitreihendaten, auf deren Grundlage die Parameter der C.-D.-F.

$$Q_t = b_0 \cdot L_t^{b_1} \cdot K_t^{b_2} \cdot e_t \, ,$$

mit e_t als multiplikativer Störgröße, zu schätzen sind. Die Linearisierung des Modellansatzes

$$\ln Q_t = \ln b_0 + b_1 \ln L_t + b_2 \ln K_t + \ln e_t$$

mittels der logarithmischen Transformation erlaubt die (eventuell verzerrte) Schätzung der Parameter mit Hilfe der → Methode der kleinsten Quadrate, z.B. mit dem Ergebnis

$$\ln \hat{Q}_t = 1,6 + 0,3 \cdot \ln L_t + 0,7 \cdot \ln K_t \, ,$$

so daß man letztendlich folgende C.-D.-F. erhält

$$\hat{Q}_t = 5 \cdot L_t^{0,3} \cdot K_t^{0,7} \, ,$$

die hinsichtlich ihrer Parameter wie folgt zu interpretieren ist: Steigt (fällt) die eingesetzte Produktionsfaktormenge Arbeit L_t um 1%, dann

steigt (fällt) bei konstanter Kapitaleinsatzmenge K_t die Produktionsausstoßmenge Q_t näherungsweise um 0,3%. Steigt (fällt) hingegen das eingesetzte Kapital K_t um 1%, dann steigt (fällt) bei konstantem L_t die Produktion Q_t näherungsweise um 0,7%. $b_0 = 5$ fungiert als Ausgleichkonstante. Die Skalen- oder Niveauelastizität ist $\lambda = b_1 + b_2 = 0,3+0,7 = 1$. Die C.-D.-F. ist somit vom Homogenitätsgrad 1, man sagt auch: die C.-D.-F. ist linear-homogen. Demnach steigt (fällt) die Produktion Q_t relativ in gleichem Maße, wie die einzelnen Produktionsfaktormengen relativ steigen (fallen). Eine linear-homogene C.-D.-F. wird wegen $b_2 = 1 - b_1$ oft auch wie folgt algebraisch dargestellt:

$$Q_t = b_0 \cdot L_t^{b_1} \cdot K_t^{1-b_1} \cdot e_t \, .$$

Cochran-Test

Test zum Prüfen der Hypothese über die Gleichheit der Varianzen σ^2_i von k (≥ 2) unabhängigen normalverteilten Zufallsvariablen X_i anhand von k Stichproben $(x_{i1},...,x_{in})$ mit gleichem Umfang n aus den zu X_i $(i=1,...,k)$ gehörenden Grundgesamtheiten. Es wird die Nullhypothese H_0: $\sigma_1^2 = ... = \sigma_k^2 = \sigma^2$ gegen die Alternativhypothese H_1: $\sigma^2_{max} \neq \sigma^2$ mit $\sigma^2_{max} = \max_i \sigma^2_i$ geprüft. Die Quantile der Prüfvariablen

$$T = \max \left[\frac{S_1^2}{\sum_{i=1}^{k} S_i^2} ,..., \frac{S_k^2}{\sum_{i=1}^{k} S_i^2} \right]$$

liegen für den C.-T. tabelliert vor. Dabei bezeichnet S_i^2 $(i=1,...,k)$ die Stichprobenvarianz der i-ten Stichprobe. Die Nullhypothese wird abgelehnt, wenn T gößer als der Tafelwert $G_{k,n-1;\alpha}$ für verschiedene k, n und vorgegebenes Signifikanzniveau α ausfällt. Im Fall k = 2 verwendet man anstelle des C.-T. den → F-Test.

Cosinoid-Prozeß

Cosinoid, Familie → stochastischer Prozesse zur Modellierung → periodischer Schwankungen in → Zeitreihen. Ein C.-P. folgt der erzeugenden Gleichung

$$X_t = A\cos(2\pi\lambda t) + B\sin(2\pi\lambda t) + a_t$$

mit Zufallsvariablen A und B und → weißem Rauschen a_t. Ein C.-P. ist i. allg. ein instationärer Prozeß (→ Instationarität). Durch einschränkende Bedingungen für A und B läßt sich schwache Stationarität erreichen. Beispiele: a) Falls die Erwartungswerte von A und B gleich null sind, E(A) = E(B) = 0, hängt die Erwartungswertfunktion des C.-P. nicht von der Zeit ab (Erwartungswertstationarität). b) Falls A und B unkorreliert und varianzgleich sind, Cov(A,B) = 0 und Var(A) = Var(B) = σ^2, besitzt der C.-P. eine zeitunabhängige Varianz- und Kovarianzfunktion (Varianz- und Kovarianzstationarität). Erst wenn diese Bedingungen über A und B erfüllt sind, liegt ein schwach stationärer Modellprozeß vor, wie er in der → Spektraldarstellung benötigt wird.

Cramér-Smirnow-Test

Cramér-von-Mises-Test, ω^2-*Test*, Test zur Prüfung der Hypothese, daß die Verteilungsfunktion F einer stetigen Zufallsvariablen gleich einer vorgegebenen stetigen Verteilungsfunktion F_0 ist. Durch Cramér (1928) und v. Mises (1931) wurde als zu verwen-

dende Testvariable die Stichprobenfunktion

$$\omega^2 = n\int_{-\infty}^{\infty}(F_n(x) - F_0(x))^2\,dF_0(x)$$

vorgeschlagen, worin F_n die empirische Verteilungsfunktion einer Stichprobe $(X_1, ..., X_n)$ vom Umfang n ist. Es wird die Nullhypothese H_0: F(x) = F_0(x) (für alle x) gegen die Alternativhypothese H_1: F(x) ≠ F_0(x) (für mindestens ein x) geprüft. Die Verteilungsfunktion der Testvariablen ω^2 hängt nicht von F_0 ab, wenn H_0 wahr ist; sie ist jedoch schwer zu bestimmen. Sind $x_{(1)}$, $x_{(2)}$, ..., $x_{(n)}$ die geordneten Werte einer Stichprobe vom Umfang n, dann wird die Nullhypothese abgelehnt, wenn der Schätzwert

$$\hat{\omega}^2 = \sum_{i=1}^{n}\left(F_0(x_{(i)}) - \frac{i-0,5}{n}\right)^2 + \frac{1}{12n}$$

größer als $\omega^2_{1-\alpha}$, das Quantil der Ordnung 1-α der asymptotischen Verteilung von ω^2 für das ausgewählte Signifikanzniveau α, ist. Die asymptotische Verteilung von ω^2 ist tabelliert.

Cross-Validation

Kreuzvalidierung, Zerlegung einer Stichprobe $(X_1, ..., X_n)$ in zwei Teilstichproben und anschließende Schätzung interessierender Parameter anhand einer Teilstichprobe sowie Bewertung von "Güteeigenschaften" der erhaltenen Schätzung anhand der anderen Teilstichprobe. So wird z.B. bei der → Regressionsanalyse die Regressionsfunktion lediglich auf Grund einer Teilstichprobe berechnet. Durch Anwendung dieser Funktion auf die verbleibenden Stichprobenelemente werden Schätzungen für die Werte der abhängigen Variablen berechnet und mit den vorliegenden Stichprobenwerten verglichen. Dadurch wird angestrebt, die Schätzung der Fehlerparameter (z.B. der Varianz) zu verbessern. Dieses Vorgehen wird möglichst mehrfach angewandt, indem die Aufteilung der Stichprobe variiert wird. In gewissen Fällen ist die C.-V. der → Jackknife-Schätzung ähnlich.

D

Dämpfungsfaktor

Reelle Zahl zwischen 0 und 1, die in einem Zeitreihenmodell als Zeitpotenz mit einer zyklischen Komponente oder mit einer Trendkomponente multipliziert wird, um eine degressive Entwicklung zu erfassen. D. werden auch in Prognoseformeln der exponentiellen Glättung verwendet ($\rightarrow$ Holt-Winters-Glättung).

Darstellung

Präsentation, aufbereitete Wiedergabe von Ausprägungen eines Merkmals oder mehrerer Merkmale einer statistischen Gesamtheit in Gestalt einer $\rightarrow$ Tabelle oder $\rightarrow$ Graphik.

Datenanalyse $\rightarrow$ Auswertung

DAX $\rightarrow$ Aktienindex

Definitionsgleichung

Spezielle Gleichung eines $\rightarrow$ ökonometrischen Modells, die keine unbekannten, zu schätzenden Parameter und keine Störvariable enthält, in der Ökonometrie auch als Identität bezeichnet. D. sind deshalb nicht Gegenstand der Schätzung des Modells, jedoch vom ökonomischen Erklärungsansatz her unverzichtbare Gleichungen, da durch sie oft die Interdependenzen der gemeinsam abhängigen Variablen deutlich werden. In den meisten Fällen handelt es sich um die Festlegung einer Variablen als Summe mehrerer anderer Variablen. Z.B. ist Y=C+I+(Ex-Im)+S eine D. aus der volkswirtschaftlichen Gesamtrechnung, worin Y das Nettosozialprodukt zu Marktpreisen, C der private Konsum, I die Nettoinvestitionen, Ex der Export, Im der Import und S der Staatsverbrauch sind.

Deflationierung

Preisbereinigung, Umrechnung einer nominalen Wertgröße in eine reale Wertgröße unter Verwendung festgelegter Preise (laufender bzw. konstanter Preise). In der $\rightarrow$ Wirtschaftsstatistik unterscheidet man zwei Arten von D.:

a) Volumenrechnung: Division einer nominalen Größe (Wertsumme, $\rightarrow$ Wertindex) durch einen Preisindex ($\rightarrow$ Paasche-Index, $\rightarrow$ Laspeyres-Index), in deren Ergebnis man eine reale, von Preisveränderungen bereinigte Größe (Volumen, $\rightarrow$ Volumenindex) erhält. Die Grundidee dieser Form der D. besteht im Konstanthalten der Preise von Gütern eines $\rightarrow$ Warenkorbes. Beispiel: Sind p_{kt} die Preise und q_{kt} die Mengen von $k = 1,...,$ K Gütern eines Warenkorbes für einen privaten Haushalt im Berichtszeitraum t, so ist das nominale Aggregat "Verbrauchsausgaben" als

$$W_t = \sum_{k=1}^{K} p_{kt} \cdot q_{kt}$$

definiert. Deflationiert man diese Verbrauchsausgaben mit Hilfe des Preisindex nach Paasche

$$I_{\tau,t}^{Paa,p} = \frac{\sum_{k=1}^{K} p_{kt} \cdot q_{kt}}{\sum_{k=1}^{K} p_{k\tau} \cdot q_{kt}},$$

so erhält man das reale Aggregat "Verbrauchsvolumen"

$$V_t = \frac{W_t}{I_{\tau,t}^{Paa,p}} = \sum_{k=1}^{K} p_{k\tau} \cdot q_{kt},$$

das im konkreten Fall eine Produktsumme von Berichtsmengen q_{kt} und Basispreisen $p_{k\tau}$ ist.

b) Realwertrechnung: Division einer nominalen Größe durch den entsprechenden → Preisindex für die Lebenshaltung, in deren Ergebnis man eine reale, von Preisniveauveränderungen bereinigte Größe erhält. Diese Form der D. ist dann angebracht, wenn es gilt, in Einkommensströmen dem Kaufkraftverlust des Geldes Rechnung zu tragen. Hierbei besteht das Problem nicht darin, die Preise von Gütern, sondern deren Preisniveau, d.h. den gemessenen Geldwert, konstant zu halten. Beispiel: Die → amtliche Statistik weist für das frühere Bundesgebiet im Jahresdurchschnitt 1991 einen nominalen monatlichen durchschnittlichen Bruttolohn von 3714 DM je Arbeitnehmer aus. Deflationiert man diesen Nominallohn mit dem Preisindex für die Lebenshaltung für Vierpersonen-Arbeitnehmerhaushalte mit mittlerem Einkommen von 110,5 % (Basis 1985), so errechnet man für 1991 ein Reallohnniveau von 3714 DM/1,105=3361DM unter Zugrundelegung des Preisniveaus von 1985 .

Die begriffliche Unterscheidung von nominal und real darf im Kontext der D. nicht mit der in der Umgangssprache üblichen → Dichotomie von real und fiktiv verwechselt werden. Nominale Größen sind stets "zu laufenden Preisen" bewertete, tatsächlich existierende Sachverhalte. Reale Größen stellen im Kontext der D. stets "zu konstanten Preisen" bewertete, preisbereinigte, tatsächlich nicht existierende, also fiktive Sachverhalte dar.

Degressive Entwicklung
Verlaufsform einer → Zeitreihe mit abnehmendem Wachstum, z. B. logarithmischer Wachstumstyp (→ Trend).

Dekomposition
Additive oder multiplikative Zerlegung einer → Zeitreihe in ein Zeitreihen-Komponenten-Modell. Bei deterministischer Sicht werden → Trendfunktion, → Saisonfunktion, → zyklische Funktionen und/oder → Kalenderfunktion addiert bzw. multipliziert. Die Differenz zwischen dem berechenbaren Modellwert und der jeweiligen Beobachtung wird als Restkomponente angesehen, die alle von den anderen Komponenten nicht erklärbaren Phänomene der Zeitreihe einschließt, wie z.B. die Reaktion des Merkmals auf → Schocks. Beispiel: Additive Zerlegung einer Zeitreihe $\{x_t\}$ in Trendkomponente $x_T(t)$, Saisonkomponente $x_S(t)$, zyklische Komponente $x_Z(t)$ und Restkomponente $x_R(t)$:

$$x_t = x_T(t) + x_S(t) + x_Z(t) + x_R(t).$$

Die nachfolgenden Graphiken zeigen die Zeitreihe $\{x_t\}$ und die einzelnen Komponenten der Zeitreihe.

Dekomposition

Zeitreihe x_t:

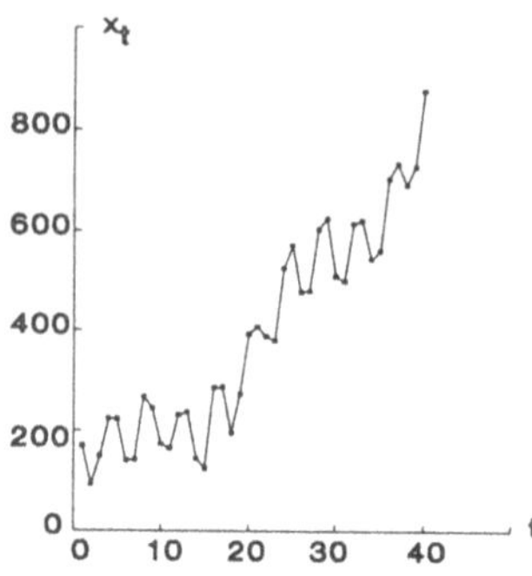

Saisonkomponente $x_S(t)$:

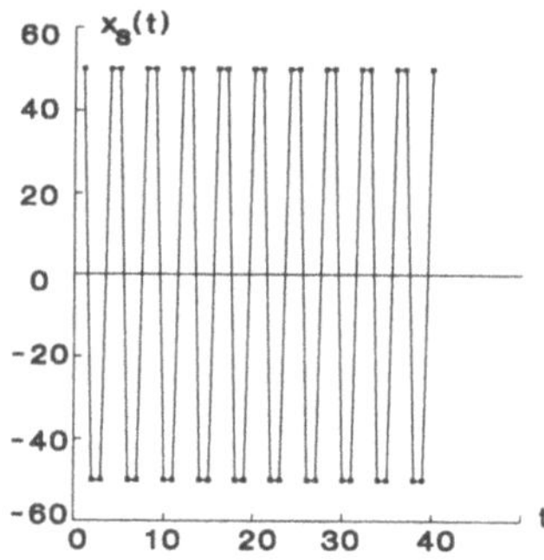

Trendkomponente $x_T(t)$:

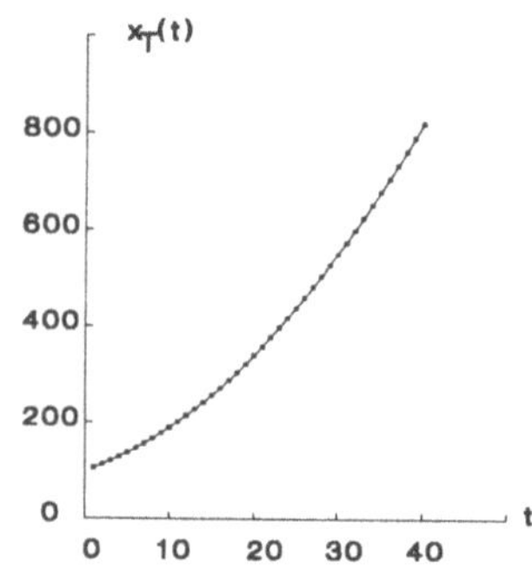

Restkomponente $x_R(t)$:

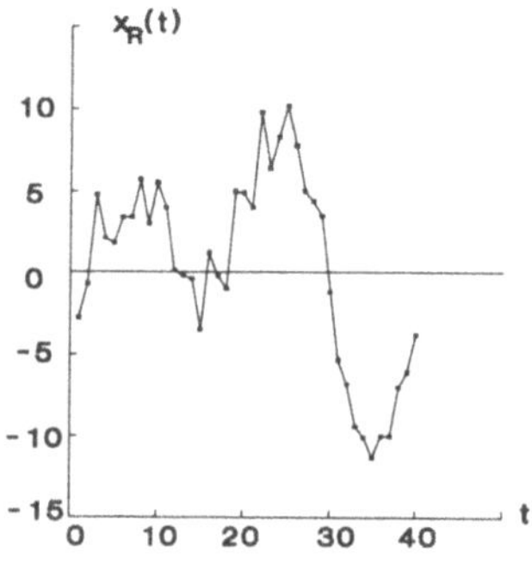

Zyklische Komponente $x_Z(t)$:

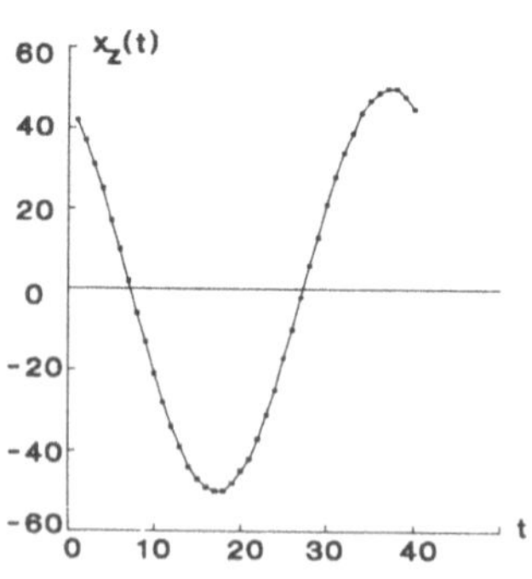

Bei stochastischer Sicht bedeutet D. , einen Modellprozeß durch Addition oder eine andere Verknüpfungsoperation aus Teilprozessen für Trend-, Saison- und zyklische Einflüsse sowie einem Restzufallsprozeß zu erzeugen ($\rightarrow$ BSM). Die Teilprozesse können durch eine deterministische Kalenderfunktion ergänzt werden. Derartige Modelle lassen Rückschlüsse auf die Dynamik und Zufallsabhängigkeit der einzelnen Komponenten zu. Sie zeichnen sich durch hohe Flexibilität aus und werden oft für kurzfristige Prognosen herangezogen. Da die Gesamtvariation der Zeitreihe auf die jeweiligen Teilprozesse verteilt wird, sind Varianzverhältnisse ($\rightarrow$ Varianzzerlegung, $\rightarrow$ Bestimmtheitsmaß) zu interpretieren. Als Bezugsbasis dient die nicht weiter erklärbare Varianz des Restprozesses. Die Varianzverhältnisse lassen sich mit einer optischen Vorstellung von Glattheit der Komponenten verbinden. Über statistische Testverfahren kann entschieden werden, ob ein stochastisch angesetzter Teilprozeß einen Erkenntnisgewinn verspricht oder eine deterministische Komponentenfunktion ausreicht.

Delay $\rightarrow$ Zeitverschiebung

Delphi-Technik

Qualitative $\rightarrow$ Prognosemethode mit wiederholter $\rightarrow$ Expertenbefragung und gegenseitiger Beurteilung der subjektiven Schätzungen durch die Sachverständigen. Nachteilig bei der D.-T. ist, daß die Unabhängigkeit der Sachverständigen nicht immer garantiert werden kann.

Demographie

Bevölkerungswissenschaft, Wissenschaft von den Zusammenhängen und Gesetzmäßigkeiten, die die Zustände ($\rightarrow$ Altersstruktur, $\rightarrow$ Bevölkerungsstand, $\rightarrow$ Natalität, $\rightarrow$ Fertilität, $\rightarrow$ Bevölkerungsreproduktion, $\rightarrow$ Mortalität, $\rightarrow$ Mobilität) und Vorgänge (Geburten, Sterbefälle, Wanderungen, Eheschließungen und -scheidungen) in einer Bevölkerung zu verschiedenen Zeiten, in verschiedenen geographischen Gebieten sowie Wirtschafts- und Gesellschaftsordnungen bestimmen. Die Nutzung der Erkenntnisse der D. ist (historisch gesehen) oft mit staatlichen Zielstellungen und Maßnahmen, d.h. mit der Bevölkerungs- und Sozialpolitik, verbunden. Die tragenden Säulen der D. sind die Bevölkerungstheorien und die $\rightarrow$ Bevölkerungsstatistik.

Demometrie

Teilgebiet der $\rightarrow$ Bevölkerungsstatistik und $\rightarrow$ Demographie, das die Verfahren und Methoden der mathematisch-statistischen Bevölkerungsforschung umfaßt. Das Ziel der D. besteht in der Messung, Modellierung, Simulation und Prognose realer demographischer Prozesse mit Hilfe mathematisch-statistischer Verfahren und Modelle.

Dependenzanalyse

Analyse der (multivariaten) stochastischen Abhängigkeit zwischen Variablen bei Berücksichtigung der Trennung in $\rightarrow$ endogene und $\rightarrow$ exogene Variable, manchmal als Oberbegriff für $\rightarrow$ Regressionsanalyse, $\rightarrow$ Varianzanalyse, $\rightarrow$ Diskriminanzanalyse und $\rightarrow$ Kontingenzanalyse verwendet.

Deskriptive Statistik

Beschreibende Statistik, zusammenfassende Bezeichnung für diejenigen statistischen Verfahren der Erhebung, Aufbereitung und Auswertung von Daten, die der quantitativen Beschreibung empirischer Massenerscheinungen dienen. Ausgehend von einer Zweckbestimmung besteht das Erkenntnisziel der d. S. in der Gewinnung wesentlicher Informationen über bestimmte räumlich und zeitlich fixierte Zustände und Vorgänge, um zu Aussagen, Urteilen und zur Ableitung von Konsequenzen zu gelangen. Die Methoden der d. S. dienen dazu, für statistische Gesamtheiten (statistische Massen) den Umfang zu ermitteln,

Deutsche Statistische Gesellschaft

die Verhältnisse verschiedener Gesamtheiten zueinander zu zeigen, die erhobenen statistischen Daten zu systematisieren und zu strukturieren, sie mittels weniger, aber aussagekräftiger Maßzahlen (z.B. → Mittelwerte, → Streuungsmaße) zu charakterisieren, relevante Zusammenhänge zwischen verschiedenen → Merkmalen und deren zeitliche Entwicklung zu erkennen sowie das Datenmaterial übersichtlich in Tabellen und/oder Graphiken zu präsentieren. Neben der begründeten Auswahl dieser Methoden ist die sachgerechte Interpretation der numerischen Resultate wesentlicher Bestandteil der d. S. Diese Resultate beziehen sich immer nur auf die untersuchte Gesamtheit. Verallgemeinernde Aussagen (z. B. auf übergeordnete Gesamtheiten) sind nicht zulässig. In diesem Sinne ist es in der d. S. unerheblich, ob die statistischen Daten durch eine Vollerhebung oder eine Teilerhebung gewonnen wurden. Die d. S. besteht jedoch nicht streng separiert von der → induktiven Statistik, denn in vielen Fällen gehen mittels deskriptiver Methoden gewonnene Ergebnisse in die induktive Statistik ein.

Deutsche Statistische Gesellschaft

Wissenschaftliche Gesellschaft in der Bundesrepublik Deutschland, die auf dem Gebiet der Statistik tätige Mathematiker, medizinische und technische Statistiker, methodenorientierte Biologen, Psychologen, Wirtschaftswissenschaftler und Ökonometriker, Datenproduzenten in der amtlichen und nichtamtlichen Statistik einschließlich der Markt- und Meinungsforschung bis hin zu empirischen Wirtschafts- und Sozialforschern sowie mit Analyse- und Planungsaufgaben betraute Volks- und Betriebswirte vereinigt. Sie vertritt die Arbeitsinhalte Datengewinnung und Datenanalyse sowie Methodenentwicklung und Methodenanwendung als Erfahrungs- und Erkenntnismittel für Wirtschaft und Verwaltung sowie für Naturwissenschaft und Technik an den Hochschulen und in der Praxis. Sie organisiert Tagungen, Kolloquien und Symposien, wobei die jährlich stattfindende Statistische Woche im Mittelpunkt steht, und führt Fortbildungsveranstaltungen durch. Die D.S.G. gibt das vierteljährlich erscheinende Allgemeine Statistische Archiv heraus.

Dezile → Quantil

Diagramm

Graphische Darstellung statistischer Daten, deren konkrete Form sich nach dem Inhalt der Daten, dem Verwendungszweck und der Präzision der Aussage richtet. D. dienen i. allg. als Ergänzung zu statistischen → Tabellen, müssen aber für sich allein aussagefähig sein. Ein D. enthält stets einen Titel als Über- oder Unterschrift, der in knapper Form den sachlichen, zeitlichen und geographischen Bezug der im D. dargestellten Daten angibt und anschaulich und einprägsam sein sollte. Hauptsächlich verwendete Grundtypen von D. sind: Punktdiagramm (→ Streuungsdiagramm), → Flächendiagramm, → Stabdiagramm, → Säulendiagramm, → Kreisdiagramm, → Balkendiagramm, → Histogramm, → Liniendiagramm, → Piktogramm, → Kartodiagramm und → Kartogramm.

Dichotomes Merkmal → Merkmal

Dichotomie

Bezeichnung für den Umstand, daß für ein statistisches → Merkmal nur zwei sich gegenseitig ausschließende → Merkmalsausprägungen auftreten können. Aus der D. entlehnt ist der Begriff der Dichotomisierung, der in der Statistik die disjunkte Zweiteilung einer Gesamtheit bezüglich eines Merkmals bezeichnet, für das nur zwei sich gegenseitig ausschließende Merkmalsausprägungen unterschieden werden. Beispiel: In der → Wirtschaftsstatistik unterscheidet man verschiedene Konzepte zur Erfassung der Erwerbsbevölkerung eines geographischen Gebiets zu einem bestimmten Zeitpunkt. Im Rahmen der Erfassung nach der Beteiligung am Erwerbsleben wird die Wohnbevölkerung eines geographischen Gebiets (Inländerkonzept) für das Merkmal "Stellung im Erwerbsleben" in die beiden Teilgesamtheiten "Erwerbspersonen" und "Nichterwerbspersonen" geteilt. Die Teilgesamtheit "Erwerbspersonen" läßt sich wiederum dichotomisieren in die disjunkten Teilgesamtheiten "Erwerbstätige" und "Erwerbslose". Im Ergebnis des Mikrozensus vom April 1990 wies die amtliche Statistik für das frühere Bundesgebiet 29334000 Erwerbstätige und 1971000 Erwerbslose aus.

Dichtefunktion

Dichte, Wahrscheinlichkeitsdichte, bei einer stetigen → Zufallsvariablen die erste Ableitung f(x) der → Verteilungsfunktion F(x). Die folgende Graphik zeigt im oberen Teil die Verteilungsfunktion und im unteren Teil die Dichtefunktion einer Zufallsvariablen X:

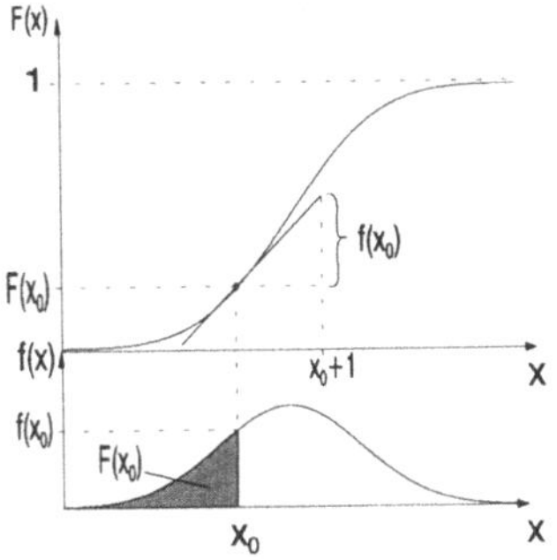

Dichtemittel → Modus

Dichtezahl

Spezielle → Beziehungszahl, bei der die Umfänge zweier sachlich unterschiedlich, aber zeitlich und örtlich gleich abgegrenzter Gesamtheiten oder die Ausprägungen zweier Merkmale für ein statistisches Element gegenübergestellt werden. Die Gegenüberstellung (→ Vergleich) kann sich also beziehen: a) auf den Umfang der Gesamtheiten, meist von Personen (Beispiel: Arztdichte als Quotient aus der Anzahl der Ärzte und der Anzahl der Einwohner eines geographischen Gebiets zu einem bestimmten Zeitpunkt); b) auf die Werte zweier sachlicher Merkmale (Beispiel: → Bevölkerungsdichte, → Arealität); c) auf eine Häufigkeit und eine Klassenbreite (Beispiel: → Häufigkeitsdichte).

Differentialgleichung

Gleichung zur Bestimmung einer gesuchten Funktion, in der auch Ableitungen dieser Funktion vorkommen. D. dienen u.a. zur Beschreibung der Dynamik stetiger Merkmale über einer stetigen Zeitvariablen. In der Volkswirtschaftlehre werden D. zur

Differenzenbildung

Beschreibung der Konjunktur- und Wachstumsdynamik verwendet. Beispiel: Eine Kostenfunktion K(t), die einen progressiven Kostenverlauf beschreibt, läßt sich über folgende D. bestimmen: $K'(t) = K(t)$. Trendfunktionen können mit Hilfe ihrer erzeugenden D. klassifiziert werden ($\rightarrow$ Anstiegscharakteristik).

Differenzenbildung

Verfahren zur Saison- oder Trendbereinigung von $\rightarrow$ Zeitreihen, bei dem zeitlich aufeinanderfolgende oder eine feste Periodenanzahl auseinanderliegende Beobachtungen subtrahiert werden. Einfache und zyklische Differenzen der Beobachtungen werden separat oder kombiniert gebildet, bis Trend- bzw. Saisonphänomene sichtbar eliminiert worden sind. Häufig reichen dazu Differenzen der Art

$$\Delta x_t = x_t - x_{t-1}$$

$$\Delta_s x_t = x_t - x_{t-s}$$

$$\Delta \Delta_s x_t = x_t - x_{t-1} - x_{t-s} + x_{t-s-1}$$

aus ($\rightarrow$ Box-Jenkins-Technik). Saisondifferenzen können auch trendbereinigend wirken ($\rightarrow$ Spektralanalyse). Beispiel: Die nachstehende Graphik zeigt eine Quartalszeitreihe, die mit • symbolisiert ist, und die Saisondifferenzen für s = 4, die mit dem Zeichen + dargestellt sind:

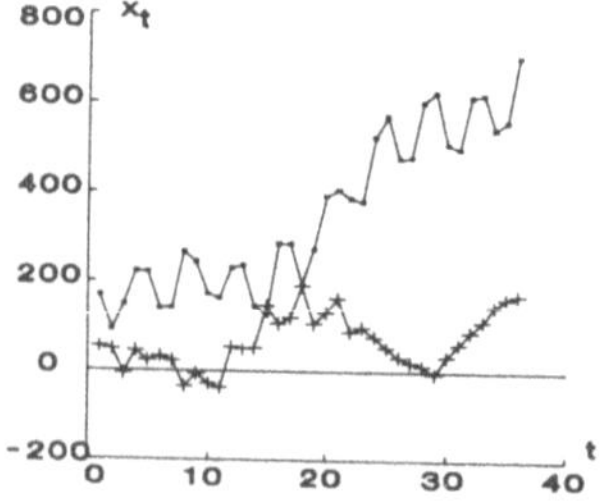

D. bedeutet, von den Originaldaten zu deren Zuwächsen überzugehen. Sie stellt eine $\rightarrow$ Transformation der Daten dar. Die Rückrechnung von den Differenzen zu den Originalwerten wird als Summation oder Integration bezeichnet ($\rightarrow$ Summenoperator).

Differenzengleichung

Gleichung, die eine Beziehung zwischen den Beobachtungen x_t einer $\rightarrow$ Zeitreihe, verschiedenen Differenzen ($\rightarrow$ Differenzenbildung) zwischen diesen Beobachtungen und dem Zeitparameter t herstellt. D. werden in der Konjunktur- und Wachstumstheorie zur Erfassung zeitlicher volkswirtschaftlicher Abläufe verwendet. Sie spielen auch bei der Auswahl von $\rightarrow$ Trendfunktionen in der Marktforschung ($\rightarrow$ Anstiegscharakteristik) eine Rolle. Beispiel: Mittelfristige Umsatzentwicklung x_t eines Produkts zum einen mit konstantem Zuwachs c, zum anderen mit zeitlinearem Zuwachs b·t

$$x_t - x_{t-1} = c \, ,$$

$$x_t - x_{t-1} = bt \, .$$

In einer D. können einfache, mehrfache und saisonale Differenzen gemeinsam mit verschiedenen Zeitfunktionen, wie der $\rightarrow$ Exponentialfunktion oder der Logarithmusfunktion auftauchen. In der $\rightarrow$ Zeitreihenanalyse dienen D. zur Strukturbeschreibung von $\rightarrow$ stochastischen Prozessen, wobei anstelle von Beobachtungen x_t die Zufallsvariablen X_t des Prozesses auftreten und ein Störprozeß $\{a_t\}$, das $\rightarrow$ weiße Rauschen, auf der rechten Seite steht. Weit verbreitet sind lineare D. ($\rightarrow$ ARMA-Prozeß). Die einzelnen Terme der Gleichung (Differenzen, Beobachtungsvariable, Störvariable, Zeitvariable) werden aufaddiert und eventuell noch mit einem Faktor multipliziert. Beispiel: Modellprozeß für den monatlichen Absatz von Flaschenbier in einer Großstadt mit einer Monatsdifferenz, Zeitverschiebungen der Prozeßvariablen X_t bis zu einem Lag 3, einem Absolutglied und weißem Rauschen a_t

$$X_t - 0,08X_{t-1} - 0,13X_{t-2}$$
$$- 0,37X_{t-3} - X_{t-12} + 0,08X_{t-13}$$
$$+ 0,13X_{t-14} + 0,37X_{t-15}$$
$$= 1364 + a_t \, .$$

Die formale Darstellung einer D. gewinnt mit einem Zeitverschiebeoperator L ($\rightarrow$ Lag-Operator) an Prägnanz. Beispiel: Modellprozeß für den Flaschenbierabsatz in Operatorschreibweise

$$(1-L^{12})(1-0,08L-0,13L^2-0,37L^3)X_t$$
$$= 1364 + a_t \, .$$

Bei der Modellierung komplizierter volkswirtschaftlicher Zusammenhänge werden Systeme von D. aufgestellt, in denen jede D. mehrere miteinander in Beziehung stehende stochastische Prozesse mit entsprechenden Zeitverzögerungen enthält (Mehrgleichungsmodell). In der Betriebswirtschaft wird z.B. ein System von zwei D. zur Modellierung des temperaturabhängigen Elektroenergieverbrauchs in einem Kühlhaus ($\rightarrow$ bivariater Prozeß) angewandt. Eine D. beschreibt die zeitliche Abhängigkeit beider Merkmale, eine andere die Temperaturentwicklung. Seit einigen Jahren spielen auch nichtlineare D. und Systeme von nichtlinearen D. für die Untersuchung instabiler wirt-

schaftlicher Systeme eine Rolle ($\rightarrow$ Chaos-Theorie). Das Analogon zu einer D. bei stetiger Zeitvariable t ist die $\rightarrow$ Differentialgleichung.

Differenz von Ereignissen

Im mengentheoretischen Sinn die Schnittmenge $A \backslash B = A \cap \bar{B}$ eines Ereignisses A mit der Komplementärmenge eines Ereignisses B und damit das Ereignis, das darin besteht, daß im Ergebnis eines Zufallsversuches das Ereignis A, aber nicht das Ereignis B eintritt. Beispiel: Es sei A das Ereignis, daß der Kurs einer Aktie am Ende des Börsentages höher als 200 liege, und B, daß der Kurs dieser Aktie zwischen 190 und 210 liege. Dann ist $A \backslash B$ das Ereignis, daß der Kurs dieser Aktie mindestens 210 beträgt.

Direkte Stichprobennahme

Ziehung einer $\rightarrow$ Stichprobe von Untersuchungseinheiten mit anschließender Beobachtung der interessierenden Merkmale. Im Gegensatz dazu steht die indirekte Stichprobenentnahme, bei der aus den bereits erfolgten Aufzeichnungen der Merkmalswerte eines Teiles oder aller Untersuchungseinheiten eine Stichprobe entnommen wird.

Diskordanz

Entgegengesetzte Ordnung in gegebenen Paaren von ordinal gemessenen Merkmalswerten. Sind A_i und B_i die Rangzahlen von n Objekten in zwei Rangfolgen, so liegt eine Diskordanz bezüglich zweier Rangzahlen vor, wenn $\{A_i < A_j; B_i > B_j\}$ bzw. $\{A_i > A_j; B_i < B_j\}$ für $i \neq j$ gilt. Beispiel: Zwei Gutachter A und B prüfen 4 Weinsorten nach bestimmten Kriterien und bringen sie in eine Rangfolge:

Diskretes Merkmal

Wein	W_1	W_2	W_3	W_4
Gutachter A	3	4	2	1
Gutachter B	3	1	4	2

Folgende Rangpaare weisen eine Diskordanz auf:

$\{(A_1=3) < (A_2=4); (B_1=3) > (B_2=1)\}$
$\{(A_1=3) > (A_3=2); (B_1=3) < (B_3=4)\}$
$\{(A_2=4) > (A_3=2); (B_2=1) < (B_3=4)\}$
$\{(A_2=4) > (A_4=1); (B_2=1) < (B_4=2)\}$
Gegensatz: → Konkordanz.

Diskretes Merkmal → Merkmal

Diskrete Zufallsvariable

Zufallsvariable, die endlich oder höchstens abzählbar unendlich viele Werte annehmen kann. Die → Verteilungsfunktion einer d. Z. X mit den Werten x_m (m ∈ **N**) ist eine Treppenfunktion, die an den Stellen x_m Sprünge von der Höhe der entsprechenden Wahrscheinlichkeiten $p_m = P(X=x_m)$ aufweist, und es gilt

$$F(x) = \sum_{x_m \leq x} p_m$$

(Summation über alle m mit $x_m \leq x$). Die Gesamtheit der Zahlen p_m in Abhängigkeit von x_m heißt Wahrscheinlichkeitsfunktion. Binomialverteilte Zufallsvariable, die Augenzahl beim Würfeln, die Zahl von Verkehrstoten oder die Zahl der Geborenen in einem bestimmten Gebiet während eines bestimmten Zeitintervalls sind Beispiele für diskrete Zufallsvariable.

Diskriminanzanalyse

Trennverfahren, Verfahren der → multivariaten Statistik zur Bestimmung der Unterschiedlichkeit (Diskriminanz) a priori definierter Gruppen, zu ihrer Trennung durch eine Kombination der Merkmale (Trennverfahren) und zur Einordnung (Klassifizierung) von Objekten mit unbekannter Gruppenzugehörigkeit in die Gruppen. Für die a priori Definition der Gruppen kann u.a. die → Clusteranalyse herangezogen werden (Stufe 1 in dem unten angegebenen Ablaufschema). Die Anzahl der Gruppen sollte nicht größer als die Anzahl der Merkmale sein. Metrische Merkmale X_j (j = 1,..., n), die mutmaßlich zwischen den Gruppen differieren, werden aufgrund theoretischer oder sachlogischer Überlegungen festgelegt. Als Maß für die Unterschiedlichkeit der Gruppen wird das Diskriminanzmaß U^2 verwendet, welches das Verhältnis der Varianz zwischen den Gruppen zur Varianz in den Gruppen ausdrückt. Die Trennung erfolgt über die zu ermittelnde optimale Trennfunktion, die sogenannte Diskriminanzfunktion. Die einfachste derartige Trennfunktion ist die lineare Diskriminanzfunktion

$$Y = b_0 + b_1 X_1 + ...+ b_n X_n,$$

die die vorgegebenen Merkmale X_j durch eine Linearkombination auf eine Gruppierungs- oder Diskriminanzvariable Y reduziert. Die Koeffizienten b_i (i = 0,..., n) sind so zu bestimmen, daß das Diskriminanzmaß U^2 maximal wird (Diskriminanzkriterium). Die Trennfunktion vereinfacht die Trennung der Gruppen bzw. die Zuordnung neuer Objekte. Sie ermöglicht zugleich die Interpretation des (standardisierten) Koeffizienten b_j als Trennungsgewicht des Merkmals X_j. Die Diskriminanzkoeffizienten b_i (i = 0,1,...,n) werden auf der Basis von Beobachtungswerten der Variablen X_j so geschätzt, daß sich die Gruppen maximal unterscheiden (2.

Stufe). Danach kann für jedes Objekt in jeder Gruppe ein Wert der Diskriminanzfunktion berechnet werden, d.h., jedes Objekt wird durch einen Diskriminanzwert statt der Werte der Merkmale $X_1, ..., X_n$ repräsentiert. Zur Beurteilung der Trennwirksamkeit (Stufe 3) werden verschiedene Größen verwendet. I. allg. konzentriert man sich auf den kanonischen Korrelationskoeffizienten

$$C = \sqrt{\frac{\gamma}{1+\gamma}}$$

mit γ als Eigenwert der Diskriminanzfunktion. Eine statistische Signifikanzprüfung ($\rightarrow$ Test) der Diskriminanzfunktion ist mit der U-Statistik (Wilks' Lambda)

$$\lambda = \frac{1}{1+\gamma}$$

möglich, die mit dem kanonischen Korrelationskoeffizienten C durch die Beziehung $\lambda = 1 - C^2$ zusammenhängt und annähernd χ^2-verteilt ist. Die Entscheidung darüber, in welche vorgegebene Gruppe neue Objekte fallen (Klassifizierung von neuen Objekten), wird oftmals mit Hilfe des euklidischen $\rightarrow$ Abstandes oder des $\rightarrow$ mahalanobischen Abstandes zwischen dem Objekt und dem Centroid (Gruppenmittelwert) der Gruppe g (g = 1,...,G) getroffen. - Die lineare Diskriminanzfunktion ist für die Klassifizierung dann die beste Funktion, wenn die $\rightarrow$ Grundgesamtheiten der Gruppen mehrdimensional normalverteilt sind und gleiche $\rightarrow$ Kovarianzmatrizen besitzen. Da in verschiedenen Bereichen diese theoretischen Annahmen nicht erfüllt sind, entwikkelte B. L. Welch die quadratische D. ($\rightarrow$ Welch-Analyse). Der Ablauf der

D. kann schematisch wie folgt dargestellt werden:

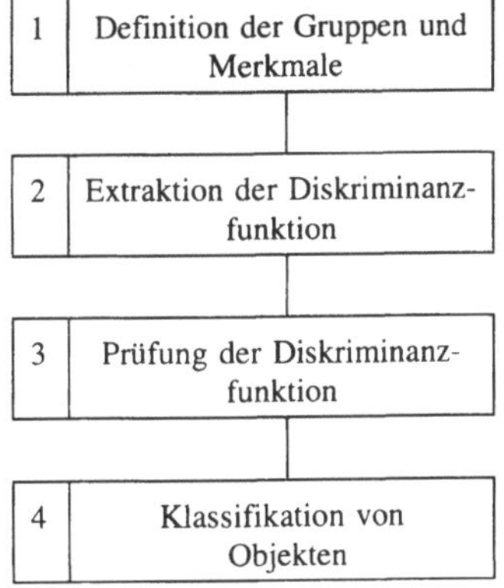

Diskriminanzfunktion $\rightarrow$ Diskriminanzanalyse

Disparität $\rightarrow$ Konzentration

Dispersion $\rightarrow$ Streuung

Distanz $\rightarrow$ Abstand

Doppelt-logarithmische Transformation

Transformation der nichtlinearen Beziehung $y = ax^b$ (geometrische Funktion) in eine lineare Funktion, wobei sowohl die Y-Achse als auch die X-Achse eine logarithmische Einteilung haben: $\ln y = \ln a + b \cdot \ln x$. Bei Verwendung doppelt-logarithmischen Papiers erscheint eine solche Funktion als Gerade. Die d.-l.T. wird vor allem in der $\rightarrow$ Zeitreihenanalyse, der $\rightarrow$ Regressionsanalyse sowie der $\rightarrow$ Ökonometrie zur Schätzung eines Trends bzw. einer Regressionsfunktion vom Typ $y = ax^b$ verwendet. Bei der Linearisierung dieser Trend- bzw. Regressionsfunktion vor der Schätzung wird von einer multiplikativ verbundenen → Störvariablen u_t in der Ausgangsfunktion ausgegangen:

$$y_t = a \cdot x_t^b \cdot u_t \, , \qquad t = 1,...,n \, ,$$

wohingegen bei direkter Schätzung (ohne Linearisierung) in der Regel eine additive Störvariable angenommen wird:

$$y_t = a \cdot x_t^b + u_t \, .$$

Ein ökonomisches Beispiel hierfür ist die → Cobb-Douglas-Funktion.

Dow-Jones-Index → Aktienindex

D-Quadrat-Maßzahl

D^2-*Maßzahl*, Maß für den → Abstand zweier Gruppen I und II, deren Individuen durch m Merkmale charakterisiert sind. Die D-Q.-M. wird durch

$$D^2 = \sum_{i=1}^{m} \sum_{j=1}^{m} w_{ij}(\bar{x}_i^I - \bar{x}_i^{II})(\bar{x}_j^I - \bar{x}_j^{II})$$

definiert, wobei $\bar{x}_i^I$, $\bar{x}_i^{II}$, $\bar{x}_j^I$ und $\bar{x}_j^{II}$ die jeweiligen Stichprobendurchschnitte des i-ten bzw. j-ten Merkmals der Gruppe I bzw. II sind. Die Mittelwertdifferenzenprodukte werden mit den Elementen w_{ij} der inversen → Kovarianzmatrix der beiden Gruppen gewichtet.

Draftsman-Display → Scatter-Plot-Matrix

Drehbarer Versuchsplan

Spezielles Schema für die Durchführrung von Versuchen (→ Versuchsplanung), bei dem eine Messung der Wirkungsfunktion $Y=f(X_1, X_2,..., X_n)$ (→ Regressionsanalyse) nur an den Versuchspunkten zu erfolgen hat, die den gleichen Abstand zum Zentrum des Versuches haben. Die einfachsten d.V. für zwei Faktoren X_1 und X_2 sind so zusammengestellt, daß alle Versuchspunkte außer dem Zentralpunkt auf einem Ring liegen und gleiche Abstände zu den benachbarten Versuchspunkten haben. So ergibt sich je nach Anzahl der Außenpunkte ein regelmäßiges Pentagon (Graphik a), Hexagon (Graphik b) usw.

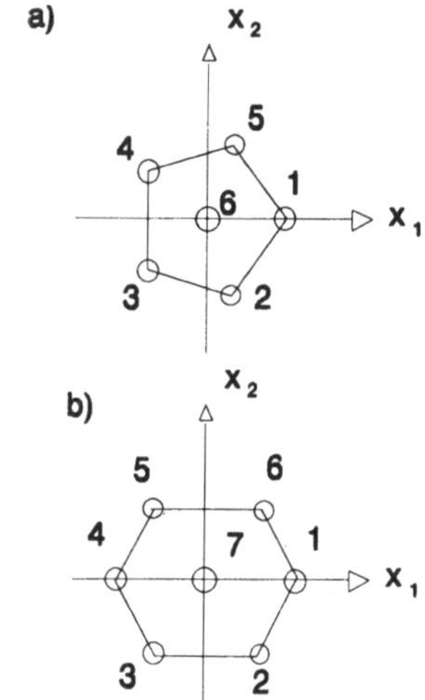

Für das Beispiel des d.V. mit 5 Außenpunkten (Graphik a) werden nunmehr statt der Originalwerte der Variablen X_1 und X_2 die Koordinaten der Versuchspunkte verwendet, die in der folgenden Tabelle enthalten sind.

Versuch Nr.	x_1	x_2
1	1,0	0
2	0,309	-0,951
3	-0,809	-0,588
4	-0,809	0,588
5	0,309	0,951
6	0	0

Dreieckverteilung

Simpson-Verteilung, Wahrscheinlichkeitsverteilung einer stetigen Zufallsvariablen X, deren Dichtefunktion über dem Intervall (a; b) die Gestalt eines gleichschenkligen Dreiecks hat. Für a < x ≤ (a + b)/2 ist

$$f(x) = \frac{4}{(b-a)^2}\,(x-a),$$

für (a + b)/2 < x < b ist

$$f(x) = \frac{4}{(b-a)^2}(b-x)\,,$$

und sonst ist f(x) null. Die folgende Graphik zeigt eine D. für eine stetige Zufallsvariable, die im Intervall (a; b) = (1; 5) definiert ist.

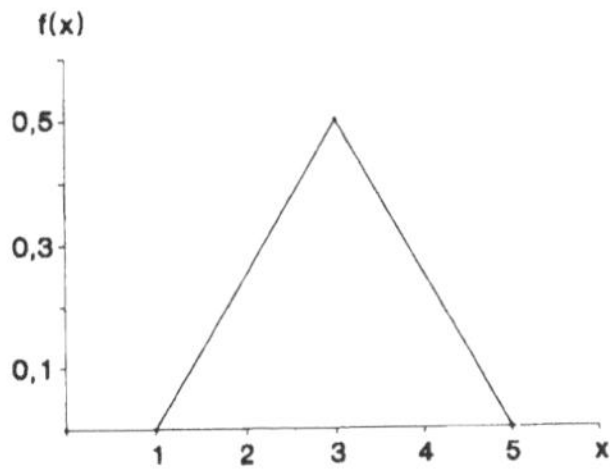

Erwartungswert und Varianz sind

$$E(X) = \frac{a+b}{2}\,,$$

$$Var(X) = \frac{1}{24}\,(b-a)^2\,.$$

Ihr Maximum nimmt die Wahrscheinlichkeitsdichte beim Erwartungswert an. Die D. wird in der Theorie und Praxis zur vereinfachten Darstellung und Bearbeitung anstelle von Zufallsvariablen mit komplizierteren stetigen symmetrischen Verteilungen verwendet.

Drei-Sigma-Regel

Feststellung, daß die Realisierungen der meisten verwendeten Zufallsvariablen mit einer Wahrscheinlichkeit von über 0,95 innerhalb der sogenannten 3-σ-Grenzen um den Erwartungswert liegen, d.h. daß gilt:

$$P(E(X)\text{-}3\sigma < X < E(X)\text{+}3\sigma) > 0{,}95,$$

wobei σ die Standardabweichung von X ist. Die D.-S.-R. ist unter anderem für alle unimodal verteilten Zufallsvariablen bewiesen. Sie ist die theoretische Begründung für grobe → Intervallschätzungen in praktischen Fällen, in denen über die Wahrscheinlichkeitsverteilung der zu schätzenden Größe nur wenig bekannt ist.

Drift → Random Walk

Drobisch-Index

Preisindex von Drobisch, dynamische → Meßzahl für den statistischen Vergleich der Durchschnittspreise

$$I_{\tau,t}^{Dro,p} = \frac{\bar{p}_t}{\bar{p}_\tau}\,,\quad \bar{p}_\tau > 0\,.$$

Die Durchschnittspreise im Basiszeitraum τ und im Berichtszeitraum t werden als → arithmetisches Mittel aus den mit den jeweiligen Mengen q_k gewichteten Einzelpreisen p_k von K Gütern eines gleichen → Warenkorbes berechnet:

$$\bar{p}_\tau = \frac{\sum_{k=1}^{K} p_{k\tau}\cdot q_{k\tau}}{\sum_{k=1}^{K} q_{k\tau}},\quad \bar{p}_t = \frac{\sum_{k=1}^{K} p_{kt}\cdot q_{kt}}{\sum_{k=1}^{K} q_{kt}}\,.$$

Unter Verwendung dieser Definition ergibt sich die → Aggregatform des

Drobisch-Index

D.-I. als

$$I_{\tau,t}^{Dro,p} = \dfrac{\dfrac{\sum\limits_{k=1}^{K} p_{kt} \cdot q_{kt}}{\sum\limits_{k=1}^{K} q_{kt}}}{\dfrac{\sum\limits_{k=1}^{K} p_{k\tau} \cdot q_{k\tau}}{\sum\limits_{k=1}^{K} q_{k\tau}}} \ .$$

Der D.-I. ist in seiner Praktikabilität stark eingeschränkt, da seine Anwendung an die Bedingung der → Kommensurabilität gebunden ist. Für die Berechnung etwa eines Preisindex der Lebenshaltung ist der D.-I. nicht geeignet, da i.allg. bei der Vielzahl der Verbraucherpreise praktisch alle üblichen Mengeneinheiten (wie Kilogramm, Stück, Liter, Meter, Quadratmeter usw.) vorkommen, für die im konkreten Fall die jeweiligen Nennersummen

$$\sum_{k=1}^{K} q_{kt} \ , \quad \sum_{k=1}^{K} q_{k\tau}$$

bei der Durchschnittsbildung nicht berechenbar sind. Als Meßzahl aus Durchschnitten ist der D.-I. allerdings nicht nur an den zeitlichen Durchschnittspreisvergleich gebunden. Die praktische Anwendung des D.-I. ist auch für den zeitlichen und räumlichen Vergleich von gewogenen Durchschnitten anderer Merkmale geeignet. Beispiel: In der → Bevölkerungsstatistik berechnet man zur Kennzeichnung der Sterblichkeit einer Bevölkerung die allgemeine Sterbeziffer (→ Mortalitätsmaße). Sinnvoll sind dabei die folgenden statistischen Vergleiche: a) Zeitlicher Vergleich

der allgemeinen Sterbeziffer für das frühere Bundesgebiet für die Jahre 1970 mit durchschnittlich 128 Gestorbenen je 10000 Einwohner und 1989 mit durchschnittlich 109 Gestorbenen je 10000 Einwohner, so daß man die folgende allgemeine (dynamische) Sterblichkeitsmeßzahl erhält:

$$I_{70,89}^{Dro,s} = \frac{109}{128} = 0{,}852 \ .$$

Demnach lag 1989 im früheren Bundesgebiet das Niveau der allgemeinen Sterbeziffer um 14,8% unter dem von 1970. b) Räumlicher Vergleich der allgemeinen Sterbeziffern für 1989 für das frühere Bundesgebiet mit durchschnittlich 109 und für die DDR mit durchschnittlich 114 Gestorbenen je 10000 Einwohner, so daß man die folgende allgemeine (statische) Sterblichkeitsmeßzahl erhält:

$$I_{BRD,DDR}^{Dro,s} = \frac{114}{109} = 1{,}046 \ .$$

Demnach lag 1989 das Niveau der allgemeinen Sterbeziffer in der DDR um 4,6% über dem der alten Bundesrepublik. Da der Berechnung des D.-I. Durchschnittswerte zugrunde liegen, die selbst im Ergebnis der Aggregation von Einzelwerten entstanden sind, wird der D.-I. in der statistischen Methodenlehre auch als eine → Indexzahl definiert, die wiederum in Faktoren zerlegt werden kann, um die Wirkung unterschiedlicher Einflüsse (z.B. der Altersstruktur der Bevölkerung) auf die relative Veränderung von Durchschnitten (etwa der allgemeinen Sterbeziffer) sichtbar machen und messen zu können (→ Strukturindex).

Dummy-Variable

Scheinvariable, künstliche Variable in einer → Regressionsfunktion, in einem → ökonometrischen Modell oder einem → Prognosemodell, die festgesetzte Werte, im allgemeinen 0 und 1, annimmt. D.-V. werden in solchen Modellen verwendet, um a) nicht kardinalskalierte, qualitative Faktoren, z.B. sozialwissenschaftliche Kategorien (sozialer Status, Bildung, Beruf, Geschlecht), geographische Gegebenheiten (Regionen) oder b) quantitative Faktoren, die dichotomisiert sind (z.B. Alter mit den Merkmalsausprägungen "höchstens 25 Jahre" bzw. "über 25 Jahre"), als erklärende Variable einzubeziehen. Sie dienen weiterhin dazu, die Beziehung zwischen (dem erwarteten Wert von) Y und X mit bekannten Bruchstellen in Stufenfunktionen zu erfassen. Treten z.B. solche Bruchstellen an den Stellen x_* und x_{**} auf, so ergibt sich die in der folgenden Graphik dargestellte Stufenfunktion:

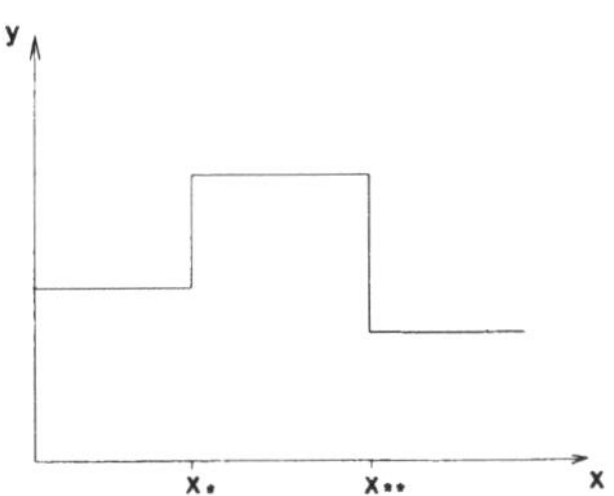

Diese Stufenfunktion wird in der Regressionsfunktion

$$\hat{y} = b_1 x_1 + b_2 x_2 + b_3 x_3$$

mit den D.-V.

$$x_1 = \begin{cases} 1 \, , & \textit{für } \; x \leq x_* \\ 0 & \textit{sonst} \end{cases}$$

$$x_2 = \begin{cases} 1 \, , & \textit{für } \; x_* < x \leq x_{**} \\ 0 & \textit{sonst} \end{cases}$$

$$x_3 = \begin{cases} 1 \, , & \textit{für } \; x > x_{**} \\ 0 & \textit{sonst} \end{cases}$$

erfaßt. Werden die Modelle auf der Basis von Zeitreihendaten geschätzt, so werden D.-V. eingesetzt, um Änderungen des Wertes eines oder mehrerer Regressionsparameter beim Übergang von einem Zeitraum t = 1,..., T_1 zum anschließenden Zeitraum t = T_1+1,..., T (→ Strukturbruch) bzw. saisonale Effekte durch Saisonvariablen abzufangen. Auch die → endogene Variable Y kann eine D.-V. sein, wenn z.B. mit ihr das Eintreten (1) oder Nichteintreten (0) eines Ereignisses in Abhängigkeit von ökonomischen Variablen beschrieben werden soll. In Prognosemodellen werden D.-V. z.B. zur Modellierung von Verwerfungen in Zeitreihen, die in Form von Strukturbrüchen auftreten, oder zur Erfassung kalenderabhängiger Variation (→ Kalenderfunktion) verwendet. Durch eine solche D.-V. kann auch der Achsenabschnitt b_0 einer Regressionsfunktion dargestellt werden. Dafür wird eine "Variable" X_0 eingeführt, die im gesamten Definitionsbereich identisch gleich eins ist.

Duncan-Test → multiple Mittelwertvergleiche

Durbin-h-Test

Test auf → Autokorrelation der Störvariablen in Regressionsfunktionen auf Basis von Zeitreihendaten, wenn sich unter den → vorherbestimmten Variablen verzögerte endogene Variablen befinden. Der Test unterstellt einen autoregressiven Prozeß erster Ordnung. Es wird die → Nullhypothese H_0, formuliert als Abwesenheit von Autokorrelation der Störvariablen, geprüft. Die → Testvariable lautet:

$$h = \hat{\varrho} \left(\frac{T}{1 - T\, s^2(b_1)} \right)^{1/2},$$

worin $\hat{\varrho}$ der geschätzte Autokorrelationskoeffizient, $s^2(b_1)$ die geschätzte Varianz des Regressionskoeffizienten der verzögerten endogenen Variablen Y_{t-1} und T der Stichprobenumfang sind. Bei Gültigkeit der Nullhypothese folgt die Testvariable h asymptotisch einer → Standardnormalverteilung, auch wenn verzögerte endogene Variable mit einem → Lag größer als 1 in der Regressionsfunktion enthalten sind. Wenn $Ts^2(b_1) \geq 1$ ist, kann der Test nicht verwendet werden.

Durbin-Watson-d-Test

Test auf → Autokorrelation der Störvariablen in Regressionsfunktionen auf Basis von Zeitreihendaten, wenn sich unter den → vorherbestimmten Variablen keine verzögerten endogenen Variablen befinden. Der Test unterstellt einen autoregressiven Prozeß erster Ordnung für die Störvaria-

ble u_t:

$$u_t = \varrho\, u_{t-1} + \varepsilon_t\,, \qquad t = 1, \ldots, T,$$

worin ϱ der Autokorrelationskoeffizient und T der Stichprobenumfang sind. Es wird die → Nullhypothese H_0: $\varrho = 0$ gegen die → Alternativhypothese H_1: $\varrho \neq 0$ bzw. $\varrho > 0$ bzw. $\varrho < 0$ geprüft. Die → Testvariable lautet:

$$d = \frac{\sum_{t=2}^{T} (\hat{u}_t - \hat{u}_{t-1})^2}{\sum_{t=1}^{T} \hat{u}_t^2}\,,$$

worin $\hat{u}_t = y_t - \hat{y}_t$ die nach der → Methode der kleinsten Quadrate geschätzten Werte der Störvariablen (Residuen) sind. Für großes T gilt: $d \approx 2(1 - \varrho)$. Wegen $-1 \leq \varrho \leq +1$ nimmt d bei Abwesenheit von Autokorrelation den Wert 2, bei vollständiger positiver (negativer) Autokorrelation den Wert 0 (4) an. Die Entscheidungsbereiche des Tests zeigt die Abbildung im unteren Teil dieser Seite. Die Werte d_u und d_o sind von der vorgegebenen Irrtumswahrscheinlichkeit α, der Zeitreihenlänge T und der Anzahl m der → exogenen Varia-

Durbin-Watson-d-Test: Entscheidungsbereiche des Durbin-Watson-d-Tests

Ablehnung von H_0, Annahme von H_1:		Annahme von H_0:		Ablehnung von H_0, Annahme von H_1:
Positive Autokorrelation 1. Ordnung der Residuen	?	keine Autokorrelation der Residuen	?	Negative Autokorrelation 1. Ordnung der Residuen

0	d_u d_o		4-d_o 4-d_u	4

Durbin-Watson-d-Test

Kritische Werte der Testvariablen d bei einem Signifikanzniveau von $\alpha = 0{,}05$

T	m = 1		m = 2		m = 3		m = 4	
	d_u	d_o	d_u	d_o	d_u	d_o	d_u	d_o
15	1,08	1,36	0,95	1,54	0,82	1,75	0,69	1,97
16	1,10	1,37	0,98	1,54	0,86	1,73	0,74	1,93
17	1,13	1,38	1,02	1,54	0,90	1,71	0,78	1,90
18	1,16	1,39	1,05	1,53	0,93	1,69	0,82	1,87
19	1,18	1,40	1,08	1,53	0,97	1,68	0,86	1,85
20	1,20	1,41	1,10	1,54	1,00	1,68	0,90	1,83
21	1,22	1,42	1,13	1,54	1,03	1,67	0,93	1,81
22	1,24	1,43	1,15	1,54	1,05	1,66	0,96	1,80
23	1,26	1,44	1,17	1,54	1,08	1,66	0,99	1,79
24	1,27	1,45	1,19	1,55	1,10	1,66	1,01	1,78
25	1,29	1,45	1,21	1,55	1,12	1,66	1,04	1,77
26	1,30	1,46	1,22	1,55	1,14	1,65	1,06	1,76
27	1,32	1,47	1,24	1,56	1,16	1,65	1,08	1,76
28	1,33	1,48	1,26	1,56	1,18	1,65	1,10	1,75
29	1,34	1,48	1,27	1,56	1,20	1,65	1,12	1,74
30	1,35	1,49	1,28	1,57	1,21	1,65	1,14	1,74
31	1,36	1,50	1,30	1,57	1,23	1,65	1,16	1,74
32	1,37	1,50	1,31	1,57	1,24	1,65	1,18	1,73
33	1,38	1,51	1,32	1,58	1,26	1,65	1,19	1,73
34	1,39	1,51	1,33	1,58	1,27	1,65	1,21	1.73
35	1,40	1,52	1,34	1,58	1,28	1,65	1,22	1,73
36	1,41	1,52	1,35	1,59	1,29	1,65	1,24	1,73
37	1,42	1,53	1,36	1,59	1,31	1,66	1,25	1,72
38	1,43	1,54	1,37	1,59	1,32	1,66	1,26	1,72
39	1,43	1,54	1,38	1,60	1,33	1,66	1,27	1,72
40	1,44	1,54	1,39	1,60	1,34	1,66	1,29	1,72
45	1,48	1,57	1,43	1,62	1,38	1,67	1,34	1,72
50	1,50	1,59	1,46	1,63	1,42	1,67	1,38	1,72
55	1,53	1,60	1,49	1,64	1,45	1,68	1,41	1,72
60	1,55	1,62	1,51	1,65	1,48	1,69	1,44	1,73
65	1,57	1,63	1,54	1,66	1,50	1,70	1,47	1,73
70	1,58	1,64	1,55	1,67	1,52	1,70	1,49	1,74
75	1,60	1,65	1,57	1,68	1,54	1,71	1,51	1,74
80	1,61	1,66	1,59	1,69	1,56	1,72	1,53	1,74
85	1,62	1,67	1,60	1,70	1,57	1,72	1,55	1,75
90	1,63	1,68	1,61	1,70	1,59	1,73	1,57	1,75
95	1,64	1,69	1,62	1,71	1,60	1,73	1,58	1,75
100	1,65	1,69	1,63	1,72	1,61	1,74	1,59	1,76

Durchschnitt

blen abhängig. Sie liegen für ausgewählte Werte von α, T und m in Tabellen vor. Für ein Signifikanzniveau von $\alpha=0,05$ ist auf Seite 93 eine Tabelle der kritischen Werte d angegeben. Keine Testentscheidung ist für $d_u \leq d \leq d_o$ und $4 - d_o \leq d \leq 4 - d_u$ möglich. Wenn sich unter den vorherbestimmten Variablen verzögerte endogene Variable befinden, ist der D.-W.-d-T. ungeeignet. Es wird dann die Anwendung des Durbin-h-Tests empfohlen.

Durchschnitt $\rightarrow$ arithmetisches Mittel

Durchschnittliche absolute Abweichung

Mittlere absolute Abweichung, arithmetisches Mittel aus den absoluten Abweichungen der Merkmalswerte von einem Bezugspunkt c auf der Merkmalsachse. Die d. a. A. ist ein $\rightarrow$ Streuungsmaß, das nur sinnvoll für metrisch skalierte Merkmale ist und dieselbe Maßeinheit wie das untersuchte Merkmal aufweist. Die absoluten Abweichungen werden verwendet, weil es im Sinne der Durchschnittsbildung unwesentlich ist, ob die Abweichungen positiv oder negativ sind. Sind $x_1, ..., x_n$ die in der Urliste enthaltenen Beobachtungswerte eines Merkmals X, so ergibt sich die d. a. A. als

$$\bar{d} = \frac{1}{n} \sum_{i=1}^{n} |x_i - c| \,.$$

Liegt eine $\rightarrow$ Häufigkeitsverteilung vor, d.h. sind die verschieden aufgetretenen Merkmalswerte x_j $(j=1,...,k)$ zusammen mit ihren absoluten Häufigkeiten $h(x_j)$ bzw. relativen Häufigkeiten $f(x_j)$ gegeben und gilt

$$\sum_{j=1}^{k} h(x_j) = n \,, \quad \sum_{j=1}^{k} f(x_j) = 1 \,,$$

so ist die d. a. A. gemäß

$$\bar{d} = \frac{1}{n} \sum_{j=1}^{k} |x_j - c| h(x_j)$$

$$= \sum_{j=1}^{k} |x_j - c| f(x_j)$$

zu berechnen. Bei klassierten Beobachtungswerten kann die d. a. A. nur näherungsweise bestimmt werden, indem die $\rightarrow$ Klassenmitten für x_j in der obigen Formel verwendet werden. I. allg. wird als Bezugspunkt c das arithmetische Mittel $\bar{x}$ oder der $\rightarrow$ Median $\tilde{x}_{0,5}$ verwendet. Man erhält dann die d. a. A. von $\bar{x}$ bzw. die d. a. A. von $\tilde{x}_{0,5}$. Aufgrund der linearen $\rightarrow$ Minimumseigenschaft des Medians gilt für jeden beliebigen Wert c, insbesondere auch für $c = \bar{x}$, bei ein und demselben Datenmaterial:

$$\bar{d}_{\tilde{x}_{0,5}} \leq \bar{d}_c \,.$$

Werden die Merkmalswerte x_i einer linearen Transformation $y_i = a + bx_i$ unterzogen, so ergibt sich die d. a. A. der transformierte Werte y_i gemäß

$$\bar{d}_y = |b| \bar{d}_x \,.$$

Da die d. a. A. vom Niveau und der Maßeinheit der Beobachtungswerte abhängt, wird für Vergleichszwecke ein relatives Streuungsmaß als Quotient von d. a. A. und Bezugspunkt c berechnet:

$$\bar{d}_r = \frac{\bar{d}}{c} \,.$$

Während die d. a. A. in der → deskriptiven Statistik relativ häufig zur Anwendung kommt, wird sie bei Stichproben selten verwendet, da sie wenige vorteilhafte Eigenschaften im Sinne der → induktiven Statistik aufweist. Beispiel: Die Befragung von 5 Zweipersonenhaushalten habe folgende Angaben zum monatlichen Haushaltsnettoeinkommen (HNE, in DM) ergeben: 7700, 12400, 9100, 11300, 7600. Im Durchschnitt weichen die beobachteten HNE um einen Betrag von $\bar{d}_{\bar{x}}$=1784 DM vom Durchschnitts-HNE von $\bar{x}$ = 9620 DM ab.

Durchschnittliche Verweildauer
→ Verweildauer

Durchschnittsbestand → Verweildauer

Durchschnitt von Ereignissen
Im mengentheoretischen Sinn die Schnittmenge $A \cap B$ zweier Ereignisse A und B und damit das Ereignis, das darin besteht, daß im Ergebnis eines Zufallsversuches sowohl das Ereignis A als auch das Ereignis B eintritt. Beispiel: Es sei A das Ereignis, daß der Kurs einer Aktie am Ende des Börsentages höher als 200 liege, und B, daß der Kurs dieser Aktie unter 210 liege. Dann ist $A \cap B$ das Ereignis, daß der Kurs dieser Aktie zwischen 200 und 210 liegt. Durch wiederholte Anwendung läßt sich die Definition des D.v.E. auf mehr als 2 Ereignisse verallgemeinern.

Dutot-Index
Preisindex von Dutot, dynamische → Meßzahl für den statistischen → Vergleich der Durchschnittspreise

$$I_{\tau,t}^{Dut,p} = \frac{\bar{p}_t}{\bar{p}_\tau} \, .$$

Die Durchschnittspreise im Basiszeitraum τ und im Berichtszeitraum t werden als einfache → arithmetische Mittel aus den statistisch erhobenen Einzelpreisen p_k (k = 1, 2,..., K) von K Gütern eines gleichen → Warenkorbes berechnet:

$$\bar{p}_\tau = \frac{\sum_{k=1}^{K} p_{k\tau}}{K} \, , \quad \bar{p}_t = \frac{\sum_{k=1}^{K} p_{kt}}{K} \, .$$

Stellt man den D.-I. in seiner → Aggregatform

$$I_{\tau,t}^{Dut,p} = \frac{\sum_{k=1}^{K} p_{kt}}{\sum_{k=1}^{K} p_{k\tau}}$$

dar, kann er aus methodischer Sicht auch als eine dynamische → Indexzahl definiert werden. Der D.-I. ist in seiner Praktikabilität stark eingeschränkt, da seine plausible Anwendung an die Bedingung der → Kommensurabilität gebunden ist, wonach alle K Güter des betrachteten Warenkorbes einer gleichen Preisnotierung (etwa Kilo-, Liter- oder Quadratmeterpreise) unterliegen müssen. Hinzu kommt noch der Nachteil, daß die Unterschiede in den Mengen der Güter bei der Durchschnittsberechnung nicht berücksichtigt werden.

Dynamische Modellierung
Methode zur Analyse und Erklärung der zeitlichen Entwicklung (Dynamik) eines Merkmals oder mehrerer voneinander abhängiger ökonomischer, politischer oder sozialer Merk-

male. Beispiel: Modellierung der Bestandsdynamik eines Rentenfonds für kurzfristig verzinsliche Wertpapiere unter Beachtung von Ein- und Auszahlungen. - Wesentliche Schritte der d. M. sind die Auswahl einer Modellstruktur ($\rightarrow$ Identifikation) und die Modellanpassung ($\rightarrow$ Parameterschätzung, $\rightarrow$ Residualanalyse). Die Modellstruktur wird bei diskreten Merkmalen durch eine oder mehrere $\rightarrow$ Differenzengleichungen und bei stetigen Merkmalen entsprechend durch eine oder mehrere $\rightarrow$ Differentialgleichungen beschrieben. Das Ziel einer d. M. kann auch darin bestehen, eine geeignete Prognosefunktion (Prädiktor) zu bestimmen. Im Mittelpunkt der d. M. steht die Herleitung von Zustandsgleichungen auf der Grundlage ökonomischer Theorien und praktischer Erfahrungen. In einer Zustandsgleichung wird unterschieden zwischen a) der Bestandsgröße b, die beginnend im Zeitpunkt t_1 mit einem Anfangsbestand zu jedem nachfolgenden Zeitpunkt t beobachtbar ist und deren zeitliche Entwicklung die Bestandsfunktion b(t) ergibt, b) den kumulierten Abgängen A, die für jedes Zeitintervall von t_1 bis t eine Abgangsfunktion A(t) definieren, c) den kumulierten Zugängen Z, die für jedes Zeitintervall von t_1 bis t eine Zugangsfunktion Z(t) bestimmen. Die Bestandsdynamik läßt sich als Veränderung des Anfangsbestandes $b(t_1)$ durch kumulierte Ab- und Zugänge im Zeitintervall von t_1 bis t beschreiben:

$$b(t) = b(t_1) + Z(t) - A(t) \, .$$

In der Zustandsgleichung ergibt sich der "neue" Zustand aus dem "alten" Zustand zuzüglich der zwischenzeit-

lich eingetretenen Veränderungen (Fortschreibung). Beispiel: Ein Gebrauchtwagenhändler korrigiert seinen Fahrzeugbestand vom Wochenanfang um die Fahrzeugverkäufe A(t) und Fahrzeugankäufe Z(t) bis zum Wochenende und erhält per Zustandsgleichung seinen aktuellen Bestand am nächsten Wochenanfang. Bei stochastischer Sicht wird die Dynamik eines Zustands- bzw. Bestandsprozesses $\{X_t\}$ mit Hilfe eines Zugangsprozesses $\{Z_t\}$ und eines Abgangsprozesses $\{A_t\}$ ebenfalls über eine Zustandsgleichung beschrieben:

$$X_t = X_{t-1} + Z_t - A_t \, .$$

Beispiel: Die monatliche Rentenfondsdynamik läßt sich als Zustandsgleichung mit den Prozessen $\{Z_t\}$ als Einzahlungen im Monat t, $\{A_t\}$ als Auszahlungen im Monat t, $\{X_{t-1}\}$ als Bestand am Ende des Monats t-1 bzw. alter Bestand und $\{X_t\}$ als Bestand am Ende des Monats t bzw. neuer Bestand formulieren. Wesentliche Anwendungen der d. M. liegen im Bereich der Bevölkerungsstatistik ($\rightarrow$ Bevölkerungsfortschreibung), Betriebsstatistik (Lagerhaltung, Instandhaltung, Finanzierung) und der $\rightarrow$ Ökonometrie.

E

Eckentest

Test zur Aufdeckung von Abhängigkeiten zwischen zwei Zufallsvariablen X und Y. Die Nullhypothese H_0
lautet: X und Y sind unabhängig. Zur
Ermittlung einer Testvariablen geht
man folgendermaßen vor: Ausgehend
von den Stichproben $(X_1, ..., X_n)$ und
$(Y_1, ..., Y_n)$ und den Stichprobenme-
dianen $X_{0.5}$ und $Y_{0.5}$ zeichnet man die
Punkte (ξ_i, η_i), $i = 1, ..., n$, mit $\xi_i =$
$X_i - X_{0.5}$, $\eta_i = Y_i - Y_{0.5}$, in ein rechtwink-
liges ξ-η-Koordinatensystem. Man
verschiebt dann eine Parallele zur η-
Achse von rechts her so lange über
das Koordinatensystem, wie bei den
dabei überstrichenen Punkten (ξ_i, η_i)
die Komponenten η_i gleiches Vorzeichen haben, zählt diese Punkte und
signiert ihre Anzahl mit positivem
bzw. negativem Vorzeichen, je nachdem, ob sie im 1. oder 3. bzw. 2.
oder 4. Quadranten liegen, d.h. ob
$\xi_i \eta_i > 0$ bzw. $\xi_i \eta_i < 0$ ist. In gleicher
Weise wiederholt man dieses Vorge-
hen von links, von oben und von unten her. Als Prüfvariable T ermittelt
man die Summe der vier einzelnen,
nach der oben beschriebenen Vorgehensweise erhaltenen signierten Anzahlen. Die Verteilung von T liegt in
Tafeln oder Graphiken vor, aus de-
nen die kritischen Werte $t_{n;\alpha}$ abgelesen werden können. Für $n \geq 10$ gilt
$t_{n;0.05} = 11$ und $t_{n;0.01} = 14$. Fällt die
aus einer Stichprobe erhaltene Realisierung von T dem Betrag nach grö-
ßer als $t_{n;\alpha}$ aus, so wird H_0 bei dem
zugrunde gelegten Signifikanzniveau
α abgelehnt, und es kann nach dem
Vorzeichen von T ein positiver bzw.
negativer Zusammenhang angenom-
men werden. Der E. ist ein $\rightarrow$ nichtparametrischer Test. Er hängt stark
von den extremalen Stichprobenelementen, z.B. von Ausreißern, ab. Der
Test hat seine besondere praktische
Bedeutung, wenn es darum geht,
schnell und schon mit einfachen Mitteln eine Abhängigkeit zwischen zwei
Variablen aufzudecken.

Effekt

Wirkung, Differenz zwischen Aus-
gangs- und Endzustand einer Zielgröße als Ergebnis der Einwirkung eines
(Einfluß-) $\rightarrow$ Faktors. Zum Beispiel
ist der Produktionsmengenzuwachs
der E. der Wirkung des Faktors Kapitalmenge. In der $\rightarrow$ Varianzanalyse
unterscheidet man zwischen Haupt-
effekt und Wechselwirkungseffekt
von Klassifikationsfaktoren. Geht
man von dem linearen Modell der
Varianzanalyse

$$y_{ijk} = \mu + \alpha_i + \beta_j + \gamma_{ij} + e_{ijk}$$

aus, wobei $i = 1,2,...,a$ Stufen des
Klassifikationsfaktors A, $j = 1,2,...,b$
Stufen des Klassifikationsfaktors B
und $k = 1,2,..., n_{ij}$ Einzelbeobachtungen in der jeweiligen Unterklasse
sind, so geben die Größen α_i die

Effektive Fehlervarianz

Hauptwirkung der i-ten Stufe des Faktors A, die β_j die Hauptwirkung der j-ten Stufe des Faktors B und γ_{ij} die Wechselwirkung zwischen den Faktoren A und B auf die Zielgröße Y an. Diese Klassifikationseffekte können feste bzw. zufällige Größen sein. Man spricht in diesem Zusammenhang auch von Modellen mit festen oder zufälligen E. Sie werden mit Methoden der Varianzanalyse geschätzt.

Effektive Fehlervarianz

Maß für die Unsicherheit der aus Beobachtungsdaten berechneten, bereinigten (korrigierten) → Mittelwerte. So wird z.B. in der → Kovarianzanalyse die Genauigkeit bei der Auswertung von Experimenten durch Berechnung bereinigter Werte y_{ik}^* der Ergebnisvariablen Y aus den Meßwerten des i-ten → Faktors y_{ik} (k = 1, ...,n) in der Form $y_{ik}^* = y_{ik} - \hat{y}_{ik}$ erhöht. Dabei sind $\hat{y}_{ik} = \bar{y} + \beta(x_{ik} - \bar{x})$ die durch die → lineare Regressionsfunktion aus der Kovariablen X vorhersagbaren Werte und $\bar{y}$ und $\bar{x}$ die → arithmetischen Mittel der Variablen Y bzw. X. Da der Regressionskoeffizient β unbekannt ist, muß er aus den Beobachtungsdaten geschätzt werden. So wird zwar einerseits durch die Einbeziehung der Regressionsfunktion der Beobachtungsfehler vermindert, aber andererseits ist eine neue Unsicherheit durch die geschätzte Korrektur eingetreten. Die e.F. mißt diese beiden Unsicherheiten.

Effizienz

Wirksamkeit, Vergleichsmaß für die Güte verschiedener erwartungstreuer (→ Erwartungstreue) Punktschätzungen auf Grund ihrer Varianzen. Dabei wird eine Punktschätzung $\hat{\pi}_1$ für einen Parameter π im Vergleich zu einer anderen Punktschätzung $\hat{\pi}_2$ als effizienter angesehen, wenn $\mathrm{Var}(\hat{\pi}_1) \leq \mathrm{Var}(\hat{\pi}_2)$ für alle π gilt. Existiert innerhalb einer Klasse erwartungstreuer Punktschätzungen $\hat{\pi}$ eine Schätzfunktion $\hat{\pi}_0$ mit kleinster Varianz, d.h., für jedes π gilt $\mathrm{Var}(\hat{\pi}_0) \leq \mathrm{Var}(\hat{\pi})$, so heißt $\hat{\pi}_0$ eine beste oder effizienteste erwartungstreue Punktschätzung in dieser Klasse. So ist z.B. in der Klasse erwartungstreuer und konsistenter (→ Konsistenz) Schätzfunktionen

$$\hat{\mu} = \sum_{i=1}^{n} c_i\, X_i\, , \quad \sum_{i=1}^{n} c_i = 1\, , \; c_i > 0$$

für den Erwartungswert einer Zufallsvariablen X anhand einer Stichprobe $X_1, ..., X_n$ der einfache Stichprobendurchschnitt mit $c_i = 1/n$

$$\bar{X} = \sum_{i=1}^{n} \frac{1}{n}\, X_i\, .$$

am effizientesten.

Eindimensionale Verteilung → Häufigkeitsverteilung

Einfache Klassifikation → Klassifikation

Einfache Nullhypothese → Nullhypothese

Einfache Regressionsfunktion

Einfachregression, Erklärung der Variation einer → endogenen Variablen Y durch eine Funktion der Variation einer → exogenen Variablen X:

$$\hat{y}_i = f(x_i), \quad i = 1,...,n\, ,$$

wobei x_i und y_i n Realisationen von X bzw. Y sind. Beispiel: Die Konsumfunktion, die in der einfachsten Version unterstellt, daß der Konsum Y vom laufenden Einkommen X abhängt, ist eine e.R.

Einfacher Stichprobenplan

Einstufiger Stichprobenplan, Plan für eine stichprobenartige Kontrolle eines Warenpostens mit dem Ziel, aufgrund der Anzahl k der "schlechten" Teile bzw. des Ausschußanteils p in der Stichprobe die Qualität des Postens zu beurteilen. Unterschieden wird je nach Wahl der Prüfmittel zwischen einem e.S. für → Attributprüfung (Gut-Schlecht-Prüfung) und einem e.S. für → Variablenprüfung (messende Prüfung). Für die Gut-Schlecht-Prüfung nach einem e. S. lautet die Prüfvorschrift: Wähle aus einem Posten vom Umfang N zufällig n Teile und bestimme die Anzahl k der darin enthaltenen schlechten Teile. Ist k nicht größer als eine vorgegebene Zahl c (Annahmezahl), so wird der Posten angenommen, ansonsten abgelehnt. Der Stichprobenumfang n und die Anzahl c der in einer konkreten Stichprobe maximal zugelassenen fehlerhaften Teile, die eine Annahme des Warenpostens noch rechtfertigt, werden dabei so bestimmt, daß a) n möglichst klein ist und b) die angenommenen Posten einen möglichst kleinen Ausschußanteil enthalten und die Posten mit einem unwesentlichen

Ausschußanteil nicht zu häufig als schlecht abgelehnt werden. Diese Anforderungen werden erfüllt, wenn die → Operationscharakteristik L(p) ungefähr durch die Punkte $(p_{1-\alpha}, 1-\alpha)$ und (p_β, β) verläuft. Die Gutgrenze $p_{1-\alpha}$ $(p < p_{1-\alpha})$, die Schlechtgrenze p_β $(p > p_\beta)$ sowie das Herstellerrisiko α und das Abnehmerrisiko β sind dabei vorzugeben. In der Praxis wird mit fertigen Tafeln zur Attributprüfung bzw. Variablenprüfung gearbeitet, die für die meisten praktischen Fälle geeignete Stichprobenpläne enthalten.

Einfaches Bestimmtheitsmaß

Maßzahl für die Güte der Anpassung einer einfachen linearen → Regressionsfunktion an die Beobachtungswerte der → endogenen Variablen Y. Das e. B. kann unter direkter Verwendung der Beobachtungswerte x_i und y_i der exogenen Variablen X und endogenen Variablen Y berechnet werden (siehe Formel im unteren Teil dieser Seite). Ein e. B. von zum Beispiel $B_{xy} = 0{,}8$ besagt, daß 80 % der Variabilität (→ Streuung) der Variablen Y durch die lineare Abhängigkeit von der Variablen X erklärt werden kann.

Einfachregression → einfache Regressionsfunktion

Einfaches Bestimmtheitsmaß: Formel für das Bestimmtheitsmaß der einfachen linearen Regressionsfunktion

$$B_{yx} = \frac{\left(n \sum_{i=1}^{n} x_i y_i - \sum_{i=1}^{n} x_i \sum_{i=1}^{n} y_i \right)^2}{\left(n \sum_{i=1}^{n} x_i^2 - (\sum_{i=1}^{n} x_i)^2 \right) \left(n \sum_{i=1}^{n} y_i^2 - (\sum_{i=1}^{n} y_i)^2 \right)}$$

Ein-Faktor-Methode

Ein-Faktor-Methode
Spezielle Methode zur Durchführung faktorieller Versuche (→ Versuchsplanung) mit dem Ziel, durch stufenweise Veränderung nur eines Faktors eine optimale Kombination von Stufen quantitativer → Faktoren zu gewinnen. Zu diesem Zweck wird ein sogenannter sequentieller Versuchsplan realisiert, bei dem in der ersten Versuchsreihe der erste Faktor jeweils auf mehreren Stufen variiert und die restlichen Faktoren auf einer als optimal angenommenen Stufe konstant gehalten werden. In der zweiten Versuchsreihe wird der erste Faktor auf der ermittelten optimalen Stufe eingestellt, der zweite Faktor auf mehreren Stufen verändert, und die restlichen werden wie vorher konstant gelassen. Die dritte Versuchsreihe variiert den dritten Faktor usw.

Eingipflige Verteilung → unimodale Verteilung

Einheitswurzeltest
Familie statistischer Testverfahren zur Prüfung spezifizierter → stochastischer Prozesse auf → Stationarität. Praktisch bedeutsam sind E. in trendstationären Prozessen und in → Random Walks. Als Wahrscheinlichkeitsmodell wird eine Normalverteilung angenommen (→ Gaußscher Prozeß). Einheitswurzeln sind Nullstellen des autoregressiven → Lag-Polynoms vom Betrag eins. Der E. entscheidet im einfachsten Fall, ob der Schätzwert einer Nullstelle nur zufällig oder aber systematisch dem Betrag nach von eins abweicht. Das heißt, es wird die Nullhypothese H_0: p=1 gegen die Alternativhypothese H_1: p<1 geprüft, wobei p eine zu testende Nullstelle

des Lag-Polynoms ist. Es werden zwei Klassen von E. unterschieden: a) verallgemeinerte t-Tests zur Signifikanzprüfung geschätzter Modellparameter, b) verallgemeinerte F-Tests zum Vergleich von Restvarianzen verschiedener Modellprozesse.- Bei einem verallgemeinerten t-Test wird aus technischen Gründen nicht die Einheitswurzel direkt, sondern ihr um eins verminderter Schätzwert mit null verglichen. Die Teststatistiken der E. sind nicht zu verwechseln mit dem aus der → Regressionsanalyse bekannten t-Test bzw. F-Test. Beispiel: Bei der Modellierung des wöchentlichen Brotabsatzes x_t einer Großbäckerei in 1000 Stück, dargestellt in der folgenden Graphik,

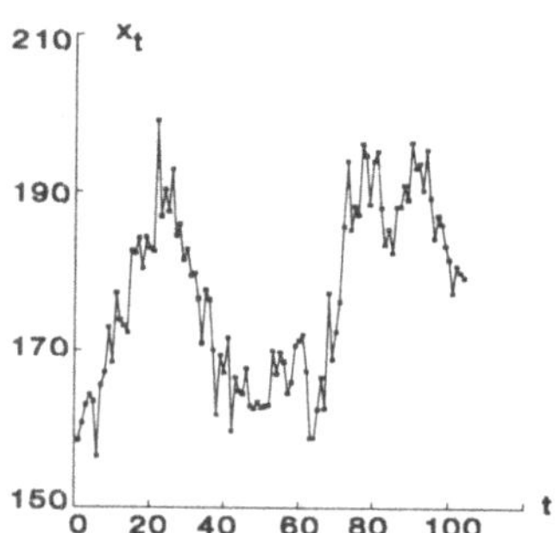

soll zwischen einem varianzinstationären Random Walk und einem stationären AR(1)-Prozeß unterschieden werden. Angesetzt wird ein linearer Prozeß

$$X_t - X_{t-1} = (p-1)X_{t-1} + a_t \, ,$$

der bei Gültigkeit der Nullhypothese ein Random Walk ist. Die Schätzung ergibt $\hat{p} - 1 = 0{,}67$. Die Nullhypothese und die Alternativhypothese des E. lauten H_0: p - 1 = 0 (Einheitswurzel) und H_1: p - 1 < 0 (keine Einheitswurzel). Die Nullhypothese wird verworfen, wenn der Vergleichswert $\tau_{n,\alpha}$ aus der sogenannten τ-Statistik größer als der Schätzwert des Modellparameters abzüglich eins ist: $\hat{p} - 1 < \tau_{n;\alpha}$. Dabei ist n die Länge der Zeitreihe und α das vorgegebene Signifikanzniveau. Für die Zeitreihe des Brotumsatzes mit n = 104 Beobachtungen ergibt sich auf einem Signifikanzniveau von α = 0,05 der Vergleichswert $\tau_{104;0,05}$ = -1,95. Da $\hat{p} - 1 > \tau_{104;\,0.05}$ ist, kann H_0 nicht verworfen werden. Somit ist der Random Walk als Modellprozeß vorzuziehen. - Die Anwendung von E. wird dadurch erschwert, daß die Teststatistiken von der Modellstruktur abhängen. ARMA-Prozesse erfordern z.B. andere Statistiken als die einfacher gebauten AR-Prozesse. Werden die Modellparameter nach der Methode der kleinsten Quadrate geschätzt, so reagieren E. sehr empfindlich auf $\rightarrow$ Ausreißer. Deshalb sollten erkennbare extreme Beobachtungen zu Beginn der Analyse aus den Daten entfernt werden.

Einpunktverteilung

Wahrscheinlichkeitsverteilung einer Zufallsvariablen X, die mit Wahrscheinlichkeit eins einen bestimmten Wert x_0 einnimmt. Erwartungswert und Varianz sind offensichtlich: E(X) = x_0 bzw. Var(X) = 0. Daher ist X praktisch keine echte Zufallsvariable mehr. Die E. wird zur Beschreibung von Größen verwendet, die mit Sicherheit einen bestimmten Wert annehmen, aber aus Gründen der Analyse wie Zufallserscheinungen behandelt werden sollen.

Einschritt-Prognose $\rightarrow$ Prognose

Einseitige Fragestellung

Prüfung einer Höchst- oder Mindesthypothese über den Wert eines Parameters der Grundgesamtheit in einem $\rightarrow$ Test. Der $\rightarrow$ Ablehnungsbereich, der mit Hilfe einer geeigneten Testvariablen abgegrenzt wird, besteht aus nur einem zusammenhängenden, i.allg. auf einer Seite offenen Intervall. Abgelehnt wird eine Mindesthypothese bei einem besonders niedrigen Wert, eine Höchsthypothese bei einem besonders hohen Wert der Testvariablen. Z.B. zeigt die folgende Abbildung die Dichtefunktion einer Testvariablen T.

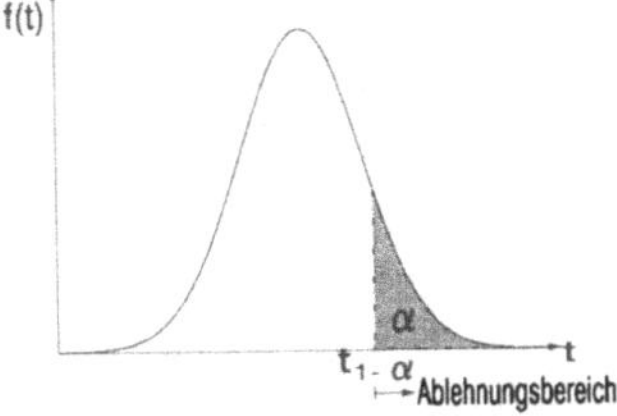

Hier wird die Nullhypothese (eine Höchsthypothese) auf einem Signifikanzniveau α abgelehnt, wenn der Wert von T aufgrund einer Zufallsstichprobe größer als das $(1-\alpha)$-Quantil $t_{1-\alpha}$ der Verteilung von T ausfällt.

Elastizität

Quotient aus der relativen Änderung einer zu erklärenden (endogenen) Variablen Y und der relativen Änderung einer anderen, sie verursachenden (exogenen) Variablen X; Maß der Reaktionsempfindlichkeit von Y bezüglich der Veränderung von X. Die E. ist ein wichtiges statistisches Instrument in den Wirtschaftswissenschaften und steht in enger Beziehung zur $\rightarrow$ Regressionsanalyse. Durch die Verwendung relativer Veränderungen werden die Maßeinheiten der Variablen ausgeschaltet. Elastizitätsmaße sind somit dimensionslos und eignen sich für vergleichende Betrachtungen. Im empirischen (diskreten) Fall wird für n Beobachtungen der Variablen X und Y (x_i, y_i) die E. zwischen jeweils zwei Beobachtungspaaren (x_i, y_i) und (x_{i+1}, y_{i+1}) gemessen. Die empirische absolute Veränderung $\Delta x_i = x_{i+1} - x_i$ hat die empirische absolute Veränderung in Y $\Delta y_i = y_{i+1} - y_i$ hervorgerufen.

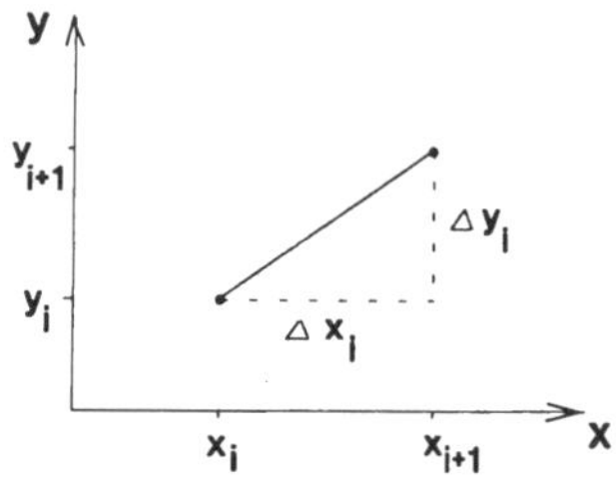

Durch Normierung auf das Niveau, von dem aus die E. gemessen wird, ergeben sich die relativen Veränderungen für $i = 1,...,n-1$ zu

$$\frac{x_{i+1} - x_i}{x_i} = \frac{\Delta x_i}{x_i}, \quad \frac{y_{i+1} - y_i}{y_i} = \frac{\Delta y_i}{y_i}.$$

Der Quotient der relativen Veränderungen

$$e_i = \frac{\dfrac{\Delta y_i}{y_i}}{\dfrac{\Delta x_i}{x_i}} = \frac{\Delta y_i}{\Delta x_i} \cdot \frac{x_i}{y_i}$$

wird als (empirischer) Elastizitätskoeffizient von y bezüglich x oder Bogen-Elastizität bzw. Reagibilität bezeichnet. Er ist das Produkt des Differenzenquotienten und des Quotienten der beobachteten Ausgangswerte. Er gibt an, um wieviel Prozent sich die Variable Y ausgehend vom Ni-

veau y_i näherungsweise verändert, wenn sich die Variable X an der Stelle x_i um ein Prozent erhöht. Der Elastizitätskoeffizient unterstellt Linearität der Veränderung zwischen den Punkten (x_i, y_i) und (x_{i+1}, y_{i+1}) und ist auf die Abhängigkeit der Variablen Y von einer X-Variablen beschränkt. Für nicht beobachtete Zwischenwerte können keine Elastizitätskoeffizienten ermittelt werden. - Eine Verallgemeinerung wird dadurch erreicht, daß für die Abhängigkeit Y von X eine stetige Funktion bzw. geschätzte → Regressionsfunktion, die die systematische, von Zufallseinflüssen bereinigte Beziehung zwischen beiden Variablen beinhaltet, unterstellt wird: $y = f(x)$. Das Produkt aus dem Differentialquotienten (1. Ableitung der Funktion f(x)) und dem Quotienten der Funktionskoordinaten x und y, an dem die E. zu bestimmen ist, wird als Elastizitätsfunktion y bezüglich x bezeichnet:

$$\varepsilon_{yx} = \frac{\dfrac{dy}{y}}{\dfrac{dx}{x}} = \frac{dy}{dx} \cdot \frac{x}{y} = \frac{f'(x)}{f(x)} \cdot x.$$

Für einen bestimmten Punkt x_0 der Funktion f(x) gibt sie die Punkt-Elastizität (kurz: Elastizität) als Grenzwert der Bogen-Elastizität $(\Delta x \to 0)$ an. Die E. beinhaltet näherungsweise die prozentuale Veränderung von Y, wenn sich die Variable X an der Stelle x_0 um ein Prozent erhöht. Geometrisch stellt die E. das Verhältnis des Anstieges der Kurve $y = f(x)$ im Punkt (x,y) zum Anstieg der Geraden G, die durch den Koordinatenursprung und den Punkt (x,y) verläuft, dar:

$$\varepsilon_{yx} = \frac{\tan \alpha}{\tan \beta}.$$

Die folgende Graphik veranschaulicht dieses Verhältnis.

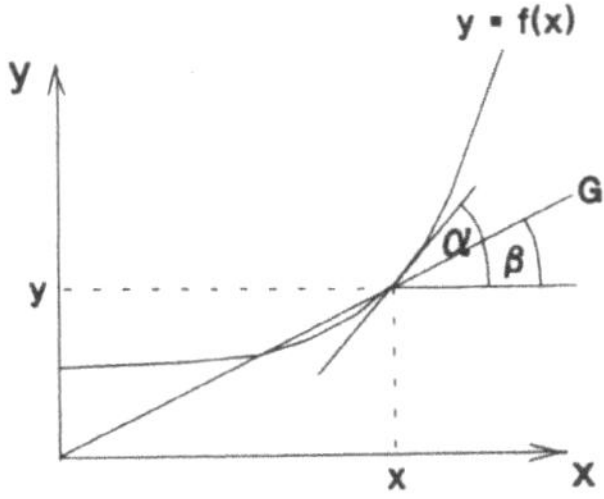

Den Teil des Definitionsbereiches, wo $|\varepsilon_{yx}| > 1$ ist, nennt man den elastischen Bereich, wo $|\varepsilon_{yx}| < 1$ gilt, den unelastischen Bereich. Beispiele: Für die lineare Funktion $y = a + bx$, deren erste Ableitung $dy/dx = b$ konstant ist, ergibt sich die Elastizitätsfunktion von y in bezug auf x zu

$$\varepsilon_{yx} = \frac{bx}{a + bx}.$$

Für die Exponentialfunktion $y = ab^x$ ist die erste Ableitung

$$\frac{dy}{dx} = ab^x \ln b$$

und damit die Elastizitätsfunktion von y bezüglich x

$$\varepsilon_{yx} = ab^x \ln b \cdot \frac{x}{ab^x} = x \ln b.$$

Bei beiden Funktionen nimmt die Elastizitätsfunktion entlang der Kurve verschiedene Werte an. Für die Potenzfunktion $y = ax^b$ ist wegen

$$\frac{dy}{dx} = abx^{b-1}$$

die Elastizitätsfunktion von y bezüglich x

$$\varepsilon_{yx} = abx^{b-1} \frac{x}{ax^b} = b$$

gleich dem Parameter b. Dieses Ergebnis ergibt sich auch nach einer → doppelt-logarithmischen Transformation der Potenzfunktion ($\ln y = \ln a + b \ln x$) als

$$\frac{d\ln y}{d\ln x} = \frac{\dfrac{dy}{y}}{\dfrac{dx}{x}} = b = \varepsilon_{yx}.$$

Diese Elastizitätsfunktion ist entlang der Kurve konstant. - Die Ermittlung von Elastizitätsfunktionen kann auf multiple Abhängigkeiten der Variablen Y von zwei oder mehreren X-Variablen $y = f(x_1, x_2, ..., x_m)$ ausgedehnt werden. Analog erhält man die partiellen Elastizitätsfunktionen y bezüglich x_k:

$$\varepsilon_{yx_k} = \frac{\partial y}{\partial x_k} \cdot \frac{x_k}{y}, \quad k = 1, ..., m.$$

Für einen bestimmten Punkt x_{k0} gibt sie die partielle E. an, d.h. die durchschnittliche relative partielle Veränderung von Y für eine einprozentige Veränderung von X_k an der Stelle x_{k0} bei Konstanz der anderen erklärenden X-Variablen. Die Summe aller partiellen E. der X-Variablen wird als totale E. bezeichnet. Die relative Gesamtänderung der Variablen Y ist gleich der Linearkombination der relativen Änderungen der einzelnen X-Variablen mit den partiellen E. als Koeffizienten dieser Linearkombination:

$$\frac{dy}{y} = \sum_{k=1}^{m} f_{x_k}(x_1,...,x_m) \; \frac{x_k}{y} \cdot \frac{dx_k}{x_k}$$

$$= \sum_{k=1}^{m} \varepsilon_{yx_k} \cdot \frac{dx_k}{x_k} \; .$$

Im Gegensatz zu den Elastizitätskoeffizienten ermöglichen die Elastizitätsfunktionen allgemeine Aussagen für die ökonomische Interpretation. Entsprechend dem ökonomischen Inhalt von Funktionen bzw. Regressionsfunktionen ergeben sich z.B. folgende wirtschaftspolitisch oder betriebswirtschaftlich relevante Arten von E.: Absatzelastizität, Angebotselastizität, Außenhandelselastizität, Kostenelastizität, Kreuzpreiselastizität, Nachfrageelastizität, Preiselastizität, Produktionselastizität, Substitutionselastizität. Beispiel: Berechnung und Interpretation der E. werden anhand der aus dem Ertragsgesetz abgeleiteten → Kostenfunktion

$$K(M) = 0,056M^3 - 0,616M^2 +$$

$$2,559M + 2$$

demonstriert. Dabei bedeuten K = y die Kosten, die bei Ausbringung der Menge M = x entstehen. Die erste Ableitung der Kostenfunktion

$$K'(M) = 0,168M^2 - 1,232M + 2,559$$

ist die zur Kostenfunktion gehörende Grenzkostenfunktion. Die aus der Kostenfunktion abgeleitete Durchschnittskostenfunktion besitzt folgende numerische Struktur:

$$\bar{K}(M) = \frac{K(M)}{M} = 0,056M^2$$

$$- 0,616M + 2,559 + 2/M.$$

Ist man an der Elastizität (Nachgiebigkeit) der Kosten K für bestimmte ausgebrachte Mengen M interessiert, bedient man sich der Kostenelastizitätsfunktion

$$\varepsilon_{KM}(M) = \frac{K'(M)}{\bar{K}(M)} \; ,$$

die sich im konkreten Fall als eine gebrochenrationale Funktion aus der ganzrationalen Grenzkostenfunktion und der ganzrationalen Durchschnittskostenfunktion darstellt. Für die Ausbringungsmengen (Angaben jeweils in Mengeneinheiten) M = 5, M = 6 und M =7 errechnet man unter Verwendung der angegebenen Funktionen folgende Werte der Kostenelastizitätsfunktion, also Kostenelastizitäten: $\varepsilon_{KM}(5) = 0,47$, $\varepsilon_{KM}(6) = 1$ und $\varepsilon_{KM}(7) = 1,24$. Demnach reagieren die Kosten K auf einem Ausstoßniveau von 5 Mengeneinheiten unelastisch, bei einer Ausstoßmenge von 6 Einheiten fließend und bei einer Ausstoßmenge von 7 Einheiten elastisch auf (infinitesimal kleine) Veränderungen in den ausgebrachten Mengen M. Im Falle hinreichend großer absolut skalierter (→ Skalierung) Mengeneinheiten (Stückzahlen) bzw. für verhältnisskalierte Mengen (z.B. Gewichts-, Längeneinheiten, Voluminaeinheiten) können infinitesimal kleine Veränderungen ökonomisch plausibel etwa wie folgt interpretiert werden: Steigen (fallen) die ausgebrachten Mengen um 1%, so steigen die Kosten auf einem Ausbringungsniveau von 5 Einheiten um 0,47%. Auf dem Niveau von 6 Mengeneinheiten ist die relative Veränderung in den Kosten proportional mit dem Faktor eins zur relativen Veränderung in den ausgebrachten Mengen und schließlich steigen (fallen) die Kosten auf dem Ausbringungsniveau von 7 Einheiten um 1,24% bei einer einprozentigen Veränderung in den ausgebrachten Mengen.

Elastizitätsfunktion → Elastizität

Elastizitätskoeffizient → Elastizität

Element

Beobachtungseinheit, Merkmalsträger, statistische Einheit, kleinste Einheit in der Statistik. Das E. ist Träger von Informationen bzw. Eigenschaften (→ Merkmal), die für eine statistische Untersuchung von Interesse sind. Jedes statistische E. muß mindestens ein sachliches, örtliches und zeitliches Identifikationsmerkmal tragen. Ein statistisches E. kann ein reales Objekt (Person, Kraftfahrzeug) oder ein Vorgang (Verkehrsunfall, Theaterbesuch) sein. Bei sogenannten Vorgangsstatistiken ist zwischen dem einzelnen Vorgang und den daran beteiligten realen Objekten zu unterscheiden. Beispiele: In Deutschland wurden 1990 insgesamt 389350 Verkehrsunfälle mit 521977 verunglückten Personen registriert. Das Charakteristische am Vorgang "Verkehrsunfall" ist, daß an einem Vorgang mehrere reale Objekte (verunglückte Personen) beteiligt sein können. Anders ist es beim Vorgang "Theaterbesuch". Hier kann ein reales Objekt (ein und dieselbe Person) durch Wiederholung des Vorgangs (Besuch) mehrmals statistisch erfaßt werden. Wenn die → amtliche Statistik für das Gebiet der DDR 1989 insgesamt 9103958 Besucher öffentlicher Theater ausweist, ist mit der Zahl nicht die Menge der Besucher, sondern lediglich die Anzahl der Theaterbesuche einer in der

Regel geringeren Anzahl unterschiedlicher Personen statistisch erfaßt worden. - Eine weitere wichtige Unterscheidung statistischer E. ist die von Bestandseinheiten (→ Bestandsmasse) und Ereignis- oder Bewegungseinheiten (→ Bewegungsmasse). Während eine Bestandseinheit, etwa eine Ehe, über einen gewissen Zeitraum beständig ist, stellt eine Bewegungseinheit, etwa der Vorgang einer Eheschliessung, ein punktuelles Ereignis dar.

Elementarereignis

Ereignis, das aus nur einem, nicht weiter teilbaren Ergebnis eines Zufallsvorganges besteht. Dadurch entsprechen die E. den Elementen des → Ereignisraums. Beispiele: Beim einmaligen Werfen eines Würfels treten genau die E. 1, 2, 3, 4, 5, 6 auf. Beim Werfen mit zwei Würfeln gibt es dagegen 36 E. Beim Zufallsvorgang Energieverbrauch einer Industrieanlage ist jede nichtnegative reelle Zahl ein E.

EM-Algorithmus

Iterative Herangehensweise bei der → Maximum-Likelihood-Schätzung, die in der wiederholten Ausführung eines sogenannten E-Schrittes (Schätzung bedingter Erwartungen) und eines M-Schrittes (Maximierung einer Likelihood-Funktion, in die die Schätzungen des E-Schrittes eingesetzt werden) besteht.

Empirische Verteilungsfunktion
→ Summenhäufigkeitsverteilung

Endogene Variable

Abhängige Variable, erklärte Variable, Regressand, diejenige Variable einer → Regressionsfunktion, deren Werte in Abhängigkeit von den →

exogenen Variablen erklärt werden. Sie enthält neben dem systematischen Einfluß der exogenen Variablen den Einfluß der stochastischen → Störvariablen, ist also eine → Zufallsvariable. Ob eine Größe als e.V. betrachtet wird, hängt vom wirtschaftstheoretischen Ansatz ab. Beispiel: In einer Investitionsfunktion werden die Nettoanlageinvestitionen Y durch das Sozialprodukt und den Kapitalstock erklärt. Y ist die e.V. - In → ökonometrischen Modellen sind die unverzögerten e.V. die gemeinsam abhängigen Variablen, die sich gegenseitig erklären können und die innerhalb des Modells gleichzeitig und interdependent bestimmt werden. Die verzögerten e.V. gehören dagegen zu den → vorherbestimmten Variablen, da sie in der Periode t nicht durch das Modell erklärt werden.

Entropie einer Häufigkeitsverteilung

Paritätsmaß für Ausprägungen eines → Merkmals, insbesondere eines nominalskalierten oder ordinalskalierten Merkmals. Es sei X ein Merkmal, das an n → Elementen statistisch erhoben wurde. Dann ist für alle j = 1, 2,..., k sich voneinander unterscheidende Merkmalsausprägungen x_j und die ihnen zugeordneten relativen → Häufigkeiten $f(x_j) = f_j$ mit

$$f_j > 0 \, , \quad \sum_{j=1}^{k} f_j = 1$$

die E.e.H. wie folgt definiert:

$$H = - \sum_{j=1}^{k} f_j \cdot ld \, (f_j) \, .$$

Dabei ist

$$ld(f_j) = \log_2(f_j)$$

der Logarithmus dualis (Logarithmus zur Basis 2) der entsprechenden relativen Häufigkeit f_j. Hat man die Logarithmen zur Basis 2 in der praktischen Arbeit nicht verfügbar, kann man wegen

$$ld(f_j) = \frac{\log_B(f_j)}{\log_B(2)}$$

die E.e.H. auch mit Hilfe des dekadischen Logarithmus (Basis B = 10) mittels der Formel

$$H = -3{,}32193 \cdot \sum_{j=1}^{k} f_j \cdot lg(f_j)$$

bzw. mit Hilfe des natürlichen Logarithmus (Basis B = e = 2,7182818...) mittels der Formel

$$H = -1{,}44 \cdot \sum_{j=1}^{k} f_j \cdot \ln(f_j)$$

berechnen. Für den Fall, daß alle n erhobenen Merkmalsausprägungen gleich sind (→ Einpunktverteilung), d.h. für k = 1, ist die Parität der Ausprägungen am geringsten, so daß gilt: H=1·ld(1)=0. Im Fall k gleichhäufiger Merkmalsausprägungen (→ Gleichverteilung) nimmt die E.e.H. für die betrachtete Häufigkeitsverteilung ihr Maximum an. In diesem Fall sagt man auch, daß die k Merkmalsausprägungen x_j bezüglich ihrer relativen Häufigkeiten f_j paritätisch besetzt sind. Allgemein gilt für eine gegebene Häufigkeitsverteilung: 0≤H≤ld(k). Demnach kann man mit Hilfe der E. e.H. abschätzen, ob die Häufigkeitsverteilung eines Merkmals mehr zur

Einpunkt- oder Gleichverteilung tendiert. Für den Vergleich mehrerer Häufigkeitsverteilungen ist die E.e.H. wenig geeignet, wenn die Anzahlen k der sich unterscheidenden Merkmalsausprägungen in den einzelnen Verteilungen stark voneinander abweichen, da dann die variablen Obergrenzen ld(k) der einzelnen E.e.H. einen sinnvollen Vergleich erschweren. In diesem Falle berechnet man das sogenannte Redundanz- oder Weitschweifigkeitsmaß

$$R = \frac{ld(k) - H}{ld(k)} = 1 - \frac{H}{ld(k)} \, ,$$

das als normiertes Maß nur Werte zwischen 0 und 1 annehmen kann und somit für den statistischen Vergleich von Häufigkeitsverteilungen nominalskalierter Merkmale mit unterschiedlich vielen Ausprägungen geeignet ist. Für R=1 liegt eine Einpunktverteilung, für R=0 eine Gleichverteilung vor. In diesem Sinne kann man das Redundanzmaß R als ein Disparitätsmaß bezüglich des Häufigkeitsbesatzes der Merkmalsausprägungen interpretieren. Beispiel: Die Tabelle enthält die für Ende 1990 in den alten und in den neuen Bundesländern existierende Bevölkerungsstruktur, gegliedert nach dem nominalskalierten Merkmal Familienstand.

Familien-stand	alte Bundesländer	neue Bundesländer
ledig	0,435	0,366
verheiratet	0,485	0,494
verwitwet	0,080	0,140
gesamt	1,000	1,000

Da die Anzahl der verschieden aufgetretenen Merkmalsausprägungen in beiden Häufigkeitsverteilungen mit k=3 gleich ist, kann die E.e.H. für den Paritätsvergleich des Familienstandes in den Bevölkerungen verwendet werden. Für die alten Bundesländer errechnet man eine Entropie von $H_{alt} = 1,32$ und für die neuen Bundesländer von $H_{neu} = 1,43$. Demnach tendiert der Bevölkerungsstand hinsichtlich seiner Gliederung nach dem Familienstand in den neuen Bundesländern mehr zu einer Gleichverteilung als der Bevölkerungsstand in den alten Bundesländern. Interpretiert man die Ergebnisse im Sinne der Disparitätsmessung, dann sind die Ausprägungen des Familienstandes in den neuen Bundesländern Ende 1990 weniger ungleichmäßig verteilt als in den alten Bundesländern.

Entropie eines Versuches

Maßzahl für den Grad der Unbestimmtheit eines Versuches, in die die Wahrscheinlichkeiten $P(A_i)$ der möglichen Versuchsausgänge A_i eingehen (Shannonsche Entropie):

$$H = -\sum_{i=1}^{n} P(A_i) \, ldP(A_i) \, ,$$

wobei ldP der Logarithmus von P zur Basis 2 ist. Die Entropie spielt in der Informationstheorie eine große Rolle, da jede Information als die Beseitigung von Unbestimmtheit und daher als Verringerung des Betrages an Entropie interpretiert werden kann.

Entscheidungsfehler

Bei statistischen → Tests zusammenfassende Bezeichnung für den → Fehler erster Art und den → Fehler zweiter Art.

Entscheidungstheorie

Im Sinne der Statistik theoretische Verallgemeinerung des Anliegens, auf Grund einer Stichprobe eine Entscheidung hinsichtlich der Verteilung einer zufälligen Variablen zu treffen. Die Entscheidungsfunktion, als eine Entscheidungsvorschrift, ordnet jeder Stichprobe eine bestimmte Entscheidung zu. Beispiele für Entscheidungsfunktionen sind → Tests, → Punktschätzungen und → Intervallschätzungen. Die Bestimmung von optimalen Entscheidungsfunktionen und deren Analyse ist der Gegenstand der von A. Wald begründeten statistischen E.

EQS → LISREL

Ereignis

In der Wahrscheinlichkeitsrechnung Kurzbezeichnung für → zufälliges Ereignis.

Ereignisfeld

Menge $\mathscr{F}$ aller zufälligen Ereignisse, die als Ausgang eines Zufallsversuches eintreten können, einschließlich des unmöglichen Ereignisses. Das E. ist die Potenzmenge des Ereignisraumes Ω, der Menge der Elementarereignisse. Die Elemente von $\mathscr{F}$ sind Teilmengen von Ω einschließlich von Ω selbst (sicheres Ereignis), aller Elementarereignisse und der leeren Menge (unmögliches Ereignis).

Ereignismasse → Bewegungsmasse

Ereignisraum

Ereignismenge, Stichprobenraum, Menge Ω aller möglichen → Elementarereignisse eines Zufallsvorgangs. Die Menge $\mathscr{F}$ aller Teilmengen von Ω ist das → Ereignisfeld. Der E. Ω selbst ist in $\mathscr{F}$ das sichere Ereignis. Beispiele: Beim Zufallsvorgang einmaliges Werfen eines Würfels ist der E. $\Omega = \{1,2,3,4,5,6\}$. Der E. des Zufallsvorganges Energieverbrauch einer Industrieanlage enthält alle nichtnegativen reellen Zahlen.

Erfassung → Erhebung

Ergodensätze

Aussagen über Bedingungen, unter denen theoretische Kennfunktionen (→ Erwartungswertfunktion, → Varianzfunktion, → Autokovarianzfunktion) eines schwach → stationären stochastischen Prozesses $\{X_t\}$ näherungsweise durch Funktionen der Prozeßvariablen X_t bestimmt werden können. Ein stationärer stochastischer Prozeß heißt mittelwertergodisch, wenn der Mittelwert der Prozeßvariablen X_t über die Zeit im quadratischen Mittel gegen den gemeinsamen Erwartungswert μ konvergiert:

$$\lim_{n \to \infty} E\left[\frac{1}{n} \sum_{t=1}^{n} (X_t - \mu)^2 \right] = 0 \, .$$

Ein stationärer stochastischer Prozeß heißt kovarianzergodisch, wenn für jede Zeitverschiebung $\tau = 0,1,2,...$ gilt:

$$\lim_{n \to \infty} E\left[\frac{\sum_{t=1}^{n} ((X_t - \mu)(X_{t+\tau} - \mu) - \gamma(\tau))^2}{n} \right] = 0 \, ,$$

worin $\gamma(\tau)$ die Autokovarianzfunktion bezeichnet. Ergodizität kann als Konsistenz von Schätzfunktionen für Erwartungswert und Autokovarianz bei abhängigen Zufallsvariablen X_t gedeutet werden. Sie ist eine fundamentale Voraussetzung zur Schätzung theoretischer → Kennfunktionen aus Zeitreihendaten. Einer der zahlreichen Ergodensätze besagt, daß Mittelwertergodizität genau dann vorliegt, wenn die Folge der Autokovarianzen $\gamma(\tau)$ gegen null konvergiert:

$$\lim_{\tau \to \infty} \gamma(\tau) = 0 \,.$$

Beispiel: Aus einer Zeitreihe sind mittels → Differenzenbildung Trend und → Saisonschwankungen entfernt worden. Aus den transformierten Beobachtungen wird die Autokovarianzfunktion geschätzt. Tendieren die Schätzwerte mit wachsender Zeitverschiebung nicht gegen null, können die Beobachtungen noch nicht als Realisierung eines schwach stationären Prozesses angesehen werden. Es sind weitere oder andere Datentransformationen auf dem Weg zur Stationarität notwendig. Ein weiterer Ergodensatz besagt, daß ein stationärer → Gaußscher Prozeß kovarianzergodisch ist, wenn die Summe der Absolutbeträge aller Autokovarianzen $\gamma(\tau)$ endlich ist:

$$\lim_{n \to \infty} \sum_{\tau=1}^{n} |\gamma(\tau)| < \infty \,.$$

Erhebung

Erfassung, Gewinnung statistischen Datenmaterials. An einer vorher bestimmten Menge von → Elementen werden die Ausprägungen für ausgewählte Merkmale erhoben. Eine E. wird vor allem in der Wirtschafts- und Sozialstatistik vorgenommen. Der Beriff E. ist von dem des Versuches zu unterscheiden (→ Versuchsplanung). Die Aussagefähigkeit des durch die Erfassung gewonnenen Datenmaterials hängt entscheidend von

der Qualität des Erhebungsplanes und seiner Durchführung ab (bei einer Teilerhebung vom → Stichprobenplan). Bei der Datenerfassung ist zwischen Erhebungsart und Erhebungstechnik zu unterscheiden. Die Erhebungsarten unterscheidet man nach drei Gesichtspunkten: a) Wird bei einer E. die Grundgesamtheit vollständig erfaßt, liegt eine Voll- oder Totalerhebung, ansonsten eine Teil- oder Stichprobenerhebung (→ Stichprobenverfahren) vor. b) Ist das Datenmaterial eigens für eine geplante Untersuchung erhoben worden, spricht man von Primärerhebung, ansonsten von Sekundärerhebung. c) Je nach der Anzahl der Untersuchungsziele wird zwischen Einzel- und Mehrzweckerhebung unterschieden.

Erhebungsarten	
Vollerhebung	Teilerhebung
Primärerhebung	Sekundärerhebung
Einzelerhebung	Mehrzweckerhebung

Bei den Erhebungstechniken unterscheidet man:

Erhebungstechniken	
Befragung	- schriftliche - mündliche - telefonische
Beobachtung	- teilnehmende - nichtteilnehm. - Feld- - Labor- - kontrollierte - unkontrollierte

Die → Befragung ist insbesondere in

den Wirtschafts- und Sozialwissenschaften die bedeutendste Methode der E. Als Beispiel für die → Beobachtung als Erhebungstechnik kann die Qualitätskontrolle dienen. Für die Überprüfung einer Kausalhypothese ist die E. als → Experiment auszugestalten.

Erklärende Variable → exogene Variable

Erklärte Variable → endogene Variable

Erlang-Verteilung

Verteilung einer stetigen Zufallsvariablen X, die die Dichtefunktion

$$f(x) = \lambda \; \frac{(\lambda x)^{n-1}}{(n-1)!} \; e^{-\lambda x}$$

für x > 0 mit Parametern n (natürliche Zahl) und λ besitzt. Damit ist die E.-V. eine → Gamma-Verteilung. Eine Summe von n stochastisch unabhängigen Zufallsvariablen, von denen jede exponentialverteilt mit dem Parameter λ ist, folgt einer E.-V. mit Parametern n und λ. Die E.-V. spielt im Zusammenhang mit der statistischen Analyse von Lebensdauern und Verweildauern eine Rolle: Befindet sich ein Element zunächst in einer ersten Teilgesamtheit, wechselt dann über in eine zweite usw. und verläßt schließlich eine n-te Teilgesamtheit nach außen, dann ist seine Gesamtverweildauer in der übergeordneten Grundgesamtheit Erlang-verteilt mit Parametern n und λ, falls die Verweildauern in den Teilgesamtheiten alle mit Parameter λ exponentialverteilt und unabhängig sind.

Erwartungstreue

Die Eigenschaft einer Schätzfunktion $\hat{\pi}$ für den Parameter π, daß die Beziehung $E(\hat{\pi}) = \pi$ für alle π gilt. Bei nicht erwartungstreuen Punktschätzungen spielt die Differenz $b(\hat{\pi}) = E(\hat{\pi}) - \pi$, die als systematischer Fehler (Verzerrung, bias) der Schätzfunktion $\hat{\pi}$ gegenüber π bezeichnet wird, eine wichtige Rolle zur Beurteilung ihrer Güte. Eine Folge $\hat{\pi}_n$ von Punktschätzungen für π heißt asymptotisch erwartungstreu, wenn

$$\lim_{n \to \infty} E(\hat{\pi}_n) = \pi$$

gilt. Beispiele: Der Stichprobendurchschnitt

$$\overline{X} = \frac{1}{n} \sum_{i=1}^{n} X_i$$

ist eine erwartungstreue Schätzfunktion für den Erwartungswert μ einer Zufallsvariablen. Die Stichprobenvarianz

$$S^2 = \frac{1}{n-1} \sum_{i=1}^{n} (X_i - \overline{X}_n)^2$$

ist eine erwartungstreue Schätzfunktion für die entsprechende Varianz σ^2. Dagegen ist

$$S^{*2} = \frac{1}{n} \sum_{i=1}^{n} (X_i - \overline{X}_n)^2$$

eine nur asymptotisch erwartungstreue Schätzfunktion für σ^2.

Erwartungswert

Mittelwert einer Zufallsvariablen X. Ist X eine diskrete Zufallsvariable mit den Werten x_m (m = 0,1,2, ...) und den Wahrscheinlichkeiten $p_m = P(X=x_m)$, dann ist der E. von X:

$$E(X) = \sum_m x_m \, p_m \, .$$

Für eine stetige Zufallsvariable X mit der Dichtefunktion f(x) ist der E.:

$$E(X) = \int_{-\infty}^{\infty} x \, f(x) \, dx \, .$$

Der E. kann als gewogenes arithmetisches Mittel oder als Schwerpunkt interpretiert werden. Es gelten die Beziehungen: $E(aX + b) = aE(X) + b$ und $E(X + Y) = E(X) + E(Y)$, wobei X und Y Zufallsvariable und a, b reelle Konstanten sind. Für unabhängige Zufallsvariable X und Y ist $E(XY) = E(X) \cdot E(Y)$. Die Schätzung des E. von Zufallsvariablen ist Gegenstand zahlreicher statistischer Untersuchungen.

Erwartungswertfunktion

Mittelwertfunktion, Kennfunktion $\mu(t)$ eines stochastischen Prozesses $\{X_t\}$, die jedem Wert des Zeitparameters t den → Erwartungswert $E(X_t)$ der Zufallsvariablen X_t zuordnet: $\mu(t) = E(X_t)$. Ein Erwartungswert $\mu(t)$ läßt sich für ein festes t unter Umständen als Erfahrungs- oder Planwert interpretieren, um den die möglichen Beobachtungen von X_t schwanken (→ Varianzfunktion). Ist wie bei den meisten ökonomischen Merkmalen nur eine → Zeitreihe bekannt, so weichen deren Werte typischerweise von den Erwartungswerten eines stochastischen Modellprozesses ab, egal wie gut dieser an die Daten angepaßt worden ist. Bei einer → Prognose zum Ende der Periode t_1 (Prognoseursprung) werden die Erwartungswerte von X_t für $t_1 > t$ (Prognosehorizont) als Punktprognosen bezeichnet. Die Dynamik ökonomischer Merkma-

le wird bei einer Modellbildung typischerweise auf Prozesse mit zeitvariabler E. führen (→ Trend, → Saisonschwankungen). Um eine Untersuchung auf → Autokorrelation durchzuführen, ist es jedoch ratsam, diese natürliche Zeitabhängigkeit der Erwartungswerte mit einer geeigneten Datentransformation aufzuheben (→ Differenzenbildung) und zu einer zeitkonstanten E. überzugehen.

Ex-ante-Analyse

Methode zur Beurteilung von → Prognosen auf der Grundlage der tatsächlich eingetretenen Entwicklung eines Merkmals.

Exogene Variable

Erklärende Variable, unabhängige Variable, Regressor, diejenige Variable der → Regressionsfunktion, die die → endogene Variable erklärt, aber nicht von der endogenen Variablen beeinflußt wird. Die e.V. ist innerhalb der Regressionsfunktion nichtstochastisch, d.h., ihre Werte liegen als bereits außerhalb der Regressionsfunktion realisierte, feste Zahlenwerte vor. Ob eine Größe als e.V. betrachtet wird, hängt vom wirtschaftstheoretischen Ansatz ab. Entsprechend ihrem Zeitbezug kann sie als → unverzögerte Variable oder → verzögerte Variable auftreten. Beispiel: In einer Investitionsfunktion erklären das Sozialprodukt X_1 und der Kapitalstock X_2 die Nettoanlageinvestitionen Y. X_1 und X_2 sind die e.V.

Experiment

Geplante (→ Versuchsplanung), beobachtbare und kontrollierbare Realisierung eines Bedingungskomplexes zur Prüfung wissenschaftlicher Hypothesen. Im einfachsten Fall, dem univariaten E., wird die Wirkung der Variation einer Variablen (Faktor) auf eine andere Variable unter Konstanthaltung aller übrigen Variablen ermittelt. Häufig wird dabei ein sogenannter Zweigruppen-Versuchsplan angewendet, bei dem der Faktor X die zwei Stufen x_1 und x_2 hat. Die beiden Stufen des Faktors X erhält man z.B. durch eine gezielte Behandlung (beispielsweise mit einem Medikament) von Individuen einer Versuchsgruppe und dadurch, daß für die Individuen einer Vergleichsgruppe keine Behandlung erfolgt. Ist in der Gruppe mit der Faktorstufe x_1 die Wirkung y_1 und in der anderen Gruppe ohne Behandlung (mit der Stufe x_2) die Wirkung y_2 erzielt worden, so wird die Faktorwirkung durch die Differenzenbildung y_1-y_2 ermittelt. Werden mehrere Faktoren einbezogen, liegen multivariate E. vor. Sie sind in der Regel den univariaten E. hinsichtlich der Aussagekraft der Ergebnisse überlegen, weil sie die Haupt- und Wechselwirkungen berücksichtigen. Multivariate E. werden durch multivariate Analyseverfahren ($\rightarrow$ multivariate Statistik) ausgewertet.

Expertenbefragung

Qualitative $\rightarrow$ Prognosemethode, bei der subjektive Aussagen und Schätzungen über die zukünftige Entwicklung eines oder mehrerer Merkmale gesammelt, bewertet und verdichtet werden. Die Befragung kann mehrere Wiederholungsstufen durchlaufen ($\rightarrow$ Delphi-Technik). Wesentlich bei einer E. ist, daß die Sachverständigen unabhängig voneinander antworten.

Explorative Datenanalyse

Erkundende Datenanalyse, entdeckende Datenanalyse, aufdeckende Datenanalyse, statistische Verfahren der deskriptiven Datenanalyse zur Hypothesen- und Modellfindung. Die Grundidee der e. D., die auf einer grundlegenden Arbeit von J. Tukey (1977) basiert, ist die systematische oder versuchsweise Umgestaltung, Transformation und Reduzierung der verfügbaren Datenmenge mit dem Ziel, Strukturen, Muster und einfache, überschaubare Zusammenhänge aufzudecken sowie Besonderheiten in den Daten sichtbar zu machen, die aus der Sicht des betreffenden Fachgebietes erklärbar und plausibel sind. Dabei werden an die Daten keinerlei Voraussetzungen gestellt, d.h., im Gegensatz zur $\rightarrow$ induktiven Statistik werden vorweg keine Modellannahmen (z.B. die Annahme der $\rightarrow$ Normalverteilung) und $\rightarrow$ Hypothesen spezifiziert. Vielmehr sollen im Ergebnis der e. D. solche Modelle und Hypothesen aus dem Erscheinungsbild der Daten formuliert werden, die noch einer weiteren Bestätigung mittels der Inferenzstatistik bedürfen oder als Modelle zur Beschreibung des Sachverhaltes dienen. Die e. D. umfaßt neben Verfahren der $\rightarrow$ deskriptiven Statistik, die z.T. modifiziert, erweitert und verfeinert wurden, vor allem graphische Verfahren (u.a. $\rightarrow$ Box-Plot, $\rightarrow$ Histogramm, $\rightarrow$ Q-Q-Plot, $\rightarrow$ Stem-leaf-Diagramm). Bevorzugt werden robuste ($\rightarrow$ Robustheit, $\rightarrow$ robuste Statistik) Verfahren, da $\rightarrow$ Ausreißer unter den Daten nicht vor der Verfahrensanwendung ausgesondert werden, sondern ihnen vielmehr besondere Beachtung geschenkt werden soll. So werden z.B. oft als Maßzahl für die Lage ($\rightarrow$ Lageparameter) statt des $\rightarrow$ arithmetischen Mittels der $\rightarrow$ Median und für die $\rightarrow$ Streuung auf den empirischen $\rightarrow$ Quantilen basierende Kennzahlen statt der → Standardabweichung verwendet.

Exponentialfunktion

Funktion, die durch eine Funktionalgleichung der Gestalt

$$f(t) = a^t$$

definiert ist, wobei die Basis a eine positive Zahl verschieden von eins ist. Oft wird als Basis die Eulersche Zahl e=2,718... gewählt. Wenn die E. als → Trendfunktion verwendet wird, kommen oft noch ein Dehnungsfaktor b und eine lineare Zeitverschiebung ct + d im Exponenten hinzu:

$$x_t = be^{ct+d} .$$

Exponentialverteilung

Verteilungstyp einer stetigen Zufallsvariablen X mit dem Parameter $\lambda > 0$ und der Dichtefunktion

$$f(x) = \lambda e^{-\lambda x}$$

für $x \geq 0$ und $f(x) = 0$ für $x < 0$. Die Verteilungsfunktion der E. lautet

$$F(x) = 1 - e^{-\lambda x}$$

für $x \geq 0$. Der Erwartungswert der E. ist $E(X) = 1/\lambda$, und die Varianz ist $Var(X) = 1/\lambda^2$. Die E. ist ein Spezialfall der → Gamma-Verteilung für b = λ, p = 1 sowie der → Weibull-Verteilung für a = $1/\lambda$, p = 1. Die E. wird in der Bedienungs- und Zuverlässigkeitstheorie angewandt. Eine zufällige Zeitdauer T (z.B. Wartezeit) besitzt genau dann eine E., wenn $P(T<t|T \geq t_0) = P(T < t - t_0)$ gilt, d.h., die bedingte Wahrscheinlichkeit hängt nur von der Zeitdifferenz $t - t_0$ und nicht von der Gesamtlänge der Zeit ab (Nichtalterungseigenschaft). Beispiel: Wenn die Wartezeit auf einen Auftragseingang in einer Firma exponentialverteilt ist, dann ist die Wahrscheinlichkeit für eine bestimmte weitere Wartezeit unabhängig davon, wie lange vorher schon gewartet wurde.

Exponentielle Glättung

Gewichtungsprinzip bei der Glättung von → Zeitreihen, das die Alterung von Beobachtungen mit exponentiell abnehmenden Gewichten bewertet. Die Gewichte sollen sich ferner zu eins summieren und einen konstanten Zuwachs haben. Üblich ist der Gewichtsansatz

$$w_i = \alpha^i(1 - \alpha)$$

mit dem einstellbaren Parameter α im Wertebereich von $0 < \alpha < 1$. Je kleiner α, desto stärker nehmen die Gewichte mit dem Alter i ab, je größer α, desto langsamer sinken die Gewichte mit wachsendem Alter der Beobachtungen. Die e. G. kann rekursiv dargestellt werden als gewichtetes Mittel aus letzter Beobachtung x_t und letztem Glättungswert $\hat{x}_{t-1}^{(\alpha)}$

$$\hat{x}_t^{(\alpha)} = (1 - \alpha)x_t + \alpha\hat{x}_{t-1}^{(\alpha)}$$

mit $\hat{x}_0^{(\alpha)} = x_1$ als Startwert. Bezeichnet

$$f_t = x_t - \hat{x}_{t-1}^{(\alpha)}$$

den Glättungsfehler, dann ergibt sich die für Prognosezwecke nützliche Fehler-Korrektur-Darstellung

$$\hat{x}_t^{(\alpha)} = x_t - \alpha f_t ,$$

in welcher der Glättungswert als Einschritt-Prognose und f_t als letzter Prognosefehler angesehen werden, d.h.

Ex-post-Analyse

$$\mathfrak{x}_t(1) = x_t - \alpha(x_t - \mathfrak{x}_{t-1}(1)) \, ,$$

wobei mit (1) die Prognose um eine Zeiteinheit voraus gegenüber dem im Index bezeichneten Zeitabschnitt t gemeint ist. Das Prinzip der e. G. führt zu einer Familie von heuristischen Prognosetechniken ($\rightarrow$ Holt-Winters-Glättung). Dazu wird das Grundmodell um eine Trend- und Saisonkomponente erweitert, und in die Prognoseformel wird ein Mechanismus für Mehrschritt-Prognosen eingebaut, der verschiedene Trendverläufe zuläßt ($\rightarrow$ Trendglättung). Glättungskonstanten nahe 1 sorgen für hochsensible Prognosemodelle, die sich Niveausprüngen in der Zeitreihe sehr schnell anpassen, aber auch auf jede Abweichung von der Normalität ($\rightarrow$ Schock) umgehend reagieren. Glättungskonstanten nahe null folgen hingegen einer Verwerfung in der Zeitreihe sehr langsam und sind kaum empfindlich gegenüber Schocks.

Ex-post-Analyse

Verfahren zur Überprüfung einer $\rightarrow$ Prognosemethode, meist eines $\rightarrow$ Prognosemodells anhand von Beobachtungen (Vergleichsprognose). Der Vergleich kann sich auf einzelne Zwischenwerte der zugrundeliegenden Zeitreihe beschränken oder ein Intervall an ihrem $\rightarrow$ aktuellen Rand umfassen. Wesentlich ist, daß die gewählten Zeitreihendaten nicht zur Modellspezifikation benutzt worden sind und der Prognosealgorithmus in Anlehnung an die praktische Aufgabe erprobt wird ($\rightarrow$ Prognose).

Externe Varianz $\rightarrow$ Varianzzerlegung, $\rightarrow$ Varianzanalyse

Extrapolation

Fortschreibung einer zeitlichen Entwicklung durch Übernahme aller wesentlichen Bedingungen im Beobachtungszeitraum eines Merkmals. E. ist typisch für univariate $\rightarrow$ Prognosemethoden, aber nicht auf sie beschränkt. Sie zeigt mögliche Folgen unterlassener Einflußnahme. Beispiel: jährlicher Kaffeeverbrauch x_t in kg je Einwohner in der Bundesrepublik Deutschland (in der folgenden Graphik gekennzeichnet mit *) mit linear extrapolierten Werten $\hat{x}_t$ für 2 Jahre (gekennzeichnet mit dem Pfeil):

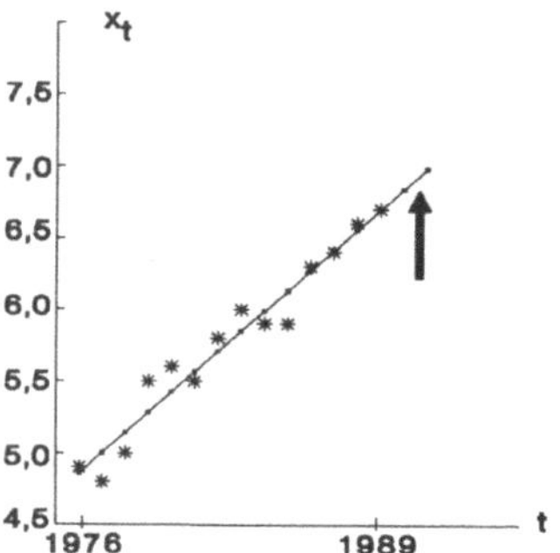

Extremwertstatistik

Untersuchung einer Zufallsvariablen, die das Maximum oder Minimum einer großen Anzahl von Zufallsvariablen ist. Betrachtet man eine Anzahl unabhängiger identisch verteilter Zufallsvariablen mit der Verteilungsfunktion F, so läßt sich für die Verteilung ihres Maximums oder Minimums näherungsweise eine spezielle Verteilung finden, die auch Extremwertverteilung genannt wird. Welcher Typ von Extremwertverteilung angemessen ist, ergibt sich aus bestimmten Eigenschaften der Verteilungsfunktion F. Die Parameter der Extremwertverteilungen können mit Hilfe von Stichproben geschätzt werden. In der E. findet die → Weibull-Verteilung Anwendung. Die E. beschäftigt sich mit folgender Aufgabe: Schätzung von Werten, die nur mit einer vorgegebenen kleinen Wahrscheinlichkeit durch das Maximum bzw. Minimum einer langen Beobachtungsreihe überschritten bzw. unterschritten werden. Zum Beispiel interessiert man sich in der Meteorologie für die maximale tägliche Niederschlagsmenge. Es wird hier die Aufgabe gestellt, die Niederschlagsmenge m_{100} zu schätzen, die nur mit der Wahrscheinlichkeit von 1% von den jährlichen Maxima überschritten wird. Dazu werden aus den Maximalwerten der täglichen Niederschlagsmengen die Parameter der Extremwertverteilung geschätzt. Mit Hilfe der so erhaltenen empirischen Verteilungsfunktion $\hat{F}$ (anstelle der wahren Verteilungsfunktion F) des Maximums wird das Quantil $\hat{m}_{100}$ so bestimmt, daß $\hat{F}(\hat{m}_{100}) = 0{,}99$ ist, und als Schätzung für m_{100} genommen.

Exzeß

Kurtosis, Wölbung, Maßzahl für eine unimodale Häufigkeitsverteilung eines metrisch skalierten Merkmals oder der Dichtefunktion bzw. Wahrscheinlichkeitsfunktion einer Zufallsvariablen, die die Abweichung der Steilheit der Verteilung von der Steilheit der Dichtefunktion der Normalverteilung angibt (bei gleicher → Varianz). Der E. ist definiert unter Verwendung des 4. zentralen → Moments $m_4(\bar{x})$ der Verteilung, normiert auf die 4. Potenz der → Standardabweichung. Der E. berechnet sich für eine Häufigkeitsverteilung mit den Beobachtungswerten x_j (j=1,...,k), den zugehörigen absoluten → Häufigkeiten

$h(x_j)$, dem → arithmetischen Mittel $\bar{x}$ und der Standardabweichung s bzw. der Varianz s^2 als

$$e = \frac{m_4(\bar{x})}{s^4} - 3$$

$$= \frac{\dfrac{1}{n} \sum_{j=1}^{k} (x_j - \bar{x})^4 \, h(x_j)}{\left(\dfrac{1}{n} \sum_{j=1}^{k} (x_j - \bar{x})^2 \, h(x_j) \right)^2} - 3.$$

Für eine Zufallsvariable mit dem → Erwartungswert μ und der Standardabweichung σ folgt:

$$\varepsilon = \frac{E((X - \mu)^4)}{\sigma^4} - 3 \,.$$

Der E. ε der Dichtefunktion der Normalverteilung ist gleich Null. Ist eine Verteilung steiler als die Normalverteilung, d.h. ist das absolute Maximum größer als das der Normalverteilung (hochgipflig, leptokurtisch), ist e bzw. ε positiv. Ist e bzw. ε negativ, so ist die Verteilung flacher (platykurtisch).

F

Faktor

Eine i. allg. übliche Bezeichnung für eine Variable, die auf die zu untersuchenden Merkmale einwirken kann. Die Werte des F. werden als Stufen bezeichnet. In der → Faktoranalyse bezeichnet man dagegen als F. eine hypothetische, nicht beobachtbare Größe, eine → latente Variable. Ein sogenannter gemeinsamer Faktor ist ein F., der mindestens zwei der untersuchten Variablen beeinflußt. Spezialfälle sind der allgemeine Faktor, der alle Variablen beeinflußt, und der Gruppenfaktor, der auf einen Teil der Variablen einwirkt. Ein spezifischer Faktor ist in der Faktoranalyse ein Faktor, der nur auf eine Variable wirkt.

Faktoranalyse

Faktorenanalyse, primär strukturenentdeckende Verfahren der → multivariaten Statistik, die von der Modellannahme ausgehen, daß die standardisierten Variablen Z_j von n betrachteten Objekten (i = 1,2,...,n) für jeweils p Merkmale (Variable) X_j (j= 1,...,p) ohne großen Informationsverlust durch einige wenige, nicht direkt beobachtbare Variablen, sogenannte → Faktoren, beschreibbar sind. Die standardisierten Werte z_{ij} erhält man aus den Beobachtungswerten x_{ij} gemäß der Vorschrift $z_{ij}=(x_{ij} - \bar{x}_j)/s_j$, worin $\bar{x}_j$ das arithmetische Mittel und s_j die Standardabweichung der Varia-

blen X_j sind. Zum Zweck einer möglichst einfachen Zusammenhangserklärung werden die Variablen Z_j mittels einer Linearkombination von Faktoren F_k (k=1,2,...,q) und U_j in der Form

$$Z_j = a_{j1}F_1 + ... + a_{jq}F_q + c_jU_j$$

beschrieben. Die Koeffizienten a_{jk} und c_j werden als Faktorladungen bezeichnet. Sie können als Korrelationskoeffizienten zwischen dem Merkmal X_j und dem Faktor F_k bzw. U_j interpretiert werden. Die Faktoren F_k, die jeweils mehr als eine Variable beeinflussen, d.h., bei denen stets mindestens zwei ihrer Ladungen wesentlich von null verschieden sind, werden gemeinsame Faktoren genannt. Die Einzelrestfaktoren U_1, ..., U_p, auch spezifische Faktoren genannt, zeichnen sich dadurch aus, daß sie jeweils nur eine einzige Variable beeinflussen. Nimmt man an, daß die gesamte Varianz in den Merkmalen sich bis auf einen zufälligen Rest auf eine Menge gemeinsamer Faktoren zurückführen läßt, so wird die F. als → Hauptkomponentenmethode bezeichnet. Werden neben den gemeinsamen Faktoren noch spezifische Faktoren berücksichtigt, dann spricht man von der Hauptfaktorenmethode. Der Prozeß der Faktorenextraktion beginnt mit der Berechnung der Korrelationsmatrix **R** der standardisierten Variablen Z_j gemäß der Beziehung $R = (1/(n-1))Z'Z$, worin $Z = [z_{ij}]$ die Matrix der standardisierten Werte ist. Durch Ersetzen der Hauptdiagonalelemente durch die sogenannten $\rightarrow$ Kommunalitäten h_j^2 entsteht eine reduzierte Korrelationsmatrix R^*, die

im Fall orthogonaler Faktoren die Form

$$R^* = \begin{vmatrix} h_1^2 & r_{12} & \cdots & r_{1p} \\ r_{12} & h_2^2 & \cdots & r_{2p} \\ \vdots & \vdots & \ddots & \vdots \\ r_{1p} & r_{2p} & \cdots & h_p^2 \end{vmatrix}$$

hat. Im Fall der Hauptfaktorenmethode müssen die Kommunalitäten geschätzt werden. Im weiteren ist vom Anwender die Anzahl zu extrahierender Faktoren nach bestimmten Kriterien (z.B. Hauptkomponentenanalyse) zu bestimmen. Die erhaltenen Faktoren sind sachlogisch zu interpretieren. Da dies oftmals sehr schwierig bzw. unmöglich ist, kann durch eine Drehung (Rotation) des Faktorraumes eine Interpretation erreicht bzw. verbessert werden. Eine Rotation erweist sich in der Regel als notwendig, wenn ein Oberbegriff für die in einem Faktor zusammengefaßten Variablen fehlt. Die Rotation bedeutet die Konstruktion neuer Faktoren als Linearkombinationen aus den alten Faktoren ($\rightarrow$ Rotationsverfahren). Die F. kann auch als strukturbegründendes Verfahren verwendet werden (sogenannte konfirmatorische F.) Der Ablauf der F. ist in dem nebenstehenden Schema skizziert.

Ablaufschema der F.:

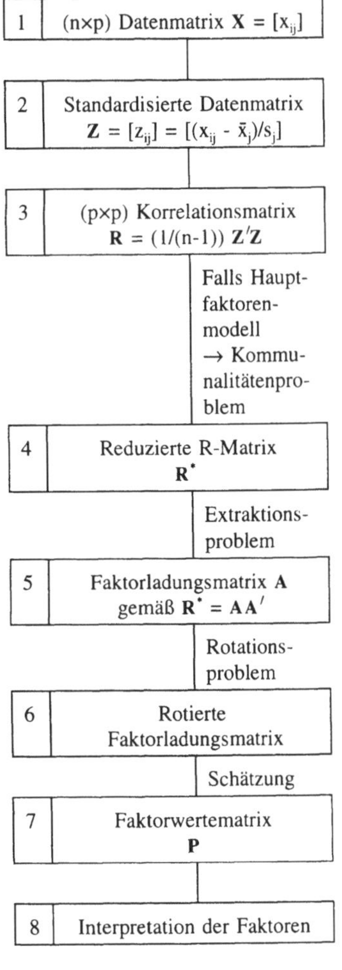

Fast sichere Konvergenz

Konvergenz mit Wahrscheinlichkeit eins, Eigenschaft einer Folge $X_1, X_2, \ldots$ von $\rightarrow$ Zufallsvariablen, für die es eine Zufallsvariable X gibt, so daß

$$P\left(\lim_{n \to \infty} X_n = X\right) = 1$$

gilt.

Fehler

Zusammenfassende Bezeichnung für Abweichungen eines Schätzwertes von dem zu schätzenden Parameter und für Fehlentscheidungen bei Tests. → Fehler erster Art, → Fehler zweiter Art, → Nichtstichprobenfehler, → systematischer Fehler, → Stichproben-zufallsfehler, → Prognosefehler

Fehler erster Art

Alpha-Fehler, in der Testtheorie die Fehlentscheidung, die in der Ablehnung einer richtigen Nullhypothese besteht. Die Wahrscheinlichkeit α des F. e. A. wird als Signifikanzniveau oder als Irrtumswahrscheinlichkeit eines Tests bezeichnet. Die höchstzulässige Wahrscheinlichkeit für einen F. e. A. wird in der Test-Praxis i.allg. vorgegeben. Die folgende Abbildung zeigt als Flächeninhalt die Wahrscheinlichkeit α des Fehlers erster Art beim Testen des Durchschnitts einer normalverteilten Grundgesamtheit, wenn μ_0 der wahre Durchschnitt ist, die Nullhypothese H_0: $\mu = \mu_0$ aber abgelehnt wird, sobald der Stichprobendurchschnitt größer als ein vorgegebener kritischer Durchschnitt $\bar{x}_{krit}$ ausfällt.

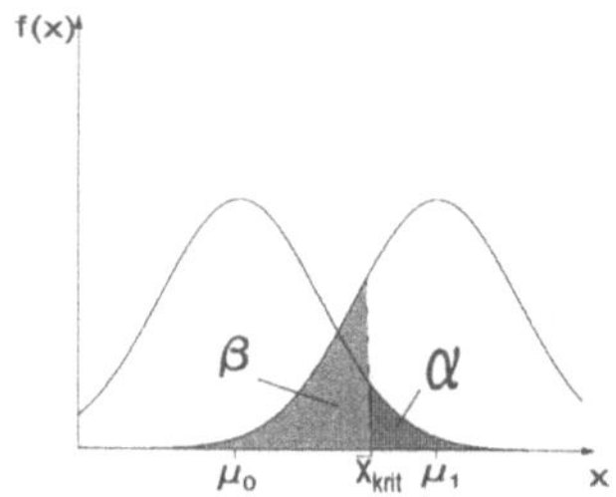

Die Fläche β gibt die Wahrscheinlichkeit eines → Fehlers zweiter Art an, wenn μ_1 der wahre Durchschnitt in der Grundgesamtheit ist.

Fehler-Korrektur-Darstellung →
exponentielle Glättung

Fehler-Korrektur-Modell → Kointegration

Fehlerrisiko

Bei statistischen → Tests die Wahrscheinlichkeit dafür, einen → Fehler erster Art, i. allg. symbolisiert mit α, oder einen → Fehler zweiter Art, i. allg. mit β symbolisiert, zu begehen (siehe die Graphik zum Stichwort "Fehler erster Art").

Fehler zweiter Art

Beta-Fehler, in der Testtheorie die Fehlentscheidung, die in der Annahme einer falschen Nullhypothese besteht. Die Wahrscheinlichkeit für einen F. z. A. bleibt in der Test-Praxis i.allg. unbekannt, weil sie von dem wahren, aber unbekannten Wert des geprüften Parameters abhängt.

Fehlspezifikation

Auswahl und Schätzung eines statistischen Modells (→ stochastischer Prozeß, → Regressionsmodell) unter falschen Voraussetzungen für die Modellbildung (→ Box-Jenkins-Technik, → Regressionsanalyse). F. wird im Rahmen der Modelldiagnose festgestellt, z.B. a) bei einer Signifikanzprüfung geschätzter Parameter, b) bei einer Prüfung der Modellresiduen auf Eigenschaften des → weißen Rauschens, wie Zeitkonstanz von Erwartungswert und Varianz, sowie auf fehlende → Autokorrelation beliebiger Ordnung, c) bei einer Prüfung der Nullstellen von Zeitverschiebepolynomen (→ Lag-Polynom) auf → Stationarität und Invertibilität. Die F. eines Modells kann verschiedene Ursachen haben:

a) Die Modellklasse ist falsch gewählt worden. Beispiel: Die Kursentwicklung einer Aktie folgt erfahrungsgemäß eher einem $\rightarrow$ Random Walk mit zeitvariabler Varianz als einem $\rightarrow$ trendstationären Prozeß mit zeitkonstanter Varianz. Letzterer Ansatz würde zu F. führen.

b) Das fragliche Modell ist innerhalb seiner Klasse nicht korrekt spezifiziert worden. Beispiel: Bei einem saisonbedingten Absatzverhalten mit gleichmäßigem Saisonmuster und linearem Trend reichen die Saisondifferenzen aus, um die Restkomponente für eine weitergehende Analyse herauszufiltern ($\rightarrow$ Filtration). Eine zusätzliche einfache Differenz etwa zur Trendbeseitigung ist überflüssig. Sie würde die Varianz der transformierten Zeitreihe erhöhen (Überfilterung) und F. nach sich ziehen.

c) Eine mutmaßliche Ursache-Wirkungs-Beziehung läßt sich statistisch nicht bestätigen, da z.B. die Perioden der Datenerfassung, die Zeitverschiebung oder die Dynamik der Wirkung falsch angesetzt worden sind. Beispiel: Die Temperaturabhängigkeit des Getränkeumsatzes ist eine Erfahrungstatsache. Es hätte aber keinen Sinn, diese Abhängigkeit für Monatsumsätze zu modellieren, da sich Temperaturschwankungen innerhalb eines Monats in etwa ausgleichen. Diese Untersuchung ist an Tagesdaten vorzunehmen. Allerdings darf der Tagesumsatz nicht als permanent temperaturabhängig angesetzt werden, denn eine merkliche Umsatzsteigerung tritt erst ein, wenn es mehrere Tage sehr warm gewesen ist. Die Temperatur kann somit nur unter bestimmten Bedingungen die Absatzentwicklung erklären.

Feller-Arley-Prozeß $\rightarrow$ Geburts- und Todesprozeß

Fertilität
Fruchtbarkeit einer Bevölkerung ($\rightarrow$ Fertilitätsmaße).

Fertilitätsmaße
Statistische $\rightarrow$ Verhältniszahlen zur Beschreibung und zum Vergleich der Fruchtbarkeit (Fertilität) der Bevölkerung gegebener geographischer Gebiete in bestimmten Zeiträumen. Aus Plausibilitätsgründen rechnet man in der Regel mit den 1000fachen bzw. 10000fachen Werten der F. In der $\rightarrow$ Bevölkerungsstatistik werden i.allg. folgende F. berechnet:

a) Allgemeine Fruchtbarkeitsziffer als Quotient aus der Zahl der Lebendgeborenen und dem mittleren Bestand ($\rightarrow$ Bevölkerungsstand) der Frauen im fertilen Alter (15 bis 45 Jahre) eines geographischen Gebiets in einem bestimmten Zeitraum. Für das Jahr 1989 weist die $\rightarrow$ amtliche Statistik für das Gebiet der DDR eine jahresdurchschnittliche allgemeine Fruchtbarkeitsziffer von 582 Lebendgeborenen je 10000 Frauen im fertilen Alter und für die Bundesrepublik Deutschland eine allgemeine Fruchtbarkeitsziffer von 516 Lebendgeborenen je 10000 Frauen im fertilen Alter aus.

b) Altersspezifische Fruchtbarkeitsziffer (spezielle Fruchtbarkeitsrate) als Quotient aus der Zahl der von Frauen im fertilen Alter eines bestimmten Alters- bzw. Geburtsjahrganges Lebendgeborenen und dem mittleren Bestand der Frauen des gleichen Alters- bzw. Geburtsjahrganges eines geographischen Gebiets innerhalb eines bestimmten Zeitraums. Brachten im Jahresdurchschnitt 1989 1000 Frauen im Alter

Fertilitätsmaße

von 24 Jahren (Geburtsjahrgang 1965) in der DDR 152 Lebendgeborene zur Welt, waren es in der Bundesrepublik Deutschland im gleichen Jahr und in der gleichen Frauenaltersklasse 80 Lebendgeborene. Die folgende graphische Darstellung zeigt die altersspezifischen Fruchtbarkeitsziffern der Bundesrepublik im Jahresdurchschnitt 1989.

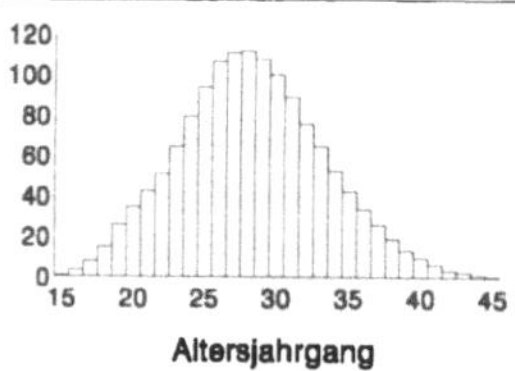

Da sich die allgemeine Fruchtbarkeitsziffer als ein gewogenes → arithmetisches Mittel aus den altersspezifischen Fruchtbarkeitsziffern, gewichtet mit den jeweiligen altersspezifischen Anteilen am mittleren Bestand der Frauen im fertilen Alter, darstellen läßt, kann die allgemeine Fruchtbarkeitsziffer auch auf der Grundlage der altersspezifischen Fruchtbarkeitsziffern berechnet werden.

c) Ehedauerspezifische Fruchtbarkeitsziffer als Quotient aus der Zahl der ehelich Lebendgeborenen und dem mittleren Bestand der seit x Jahren verheirateten Frauen im fertilen Alter eines geographischen Gebiets in einem bestimmten Zeitraum. Die ehedauerspezifische Fruchtbarkeitsziffer wird i. allg. insgesamt und nach der Reihenfolge (als 1., 2., ... Kind geboren) der ehelich Lebendgeborenen berechnet. Die höchste ehedauerspezifische Fruchtbarkeitsziffer insgesamt für Mütter mit deutscher Staatsangehörigkeit errechnet man für das frühere Bundesgebiet und das Jahr 1990 für eine Ehedauer von 2 Jahren mit 1217 ehelich Lebendgeborenen je 1000 Mütter des Eheschließungsjahrgangs 1988.

d) Zusammengefaßte Fruchtbarkeitsziffer als Summe der altersspezifischen Fruchtbarkeitsziffern. Unter der Annahme, daß jede Altersklasse von Frauen im fertilen Alter gleichstark (z.B. 1000 Frauen) besetzt ist und auch in Zukunft unverändert dem jeweils beobachteten Fertilitätsrisiko unterliegt, ist die Berechnung der zusammengesetzten Fruchtbarkeitsziffer nicht nur mathematisch, sondern durchaus auch bevölkerungsstatistisch plausibel. Da im konkreten Fall für ein bestimmtes Jahr ein querschnittsanalytisches Ergebnis über 30000 Frauen zu einer längsschnittanalytischen Aussage für 1000 Frauen über einen Zeitraum von 31 Jahren umgedeutet wird, kann die zusammengesetzte Fruchtbarkeitsziffer stets nur ein Maß für den hypothetischen durchschnittlichen Geburtenertrag einer Frauengeneration sein. Sie gibt an, wie viele Lebendgeborene (unter gleichen Fertilitätsverhältnissen und ohne Berücksichtigung der Frauen- und Lebendgeborenensterblichkeit) durchschnittlich von 1000 Frauen im Verlaufe ihres fertilen Alters (31 Jahre) zur Welt gebracht werden. Unter Berücksichtigung der Fertilitätsverhältnisse von 1989 im früheren Bundesgebiet und in der ehemaligen DDR würden 1000 Frauen im Verlaufe ihres fertilen Alters durchschnittlich 1423 Lebendgeborene zur Welt bringen. Bildet man die Summe der altersspezifischen Fruchtbarkeitsziffern für lebendgeborene Mädchen, erhält man die Bruttoreproduktionsziffer und unter Berücksichtigung der Mädchen- und Frauen-

sterblichkeit die Nettoreproduktions-
ziffer ($\rightarrow$ Bevölkerungsreproduktion).

Filtergewicht $\rightarrow$ Filtration

Filtration

Transformation einer Zeitreihe, z.B.
durch $\rightarrow$ Differenzenbildung oder $\rightarrow$
gleitenden Durchschnitt, die uner-
wünschte Eigenschaften unterdrückt
(herausfiltert) bzw. gewünschte Eigenschaften hervorhebt (verstärkt). F.
ist ein Instrument der Modellidentifikation. Häufig werden gewichtete
Zeitreihenwerte über eine feste Zahl
von Perioden aufaddiert und einer
bestimmten Zwischenperiode t als
transformierter Wert zugeordnet (linearer Filter)

$$x_t^T = \sum_{k=-l}^{r} a_k x_{t+k},$$

wobei x_t die Originalzeitreihe und x_t^T
die gefilterte Zeitreihe ist. Die Koeffizienten a_k heißen Filtergewichte. Je
nach Wahl der Gewichte, der Periodenlänge und der Zwischenperiode
entstehen unterschiedliche lineare
Filter. Beispiele: a) Für $l=r=1$, $a_{-1}=a_1$
und $a_k=1/(2r+1)$ ist die F. ein $\rightarrow$ gleitender Durchschnitt mit ungerader
Ordnung $2+1$

$$x_t^T = \frac{1}{3}(x_{t-1} + x_t + x_{t+1}),$$

b) für $l=1$, $r=0$, $a_{-1}=-1$ und $a_0=1$ ist
die F. eine einfache Differenz

$$x_t^T = -x_{t-1} + x_t.$$

Werden mehrere lineare Filter hinter-
einandergeschaltet, entsteht in der
Gesamtwirkung wieder ein linearer
Filter. Beispiel: Nacheinanderausfüh-
ren von Saisondifferenz und einfacher Differenz zur Saison- und
Trendausschaltung in einer Monatszeitreihe. Zunächst werden die Differenzen über 12 Perioden (Saisonzu-
wächse) und nachfolgend die einfachen Differenzen (Zuwachsänderung)
gebildet

$$\begin{aligned} x_t^T &= (1-L)(1-L^{12})x_t \\ &= (x_t - x_{t-12}) - (x_{t-1} - x_{t-13}) \\ &= x_{t-13} - x_{t-12} - x_{t-1} + x_t, \end{aligned}$$

wobei L der $\rightarrow$ Lag-Operator für eine
Zeitverschiebung um eine Periode ist.
- In der $\rightarrow$ Spektralanalyse werden lineare Filter nach dem Kehrwert der
Zeitdauer (Frequenz) bzw. nach der
Zeitdauer einer herauszufilternden
periodischen Schwankung klassifiziert:
a) Niedrigfrequente Schwingungen,
d.h. gemessen an der Zeitreihenlänge
lange Zyklen (globale Schwankungen), werden durch Hochpassfilter
eliminiert. Beispiel: Der 7-jährige
Konjunkturzyklus in einer kurzen
Jahreszeitreihe (etwa 20 Daten) ver-
schwindet gemeinsam mit dem Trend
beim Auflegen des einfachen Differenzenfilters

$$x_t^T = (1-L)x_t = x_t - x_{t-1}.$$

b) Hochfrequente Schwingungen, d.h.
gemessen an der Zeitreihenlänge kurze Zyklen (lokale Schwankungen),
werden durch Tiefpassfilter eliminiert. Beispiel: Filtern einer Quartalszeitreihe mit einem gleitenden Durchschnitt der Ordnung 4, wobei Halb-
jahresschwankungen und Quartals-
schwankungen herausfallen ($\rightarrow$ Saisonbereinigung):

Fisher-Yates-Test

$$x_t^T = \frac{1}{8}x_{t-2} + \frac{1}{4}x_{t-1} + \frac{1}{4}x_t$$
$$+ \frac{1}{4}x_{t+1} + \frac{1}{8}x_{t+2} \, .$$

Wenn eine einzige störende periodische Schwankung herausgefiltert oder alternativ eine bestimmte von anderen überdeckte Schwankung hervorgehoben (verstärkt) werden soll, wird auf zwei weitere Filterarten zurückgegriffen:

c) Bandsperrefilter unterdrücken eine bestimmte periodische Schwankung. Beispiel: Elimination eines Quartalszyklus aus einer Monatszeitreihe:

$$x_t^T = (1 - L^4)x_t = x_t - x_{t-4} \, .$$

d) Bandpassfilter hingegen heben eine bestimmte periodische Schwankung hervor. Beispiel: Verstärkung des Jahreszyklus gegenüber einem mehrjährigen Konjunkturzyklus in einer Quartalszeitreihe:

$$x_t^T = (1 - L - L^2)x_t = x_t - x_{t-1} - x_{t-2} \, .$$

Lineare Filter können auch auf → stochastische Prozesse angewandt werden (→ Spektralanalyse).

Fisher-Yates-Test

Test zur Prüfung der Unabhängigkeit zweier Variablen X und Y, deren beobachtete und in einer → Vierfeldertafel zusammengestellte Häufigkeiten h_{ij} (i,j=1,2) klein sind. Die Nullhypothese lautet dann H_0: X und Y sind unabhängig. Die Prüfvariable, die für diesen Test verwendet wird, hat eine → hypergeometrische Verteilung. Die kritischen Werte zum vorgebenen Signifikanzniveau α liegen tabelliert vor.

Flächendiagramm

Rechteckdiagramm, Stapeldiagramm, graphische Darstellungsform statistischer Daten durch die Aufteilung einer Rechteckfläche (flächenproportionale Darstellung). Das F. wird für die graphische Wiedergabe von → Häufigkeitsverteilungen bzw. der Gliederung von Merkmalssummen verwendet, wobei die gesamte Rechteckfläche im Verhältnis der (absoluten oder relativen) Häufigkeiten bzw. der Größe der Merkmalsteilsummen aufgeteilt wird. Das folgende F., das die Verwendung des Bruttosozialprodukts der Bundesrepublik Deutschland für 1989 beinhaltet, ist ein Beispiel für die graphische Darstellung der Struktur der Merkmalssumme.

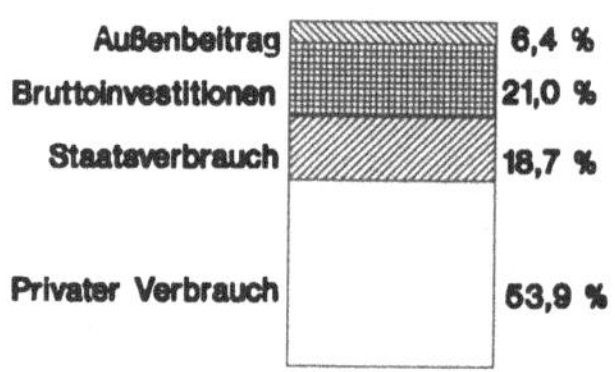

Quelle: Statistisches Bundesamt (Hrsg.), Statistisches Jahrbuch 1992 für die Bundesrepublik Deutschland, S. 664

Flächenstichprobenverfahren

Speziallfall des → Klumpenstichprobenverfahrens, dessen Erhebungsgrundlage eine Fläche, z.B. ein Stadtgebiet, ist. Die Gesamtfläche wird in Teilflächen aufgegliedert. Aus diesen wird durch eine einfache Zufallsauswahl eine bestimmte Anzahl n von Teilflächen entnommen. Im einfachsten Fall werden alle Erhebungseinheiten (Haushalte, Personen, Wohnungseinheiten usw.) dieser Teilflächen in die Untersuchung einbezogen (einstufiges F.).

Fortschreibung

Einfaches mathematisches Modell zur Berechnung eines Bestandes B_t zum $\rightarrow$ Zeitpunkt t unter Berücksichtigung eines Anfangsbestandes B_τ zum Zeitpunkt τ und der im $\rightarrow$ Zeitraum $[\tau, t]$ erfaßten Zugänge $Z_{\tau,t}$ und Abgänge $A_{\tau,t}$, wobei für alle $\tau \le t$ gilt:

$$B_t = B_\tau + Z_{\tau,t} - A_{\tau,t}\,.$$

Da die F. das Zusammenspiel von $\rightarrow$ Bestandsmassen B_t und B_τ und $\rightarrow$ Bewegungsmassen $Z_{\tau,t}$ und $A_{\tau,t}$ darstellt, bezeichnet man die in die F. einbezogenen statistischen Massen auch als korrespondierende Massen. Beispiele für die F. sind die Lagerbestandsführung über Liefereingänge und -ausgänge, die Kontostandsführung über Last- und Gutschriften sowie die $\rightarrow$ Bevölkerungsfortschreibung auf der Grundlage von Geborenen, Gestorbenen, Ein- und Ausgewanderten.

Fouriertransformation $\rightarrow$ Spektraldichtefunktion

Fragebogen

Frage-Antwort-Formular als wesentlicher Bestandteil der Befragung in einer $\rightarrow$ Erhebung. Beim Entwurf eines Fragebogens ist besonders zu achten auf a) eine einfache und eindeutige Fragestellung, b) die Vermeidung inhaltlicher Überschneidungen der Fragen und c) eine angemessene Anzahl von Fragen. Hinsichtlich der Reihenfolge hat sich folgendes Schema bewährt: Kontaktfragen, Sachfragen, Kontrollfragen und zum Schluß Ergänzungsfragen. Zu empfehlen ist eine Pilotstudie, um Fehler in der Gestaltung zu erkennen. Zum Zweck der Vergleichbarkeit der Befragungsergebnisse sind sogenannte standardisierte F. für mündliche oder telefonische Interviews ($\rightarrow$ Befragung) entwickelt worden. In ihnen sind Formulierungen und Reihefolge der Fragen sowie die Antwortmöglichkeiten vollständig im voraus festgelegt. Mit dieser Art des F. wurde eine Voraussetzung für eine repräsentative Stichprobenbildung geschaffen.

Fraktil $\rightarrow$ Quantil

Frequenz

Maßzahl λ einer $\rightarrow$ periodischen Schwankung. Die F. wird als Kehrwert der Schwingungsdauer (Zyklenlänge), gemessen in Zeitabschnitten, berechnet. Beispiel: Der tägliche Umsatz eines Backshops variiert wochentagspezifisch. Die Frequenz dieser periodischen Schwankung über 7 Zeiteinheiten beträgt $\lambda = 1/7 = 0{,}143$. $\rightarrow$ Spektralanalyse

Friedman-Test

Friedmans χ^2-*Test*, nichtparametrischer Test zum Vergleich von k verschiedenen Verfahren (Behandlungen, Methoden u.a.), wobei n einander entsprechende k-Tupel meßbarer Merkmale erhoben werden, die für die k zu vergleichenden Verfahren charakteristisch sind. Zu prüfen ist, ob die k Verfahren den gleichen Effekt bewirken. Entsprechend sei $X = (X_1, ..., X_k)$ ein zufälliger Vektor, dessen Komponenten X_i (i = 1,..., k) Zufallsvariable mit der Verteilungsfunktion F_i sind, und $((X_{11}, ..., X_{k1}), ..., (X_{1n}, ..., X_{kn}))$ eine Stichprobe vom Umfang n. Mit dem F.-T. wird die Hypothese geprüft, daß alle X_i dieselbe stetige Verteilungsfunktion besitzen. Er ist ein $\rightarrow$ Rangtest. Für jedes j = 1,..., n werden die Realisierungen von $X_{1j}, ..., X_{kj}$ ihrer Größe nach geordnet. Die Rangzahl $Rg(x_{ij})$ = R_{ij} bezeichnet diejenige natürliche Zahl (zwischen 1 und k), die angibt, an welcher Stelle X_{ij} bei dieser Rangordnung steht. Die Nullhypothese lautet H_0: $F_1 = F_2 = ... = F_k$, wobei F_i die stetige Verteilungsfunktion von X_i ist. Die Alternativhypothese ist gegeben mit H_1: $F_i \neq F_{i^*}$ für mindestens ein Paar (i,i^*), $i \neq i^*$. Als Testvariable wird

$$T = \frac{12}{nk(k+1)} \sum_{i=1}^{k} \left[R_i^2 - n(k+1)/2 \right]^2$$

mit

$$R_i = \sum_{j=1}^{n} R_{ij}$$

verwendet. Man lehnt H_0 ab, wenn $T > f_{k,n;1-\alpha}$ ausfällt. Dabei sind α das vorgegebene Signifikanzniveau und $f_{k,n;1-\alpha}$ das Quantil der Ordnung $1-\alpha$ der Verteilung von T. Tabellen für kleine k und n mit $\alpha = 0,05$ oder 0,01 liegen vor. Für $n \rightarrow \infty$ besitzt T asymptotisch eine $\rightarrow$ Chi-Quadrat-Verteilung mit $f = k - 1$ Freiheitsgraden, so daß für großes n $f_{k,n;1-\alpha} \approx \chi^2_{k-1;1-\alpha}$ gilt. Für $k = 2$ ist der F.-T. dem $\rightarrow$ Zeichentest äquivalent. Unabhängige Stichproben können mit dem $\rightarrow$ Kruskal-Wallis-Test verglichen werden.

Fruchtbarkeitstafel

Geburtentafel, mit Hilfe der $\rightarrow$ Tafelrechnung erstelltes und von Zufälligkeiten bereinigtes Protokoll über die $\rightarrow$ Fertilität bzw. $\rightarrow$ Natalität einer realen oder fiktiven $\rightarrow$ Kohorte von (meist verheirateten) Frauen im fertilen Alter (von 15 bis 45 Jahre). Entscheidend für die Erarbeitung einer F. ist die Berechnung von Geburts-

wahrscheinlichkeiten. Sie geben an, mit welcher Wahrscheinlichkeit eine Frau, die sich im fertilen Alter befindet, mit einem Alter von x Jahren im Altersjahr x+1 ein Kind gebären wird. Die wahrscheinliche Anzahl von Kindern, die eine Frau im Verlauf ihres fertilen Alters zur Welt bringen wird, ist gleich der Summe der Geburtswahrscheinlichkeiten für $x = 15,..., 45$. Die F. kann je nach Zielstellung für eine reale oder fiktive Kohorte von Frauen im fertilen Alter insgesamt, für verheiratete und nichtverheiratete Frauen nach Altersjahren oder für verheiratete Frauen nach dem Heiratsalter bzw. nach der Ehedauer aufgestellt werden. Die Erstellung einer F. ähnelt der einer $\rightarrow$ Sterbetafel, wobei hier nicht die $\rightarrow$ Sterbeziffern, sondern die $\rightarrow$ Geburtenziffern bzw. die $\rightarrow$ Fertilitätsziffern Eingang in das Berechnungskalkül finden.

Fruchtbarkeitsziffer $\rightarrow$ Fertilitätsmaße

F-Test

Test, bei dem die Testvariable eine $\rightarrow$ F-Verteilung hat. Er wird u.a. verwendet, um die Hypothese über die Gleichheit der $\rightarrow$ Varianzen σ_X^2 und σ_Y^2 zweier unabhängiger normalverteilter Zufallsvariablen X und Y anhand von Stichproben $(X_1,...,X_m)$ und $(Y_1,...,Y_n)$ oder um Hypothesen über Erwartungswerte bei linearen Modellen zu prüfen. Im F-T. zum Vergleich zweier Varianzen wird die Nullhypothese H_0: $\sigma_X^2 = \sigma_Y^2$ gegen die Alternativhypothese H_1: $\sigma_X^2 \neq \sigma_Y^2$ geprüft. Die Testvariable ist $T = S_X^2/S_Y^2$. Dabei bezeichnen S_X^2 und S_Y^2 die Stichprobenvarianzen der Stichproben vom Umfang m bzw. n:

$$S_X{}^2 = \frac{1}{m-1} \sum_{i=1}^{m} (X_i - \bar{X})^2 ,$$

$$S_Y{}^2 = \frac{1}{n-1} \sum_{i=1}^{n} (Y_i - \bar{Y})^2 ,$$

mit

$$\bar{X} = \frac{1}{m} \sum_{i=1}^{m} X_i , \qquad \bar{Y} = \frac{1}{n} \sum_{i=1}^{n} Y_i .$$

Falls die Hypothese H_0 wahr ist, hat die Testvariable T eine F-Verteilung mit $f_1=m-1$ und $f_2=n-1$ Freiheitsgraden. Die Nullhypothese und damit die Gleichheit der Varianzen wird verworfen, wenn $T < F_{m-1,n-1;\alpha/2}$ oder $T > F_{m-1,n-1;1-\alpha/2}$ ausfällt. Dabei sind $F_{m-1,n-1;\alpha/2}$ und $F_{m-1,n-1;1-\alpha/2}$ die $\alpha/2$- bzw. $(1-\alpha/2)$-Quantile der F-Verteilung mit $(m-1,n-1)$ Freiheitsgraden und α das vorgegebene Signifikanzniveau. Diese Vorgehensweise ist der folgenden äquivalent: Von den Realisierungen $S_X{}^2$ und $S_Y{}^2$ aus den Stichproben verwendet man die größere Varianz als Zähler, die kleinere Varianz als Nenner und lehnt die Hypothese H_0 genau dann ab, wenn der so gebildete Quotient größer als $F_{Z-1,N-1;1-\alpha/2}$ ausfällt, wobei Z der Umfang der Zählerstichprobe und N der Umfang der Nennerstichprobe sind. Prüft man H_0: $\sigma_X{}^2 = \sigma_Y{}^2$ gegen die Alternativhypothese H_1: $\sigma_X{}^2 > \sigma_Y{}^2$, so hat man hier als Ablehnungsbereich $T > F_{m-1,n-1;1-\alpha}$ zu verwenden. Durch die Verwendung von Varianzen ist der F-T. sehr ausreißerempfindlich. Der F-T. tritt in verschiedenen Varianten in der $\to$ Varianzanalyse auf.

F-Verteilung

Snedecor-Verteilung,Wahrscheinlichkeitsverteilung einer stetigen Zufallsvariablen X, die die Dichtefunktion

$$f(x) = \frac{\left(\dfrac{m}{n}\right)^{\frac{m}{2}} x^{\frac{m}{2}-1}}{B\left(\dfrac{m}{2},\dfrac{n}{2}\right)} \left(1 + \frac{m}{n}x\right)^{-\frac{m+n}{2}}$$

für x > 0 und f(x) = 0 für x $\leq$ 0 mit (m, n) Freiheitsgraden hat. B ist darin die $\to$ Beta-Funktion. Für n > 2 ist der Erwartungswert der F-V. E(X) = n/(n-2), und für n > 4 ist die Varianz

$$Var(X) = \frac{2n^2(m+n-2)}{m(n-2)^2(n-4)} .$$

Die F-V. ist i. allg. eingipflig und linkssteil. Für n $\to \infty$ strebt die Verteilungsfunktion von mX gegen die $\to$ Chi-Quadrat-Verteilung mit m Freiheitsgraden. Umgekehrt ist für zwei χ^2-verteilte Zufallsvariablen X und Y mit m bzw. n Freiheitsgraden der Quotient

$$Z = \frac{X/m}{Y/n}$$

F-verteilt mit m und n Freiheitsgraden. Jede F-verteilte Zufallsvariable X läßt sich in dieser Form darstellen. Auch 1/X hat eine F-V., aber mit der umgekehrten Reihenfolge der Freiheitsgrade. Die Quantile $F_{m,n;q}$ der F-V. werden z.B. für den $\to$ F-Test, etwa zum Vergleich der $\to$ Varianzen zweier normalverteilter Variablen, und für die Varianzanalyse benötigt. Sie liegen in Tafeln vor (siehe Seiten 126-127).

F-Verteilung

F-Verteilung

Quantile $F_{m,n;q}$ für die Wahrscheinlichkeit $q = 1 - \alpha = 0,95$

n	\	m 1	2	3	4	6	8	10	14	20	30	50	100
1		161	200	216	225	234	239	242	245	248	250	252	253
2		18,51	19,00	19,16	19,25	19,33	19,37	19,39	19,42	19,44	19,46	19,47	19,49
3		10,13	9,55	9,28	9,12	8,94	8,84	8,78	8,71	8,66	8,62	8,58	8,56
4		7,71	6,94	6,59	6,39	6,16	6,04	5,96	5,87	5,80	5,74	5,70	5,66
5		6,61	5,79	5,41	5,19	4,95	4,82	4,74	4,64	4,56	4,50	4,44	4,40
6		5,99	5,14	4,76	4,53	4,28	4,15	4,06	3,96	3,87	3,81	3,75	3,71
7		5,59	4,74	4,35	4,12	3,87	3,73	3,63	3,52	3,44	3,38	3,32	3,28
8		5,32	4,46	4,07	3,84	3,58	3,44	3,34	3,23	3,15	3,08	3,03	2,98
9		5,12	4,26	3,86	3,63	3,37	3,23	3,13	3,02	2,93	2,86	2,80	2,76
10		4,96	4,10	3,71	3,48	3,22	3,07	2,97	2,86	2,77	2,70	2,64	2,59
11		4,84	3,98	3,59	3,36	3,09	2,95	2,86	2,74	2,65	2,57	2,50	2,45
12		4,75	3,88	3,49	3,26	3,00	2,85	2,76	2,64	2,54	2,46	2,40	2,35
13		4,67	3,80	3,41	3,18	2,92	2,77	2,67	2,55	2,46	2,38	2,32	2,26
14		4,60	3,74	3,34	3,11	2,85	2,70	2,60	2,48	2,39	2,31	2,24	2,19
15		4,54	3,68	3,29	3,06	2,79	2,64	2,55	2,43	2,33	2,25	2,18	2,12
16		4,49	3,63	3,24	3,01	2,74	2,59	2,49	2,37	2,28	2,20	2,13	2,07
17		4,45	3,59	3,20	2,96	2,70	2,55	2,45	2,33	2,23	2,15	2,08	2,02
18		4,41	3,55	3,16	2,93	2,66	2,51	2,41	2,29	2,19	2,11	2,04	1,98
19		4,38	3,52	3,13	2,90	2,63	2,48	2,38	2,26	2,15	2,07	2,00	1,94
20		4,35	3,49	3,10	2,87	2,60	2,45	2,35	2,23	2,12	2,04	1,96	1,90
22		4,30	3,44	3,05	2,82	2,55	2,40	2,30	2,18	2,07	1,98	1,91	1,84
24		4,26	3,40	3,01	2,78	2,51	2,36	2,26	2,13	2,02	1,94	1,86	1,80
26		4,22	3,37	2,98	2,74	2,47	2,32	2,22	2,10	1,99	1,90	1,82	1,76
28		4,20	3,34	2,95	2,71	2,44	2,29	2,19	2,06	1,96	1,87	1,78	1,72
30		4,17	3,32	2,92	2,69	2,42	2,27	2,16	2,04	1,93	1,84	1,76	1,69
34		4,13	3,28	2,88	2,65	2,38	2,23	2,12	2,00	1,89	1,80	1,71	1,64
40		4,08	3,23	2,84	2,61	2,34	2,18	2,07	1,95	1,84	1,74	1,66	1,59
50		4,03	3,18	2,79	2,56	2,29	2,13	2,02	1,90	1,78	1,69	1,60	1,52
60		4,00	3,15	2,76	2,52	2,25	2,10	1,99	1,86	1,75	1,65	1,56	1,48
70		3,98	3,13	2,74	2,50	2,23	2,07	1,97	1,84	1,72	1,62	1,53	1,45
100		3,94	3,09	2,70	2,46	2,19	2,03	1,92	1,79	1,68	1,57	1,48	1,39
150		3,91	3,06	2,67	2,43	2,16	2,00	1,89	1,76	1,64	1,54	1,44	1,34
200		3,89	3,04	2,65	2,41	2,14	1,98	1,87	1,74	1,62	1,52	1,42	1,32
400		3,86	3,02	2,62	2,39	2,12	1,96	1,85	1,72	1,60	1,49	1,38	1,28
1000		3,85	3,00	2,61	2,38	2,10	1,95	1,84	1,70	1,58	1,47	1,36	1,26
∞		3,84	2,99	2,60	2,37	2,09	1,94	1,83	1,69	1,57	1,46	1,35	1,24

F-Verteilung

Quantile $F_{m,n;q}$ für die Wahrscheinlichkeit $q = 1 - \alpha = 0,99$

n	m											
	1	2	3	4	6	8	10	14	20	30	50	100
1	4052	4999	5403	5625	5859	5981	6056	6142	6208	6258	6302	6334
2	98,49	99,00	99,17	99,25	99,33	99,36	99,40	99,43	99,45	99,47	99,48	99,49
3	34,12	30,82	29,46	28,71	27,91	27,49	27,23	26,92	26,69	26,50	26,35	26,23
4	21,20	18,00	16,69	15,98	15,21	14,80	14,54	14,24	14,02	13,83	13,69	13,57
5	16,26	13,27	12,06	11,39	10,67	10,27	10,05	9,77	9,55	9,38	9,24	9,13
6	13,74	10,92	9,78	9,15	8,47	8,10	7,87	7,60	7,39	7,23	7,09	6,99
7	12,25	9,55	8,45	7,85	7,19	6,84	6,62	6,35	6,15	5,98	5,85	5,75
8	11,26	8,65	7,59	7,01	6,37	6,03	5,82	5,56	5,36	5,20	5,06	4,96
9	10,56	8,02	6,99	6,42	5,80	5,47	5,26	5,00	4,80	4,64	4,51	4,41
10	10,04	7,56	6,55	5,99	5,39	5,06	4,85	4,60	4,41	4,25	4,12	4,01
11	9,65	7,20	6,22	5,67	5,07	4,74	4,54	4,29	4,10	3,94	3,80	3,70
12	9,33	6,93	5,95	5,41	4,82	4,50	4,30	4,05	3,86	3,70	3,56	3,46
13	9,07	6,70	5,74	5,20	4,62	4,30	4,10	3,85	3,67	3,51	3,37	3,27
14	8,86	6,51	5,56	5,03	4,46	4,14	3,94	3,70	3,51	3,34	3,21	3,11
15	8,68	6,36	5,42	4,89	4,32	4,00	3,80	3,56	3,36	3,20	3,07	2,97
16	8,53	6,23	5,29	4,77	4,20	3,89	3,69	3,45	3,25	3,10	2,96	2,86
17	8,40	6,11	5,18	4,67	4,10	3,79	3,59	3,35	3,16	3,00	2,86	2,76
18	8,28	6,01	5,09	4,58	4,01	3,71	3,51	3,27	3,07	2,91	2,78	2,68
19	8,18	5,93	5,01	4,50	3,94	3,63	3,43	3,19	3,00	2,84	2,70	2,60
20	8,10	5,85	4,94	4,43	3,87	3,56	3,37	3,13	2,94	2,77	2,63	2,53
22	7,94	5,72	4,82	4,31	3,76	3,45	3,26	3,02	2,83	2,67	2,53	2,42
24	7,82	5,61	4,72	4,22	3,67	3,36	3,17	2,93	2,74	2,58	2,44	2,33
26	7,72	5,53	4,64	4,14	3,59	3,29	3,09	2,86	2,66	2,50	2,36	2,25
28	7,64	5,45	4,57	4,07	3,53	3,23	3,03	2,80	2,60	2,44	2,30	2,18
30	7,56	5,39	4,51	4,02	3,47	3,17	2,98	2,74	2,55	2,38	2,24	2,13
34	7,44	5,29	4,42	3,93	3,38	3,08	2,89	2,66	2,47	2,30	2,15	2,04
40	7,31	5,18	4,31	3,83	3,29	2,99	2,80	2,56	2,37	2,20	2,05	1,94
50	7,17	5,06	4,20	3,72	3,18	2,88	2,70	2,46	2,26	2,10	1,94	1,82
60	7,08	4,98	4,13	3,65	3,12	2,82	2,63	2,40	2,20	2,03	1,87	1,74
70	7,01	4,92	4,08	3,60	3,07	2,77	2,59	2,35	2,15	1,98	1,82	1,69
100	6,90	4,82	3,98	3,51	2,99	2,69	2,51	2,26	2,06	1,89	1,73	1,59
150	6,81	4,75	3,91	3,44	2,92	2,62	2,44	2,20	2,00	1,83	1,66	1,51
200	6,76	4,71	3,88	3,41	2,90	2,60	2,41	2,17	1,97	1,79	1,62	1,48
400	6,70	4,66	3,83	3,36	2,85	2,55	2,37	2,12	1,92	1,74	1,57	1,42
1000	6,66	4,62	3,80	3,34	2,82	2,53	2,34	2,09	1,89	1,71	1,54	1,38
∞	6,64	4,60	3,78	3,32	2,80	2,51	2,32	2,07	1,87	1,69	1,52	1,36

G

Galtonsches Brett

Lehrmittel zur Veranschaulichung der Binomialverteilung und ihrer Approximation durch die Normalverteilung für den Spezialfall p=1/2. Das G.B. ist ein rechteckiges Brett, auf dem sich in waagerechten Reihen aufeinanderfolgend 1 bzw. 2 bzw. ... n Nägel in gleichen Abständen befinden, die in übereinanderliegenden Reihen auf Lücke stehen. Das Brett wird mit der längsten Nagelreihe nach unten schräg aufgestellt. Läßt man dann genau über dem obersten Nagel Kugeln herabrollen, so werden diese von den Nägeln nach rechts oder links unten abgelenkt.

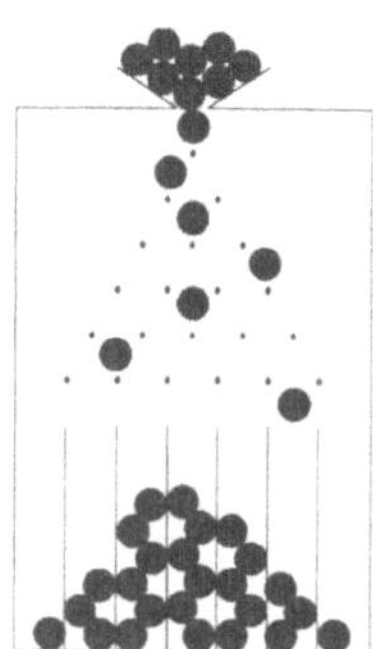

Sammelt man sie unterhalb der letzten Nagelreihe in n+1 Fächern, so stellt sich für die Verteilung der Kugeln auf diese Fächer asymptotisch eine Binomialverteilung mit den Parametern n und p, bei großer Zahl von Nagelreihen eine Annäherung an die Gaußsche Glockenkurve der Normalverteilung ein. Es wurden auch Abwandlungen des G.B. für Wahrscheinlichkeiten p ≠ 1/2 konstruiert.

Gamma-Funktion

In der Wahrscheinlichkeitsrechnung viel verwendete Funktion, die durch das Eulersche Integral zweiter Gattung für p > 0 definiert wird:

$$\Gamma(p) = \int\limits_0^\infty t^{p-1} e^{-t}\, dt \, .$$

Es gilt $\Gamma(p+1) = p\Gamma(p)$, $\Gamma(1) = 1$ und $\Gamma(1/2) = \sqrt{\pi}$. Damit ist die Fakultätsfunktion für natürliche Zahlen n ein Spezialfall der G.-F.: $\Gamma(n+1) = n!$. Die Funktion

$$\Gamma_x(p) = \int\limits_0^x t^{p-1} e^{-1}\, dt$$

wird als unvollständige G.-F. bezeichnet. Durch den Quotienten $\Gamma_x(p)/\Gamma(p) = F(x)$ ist die Verteilungsfunktion einer gammaverteilten Zufallsvariablen X mit den Parametern (l,p) gegeben.

Gamma-Verteilung

Verteilung einer stetigen Zufallsvariablen X mit den Parametern (b, p) mit b>0 und p>0 und der Dichtefunktion

$$f(x) = \frac{b^p}{\Gamma(p)}\, x^{p-1}\, e^{-bx}$$

für x > 0, worin Γ die $\rightarrow$ Gamma-Funktion ist. Erwartungswert und Streuung der G.-V. sind E(X) = p/b bzw. Var(X) = p/b^2. Die Schiefe der G.-V. ist $2/\sqrt{p}$, und ihr Exzeß berechnet sich als 6/p. Für p $\geq$ 1 nimmt die Dichtefunktion ihr Maximum bei (p-1)/b an ($\rightarrow$ Modus). Die G.-V. wird in der Bedienungs- und der $\rightarrow$ Zuverlässigkeitstheorie angewandt. Bekannte Spezialfälle der G.-V. sind für b = λ, p = 1 die $\rightarrow$ Exponentialverteilung und für b = 1/2, p = n/2 die $\rightarrow$ Chi-Quadrat-Verteilung mit n Freiheitsgraden. Für zwei unabhängige gammaverteilte Zufallsvariable X und Y mit den Parametern (b, p_x) bzw. (b, p_y) gilt: X + Y ist gammaverteilt mit den Parametern $(b, p_x + p_y)$, X/(X+Y) besitzt eine $\rightarrow$ Beta-Verteilung 1.Art mit den Parametern (p_x, p_y) und X/Y hat eine Beta-Verteilung 2. Art mit den Parametern (p_x, p_y).

Gaußsche Normalverteilung $\rightarrow$ Normalverteilung

Gaußscher Prozeß

Normalprozeß, stochastischer Prozeß $\{X_t\}$, bei dem jede Teilmenge von Zufallsvariablen X_{t1}, X_{t2},..., X_{tn} multivariat normalverteilt ist ($\rightarrow$ Normalverteilung). Speziell folgt jede Zufallsvariable X_t des Prozesses einer Normalverteilung mit dem Erwartungswert $\mu(t)$ und der Varianz $\sigma^2(t)$. Ein schwach stationärer G. P. ($\rightarrow$ stationärer stochastischer Prozeß) ist durch seine $\rightarrow$ Erwartungswertfunktion $\mu(t)=\mu$ und seine $\rightarrow$ Autokorrelationsfunktion eindeutig bestimmt und läßt sich anhand dieser beiden theoretischen $\rightarrow$ Kennfunktionen identifizieren (Modellidentifikation). Da meist nur Schätzungen für die Erwartungswert- und Autokorrelationsfunktion

bekannt sind, wird die Spezifikation eines G. P. allein aus den Kennfunktionen typischerweise nicht gelingen, sondern erst nach einer mehrstufigen Entscheidungsprozedur möglich sein ($\rightarrow$ Box-Jenkins-Technik). Das bekannte Wahrscheinlichkeitsmodell eines G. P. ist jedoch von elementarer Bedeutung für das Schätzen und Testen einstellbarer Modellparameter und der Modellresiduen ($\rightarrow$ Residuen) und ermöglicht eine Automatisierung von Parameterschätzung und Modellüberprüfung. Da $\rightarrow$ Zeitreihen aus der Wirtschaftspraxis selten als Realisierung eines G. P. mit symmetrischer Verteilungsfunktion angesehen werden können, sind Transformationsverfahren notwendig, die zumindest eine Annäherung an die Normalverteilung bewirken ($\rightarrow$ Box-Cox-Transformation). Bei der Rücktransformation können wünschenswerte Eigenschaften des Modellprozesses (optimale Erklärungsgüte) und seiner Prognosefunktion (optimale Vorhersagegüte) verlorengehen. Es erhöht sich die geschätzte Varianz von Prognosewerten und damit das Prognoserisiko. Beispiel: Die folgende Graphik zeigt das Histogramm der Realisierung eines G. P. mit einem Erwartungswert 0 und einer Varianz 2:

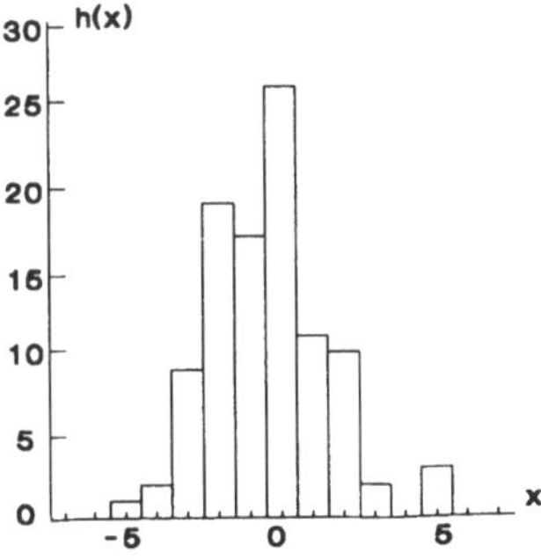

Gaußsche Ungleichungen

Abschätzungen für eine stetige Zufallsvariable X, die eine unimodale Verteilung mit dem Modalwert M, dem Erwartungswert μ und der Varianz σ^2 hat:

$$P(|X - M| \geq \tau) \leq \frac{4}{9\tau^2}(\sigma^2 + (\mu - M)^2)$$

und

$$P(|X - \mu| \geq \tau) \leq \frac{4}{9} \cdot \frac{\sigma^2 + (\mu - M)^2}{(\tau - |\mu - M|)^2}$$

für $\tau > 0$. Die G.U. werden z.B. zur Bestimmung von Schwankungsintervallen bei nur sehr geringer Kenntnis über die zugrunde liegende Wahrscheinlichkeitsverteilung verwendet.

Gauß-Test

Test zur Prüfung einer Hypothese über den Erwartungswert einer normalverteilten Zufallsvariablen oder über die Erwartungswerte zweier normalverteilter Zufallsvariabler bei bekannter Varianz der Zufallsvariablen.
a) Einstichproben-G.-T.: Test zur Prüfung einer Hypothese über den Erwartungswert einer Zufallsvariablen X anhand einer Stichprobe $(X_1,...,X_n)$ bei bekannter Streuung σ von X. Es wird die Nullhypothese H_0: $\mu = \mu_0$ gegen die Alternativhypothese H_1: $\mu \neq \mu_0$ oder H_1^u: $\mu < \mu_0$ oder H_1^o: $\mu > \mu_0$ geprüft. Die Testvariable

$$T = \frac{(\overline{X} - \mu_0)\sqrt{n}}{\sigma}$$

hat, falls H_0 wahr ist, eine standardisierte Normalverteilung. Man lehnt H_0 ab, wenn für den aus der Stichprobe berechneten Durchschnitt $\overline{X}$ gilt: $|T| > z_{1-\alpha/2}$ (bei Verwendung der Alternativhypothese H_1) oder der Alternativhypothese H_1) oder T<$z_{1-\alpha}$ (bei Verwendung der Alternativhypothese H_1^u) oder T > $z_{1-\alpha}$ (bei Verwendung der Alternativhypothese H_1^o). Dabei sind $z_{1-\alpha/2}$ bzw. $z_{1-\alpha}$ die Quantile der Ordnung $1-\alpha/2$ bzw. $1-\alpha$ der standardisierten Normalverteilung zum Signifikanzniveau α.
b) Zweistichproben-G.-T.: Test zum Prüfen der Hypothese über die Gleichheit der Erwartungswerte μ_x und μ_y zweier unabhängiger normalverteilter Zufallsvariablen X und Y bei bekannten Varianzen σ_x^2 und σ_y^2. Es wird die Nullhypothese H_0: $\mu_x = \mu_y$ gegen die Alternativhypothese H_1: $\mu_x \neq \mu_y$ oder H_1^e: $\mu_x < \mu_y$ geprüft. Die Testvariable

$$T = \frac{\overline{Y} - \overline{X}}{\sqrt{\dfrac{\sigma_x^2}{n} + \dfrac{\sigma_y^2}{m}}},$$

mit n und m als Stichprobenumfang von X bzw. Y, hat, falls H_0 wahr ist, eine standardisierte Normalverteilung. Man lehnt H_0 bzw. H_0^e genau dann ab, wenn für die vorliegenden Stichproben $|T| > z_{1-\alpha/2}$ bzw. $T > z_{1-\alpha}$ gilt. Dabei sind $z_{1-\alpha/2}$ bzw. $z_{1-\alpha}$ die Quantile der Ordnung $1-\alpha/2$ bzw. $1-\alpha$ der standardisierten Normalverteilung, und α ist das vorgegebene Signifikanzniveau.
Der G.-T. ist in seiner reinen Form praktisch selten ausführbar, da bei unbekanntem Erwartungswert i. allg. auch die Varianz nicht bekannt ist. Bei großen Stichproben kann aber σ durch die Stichprobenvarianz

$$S^2 = \frac{1}{n-1}\sum_{i=1}^{n}(X_i - \overline{X})^2$$

näherungsweise ersetzt werden ($\rightarrow$ t-Test).

Geburtentafel → Fruchtbarkeitstafel

Geburtenziffer → Natatilitätsmaße

Geburtstagsstichprobenverfahren
Geburtstagsauswahl, Aufnahme aller an einem bestimmten Tag im Jahr geborenen Personen in eine Stichprobe. Das G. ist ein spezielles reines Zufallsauswahlverfahren (→ Stichprobenverfahren), welches vorrangig in der → Bevölkerungsstatistik Anwendung findet. Beispiel: Ist der vorgeschriebene Auswahlsatz für die Größe der Stichprobe etwa 3 %, so werden alle Personen, die z.B. am zweiten Tag eines Monats Geburtstag haben, in die Stichprobe aufgenommen, da 12/365 ≈ 0,03 ist.

Geburts- und Todesprozeß
Stochastischer Prozeß $\{X_t\}$, der eine Zustandsänderung jeweils um eins zu zufälligen Zeitpunkten durch Zuwachs (Zugang, Geburt) oder Verminderung (Abgang, Tod) beschreibt. Beispiel: Auftragsbestandsentwicklung eines Möbelproduzenten bei zufälligem Eingang von Bestellungen und Stornierungen. Bei einem reinen Geburtsprozeß sind nur Zugänge, bei einem reinen Todesprozeß hingegen nur Abgänge zu erwarten. Beispiele: Kündigungen von Sparbüchern in einer Sparkasse unter bestimmten Voraussetzungen (Todesprozeß), Anzahl von Telephongesprächen in einem Ortsnetz (Geburtsprozeß). Ein für betriebswirtschaftliche Anwendungen (Lagerhaltung, Fertigungssteuerung) wichtiger reiner Geburtsprozeß ist der → Poisson-Prozeß. Wesentliche Parameter von G.- u. T. sind die Zugangsintensität λ und die Abgangsintensität μ, die meist als konstant angenommen werden. Sie gehen in die → Erwartungswertfunktion ein. Spezialfälle sind:
a) Der Yule-Furry-Prozeß, ein reiner Geburtsprozeß mit exponentiell in der Zeit wachsendem Erwartungswert

$$E(X_t) = e^{\lambda t}$$

und dem Anfangswert $X_0 = 1$. Beispiel: Modellierung der Umweltschädigung durch Schadstoffemission.
b) Der Feller-Arley-Prozeß, bei dem der Erwartungswert je nach Intensität von Abgang und Zugang monoton in der Zeit wächst oder fällt

$$E(X_t) = e^{(\lambda - \mu)t} \; .$$

Beispiel: Modellierung der Verschuldung öffentlicher Haushalte. G.- u. T. besitzen als spezielle → Markovsche Prozesse kein Gedächtnis; die Ereignisse in verschiedenen Zeitintervallen sind voneinander unabhängig.

Gedächtnis → Persistenz

Gegenüberstellung → Vergleich

Gegenwahrscheinlichkeit
Differenz zwischen 1 und der Wahrscheinlichkeit $P(A)$ eines zufälligen → Ereignisses A. Die G. $1-P(A)$ ist die Wahrscheinlichkeit des zu A komplementären Ereignisses $\bar{A}$.

Gemeinsam abhängige Variable
Unverzögerte endogene Variable in einem → ökonometrischen Modell, zwischen denen wechselseitige Beziehungen auftreten. Sie werden in der Periode t durch das Modell gleichzeitig und simultan erklärt. Sie hängen weiterhin von den Werten der → vor-

herbestimmten Variablen und den →
Störvariablen ab. Beispiel: In dem
Modell

NL = f (P, PR, AQ)

P = g (NL, PR, IMP)

erklärt die erste Gleichung die Nominallöhne (NL) in Abhängigkeit vom
Preisniveau des privaten Verbrauchs
(P), von der Produktivität (PR) und
der Arbeitslosenquote (AQ) und die
zweite Gleichung das Preisniveau des
privaten Verbrauchs (P) in Abhängigkeit von den Nominallöhnen (NL),
der Produktivität (PR) und den Importpreisen (IMP). Zwischen den beiden unverzögerten endogenen Variablen NL und P besteht eine Interdependenz, da sie in der einen Gleichung erklärt werden und in der anderen Gleichung als erklärende Variable auftreten. Sie sind die g.a.V.
des Modells.

Gemeinsame Wahrscheinlich-
keitsverteilung

Wahrscheinlichkeitsverteilung für
einen zufälligen Vektor $X=(X_1,...,X_n)$,
dessen Komponenten die zufälligen
Variablen $X_1, ..., X_n$ sind. Die Wahrscheinlichkeitsverteilungen der zufälligen Variablen $X_1, ..., X_n$ heißen
Randverteilungen der g. W. Wenn
die zufälligen Variablen $X_1, ..., X_n$
unabhängig sind, dann ergibt sich die
g. W. eindeutig aus den Randverteilungen als deren Produkt. Die wichtigste Anwendung ist der Fall zweier
Zufallsvariablen X_1 und X_2. Sind X_1
und X_2 stetig und ist $f(x_1, x_2)$ ihre
gemeinsame Wahrscheinlichkeitsdich-
tefunktion, so sind die durch

$$f_1(x_1) = \int_{-\infty}^{\infty} f(x_1, x_2)\, dx_2$$

bzw.

$$f_2(x_2) = \int_{-\infty}^{\infty} f(x_1, x_2)\, dx_1$$

gegebenen Dichtefunktionen die
Randverteilungsdichten der g. W. von
X_1 und X_2. G. W. spielen bei der
Analyse von Abhängigkeiten zwi-
schen Zufallsvariablen eine große
Rolle.

Generationenabstand → Bevölke-
rungsreproduktion

Geometrisches Mittel

Spezieller → Mittelwert mindestens
verhältnisskalierter (→ Skalierung)
Merkmale mit nur positiven Merkmalswerten. Sind $x_1, ..., x_n$ die beobachteten Merkmalswerte, dann heißt
die n-te Wurzel aus dem Produkt aller dieser Werte das g. M.:

$$\bar{x}_G = \sqrt[n]{x_1 \cdot x_2 \cdot ... \cdot x_n}.$$

Der Logarithmus des g. M. ist gleich
dem → arithmetischen Mittel der Logarithmen der Beobachtungswerte:

$$\log \bar{x}_G = \frac{1}{n} \sum_{i=1}^{n} \log x_i.$$

Das g. M. ist ein sinnvoller Mittelwert bei multiplikativ verknüpften
Merkmalswerten, d.h. wenn sachlogisch der Unterschied zwischen den
Merkmalswerten durch das Verhältnis
und nicht durch die Differenz charakterisiert wird. Das g. M. wird deshalb
hauptsächlich bei Wachstumserschei-
nungen für die Berechnung von mittleren Wachstumsfaktoren bzw. -raten,
z.B. des Bevölkerungswachstums, des
Wachstums volks- und betriebswirtschaftlicher Größen (Preise, Mengen,
Umsätze usw.) oder der Verzinsung
eines Kapitals, angewendet. Sind x_0,

$x_1, ..., x_n$ die zeitlich geordneten Beobachtungswerte von einem Basiszeitraum 0 bis zu einem Berichtszeitraum n und $w_i = x_i/x_{i-1}$ die Wachstumsfaktoren der einzelnen Zeitabschnitte, so resultiert aus der multiplikativen Verknüpfung dieser Wachstumsfaktoren die relative Gesamtentwicklung

$$w_1 \cdot w_2 \cdot ... \cdot w_n = \frac{x_n}{x_0} \, .$$

Der durchschnittliche Wachstumsfaktor $\overline{w}_G$ ist das g. M. aus den einzelnen Wachstumsfaktoren:

$$\overline{w}_G = \sqrt[n]{w_1 \cdot w_2 \cdot ... \cdot w_n} = \sqrt[n]{\frac{x_n}{x_0}} \, .$$

Für die durchschnittliche Wachstumsrate folgt $\overline{p} = \overline{w}_G - 1$. Ausgehend vom Merkmalswert im Basiszeitraum 0 hätte eine konstante Wachstumsrate von $\overline{p}$ zu derselben Gesamtsteigerung bis zum Berichtszeitraum n geführt, wie sie tatsächlich beobachtet wurde. Beispiel: Das Bruttosozialprodukt (BSP) der Bundesrepublik Deutschland in Preisen von 1985 entwickelte sich in den Jahren 1980 bis 1988 wie folgt (Mrd. DM):

Jahr	i	BSP (x_i)	w_i
1980	0	1733,8	×
1981	1	1735,7	1,0011
1982	2	1716,5	0,9889
1983	3	1748,4	1,0186
1984	4	1802,0	1,0307
1985	5	1834,5	1,0180
1986	6	1874,4	1,0217
1987	7	1902,3	1,0149
1988	8	1971,8	1,0365

Quelle: Statistisches Bundesamt (Hrsg.), Datenreport 1992, S. 267

$$\overline{w}_G = \sqrt[8]{\frac{1971,8}{1733,8}} = 1,0162 \, .$$

Im Zeitraum 1980 - 1988 stieg das Bruttosozialprodukt der Bundesrepublik durchschnittlich pro Jahr auf 101,62% ($\overline{w}_G \cdot 100\%$) bzw. um 1,62% ($\overline{p} \cdot 100\%$).

Geometrische Verteilung

Verteilung einer diskreten Zufallsvariablen X mit dem Parameter p, $0<p<1$, und den Wahrscheinlichkeiten

$$p_m = P(X=m) = (1-p)p^m$$

für m=0,1,2,.... Erwartungswert und Varianz sind

$$E(X) = \frac{p}{1-p} \, ,$$

$$Var(X) = \frac{p}{(1-p)^2} \, .$$

Die Wahrscheinlichkeit nimmt für m=0 ihr Maximum (1-p) an. Die Anzahl des ununterbrochenen Hintereinandereintretens eines bestimmten Ereignisses mit der Einzelwahrscheinlichkeit p bei unabhängigen Versuchen ist geometrisch verteilt. - Ist z. B. bekannt, daß ein Vertreter durchschnittlich bei jedem zehnten Kundenbesuch erfolgreich ist, so liegt die Wahrscheinlichkeit dafür, daß er bei zwei Besuchen hintereinander Erfolg hat und beim dritten Besuch nicht zum Abschluß kommt, wegen $p_2 = (1-0,1) \, 0,1^2 = 0,009$ unter einem Prozent.

Geordnete Stichprobe

Positionsstichprobe, Variationsreihe, eine → Stichprobe, deren n Stichprobenelemente der Größe nach geordnet

Geplante Auswahl

und durch $x_{(1)}$, $x_{(2)}$,..., $x_{(n)}$ gekennzeichnet werden. Die Platznummer (i) für $i = 1,...,n$ ist die → Rangzahl. Jedes Stichprobenelement heißt Ranggröße oder Positionsstichprobenfunktion. Vor der Realisierung der Beobachtungen sind die Stichprobenelemente Zufallsvariablen $X_{(1)}$, $X_{(2)}$,..., $X_{(n)}$, die nicht voneinander unabhängig sind und daher auch unterschiedliche Verteilungen besitzen. Für die jeweils extremen Stichprobenelemente $X_{(1)} = \min(X_1, X_2, ..., X_n)$ und $X_{(n)} = \max(X_1, X_2, ..., X_n)$ ergeben sich zum Beispiel die Verteilungsfunktionen $P(X_{(1)} < x) = 1 - [1 - F(x)]^n$ bzw. $P(X_{(n)} < x) = [F(x)]^n$, wobei $F(x)$ eine gleiche Verteilungsfunktion $P(X_i < x)$ für alle ungeordneten Stichprobenelemente X_i $(i=1,...,n)$ ist. Diese Ergebnisse der sogenannten Ordnungsstatistik sind dann von Interesse, wenn z.B. die Wahrscheinlichkeit für den Ausfall eines Systems interessiert, dessen Elemente schaltungsmäßig hintereinander bzw. parallel angeordnet sind. Da im ersten Fall der Systemausfall durch das "schwächste" und bei einer Parallelschaltung durch das "stärkste" Element bestimmt wird, sind die Verteilungsgesetze der extremen Stichprobenelemente zu bestimmen.

Geplante Auswahl → bewußte Auswahl

Gepoolter Datensatz

Zusammenfassung verschiedener Datensätze für ein und dasselbe Merkmal zu einem übergeordneten Datensatz. Die Umfänge der einzelnen Datensätze können verschieden sein. Beispiel: Die für die einzelnen Bundesländer vorliegenden Altersgliederungen der Arbeitslosen im Septem-

ber 1993 werden zu einer Altersgliederung der Arbeitslosen für die Bundesrepublik Deutschland zusammengefaßt.

Gesamtheit → Grundgesamtheit

Geschichtetes Stichprobenverfahren

Spezielles bedingtes Zufallsauswahlverfahren (→ Stichprobenverfahren), dessen Ergebnis Stichproben sind, die an den → Schichten einer Grundgesamtheit mit dem Umfang N erhoben wurden. Das Stichprobenverfahren kann wie folgt skizziert werden:

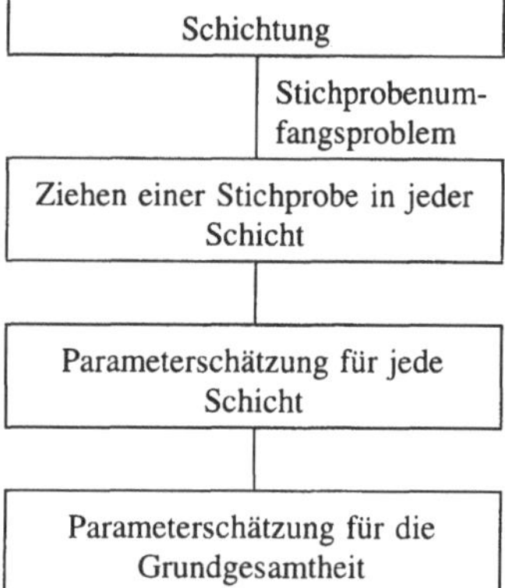

Nach Vorgabe des Gesamtstichprobenumfanges n muß für jede Schicht i $(i = 1,..., k)$ mit der Schichtgröße N_i der Stichprobenumfang n_i festgelegt werden, wobei die Bedingungen

$$\sum_{i=1}^{k} n_i = n, \quad n_i \leq N_i, \quad n \leq N$$

zu erfüllen sind. Die relative Freiheit in der Wahl von n_i sollte genutzt werden, eine möglichst hohe Genauigkeit für die Schätzung des interessierenden Parameters der Grundgesamtheit bei möglichst geringen Kosten zu erreichen. Prinzipiell wird zwischen drei Aufteilungen unterschieden: a) optimale Aufteilung mit Kosten c_i in der i-ten Schicht:

$$n_i = n \cdot \dfrac{\dfrac{N_i \sigma_i}{\sqrt{c_i}}}{\displaystyle\sum_{i=1}^{k} \dfrac{N_i \sigma_i}{\sqrt{c_i}}} \, ,$$

b) optimale Aufteilung ohne Kosten:

$$n_i = n \cdot \dfrac{N_i \sigma_i}{\displaystyle\sum_{i=1}^{k} N_i \sigma_i} \, ,$$

c) proportionale Aufteilung:

$$n_i = n \cdot \dfrac{N_i}{N} \, .$$

Die optimale Aufteilung des Stichprobenumfanges n auf die Schichten nach a) und b) setzt die Kenntnis der schichtspezifischen Standardabweichungen σ_i voraus. Sind diese unbekannt, was in der Regel der Fall sein wird, sollte die proportionale Aufteilung vorgenommen werden. Ein gleicher Auswahlsatz für alle Schichten (proportionale Aufteilung) ist dann zu empfehlen, wenn in den Schichten keine allzu großen Unterschiede bezüglich des Untersuchungsmerkmals zwischen den Elementen zu erwarten sind. Nach der Festlegung der Stichprobenumfänge n_i innerhalb der einzelnen Schichten ist schließlich aus jeder Schicht eine reine oder bedingte Zufallsstichprobe ($\rightarrow$ Stichprobenverfahren) zu ziehen. Für jede Schicht wird der interessierende Parameter geschätzt. Diese Schätzwerte werden kombiniert ($\rightarrow$ Hochrechnung), um den Schätzwert für die Grundgesamtheit zu erhalten. Bei proportionaler Aufteilung z.B. werden die Stichprobenschätzwerte der einzelnen Schichten einfach addiert. Es kann gezeigt werden, daß die Varianz der Schätzung durch ein g. S. mit proportionaler Aufteilung nicht größer ist als die entsprechende Varianz einer (einfachen) Zufallsstichprobe. Der Genauigkeitsgewinn wird als Schichtungseffekt bezeichnet.

Geschlechtsverhältniszahl

Geschlechtsproportion, Geschlechtsrelation, zahlenmäßiges Verhältnis aus dem Anteil der weiblichen und dem Anteil der männlichen Personen eines gegebenen $\rightarrow$ Bevölkerungsstandes eines geographischen Gebiets zu einem bestimmten Zeitpunkt, Maßzahl der $\rightarrow$ Bevölkerungsstatistik. Die G. darf nicht mit der Sexualproportion der Lebendgeborenen verwechselt werden. Eine G.>1 kennzeichnet einen Überschuß an weiblichen Personen, eine G.<1 einen Überschuß an männlichen Personen. Per 3.10.1990 betrug die G. für die Bundesrepublik Deutschland 1,074. Da Bevölkerungsstandsdaten absolut skaliert sind ($\rightarrow$ Skala), ist die G. wie folgt zu interpretieren: In Deutschland entfielen per 3.10.1990 auf 1000 männliche 1074 weibliche Personen, d.h., die Zahl der weiblichen Personen war zum gegebenen Zeitpunkt um 7,4% größer als die der männlichen. Zwischen der G. und der $\rightarrow$ Geschlechtsverteilungszahl G^* besteht die folgende Beziehung:

$$G^* = \frac{G}{G+1} \, .$$

G^* mißt für das gegebene Beispiel

den Anteil der weiblichen Personen am Bevölkerungsstand:

$$G^* = \frac{1,074}{1,074+1} = 0,518.$$

Per 3.10.1990 waren demnach 51,8% der deutschen Bevölkerung weiblichen Geschlechts. In der Praxis ist es auch üblich, die G. auf der Basis mittlerer Bestandsdaten ($\rightarrow$ chronologisches Mittel) zu berechnen.

Geschlechtsverteilungszahl

Quotient aus der Zahl der männlichen bzw. der Zahl der weiblichen Personen und der Bevölkerung eines geographischen Gebiets zu einem bestimmten Zeitpunkt. Am 3.10.1990 belief sich der Anteil der männlichen Personen an der Bevölkerung der Bundesrepublik Deutschland auf 48,2% und damit der weiblichen Personen auf 51,8%. Die G. wird auch für einzelne Altersklassen als altersspezifische G. auf der Basis mittlerer Bevölkerungsbestandsdaten ($\rightarrow$ chronologisches Mittel) ermittelt.

Gesetz der großen Zahlen

Grenzwertsätze der Wahrscheinlichkeitstheorie über das Verhalten von relativen Häufigkeiten bzw. von Durchschnitten bei unbegrenzter Erhöhung des Stichprobenumfanges.

a) Bernoullisches G.d.g.Z.: Bei einem zufälligen $\rightarrow$ Versuch sei einem Ereignis A die $\rightarrow$ Wahrscheinlichkeit p_A zugeordnet. Die Zufallsvariable X gibt an, wie oft A bei n unabhängigen Wiederholungen auftritt. Dann gilt:

$$\lim_{n \to \infty} P\left(\left| \frac{X}{n} - p_A \right| < \varepsilon \right) = 1.$$

Die Wahrscheinlichkeit dafür, daß der Anteil des Auftretens von A dem Betrage nach um weniger als ein vorgegebenes beliebig kleines $\varepsilon > 0$ von p_A abweicht, geht mit steigender Länge der Versuchsfolge gegen 1, d.h., die relative Häufigkeit X/n konvergiert stochastisch gegen p_A. Dieses G.d.g.Z. besagt also die $\rightarrow$ Konsistenz der Schätzung einer Wahrscheinlichkeit durch den Stichprobenanteilswert.

b) Chintchinsches G.d.g.Z.: Es sei $X_1, ..., X_n,...$ eine Folge von unabhängigen Zufallsvariablen mit identischer Verteilung und Erwartungswert μ. Für die zugehörige Folge der Durchschnitte $\overline{X}_1 = X_1$; $\overline{X}_2 = (X_1 + X_2)/2$; $\overline{X}_3 = (X_1 + X_2 + X_3)/3$; ... gilt

$$\lim_{n \to \infty} P(|\overline{X}_n - \mu| < \varepsilon) = 1.$$

Für eine hinreichend große Zahl von Stichprobenelementen n unterscheidet sich der Stichprobendurchschnitt mit an Sicherheit grenzender Wahrscheinlichkeit um weniger als einen beliebig kleinen positiven Betrag vom Erwartungswert. Dieses G.d.g.Z. besagt also die Konsistenz des Stichprobendurchschnitts als Schätzfunktion des Erwartungswertes.

Gesichtsgraphiken

Chernoff-Faces, graphisches Verfahren zur Feststellung der Ähnlichkeit von $i = 1, 2,..., n$ Elementen einer statistischen Gesamtheit hinsichtlich der Merkmalsausprägungen von $j = 1, 2,..., m$ Merkmalen auf der Basis des visuellen Vergleichs von Physiognomien. Dabei wird jeder Gesichtspartie (z.B. Augen, Mund, Nase, Ohren usw.) ein bestimmtes Merkmal zugeordnet, und in Abhängigkeit vom Ausmaß der Variation der Merkmalsausprägungen werden die Veränderungen in den Gesichtspartien dargestellt. Da Menschen auf Gesichtsproportionen sensibel reagieren, wird dieses graphische Verfahren vor allem in der → explorativen Datenanalyse und in der → multivariaten Statistik zur Feststellung von Ähnlichkeiten, Ausreißern, Clustern usw. eingesetzt. Wegen ihrer Einfachheit, Praktikabilität und Leistungsfähigkeit sind G. eine sinnvolle Ergänzung zu methodisch anspruchsvollen multivariaten Analyseverfahren (z.B. → Clusteranalyse). Beispiel: Für das Jahr 1990 erhält man für die neuen Bundesländer und Berlin (Ost), d.h. n = 6 Elemente, unter Einbeziehung der m = 6 Merkmale → Bevölkerungsdichte, allgemeine Sterbeziffer (→ Mortalitätsmaße), allgemeine Lebendgeborenenziffer (→ Natalitätsmaße), allgemeine Eheschließungsziffer, allgemeine Ehescheidungsziffer und Anteil der Einpersonenhaushalte an den privaten Haushalten die folgenden G.:

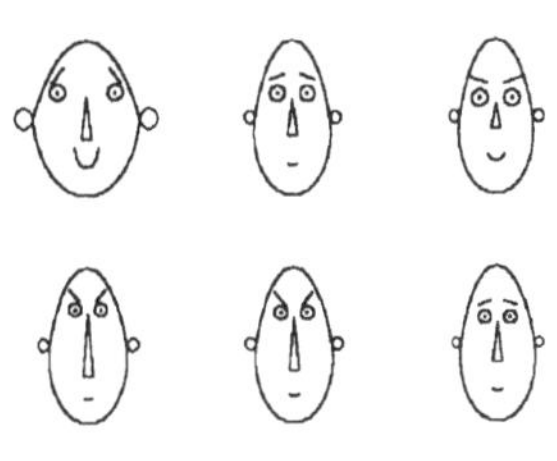

Die m = 6 betrachteten Merkmale sind in der Reihenfolge ihrer Nennung den Gesichtspartien bzw. Gesichtsmerkmalen Breite, Nasenlänge, Mundlänge, Augenabstand, Augenbrauenneigung und Ohrengröße zugeordnet. Die Anordnung der G. von links oben nach rechts unten entspricht der alphabetischen Reihenfolge der n = 6 neuen Bundesländer einschließlich Berlin (Ost). Hinsicht-

lich der analysierten Merkmale sind die Bundesländer Brandenburg und Thüringen bzw. Sachsen und Sachsen-Anhalt einander ähnlich. Die Nutzung von G. ist vor allem für eine hinreichend große Anzahl von Elementen (etwa n > 50) und Merkmalen (etwa m > 5) von Interesse und Vorteil.

Gewichtung

Bewertung der Einzelwerte einer statistischen Reihe entsprechend a) der → Häufigkeit ihres Auftretens (z.B. bei der Berechnung von → Mittelwerten und → Streuungsmaßen) oder b) ihrer Bedeutung in einem Kontext, z.B. bei der → exponentiellen Glättung von Zeitreihen oder bei der Messung des Preisniveaus eines Warenkorbes (→ Preisindex, → Mengenindex).

Gini-Koeffizient

Gini-Index, Lorenzsches Konzentrationsmaß, Koeffizient zur Messung der relativen → Konzentration. Gegeben sind die verschieden aufgetretenen, nicht negativen und der Größe nach geordneten Merkmalswerte x_j (j = 1,..., k) eines metrisch skalierten Merkmals X, die an n Merkmalsträgern einer Gesamtheit beobachtet wurden, sowie die zugehörigen absoluten → Häufigkeiten $h(x_j)$. Hierin ist der Fall eingeschlossen, daß jeder Merkmalswert nur einmal auftritt, d.h. $h(x_j) = 1$ für alle j und k=n ist. Der G.-K. G ist ein die → Lorenzkurve ergänzendes Konzentrationsmaß und nur im Zusammenhang mit dieser zu interpretieren. Der G.-K. ist das Verhältnis der Fläche zwischen der 45°-Linie und der Lorenzkurve (der sogenannten Konzentrationsfläche KF; in der folgenden Abbildung die schraffierte Fläche) zur Fläche unterhalb der 45° Linie, die gleich 0,5 ist. Daraus folgt: G = 2·KF.

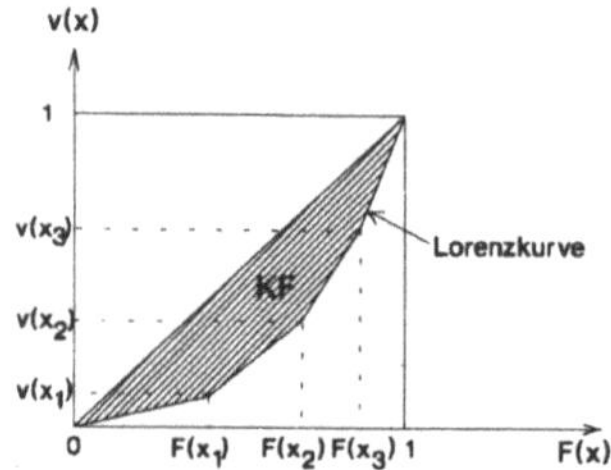

Darin sind:

$$F(x_i) = \frac{1}{n} \sum_{j=1}^{i} h(x_j)$$

die relative → Summenhäufigkeit, d.h. der kumulierte Anteil der Merkmalsträger mit den i kleinsten Merkmalswerten an den n Merkmalsträgern, wobei definitionsgemäß $F(x_0)=0$ ist, und $v(x_i)$ der kumulierte Anteil an der Merkmalssumme. Für elementare Berechnungen bietet sich eher folgende Formel an:

$$G = \sum_{i=1}^{k} (F(x_{i-1}) + F(x_i)) \cdot a_i - 1.$$

mit

$$a_i = \frac{x_i \, h(x_i)}{\sum_{j=1}^{k} x_j \, h(x_j)}$$

als Anteil der Merkmalsträger mit dem Merkmalswert x_i an der gesamten Merkmalssumme. Bei Vorliegen klassierter Daten ist entweder die Merkmalsteilsumme jeder Klasse bekannt oder sie wird approximativ unter Verwendung der → Klassenmitten berechnet, wobei unterstellt wird, daß innerhalb der Klassen keine Konzen-

tration vorliegt. $F(x_i)$ bezieht sich dann auf die obere → Klassengrenze. Der G.-K. kann Werte zwischen 0 und (n - 1)/n annehmen. Da die Obergrenze von G nicht 1 ist, wird oftmals ein normierter G.-K. als

$$G^* = G \cdot \frac{n}{n - 1}$$

berechnet, für den $0 \leq G^* \leq 1$ gilt und der bei Konzentration der gesamten Merkmalssumme auf einen Merkmalsträger den Wert eins annimmt.

Gitterpunkt-Verfahren

Schnelles heuristisches Suchverfahren zur Bestimmung von Parametern für ein Prognosemodell, z.B. der → exponentiellen Glättung. Bei diesem Verfahren werden nur ausgezeichnete Punkte (Gitterpunkte) im Parameterraum auf ihre Prognosefehler untersucht. Diese Punkte entsprechen ausgewählten Werten der Modellparameter. Über dem Punkt mit minimalem Prognosefehler wird ein neues, kleineres Gitter konstruiert usw. Die Gitter ziehen sich über der gesuchten Parameterkombination zusammen (Kontraktionseigenschaft). Das G.-V. liefert bei einer → Holt-Winters-Glättung mit drei Parametern schon nach 4-5 Iterationen eine brauchbare Lösung. Beispiel: Die folgende Graphik

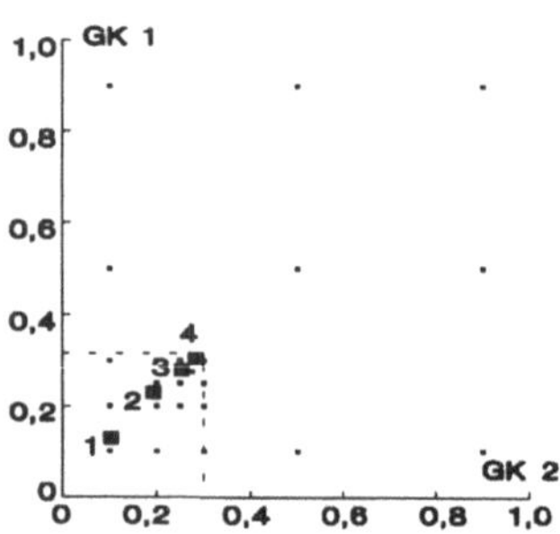

zeigt eine Iterationsfolge (in der Graphik mit ■ symbolisiert) zur Bestimmung der beiden Parameter GK1 und GK2 zur kombinierten Niveau- und Trendglättung einer Wochenzeitreihe.

Glatte Komponente

Zusammenfassung von Trendkomponente $x_T(t)$ und zyklischer Komponente $x_Z(t)$ in einem Zeitreihen-Komponenten-Modell ($\rightarrow$ Dekomposition). Die g. K. gibt die globale Entwicklungstendenz in einer Zeitreihe wieder. Beispiel: Die nachfolgende Graphik zeigt die Überlagerung einer Trend- und einer zyklischen Komponente zur Modellierung einer Quartalszeitreihe mit 40 Beobachtungen, progressivem Trend und einem konstanten Zyklus über 5 Jahre, die sich formal wie folgt darstellen läßt:

$$x_T(t) + x_Z(t) = 100 + 6t - 0{,}3t^2$$
$$+ 150\sin(2\pi\frac{t}{10})$$

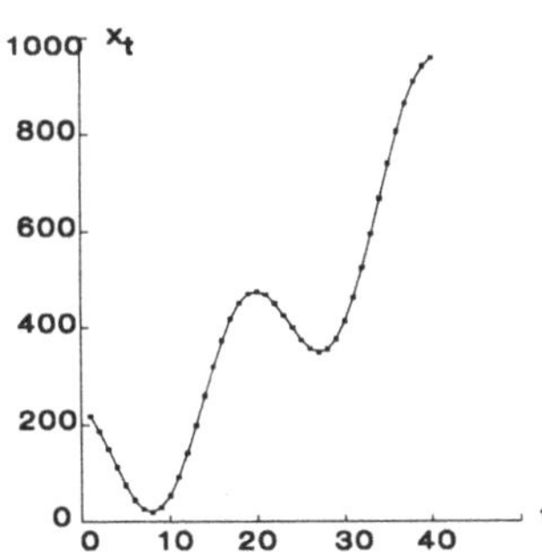

Oft zeigt die g. K. überjährige Zyklen mit schwankender Länge an. Beispiel: Die Zeitreihe x_t der weiblichen Arbeitslosen ab 20 Jahre in den USA im Zeitraum 1948 bis 1981, angegeben in Millionen Personen und dargestellt in der folgenden Graphik,

weist Zyklen unterschiedlicher Länge auf. Neben den aus der Graphik der Original-Zeitreihe erkennbaren Zyklen mit einer Länge von 4 bis 6 Jahren treten periodische Schwankungen mit einer Periodenlänge zwischen 12 und 16 Jahren auf. Sie lassen sich anhand der geglätteten Zeitreihenwerte ausmachen:

Glättung

Verfahren zur Transformation einer Zeitreihe, bei dem unwesentliche Informationen aus den Beobachtungen ausgespart werden ($\rightarrow$ Filtration), um wesentliche Informationen sichtbar zu machen und in einem Modell niederzulegen. Beispiel: Der Weinverbrauch je Einwohner in Litern in der Bun-

Glättungskonstante

desrepublik Deutschland x_t (*) und die geglätteten Werte (•) sind in der folgenden Graphik dargestellt.

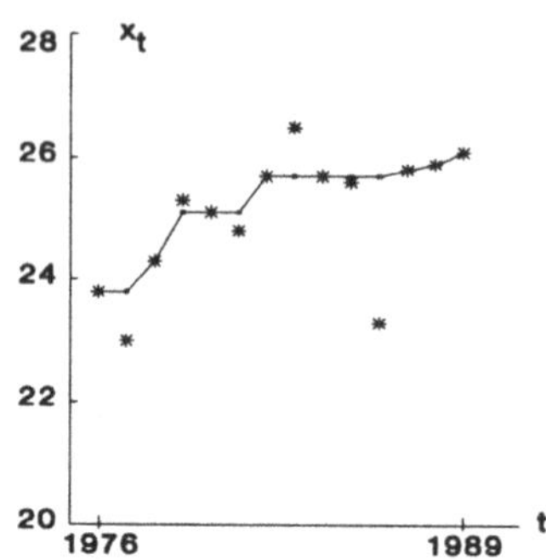

Glättungskonstante

Einstellbarer Parameter bei einem Modell der → exponentiellen Glättung. Der Parameter kann subjektiv oder automatisiert über eine Extremwertaufgabe eingestellt werden.

Gleichmöglichkeit

Gleichwahrscheinlichkeit, die durch Erfahrung oder Vorstellung gegebene gleiche Chance des Eintretens jedes Elementarereignisses bei einem Zufallsexperiment mit k möglichen Ausgängen. Jedem Elementarereignis wird bei G. die Wahrscheinlichkeit 1/k zugeordnet. Die G. ist die Voraussetzung für die Verwendung der Laplaceschen (klassischen) Wahrscheinlichkeitskonzeption. Beispiel: Beim Werfen eines Würfels wird jeder Augenzahl (Elementarereignis) von 1 bis 6 die Wahrscheinlichkeit 1/6 zugeordnet.

Gleichverteilung

Gleichmäßige Verteilung, Wahrscheinlichkeitsverteilung einer Zufallsvariablen, bei der alle Werte die gleiche Wahrscheinlichkeit (diskreter Fall) oder die gleiche Wahrscheinlichkeitsdichte (stetiger Fall) haben.

a) Eine diskrete Zufallsvariable X hat eine G. auf den Punkten $x_1,..., x_n$, wenn für die Wahrscheinlichkeiten $P(X=x_m) = 1/n$ gilt. Sie hat für m = 1, ..., n den Erwartungswert

$$E(X) = \frac{1}{n} \sum_{m=1}^{n} x_m$$

und die Varianz

$$Var(X) = \frac{1}{n}\left[\sum_{m=1}^{n} x_m^2 - \frac{1}{n}\left(\sum_{m=1}^{n} x_m \right)^2 \right].$$

Die diskrete G. tritt bei zufälligen Versuchen mit n gleichwahrscheinlichen Ausgängen auf, denen Zahlenwerte x_m zugewiesen werden (z.B. Würfelwurf).

b) Eine stetige Zufallsvariable X über dem Intervall (a,b) hat eine G., wenn für die Dichtefunktion

$$f(x) = \begin{cases} \dfrac{1}{b-a} & \textit{für} \ \ a<x<b \\ 0 & \textit{sonst} \end{cases}$$

gilt. Sie hat den Median und den Erwartungswert $x_{0,5} = E(X) = (a+b)/2$ und die Varianz $Var(X) = (b - a)^2/12$. Die G. einer stetigen Zufallsvariablen wird auch Rechteckverteilung genannt. Sind X_1 und X_2 unabhängige, über (a,b) bzw. (a+c, b+c) gleichverteilte Zufallsvariable, dann besitzt X_1+X_2 eine → Dreieckverteilung über (2a+c, 2b+c).

Gleitender Durchschnitt

Arithmetisches Mittel aufeinanderfolgender Beobachtungen einer → Zeitreihe. Die Anzahl von Beobachtungen, die in die einzelne Mittelwertberechnung einbezogen werden, heißt Ordnung. Der g. D. wird bei ungerader Ordnung der jeweils mittleren Periode zugeordnet. An den Rändern ist die geglättete Zeitreihe gegenüber der Originalzeitreihe um eine bestimmte Anzahl von Werten kürzer, z.B. bei einem g. D. der Ordnung 3

$$\hat{x}_t^{(3)} = \frac{1}{3}(x_{t-1} + x_t + x_{t+1})$$

jeweils um einen Wert am Anfang und am Ende. G. D. glätten eine Zeitreihe und geben Aufschluß über die Verlaufsform der → glatten Komponente. Je größer die Ordnung, desto glatter verläuft der g. D. Gleichzeitig wächst aber auch der Werteverlust an den Rändern. Es gibt verschiedene Verfahren zur Erzeugung von Randwerten (→ Randwertglättung), die jedoch umstritten und bei praktisch bedeutsamen Ordnungen von 3 oder 5 Perioden entbehrlich sind. Beispiel: Die folgende Abbildung zeigt für eine gegebene Zeitreihe $\{x_t\}$ einen g.D. der Ordnung 3 mit Randwertverlust:

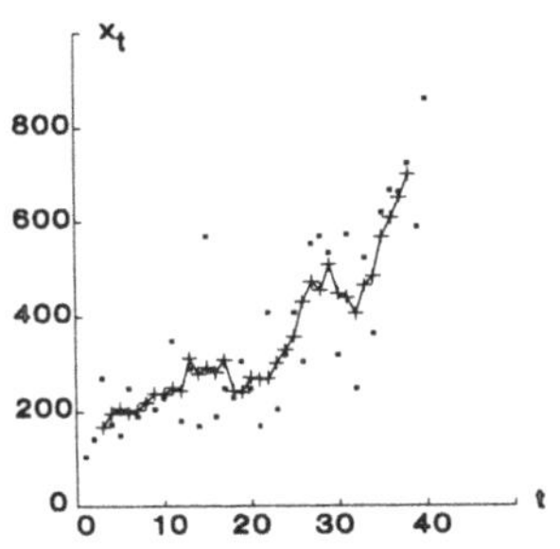

G. D. eliminieren → periodische Schwankungen aus einer Zeitreihe, wenn als Ordnung die Periodenanzahl eines → Zyklus gewählt wird, z.B. Ordnung 7 in einer Tageszeitreihe mit Beobachtungen von Montag bis Sonntag. Für diesen Zweck sind auch g. D. von gerader Ordnung (4 bei Quartalsdaten, 12 bei Monatsdaten) sinnvoll. Dabei wird das arithmetische Mittel aus zwei benachbarten g. D. der mittleren Periode innerhalb der Gesamtordnung zugeordnet. Ein Quartalszyklus läßt sich demzufolge mittels der Berechnung des → chronologischen Mittels

$$\hat{x}_t^{(4)} = \frac{1}{4}\left(\frac{x_{t-2}}{2} + x_{t-1} + x_t + x_{t+1} + \frac{x_{t+2}}{2}\right)$$

ausschalten (→ Saisonbereinigung). G.D. können auch mit unterschiedlicher Gewichtung der Beobachtungen gebildet werden. G. D. reagieren als arithmetische Mittel empfindlich auf Ausreißer. Beispiel: Die nachstehende Abbildung zeigt einen g. D. der Ordnung 5 mit Randwertverlust, einem singulären (für t = 27) und einem doppelten (für t = 8 und t = 9) Ausreißer:

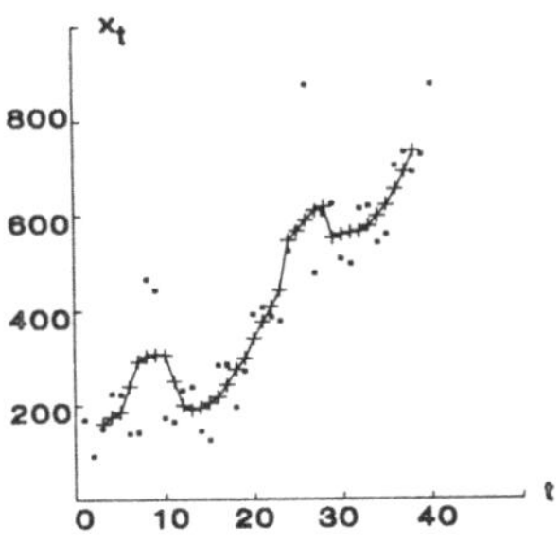

G. D. sollten fallweise durch → gleitende Mediane ersetzt werden.

Gleitender Median

Median aufeinanderfolgender Beobachtungen einer → Zeitreihe. Die Anzahl der Beobachtungen, die in die Berechnung des einzelnen Medians einbezogen werden, heißt Ordnung.

Gleitmittelprozeß

G. M. dienen zur Glättung von Zeitreihen mit → Ausreißern (robuste
Glättung). Typischerweise werden g.
M. mit ungerader Ordnung gebildet,
z.B. 3 bei ausschließlich isolierten
Ausreißern oder 5 bei eventuell zwei
aufeinanderfolgenden Ausreißern.
Beispiel: Die folgende Abbildung
zeigt einen g. M. der Ordnung 5 mit
3 Ausreißern (ein Ausreißer isoliert
für t = 27, zwei Ausreißer gruppiert
für t = 8 und t = 9).

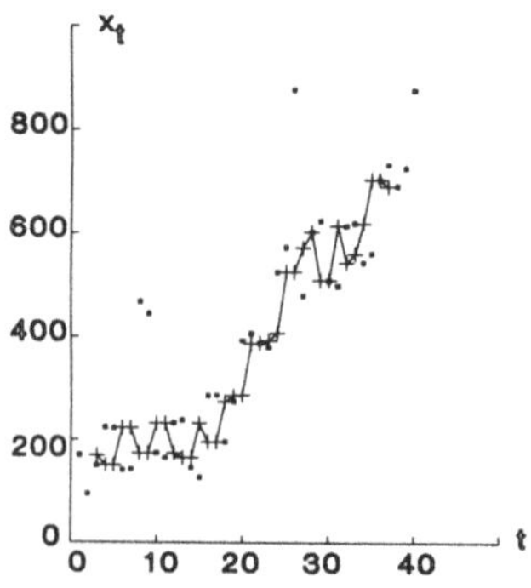

Gleitmittelprozeß → MA-Prozeß

Gliederungszahl

*Analytische Verhältniszahl, Anteil-
zahl, Quote*, statistische → Verhältniszahl, deren Zähler eine Teilmenge
der im Nenner stehenden Menge ist.
Zerlegt man (i.allg. mit Hilfe eines
nominalskalierten Merkmals) eine
Gesamtheit vom Umfang n in K Teilmengen vom Umfang n_k, dann ist die
G. für alle k = 1, 2,..., K wie folgt
definiert:

$$G_k = \frac{n_k}{n}, \qquad n = \sum_{k=1}^{K} n_k .$$

Für Merkmalssummen S_k eines extensiven → Merkmals ist die G. für alle
k = 1, 2,..., K analog definiert:

$$G_k = \frac{S_k}{S}, \qquad S = \sum_{k=1}^{K} S_k .$$

Die G. ist eine dimensionslose Größe, die zur Darstellung der Struktur
einer Gesamtheit oder Merkmalssumme dient. Die G. wird i.allg. als pro-
zentualer Anteil $G_k^* = G_k \cdot 100$ ausgewiesen. Für G. gelten folgende Beziehungen:

$$\sum_{k=1}^{K} G_k = 1, \qquad 0 \le G_k \le 1$$

bzw.

$$\sum_{k=1}^{K} G_k^* = 100, \qquad 0 \le G_k^* \le 100 .$$

Beispiel: Eine Strukturanalyse der
Arbeitslosen im früheren Bundesgebiet erbrachte für Ende September
1991 folgende Ergebisse: n =1609500
Arbeitslose insgesamt, davon (gegliedert nach dem nominalskalierten, di-
chotomisierten Merkmal Staatsangehörigkeit) n_1 = 1402820 deutsche Arbeitslose und n_2= 206680 ausländische Arbeitslose. Unter Verwendung
der absoluten Arbeitslosenzahlen n_k
errechnet man für k=1, 2 die folgenden G_k:

$$G_1 = \frac{1402820}{1609500} = 0{,}872$$

und

$$G_2 = \frac{206680}{1609500} = 0{,}128 .$$

Demnach waren Ende September
1991 87,2% der erfaßten Arbeitslosen
im früheren Bundesgebiet Deutsche
und 12,8% Ausländer.

Globale Modelle

Zeitreihenmodelle, bei denen eine oder mehrere Zeitfunktionen nach einem für den gesamten Beobachtungszeitraum gültigen Optimierungskriterium anzupassen sind. Minimiert wird meist die Summe der Quadrate von Einschritt-Prognosefehlern ($\rightarrow$ Methode der kleinsten Quadrate), wobei eine Wichtung sinnvoll sein kann. Einzelne Modelle der $\rightarrow$ exponentiellen Glättung lassen sich als g. M. mit minimaler gewichteter Fehler-Quadrat-Summe darstellen, wobei die Gewichte mit wachsendem Alter der Beobachtungen exponentiell abnehmen.

Glockenkurve $\rightarrow$ Normalverteilung

Goldfeld-Quandt-Test

Test auf $\rightarrow$ Heteroskedastizität der Störvariablen einer $\rightarrow$ linearen Regressionsfunktion, bei dem die Beobachtungen der Variablen nach der Größe der vermuteten Heteroskedastizität geordnet, zwei separate Regressionsfunktionen geschätzt und deren Residuenquadratsummen für die Teststatistik verwendet werden. Es wird die Nullhypothese H_0: $\sigma_1^2 = ... = \sigma_n^2$ (Homoskedastizität) gegen die Alternativhypothese H_1: $\sigma_1^2 \leq ... \leq \sigma_n^2$ (Heteroskedastizität) geprüft, wobei n den Stichprobenumfang und σ_i^2 (i = 1,..., n) die Varianz der i-ten Störvariablen U_i bezeichnen. Der Test kann in folgenden Schritten durchgeführt werden: a) Bei Gültigkeit der H_1 können die Beobachtungen der Variablen der Regressionsfunktion entsprechend der wachsenden Variabilität der Störvariablen geordnet werden. b) Eine Anzahl e der zentralen Beobachtungen der Variablen wird herausgelassen, um eine größere Trennschärfe

des Tests ($\rightarrow$ Gütefunktion) zu erreichen. c) Für den Teil der (n-e)/2 ersten bzw. (n-e)/2 anderen Beobachtungen werden separate Regressionsfunktionen geschätzt und die zugehörige Residuenquadratsumme S_1 bzw. S_2 berechnet. d) Als Teststatistik wird der Quotient $F = S_2/S_1$ verwendet. Wegen der Unabhängigkeit von S_1 und S_2 und bei Voraussetzung normalverteilter Störvariablen folgt F unter H_0 einer $\rightarrow$ F-Verteilung mit $f_1 = (n-e)/2 - M$ und $f_2 = (n-e)/2 - M$ Freiheitsgraden, wobei M die Anzahl der erklärenden Variablen einschließlich der Dummy-Variablen für das Absolutglied ist. e) Die Nullhypothese wird für ein gegebenes Signifikanzniveau α verworfen, falls $F > F_{f1;f2;1-\alpha}$ ist, wobei $F_{f1;f2;1-\alpha}$ das Quantil der Ordnung $1-\alpha$ der F-Verteilung mit f_1 und f_2 Freiheitsgraden ist. Für die Festlegung der Anzahl der herauszulassenden zentralen Beobachtungen der Variablen gibt es keine Regel. e ist in Abhängigkeit von n und M so zu wählen, daß die Anzahl der Freiheitsgrade nicht zu stark reduziert wird. Die Anzahl der Beobachtungen für jede Regressionsfunktion muß nicht gleich groß sein, allerdings ändern sich dann die Freiheitsgrade f_1 und f_2. Das entscheidende Problem dieses Tests ist, daß Informationen oder Vermutungen gegeben sein müssen, um eine Ordnung der Beobachtungen vornehmen zu können. Oftmals variieren die Varianzen der Störvariablen mit einer erklärenden Variablen X_k. So ist z.B. bei einer Konsumfunktion bzw. einer Sparfunktion (Abhängigkeit des Konsum- bzw. des Sparvolumens von Personen oder Familien vom Einkommen) zu vermuten bzw. aus den Beobachtungsdaten zu entnehmen, daß die Störvariablen mit größer werdendem Einkommen stärker streuen. Die Beobachtungen werden dann nach den Werten des Einkommens geordnet. Es kann auch eine Abhängigkeit der Varianzen der Störvariablen von einer (meist nominalskalierten) Variablen existieren, die nicht in der Regressionsfunktion enthalten ist. Die Beobachtungen der Variablen können dann in Gruppen aufgeteilt werden (z.B. nach Haushaltsgrößen, Wirtschaftszweigen, geographischen Gebieten), für die getrennte Regressionsfunktionen geschätzt werden. Ist eine Zeitabhängigkeit der Varianzen der Störvariablen feststellbar, werden beide Regressionsfunktionen jeweils für zwei Teilzeiträume geschätzt.

Gompertz-Funktion → S-Kurven

Graphik
Bildhafte Darstellung von Ausprägungen eines oder mehrerer → Merkmale einer oder mehrerer statistischer Gesamtheiten. In Abhängigkeit von der Anzahl der graphisch zu präsentierenden statistischen Merkmale unterscheidet man folgende Graphikformen: a) zweidimensionale G. zur Darstellung der → Häufigkeitsverteilung oder → Struktur eines Merkmals (→ Stabdiagramm, → Säulendiagramm, → Kreisdiagramm, → Histogramm, → Polygondarstellung, → Box-Plot), b) zweidimensionale G. zur Darstellung zweier Merkmale (→ Streuungsdiagramm), c) zweidimensionale G. zur Darstellung von drei und mehr Merkmalen (→ Scatter-Plot-Matrix, → Gesichtsgraphik, → Andrews-Plot), d) dreidimensionale G. zur Darstellung der Häufigkeitsverteilung zweier Merkmale (Stab- oder Säulendiagramm, Flächenpolygon),

e) dreidimensionale G. zur Darstellung dreier Merkmale (Streuungsdiagramm). Die Gesamtheit aller Formen der bildhaften Darstellung statistischer Daten subsumiert man unter den Begriff der Präsentationsgraphik. Werden Präsentationsgraphiken mit geographischen Symbolen (z.B. geographischen Karten) unterlegt, spricht man von → Kartodiagrammen. Graphische Datenpräsentationen anhand von Bildsymbolen bezeichnet man als → Piktogramme. Im Unterschied zur Präsentationsgraphik basiert die graphische Datenanalyse nicht nur auf statischen, sondern auch auf dynamischen G. Dynamische G. sind direkt manipulierbare Echtzeit-Computer-Graphiken, mit deren Hilfe vor allem multivariate Datenbefunde graphisch analysiert werden. Spezielle Techniken der dynamischen graphischen Datenanalyse (meist auf der Basis von Scatter-Plot-Matrizen) sind Identifikation, Elimination, Konnexion und/oder Rotation verschiedener statistischer Elemente und Gesamtheiten. Die graphische Datenanalyse auf der Basis interaktiver und dynamischer G. ist nicht nur ein modernes und leistungsfähiges Analysekonzept, sie ist gleichzeitig auch eine instrumentell einfach zu handhabende Ergänzung der methodisch anspruchsvollen Verfahren der → multivariaten Statistik.

Greis-Kind-Relation
Age-Child-Ratio, Quotient aus der Zahl der 65-jährigen und älteren Personen ("Greise") und der Zahl der 15-jährigen und jüngeren Personen ("Kinder") eines → Bevölkerungsstands, Maßzahl der → Bevölkerungsstatistik zur Beschreibung der → Altersstruktur der Bevölkerung eines

geographischen Gebiets zu einem bestimmten Zeitpunkt. Eine G.-K.-R. > 1 ist ein Kennzeichen für eine "überalterte" Bevölkerung. Für die Bundesrepublik Deutschland errechnete man per 3.10.1990 eine G.-K.-R. von 0,933 und zum Jahresende 1970 eine vergleichbare G.-K.-R. von 0,597. Entfielen in Deutschland zum Jahresende 1970 nur 597 "Greise" auf 1000 "Kinder", so waren es zur deutschen Vereinigung bereits 933 "Greise" je 1000 "Kinder". Mit Hilfe der G.-K.-R. und der → Alterslastquote läßt sich die Altersstruktur einer Bevölkerung, wenn auch nur grob, beschreiben. Per 3.10.1990 errechnete man die folgende Altersstruktur: Der Anteil der jünger als 15 Jahre alten Personen (Kinderanteil) errechnet sich aus dem Quotienten von Alterslastquote (die per 3.10.1990 0,15 betrug) und G.-K.-R. zu 0,15/0,933 = 0,16. Da die Alterslastquote den Anteil der 65-jährigen und älteren Personen am Bevölkerungsstand (Greisanteil) beinhaltet, ergibt sich in logischer Konsequenz für die 15-jährigen und älteren, aber jünger als 65 Jahre alten Personen ein Anteil von 1 - 0,15 - 0,16 = 0,69. Gelegentlich verwendet man für die Berechnung der G.-K.-R. auch mittlere Bevölkerungsstandsdaten (→ chronologisches Mittel).

Grenzwertsätze

Aussagen über das Grenzverhalten von Folgen zufälliger Variablen und ihren Wahrscheinlichkeitsverteilungen. G. geben z.B. Bedingungen für die Konvergenz einer Folge von Verteilungsfunktionen oder Dichtefunktionen gegen eine Grenzverteilungsfunktion oder Grenzdichtefunktion an. Über die G. liegt eine umfangreiche und detaillierte Theorie vor. Innerhalb der G. gibt der → zentrale Grenzwertsatz hinreichende und notwendige Bedingungen für die Konvergenz der Verteilungsfunktion einer Summe unabhängiger zufälliger Variablen gegen die Normalverteilung bei zunehmendem Umfang der Zufallsstichprobe an.

Griechisch-lateinisches Quadrat

Quadratische Anordnung von verschiedenen Elementenpaaren (z.B. lateinische und griechische Buchstaben), so daß jede Variation zweiter Ordnung der p verschiedenen Elemente genau einmal vorkommt und in jeder Zeile und Spalte alle p Elemente enthalten sind. In der → Versuchsplanung ist das g.-l.Q. ein spezieller vollständiger Blockplan, mit dem die Wirkung von vier (Einfluß-) Faktoren X_1, X_2, X_3 und X_4 mit jeweils p Stufen auf eine Ergebnisvariable Y geprüft werden soll, wobei eine mögliche systematische gegenseitige Beeinflussung der Faktoren X_1 und X_2 einerseits und der Faktoren X_3 und X_4 andererseits auszuschalten ist. Beispiel: Für p = 4 hat das g.-l. Q. allgemein die Gestalt

Stufen des Faktors X_1	Stufen des Faktors X_2			
	1	2	3	4
1 2 3 4	(Stufe von X_3, Stufe von X_4)			

Die Stufen von X_1 sind den Zeilen, die Stufen von X_2 den Spalten und die Stufen von X_3 und X_4 den Zahlenpaaren des Quadrates zugeordnet. Das nachstehende g.-l.Q.

Stufen von X_1	Stufen von X_2			
	1	2	3	4
1	(1,1)	(2,2)	(3,3)	(4,4)
2	(2,4)	(1,3)	(4,2)	(3,1)
3	(3,2)	(4,1)	(1,4)	(2,3)
4	(4,3)	(3,4)	(2,1)	(1,2)

ist wie folgt zu interpretieren: Befindet sich z.B. der Faktor X_1 auf der Stufe 3 und der Faktor X_2 auf der Stufe 2, dann ist der Versuch mit dem Faktor X_3 auf der Stufe 4 und dem Faktor X_4 auf der Stufe 1 durchzuführen. Zur statistischen Auswertung wird die → Varianzanalyse verwendet.

Größenklasse → Klasse

Größenproportionales Stichprobenverfahren

Spezielles bedingtes Zufallsauswahlverfahren (→ Stichprobenverfahren), bei dem die Auswahlwahrscheinlichkeiten der Erhebungseinheiten proportional zu ihrer Größe sind. Beispiel: Die Erhebungseinheiten "Gemeinden" haben eine Auswahlwahrscheinlichkeit proportional zu ihrer Einwohnerzahl.

Grundgesamtheit

Gesamtheit, Kollektiv, Masse, Population, Menge eindeutig definierter statistischer → Elemente mit festgelegten, gleichen Ausprägungen von sachlichen, räumlichen und zeitlichen Identifikationsmerkmalen (→ Merkmal). Die Festlegung der Identifikationsmerkmale auf bestimmte Ausprägungen erlaubt eine exakte Entscheidung, ob ein Element zur betrachteten G. gehört oder nicht. Beispiel: Die Menge aller zum Jahresende 1992 in der Bundesrepublik Deutschland wohnhaften Personen bildet die statistische G. "Bevölkerung Deutschlands" zum genannten Zeitpunkt. Die Anzahl der Elemente einer G. heißt Umfang der G., wobei grundsätzlich endliche und unendliche G. unterschieden werden. Eine gegebene G. kann durch Festlegung weiterer Merkmale auf bestimmte Ausprägungen in Teilgesamtheiten untergliedert werden (→ Klassifizierung, → Systematik). Beispiel: Die G. der Güter des derzeitig von der → amtlichen Statistik verwendeten → Warenkorbs wird durch Festlegung des Verwendungszwecks in Warenhauptgruppen eingeteilt. G. können zum Zeitpunkt der statistischen Untersuchung wie folgt unterschieden werden: a) konkrete (reale) G., wenn alle Elemente konkret vorliegen (z.B. die Menge der Studenten einer Universität), b) teilweise konkrete G., wenn nur ein Teil der Elemente vorliegt (z.B. von der Gesamtproduktion einer Anlage als G. ist nur eine Tagesproduktion gegeben), und c) hypothetische G., worunter die Menge sämtlicher, unter gleichen Bedingungen zustande kommender Ergebnisse eines Zufallsexperimentes verstanden wird (z.B. die Menge aller möglichen Würfe mit einem Würfel). Nach der Verweildauer bzw. der zeitlichen Abgrenzung der Elemente einer G. unterscheidet man zwischen → Bestandsmasse und → Bewegungsmasse. Die Elemente der G. weisen neben den Identifikationsmerkmalen eine ganze Reihe weiterer Eigenschaften auf, von denen einige als Erhebungsmerkmale von Interesse bei einer statistischen → Erhebung sind (z. B. Alter, Geschlecht, Wohnort, Beruf bei den Elementen der G. Bevölkerung). Hinsichtlich dieser Merkmale werden die über die Elemente variierenden Ausprägungen erfaßt und deren → Verteilung untersucht (z.B. die Altersverteilung der Bevölkerung) bzw. Maßzahlen berechnet (z.B. das Durchschnittsalter). Werden alle Elemente einer G. statistisch erhoben, spricht man von einer Total- oder Vollerhebung. Eine Teilerhebung oder → Stichprobe liegt vor, wenn nicht alle Elemente, sondern nur ein ausgewählter Teil der Elemente einer G. erhoben wird, wobei eine → bewußte Auswahl oder eine Zufallsauswahl (→ Stichprobenverfahren) erfolgen kann. Beispiel: In der Bundesrepublik Deutschland wird alle 5 Jahre eine Einkommens- und Verbrauchsstichprobe (etwa 50000 Haushalte) aus der G. aller inländischen privaten Haushalte erhoben. Für die → deskriptive Statistik ist die Unterscheidung von Total- und Teilerhebung insoweit ohne Belang, als nur statistische Aussagen über die erfaßte Masse erlaubt sind. In der → induktiven Statistik werden dagegen Rückschlüsse von den Ergebnissen einer Stichprobe auf die unbekannten Verteilungen und/oder Parameter der Merkmale in der G. gezogen.

Gruppe → Klasse

Gruppenbildung → Klassierung

Gruppenbreite → Klassenbreite

Gruppengrenze → Klassengrenze

Gruppenhäufigkeit → Häufigkeit

Gruppenmitte → Klassenmitte

Gruppenmittel → Klassenmittel

Gruppierung → Klassierung

Gütefunktion

Powerfunktion, Macht eines Tests, Teststärke, Funktion $G(\pi)$, die die Trennschärfe eines → Tests, also dessen Fähigkeit, eine falsche → Nullhypothese als solche erkennbar zu machen, ausdrückt. Die G. gibt in Abhängigkeit vom wahren Wert des Parameters π die Wahrscheinlichkeit der Ablehnung der Nullhypothese über diesen Parameter an. Dabei werden das → Signifikanzniveau α, der Stichprobenumfang n sowie der laut Nullhypothese vorgegebene Wert π_0 des Parameters als konstant betrachtet. Bei der Durchführung eines Tests zum Überprüfen der Nullhypothese H_0 gegen die Alternativhypothese H_1 sind vier Entscheidungssituationen möglich:

a) H_0 wird abgelehnt (gleichbedeutend mit der Annahme von H_1, symbolisiert mit "H_1"), und in Wirklichkeit ist H_1 richtig (korrekte Entscheidung): "H_1"| H_1.

b) H_0 wird abgelehnt, obwohl sie in Wirklichkeit richtig ist (→ Fehler erster Art): "H_1"| H_0.

c) H_0 wird nicht abgelehnt (symbolisiert mit "H_0") und ist in Wirklichkeit richtig (korrekte Entscheidung): "H_0"| H_0.

d) H_0 wird nicht abgelehnt, obwohl H_1 in Wirklichkeit richtig ist (→ Fehler zweiter Art): "H_0"| H_1.

Entscheidungen über die Hypothesen bei einem Test auf der Grundlage von Stichproben sind prinzipiell zufällig. Die Wahrscheinlichkeiten für die Entscheidung a) bzw. b) in Abhängigkeit vom wahren Wert des Parameters π können direkt aus der G. $G(\pi)$ entnommen werden:

a) Wenn der wahre Wert des Parame-

ters π Element der Alternativhypothese H_1 (d.h. des durch H_1 bestimmten Parameterbereichs Π_1) ist, gibt $G(\pi)$ die Wahrscheinlichkeit für die berechtigte Annahme der H_1 an:
$G(\pi)=P("H_1"|H_1)=1-\beta$ für alle $\pi \in \Pi_1$.
b) Wenn der wahre Wert des Parameters π Element der Nullhypothese H_0 (d.h. des durch H_0 bestimmten Parameterbereichs Π_0) ist, gibt $G(\pi)$ die Wahrscheinlichkeit für den Fehler 1. Art an: $G(\pi) = P("H_1"|H_0) \leq \alpha$ für alle $\pi \in \Pi_0$. Für $\pi = \pi_0$ ist $G(\pi_0) = \alpha$, dem vorgegebenen Signifikanzniveau. Die Wahrscheinlichkeiten für die Entscheidungen c) bzw. d) können als $1-G(\pi)$ ermittelt werden. $1-G(\pi)$ wird als Operationscharakteristik bezeichnet und gibt die Wahrscheinlichkeit für die Beibehaltung der Nullhypothese in Abhängigkeit vom wahren Wert des Parameters π an. Für diese Testentscheidungen gilt somit:
c) Wenn der wahre Wert des Parameters π Element der Nullhypothese H_0 (d.h. des durch H_0 bestimmten Parameterbereichs Π_0) ist, gibt $1-G(\pi)$ die Wahrscheinlichkeit für die berechtigte Annahme von H_0 an: $1-G(\pi) = P("H_0"|H_0) \geq 1 - \alpha$ für alle $\pi \in \Pi_0$. Für $\pi = \pi_0$ ist $1 - G(\pi_0) = 1 - \alpha$.
d) Wenn der wahre Wert des Parameters π Element der Alternativhypothese H_1 (d.h. des durch H_1 bestimmten Parameterbereichs Π_1) ist, gibt $1 - G(\pi)$ die Wahrscheinlichkeit für den Fehler 2. Art an: $1 - G(\pi) = P("H_0"|H_1) = \beta$ für alle $\pi \in \Pi_1$. I.allg. versucht man, einen Test so zu wählen, daß die Fehlerwahrscheinlichkeiten möglichst klein sind. Beide Fehlerwahrscheinlichkeiten lassen sich aber nicht gleichzeitig beliebig verringern.

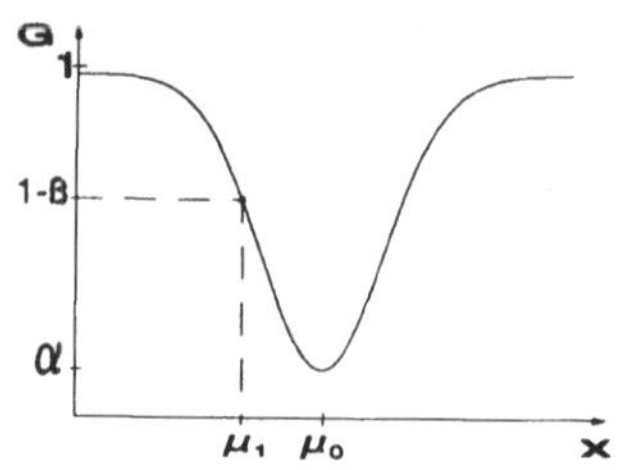

Die obige Abbildung zeigt die G. eines zweiseitigen $\rightarrow$ Gauß-Tests für die Nullhypothese H_0: $\mu = \mu_0$ gegen die Alternativhypothese H_1: $\mu=\mu_1\neq\mu_0$ in Abhängigkeit vom wahren Wert des Erwartungswertes μ einer normalverteilten Zufallsvariablen X mit bekannter Varianz σ^2 der Grundgesamtheit bei vorgegebenem Signifikanzniveau α und festem Stichprobenumfang n. Es ist zu erkennen, daß die Wahrscheinlichkeit G für eine Ablehnung der Nullhypothese fast 1 ist, wenn μ_1 weit von μ_0 entfernt ist. Sie nähert sich dagegen der Wahrscheinlichkeit des Fehlers 1. Art α, wenn μ_1 nahe bei μ_0 liegt.

Gutgrenze $\rightarrow$ Attributprüfung, $\rightarrow$ Variablenprüfung

Gut-Schlecht-Prüfung $\rightarrow$ Attributprüfung

H

Harmonische Analyse

Näherungsweise Zerlegung einer mittelwertbereinigten → Zeitreihe mit n Beobachtungen x_t, t = 1,..., n, in eine Summe spezieller → zyklischer Funktionen (harmonische Wellen)

$$h_k(t) = a_k \cos\left(\frac{2\pi k t}{n}\right) + b_k \sin\left(\frac{2\pi k t}{n}\right)$$

mit einem Approximationsfehler ε_t

$$x_t - \bar{x} = \sum_{k=1}^{m} h_k(t) + \varepsilon_t \,,$$

wobei $\bar{x}$ das arithmetische Mittel und $m \leq n/2$ (harmonischer Ansatz) ist. Jede harmonische Welle stellt eine mögliche → periodische Schwankung der Länge n/k bzw. der → Frequenz λ = k/n in den Zeitreihendaten dar. Die höchste sinnvolle Frequenz beträgt 1/2 (Nyquist-Frequenz). Diese entspricht einer Schwingung mit der Länge von 2 Perioden. Für k < n/2 lassen sich die Winkelfunktionen einer harmonischen Welle zusammenfassen

$$h_k(t) = R_k \cos(\frac{2\pi k}{n} t + \varphi_k)$$

mit den beiden Parametern Amplitude R_k

$$R_k = \sqrt{a_k^2 + b_k^2}$$

und Phase φ_k

$$\varphi_k = \arctan\left(-\frac{b_k}{a_k}\right) .$$

Die Koeffizienten a_k und b_k eines harmonischen Ansatzes lassen sich für gerades n mit m = n/2 harmonischen Wellen nach der → Methode der kleinsten Quadrate eindeutig bestimmen. Für ungerades n gilt diese Aussage ebenfalls, wenn neben den m = (n-1)/2 harmonischen Wellen eine weitere zyklische Funktion

$$a_{\frac{n-1}{2}+1} \cdot \cos(\pi t)$$

hinzugenommen wird. Mittels der h. A. ist eine Zerlegung der Zeitreihenvarianz nach den Beiträgen der einzelnen harmonischen Wellen zur Gesamtvarianz möglich:

$$\frac{1}{n}\sum_{t=1}^{n} (x_t - \bar{x})^2 = \sum_{k=1}^{\frac{n}{2}} \frac{R_k^2}{2} + \sigma_\varepsilon^2 .$$

Jede in der Zeitreihe enthaltene periodische Schwingung liefert über das Amplitudenquadrat R_k^2 der zugehörigen harmonischen Welle einen Varianzbeitrag. Diese Zerlegung wird zur Aufdeckung verborgener Periodizitäten genutzt (→ Periodogramm). Die h. A. kann direkt zur → Prognose einer Zeitreihe genutzt werden, sofern neben dem Saisonmuster kein Trend zu verzeichnen ist. Für eine h-

Harmonischer Index

Schritt-Prognose gilt dann:

$$\hat{x}_t(h) = \bar{x} + \sum_{k=1}^{m} h_k(t+h) \; .$$

Bei der (nichtstochastischen) Dekomposition einer Zeitreihe ($\rightarrow$ Berliner Verfahren) wird die Saisonkomponente meist über eine h. A. modelliert.

Harmonischer Index $\rightarrow$ Paasche-Index

Harmonisches Mittel

Spezieller $\rightarrow$ Mittelwert, der für verhältnisskalierte ($\rightarrow$ Skala) Merkmale mit Merkmalswerten $x_i \neq 0$ ($i=1,...,n$) angewandt werden kann. Das einfache h. M. $\bar{x}_H$ ist definiert als

$$\bar{x}_H = \frac{n}{\sum_{i=1}^{n} \frac{1}{x_i}} \, ,$$

und das gewogene h.M. als

$$\bar{x}_H = \frac{\sum_{j=1}^{k} g_j}{\sum_{j=1}^{k} \frac{g_j}{x_j}} \, ,$$

worin die g_j Gewichte für die Merkmalswerte x_j sind. Das Ergebnis des h. M. ist ein Durchschnittswert. Seine sachlogische Bedeutung liegt in folgender Bedingung: Das Merkmal X ist das Verhältnis zweier Größen. Die Merkmalswerte sind Verhältniszahlen

$$x_j = \frac{g_j}{h_j} \, , \qquad j = 1,...,k \, ,$$

und neben den Merkmalswerten x_j sind die Zählergrößen g_j gegeben. Beispiel: Ein Pkw durchfährt eine aus k unterschiedlich langen Teilstrecken bestehende Gesamtstrecke mit verschiedenen Geschwindigkeiten. Wie groß ist die Durchschnittsgeschwindigkeit entlang der Gesamtstrecke bei gleicher benötigter Gesamtzeit? Das Merkmal X ist die Geschwindigkeit als Verhältnis von Streckenlänge (in km) zur Zeit (in Stunden). Entsprechend obigen Symbolen sind für die j-te Teilstrecke ($j=1,...,k$): x_j die Geschwindigkeit, g_j die Streckenlänge und h_j die benötigte Zeit. Die Durchschnittsgeschwindigkeit ist definiert als Gesamtstrecke dividiert durch die benötigte Gesamtzeit:

$$\frac{\sum_{j=1}^{k} g_j}{\sum_{j=1}^{k} h_j} \; .$$

Neben den Geschwindigkeiten x_j sind die Längen g_j der k Teilstrecken, d.h. die Zählerwerte der Verhältniszahlen, bekannt. Für die unbekannten Nennerwerte wird $h_j = g_j/x_j$ gesetzt. Somit folgt für die Durchschnittsgeschwindigkeit die Berechnungsweise als gewogenes h. M.

$$\frac{\sum_{j=1}^{k} g_j}{\sum_{j=1}^{k} h_j} = \frac{\sum_{j=1}^{k} g_j}{\sum_{j=1}^{k} \frac{g_j}{x_j}} = \bar{x}_H \; .$$

Sind die k Teilstrecken gleich lang, führt dies zum einfachen h. M. Sind neben den Geschwindigkeiten x_j jedoch die benötigten Zeiten der einzelnen Teilstrecken (Nennerwerte der Verhältniszahlen) bekannt, so werden die unbekannten Zählerwerte durch $g_j = x_j h_j$ ersetzt, und für die Durchschnittsgeschwindigkeit folgt die Berechnungsweise als $\rightarrow$ arithmetisches

Mittel

$$\frac{\sum\limits_{j=1}^{k} g_j}{\sum\limits_{j=1}^{k} h_j} = \frac{\sum\limits_{j=1}^{k} x_j h_j}{\sum\limits_{j=1}^{k} h_j} = \bar{x} \ .$$

H. M. und arithmetisches Mittel, mit den sachlogisch richtigen Gewichten berechnet, führen zum gleichen numerischen Ergebnis.

Häufigkeit

Besetzungszahl einer Ausprägung oder einer Klasse von Ausprägungen eines Merkmals bzw. des gleichzeitigen Auftretens mehrerer Merkmale. Unterschieden werden a) die absolute H., b) die relative H. und c) die bedingte relative H.

a) Als absolute H. wird die Anzahl der statistischen Elemente einer Gesamtheit oder → Stichprobe vom Umfang n bezeichnet, die genau eine bestimmte Ausprägung eines Merkmals X besitzen. Sind x_j (j = 1,..., k) die verschieden aufgetretenen Merkmalsausprägungen, so schreibt man für die absolute H. h(X = x_j) oder h(x_j) oder kurz h_j. Wurde eine → Klassierung der Merkmalsausprägungen in k Klassen vorgenommen, so heißt die Anzahl der Elemente, die eine Merkmalsausprägung aus einer Klasse aufweisen, die absolute Klassenhäufigkeit (bzw. Gruppenhäufigkeit). Sie wird ebenfalls in der Form h(x_j) oder kurz h_j symbolisiert, wobei x_j die → Klassenmitte der j-ten Klasse ist. Für die absolute H. gilt

$$0 \le h(x_j) \le n \ , \qquad j = 1,..., k$$

und

$$\sum\limits_{j=1}^{k} h(x_j) = n \ .$$

Werden bei einer Untersuchung mehrere Merkmale, z.B. das Merkmal X mit den Ausprägungen x_i (i=1,...,k) und das Merkmal Y mit den Ausprägungen y_j (j=1,...,m), beobachtet, so heißt die Anzahl der Elemente, die gleichzeitig die Merkmalsausprägungen x_i und y_j bzw. Werte aus der i-ten Klasse von X und der j-ten Klasse von Y aufweisen, die gemeinsame absolute H., die als h(x_i, y_j) oder kurz h_{ij} geschrieben wird. Diese H. können ebenfalls nicht kleiner als Null und nicht größer als n sein. Ihre Summe ist gleich n. - Die absoluten H. eignen sich wenig für Vergleiche, da sie stark vom Umfang n der Gesamtheit abhängen.

b) Relative H. wird der Anteil der absoluten H. am Umfang der Gesamtheit bzw. der Stichprobe genannt. Wird sie mit f(x_j) im Falle eines Merkmals X und mit f(x_i, y_j) für zwei Merkmale X und Y bezeichnet, so folgt

$$f(x_j) = \frac{h(x_j)}{n}$$

bzw.

$$f(x_i, y_j) = \frac{h(x_i, y_j)}{n} \ .$$

Wird ihr Wert mit 100 multipliziert, ist sie als Prozentaussage interpretierbar. Für die relative H. gelten die beiden Bedingungen

$$0 \le f(x_j) \le 1 \ , \qquad \sum\limits_{j=1}^{k} f(x_j) = 1$$

bzw.

$$0 \le f(x_i, y_j) \le 1, \qquad \sum\limits_{i=1}^{k} \sum\limits_{j=1}^{m} f(x_i, y_j) = 1.$$

Die relativen H. eignen sich besonders für Vergleiche.

c) Bei einer statistischen Erhebung werden beispielsweise die Ausprägungen von zwei Merkmalen X und Y erfaßt. Von den insgesamt n Elementen interessiert man sich jedoch nur für diejenigen Elemente, bei denen das Merkmal Y die Ausprägung y_j (bzw. eine Ausprägung aus der Klasse j) angenommen hat. Durch diese Bedingung reduziert sich die Anzahl der einzubeziehenden Elemente auf die absolute H. $h(y_j)$. Der Anteil der Elemente, die bezüglich des Merkmals X die Ausprägung x_i (bzw. eine Ausprägung aus der i-ten Klasse) aufweisen, an der Anzahl der Elemente mit der Merkmalsausprägung y_j ist die bedingte relative H., die mit $f(x_i \mid y_j)$ symbolisiert wird:

$$f(x_i \mid y_j) = \frac{h(x_i,y_j)}{h(y_j)} = \frac{f(x_i,y_j)}{f(y_j)}$$

mit $h(y_j) > 0$ bzw. $f(y_j) > 0$ und $i = 1,...,k$ und $j = 1,...,m$. In gleicher Weise kann die bedingte relative H. $f(y_j \mid x_i)$ berechnet werden:

$$f(y_j \mid x_i) = \frac{h(x_i,y_j)}{h(x_i)} = \frac{f(x_i,y_j)}{f(x_i)} ,$$

worin $h(x_i)$ bzw. $f(x_i)$ größer als null sein müssen. Für bedingte relative H. gilt analog

$$0 \leq f(x_i \mid y_j) \leq 1 \; ; \; \sum_{i=1}^{k} f(x_i \mid y_j) = 1$$

$$0 \leq f(y_j \mid x_i) \leq 1 \; ; \; \sum_{j=1}^{m} f(y_j \mid x_i) = 1 .$$

Die Auflistung aller Merkmalsausprägungen zusammen mit den absoluten oder relativen H. für ein Merkmal ergibt die eindimensionale → Häufig-

keitsverteilung und für zwei Merkmale die zweidimensionale Häufigkeitsverteilung (→ Kontingenztabelle, → Korrelationstabelle).

Beispiel: Die Erfassung der Sterbefälle in der Bundesrepublik Deutschland 1989 nach dem Geschlecht (Merkmal X) mit den Merkmalsausprägungen männlich (x_1) und weiblich (x_2) ergab insgesamt 697730 (= n) Sterbefälle, davon 326008 männliche Sterbefälle und 371722 weibliche Sterbefälle (Quelle: Statistisches Bundesamt [Hrsg.], Statistisches Jahrbuch 1992 für die Bundesrepublik Deutschland, S. 464). Die beiden letzten Angaben sind die absoluten H. $h(x_1)$ und $h(x_2)$, woraus sich leicht die relativen H. als $f(x_1) = 0,47$ und $f(x_2) = 0,53$ errechnen lassen. Bezieht man bei der Erfassung zusätzlich die Todesursache (Merkmal Y) ein, so beträgt z.B. die Anzahl der Sterbefälle durch Krankheiten des Kreislaufsystems (Merkmalsausprägung y_1) 342816 = $h(y_1)$. Das entspricht 49 % aller Sterbefälle (relative H. $f(y_1) \cdot 100$ %). Die Sterbefälle aufgrund dieser Todesursache untergliedern sich nach dem Geschlecht (X) in 146104 männliche Fälle als gemeinsame absolute H. $h(x_1,y_1)$ und 196712 weibliche Fälle als $h(x_2,y_1)$. 21 % aller Sterbefälle betreffen Männer, bei denen der Tod durch Krankheiten des Kreislaufsystems verursacht wurde. Dies berechnet sich als

$$f(x_1,y_1) = \frac{146\,104}{697\,739} = 0,21 .$$

Als bedingte relative H. ergibt sich z.B.

$$f(y_1 \mid x_1) = \frac{146\,104}{326\,008} = 0,45 ,$$

d.h., 45 % der männlichen Sterbefälle

hatten als Ursache Krankheiten des Kreislaufsystems.

Häufigkeitsdichte

Bei klassierten Beobachtungswerten der Quotient aus (absoluter bzw. relativer) Häufigkeit der Klasse und Klassenbreite:

$$h'(x_j) = \frac{h(x_j)}{x_j^o - x_j^u},$$

$$f'(x_j) = \frac{f(x_j)}{x_j^o - x_j^u}.$$

Darin sind $h(x_j)$ bzw. $f(x_j)$ die absolute bzw. relative Häufigkeit der j-ten Klasse (j = 1,..., k), x_j^u die untere und x_j^o die obere Klassengrenze der j-ten Klasse, wobei die Beobachtungen in k Klassen unterteilt wurden. Die H. wird u.a. für die graphische Darstellung der empirischen Häufigkeitsverteilung klassierter Beobachtungswerte mittels eines → Histogramms und für die Berechnung des → Modus benötigt.

Häufigkeitspolygon → Liniendiagramm, → Polygondarstellung

Häufigkeitstabelle → Häufigkeitsverteilung, → Kontingenztabelle, → Korrelationstabelle

Häufigkeitsverteilung

Zuordnung von absoluten oder relativen Häufigkeiten zu allen Ausprägungen eines Merkmals bzw. zu allen Kombinationen von Ausprägungen mehrerer Merkmale. Die allgemeine Darstellungsform der H. ist die Häufigkeitstabelle. Die H. ist das Ergebnis der Aufbereitung der Beobachtungsdaten und Grundlage für die Anwendung vieler statistischer Analysemethoden. Die H. läßt erkennen, wie sich die statistischen Elemente über die Merkmalsausprägungen verteilen, und gibt somit ein Gesamtbild der Struktur der Daten. Unterschieden werden: a) die eindimensionale, b) die zwei- bzw. mehrdimensionale und c) die bedingte H.

a) Eindimensionale H.: Sind x_j (j = 1,..., k) die verschieden aufgetretenen Ausprägungen eines Merkmals X, $h(x_j)$ die absoluten und $f(x_j)$ die relativen Häufigkeiten und n der Umfang der Gesamtheit bzw. → Stichprobe, so ergibt sich folgendes Schema der H. in Form der Häufigkeitstabelle:

j	x_j	$h(x_j)$	$f(x_j)$
1	x_1	$h(x_1)$	$f(x_1)$
2	x_2	$h(x_2)$	$f(x_2)$
⋮	⋮	⋮	⋮
k	x_k	$h(x_k)$	$f(x_k)$
		n	1,00

Bei nominalskalierten Merkmalen ist die Reihenfolge der Merkmalsausprägungen willkürlich, bei ordinalskalierten und metrisch skalierten Merkmalen ist sie durch die Ordnungsrelationen bestimmt. Wurde eine → Klassierung der Werte eines metrisch skalierten Merkmals in k Klassen mit den → Klassenmittten x_j vorgenommen (mit x_j^u bzw. x_j^o als untere bzw. obere Klassengrenze), so sieht die H. wie folgt aus:

j	$x_j^u < X \leq x_j^o$	$h(x_j)$	$f(x_j)$
1	$x_1^u < X \leq x_1^o$	$h(x_1)$	$f(x_1)$
2	$x_2^u < X \leq x_2^o$	$h(x_2)$	$f(x_2)$
⋮	⋮	⋮	⋮
k	$x_k^u < X \leq x_k^o$	$h(x_k)$	$f(x_k)$
		n	1,00

In Abhängigkeit von der Einbeziehung der → Klassengrenzen kann in der zweiten Spalte der Tabelle auch $x_j^u \leq X < x_j^o$ stehen.

Beispiel für eine H. nichtklassierter Daten: In Umlauf befindliche Banknoten der Deutschen Bundesbank 1991 (Jahresende):

Stückelung (in DM)	Anzahl der Banknoten (Mill.)	Prozent (gerundet)
1000,-	46,88	2,3
500,-	42,952	2,1
200,-	48,18	2,3
100,-	738,43	35,9
50,-	365,16	17,8
20,-	333,95	16,2
10,-	424,2	20,6
5,-	57,2	2,8
Gesamt	2056,952	100,0

Berechnet nach: Statistisches Bundesamt (Hrsg.), Statistisches Jahrbuch 1992 für die Bundesrepublik Deutschland, S. 372

Die erste Spalte der Tabelle gibt die Ausprägungen des Merkmals X = {Stückelung der Banknoten in DM}, die zweite Spalte die absolute H. für jede Stückelung und die dritte Spalte die prozentuale relative H. an.

Besonders anschaulich ist die graphische Darstellung der H., deren Form von der → Skalierung des Merkmals abhängig ist. Die H. eines nominalskalierten Merkmals kann mittels eines → Kreisdiagramms oder → Säulendiagramms, die H. eines ordinalbzw. metrisch skalierten, nicht klassierten Merkmals mittels eines → Stabdiagramms und die H. eines metrisch skalierten, klassierten Merkmals als → Histogramm graphisch dargestellt werden.

b) Zweidimensionale H.: Werden bei einer Erhebung zwei Merkmale X

und Y gleichzeitig erfaßt, ergibt sich durch die Zuordnung der gemeinsamen absoluten bzw. relativen Häufigkeiten zu den Paaren von Merkmalsausprägungen die zweidimensionale H., deren Darstellungsform eine → Kontingenztabelle oder → Korrelationstabelle ist. Bei stetigen Merkmalen, die nicht klassiert sind (→ Klassierung) treten die Beobachtungspaare kaum mehrfach auf, so daß i.allg. folgende Tabelle

i	x_i	y_j
1	x_1	y_1
2	x_2	y_2
⋮	⋮	⋮
k	x_k	y_k

und als graphische Darstellung das → Streuungsdiagramm gewählt werden.

c) Bedingte H.: Wurden für die beiden Merkmale X und Y k bzw. m Ausprägungen beobachtet, so ergeben sich durch die Zuordnung von bedingten relativen → Häufigkeiten zu den Ausprägungen eines Merkmals 1.) m bedingte H. des Merkmals X unter der Bedingung, daß eine bestimmte Ausprägung y_j (j=1,...,m) des Merkmals Y aufgetreten ist, und 2.) k bedingte H. des Merkmals Y unter der Bedingung, daß eine bestimmte Ausprägung x_i (i = 1,...,k) des Merkmals X eingetreten ist. Bedingte H. sind eindimensionale H., da nur noch eines der Merkmale variiert.

Hauptkomponentenanalyse

Analyseverfahren der → multivariaten Statistik, das von der Modellannahme ausgeht, daß die standardisierten Variablen Z_j der betrachteten n Objekte (i=1,2,...n) für jeweils p Merkmale (Variable) X_j (j=1,...,p) durch eine orthogonale Linearkombination $Z_j =$

$a_{j1}H_1 + a_{j2}H_2 + ... + a_{jq}H_q$ der Einflüsse von wenigen hypothetischen (nicht beobachtbaren) Variablen H_k, (k=1, ...,q), beschrieben werden können. Die standardisierten Werte z_{ij} erhält man aus den Beobachtungswerten x_{ij} gemäß der Vorschrift $z_{ij}=(x_{ij} - \bar{x}_j)/s_j$, worin $\bar{x}_j$ das arithmetische Mittel, s_j die Standardabweichung der Variablen X_j und a_{jk} die Faktorladungen sind. Erfolgt die Transformation so, daß H_1 das Maximum der Varianz der Punktwolke im Merkmalsraum, H_2 das Maximum der restlichen Varianz usw. erklärt, so entsteht eine der Varianzgröße nach geordnete Folge von nichtkorrelierenden Variablen $H_1,..., H_q$, die Folge der sogenannten ersten, zweiten usw. Hauptkomponente. Unter bestimmten Annahmen hinsichtlich der $\rightarrow$ Skalierung kann gezeigt werden, daß der Erklärungsanteil der Hauptkomponenten im Hinblick auf die Varianz aller Variablen $X_1,..., X_p$ durch die Eigenwerte λ_j (j=1,2,...,p) der $\rightarrow$ Korrelationsmatrix $R = (1/(n-1))Z'Z$ beschrieben werden kann. Die Matrix $Z=[z_{ij}]$ ist die Matrix der standardisierten Werte z_{ij}. Die Koeffizienten a_{jk} entsprechen den Komponenten des zu λ_j (j=1, ...,p) gehörenden Eigenvektors u_j. Die Erklärungsanteile der Hauptkomponenten machen in den meisten Fällen deutlich, daß eine Variablenreduzierung ohne wesentliche Informationsverluste vorgenommen werden kann. So wird üblicherweise vorgeschlagen, Hauptkomponenten mit Eigenwerten größer als eins zu verwenden, d.h. zu extrahieren (Kaiser-Kriterium). Die mögliche Reduzierung einer Vielzahl von Variablen X_j (j=1,...,p) auf wenige wichtige Hauptkomponenten H_k (k=1,2,...q) mit q < p ist auch der Grund dafür, daß die H. u.a. als Faktorextraktionsverfahren in der $\rightarrow$ Faktoranalyse eingesetzt wird. Der Ablauf der H. ist in dem angegebenen Schema skizziert.

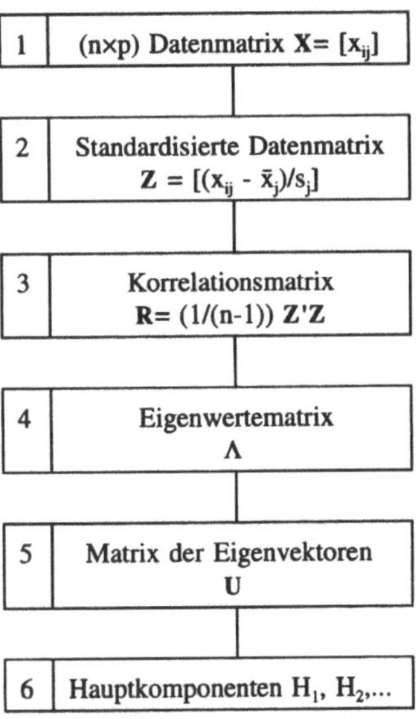

Beispiel: In 10 Stadtbezirken (Objekte, i=1,...,10) sind die Merkmale Einwohneranzahl (X_1) und Beschäftigtenanzahl (X_2) beobachtet worden. Die Beobachtungspunkte ($x_{1,1}$, $x_{1,2}$), ($x_{2,1}$, $x_{2,2}$), ..., ($x_{10,1}$, $x_{10,2}$) sind in dem zweidimensionalen Merkmalsraum durch Kreuze dargestellt:

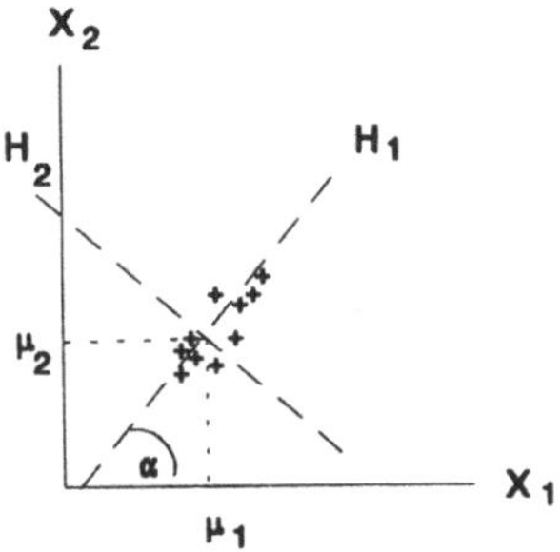

Die H. transformiert das Koordinatensystem der Merkmale durch Verschiebung des Nullpunktes und Drehung der Koordinatenachsen in das Koordinatensystem der Hauptachsen der Streuungsellipse. Die Forderung $Var(H_1) \geq Var(H_2)$ sichert, daß die entstehenden Hauptkomponenten H_1 und H_2 geometrisch längs der großen bzw. kleinen Hauptachse der als elliptisch angenommenen Punktwolke liegen. Da der Varianzanteil von H_1 wesentlich größer als der von H_2 ist, kann H_1 als die wesentliche Erklärungsvariable (= Bevölkerungs- und Beschäftigtenkomponente) betrachtet werden.

Hauptsatz der mathematischen Statistik

Satz von Gliwenko, fundamentaler Satz, der besagt, daß die Verteilungsfunktion F(x) einer Zufallsvariablen X sich durch die empirische Verteilungsfunktion einer hinreichend großen Stichprobe approximieren läßt. Ist $(X_1, ..., X_n)$ die Stichprobe und $F_n(x) = H_n(x)/n$ die empirische Verteilungsfunktion mit $H_n(x)$ als absolute $\rightarrow$ Summenhäufigkeit der Stichprobenwerte, dann strebt für $n \rightarrow \infty$ $\sup_x |F_n(x) - F(x)|$ mit Wahrscheinlichkeit 1 gegen null. Der H.d.m.S. liefert die theoretische Begründung für die übliche Praxis, Wahrscheinlichkeitsverteilungen über empirische Verteilungen, d.h. aus den beobachteten relativen Häufigkeiten, zu schätzen.

Hazardrate → Ausfallrate

Herfindahl-Koeffizient

Herfindahl-Index, Hirschman-Index, Koeffizient zur Messung der absoluten $\rightarrow$ Konzentration. Gegeben sein muß ein metrisch skaliertes Merkmal mit nichtnegativen Merkmalswerten, die an n Merkmalsträgern einer Gesamtheit beobachtet wurden: $x_1, x_2,..., x_n$. Zur Berechnung des H.-K. werden die Summe S aller Merkmalswerte

$$S = \sum_{i=1}^{n} x_i$$

und die Anteile der einzelnen Merkmalsträger an der Merkmalssumme

$$a_i = \frac{x_i}{\sum_{i=1}^{n} x_i} \; ; \quad i = 1,...,n, \quad \sum_{i=1}^{n} a_i = 1$$

benötigt. Der H.-K. H ist definiert als die Summe der Anteilsquadrate:

$$H = \sum_{i=1}^{n} a_i^2 = \frac{\sum_{i=1}^{n} x_i^2}{\left(\sum_{i=1}^{n} x_i \right)^2} .$$

Der Variationsbereich des H.-K. ist $1/n \leq H \leq 1$. Im Fall maximaler Konzentration, wenn die Merkmalssumme auf einen einzigen Merkmalsträger entfällt und somit $a_i = 1$ für ein i und für alle anderen $a_j = 0$ $(j \neq i)$ gilt, ist H = 1. Im Fall minimaler Konzentration, wenn die Merkmalssumme sich gleichmäßig auf alle Merkmalsträger verteilt, gilt wegen $a_1 = a_2 = ... = a_n = 1/n$: H = 1/n. Hieran sieht man, daß der H.-K. auf die Anzahl der Merkmalsträger in der Gesamtheit reagiert, denn es ist ein Unterschied, ob z.B. 100 oder 5 gleich große Firmen in einer Branche tätig sind. Durch Fusion zweier Merkmalsträger verändert sich der Wert des H.-K., z.B. erhöht sich bei Fusion des ersten und zweiten Merkmalsträgers der H.-K. um $2a_1a_2$:

$$H = (a_1 + a_2)^2 + a_3^2 + ... + a_n^2$$

$$= \sum_{i=1}^{n} a_i^2 + 2a_1 a_2 .$$

Zwischen dem H.-K. und dem $\rightarrow$ Variationskoeffizienten v besteht folgender Zusammenhang: $H = (v^2 + 1)/n$.

Heteroskedastizität

Heteroskedastie, ungleiche Varianz der Störvariablen U_i (i = 1, ..., n) für unterschiedliche Zeitpunkte oder für Merkmalsträger in einem linearen $\rightarrow$ Regressionsmodell, wobei es ausreicht, wenn eine Störvariable eine andere Varianz als die anderen n - 1 Störvariablen aufweist. H. beinhaltet, daß die Streuung der Residuen ein systematisches Verhalten bei steigendem Zeit- bzw. Merkmalsträgerindex zeigt. Das tritt z.B. auf, wenn die Streuung der endogenen Variablen Y mit der Größe einer exogenen Variablen X_k (k = 1,...,m) zu- oder abnimmt, was in einem keilförmigen Streuungsdiagramm zum Ausdruck kommt ($\rightarrow$ Residualanalyse). In solchen Fällen kann oftmals durch eine geeignete $\rightarrow$ Transformation von Y und/oder X_k Varianzgleichheit erreicht werden. Liegt H. vor, ist eine wesentliche Annahme des klassischen linearen Regressionsmodells verletzt. Die Varianz-Kovarianz-Matrix der Störvariablen hat die folgende Gestalt:

$$\Sigma_U = \begin{pmatrix} \sigma_1^2 & 0 & ... & 0 \\ 0 & \sigma_2^2 & ... & 0 \\ \vdots & \vdots & ... & \vdots \\ 0 & 0 & ... & \sigma_n^2 \end{pmatrix},$$

wobei Abwesenheit von $\rightarrow$ Autokorrelation der Residuen vorausgesetzt wurde. Die Anwendung der klassischen $\rightarrow$ Methode der kleinsten Quadrate führt zu einer verzerrten Schätzung der Varianz der Residuen. Eine Prüfung auf H. ist erst nach der Schätzung des Regressionsmodells auf der Basis der Residuen möglich. Dafür werden u.a. der $\rightarrow$ Bartlett-Test und der $\rightarrow$ Goldfeld-Quandt-Test verwendet. Gegensatz: $\rightarrow$ Homoskedastizität.

Hierarchische Klassifikation $\rightarrow$ Klassifikation

Hirschman-Index $\rightarrow$ Herfindahl-Koeffizient

Histogramm

Graphische Darstellungsform der $\rightarrow$ Häufigkeitsverteilung metrisch skalierter Merkmale, die klassiert ($\rightarrow$ Klassierung) vorliegen. Auf der Abszissenachse werden die $\rightarrow$ Klassengrenzen und auf der Ordinatenachse die $\rightarrow$ Häufigkeitsdichten abgetragen. Über den Klassen werden Rechtecke in Höhe der Häufigkeitsdichten eingezeichnet, da nicht zwangsläufig alle Klassen die gleiche $\rightarrow$ Klassenbreite aufweisen müssen. Damit entspricht die Fläche der Rechtecke den relativen (Klassen-) $\rightarrow$ Häufigkeiten (flächenproportionale Darstellung). Der gesamte Flächeninhalt des H. ist gleich eins. Bei offenen Randklassen kann ein H. nicht gezeichnet werden. Beispiel: Die Prüfung von 100 Glühlampen bezüglich ihrer Lebensdauer in Stunden (Merkmal X) ergab folgende Häufigkeitsverteilung mit den relativen Häufigkeiten, wobei die Beobachtungswerte in Klassen eingeteilt wurden:

Hochpassfilter

$x_j^u < X \leq x_j^o$	Anteil $f(x_j)$
0 - 250	0,15
250 - 500	0,25
500 - 1000	0,40
1000 - 2000	0,20

Das folgende H. veranschaulicht diese Häufigkeitsverteilung graphisch, wobei der Maßstab der Abszisse $x \cdot 10$ und der der Ordinate $f'(x) \cdot 10^{-4}$ ist:

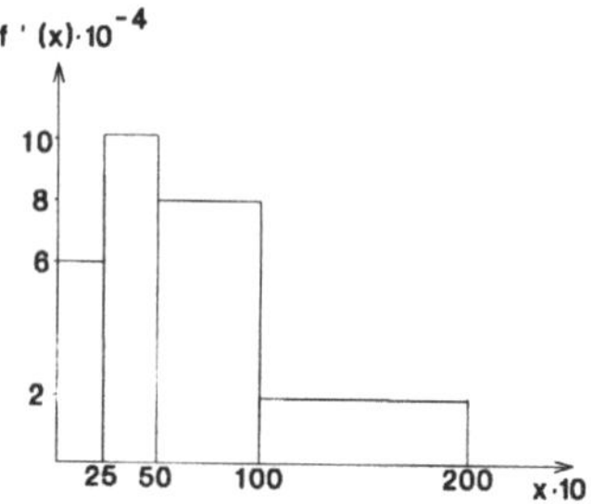

Hochpassfilter → Filtration

Hochrechnung

Übertragung von empirischen Befunden aus → Stichproben oder gezielt ausgewählten Teilgesamtheiten auf die übergeordnete Grundgesamtheit. Von H. wird insbesondere dann gesprochen, wenn der Schätzvorgang den Umfang der Grundgesamtheit einbezieht, d.h., wenn Merkmalssummen oder Häufigkeiten von Elementen einer bestimmten Klasse zu schätzen sind. Freie H. liegt vor, wenn nur der Stichprobenbefund selbst zur Schätzung herangezogen wird, gebundene H. (z.B. → Verhältnisschätzung, → Regressionsschätzung, Differenzschätzung), wenn daneben weitere Informationen in den Schätzvorgang eingehen, z.B. Informationen aus einer früheren Totalerhebung.

Holt-Winters-Glättung

Heuristisches dreiparametriges Glättungsverfahren zur Prognose von Zeitreihen mit Trend- und Saisonkomponente. Die H.-W.-G. setzt sich aus einem Niveau-, einem Trend- und einem Saisonglätter zusammen:

a) Niveauglätter, wobei x_t die Zeitreihenwerte, sk_t der Saisonglätter, w_t der Trendglätter und α $(0 < \alpha < 1)$ ein Glättungsparameter sind:

$$u_t = \alpha (x_t - sk_{t-s}) + (1 - \alpha)(u_{t-1} + w_{t-1}),$$

b) Trendglätter, worin β $(0 < \beta < 1)$ ein Glättungsparameter ist:

$$w_t = \beta (u_t - u_{t-1}) + (1 - \beta)w_{t-1},$$

c) Saisonglätter, wobei γ $(0 < \gamma < 1)$ ebenfalls ein Glättungsparameter ist:

$$sk_t = \gamma(x_t - u_t) + (1 - \gamma)sk_{t-s}.$$

Das Prognosemodell ist

$$\hat{x}_t(h) = u_t + hw_t + sk_{t-s+h},$$

wobei h den Prognosehorizont angibt. Die folgende Graphik zeigt ein Beispiel für die H.-W.-G. mit den Parametern $\alpha = 0{,}1$, $\beta = 0{,}2$, $\gamma = 0{,}2$ und 4 Prognosewerten.

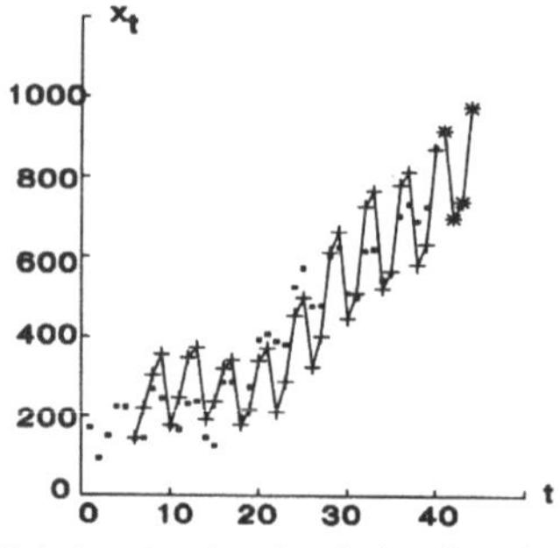

Dabei steht das Symbol • für die

Zeitreihenwerte x_t, das Symbol + für die geglätteten Werte $\hat{x}_t(h)$ und das Symbol * für die Prognosewerte. Neben der rein additiven Verknüpfung der drei Glätter für starre Saisonmuster ist eine gemischt additiv-multiplikative Verknüpfung speziell für variable Saisonmuster üblich. Dabei wird mit dem Saisonglätter multipliziert. Die Glättungskonstanten werden meist so bestimmt, daß der mittlere quadratische → Prognosefehler über der Zeitreihe minimal ausfällt. Es sind die 0-1-Intervalle der Glättungskonstanten systematisch nach dem Minimum zu durchsuchen. Die Suchzeit kann durch Kontraktionsverfahren (→ Gitterpunkt-Verfahren) erheblich verkürzt werden. Degressive oder progressive Trendänderungen lassen sich in die Prognoseformel einbauen (→ Trendglättung).

Homogenitätstest

Test zur Prüfung von Hypothesen über die Gleichartigkeit von Zufallsvariablen bzw. Grundgesamtheiten, aus denen Stichproben gezogen werden. Die Nullhypothese dieses Tests kann dann folgenden Aussagen entsprechen:

a) Die Verteilungsfunktionen mehrerer betrachteter Zufallsvariablen sind gleich (→ k-Stichprobenproblem).

b) Die Erwartungswerte von mehreren betrachteten Zufallsvariablen sind gleich (→ Varianzanalyse).

c) Die Varianzen mehrerer betrachteter Zufallsvariablen sind gleich (→ Cochran-Test, → Bartlett-Test).

d) Die Wahrscheinlichkeitsfunktionen für mehrere diskrete Zufallsvariablen sind gleich (→ Chi-Quadrat-Test, speziell der χ^2-Homogenitätstest unter Punkt d).

Homoskedastizität

Homoskedastie, Homogenität der Varianz der Störvariablen U_i, i=1,...,n, eines linearen → Regressionsmodells. Alle U_i haben eine gleich große → Varianz, unabhängig von dem Merkmalsträger bzw. Zeitpunkt i und von den Beobachtungswerten der exogenen Variablen: $E(U_i^2) = Var(U_i) = \sigma_U^2$ für alle i. Die Annahme der H. ist ein wesentlicher Bestandteil des klassischen linearen Regressionsmodells. → Residualanalyse

Hotelling-Test

Test zur Prüfung einer Hypothese über den Erwartungswertvektor $\mu = (\mu_1, ..., \mu_k)$ eines k-dimensionalen normalverteilten zufälligen Vektors $X = (X_1, ..., X_k)$ bei unbekannter Kovarianzmatrix Σ anhand einer Stichprobe $(X^{(1)}, ..., X^{(n)})$. Der H.-T. kann als eine mehrdimensionale Verallgemeinerung des t-Tests aufgefaßt werden. Die Nullhypothese H_0: $\mu = \mu_0$, wobei $\mu_0 = (\mu_{01}, ..., \mu_{0k})$ ein vorgegebener Erwartungswertvektor ist, wird gegen die Alternativhypothese H_1: $\mu \neq \mu_0$ geprüft. Als Testvariable wird

$$T^2 = n(\bar{X} - \mu_0)S^{-1}(\bar{X} - \mu_0)'$$

verwendet. Dabei sind $\bar{X}$ der Vektor der Stichprobenmittelwerte und S die Stichprobenkovarianzmatrix. Falls H_0 zutrifft, hat T^2 eine Hotelling-T^2-Verteilung mit f = n - 1 Freiheitsgraden und dem Parameter k, und die Zufallsvariable $T^2(n - k)/[(n - 1)k]$ hat eine F-Verteilung mit $f_1=k$ und $f_2=n-k$ Freiheitsgraden. H_0 wird abgelehnt, wenn $T^2(n - k)/[(n - 1)k] > F_{k,n-k;1-\alpha}$ ist, wobei $F_{k,n-k;1-\alpha}$ das $(1-\alpha)$-Quantil einer F-Verteilung mit $f_1 = k$ und $f_2 = n - k$ Freiheitsgraden ist.

H-Test $\rightarrow$ Kruskal-Wallis-Test

Hypergeometrische Verteilung

Wahrscheinlichkeitsverteilung einer diskreten Zufallsvariablen X mit den ganzzahligen Parametern N, M und n $(0 \leq M \leq N, 0 < n \leq N)$ und der Wahrscheinlichkeitsfunktion

$$p_m = P(X=m) = \frac{\binom{M}{m}\binom{N-M}{n-m}}{\binom{N}{n}} .$$

Dabei muß m $\geq$ 0 und mindestens gleich n + M - N sein und kann nicht die kleinere der beiden Zahlen M und n überschreiten. Erwartungswert und Varianz sind

$$E(X) = \frac{Mn}{N} ,$$

$$Var(X) = \frac{Mn(N-M)(N-n)}{N^2(N-1)} .$$

Z. B. hat die Erfolgshäufigkeit bei einer Ziehung ohne Zurücklegen eine h. V.: Aus einer Urne, die N Kugeln enthält, und zwar M weiße und N-M schwarze, werden n Kugeln entnommen. $p_m = P(X=m)$ ist dann die Wahrscheinlichkeit dafür, daß sich unter den entnommenen Kugeln genau m weiße befinden. - Für N $\rightarrow \infty$, M/N $\rightarrow$ p konvergiert die h. V. gegen die Binomialverteilung mit den Parametern n und p. Die h. V. findet in der Stichprobentheorie und in der statistischen Qualitätskontrolle Anwendung.

Hypothese

In der Statistik eine Annahme über die nicht vollständig bekannte Wahrscheinlichkeitsverteilung einer Zu-

fallsvariablen, die in einem $\rightarrow$ Test geprüft wird. $\rightarrow$ Nullhypothese, $\rightarrow$ Alternativhypothese

Hypothesenprüfung $\rightarrow$ Prüfverfahren

Idealindex

Mittelwert aus dem → Paasche-Index und dem → Laspeyres-Index der jeweils gleichen Sachkomponente (d.h. Preis bzw. Menge). In Abhängigkeit von der Wahl des Mittelwertes werden in der statistischen Methodenlehre die folgenden I. unterschieden:

a) I. von Drobisch als einfaches → arithmetisches Mittel aus dem Paasche- und dem Laspeyres-Index. Für den Ideal-Preisindex von Drobisch gilt dann:

$$I_{\tau,t}^{Dro,\,ideal,\,p} = \frac{I_{\tau,t}^{Paa,\,P} + I_{\tau,t}^{Las,\,p}}{2}\,.$$

Der Ideal-Mengenindex von Drobisch wird in analoger Form berechnet.

b) I. von Fisher als → geometrisches Mittel aus dem Paasche- und dem Laspeyres-Index. Für den Ideal-Preisindex von Fisher gilt dann:

$$I_{\tau,t}^{Fis,\,ideal,\,p} = \sqrt{I_{\tau,t}^{Paa,\,P} \cdot I_{\tau,t}^{Las,\,p}}\,.$$

Analog errechnet man den Ideal-Mengenindex von Fisher.

Identifikation

Wesentliches Problem bei der Entwicklung → ökonometrischer Modelle und in der → Zeitreihenanalyse. I. bedeutet in der Ökonometrie, daß den Parametern des Modells aufgrund der Beobachtungswerte für die Variablen eindeutig Werte zugewiesen werden können. In einem Modell sind die Parameter numerisch unbestimmt. Eine (zulässige) Struktur des Modells ist jede numerische Festlegung aller Parameter der Koeffizientenmatrizen Γ, B und der Varianz-Kovarianz-Matrix der Störvariablen Σ_U (→ Strukturform), die alle a-priori-Restriktionen des Modells erfüllt. Das Modell ist somit auch die Gesamtheit seiner Strukturen. Eine zulässige Struktur dieses Modells erzeugt zu jeder konkreten Beobachtungsmatrix X der vorherbestimmten Variablen eine bedingte Wahrscheinlichkeitsverteilung der gemeinsam abhängigen Variablen. Gibt es zwei Strukturen, die die gleiche bedingte Verteilung der gemeinsam abhängigen Variablen erzeugen, heißen sie beobachtungsäquivalent bzw. empirisch nicht unterscheidbar. Äquivalente Strukturen gehen durch Linearkombinationen auseinander hervor. Sie besitzen die numerisch gleiche → reduzierte Form und sind somit nicht identifizierbar. Entsprechend gilt: Eine Struktur des Modells (oder kurz das Modell) ist identifizierbar, wenn keine andere Struktur dieses Modells dieselbe reduzierte Form hat, d.h. wenn von den Parametern der reduzierten Form eindeutig auf die Parameter der Strukturform geschlossen werden kann. Ein Modell ist identifizierbar, wenn alle seine Strukturgleichungen zu identifizieren sind. Eine Strukturglei-

Identisch verteilte Zufallsvariable

chung ist identifizierbar, wenn alle ihre Strukturparameter identifizierbar sind. Ein Strukturparameter ist identifizierbar, wenn sein Wert in allen äquivalenten Strukturen gleichbleibt. Nicht identifizierbare Modelle bzw. Gleichungen können nicht geschätzt werden; es hilft nur eine neue → Spezifikation. - Das Problem der I. ist nur zu lösen, wenn die ökonomische Theorie genügend Informationen liefert, um ausreichend viele a-priori-Restriktionen über die Strukturparameter des Modells bzw. der einzelnen Gleichungen zu formulieren. Dies sind vor allem Nullrestriktionen, durch die Variablen aus einzelnen Gleichungen ausgeschlossen werden. Als Identifikationskriterien werden das Abzählkriterium und das Rangkriterium herangezogen. Nach dem Grad der I. werden unterschieden: genau identifizierte, überidentifizierte und unter- (nicht-)identifizierte Strukturgleichungen. Diese Unterscheidung ist für die Schätzung von Bedeutung. Für die reduzierte Form und für → Definitionsgleichungen stellt sich das Identifikationsproblem nicht. - Im multiplen → Regressionsmodell tritt das Identifikationsproblem im Fall funktionaler → Multikollinearität auf: Bei strenger linearer Abhängigkeit zwischen den Regressoren sind die Parameter dieses Modells nicht identifizierbar, d.h. nicht schätzbar. Beispiel: In dem einfachen Marktgleichgewichtsmodell für ein Gut mit einer Nachfragefunktion, einer Angebotsfunktion und der Gleichgewichtsbedingung

$$q_t^N = \gamma_{11} p_t + \beta_{10} + \beta_{11} x_t + u_{t1}$$

$$q_t^A = \gamma_{21} p_t + \beta_{20} + \beta_{21} x_t + u_{t2}$$

$$q_t^N = q_t^A \,,$$

worin die nachgefragte bzw. angebotene Menge q_t^N bzw. q_t^A und der Preis p_t des Gutes die gemeinsam abhängigen Variablen und x_t eine exogene (=vorherbestimmte) Variable jeweils in der Periode t sind, kommen in der Nachfrage- und Angebotsfunktion alle Variablen vor. Die statistische Form beider Gleichungen unterscheidet sich nicht. Ersetzt man eine Gleichung durch eine Linearkombination (z.B. als gewogenes Mittel) beider Gleichungen, so ergibt sich ein äquivalentes Gleichungssystem. Das Modell ist nicht identifizierbar. Ist jedoch aufgrund der Theorie bekannt, daß in der Nachfrage- und der Angebotsfunktion verschiedene exogene Variablen x_{t1} bzw. x_{t2} mit von null verschiedenen Parametern ($\beta_{11} \neq 0$, $\beta_{22} \neq 0$) auftreten, so ist das Modell

$$q_t^N = \gamma_{11} p_t + \beta_{10} + \beta_{11} x_{t1} \qquad + u_{t1}$$

$$q_t^A = \gamma_{21} p_t + \beta_{20} \qquad + \beta_{22} x_{t2} + u_{t2}$$

$$q_t^N = q_t^A \,,$$

identifizierbar, da sich durch Linearkombination beider Gleichungen nur Gleichungen ergeben, die dem Modell widersprechen. - In der Zeitreihenanalyse bedeutet I., eine Vorauswahl von Modellen innerhalb einer Modellklasse vorzunehmen, die als problemadäquat gilt (→ Box-Jenkins-Technik).

Identisch verteilte Zufallsvariable

Folge von zufälligen Variablen X_j, (j=1,2,...) mit gleichen Verteilungsfunktionen. Insbesondere haben i. v.

Z. den gleichen Erwartungswert und die gleiche Varianz. Im allgemeinen werden die n Zufallsvariablen X_1, ..., X_n, die das Ergebnis einer Stichprobenziehung vom Umfang n für ein statistisches Merkmal X darstellen, als i.v.Z. betrachtet.

Index der Arbeitsproduktivität → Produktivität

Indexreihe

Folge zeitlich geordneter dynamischer → Indexzahlen. Man unterscheidet i.allg. I. mit fester (konstanter) Basis und I. mit gleitender (variabler) Basis. Die Umstellung einer Indexzahl mit der Basis τ auf die Basis t^* wird als Umbasierung bezeichnet und ist für alle $t > t^*$ wie folgt definiert:

$$I_{t^*,t} = \frac{I_{\tau,t}}{I_{\tau,t^*}} \, , \quad \begin{cases} t, t^* = 1,2,...,T \\ \tau = 1,2,...,T \, . \end{cases}$$

Die Bildung einer langen I. zur Basis τ aus zwei zeitlich sich überlappenden I. heißt Verkettung und ist für alle $t > t^*$ wie folgt definiert:

$$I_{\tau,t} = I_{\tau,t^*} \cdot I_{t^*,t} \, .$$

Die Indexzahl $I_{\tau,t}$ wird daher auch als Kettenindex bezeichnet, der sich für den Spezialfall $t^* = t - 1 > 1$ und $\tau = 1$ für alle t als Produkt von Indexzahlen mit gleitender Basis darstellen läßt. Umbasierung und Verkettung von I. sind nur unter starken Einschränkungen zulässig. Beispiel: Die nebenstehende Tabelle zeigt die originäre I. auf der Basis des Jahres 1985 und die umbasierte I. auf der Basis des Jahres 1990 für den Preisindex der Lebenshaltung eines Vierpersonen-Arbeitnehmer-Haushaltes mit mittlerem Einkommen im frühe-

ren Bundesgebiet (Angaben in Prozent). Da die → amtliche Statistik den Preisindex der Lebenshaltung auf der Grundlage der Formel des → Laspeyres-Index berechnet, wird das Problem der Umbasierung bzw. Verkettung von Indexzahlen deutlich, wenn man die in der Tabelle aufgelistete I. mit Basis 1985 auf die Basis $t^* = 1990$ umrechnet.

Jahr	Basis 1985	Basis 1990
1985	100,0	93,7
1986	99,8	93,5
1987	99,9	93,6
1988	101,0	94,6
1989	103,9	97,4
1990	106,7	100,0
1991	110,5	103,6
1992	114,9	107,7

Unter Verwendung der Aggregatformeln für den Preisindex nach Laspeyres in vektorieller Schreibweise ergibt sich z.B. für t = 1992 das folgende Bild:

$$\frac{I_{85,92}^{Las,p}}{I_{85,90}^{Las,p}} = \frac{\dfrac{p_{92}{}' q_{85}}{p_{85}{}' q_{85}}}{\dfrac{p_{90}{}' q_{85}}{p_{85}{}' q_{85}}} = \frac{p_{92}{}' q_{85}}{p_{90}{}' q_{85}} \, ,$$

wobei **p** einen Preisvektor und **q** einen Mengenvektor bezeichnen. Das Ergebnis der proportionalen Umrechnung stimmt mit dem Ergebnis der Neuberechnung

$$I_{90,92}^{Las,p} = \frac{p_{92}{}' q_{90}}{p_{90}{}' q_{90}}$$

nur dann überein, wenn für 1985 und 1990 sowohl die → Warenkörbe als auch die → Wägungsschemata gleich sind. In der praktischen Arbeit fordert man lediglich die Ähnlichkeit und Vergleichbarkeit der Warenkörbe und Verbrauchsgewohnheiten der Indexhaushalte.

Indexsystem

Darstellung einer → Indexzahl als Produkt von inhaltlich verschiedenen Indexzahlen. Das I. spiegelt die faktorielle Dekomposition der betrachteten Indexzahl in ihre verursachenden Faktoren wider. Der analytische Vorgang wird als Indexzerlegung bezeichnet. In der → Wirtschaftsstatistik sind zwei I. von besonderer praktischer Bedeutung:
a) Darstellung des → Wertindex

$$I_{\tau,t}^{w} = I_{\tau,t}^{Paa,p} \cdot I_{\tau,t}^{Las,q}$$

als Produkt aus einem Paasche-Preisindex (→ Paasche-Index) und einem Laspeyres-Mengenindex (→ Laspeyres-Index) bzw.

$$I_{\tau,t}^{w} = I_{\tau,t}^{Las,p} \cdot I_{\tau,t}^{Paa,q}$$

aus einem Laspeyres-Preisindex und einem Paasche-Mengenindex. Die Indexprodukte bilden den theoretischen Hintergrund der volumenorientierten → Deflationierung. Die praktische Anwendung dieses I. ist keineswegs nur an die zeitliche Preis-Menge-Dekomposition gebunden. I. sind generell auf den zeitlichen bzw. räumlichen Vergleich von Aggregaten (etwa Gesamtkosten = Stückkosten × Ausstoßmenge, Gesamtertrag = Hektarertrag × Anbaufläche usw.) anwendbar.
b) Darstellung des → Drobisch-Index

$$I_{\tau,t}^{Dro} = I_{\tau,t}^{Paa} \cdot I_{\tau,t}^{Str,\tau}$$

als Produkt aus einem Paasche-Sachkomponenten-Index und einem → Strukturindex unter Berücksichtigung der Sachkomponenten aus dem Basiszeitraum τ bzw.

$$I_{\tau,t}^{Dro} = I_{\tau,t}^{Las} \cdot I_{\tau,t}^{Str,t}$$

als Produkt aus einem Laspeyres-Sachkomponenten-Index und einem Strukturindex unter Berücksichtigung der Sachkomponenten aus dem Berichtszeitraum t. Sachkomponenten sind z.B. Preise physisch gleich dimensionierter Mengen von Gütern eines → Warenkorbes, altersspezifische Fertilitätsziffern von Frauen im fertilen Alter oder altersspezifische Mortalitätsziffern von Personen spezieller Altersgruppen. Generell ist dieses I. für den räumlichen bzw. zeitlichen Vergleich von Durchschnitten aus Meß- und Beziehungszahlen geeignet, wenn stets garantiert ist, daß die Bedingung der → Kommensurabilität nicht verletzt wird.

Indexzahl

Aggregatindex, Generalindex, zusammengesetzte Indexzahl, statistische → Verhältniszahl zweier gleichartiger, durch → Aggregation entstandener statistischer Zahlen. Die Gleichartigkeit besteht a) in der Betrachtung zweier aggregierter Merkmalswerte ein und desselben kardinalskalierten Merkmals ein und derselben statistischen Gesamtheit für zwei unterschiedliche Zeitpunkte bzw. Zeiträume (zeitlicher Vergleich) oder b) in der Betrachtung zweier aggregierter Merkmalswerte ein und desselben kardinalskalierten Merkmals zweier vergleichbarer statistischer Gesamtheiten für einen bestimmten Zeitpunkt bzw. -raum (räumlicher Vergleich). Im Unterschied zur → Meßzahl ist die I. eine Maßzahl der aggregierten relativen Veränderung, die dem zeitlichen oder räumlichen statistischen → Vergleich komplexer Phänomene dient. Aus diesem Grunde sind die I. i.allg. → Mittelwerte aus Meßzahlen. Analog zur Meßzahl unterscheidet man zwischen der dynamischen I. und der statischen I. Die historischen Quellen der Theorie der dynamischen I. bilden die Ansätze von Dutot (1738) und Carli (1764), Veränderungen des Preisniveaus einer Warenmenge statistisch zu messen (→ Dutot-Index, → Carli-Index), ehe die 1864 von E. Laspeyres und 1874 von H. Paasche eingeführten I. (→ Laspeyres-Index, → Paasche-Index) ihre auch heute noch breite praktische Anwendung erfuhren. Obgleich sich die statistische Methodenlehre bei der Darstellung der Indextheorie i.allg. auf → Volumenindizes, → Preisindizes und → Mengenindizes bezieht, ist das Feld ihrer praktischen Anwendung wesentlich breiter. Streng genommen ist die Indextheorie auf jeden fachwissenschaftlich begründeten summarischen Vergleich von Komplexen von Merkmalswerten anwendbar. In den Wirtschaftswissenschaften werden neben Umsatz-, Preis- und Mengenindizes auch Kosten-, Stückkosten-, Gesamtertrags-, Hektarertrags- und Anbauflächen-, Produktivitäts-, Arbeitskräfteindizes usw. ermittelt. Dies gilt gleichermaßen für dynamische und statische I. Während z.B. der Preisindex der Lebenshaltungskosten eine dynamische I. ist, ist die Kaufkraftparität (→ Parität) ein klassisches Beispiel für eine statische

I. Eine beispielhafte Anwendung von I. in den Sozialwissenschaften ist der Vergleich standardisierter und allgemeiner Sterbeziffern (→ Mortalitätsmaße) zur Messung des Einflusses der → Alterstruktur einer Bevölkerung auf die relative Veränderung der allgemeinen Sterbeziffer (→ Strukturindex).

Indexzerlegung → Indexsystem

Indikatorvariable
Bernoulli-Variable, Zufallsvariable, die nur die beiden Werte 1 und 0 mit zugehörigen → Wahrscheinlichkeiten p und (1 - p) annehmen kann. Eine I. hat also eine → Zweipunktverteilung. Die Summe von n unabhängigen und identisch verteilten I. ist binomialverteilt (→ Binomialverteilung) mit den Parametern n und p.

Indirekte Methode der kleinsten Quadrate
Schätzverfahren für die Parameter der → Strukturform eines ökonometrischen Modells auf indirektem Weg über die Schätzung der Parameter der → reduzierten Form mittels der Methode der kleinsten Quadrate. Voraussetzung ist, daß die Strukturform vollständig ist und nur gerade identifizierte (→ Identifikation) Strukturgleichungen enthält. Da eine direkte Anwendung der → Methode der kleinsten Quadrate auf die Strukturform

$$Y\Gamma + XB + U = 0$$

wegen der wechselseitigen Beziehungen zwischen den → gemeinsam abhängigen Variablen nicht zu konsistenten (→ Konsistenz) Schätzungen führt, wird das Modell in seine redu-

Induktive Statistik

zierte Form

$$Y = X B \Gamma^{-1} + U \Gamma^{-1} = X \Pi + V$$

mit $\Pi = - B\Gamma^{-1}$ und $V = - U\Gamma^{-1}$ überführt. Durch Anwendung der Methode der kleinsten Quadrate auf jede Gleichung der reduzierten Form werden alle Parameter dieser Form geschätzt. Aufgrund der obigen Voraussetzung können im nächsten Schritt die Strukturparameter eindeutig aus den geschätzten Parametern $\hat{\Pi}$ der reduzierten Form berechnet werden:

$$\hat{\Pi}\hat{\Gamma} = \hat{B}.$$

Dieses Schätzverfahren versagt, wenn das Modell überidentifizierte Strukturgleichungen enthält, da dann die Strukturparameter nicht mehr eindeutig aus den Parametern der reduzierten Form bestimmt werden können. Diese Tatsache erweist sich als großer Nachteil für die praktische Anwendung des Verfahrens, da in den meisten ökonometrischen Modellen auch überidentifizierte Strukturgleichungen enthalten sind.

Induktive Statistik

Schließende Statistik, konfirmatorische Statistik, Inferenzstatistik, inferentielle Statistik, Methoden und Sätze der Statistik, die die Übertragung von Feststellungen aus → Stichproben auf Grundgesamtheiten, aus denen die Stichproben gezogen wurden, zum Gegenstand haben. Wegen der dabei auftretenden Zufallseffekte unterscheidet sich die i.S. von der deskriptiven Statistik durch die Nutzung von Wahrscheinlichkeitsmodellen. Entwicklung, Anwendung und Probleme von Methoden der → Schätzung und der statistischen → Tests sowie Fragen der Auswahl von Zufallsstichproben und der Hochrechnung bilden den Hauptinhalt der i.S. → Statistik, → Schätztheorie, → Testtheorie

Inferenzstatistik → induktive Statistik

Informationstheorie

Anwendungszweig der Wahrscheinlichkeitstheorie, der sich in den letzten 50 Jahren vor allem nach den Arbeiten von C. E. Shannon 1947/48 entwickelt hat. Fundamentale Bedeutung haben in der I. der Begriff der → Entropie eines Versuches und die Theorie → stochastischer Prozesse. Die I. widmet sich der mathematischen Beschreibung und Analyse sehr allgemein definierter Nachrichtenübertragungssysteme, die vor allem aus Nachrichten- oder Informationsquellen und Nachrichtenübertragungskanälen bestehen. Den Nachrichtenerzeugungsprozeß faßt man als einen stochastischen Prozeß auf. Eine Quelle wird durch die Menge der möglichen Signale, das sogenannte Alphabet der Quelle, und die Wahrscheinlichkeit der daraus gebildeten Nachrichten beschrieben. Ein Kanal wird durch sein Eingangsalphabet, sein Ausgangsalphabet und die Wahrscheinlichkeit dafür, daß eine am Kanalausgang erhaltene Nachricht einer gesendeten entspricht, charakterisiert. Kanäle, bei denen diese Wahrscheinlichkeit nicht nur die Werte null und eins annehmen kann, heißen gestörte Kanäle. Um Nachrichten einer Informationsquelle über einen Kanal zu senden, muß man sie codieren. Ein Code ist eine Abbildung der Menge aller mit dem Alphabet einer Quelle konstruierbaren Nachrichten in die

Menge aller im Eingangsalphabet des Kanals möglichen Nachrichten. Durch geeignete Wahl eines Codes ist es möglich, auch über einen gestörten Kanal Nachrichten beinahe fehlerfrei zu übertragen (Shannonsche Sätze). Der Existenznachweis, die Konstruktion und die Erforschung der Eigenschaften von Codes sind ein zentrales Anliegen der I.

Instabiles Verhalten → Chaos-Theorie

Instationarität

Nichtstationäres Verhalten eines Modellprozesses (→ stationärer stochastischer Prozeß) für eine → Zeitreihe. Anzeichen für I. in einer Zeitreihe sind → Trend, → Saisonschwankungen, → Oszillation, → Konjunkturzyklen, Kalendereffekte (→ Kalenderkomponente), aber auch eine sich verändernde Variation (Varianz) der Beobachtungen. I. ist typisch für den zeitlichen Verlauf des Wirtschaftsgeschehens und seiner Kenngrößen. Verschiedene Verfahren zur Analyse von Zeitreihen beruhen auf der Annahme, daß I. nicht vorliegt (→ Autokorrelationsfunktion, → Spektraldichtefunktion). Um sie anwenden zu können, müssen geeignete Transformationen der Daten vorgenommen werden (→ Filtration). Mit Hilfe statistischer Testverfahren kann auf I. geprüft werden (→ Einheitswurzeltest).

Integrierter Prozeß

Instationärer stochastischer Prozeß $\{X_t\}$, der durch einmalige oder mehrmalige → Differenzenbildung in einen stationären Prozeß überführt werden kann (→ Instationarität). Praktisch bedeutsame i. P. sind Irrfahrten (→

Random Walk) und → ARIMA-Prozesse. Sie dienen z.B. zur Modellierung von Kursveränderungen an der Börse oder von Umsatzschwankungen bei Lebensmitteln und Konsumgütern des täglichen Bedarfs.

Interdependentes Modell → simultanes Gleichungsmodell

Interne Varianz → Varianzzerlegung, → Varianzanalyse

Interpolation

Verfahren zur Ermittlung von Zwischenwerten einer tabellierten Funktion f(x). I. wird beim Ablesen tabellierter → Verteilungsfunktionen und → Testvariablen, aber auch bei Häufigkeitstabellen für gruppierte Daten verwendet. In der → Zeitreihenanalyse werden durch I. Lücken geschlossen, die z.B. durch unrhythmische oder fehlerhafte Datenerfassung entstanden sind. Der einfachste, aber auch gröbste Ansatz ist die lineare I., bei der benachbarte Wertepaare $(x_1, f(x_1))$ und $(x_2, f(x_2))$ durch eine Gerade verbunden werden. Als Funktionswert für $x_1 + a$ ergibt sich näherungsweise

$$f(x_1 + a) \approx$$

$$f(x_1) + \frac{a}{x_2 - x_1}(f(x_2) - f(x_1)) \; .$$

Beispiel: Die folgende Graphik zeigt die degressive Abhängigkeit der Ausgaben für Nahrungsmittel y = f(x) (in 1000 DM) vom Einkommen x (in 1000 DM). Darüber hinaus wurde eine I. zwischen den beiden Einkommenswerten x_1 und x_2, z.B. an der Stelle $x_1 + a$, durchgeführt:

Intervallschätzung

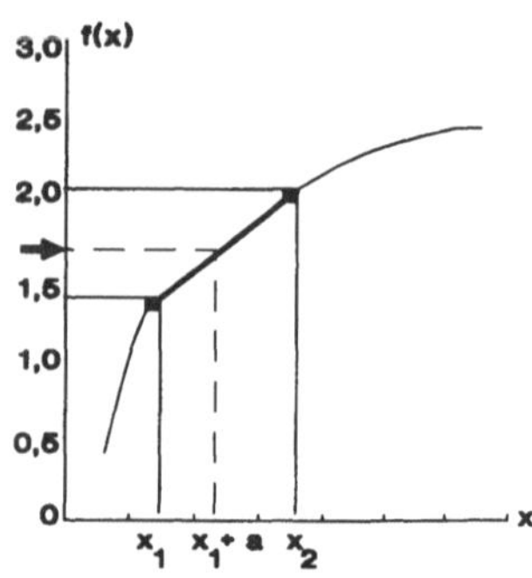

Mitunter reicht die Genauigkeit einer linearen I. nicht aus. Die Lücken werden dann mit Polynomen zweiter oder höherer Ordnung, den Spline-Polynomen, näherungsweise ausgefüllt.

Intervallschätzung

Schätzverfahren mit der Angabe eines Intervalls, in dem der zu schätzende Parameter der Grundgesamtheit aufgrund einer Stichprobe vermutet wird. Bei Bereichsschätzungen wird in Abhängigkeit von Beobachtungen der Zufallsvariablen X eine geeignete zufällige Teilmenge des Wertebereichs Π eines Parameters π als Schätzbereich ermittelt, der den unbekannten Wert des Parameters mit möglichst großer Wahrscheinlichkeit überdeckt. Dabei strebt man möglichst "kleine" Schätzbereiche an, die den unbekannten Parameter gut lokalisieren. Einer Stichprobe $X = (X_1,..., X_n)$ wird ein zufälliger Schätzbereich $J(X)$ zugeordnet. Das gebräuchlichste Verfahren der Bereichschätzung ist die Konfidenzschätzung. $J(X)$ heißt eine $\rightarrow$ Konfidenzschätzung für π zum Konfidenzniveau γ, wenn für alle π die Wahrscheinlichkeit dafür, daß $J(X)$ den wahren Parameterwert π überdeckt, größer oder gleich γ ist.

Das Konfidenzniveau wird i. allg. nahe 1 gewählt (z.B. $\gamma = 0,95$ oder $\gamma = 0,99$). Als Schätzbereich werden üblicherweise Intervalle gewählt. $J(X)$ heißt dann $\rightarrow$ Konfidenzintervall für den Parameter π, und die Grenzen dieses Intervalls werden als Konfidenzgrenzen (Vertrauensgrenzen) bezeichnet. Beispiele: Die Zufallsvariable X hat eine Normalverteilung $N(\mu,\sigma^2)$ mit unbekanntem Erwartungswert μ und bekannter Varianz σ^2. Der Wertebereich Π des Parameters $\pi = \mu$ ist $(-\infty,\infty)$. Für μ soll auf Grund einer Stichprobe $X_1,..., X_n$ ein Konfidenzintervall zum Konfidenzniveau γ angegeben werden. Dazu wird der Stichprobe mit Hilfe des Stichprobendurchschnitts ($\rightarrow$ arithmetisches Mittel)

$$\overline{X} = \frac{1}{n} \sum_{i=1}^{n} X_i$$

das Intervall

$$\overline{X} - z\frac{\sigma}{\sqrt{n}} \leq \mu \leq \overline{X} + z\frac{\sigma}{\sqrt{n}}$$

zugeordnet, so daß sich der Schätzbereich $J(X)$ wie folgt ergibt:

$$J(X_1,...,X_n) = \left[\overline{X} - z\frac{\sigma}{\sqrt{n}}, \ \overline{X} + z\frac{\sigma}{\sqrt{n}}\right].$$

Dies ist ein Konfidenzintervall für μ zum Konfidenzniveau γ, wenn die Zahl z gemäß der Bedingung

$$P(\mu - z\frac{\sigma}{\sqrt{n}} \leq \overline{X} \leq \mu + z\frac{\sigma}{\sqrt{n}}) = \gamma$$

bestimmt wird. Das ist der Fall, wenn z das Quantil $z_{(1+\gamma)/2}$ der Ordnung $(1+\gamma)/2$ der standardisierten Normalverteilung ist. Für $\gamma = 0,95$ ist z.B. $z = z_{0,975} = 1,96$. Ein Konfidenzintervall für den Erwartungswert bei unbekanntem σ ist

$$\left[\overline{X} - t_{n-1;\frac{1+\gamma}{2}} \frac{S}{\sqrt{n}} \ , \ \overline{X} + t_{n-1;\frac{1+\gamma}{2}} \frac{S}{\sqrt{n}} \right]$$

mit der Stichprobenvarianz

$$S^2 = \frac{1}{n-1} \sum_{i=1}^{n} (X_i - \overline{X})^2 \ ,$$

wobei $t_{n-1;(1+\gamma)/2}$ das $(1+\gamma)/2$-Quantil der t-Verteilung mit $f = n - 1$ Freiheitsgraden ist. Die folgende Abbildung zeigt die Konstruktion eines Konfidenzintervalls zum Konfidenzniveau $\gamma = 1 - \alpha$ für den Erwartungswert einer normalverteilten Zufallsvariablen auf Grund einer Stichprobe vom Umfang n mit $t = t_{n-1;1-\alpha/2}$, dem $(1-\alpha/2)$-Quantil der t-Verteilung:

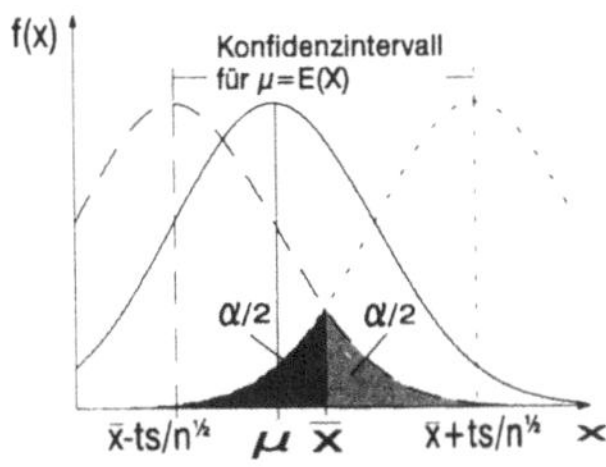

Werden z. B. in einer Zufallsstichprobe vom Umfang 5 aus einer großen Lieferung von Gußstahlblöcken für das Gewicht X_i, i=1,...,5, folgende Werte in kg festgestellt: 1020, 980, 990, 1010, 1000, dann ist der Stichprobendurchschnitt $\overline{x} = 1000$ und die Stichprobenvarianz $s^2 = 250$. Wird ein Konfidenzniveau von 95% festgelegt, so ist das entsprechende Quantil der t-Verteilung mit 4 Freiheitsgraden $t_{4;0,975} = 2,78$ und damit die Realisierung des Konfidenzintervalls gleich

$$\left[10^3 - 2,78 \cdot \sqrt{\frac{250}{5}} \ ; \ 10^3 + 2,78 \cdot \sqrt{\frac{250}{5}} \right] ,$$

also [980,37; 1019,63]. Mit einer Wahrscheinlichkeit von 95% wird ein so bestimmtes Intervall den unbekannten Erwartungswert des Gewichtes der Gußstahlblöcke einschließen. Ein Konfidenzintervall für die unbekannte Varianz σ^2 bei bekanntem Erwartungswert μ ist

$$\left[\frac{nS^{*2}}{\chi^2_{n-1;\frac{1+\gamma}{2}}} \ , \ \frac{nS^{*2}}{\chi^2_{n-1;\frac{1-\gamma}{2}}} \right]$$

mit

$$S^{*2} = \frac{1}{n} \sum_{i=1}^{n} (X_i - \mu)^2$$

und bei unbekanntem μ

$$\left[\frac{(n-1)S^2}{\chi^2_{n-1;\frac{1+\gamma}{2}}} \ , \ \frac{(n-1)S^2}{\chi^2_{n-1;\frac{1-\gamma}{2}}} \right] ,$$

wobei $\chi^2_{n-1;(1+\gamma)/2}$ und $\chi^2_{n-1;(1-\gamma)/2}$ Quantile der → Chi-Quadrat-Verteilung mit $f = n - 1$ Freiheitsgeraden sind.

Intervallskala → Skala

Interviewmethode → Befragung

Intraklass-Korrelationskoeffizient

Maß für die Ähnlichkeit der Elemente innerhalb von Klassen bezüglich eines Merkmals X im Vergleich zur Gesamtähnlichkeit aller Elemente aus verschiedenen Klassen bzw. einer Grundgesamtheit. Der I.-K. liegt zwischen 0 und 1. In einer einfachen →

Inverse Autokorrelationsfunktion

Varianzanalyse gibt er den Anteil der Variabilität zwischen den Klassen σ_Z^2 an der Gesamtvarianz ($\sigma_Z^2 + \sigma_I^2$, wobei σ_I^2 die Varianz innerhalb der Klassen ist) an:

$$\delta = \frac{\sigma_Z^2}{\sigma_Z^2 + \sigma_I^2} \; .$$

$\delta = 1$ bedeutet, daß innerhalb der Klassen keine Variabilität auftritt, d.h. die Elemente jeweils einer Klasse denselben Wert haben. Je größer δ ist, desto homogener sind die Elemente innerhalb der Klassen. Für $\delta=0$ entspricht die Gesamtvarianz vollständig der Variation innerhalb der Klassen.

Inverse Autokorrelationsfunktion

Autokorrelationsfunktion $\rho^{(I)}_\tau$ des zu einem → stochastischen Prozeß $\{X_t\}$ (Ursprungsprozeß) dualen stochastischen Prozesses $\{Y_t\}$, der durch Vertauschung der Prozeßvariablen mit den Störvariablen a_t in der definierenden → Differenzengleichung des Ursprungsprozesses entsteht. Beispiel: Ursprungsprozeß vom Typ MA(1) (→ MA-Prozeß) und dualer Prozeß vom Typ AR(1) (→ AR-Prozeß):

$$X_t = a_t - \theta a_{t-1}$$

$$Y_t - \theta Y_{t-1} = a_t \; .$$

Die i. A. wird zur Identifikation von → ARMA-Prozessen verwendet. Beispiel: Der in der nachstehenden Abbildung dargestellte Wochenabsatz x_t einer Großbäckerei geht nach Bildung einfacher Differenzen in eine Zeitreihe über, die als stationär angesehen werden kann.

Die folgende Abbildung zeigt die geschätzte i. A. mit einem 95%-Konfidenzintervall um null. Sie schwingt exponentiell-sinusähnlich ab. Das deutet auf einen MA(1)-Modellprozeß hin.

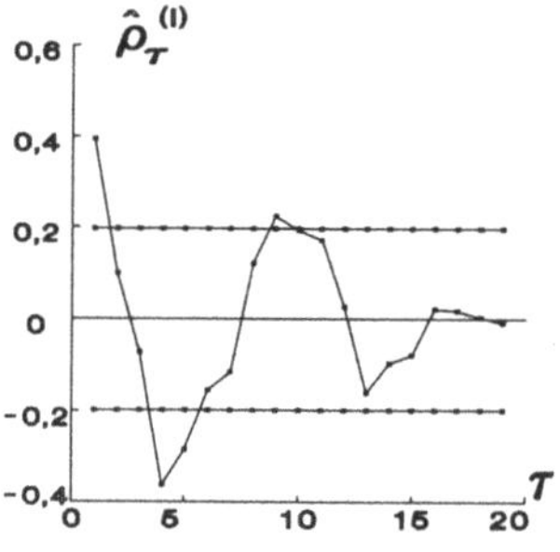

Invertibilität → MA-Prozeß

Irrtumswahrscheinlichkeit

Wahrscheinlichkeit α für das fälschliche Ablehnen einer richtigen Nullhypothese bei einem statistischen Test (→ Fehler erster Art). Die höchste zulässige Irrtumswahrscheinlichkeit wird bei Tests i. allg. vorgegeben.

Iterationstest

Test, der die Anzahl der Iterationen in einer Stichprobe berücksichtigt. Sei X eine zweipunktverteilte Zufallsvariable mit den Werten null und eins ($\rightarrow$ Zweipunktverteilung) und (x_1, ..., x_n) eine Stichprobe, dann heißt jedes Teil-m-Tupel (x_j,..., x_{j+m-1}), j = 1, ..., n-j+m, mit der Eigenschaft $x_j = x_{j+1} = ... = x_{j+m-1}$ und zusätzlich $x_{j-1} \neq x_j$ für j > 1 und $x_{j+m-1} \neq x_{j+m}$ eine Iteration der Länge m. Es ist eine 0-Iteration, wenn $x_j = ... = x_{j+m-1} = 0$, und eine 1-Iteration, wenn $x_j = ... = x_{j+m-1} = 1$ ist. Ein I. kann als Zufälligkeitstest oder als Test zum Vergleich unabhängiger Stichproben benutzt werden. Die Nullhypothese lautet H_0: Die Reihenfolge der Beobachtungen (x_1, ..., x_n) ist zufällig. Die Alternativhypothese lautet H_1: Die Reihenfolge weicht gegenüber dem, was bei Zufälligkeit zu erwarten wäre, ab, d.h. H_1^1: Gleiche Merkmalswerte treten zu häufig hintereinander auf; oder H_1^2: Die Merkmalswerte wechseln zu häufig. Als Testvariable wird die Anzahl T von Iterationen beliebiger Länge verwendet. Falls in der Stichprobe n_0 mal der Wert 0 und n_1 mal der Wert 1 auftritt (n = $n_0 + n_1$), ist die Wahrscheinlichkeitsverteilung von T für gerade Werte von r

$$P(T=2r) = \frac{2 \binom{n_0-1}{r-1} \binom{n_1-1}{r-1}}{\binom{n}{n_0}}$$

und für ungerade Werte

$$P(T=2r) = \frac{\binom{n_0-1}{r-1}\binom{n_1-1}{r-2} + \binom{n_0-1}{r-2}\binom{n_1-1}{r-1}}{\binom{n}{n_0}}.$$

T ist unter H_0 asymptotisch normal-

verteilt nach $N(2n_0n_1/n;\ 4n_0^2n_1^2/n^3)$. H_0 wird bei einem Signifikanzniveau α abgelehnt, wenn $T \leq t_\alpha$ (bei H_1^1) oder $T \geq t_{1-\alpha}$ (bei H_1^2) ausfällt. Das heißt, dann wird die Folge von Merkmalswerten als nicht zufällig betrachtet. Für kleine n_0 und n_1 sind die Quantile t_α bzw. $t_{1-\alpha}$ der Testvariablen T tabelliert. Für n_0, $n_1 > 20$ können sie durch

$$t_\alpha = \frac{2n_0n_1}{n} + \frac{2n_0n_1}{n^{3/2}} z_\alpha$$

approximiert werden, wobei z_α das Quantil der standardisierten Normalverteilung ist ($t_{1-\alpha}$ analog). Anwendung: Mit Hilfe dieses Tests kann die Hypothese der Gleichheit zweier als stetig vorausgesetzter Verteilungsfunktionen F_Y, F_Z anhand zweier Stichproben (y_1, ..., y_{n_0}) und (z_1, ..., z_{n_1}) getestet werden. Dazu ordnet man sämtliche $n_0 + n_1$ Werte der beiden Stichproben der Größe nach und ordnet ihnen eine Folge x_1, ..., x_n derart zu, daß für y-Werte der zugeordnete x-Wert gleich 0 und für z-Werte gleich 1 ist. Der Hypothese $F_y = F_z$ entspricht jetzt die obige Nullhypothese H_0 mit der Alternativhypothese H_1^1 für die als Stichprobe aus einer zweipunktverteilten Grundgesamtheit betrachtete Folge x_1, ..., x_n. Dadurch läßt sich mit dem I. auch die Gleichheit beliebiger stetiger Verteilungsfunktionen prüfen.

J

Jackknife-Schätzung

Verfahren zur Reduzierung der Verzerrung von Punktschätzungen oder zur Schätzung des Standardfehlers einer Parameterschätzung. Es seien $(X_1,..., X_n)$ eine Stichprobe und $\hat{\pi} = \hat{\pi}_n(X_1,..., X_n)$ eine Schätzfunktion für einen unbekannten Parameter π. $\hat{\pi}_{(i)}$ seien durch Weglassen des i-ten Wertes der Stichprobe erhaltene Schätzungen:

$$\hat{\pi}_{(1)} = \hat{\pi}_{n-1}(X_2,..., X_n), ...,$$
$$\hat{\pi}_{(i)} = \hat{\pi}_{n-1}(X_1, ..., X_{i-1}, X_{i+1}, ..., X_n), ...,$$
$$\hat{\pi}_{(n)} = \hat{\pi}_{n-1}(X_1, ..., X_{n-1}).$$

Damit wird die Schätzung $\hat{\pi}$ n-mal korrigiert: $\tilde{\pi}_i = n\hat{\pi} -(n-1)\hat{\pi}_{(i)}$. Als J.-S. wird dann der Durchschnitt dieser korrigierten Werte

$$J(\hat{\pi}) = \frac{1}{n} \sum_{i=1}^{n} \tilde{\pi}_i$$

bezeichnet. Die J.-S. für die Streuung von $\hat{\pi}$ bzw. $J(\hat{\pi})$ ist

$$\frac{1}{n-1} \sum_{i=1}^{n} (\tilde{\pi}_i - J(\hat{\pi}))^2 .$$

$J(\hat{\pi})$ hat unter gewissen Bedingungen eine asymptotische Normalverteilung. Anders als bei der $\rightarrow$ Bootstrap-Schätzung werden keine künstlichen Stichproben erzeugt. Z.B. bei der Schätzung von ökonometrischen Modellen auf der Grundlage von Zeitreihen der Länge n eliminiert das Jackknife-Verfahren einen der n Zeitpunkte und führt aufgrund der übrigen n-1 Zeitpunkte eine Neuschätzung durch. Indem der Reihe nach jeder Zeitpunkt ausgeschlossen wird, erhält man für jeden Parameter n Schätzwerte, aus denen unter Verwendung der Parameter des Gesamtmodells in der angegebenen Weise die J.-S. jedes Parameters und die Jackknife-Varianz berechnet werden können. - Es gibt auch Jackknife-Verfahren, bei denen bei jeder Einzelschätzung mehrere Datenpunkte gleichzeitig eliminiert werden. Dadurch verringert sich die Zahl der Einzelschätzungen entsprechend.

Jevons-Index

Preisindex von Jevons, geometrisches Mittel

$$I_{\tau,t}^{Jev,p} = \sqrt[K]{\prod_{k=1}^{K} i_{\tau,t}^{p}(k)}$$

aus den k = 1, 2,..., K (dynamischen) Preismeßzahlen ($\rightarrow$ Meßzahl)

$$i_{\tau,t}^{p}(k) = \frac{p_{kt}}{p_{k\tau}} , \quad p_{k\tau} > 0$$

von K Gütern eines gleichen $\rightarrow$ Warenkorbes für einen Basiszeitraum τ und einen Berichtszeitraum t. Der J.-I. dient dem gleichen Ziel wie der $\rightarrow$

Carli-Index, d.h der Berechnung einer mittleren Preismeßzahl. Beide Indizes unterscheiden sich lediglich durch die Wahl des Mittelwertes: geometrisches Mittel beim J.-I., $\rightarrow$ arithmetisches Mittel beim Carli-Index.

Johnson-Funktion $\rightarrow$ S-Kurven

K

Kalendereffekt → Kalenderkomponente

Kalenderfunktion

Regressionsfunktion $x_K(t)$ zur Modellierung einer kalenderbedingten Variation in einem Zeitreihen-Komponenten-Modell (→ Dekomposition). Für Monatsdaten ergeben sich z.B. Tagesregressoren aus der Anzahl von Montagen, Dienstagen etc. im jeweiligen Monat t:

$$x_K(t) = \sum_{l=1}^{7} d_t(l)\beta_l \,,$$

wobei l die Nummer des Wochentages bezeichnet (l=1 für Montag, l=2 für Dienstag usw.), $d_t(l)$ die Anzahl des l-ten Wochentages im t-ten Monat und β_l zugehörige Regressionskoeffizienten sind. Der Schaltjahreseffekt wird mit einer → Dummy-Variablen f_t erfaßt:

$$f_t = \begin{cases} 0,75 & \textit{Februar im Schaltjahr} \\ 0,25 & \textit{Februar im Normaljahr} \\ 0 & \textit{andere Monate} \end{cases}$$

Um → Autokorrelation zwischen den Tagesregressoren zu vermeiden, muß die Regressionsfunktion modifiziert werden. Eine Möglichkeit ergibt sich in der Weise, anstelle der Koeffizienten β_l die mittelwertbereinigten Koeffizienten $\beta_l^* = \beta_l - \bar{\beta}$ zu verwenden und die K. auf Wochentags- und Schaltjahreseffekt zu beschränken:

$$x_K^*(t) = \sum_{l=1}^{6} (d_t(l) - d_t(7))\beta_l^* + f_t\beta_7^* .$$

Die ausgesparten Bestandteile der K., d.h. der Monatslängeneffekt

$$\left(\sum_{l=1}^{7} d_t(l) - f_t - \frac{365,12}{12} \right)\beta_7^*$$

und das Niveau

$$\frac{365,12}{12}\,\beta_7^* \,,$$

können der Saisonkomponente bzw. der glatten Komponente zugeschlagen werden. Kalenderverschiebliche Feste (Ostern, Pfingsten) werden ebenfalls mit → Dummy-Variablen modelliert.

Kalenderkomponente

Bestandteil eines Zeitreihen-Komponenten-Modells (→ Dekomposition), der zur Erfassung von kalendertypischer Variation in einer → Zeitreihe dient. Die K. umfaßt bei Monatsdaten die jeweilige Tagesanzahl pro Monat (ohne Schaltjahr) und die Anzahl der verschiedenen Wochentage pro Monat sowie Kalendereffekte, hervorgerufen u.a. durch Schaltjahre und die Lage kalenderverschieblicher Feste, wie Ostern und Pfingsten (→ Kalenderfunktion). Bei Wochen- und Tageszeitreihen sind meist nur Festtagseffekte zu berücksichtigen.

Kalman-Rekursion $\to$ Zustandsraum-Modell

Kanonische Korrelation

Verfahren der multivariaten $\to$ Korrelationsanalyse, mit dem die Abhängigkeit zwischen zwei Gruppen von Variablen $Y_1, ..., Y_q$ und $X_1, ..., X_p$ erfaßt wird. Das Modell der k.K. ist ein einfaches $\to$ Pfadmodell mit zwei $\to$ latenten Variablen.

Kardinalskala $\to$ Skala

Kardinalskaliertes Merkmal $\to$ Merkmal

Kartodiagramm

Graphische Darstellung statistischer Daten, die sich auf geographische Einheiten beziehen, mittels $\to$ Diagrammen auf dem Hintergrund einer geographischen Karte. Als Diagramme kommen dafür vor allem $\to$ Flächendiagramme, $\to$ Säulendiagramme, $\to$ Kreisdiagramme und $\to$ Liniendiagramme in Frage. Beispiel: In dem K. auf Seite 176 wurden die Übernachtungen im Beherbergungsgewerbe eines jeden Bundeslandes in einer dreidimensionalen Säule dargestellt, und dieses Diagramm wurde auf der Verwaltungskarte der Bundesrepublik Deutschland in das jeweilige Bundesland projiziert.

Kartogramm

Statistische Landkarte, graphische Darstellung statistischer Daten, die sich auf geographische Einheiten beziehen, in einer Landkarte. Statistische Daten, die sich für eine derartige Darstellung eignen, sind vor allem Merkmalssummen (z.B. Bevölkerung eines Landes), $\to$ Verhältniszahlen (z.B. Einwohner pro km^2, Anteil der Waldfläche an der Gesamtfläche der geographischen Einheit) und Durchschnittswerte ($\to$ arithmetisches Mittel, z.B. mittlere Jahrestemperatur). Die verschiedenen Zahlenwerte bzw. Klassen werden durch unterschiedliche Farbtönungen oder Schraffierungen gekennzeichnet. K. dienen dem schnellen Vergleich räumlicher Unterschiede bezüglich eines Merkmals. Ein Beispiel für ein K., das für 1992 die Fremdenverkehrsintensität in den Bundesländern angibt, ist auf Seite 176 gegeben.

Kategoriales Merkmal $\to$ Merkmal

Kendallscher Rangkorrelationskoeffizient $\to$ Rangkorrelation

Kennfunktion

a) Maß für die Güte einer $\to$ Intervallschätzung. Ist π der wahre Parameter, dann ist die K. $K(\pi,\pi')$ die Wahrscheinlichkeit dafür, daß der Schätzbereich $J(X_1,...,X_n)$ einen Parameter π' überdeckt, wobei $(X_1,..., X_n)$ eine Zufallsstichprobe vom Umfang n ist. Bei einer Konfidenzschätzung mit $\pi' = \pi$ ist $K(\pi,\pi) \geq \gamma$ für alle Werte des Parameters π, wobei γ das Konfidenzniveau ist, d.h., mit einer Wahrscheinlichkeit von mindestens γ wird der gesuchte Parameter vom Konfidenzintervall überdeckt.

b) Funktion eines $\to$ stochastischen Prozesses $\{X_t\}$, die jedem Wert des Zeitparameters t ein $\to$ Moment der Zufallsvariablen X_t bei gleichbleibender Ordnung zuweist. Meist werden einfache Momente erster Ordnung

Kartodiagramm:

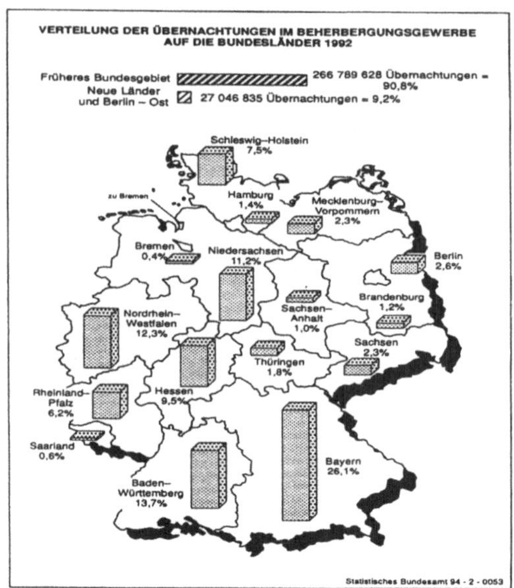

Kartogramm:

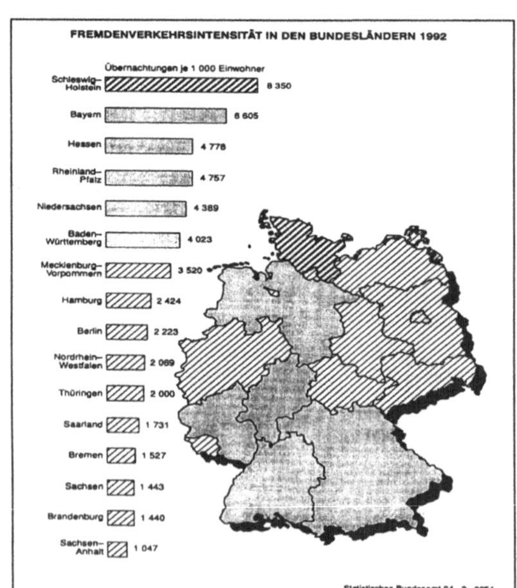

($\rightarrow$ Erwartungswertfunktion), zweiter Ordnung ($\rightarrow$ Varianzfunktion) und das gemischte Moment zweiter Ordnung (Kovarianzfunktion) verwendet.

Kennzahl $\rightarrow$ Maßzahl

Kettenindex $\rightarrow$ Indexreihe

Klasse

Größenklasse, Gruppe, Teilgesamtheit einer statistischen Gesamtheit, deren Beobachtungswerte in ein bestimmtes Teilintervall von Merkmalswerten eines metrisch skalierten Merkmals fallen. Die K. ist durch die untere und obere $\rightarrow$ Klassengrenze und durch die $\rightarrow$ Klassenbreite eindeutig definiert. Die einzelnen K. grenzen aneinander, schließen sich aber gegenseitig aus (nicht überlappende Intervalle). K. werden im Zuge der $\rightarrow$ Klassierung als Phase der statistischen $\rightarrow$ Aufbereitung gebildet. Die Anzahl der statistischen Elemente ($\rightarrow$ Häufigkeit) wird nicht mehr den einzelnen Merkmalswerten, sondern den K. zugeordnet. Um bei bekannter Häufigkeitsverteilung eine weitere statistische $\rightarrow$ Auswertung der K. (z.B. Berechnung von $\rightarrow$ Mittelwerten, der $\rightarrow$ Streuung) zu ermöglichen, werden als repräsentative Werte für die K. die $\rightarrow$ Klassenmitten gewählt. Beispiel: Die Steuer für Personenkraftwagen wird (neben anderen Kriterien) je angefangene 100 cm^3 Hubraum festgesetzt. Dahinter steht aus statistischer Sicht eine Klasseneinteilung des Merkmals Hubraum.

Klassenbildung $\rightarrow$ Klassierung

Klassenbreite

Gruppenbreite, Differenz zwischen oberer $\rightarrow$ Klassengrenze x_j^o und unte-

rer Klassengrenze x_j^u einer $\rightarrow$ Klasse (j = 1, ..., k):

$$\Delta x_j = x_j^o - x_j^u \, .$$

mit j als Klassenindex und k als Anzahl der Klassen. Die K. muß nicht notwendig bei allen k Klassen gleich groß sein. Gleiche K. ist sachlogisch oftmals nicht sinnvoll. Beispiel: Die in den Statistischen Jahrbüchern der Bundesrepublik Deutschland angegebene Verteilung des Einkommens basiert auf Einkommensklassen, die bei den höheren Einkommen eine größere K. als bei den mittleren und kleinen Einkommen aufweisen. Der Grund dafür ist, daß die Anzahl der Personen (absolute $\rightarrow$ Häufigkeit) mit größer werdenden Einkommen immer kleiner wird und durch eine größere K. eine Straffung der Darstellung der Einkommensverteilung erreicht wird. Bei offenen Randklassen ($\rightarrow$ Klassengrenze) kann keine K. angegeben werden. $\rightarrow$ Klassierung

Klassengrenze

Gruppengrenze, Wert eines metrisch skalierten Merkmals, der eine $\rightarrow$ Klasse nach unten bzw. oben begrenzt. Jede Klasse ist durch eine untere K. x_j^u und eine obere K. x_j^o (j = 1,..., k) festgelegt. Die K. müssen nicht mit einem Beobachtungswert übereinstimmen. Da die einzelnen Klassen aneinander grenzen, gilt, daß die obere K. der einen Klasse identisch ist mit der unteren K. der nachfolgenden Klasse:

$$x_j^o = x_{j+1}^u \, , \quad j = 1,...,k-1 \, .$$

Um Beobachtungswerte, die mit einer K. identisch sind, eindeutig einer Klasse zuordnen zu können, muß festgelegt werden, zu welcher Klasse die K. gehört. Dafür gibt es zwei Möglichkeiten: a) Der Wert der unteren K. gehört nicht zur Klasse und der Wert der oberen K. gehört zur Klasse. Zur Klasse j gehören alle Beobachtungswerte x eines Merkmals X, für die gilt:

$$x_j^u < x \le x_j^o \, , \quad j = 1,...,k \, .$$

Verbal sind diese K. zu interpretieren als: über x_j^u bis einschließlich x_j^o. Diese Zuordnung wird üblicherweise für die statistische Auswertung verwendet. b) Der Wert der unteren K. gehört zur Klasse und der Wert der oberen K. gehört nicht zur Klasse. Zur Klasse j gehören alle Beobachtungswerte x eines Merkmals X, für die gilt:

$$x_j^u \le x < x_j^o \, , \quad j = 1,...,k \, .$$

Verbal sind diese K. zu interpretieren als: einschließlich x_j^u bis unter x_j^o. Diese Zuordnung ist typisch für die → amtliche Statistik. Oftmals wird für die erste Klasse keine untere K. bzw. für die letzte Klasse keine obere K. angegeben. Man spricht dann von offenen Randklassen. Beispiel: Die Bevölkerung eines Landes wird nach ausgewählten Altersklassen untergliedert, wobei die untere und die obere Klasse als offene Randklassen gewählt werden.

j	Alter von...bis unter...Jahre
1	unter 15
2	15 - 40
3	40 - 65
4	65 und älter

Klassenhäufigkeit → Häufigkeit

Klassenmitte

Gruppenmitte, arithmetisches Mittel aus unterer und oberer Klassengrenze x_j^u und x_j^o einer Klasse:

$$x_j = \frac{1}{2} \, (x_j^u + x_j^o) \, , \quad j = 1,...,k \, .$$

Für offene Randklassen (→ Klassengrenze) kann die K. nicht bestimmt werden. Die K. wird als repräsentativer Wert für die Klasse bei vielen statistischen Auswertungsverfahren verwendet. Dabei wird unterstellt, daß die statistischen Elemente innerhalb einer jeden Klasse gleichverteilt bzw. symmetrisch zur K. verteilt sind. Die K. sollte deshalb näherungsweise mit dem → Klassenmittel übereinstimmen.

Klassenmittel

Gruppendurchschnitt, Gruppenmittel, Klassendurchschnitt, arithmetisches Mittel aus den beobachteten Merkmalswerten entsprechend der Urliste, die zu einer → Klasse gehören. Ist n_j die Anzahl der statistischen Elemente der j-ten Klasse (j=1,..., k) mit Merkmalswerten x_{ij}, so gilt für das K.

$$\overline{x}_j = \frac{1}{n_j} \sum_{i=1}^{n_j} x_{ij} \, .$$

Die Berechnung des K. setzt somit die Kenntnis der einzelnen Beobachtungswerte voraus, was nach einer Klassierung oft nicht mehr gegeben ist. Die K. werden in diesem Fall i. allg. durch die → Klassenmitten approximiert.

Klassierung

Gruppenbildung, Gruppierung, Klassenbildung, Größengruppierung, Zerlegung des Intervalls, in dem die Werte eines metrisch skalierten →

Merkmals liegen, in mehrere Teilintervalle, in die → Klassen oder Gruppen. Die Klassenintervalle sind nicht überlappende (disjunkte) und aneinander grenzende Intervalle von Merkmalswerten, die durch die untere und obere → Klassengrenze eindeutig bestimmt sind. Die Reihenfolge der Klassen ist durch das metrische Merkmal festgelegt. Die K. ist ein Verfahren der statistischen → Aufbereitung für stetige Merkmale und diskrete Merkmale mit sehr vielen Merkmalswerten, da in diesen Fällen die in der Urliste vorkommenden Beobachtungswerte i.allg. verschieden voneinander sind. Um trotzdem die Struktur der untersuchten Gesamtheit (→ Häufigkeitsverteilung) zu verdeutlichen, werden Merkmalswerte zu Klassen zusammengefaßt und dann die Anzahl der statistischen → Elemente bestimmt, deren Merkmalswerte in die einzelnen Klassenintervalle fallen (Klassenhäufigkeit, → Häufigkeit). Die Art der K. wird i.allg. durch den Sachverhalt und das Untersuchungsziel bestimmt. Die Elemente innerhalb einer Klasse sollten bezüglich des betrachteten Merkmals möglichst homogen und die Elemente zwischen den Klassen möglichst heterogen sein. Für die Klasseneinteilung gibt es keine allgemeingültigen Regeln. Werden zu viele Klassen gebildet, geht die Übersichtlichkeit verloren, werden zu wenige gebildet, wird die Struktur der Gesamtheit nicht deutlich. Intervalle, in die viele Beobachtungswerte fallen, sollten in mehrere Klassen zerlegt werden. Im Falle einer trotz großer Klassenbreite geringen Anzahl von Beobachtungen in der ersten und/oder letzten Klasse sollten offene Randklassen (→ Klassengrenze) verwendet werden. Mit

einer K. ist immer ein Informationsverlust verbunden, da sich im nachhinein die einzelnen Beobachtungswerte nicht mehr identifizieren lassen. So ist jede K. ein Kompromiß zwischen Übersichtlichkeit und Informationsverlust. Für die weitere statistische → Auswertung klassierter Daten wird als repräsentativer Wert der Klasse die → Klassenmitte gewählt. Dabei wird unterstellt, daß die statistischen Elemente innerhalb einer Klasse gleichverteilt bzw. symmetrisch zur Klassenmitte verteilt sind. Beispiele: Zur Feststellung der Altersstruktur der Bevölkerung eines Landes wird das Alter in Altersklassen gegliedert. Um informative Aussagen über die Einkommensverteilung zu erhalten, wird das Merkmal Einkommen in Einkommensklassen unterteilt. → Häufigkeit, → Häufigkeitsverteilung, → Summenhäufigkeit, → Verteilungsfunktion

Klassifikation

Zusammenfassung von A) Objekten einer Untersuchung bzw. B) Beobachtungen von Einflußvariablen.
A) Eine sogenannte Q-Technik der → multivariaten Statistik mit dem Ziel, die Zusammenhänge bzw. die Unterschiede zwischen den Untersuchungsobjekten aufzudecken und Gruppen (Klassen, Cluster) von gleichartigen Objekten zu bilden. Das Instrumentarium der K. ist die → Clusteranalyse. Die wichtigsten Klassifikationstypen sind die sogenannten Partitionen und Hierarchien. Maße für die Güte von beiden dienen der Beurteilung der K. (→ Abstand). Unabhängig vom Klassifikationstyp wird außerdem zwischen exhaustiven und nichtexhaustiven K. unterschieden. Eine K. heißt exhaustiv, wenn alle Objekte der Ob-

jektmenge klassifiziert werden, ansonsten liegt eine nichtexhaustive K. vor.

B) Gruppierung von Beobachtungen nach den Stufen der Klassifikationsfaktoren ($\rightarrow$ Faktor), die auf die Beobachtungen eingewirkt haben. Werden die Beobachtungen nach den Stufen nur eines Faktors gruppiert, so liegt eine einfache K. vor. Die Beobachtungen sind entsprechend dem folgenden Versuchsplan, der die konkreten Versuchsergebnisse y_{ij} bei n_j Versuchswiederholungen in der Stufe j (j = 1, ..., p) enthält, durchzuführen:

V. Nr.	Stufen des Faktors X			
	1	2	...	p
1	$y_{1,1}$	$y_{1,2}$	...	$y_{1,p}$
2	$y_{2,1}$	$y_{2,2}$	...	$y_{2,p}$
⋮	⋮	⋮	⋱	⋮
n_j	$y_{n1,1}$	$y_{n2,2}$	...	$y_{np,p}$

Der Index i gibt die Versuchsnummer an. Je nachdem, ob die Stufen des Faktors X vor dem Versuch bewußt festgelegt oder zufällig aus der Stufengrundgesamtheit ausgewählt wurden, unterscheidet man zwischen der einfachen K. im Modell mit festen Effekten der $\rightarrow$ Varianzanalyse und der einfachen K. im Modell mit zufälligen Effekten der Varianzanalyse. Ist bei der Untersuchung der Wirkung unterschiedlicher Stufen eines Faktors eine weitere Einflußgröße (Kovariable) zu berücksichtigen, so liegt eine einfache K. mit einer Kovariablen vor, die auch als (1,1)-Klassifikation der $\rightarrow$ Kovarianzanalyse bezeichnet wird. Die Methode zur Entscheidung, inwieweit die Variabilität der Versuchsergebnisse y_{ij} einer

Ergebnisvariablen Y auf den Einfluß der unterschiedlichen Stufen zweier oder mehrerer Klassifikationsvariablen zurückzuführen ist, wird Zweiweg- oder Mehrwegklassifikation genannt. Dabei unterscheidet man zwischen Kreuzklassifikation und hierarchischer K. Bei der Kreuzklassifikation treten alle Stufen der einen Einflußgröße in allen Stufen aller anderen Einflußgrößen auf, während bei der hierarchischen K. alle Stufen eines Faktors immer nur mit einer Stufe eines anderen Faktors zusammen auftreten. So ist z.B. eine Zweiwegklassifikation im engeren Sinne eine Gruppierung des Versuchsmaterials in zwei Richtungen, bei der folgende Vorgehensweisen möglich sind: a) Vollständige Kreuzklassifikation: Jede Stufe von X_1 tritt mit jeder Stufe von X_2 in den Beobachtungswerten y_{ij} auf. Liegt keine Wechselwirkung zwischen den Variablen vor, kann man sich auf eine Beobachtung pro Stufenpaar beschränken. Der Versuchsplan ohne Wiederholung hat dabei die Form

Stufen von X_1	Stufen von X_2			
	1	2	...	q
1	y_{11}	y_{12}	...	y_{1q}
2	y_{21}	y_{22}	...	y_{2q}
⋮	⋮	⋮	⋱	⋮
p	y_{p1}	y_{p2}	...	y_{pq}

b) Hierarchische Klassifikation: X_2 ist X_1 hierarchisch untergeordnet, wenn jede Stufe von X_2 nur mit einer Stufe von X_1 auftritt. Der Versuchsplan mit r Wiederholungen hat die in der folgenden Tabelle angegebene Form

X_1	X_2	Beobachtungen
1	1 2 ⋮ q1	$y_{1,1,1}$ $y_{1,1,2}$ ⋯ $y_{1,1,r}$ $y_{1,2,1}$ $y_{1,2,2}$ ⋯ $y_{1,2,r}$ ⋮ ⋮ ⋱ ⋮ $y_{1,q1,1}$ $y_{1,q1,2}$ ⋯ $y_{1,q1,r}$
2	1 2 ⋮ q2	$y_{2,1,1}$ $y_{2,1,2}$ ⋯ $y_{2,1,r}$ $y_{2,2,1}$ $y_{2,2,2}$ ⋯ $y_{2,2,r}$ ⋮ ⋮ ⋱ ⋮ $y_{2,q2,1}$ $y_{2,q2,2}$ ⋯ $y_{2,q2,r}$
⋮	⋮	⋮ ⋮ ⋱ ⋮
p	1 2 ⋮ qp	$y_{p,1,1}$ $y_{p,1,2}$ ⋯ $y_{p,1,r}$ $y_{p,2,1}$ $y_{p,2,2}$ ⋯ $y_{p,2,r}$ ⋮ ⋮ ⋱ ⋮ $y_{p,qp,1}$ $y_{p,qp,2}$ ⋯ $y_{p,qp,r}$

c) Unvollständige Kreuzklassifikation: X_1 und X_2 sind weder hierarchisch noch vollständig kreuzklassifiziert.

Klassifizierung

Bildung von Klassen (Gruppen) bei nominalskalierten Merkmalen. Da diese Merkmale in Begriffen (Kategorien) variieren, sind die einzelnen Klassen durch die nominalen Merkmalsausprägungen oder Zusammenfassungen von ihnen definiert. Für die Reihenfolge der nominalen Klassen gibt es keine Vorschrift. Abfolgen nach dem Alphabet, nach der Anzahl der statistischen Einheiten (→ Häufigkeit) je Klasse und vor allem nach fachlichen Kriterien sind üblich. Die Auflistung der Klassen und damit der Ausprägungen eines nominalskalierten Merkmals wird als → Systematik oder Nomenklatur bezeichnet. Sie spielt in der → Wirtschaftsstatistik eine entscheidende Rolle. Die Zuordnung der statistischen Elemente entsprechend ihrer Merkmalsausprägung ergibt die Häufigkeiten der Klassen. Liegt ein räumliches Merkmal vor, so ist das Gliederungskonzept entsprechend den politisch-administrativen Einheiten (z.B. Bundesländer) oder nach sozialökonomischen Gesichtspunkten (z.B. Wirtschaftsräume) gegeben. Beispiel: Die nachstehende Tabelle enthält die Einwohner (in 1000) nach Bundesländern am 31.12.1989.

Bundesland	Einwohner (1000)
Baden-Württemberg	9 619
Bayern	11 221
Berlin	3 410
Brandenburg	2 641
Bremen	674
Hamburg	1 626
Hessen	5 661
Mecklenburg-Vorpommern	1 964
Niedersachsen	7 284
Nordrhein-Westfalen	17 104
Rheinland-Pfalz	3 702
Saarland	1 065
Sachsen	4 901
Sachsen-Anhalt	2 965
Schleswig-Holstein	2 595
Thüringen	2 684

Quelle: Statistisches Bundesamt (Hrsg.), Statistisches Jahrbuch 1992 für die Bundesrepublik Deutschland, S.51

Liegt ein sachliches Merkmal vor, so wird nach fachlichen Kriterien (z.B. Berufe nach Art der Tätigkeit, Unternehmen nach der Zugehörigkeit zu einem Wirtschaftszweig) gegliedert. Beispiel: Die folgende Tabelle enthält die Erwerbstätigen (in 1000) in der Bundesrepublik Deutschland (früheres Bundesgebiet) für 1990, die nach dem sachlichen Merkmal Wirtschaftsbereiche klassifiziert sind (Ergebnisse des Mikrozensus).

Klassische Definition der Wahrscheinlichkeit

Wirtschaftsbereiche	Erwerbs-tätige (1000)
Land-, Forstwirtschaft, Tierhaltung, Fischerei	1 070
Produzierendes Gewerbe	11 903
Übrige Wirtschaftsbereiche (Dienstleistungen)	16 361
Insgesamt	29 334

Quelle: Statistisches Bundesamt (Hrsg.), Datenreport 1992, S. 97

Klassische Definition der Wahrscheinlichkeit

Berechnungsvorschrift für die Wahrscheinlichkeiten von Ereignissen unter der Annahme gleicher Realisierungschance der n möglichen elementaren Versuchsausgänge (Elementarereignisse). Zu jedem denkbaren Ereignis E gehört eine bestimmte Anzahl m von elementaren Versuchsausgängen, die als Eintreten von E betrachtet werden können. Sie werden in der klassischen Wahrscheinlichkeitsrechnung als die "für E günstigen Fälle" bezeichnet. Man definiert die Wahrscheinlichkeit von E als

$$P(E) = \frac{m}{n},$$

worin m die Anzahl der für E günstigen Fälle und n die Anzahl aller möglichen Fälle sind. Beispiel: Bei einem idealen Würfel mit n = 6 verschieden möglichen Augenzahlen tritt das Ereignis E "ungerade Augenzahl" ein, wenn eine Eins, eine Drei oder eine Fünf gewürfelt wird, d.h., die Anzahl der für E günstigen Fälle beträgt m=3. Somit ist die Wahrscheinlichkeit von E: P(E) = 3/6 = 0,5. Die

für die k.D.d.W. benötigten Anzahlen der "günstigen" und "möglichen" Fälle werden i. allg. mit der Kombinatorik berechnet.

Kliometrie

Im weitesten Sinne die Entwicklung und Anwendung mathematisch-statistischer Verfahren und Modelle in den historischen Wissenschaften.

Klumpenauswahl → Klumpenstichprobenverfahren

Klumpeneffekt → Klumpenstichprobenverfahren

Klumpenstichprobenverfahren

Klumpenauswahl, spezielles bedingtes Zufallsauswahlverfahren, bei dem die Grundgesamtheit in voneinander abgegrenzte Teilgesamtheiten, sogenannte Klumpen, aufgeteilt wird (→ Stichprobenverfahren). Jeder Klumpen sollte etwa die gleiche Struktur wie die Grundgesamtheit haben, also auch deren Heterogenität besitzen, wodurch sich dieses Verfahren auch vom → geschichteten Stichprobenverfahren unterscheidet. Nach einem reinen Zufallsauswahlverfahren werden aus der Grundgesamtheit einzelne Klumpen gezogen. Werden in jedem Klumpen dieser Klumpenstichprobe die Merkmalsausprägungen aller ihrer Erhebungseinheiten erfaßt (Vollerhebung im Klumpen), so liegt eine einstufige Klumpenstichprobe vor. Wenn nach der Ziehung der Klumpenstichprobe aus jedem Klumpen nur ein Teil der Erhebungseinheiten gezogen wird, spricht man von einer zweistufigen Klumpenstichprobe. Die Klumpen werden Primäreinheiten, die Erhebungseinheiten Sekundäreinheiten genannt. Der Vorteil des K. liegt in seiner erhebungstechnischen Effektivität. Als Nachteil ist das eventuelle Auftreten des sogenannten Klumpeneffektes zu nennen, der sich in Form eines systematischen Fehlers in der Stichprobe auf Grund einer möglichen großen Anhäufung sehr ähnlicher Untersuchungseinheiten äußert. Das K. wird häufig in den Sozialwissenschaften angewandt, da die Grundgesamtheit hier bereits feste, natürliche Gliederungen aufweist. Beispiele für Klumpen: Schulklassen, regional abgegrenzte Gruppen wie Stadtbezirke, Wohnblocks oder Betriebe in einer Stadt. Als Spezialfall und Anwendungsbeispiel ist das → Flächenstichprobenverfahren zu erwähnen.

Kohorte

Sachlich und örtlich abgegrenzte Gesamtheit von Personen, die hinsichtlich eines bestimmten zeitlich unveränderlichen Merkmals gleichartig sind. Die Zeitpunkte von Ereignissen wie Geburt, Taufe, Konfirmation, Schulabschluß, Hochzeit usw. sind aus statistisch-methodischer Sicht für die einzelne Person zeitlich unveränderliche Merkmale. Demnach bilden z.B. alle 1993 in Deutschland Lebendgeborenen, Getauften oder Konfirmierten jeweils eine reale K. Eine hinsichtlich ihres Umfangs beliebig festgelegte K. (meist 100000 Personen) heißt fiktive K. Eine K., die als Ausgangspunkt für eine statistische Analyse dient, nennt man Ausgangskohorte.

Kohortenanalyse

Beobachtung, Beschreibung und Analyse der im zeitlichen Ablauf (Längsschnittanalyse) durch bestimmte Ereignisse (Heirat, Tod, Wanderung usw.) hervorgerufenen Bestands- und Strukturveränderungen einer Gesamtheit von Personen, die hinsichtlich eines bestimmten, zeitlich unveränderlichen Merkmals gleichartig sind (→ Kohorte). Beobachtet man fortlaufend etwa das Absterben einer Geburtskohorte, so spricht man von einer prospektiven (vorausschauenden) K. Verfolgt man hingegen die Absterbeordnung einer bereits durch den Tod verschwundenen Geburtskohorte, so spricht man von einer retrospektiven (rückschauenden) K. Die prospektive K. hat sich vor allem bei der Ermittlung von Abgängen aus einer Gesamtheit von Personen als ein leistungsfähiges Verfahren erwiesen. Die Bestimmung von exakten Sicker- und Schwundquoten, z.B. für Studenten, die ihre Immatrikulationskohorte ohne Examen verlassen, ist über die Querschnittsanalyse nicht möglich, da z.B. die Studenten, die zwischen zwei Erfassungsstichtagen die Universität wechseln, in der Statistik nicht mehr erscheinen. Man kann dieses Konzept auf viele andere Probleme erweitern, u.a. auf das Problem der Arbeitslosigkeit und die Bestimmung individueller Verweildauern in der Arbeitslosigkeit. Unabdingbare Voraussetzung für die prospektive und retrospektive K. ist allerdings die personengebundene Erhebung des interessierenden Ereignisses zu den verschiedenen Zeitpunkten der Längsschnittanalyse.

Kointegration

Statistische Gleichgewichtseigenschaft integrierter → stochastischer Prozesse $\{X_t\}$ und $\{Y_t\}$. K. kann als tendenzielle Übereinstimmung im langfristigen Zeitverhalten gedeutet und zur Beschreibung einer mutmaßlichen Ursache-Wirkungs-Beziehung zwischen $\{X_t\}$ und $\{Y_t\}$ genutzt werden. Formal bedeutet K., daß zwischen zwei von gleicher Ordnung integrierten Prozessen $\{X_t\}$ und $\{Y_t\}$ eine lineare Beziehung (kointegrierende Gleichung)

$$Y_t = \mu + \gamma X_t + u_t$$

mit zwei eindeutig bestimmten Koeffizienten μ (Niveauparameter) und γ (langfristiger Multiplikator) sowie einem stationären, autokorrelierten Restprozeß u_t existiert. Die kointegrierende Gleichung beschreibt nur die langfristige Wirkung eines Einflusses von $\{X_t\}$ auf $\{Y_t\}$. Sie läßt sich jedoch zu einem Fehler-Korrektur-Modell erweitern, indem der Restprozeß $\{u_t\}$ durch eine Linearkombination stationärer erster Differenzen $\Delta X_t = X_t - X_{t-1}$ und $\Delta Y_t = Y_t - Y_{t-1}$ zuzüglich eines unkorrelierten Restprozesses $\{a_t\}$ ersetzt wird ($\rightarrow$ Differenzenbildung). Im einfachsten Fall treten nur unverzögerte Differenzen auf:

$$Y_t = \mu + \gamma X_t + \vartheta \, \Delta Y_t + \omega \, \Delta X_t + a_t \, .$$

Neben μ und γ sind zwei weitere Parameter ϑ und ω zu schätzen. ω beschreibt die kurzfristige Wirkung einer Veränderung von X_t auf Y_t, während ϑ einen Teil der Veränderung von Y_t aus dem Prozeß selbst erklärt. Zeitverzögerte Differenzen müssen hinzugefügt werden, falls die geschätzten Residuen $\hat{a}_t$ noch kein $\rightarrow$ weißes Rauschen bilden. Wesentlich ist, daß die kointegrierende Gleichung und das Fehler-Korrektur-Modell mit der $\rightarrow$ Methode der kleinsten Quadrate konsistent geschätzt werden können. Die aus der Regressionsana-

lyse bekannten Schätzprobleme ($\rightarrow$ Multikollinearität) treten demzufolge nicht auf. Je nach Formulierung des Modells sind einstufige oder mehrstufige Schätzungen möglich. Zur Überprüfung der Differenzen auf $\rightarrow$ Stationarität dienen $\rightarrow$ Einheitswurzeltests. Beispiel: Die Zeitreihen des Zinssatzes für Sparbriefe mit vierjähriger Laufzeit y_t und des Zinssatzes für Dreimonatsgelder x_t lassen sich näherungsweise als Realisierungen $\rightarrow$ integrierter Prozesse von erster Ordnung ansehen. Es läßt sich zeigen, daß $\{y_t\}$ und $\{x_t\}$ kointegriert sind. In der folgenden Abbildung werden die Zeitreihen y_t und x_t durch die Symbole • und + über der Monatsachse dargestellt.

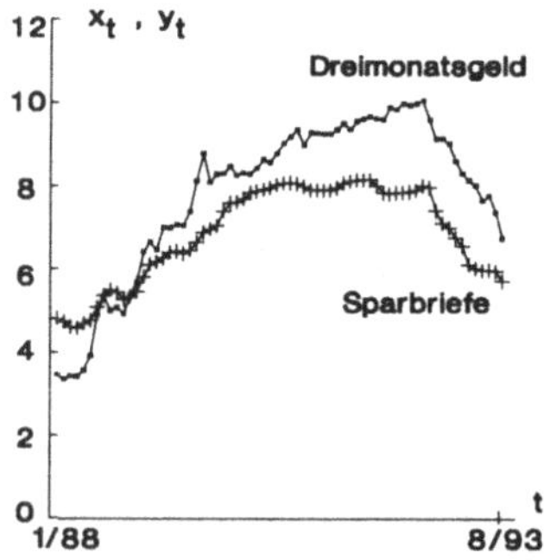

Bereits über 6 Jahre hinweg ist ein tendenziell gleichförmiger Verlauf (Gleichgewichtsbeziehung) zu beobachten. Einerseits ist anzunehmen, daß das Niveau von x_t auf das Niveau von y_t wirkt. Andererseits beeinflussen Änderungen bei den kurzfristigen Zinsen auch das langfristige Zinsniveau. Ein Fehler-Korrektur-Modell kann diese gemischte Dynamik aus kurz- und langfristigen Effekten beschreiben.

Kollinearität $\rightarrow$ Multikollinearität

Kolmogorowsches Axiomensystem

System von Aussagen, die auf Grund von Erfahrung die wichtigsten Anforderungen an ein Maß für den Grad der Sicherheit des Eintretens eines zufälligen Ereignisses formalisiert zusammenfassen. Jedem Ereignis E eines $\rightarrow$ Ereignisfeldes $\mathscr{F}$ wird eine reelle Zahl P(E), die Wahrscheinlichkeit, so zugeordnet, daß die folgenden Axiome erfüllt sind:

a) Für jedes $E \in \mathscr{F}$ gilt $0 \le P(E) \le 1$.

b) Das sichere Ereignis besitzt die Wahrscheinlichkeit 1, d.h. $P(\Omega) = 1$ (Normierungsaxiom).

c) Für $E = E_1 \cup E_2$ mit $E_1, E_2 \in \mathscr{F}$ und $E_1 \cap E_2 = \emptyset$ gilt $P(E) = P(E_1) + P(E_2)$ (Axiom der Additivität von P).

Aus dem K. A. folgt unmittelbar:

a) Ist $\bar{E}$ das zu $E \rightarrow$ komplementäre Ereignis, so gilt $P(\bar{E}) = 1 - P(E)$.

b) Für $E, D \in \mathscr{F}$, $E \subset D$ gilt $P(E) \le P(D)$.

c) Für beliebige Ereignisse $E, D \in \mathscr{F}$ gilt der $\rightarrow$ Additionssatz $P(E \cup D) = P(E) + P(D) - P(E \cap D)$.

Die $\rightarrow$ klassische Definition der Wahrscheinlichkeit und die $\rightarrow$ statistische Definition der Wahrscheinlichkeit erfüllen das K. A.

Kolmogorow-Smirnow-Test

Test zum Prüfen der Hypothese, daß die Verteilungsfunktionen F_X und F_Y zweier unabhängiger stetiger Zufallsvariablen X und Y übereinstimmen. Es wird die Nullhypothese H_0: $F_X(x) = F_Y(x)$ für alle x gegen die Alternativhypothese H_1: $F_X(x) \ne F_Y(x)$ für mindestens ein x geprüft. Als Testvariable wird

$$T = sup\,\left| F_X^{(m)}(x) - F_Y^{(n)}(x) \right|$$

verwendet. Dabei bezeichnen $F_X^{(m)}$ bzw. $F_Y^{(n)}$ die empirischen Vertei-

lungsfunktionen der Stichproben $(X_1, ..., X_m)$ vom Umfang m und $(Y_1, ..., Y_n)$ vom Umfang n. Ist $T > k_{m;n;1-\alpha}$, wobei α das Signifikanzniveau und $k_{m;n;1-\alpha}$ das Quantil der Ordnung $1-\alpha$ der Verteilung von T sind, wird H_0 abgelehnt, also die Verschiedenheit der Verteilungen festgestellt. Der kritische Wert $k_{m;n;1-\alpha}$ kann Tafeln entnommen werden. Für große m und n gilt näherungsweise

$$k_{m;n;1-\alpha} \approx \sqrt{\frac{m+n}{mn}}\, \lambda_{1-\alpha}\,,$$

wobei $\lambda_{1-\alpha}$ das Quantil der Ordnung $1-\alpha$ der Kolmogorow-Verteilung ($\rightarrow$ Kolmogorow-Test) ist. Der K.-S.-T. ist ein Test zur Lösung des $\rightarrow$ Zweistichprobenproblems. Mit ihm wird geprüft, ob zwei vorliegende Stichproben aus der gleichen Grundgesamtheit mit derselben stetigen Verteilungsfunktion stammen.

Kolmogorow-Test

Test zum Prüfen der Hypothese, daß die Verteilungsfunktion F einer Zufallsvariablen X gleich einer bestimmten vorgegebenen stetigen Verteilungsfunktion F_0 ist. Es wird die Nullhypothese H_0: $F(x) = F_0(x)$ für alle x gegen die Alternativhypothese H_1: $F(x) \ne F_0(x)$ für mindestens ein x geprüft. Als Testvariable wird

$$T = sup\,\left| F_n(x) - F_0(x) \right|$$

verwendet. Dabei bezeichnet F_n die Verteilungsfunktion der Stichprobe $(X_1, ..., X_n)$ vom Umfang n. Unter der Nullhypothese hängt die Verteilungsfunktion von T nur von n ab. Für $n \rightarrow \infty$ konvergiert die Verteilungsfunktion von $T \cdot \sqrt{n}$ gegen die Kolmogorow-Verteilung. Ist $T > k_{n;1-\alpha}$, so

Kolmogorow-Test

Kolmogorow-Test
Quantile $k_{n;1-\alpha}$ der Testvariablen T

n	1 - α			
	0,90	0,95	0,98	0,99
1	.95000	.97500	.99000	.99500
2	.77639	.84189	.90000	.92929
3	.63604	.70760	.78456	.82900
4	.56522	.62394	.68887	.73424
5	.50945	.56328	.62718	.66853
6	.46799	.51926	.57741	.61661
7	.43607	.48342	.53844	.57581
8	.40962	.45427	.50654	.54179
9	.38746	.43001	.47960	.51332
10	.36866	.40925	.45662	.48893
11	.35242	.39122	.43670	.46770
12	.33815	.37543	.41918	.44905
13	.32549	.36143	.40362	.43247
14	.31417	.34890	.38970	.41762
15	.30397	.33760	.37713	.40420
16	.29472	.32733	.36571	.39201
17	.28627	.31796	.35528	.38086
18	.27851	.30936	.34569	.37062
19	.27136	.30143	.33685	.36117
20	.26473	.29408	.32866	.35241
22	.25283	.28087	.31394	.33666
24	.24242	.26931	.30104	.32286
26	.23320	.25907	.28962	.31064
28	.22497	.24993	.27942	.29971
30	.21756	.24170	.27023	.28987
35	.20185	.22425	.25073	.26897
40	.18913	.21012	.23494	.25205
45	.17856	.19837	.22181	.23798
50	.16959	.18841	.21068	.22604
60	.15511	.17231	.19267	.20673
70	.14381	.15975	.17863	.19167
80	.13467	.14960	.16728	.17949
90	.12709	.14117	.15786	.16938
100	.12067	.13403	.14987	.16081

wird H_0 abgelehnt. Dabei sind $k_{n;1-\alpha}$ das Quantil der Ordnung $1-\alpha$ der Verteilung von T und α das Signifikanzniveau. Die Quantile $k_{n;1-\alpha}$ können der Tafel auf Seite 186 entnommen werden. Für große n ist

$$k_{n;1-\alpha} \approx \frac{\lambda_{1-\alpha}}{\sqrt{n}} \, ,$$

wobei $\lambda_{1-\alpha}$ ein Quantil der Kolmogorow-Verteilung ist ($\lambda_{0,95}=1,358$, $\lambda_{0,99}=1,628$). Im Gegensatz zum $\rightarrow$ Chi-Quadrat-(Anpassungs)-Test, der eine Klasseneinteilung mit Mindestzahlen der Besetzung voraussetzt, ist der K.-T. auch für kleine Stichproben anwendbar. Beispiel: Von einer Grundgesamtheit von Kohlepaketen wird angenommen, daß ihr Gewicht X normalverteilt mit einem Erwartungswert von 50 kg und einer Standardabweichung von 3 kg ist. Also ist $F_0(x) = \Phi(x; 50; 9)$ eine Normalverteilung. Zum Prüfen von H_0: $F(x) = F_0(x)$ auf einem Signifikanzniveau von 5 % wird eine Stichprobe vom Umfang 10 entnommen (Spalte 1):

x	$\dfrac{x-50}{3}$	$F_{10}(x)$	$F_0(x)$	d
47,4	-0,867	0,1	0,193	-0,093
47,9	-0,700	0,2	0,241	-0,041
48,3	-0,567	0,3	0,285	0,014
49,9	-0,033	0,4	0,486	-0,087
50,1	0,033	0,5	0,513	-0,013
51,3	0,433	0,6	0,667	-0,067
52,8	0,933	0,7	0,824	-0,125
53,6	1,200	0,8	0,885	-0,085
54,1	1,367	0,9	0,914	-0,014
56,0	2,000	1,0	0,977	0,022

Die empirische Verteilungsfunktion $F_{10}(x)$ in Spalte 3 entsteht als Treppenfunktion durch Summation der relativen Häufigkeit der Einzelwerte von 1/10. Die Werte von $F_0(x) = \Phi(x; 50; 9)$ in Spalte 4 erhält man durch Transformation der Standardnormalverteilung $\Phi(x)$: $\Phi(x; 50; 9) = \Phi((x - 50)/3)$. Unter den Differenzen $d = F_{10}(x) - F_0(x)$ in Spalte 5 ist bei $x = 52,8$ der maximale Absolutbetrag $T = 0,125$ zu finden. Er ist kleiner als der Tafelwert $k_{10;0,95} = 0,409$ und als der Näherungswert

$$\frac{\lambda_{0,95}}{\sqrt{10}} = 0,429 \, .$$

Damit kann bei einer Irrtumswahrscheinlichkeit von 5% die Behauptung, daß das Gewicht der Pakete einer Normalverteilung N(50;9) folgt, nicht abgelehnt werden.

Kombinationstabelle

Häufigkeitstabelle, in der gleichzeitig mehrere Merkmale erfaßt werden, die an ein und denselben statistischen Elementen beobachtet wurden. Beispiel: K. der Arbeitsunfähigkeitsfälle der Pflichtmitglieder der Allgemeinen Krankenversicherungen eines gegebenen Jahres nach den 3 Merkmalen Krankheit, Geschlecht und Alter. $\rightarrow$ Kontingenztabelle, $\rightarrow$ Korrelationstabelle

Kombinierte Prognose

Gewinnung einer Prognose aus Einzelprognosen, die nach verschiedenen, meist univariaten Methoden erstellt worden sind. Sinnvoll ist eine Kombination, wenn jeweils die für die Einzelprognosen genutzten Informationsmengen nicht identisch waren. Zu empfehlen ist die k. P. auch, falls die Voraussetzungen für eine Modellierung nicht vollständig überprüfbar oder nur partiell erfüllt sind.

Kommensurabilität

Der Wert einer k. P. wird meist als einfaches oder gewichtetes → arithmetisches Mittel aus den Einzelprognosen berechnet. Eine Wichtung ist vor allem bei der Kombination von qualitativen mit quantitativen Prognoseverfahren angeraten. Beispiel: k. P. des Pro-Kopf-Verbrauches an Alkohol aus drei Einzelprognosen mit jeweils gleicher Gewichtung: einer Trendextrapolation, einer Regressionsanalyse mit dem Einkommen als Einflußgröße und der Schätzung eines Ernährungswissenschaftlers. Bei mehrperiodischen Horizonten können auch Regressionsfunktionen zur Mittelung von Einzelprognosen dienen. Zu empfehlen ist die Kombination von 3-4 Einzelprognosen. Der kleinste und größte Einzelprognosewert bilden ein heuristisches Intervall, in dem der tatsächliche Wert zu vermuten ist. Die Aussagekraft eines statistischen → Konfidenzintervalls wird auf diese Weise allerdings nicht erreicht.

Kommensurabilität

Forderung, statistisch erhobene Merkmalswerte eines kardinalskalierten → Merkmals mit einem gleichen Maß zu messen. Die K. ist für die Zulässigkeit der Summenbildung von fundamentaler Bedeutung, da eine Summe von Merkmalswerten i.allg. nicht unabhängig von deren Maßeinheit ist. Vor allem in der → Wirtschaftsstatistik wird man bei der Berechnung von Durchschnittspreis-Indizes (→ Dutot-Index, → Drobisch-Index) mit der Notwendigkeit der K. konfrontiert, da Summen unterschiedlich bemessener Mengen (z.B. Stück, Kilogramm, Meter) und unterschiedlich notierter Preise (z.B. DM/kg, DM/m, DM/Stck) nicht definiert sind.

Kommunalität

Der Teil der → Varianz einer gemessenen Variablen, der durch die in der → Faktoranalyse ermittelten gemeinsamen Faktoren erklärt wird. Der andere Varianzteil ist sowohl der Variablen selbst (spezifische Varianz) als auch dem Meßfehler bei der Datenerhebung (Fehlervarianz) zuzuordnen. K. müssen geschätzt werden, da nur die empirische → Korrelationsmatrix $\mathbf{R} = (r_{jk})$ bekannt ist. Zur Lösung dieses Kommunalitätenproblems gibt es verschiedene Schätzverfahren. In der Praxis hat sich als erste grobe Schätzung für die K. h_j^2 der j-ten Variablen (j=1,2,...,p) der jeweils betragsmäßig höchste Korrelationskoeffizient r_{jk} der Variablen X_j mit den jeweils anderen Variablen bewährt, also

$$h_j^2 = \max_k |r_{jk}|,$$

wobei $k \neq j$ ist. Diese Schätzwerte werden in der Korrelationsmatrix $\mathbf{R}$ anstelle der Einsen in der Hauptdiagonalen eingesetzt. Es entsteht die sogenannte reduzierte Korrelationsmatrix $\mathbf{R_h}$. Sie wird für die Faktorextraktion verwendet.

Komplementäres Ereignis

Ereignis $\bar{E}$ aus einem Ereignisfeld $\mathscr{F}$, das genau dann eintritt, wenn das Ereignis E nicht eintritt, d.h., es gilt $E \cup \bar{E} = \Omega$, wobei Ω der → Ereignisraum oder das sichere Ereignis ist, und $E \cap \bar{E} = \emptyset$, wobei $\emptyset$ das unmögliche Ereignis ist. Für Ereignisse E und D gelten z.B. die de Morganschen Formeln:

$$\bar{E} \cup \bar{D} = \overline{E \cap D}$$

$$\bar{E} \cap \bar{D} = \overline{E \cup D}.$$

Konfidenzgrenze

Bei der $\rightarrow$ Konfidenzschätzung von Parametern die für ein vorgegebenes Konfidenzniveau ermittelte obere oder untere Begrenzung des $\rightarrow$ Konfidenzintervalls.

Konfidenzintervall

Vertrauensbereich, Vertrauensintervall, Intervall, das im Ergebnis einer $\rightarrow$ Intervallschätzung eines Parameters der $\rightarrow$ Grundgesamtheit ermittelt wurde und dem eine bestimmte Wahrscheinlichkeit, das $\rightarrow$ Konfidenzniveau, zugeordnet ist.

Konfidenzkoeffizient $\rightarrow$ Konfidenzniveau

Konfidenzniveau

Konfidenzkoeffizient, bei der $\rightarrow$ Konfidenzschätzung die Wahrscheinlichkeit, mit welcher das sich aus der Stichprobe ergebende zufallsbedingte $\rightarrow$ Konfidenzintervall den wahren Wert des zu schätzenden Parameters einschließt. Das K. wird oft mit den Werten 0,90, 0,95 oder 0,99 angesetzt.

Konfidenzschätzung

Gebräuchlichste Form der $\rightarrow$ Intervallschätzung eines Parameters π einer Zufallsvariablen X aus einer Zufallsstichprobe $(X_1, ..., X_n)$. Wenn für die erwartungstreue $\rightarrow$ Schätzfunktion $\hat{\pi}(X_1, ..., X_n)$ mit der Varianz $\sigma^2(\hat{\pi})$ die zu $\hat{\pi}$ gehörende standardisierte Variable $(\hat{\pi} - \pi)/\sigma(\hat{\pi})$ eine von π unabhängige Verteilung hat, kann man Werte t_1 und t_2 derart finden, daß für alle Werte π des zu schätzenden Parameters

$$P\left(t_1 \le \frac{\hat{\pi} - \pi}{\sigma(\hat{\pi})} \le t_2 \right) =$$

$$P(\hat{\pi} - t_2\,\sigma(\hat{\pi}) \le \pi \le \hat{\pi} - t_1\,\sigma(\hat{\pi})) = 1 - \alpha$$

ist. Der Wert $\gamma = (1-\alpha)$ heißt $\rightarrow$ Konfidenzniveau (Konfidenzkoeffizient) und wird meist auf einen Wert knapp unter 1 gelegt. Ergibt die Stichprobe $x_1, ..., x_n$ den Wert π_0 für $\hat{\pi}$, dann ist $[\pi_0 - t_2\sigma(\hat{\pi}); \pi_0 - t_1\sigma(\hat{\pi})]$ das $\rightarrow$ Konfidenzintervall für π mit dem $\rightarrow$ Konfidenzniveau $\gamma = (1 - \alpha)$. Verkürzt kann man sagen: Bei 100 Schätzungen schließt das Konfidenzintervall in etwa $\gamma \cdot 100$ Fällen den zu schätzenden Parameter ein. Ist die Verteilung von $(\hat{\pi} - \pi)/\sigma(\hat{\pi})$ symmetrisch (wie z.B. die Standardnormalverteilung) mit $t_1 = - t_2$, dann findet man ein symmetrisches Konfidenzintervall um den Schätzwert π_0 von $[\pi_0 - t_2\sigma(\hat{\pi}); \pi_0 + t_2\sigma(\hat{\pi})]$.

Konfidenzschätzung einer Verteilung

Intervallschätzung für eine unbekannte stetige Verteilungsfunktion F einer Zufallsvariablen X mit Hilfe der empirischen Verteilungsfunktion F_n einer Stichprobe vom Umfang n zum Konfidenzniveau γ. Da die Verteilungsfunktion von $\sqrt{\pi} \sup_x |F_n(x) - F(x)|$ für $n \rightarrow \infty$ gegen die Kolmogorow-Verteilung konvergiert, ist für große n die Wahrscheinlichkeit dafür, daß das Intervall

$$\left(F_n(x) - \frac{\lambda_\gamma}{\sqrt{n}} \; ; \; F_n(x) + \frac{\lambda_\gamma}{\sqrt{n}} \right)$$

die Verteilungsfunktion F überdeckt, näherungsweise gleich γ, falls λ_γ das γ-Quantil der Kolmogorow-Verteilung bedeutet ($\rightarrow$ Kolmogorow-Test). Dies ist eine asymptotische Konfidenzschätzung für F zum Konfidenzniveau γ.

Konfirmatorische Statistik

Konfirmatorische Statistik → induktive Statistik

Konjunkturzyklus

Überjähriger → Zyklus in einer → Zeitreihe, der den Zeitabschnitt zwischen dem Beginn der ersten und dem Ende der letzten Konjunkturphase umfaßt. Die Konjunkturtheorie unterscheidet K. verschiedener Länge: a) Kitchin-Zyklus (3-4 Jahre), b) Juglar-Zyklus (7-11 Jahre), c) Kondratieff-Zyklus (50-60 Jahre). Beispiel: Die folgende Graphik zeigt den Index (Basis 1985) des Auftragseingangs für das Bauhauptgewerbe in der Bundesrepublik Deutschland nach Jahren für den Zeitraum 1971 bis 1992 (symbolisiert durch ■) sowie die geschätzte glatte Komponente (symbolisiert durch +), die einen deutlichen K. anzeigt.

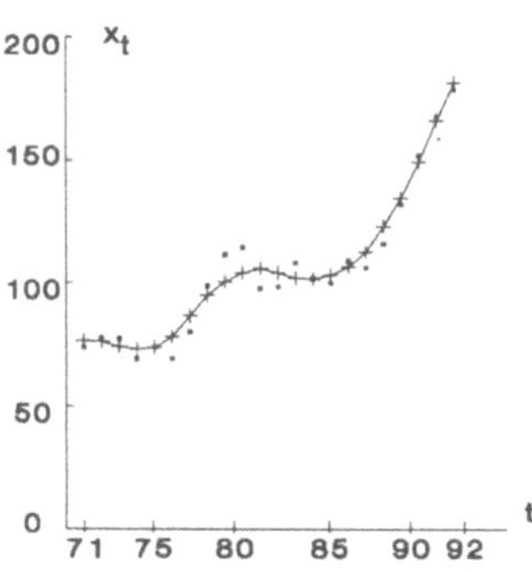

Die Zyklenlänge schwankt im Beobachtungszeitraum zwischen 10 und 11 Jahren und deutet auf einen Juglar-Zyklus hin.

Konkordanz

Gleiche Ordnungsrelation in gegebenen Paaren von ordinal gemessenen Merkmalswerten. Sind A_i und B_i die Rangzahlen von n Objekten in zwei Rangfolgen, so liegt eine K. bezüglich zweier Rangzahlen vor, wenn $\{A_i<A_j;\ B_i<B_j\}$ bzw. $\{A_i>A_j;\ B_i>B_j\}$ für $i\neq j$ gilt. Beispiel: Zwei Gutachter A und B prüfen 4 Weinsorten nach bestimmten Kriterien und bringen sie in eine Rangfolge:

Wein	W_1	W_2	W_3	W_4
Gutachter A	3	4	2	1
Gutachter B	3	1	4	2

Folgende Rangpaare weisen eine K. auf:
$\{(A_1=3) > (A_4=1);\ (B_1=3) > (B_4=2)\}$
$\{(A_3=2) > (A_4=1);\ (B_3=4) > (B_4=2)\}$
Gegensatz: → Diskordanz.

Konkordanzkoeffizienten

Spezielle Rangkorrelationskoeffizienten (→ Rangkorrelation) zur Prüfung der Übereinstimmung (→ Konkordanz) von Ordnungsrelationen (Rangreihen). Problemstellungen für die Anwendung von K. sind u.a.: Feststellung der Güte der Urteilsübereinstimmung, wenn a) m Beurteiler n Objekte hinsichtlich eines Merkmals in Rangreihen bringen (z.B. m Gutachter stufen n Fernsehgeräte nach der Bildqualität ein), b) ein Objekt durch m Beurteiler anhand von k Merkmalen beschrieben wird (z.B. die Bedeutsamkeit von k Krankheitsmerkmalen wird von m Ärzten bei einem Patienten eingestuft), c) Feststellung der Ähnlichkeit von n Objekten anhand von k Merkmalen durch einen Beurteiler (z.B. n Bewerber werden von einem Personalleiter anhand von k Eignungsmerkmalen beschrieben). Der Konkordanzindex (Kappa-Index) von Cohen wird in verschiedenen Modifizierungen für binäre Daten (Alternativmerkmal), für nominalskalierte Daten mit ordinaler Information und für metrisch skalierte klassierte Daten, der Spearmansche Rangkorrelationskoeffizient und Kendalls τ ($\rightarrow$ Rangkorrelation) werden für mindestens ordinal skalierte Daten bei zwei Rangreihen, und der K. von Kendall wird bei mehr als zwei Rangreihen verwendet.

Konservatives Testen

Bei Tests mit diskreter Testvariablen, bei denen ein $\rightarrow$ Signifikanzniveau nicht genau eingehalten werden kann, die Verfahrensweise, das größte Signifikanzniveau zu wählen, das gerade noch kleiner ist als das vorgegebene Signifikanzniveau. K.T. bewirkt dadurch eine leichte Tendenz zur Aufrechterhaltung der zu prüfenden Nullhypothese.

Konsistenz

Eigenschaft einer Folge $\hat{\pi}_n$ vom Umfang n der Stichprobe abhängiger $\rightarrow$ Schätzfunktionen für einen Parameter π, die darin besteht, daß $\hat{\pi}_n$ bei $n \rightarrow \infty$ für jedes π stochastisch gegen π konvergiert. Hinreichend dafür sind die Beziehungen

$$\lim_{n \to \infty} E\left(\hat{\pi}_n\right) = \pi$$

und

$$\lim_{n \to \infty} Var\left(\hat{\pi}_n\right) = 0 \,.$$

Die Schätzfunktion

$$\bar{X}_n = \frac{1}{n} \sum_{i=1}^{n} X_i$$

zur Schätzung des Erwartungswertes einer Zufallsvariablen X aus einer Stichprobe $X_1,..., X_n$ und die Schätzfunktion

$$S_n^2 = \frac{1}{n-1} \sum_{i=1}^{n} \left(X_i - \bar{X}_n \right)^2$$

zur Schätzung der Varianz sind konsistente Punktschätzungen. Praktisch bedeutet K., daß der Schätzfehler durch hinreichend große Stichproben beliebig klein gemacht werden kann.

Konsumfunktion

Verbrauchsfunktion, formale Beschreibung des Konsums C von Wirtschaftssubjekten in Abhängigkeit von solchen Einflußfaktoren wie Einkommen Y, Investitionen I, Preisen P usw., so daß als allgemeiner Ansatz für eine K. C = f(Y, I, P, ...) gilt. Da der private Konsum die quantitativ bedeutendste Verwendungskategorie des Sozialproduktes ist, kommt in der Konsumtheorie der Analyse des Konsumverhaltens privater Haushalte mit Hilfe von K. eine besondere Bedeutung zu. Die einfachste und allgemein akzeptierte Hypothese über das Konsumverhalten eines beliebigen privaten Haushalts i lautet: je höher (niedriger) das verfügbare Einkommen Y_i, desto größer (geringer) der Konsum C_i, wobei die lineare K.

$$C_i(Y_i) = a_i + b_i \cdot Y_i$$

wiederum die einfachste Form einer einzelwirtschaftlichen K. darstellt. Formal beinhaltet a_i den Betrag, den der private Haushalt i für Konsumausgaben aufwenden müßte, wenn er kein Einkommen ($Y_i = 0$) hätte und sie durch Vermögensabbau (Entsparen) oder Kreditaufnahme finanzieren müßte. Praktisch wird a_i oft als autonomer, vom Einkommen unabhängiger Konsum des privaten Haushalts i interpretiert. Die 1. Ableitung der K.

$$C_i' = \frac{dC_i}{dY_i} = b_i = const.$$

stellt im Falle der einfachen linearen K. eine einkommensunabhängige Größe b_i dar. Sie wird als marginale Konsumneigung interpretiert und gibt im konkreten Fall an, um wieviel Einheiten sich näherungsweise der Konsum verändert, wenn sich das Einkommen um eine Einheit verändert. Von der marginalen Konsumneigung, die auch als marginale Konsumquote bezeichnet wird, ist die durchschnittliche Konsumquote

$$c_i = \frac{C_i}{Y_i},$$

die den Anteil der Konsumausgaben am verfügbaren Einkommen des Haushaltes i mißt, zu unterscheiden. Die durchschnittliche und marginale Konsumquote stimmen nur im Falle einer homogenen K., also bei nicht existierendem autonomen Konsum ($a_i = 0$), überein. Während die marginale Konsumneigung b_i für die einfache lineare K. eine einkommensunabhängige Konstante ist, sinkt (steigt) für $a_i{\neq}0$ die durchschnittliche Konsumquote c_i mit steigendem (fallendem) Einkommen Y_i und nähert sich mit steigendem Einkommen wegen

$$c_i = \frac{C_i}{Y_i} = \frac{a_i}{Y_i} + b_i$$

der marginalen Konsumneigung b_i des jeweiligen Haushalts i. Zu analogen Aussagen gelangt man, wenn man die relevanten Einzeldaten aller privaten Haushalte aggregiert ($\rightarrow$ Aggregation) und etwa mit Hilfe der $\rightarrow$ Regressionsanalyse die gesamtwirt-

schaftliche K. in Gestalt eines einfachen $\rightarrow$ ökonometrischen Modells schätzt. Beispiel: Verwendet man für das frühere Bundesgebiet die mit dem $\rightarrow$ Preisindex der Lebenshaltung (Basis 1985) deflationierten Jahreszeitreihendaten für den privaten Konsum C_t und für das verfügbare Einkommen ohne Unternehmergewinne Y_t (Angaben jeweils in Mrd. DM), so erhält man für den Beobachtungszeitraum t = 1960, 1961, ..., 1990 die folgende Regressionsschätzung für die gesamtwirtschaftliche K.:

$$\hat{C}_t = -50,233 + 0,917 \cdot Y_t.$$

Die gesamtwirtschaftliche marginale Konsumneigung interpretiert man im gegebenen Fall wie folgt: Steigt (fällt) das verfügbare Einkommen um 1 DM, so steigt (fällt) im Mittel der private Konsum um 92 Pfennige. Die Größe a_i ist in diesem Beispiel ökonomisch nicht plausibel interpretierbar.

Kontingenz

Zusammenhang von Merkmalen, im engeren Sinne oft auch nur für den Zusammenhang von nominal- oder ordinalskalierten Merkmalen verwendet. Beispiel: Zusammenhang zwischen den nominalskalierten Merkmalen Marke des einer Person gehörenden Autos und Geschlecht dieser Person in einer Gesamtheit von Autobesitzern.

Kontingenzanalyse

Untersuchung des Zusammenhanges von nominal- oder ordinalskalierten Merkmalen. Die Stärke des Zusammenhanges wird je nach Anzahl und $\rightarrow$ Skalierung der Merkmale mit verschiedenen Kontingenzkoeffizienten gemessen. Grundlage für ihre Berechnung ist die → Kontingenztabelle. - Bei zwei nominalskalierten Merkmalen mit mehr als zwei Ausprägungen ist der Kontingenzkoeffizient C von Pearson ein geeignetes Zusammenhangsmaß:

$$C = \sqrt{\frac{K}{K + n}},$$

wobei n der Umfang der untersuchten Gesamtheit ist. K wird als quadratische Kontingenz bezeichnet und beruht auf den quadratischen Abweichungen der beobachteten gemeinsamen absoluten Häufigkeit h_{ij} zweier Merkmale X und Y mit den Ausprägungen x_i (i=1,...,k) und y_j (j=1,...,m) von der bei statistischer Unabhängigkeit erwarteten Häufigkeit $h_{i.} \cdot h_{.j}/n$ in jedem Feld der Kontingenztabelle, wobei $h_{i.}$ und $h_{.j}$ die absoluten Randhäufigkeiten der Merkmale X bzw. Y sind:

$$K = \sum_{i=1}^{k} \sum_{j=1}^{m} \frac{\left(h_{ij} - \dfrac{h_{i.}h_{.j}}{n}\right)^2}{\dfrac{h_{i.}h_{.j}}{n}}.$$

Im Falle völliger Unabhängigkeit weist C den Wert 0 auf, bei völliger Abhängigkeit jedoch nicht den Wert 1, sondern einen Wert, der abhängig von der Felderzahl der Kontingenztabelle kleiner als 1 ist. Deshalb wird ein korrigierter C-Koeffizient berechnet:

$$C_{korr} = C \cdot \sqrt{\frac{\min(k,m)}{\min(k,m) - 1}},$$

der von der Tabellengröße unabhängig ist, für den $0 \leq C_{korr} \leq 1$ gilt und der den Wert eins auch annehmen

kann. Beispiel: Messung des Zusammenhanges zwischen Bildung (X) und beruflicher Stellung (Y) von Erwerbstätigen. - In der → induktiven Statistik wird die Existenz von Kontingenz mittels statistischer → Tests, z.B. des χ^2-Unabhängigkeitstests (→ Chi-Quadrat-Test) geprüft.

Kontingenztabelle

Kontingenztafel, Darstellung der Häufigkeitsverteilung zweier nominal- oder ordinalskalierter Merkmale X und Y in einem rechteckigen Schema (Häufigkeitstabelle) unter Verwendung der absoluten oder relativen Häufigkeiten. Mit Hilfe dieser Tabelle wird die → Kontingenz untersucht. Je nach der Anzahl der Ausprägungen (Kategorien) der beiden Merkmale ergibt sich eine 2×2-K. (→ Vierfeldertafel) für zwei zweifach gestufte Merkmale oder allgemein eine k×m-K. für ein k-fach und ein m-fach gestuftes Merkmal. Die k×m-K. hat folgendes Aussehen:

	y_1	...	y_j	...	y_m	
x_1	h_{11}	...	h_{1j}	...	h_{1m}	$h_{1.}$
$\vdots$	$\vdots$	$\ddots$	$\vdots$	$\ddots$	$\vdots$	$\vdots$
x_i	h_{i1}	...	h_{ij}	...	h_{im}	$h_{i.}$
$\vdots$	$\vdots$	$\ddots$	$\vdots$	$\ddots$	$\vdots$	$\vdots$
x_k	h_{k1}	...	h_{kj}	...	h_{km}	$h_{k.}$
	$h_{.1}$	...	$h_{.j}$	...	$h_{.m}$	n

In der ersten Spalte bzw. Zeile stehen die Merkmalsausprägungen von X bzw. Y. h_{ij} (i = 1,...,k; j = 1,...,m) ist die Häufigkeit des gemeinsamen Auftretens von x_i und y_j. In der letzten Zeile ist die Häufigkeitsverteilung (Randverteilung) des Merkmals Y und in der letzten Spalte die Randverteilung des Merkmals X angegeben. K. mit mehr als zwei Merkmalen (mehrdimensionale K.) sind **nur**

Kontrollgrenze

bis zu einer bestimmten Anzahl von Merkmalen überschaubar. - Beispiel: Einteilung von n = 1938 durch die Alexander von Humboldt-Stiftung geförderten ausländischen Gastwissenschaftlern nach Fachgebietsgruppen (Merkmal X) mit den Merkmalsausprägungen Geistes- (G), Ingenieur- (I) und Naturwissenschaften (N) und Herkunft (Merkmal Y) mit den Ausprägungen Europa (EU), Afrika (AF), Amerika (AM), Asien (AS) und Australien/ Ozeanien (AO):

	EU	AF	AM	AS	AO	
G	307	18	88	62	5	480
N	618	39	313	255	31	1256
I	88	6	34	74	0	202
	1013	63	435	391	36	1938

Quelle: Statistisches Bundesamt (Hrsg.), Statistisches Jahrbuch 1992 für die Bundesrepublik Deutschland, S. 434

Kontrollgrenze

Linie auf der → Kontrollkarte, bei deren Überschreitung durch die Stichprobenwerte oder durch aus ihnen abgeleitete Maßzahlen vorab festgelegte Maßnahmen zur Korrektur des Fertigungsprozesses eingeleitet werden. Im allgemeinen enthält die Kontrollkarte eine obere und eine untere K., die symmetrisch zu einem gegebenen Sollwert ϑ_0 des zu prüfenden Maßes angeordnet sind. Liegen die Werte innerhalb der K., so ist der Prozeß stabil und in statistischer Kontrolle. Statistischer Hintergrund der K. ist ein → Signifikanztest, der in regelmäßigen Zeitabständen wiederholt wird und mit dem eine Hypothese über den unbekannten Parameter ϑ des Qualitätsmerkmals X in der → Grundgesamtheit (Fertigungsprozeß) geprüft wird. Dabei wird zum Zeitpunkt der Stichprobenentnahme die → Nullhypothese H_0: $\vartheta = \vartheta_0$ gegen die → Alternativhypothese H_1: $\vartheta \neq \vartheta_0$ getestet. Zur Testdurchführung müssen eine geeignete → Testvariable V mit bekannter → Verteilung unter der Nullhypothese und das → Signifikanzniveau α gewählt werden. α ist die Wahrscheinlichkeit für einen → Fehler erster Art, d.h. dafür, daß eine Störung im Prozeß fälschlicherweise angezeigt wird. Sie wird i.allg. mit 1 Prozent ($\alpha = 0{,}01$) oder 5 Prozent ($\alpha = 0{,}05$) vorgegeben. Die Grenzen des → Ablehnungsbereiches B_K der Nullhypothese, für den $P(V \in B_K \mid \vartheta_0) \leq \alpha$ für jedes ϑ_0 gilt, sind die K. Je nach Lage des aus einer Stichprobe vom Umfang n berechneten Wertes v der Testvariablen werden Maßnahmen eingeleitet oder nicht. Beispiel: Für ein meßbares, normalverteiltes (→ Normalverteilung) Merkmal X soll das Einstellzentrum (Mittelwert) μ durch in regelmäßigen Zeitabständen dem Fertigungsprozeß entnommene Stichproben vom Umfang n überprüft werden. Der Sollwert des Einstellzentrums ist mit μ_0 vorgegeben, und die Prozeßstreuung σ (→ Standardabweichung) sei bekannt. Das zur Bestimmung der K. erforderliche Signifikanzniveau wird mit $\alpha = 0{,}01$, d.h. ein Prozent, festgelegt. Die Hypothesen lauten: H_0: $\mu = \mu_0$ und H_1: $\mu \neq \mu_0$. Die für diesen Test geeignete Testvariable ist der Stichprobenmittelwert (→ arithmetisches Mittel)

$$\overline{X} = \frac{\sum_{i=1}^{n} X_i}{n},$$

der unter der Nullhypothese einer Normalverteilung mit dem Mittelwert μ_0 und der Varianz σ^2/n folgt. Die

Grenzen des Ablehnungsbereiches, für den gilt

$$P(\overline{X} \leq K_u) + P(\overline{X} \geq K_o) = \alpha \, ,$$

sind

$$K_u = \mu_0 - c_{1-\alpha/2} \frac{\sigma}{\sqrt{n}} \, ,$$

$$K_o = \mu_0 + c_{1-\alpha/2} \frac{\sigma}{\sqrt{n}}$$

mit K_u als unterer und K_o als oberer K. Der Wert $c_{1-\alpha/2}$ wird als $(1-\alpha/2)$-Quantil der Tafel der $\rightarrow$ Standardnormalverteilung für die Wahrscheinlichkeit $1-\alpha/2$ entnommen. Für $1 - 0,01/2 = 0,995$ findet man $c_{0,995} = 2,58$, so daß sich K_u und K_o für gegebene μ_o, σ und n numerisch bestimmen lassen. Ergibt sich aus der konkreten Stichprobe ein Mittelwert $\bar{x}$, für den $\bar{x} \leq K_u$ oder $\bar{x} \geq K_o$ gilt, so wird die Nullhypothese abgelehnt, und ein Eingreifen in den Fertigungsprozeß ist erforderlich. Die auf der Kontrollkarte ebenfalls eingetragenen Warngrenzen ergeben sich nach dem gleichen Prinzip. Sie sind die Grenzen des Ablehnungsbereiches für einen schwächeren Test mit z.B. $\alpha = 0,05$ bzw. $\alpha = 0,10$. Die Überschreitung der Warngrenzen durch den Stichprobenwert hat eine stärkere Überwachung des Prozesses zur Folge.

Kontrollkarte

Formblatt zur graphischen Darstellung der zur Überwachung der Qualität laufend dem Fertigungsprozeß entnommenen Prüfergebnisse, statistisches Instrument der Produktionskontrolle (Qualitätsregulierung) in der $\rightarrow$ statistischen Qualitätskontrolle. In regelmäßigen Zeitabständen werden kleine Stichproben entnommen und die Meßwerte des Qualitätsmerkmales X oder aus ihnen berechnete Maßzahlen als Punkte auf der K. vermerkt. Die Abszisse des Diagramms nimmt die Nummer bzw. den Zeitpunkt der Stichprobe auf, die Ordinate ist nach dem Maß des Merkmals unterteilt. Die K. enthält weiterhin den gegebenen Sollwert des Maßes oder einen Schätzwert, der aus dem vorherigen Fertigungsprozeß mittels genügend großer Stichproben ermittelt wurde, und statistisch bestimmte Warngrenzen (W_u, W_o) und $\rightarrow$ Kontrollgrenzen (K_u, K_o) sowie in vielen Fällen die technologisch bedingten Toleranzgrenzen (T_u, T_o). Überschreiten die Stichprobenwerte die Grenzen, werden vorab festgelegte Maßnahmen eingeleitet: bei Überschreitung der Warngrenzen eine stärkere Überwachung des Prozesses durch sofortige Entnahme einer weiteren Stichprobe, bei Überschreitung der Kontrollgrenzen ein sofortiges Eingreifen in den Prozeß (Fehlersuche, Neujustierung usw.). Sind aufeinanderfolgend Werte größer T_o und Werte kleiner T_u beobachtet worden, so kann sich ein Werkzeug gelockert haben; werden ausgeprägte Trends der Stichprobenwerte festgestellt, so kann das ein Indiz für die Abnutzung eines Werkzeuges sein. Liegen die Werte innerhalb der Kontrollgrenzen, so ist der Prozeß stabil und in statistischer Kontrolle. Statistischer Hintergrund der K. ist ein $\rightarrow$ Signifikanztest, der in regelmäßigen Zeitabständen wiederholt wird und mit dem eine Hypothese über einen unbekannten Parameter des Qualitätsmerkmals in der Grundgesamtheit (Fertigungsprozeß) geprüft wird. Die sich aufgrund des vorgegebenen $\rightarrow$ Signifikanzniveaus α ergebenden Grenzen des → Ablehnungsbereiches der Nullhypothese sind die Kontrollgrenzen. α ist die Wahrscheinlichkeit für einen → Fehler erster Art, d.h. dafür, daß eine Störung im Prozeß fälschlicherweise angezeigt wird. Sie wird i.allg. mit 1% (α = 0,01) vorgegeben. Die Grenzen des Ablehnungsbereiches für einen schwächeren Test mit z.B. α = 0,05 entsprechen den Warngrenzen. Je nach Lage des aus einer Stichprobe vom Umfange n berechneten Wertes der Testvariablen werden Maßnahmen eingeleitet oder nicht. Nach der Art des zu prüfenden Qualitätsmerkmales werden unterschieden:

a) K. für meßbare Merkmale (→ Variablenprüfung): Vorausgesetzt wird, daß das Merkmal (hinreichend) normalverteilt (→ Normalverteilung) ist. Soll das Einstellzentrum überwacht werden, so kann dafür z.B. das → arithmetische Mittel ($\bar{x}$-Karte), der → Median ($\bar{x}_{0,5}$-Karte) oder die Spannweitenmitte (R_M-Karte) (→ Spannweite) verwendet werden. Zur Prüfung der Prozeßstreuung dient u.a. die → Spannweite (R-Karte) oder die → Standardabweichung (s-Karte). Aber auch die Einzelwerte (Urwertkarte, x-Karte) oder die Extremwerte (Extremwertkarte) können Gegenstand der Prüfung sein. Die nebenstehende Graphik enthält eine schematische Darstellung der $\bar{x}$-Karte, bei der die 7. Stichprobe einen $\bar{x}$-Wert kleiner W_u lieferte und sofort eine weitere Stichprobe (Kreis) gezogen wurde. Doppelkarten nehmen die Stichprobenergebnisse für das Einstellzentrum und die Streuung auf und enthalten zwei Diagramme. Beispiele hierfür sind die $\bar{x}$-R-Karte, $\bar{x}$-s-Karte, $\bar{x}_{0,5}$-R-Karte, R_M-R-Karte, x-R-Karte.

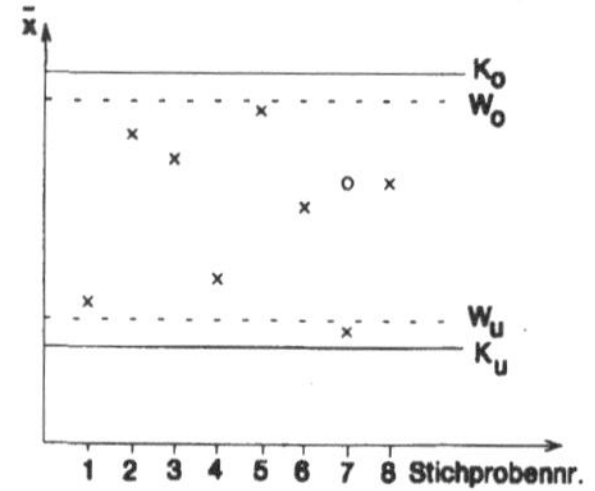

b) K. für nicht meßbare (qualitative) Merkmale (→ Attributprüfung): Die Qualität dieser Merkmale kann nach zwei Kriterien beurteilt werden: nach dem Ausschußanteil oder der Anzahl der Fehler pro zu prüfende Einheit. Im ersteren Fall wird nur festgestellt, ob ein Produkt fehlerfrei oder fehlerhaft ist (Gut-Schlecht-Prüfung). Der relative Anteil p fehlerhafter Produkte in jeder Stichprobe wird auf der p-Karte eingezeichnet. Die Warn- und Kontrollgrenzen werden unter Verwendung der → Binomialverteilung ermittelt. Das zweite Kriterium wird verwendet, wenn die Fehler in einem Kontinuum (wie Fläche, Länge) auftreten, z.B. Oberflächenfehler von Platten, Isolierfehler an 100 m Kabel, Web- oder Farbfehler bei Stoffen. In diesem Fall kommt die np-Karte zur Anwendung, deren Warn- und Kontrollgrenzen nach der → Poisson-Verteilung berechnet werden, da die Fehler sogenannte seltene Ereignisse sind.

Konvergenz

In der Wahrscheinlichkeitsrechnung die Annäherung einer Folge von Wahrscheinlichkeitsverteilungen an eine Grenzverteilung oder einer Folge von Zufallsvariablen an eine Grenzzufallsvariable. → fast sichere Konvergenz, → Konvergenz im quadratischen Mittel, → Konvergenz in Wahrscheinlichkeit, → Konvergenz in Verteilung

Konvergenz im quadratischen Mittel

Eigenschaft einer Folge X_1, X_2, ... von Zufallsvariablen, für die es eine Zufallsvariable X gibt, so daß

$$\lim_{n \to \infty} E\left(|X_n - X|^2 \right) = 0$$

gilt.

Konvergenz in Verteilung

Eigenschaft einer Folge X_1, X_2, ... von Zufallsvariablen, für die die Folge F_1, F_2, ... der zugehörigen Wahrscheinlichkeitsverteilungen schwach gegen die Wahrscheinlichkeitsverteilung einer Zufallsvariablen X konvergiert.

Konvergenz in Wahrscheinlichkeit

Stochastische Konvergenz, Eigenschaft einer Folge X_1, X_2,... von Zufallsvariablen, für die es eine Zufallsvariable X gibt (die Schreibweise ist: $X_n \xrightarrow{p} X$), so daß

$$\lim_{n \to \infty} P\left(|X_n - X| > \varepsilon \right) = 0$$

für jede beliebig kleine positive Zahl ε gilt.

Konzentration

In der Statistik Ausmaß der Ungleichverteilung der Merkmalssumme auf die Merkmalsträger (statistischen → Elemente) einer Gesamtheit. Die Messung der K. ist nur möglich an einem metrisch skalierten Merkmal mit nicht negativen Merkmalswerten, dessen Merkmalssumme sich sinnvoll interpretieren läßt (Konzentrationsmerkmal), z.B. Einkommen, Vermögen, Gewinn, Umsatz, Kosten, Beschäftigte, Tonnage. I. allg. wird die K. zu einem bestimmten Zeitpunkt (bzw. für einen gegebenen Zeitraum) untersucht und ist als K. im Sinne eines Zustandes zu verstehen (statische K.). Ein Konzentrationsprozeß liegt vor, wenn eine Zunahme der Ungleichverteilung in der Zeit eintritt (dynamische K.), der in der Regel jedoch durch eine komparativ-statische Betrachtung analysiert wird. Im Hinblick auf die statistische Messung der K. werden zwei Konzepte unterschieden: a) Absolute K. liegt vor, wenn sich die Merkmalssumme oder ein Großteil von ihr auf eine kleine bzw. kleiner werdende Anzahl von Merkmalsträgern verteilt. Beispiel: 3 Unternehmen einer Branche vereinigen 60 % des Umsatzes dieser Branche auf sich. b) Relative K. (Disparität) liegt vor, wenn auf einen kleinen (kleiner werdenden) Anteil der Merkmalsträger ein großer (größer werdender) Anteil der Merkmalssumme entfällt. Beispiel: 3 % der Aktionäre besitzen 60 % der Aktien einer Aktiengesellschaft. Jeder Analyse der statischen K. liegt eine gegebene → Häufigkeitsverteilung des untersuchten Konzentrationsmerkmals zugrunde. Gegeben sind für ein Merkmal X (z.B. Sparguthaben) die der Größe nach geordneten Merkmalswerte x_1, x_2,..., x_n von n Merkmalsträgern (z.B. Personen) einer betrachteten Gesamtheit. Haben alle n Merkmalsträger denselben Merkmalswert ($x_1 = x_2 = ... = x_n = x$), dann verteilt sich die Merkmalssumme völlig gleichmäßig auf die Merkmalsträger. Es liegt keine K. vor. Die zugrunde liegende Häufigkeitsverteilung ist eine Einpunktverteilung, d.h., der einzige be-

Konzentrationsrate

obachtete Merkmalswert x tritt n-mal auf. Sind einige Merkmalswerte verschieden voneinander, so ist K. gegeben. Vollständige (maximale) K. liegt vor, wenn die gesamte Merkmalssumme auf einen Merkmalsträger entfällt, d.h. $x_1 = x_2 = ... = x_{n-1} = 0$ und $x_n > 0$. Der Grad der K. wird mittels statistischer Konzentrationsmaße erfaßt. Häufig verwendete Maße der absoluten K. sind die → Konzentrationsrate und der → Herfindahl-Koeffizient. Ein Maß der relativen K. ist der → Gini-Koeffizient in Zusammenhang mit der → Lorenzkurve, einer graphischen Darstellung der relativen K. Da bei Konzentrationsmessungen nur ein Merkmal berücksichtigt wird, können sich für dieselben Merkmalsträger (z.B. Unternehmen) verschiedene K. in Abhängigkeit vom gewählten Merkmal (z.B. Produktionsmenge, Umsatz des Unternehmens, Umsatz eines Produktes, Export, Anlagevermögen, Eigenkapital, Produktionskapazität, Gewinn, Zahl der Beschäftigten) ergeben. Andererseits können sich für ein Merkmal unterschiedliche K. in Abhängigkeit von der Definition des Merkmalsträgers (z.B. Produktionsstätte, Unternehmen, Konzern) ergeben. Entscheidend ist in beiden Fällen das Untersuchungsziel. Dies ist auch bestimmend dafür, ob eine volks- bzw. betriebswirtschaftliche K. oder eine räumliche K. (regional, national, international) analysiert werden soll.

Konzentrationsrate

Konzentrationsgrad, Konzentrationskoeffizient, Konzentrationsverhältnis, Koeffizient zur Messung der absoluten → Konzentration. Vorliegen muß ein metrisch skaliertes Merkmal mit nicht negativen Merkmalswerten, die an n Merkmalsträgern einer Gesamtheit beobachtet wurden und der Größe nach fallend geordnet sind: $x_1 \geq x_2 \geq ... \geq x_n$. Zur Berechnung der K. werden die Summe aller Merkmalswerte (Merkmalssumme S) und die Summe der m (m = 1,..., n) größten Merkmalswerte (Merkmalsteilsumme S_m)

$$S = \sum_{i=1}^{n} x_i \, , \quad S_m = \sum_{i=1}^{m} x_i$$

bzw. die Anteile der einzelnen Merkmalsträger an der Merkmalssumme

$$a_i = \frac{x_i}{\sum_{i=1}^{n} x_i} \; ; \quad i = 1,...,n \, , \quad \sum_{i=1}^{n} a_i = 1$$

benötigt. Die K. (CR_m) ist definiert als das Verhältnis der Merkmalsteilsumme der m größten Merkmalswerte an der Merkmalssumme:

$$CR_m = \frac{S_m}{S} = \frac{\sum_{i=1}^{m} x_i}{\sum_{i=1}^{n} x_i} \quad (\cdot 100\%)$$

bzw.

$$CR_m = \sum_{i=1}^{m} a_i \quad (\cdot 100\%) .$$

Es gilt stets $0 \leq CR_m \leq 1$. Die K. ist ein leicht berechenbares und verständliches Konzentrationsmaß und wird in der Wirtschaftstatistik häufig angewandt (z.B. durch die Monopolkommission). Für die amtliche Statistik der Bundesrepublik Deutschland ist m=3 die kleinste erlaubte Zahl, d.h., für m=2 und m=1 dürfen keine K. veröffentlicht werden. Bei praktischen Untersuchungen ist die konkrete Festlegung von m jedoch nicht frei von Willkür, und bei Angabe der K. für nur ein m wird der in der Häufigkeitsverteilung der Merkmalswerte enthaltene Informationsgehalt nicht ausgeschöpft. Es sollten deshalb die K. für alle m von 1 bis n berechnet werden. Sie lassen sich in einem Koordinatensystem graphisch darstellen, in dem auf der Abszisse m und auf der Ordinate die K. abgetragen wird. Es ergeben sich n Punkte $(m; CR_m)$, die durch einen Streckenzug verbunden werden können. Beispiel: Das Statistische Jahrbuch 1992 für die Bundesrepublik Deutschland (S. 139) enthält Angaben zur Konzentration der Unternehmen der einzelnen Wirtschaftszweige bezüglich der Beschäftigten. Für das verarbeitende Gewerbe gab es beispielsweise am 25.5. 1987 336561 Unternehmen (= Anzahl n der Merkmalsträger) mit 8 581 947 Beschäftigten (= Merkmalssumme S). Die folgende Tabelle enthält für ausgewählte m die K.:

m	Beschäftigte S_m	CR_m (%)
3	505 455	5,9
6	701 244	8,2
10	905 973	10,6
20	1 209 601	14,1
100	1 931 999	22,5

So haben die 6 (bezüglich der Beschäftigung) größten Unternehmen einen Anteil von 8,2 % an allen Beschäftigten dieses Wirtschaftszweiges.

Korrekturfaktor

Der Faktor $(N - n)/(N - 1)$, mit dem die Varianz des Stichprobendurchschnitts beim Ziehen einer Stichprobe mit Zurücklegen zu multiplizieren ist, um die Varianz für das Ziehen ohne Zurücklegen zu erhalten. Dabei ist N der Umfang der Grundgesamtheit und n der Umfang der Stichprobe. Wahrscheinlichkeitstheoretisch tritt der K. als Unterschied der Varianzen einer → Binomialverteilung und einer → hypergeometrischen Verteilung auf. Bei kleinem Auswahlsatz n/N nimmt der K. fast den Wert 1 an und kann vernachlässigt werden. Bei der → Konfidenzschätzung und bei → Tests über den Erwartungswert braucht der K. daher nur berücksichtigt zu werden, wenn der Umfang der Stichprobe groß bezüglich des Umfanges der Grundgesamtheit ist.

Korrelationsanalyse

Verfahren der multivariaten Statistik zur Messung der Stärke des Zusammenhanges zwischen zwei oder mehreren Merkmalen bzw. Variablen. Es ist eine Vielzahl von Maßen zur Berechnung der Intensität von Zusammenhängen entwickelt worden. Diese Korrelationsmaße sind abhängig von der Skala der Variablen: Für ordinalskalierte Variable werden Rangkorrelationskoeffizienten (→ Rangkorrelation), für metrisch skalierte Variable → Korrelationskoeffizienten verwendet. Bei nominalskalierten Variablen spricht man dagegen von → Assoziation bzw. → Kontingenz. Bei gemischt skalierten Variablen sind spezielle Korrelationsmaße anzuwenden (z.B. → biseriale Koeffizienten), oder es ist ein Korrelationsmaß der Variablen mit dem niedrigsten Skalenniveau zu wählen, wofür die Variablen mit höheren Skalenniveaus in die niedrigere Skala transformiert werden müssen. Jede K. sollte fachwissenschaftlich fundiert sein, da andernfalls nicht sinnvolle Korrelationen auftreten können (z.B. zwischen der

Korrelationsfunktion

Anzahl der nistenden Störche und der Anzahl der Neugeborenen). Wenn zwei Variable jeweils mit einer dritten Variablen korreliert sind (z.B. X korreliert mit Z und auch Y mit Z), so entsteht eine Scheinkorrelation zwischen X und Y, obwohl zwischen diesen beiden Variablen kein echter Zusammenhang gegeben sein muß. In der → induktiven Statistik schließt die K. neben der → Punktschätzung auch die Berechnung von → Konfidentintervallen und die Prüfung von Hypothesen (→ Test) über Korrelationsmaße ein. Zwischen K. und → Regressionsanalyse, die der Untersuchung der Form der Abhängigkeit dient, besteht eine enge Verbindung.

Korrelationsfunktion → Autokorrelationsfunktion

Korrelationskoeffizient
Maßzahl für die Messung der Stärke des linearen Zusammenhanges zwischen zwei oder mehreren metrisch skalierten Merkmalen bzw. Variablen. Nach der Anzahl der einbezogenen Variablen und der Problemstellung werden unterschiedliche K. berechnet.
a) Der einfache lineare K. (auch Produkt-Moment-K., Bravais-Pearson-K.) mißt die Stärke und Richtung des linearen Zusammenhanges zwischen

zwei Merkmalen X und Y, wobei im Gegensatz zur → Regressionanalyse keine Annahme über die Richtung der Abhängigkeit notwendig ist. So kann z.B. mit Hilfe des einfachen linearen K. die Stärke des Zusammenhangs zwischen dem Angebotspreis (Merkmal X) und der Absatzmenge (Merkmal Y) einer Ware in n Handelsunternehmen gemessen werden. Liegen für X und Y n Beobachtungspaare (x_i, y_i), i=1,...,n, und die → arithmetischen Mittel $\bar{x}$ und $\bar{y}$ vor, so ist dieser K. als

$$r_{yx} = \frac{\sum\limits_{i=1}^{n} (x_i - \bar{x})(y_i - \bar{y})}{\sqrt{\sum\limits_{i=1}^{n} (x_i - \bar{x})^2 \sum\limits_{i=1}^{n} (y_i - \bar{y})^2}}$$

definiert. Sind s_x und s_y die → Standardabweichungen sowie s_{xy} die → Kovarianz dieser Beobachtungsdaten, so läßt sich der einfache lineare K. auch als

$$r_{yx} = r_{xy} = \frac{s_{xy}}{s_x s_y}$$

schreiben. Eine für die Berechnung günstigere Formel ist auf dieser Seite unten angegeben. r_{yx} kann Werte im Intervall von -1 bis +1 annehmen. Bei $r_{yx} = -1$ sind die Schwankungen

Korrelationskoeffizient: Formel für die Berechnung des einfachen linearen Korrelationskoeffizienten

$$r_{yx} = \frac{n \sum\limits_{i=1}^{n} x_i y_i - \sum\limits_{i=1}^{n} x_i \sum\limits_{i=n}^{n} y_i}{\sqrt{\left(n \sum\limits_{i=1}^{n} x_i^2 - (\sum\limits_{i=i}^{n} x_i)^2 \right)\left(n \sum\limits_{i=1}^{n} y_i^2 - (\sum\limits_{i=1}^{n} y_i)^2 \right)}}$$

von X und Y umgekehrt proportional, bei $r_{yx} = +1$ sind sie direkt proportional. Bei $r_{yx} = 0$ ist keinerlei linearer (aber evtl. ein nichtlinearer) Zusammenhang zwischen X und Y gegeben. Je mehr sich $|r_{yx}|$ dem Wert 1 nähert, desto stärker ist der lineare Zusammenhang. Es folgen einige Abbildungen von → Streuungsdiagrammen mit unterschiedlich starker Korrelation.

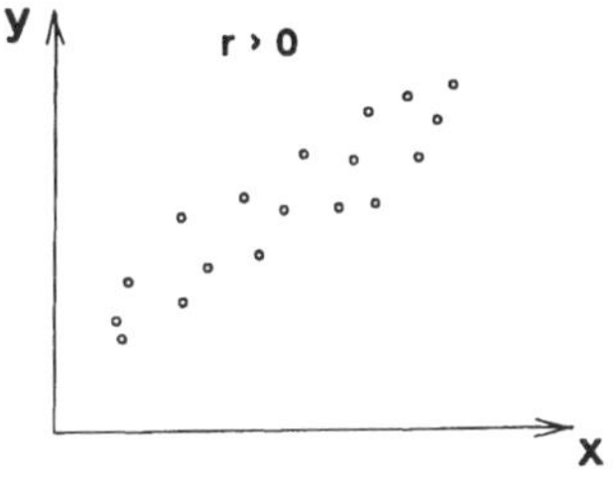

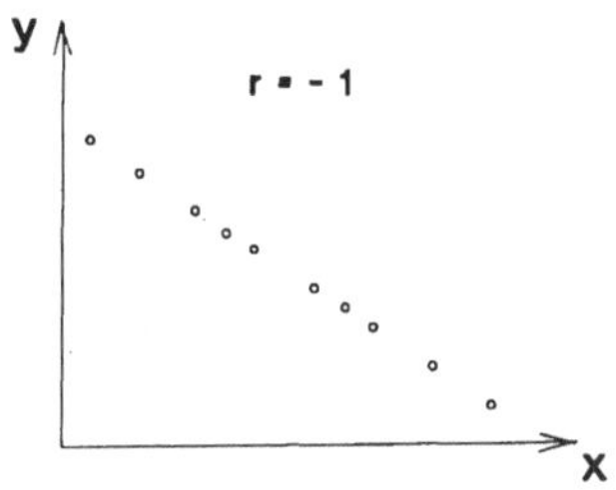

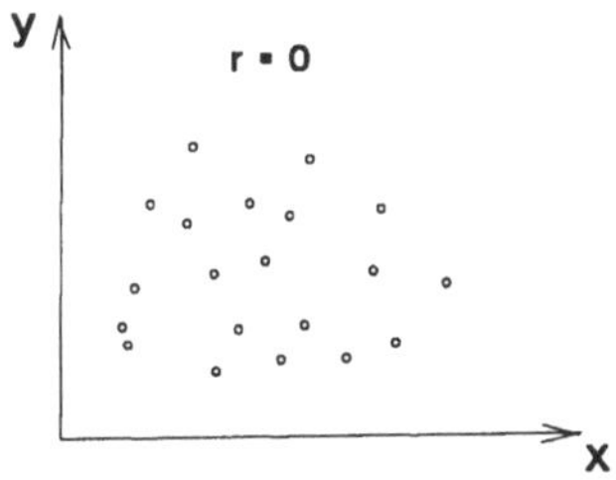

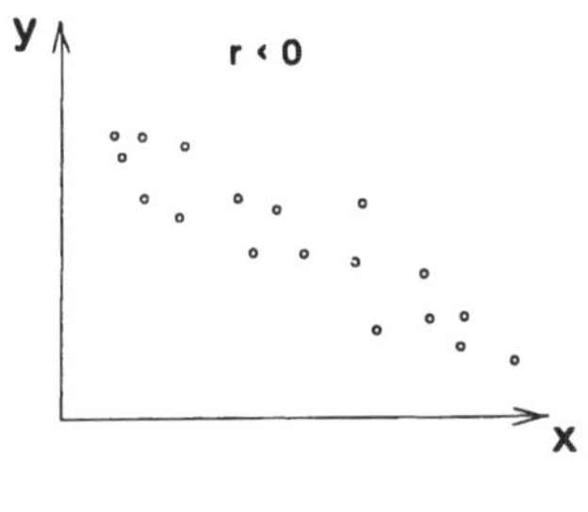

r_{yx} kann zur Einschätzung der Anpassung einer einfachen linearen → Regressionsfunktion an die Beobachtungsdaten verwendet werden, denn das Quadrat des einfachen linearen K. ist gleich dem einfachen → Bestimmtheitsmaß: $r_{yx}^2 = B_{yx}$. - In der → induktiven Statistik stellt r_{yx} eine Punktschätzung für den unbekannten K. ϱ_{yx} in der Grundgesamtheit auf der Basis einer Stichprobe dar. Mit Hilfe des Stichprobenkorrelationskoeffizienten können → Konfidenzintervalle für den K. der Grundgesamtheit berechnet werden. Häufiger werden Hypothesen (→ Test) geprüft. Prüft man die Nullhypothese H_0: $\varrho_{yx} = 0$ (kein Zusammenhang zwischen X und Y in der Grundgesamtheit) gegen die zweiseitige Alternativhypothese H_1: $\varrho_{yx} \neq 0$, so folgt die Testvariable

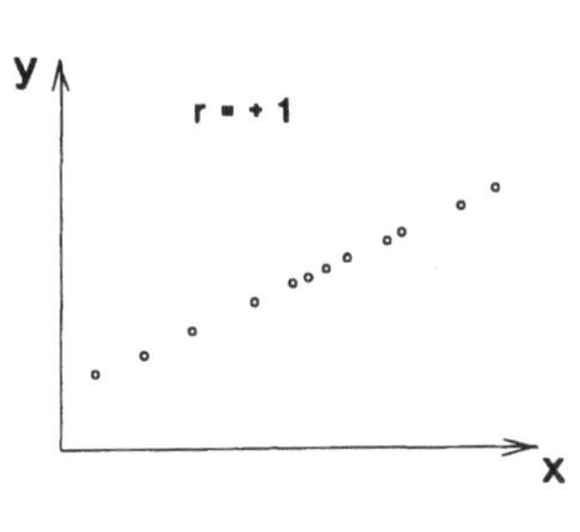

$$t = \frac{r_{yx}\sqrt{n-2}}{\sqrt{1-r_{yx}^2}}$$

unter der Nullhypothese einer → t-Verteilung mit f = n - 2 Freiheitsgraden. Für ein vorgegebenes Signifikanzniveau α findet man in der t-Verteilung den kritischen Wert $t_{n-2;\alpha/2}$. Für $|t| > t_{n-2;\alpha/2}$ wird H_0 abgelehnt. Für große Anzahlen von Freiheitsgraden (Faustregel: f > 30) kann approximativ die Standardnormalverteilung verwendet werden. Kann jedoch in der Grundgesamtheit nicht unterstellt werden, daß $\varrho_{yx} = 0$ ist, muß eine Testvariable unter Verwendung der Fisherschen Z-Transformation

$$z = 1{,}1513 \cdot lg \frac{1 + r_{yx}}{1 - r_{yx}},$$

worin lg der dekadische Logarithmus ist, verwendet werden:

$$\lambda = 1{,}1513 \left| lg \frac{1 + r_{yx}}{1 - r_{yx}} - lg \frac{1 + \varrho_{yx}}{1 - \varrho_{yx}} \right| \sqrt{n - 3}$$

Die Testvariable λ folgt unter der Nullhypothese einer Standardnormalverteilung.

b) Der multiple K. mißt den gemeinsamen linearen Einfluß von mehr als einer Variablen auf eine Variable Y und nimmt Werte im Intervall von 0 bis + 1 an. Bei drei Variablen Y, X_1, X_2 ist der multiple K. unter Verwendung der einfachen K. definiert als

$$r_{y.12} = \sqrt{\frac{r_{y1}^2 + r_{y2}^2 - 2 r_{y1} r_{y2} r_{12}}{1 - r_{12}^2}}.$$

Z.B. kann mit Hilfe des multiplen K. die Stärke des Zusammenhanges zwischen dem Umsatz (Merkmal Y), den Werbeaufwendungen (Merkmal X_1) und dem Aufwand für Forschung und Entwicklung (Merkmal X_2) in verschiedenen Unternehmen gemessen

werden. Bei mehr als drei Variablen wird er als Quadratwurzel aus dem → Bestimmtheitsmaß einer multiplen linearen Regressionsfunktion berechnet. Hypothesen über den multiplen K. in der Grundgesamtheit werden über das multiple Bestimmtheitsmaß geprüft.

c) Der partielle K. mißt den linearen Teilzusammenhang zwischen zwei Variablen innerhalb eines multiplen Zusammenhanges und nimmt Werte im Intervall von -1 bis + 1 an. Im multiplen Zusammenhang von drei Variablen Y, X_1, X_2 ist z.B. der partielle K. zwischen Y und X_1 unter Ausschaltung des Einflusses von X_2 definiert als

$$r_{y1.2} = \frac{r_{y1} - r_{y2} r_{12}}{\sqrt{(1 - r_{y2}^2)(1 - r_{12}^2)}}.$$

Hypothesen über die partiellen K. in der Grundgesamtheit lassen sich analog prüfen wie für die einfachen K., wobei die Anzahl der Freiheitsgrade f = n - m - 1 ist (m = Anzahl der X-Variablen).

Korrelationsmatrix

Zusammenstellung aller einfachen linearen → Korrelationskoeffizienten r_{ij}, i,j=1,...,m von insgesamt m Merkmalen oder Variablen in einem quadratischen Schema (Matrix) **R**, das symmetrisch ($r_{ij} = r_{ji}$) ist und in der Hauptdiagonalen nur Einsen aufweist:

$$R = \begin{bmatrix} 1 & r_{12} & \cdots & r_{1m} \\ r_{21} & 1 & \cdots & r_{2m} \\ \vdots & \vdots & \ddots & \vdots \\ r_{m1} & r_{m2} & \cdots & 1 \end{bmatrix}$$

Die K. stellt ein Hilfsmittel zur Erkennung von → Multikollinearität in multiplen Regressionsfunktionen und in ökonometrischen Modellen dar und wird u.a. in der → Faktoranalyse, der → Hauptkomponentenanalyse und zur Schätzung von → Pfadmodellen benötigt.

Korrelationstabelle

Darstellung der Häufigkeitsverteilung zweier metrisch oder ordinalskalierter Merkmale in einem rechteckigen Schema (Häufigkeitstabelle) unter Verwendung der gemeinsamen absoluten oder relativen → Häufigkeiten. Die K. enthält in der 1. Spalte die Merkmalswerte x_i (i = 1,...,k) eines Merkmals X, in der 1. Zeile die Merkmalswerte y_j (j = 1, ...,m) eines Merkmals Y und innerhalb der Tabelle die absoluten bzw. relativen Häufigkeiten h_{ij} bzw. f_{ij} des gemeinsamen Auftretens der Merkmalsausprägungen x_i und y_j. Nebenstehend ist die K. schematisch dargestellt.

	y_1	...	y_j	...	y_m	
x_1	h_{11}	...	h_{1j}	...	h_{1m}	$h_{1.}$
x_2	h_{21}	...	h_{2j}	...	h_{2m}	$h_{2.}$
⋮	⋮	⋱	⋮	⋱	⋮	⋮
x_i	h_{i1}	...	h_{ij}	...	h_{im}	$h_{i.}$
⋮	⋮	⋱	⋮	⋱	⋮	⋮
x_k	h_{k1}	...	h_{kj}	...	h_{km}	$h_{k.}$
	$h_{.1}$	...	$h_{.j}$	...	$h_{.m}$	n

In der letzten Zeile ist die Häufigkeitsverteilung (Randverteilung) nur des Merkmals Y und in der letzten Spalte die Randverteilung des Merkmals X angegeben. Im Falle klassierter Merkmalswerte werden in die K. die Klassenintervalle und Klassenhäufigkeiten analog eingetragen. Ein Beispiel für eine K. ist auf dieser Seite unten angegeben. Der K. entspricht bei nominalskalierten oder ordinalskalierten Merkmalen die → Kontingenztabelle.

Korrelationstabelle: Landwirtschaftliche Betriebe nach Milchkühen in Beständen mit ... bis unter ... Tieren (Merkmal X) und landwirtschaftlich genutzter Fläche von ... bis unter ... ha (Merkmal Y) 1989 in der Bundesrepublik Deutschland:

Milchkuhbestand (Tiere)	Landwirtschaftlich genutzte Fläche (ha)					Summe
	-10	10-20	20-30	30-50	50-	
1- 4	38 514	6 885	1 472	824	340	48 035
5-10	34 408	33 976	6 977	2 065	385	77 811
11-19	4 889	33 632	24 564	12 979	2 521	78 585
20-39	258	11 609	25 630	29 564	10 271	77 332
40 und mehr	27	137	1 412	7 740	11 129	20 445
Summe	78 096	86 239	60 055	53 172	24 646	302 208

Quelle: Statistisches Bundesamt (Hrsg.), Statistisches Jahrbuch 1992 für die Bundesrepublik Deutschland, S. 162

Korrelogramm

Graphische Darstellung des Autokorrelationskoeffizienten r_τ einer $\rightarrow$ Zeitreihe über der Zeitverschiebung τ ($\rightarrow$ Autokorrelationsfunktion). Das K. ist bedeutsam für die Anpassung $\rightarrow$ stochastischer Prozesse an eine Zeitreihe. Neben den Autokorrelationskoeffizienten werden im K. die 2s-Intervalle (mit s als $\rightarrow$ Standardabweichung) eingezeichnet. Typische Verlaufsformen des K. sind: a) Reine Zufallsreihe: Die Werte des K. liegen innerhalb der 2s-Grenzen:

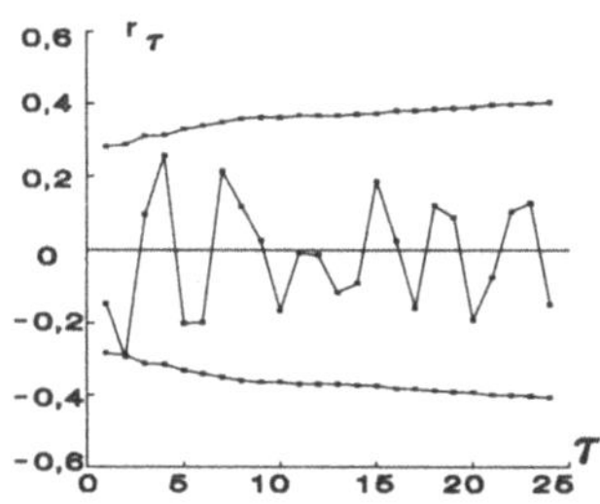

b) Zeitreihe ohne $\rightarrow$ Trend und ohne $\rightarrow$ periodische Schwankungen (stationäre Reihe), aber mit Kurzzeitgedächtnis ($\rightarrow$ Persistenz): Die Werte des K. liegen fast nur für kurze Zeitverschiebungen τ deutlich außerhalb der 2s-Grenzen. Beispiel: monatlicher Tankbierabsatz nach einer einfachen und saisonalen Differenzenbildung:

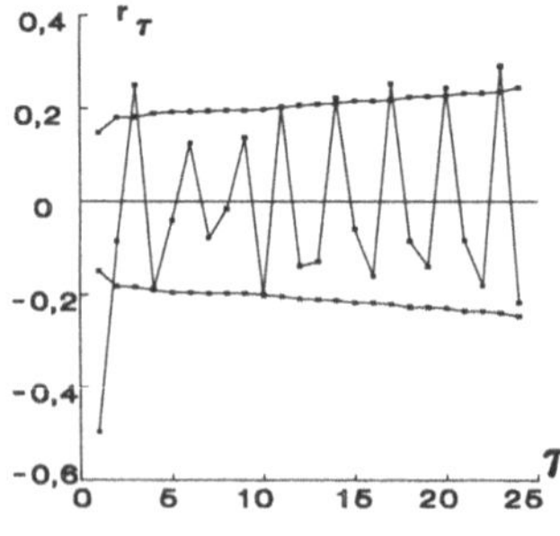

c) Zeitreihe ohne $\rightarrow$ Trend und ohne $\rightarrow$ periodische Schwankungen (stationäre Reihe), aber mit Langzeitgedächtnis ($\rightarrow$ Persistenz): Die Werte des K. tendieren sehr langsam, theoretisch einer Hyperbel folgend, gegen null. Beispiel: Zeitreihe eines $\rightarrow$ Long-Memory-Prozesses vom Typ $(1-L)^{0,4}X_t = a_t$, wobei L der $\rightarrow$ Lag-Operator und a_t $\rightarrow$ weißes Rauschen ist:

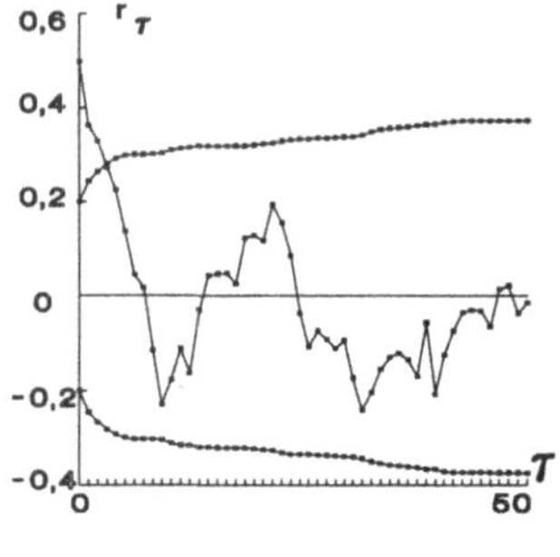

d) Zeitreihe mit linearem Trend: Die Werte des K. fallen einer Geraden folgend. Beispiel: K. des wöchentlichen Absatzes einer Backwarenposition in einer Großstadt mit permanenter Zuwanderung:

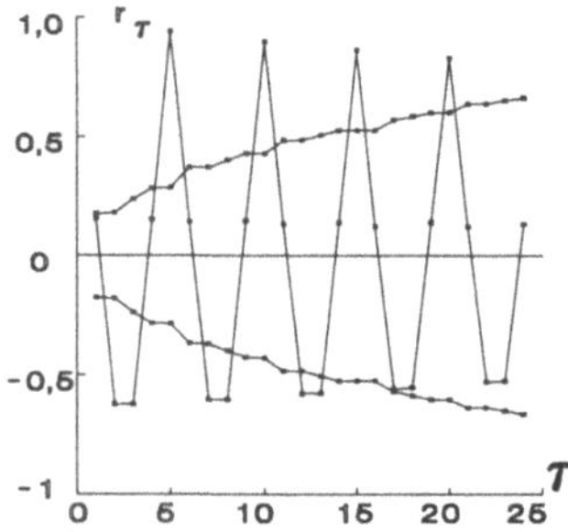

e) Zeitreihe mit $\rightarrow$ periodischen Schwankungen: Die Werte des K. schwingen kosinusförmig um die Zeitachse. Beispiel: K. des Tagesabsatzes einer Brotsorte mit einem 5-Tage-Lieferzyklus

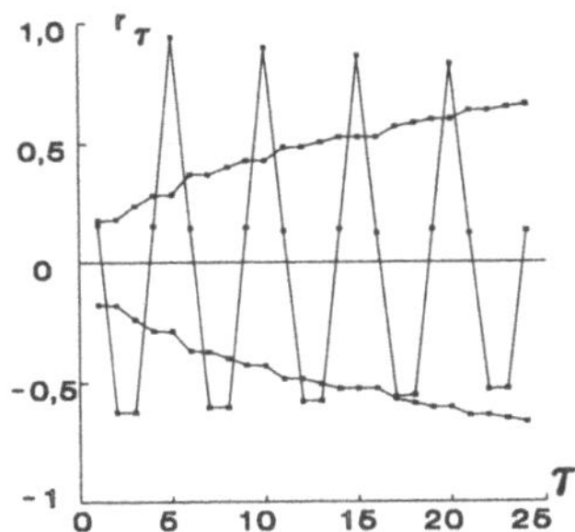

f) Alternierende Zeitreihe (aufeinanderfolgende Beobachtungen liegen auf verschiedenen Seiten des Gesamtmittelwertes) ohne Trend oder Saisonschwankungen: Die Werte des K. wechseln ständig das Vorzeichen und verbleiben nach wenigen Lags innerhalb der 2s-Grenzen. Beispiel: eine Zeitreihe, bei der die Summe zweier aufeinanderfolgender Werte → weißes Rauschen bildet:

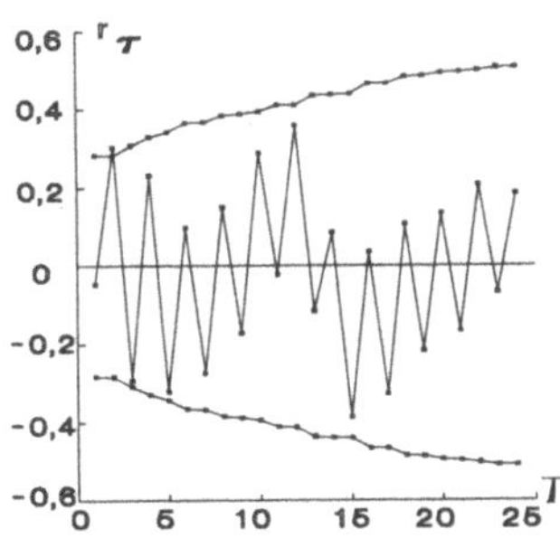

Das K. einer Zeitreihe wird von Trend und Saisonschwankungen dominiert. Andere Eigenschaften (Kurzzeitgedächtnis, Langzeitgedächtnis, alternierendes Verhalten, reiner Zufall) treten im K. erst nach einer Transformation der Daten (→ Differenzenbildung, → Filtration) deutlich hervor.

Korrespondierende Massen →
Fortschreibung

Korrigiertes Bestimmtheitsmaß
Im Fall der multiplen linearen Regressionsfunktion ein → Bestimmtheitsmaß, bei dem die Anzahl der in der Regressionsfunktion enthaltenen → exogenen Variablen berücksichtigt wird. Dem k. B. liegt neben der Zerlegung der Gesamtvarianz (→ Varianzzerlegung) der endogenen Variablen Y eine in gleicher Weise zerlegte Anzahl der Freiheitsgrade zugrunde:

$$n - 1 = (n - m - 1) + m \, ,$$

worin n der Stichprobenumfang und m die Anzahl der exogenen Variablen sind. Das k. B. errechnet sich aus dem unkorrigierten Bestimmtheitsmaß B wie folgt:

$$B_{korr} = 1 - (1 - B) \frac{n - 1}{n - m - 1} \, .$$

Insbesondere dann, wenn n klein und m relativ groß ist, muß das k. B. berechnet werden. Es wird weiterhin für den Vergleich von Regressionsfunktionen mit unterschiedlicher Anzahl von exogenen Variablen benötigt. Von zwei gleichplausiblen Regressionsfunktionen ist diejenige zu bevorzugen, die das höhere k. B. aufweist.

Kostenelastizität
Maßzahl (→ Elastizität) für die Veränderungswirkung in den Kosten K bei einer (infinitesimal) kleinen Veränderung in den ausgebrachten Mengen M unter Verwendung einer bestimmten → Kostenfunktion. Man unterscheidet folgende Arten von K.:
a) absolute K.: Die Grundlage für die Berechnung der absoluten K. bildet

die Grenzkostenfunktion K´(M) als erste Ableitung der Kostenfunktion K(M). Die Grenzkosten K´(M_0) für eine bestimmte Ausbringungsmenge M_0 interpretiert man auch als marginale Grenzkostenneigung oder -quote bzw. als absolute K. Sie mißt die absolute Veränderungswirkung in den Kosten K bei einer (infinitesimal) kleinen absoluten Veränderung in den ausgebrachten Mengen M.

b) relative K.: Den Ausgangspunkt für die Berechnung der relativen K. bildet die Kostenelastizitätsfunktion

$$\varepsilon_K(M) = \frac{K´(M)}{\frac{K(M)}{M}} = \frac{K´(M)}{k(M)}$$

als Quotient aus der Grenzkostenfunktion K´(M) und der Durchschnittskostenfunktion k(M), mit deren Hilfe man für eine (infinitesimal) kleine relative Veränderung in den Ausbringungsmengen M auf einem bestimmten Ausbringungsniveau M = M_0 die relative Veränderungswirkung in den Kosten (Punktelastizität der Kosten) messen kann. Die relative K. interpretiert man i.allg. wie folgt: Steigt (fällt) die Ausbringungsmenge auf dem Niveau M = M_0 um 1 %, steigen (fallen) die Kosten näherungsweise um ε %, falls $\varepsilon > 0$ ist. Falls $\varepsilon < 0$ ist, fallen (steigen) die Kosten näherungsweise um ε %, wenn die Ausbringungsmenge auf dem Niveau M = M_0 um 1 % steigt (fällt). In Abhängigkeit von der Höhe des Absolutbetrages der K. gibt es folgende Spezialfälle hinsichtlich der Nachgiebigkeit der Kosten:

$$|\varepsilon_K(M_0)| \begin{cases} < 1 \ \textit{unelastisch} \\ > 1 \ \textit{elastisch} \ . \end{cases}$$

Kostenelastizitätsfunktion → Kostenelastizität

Kostenfunktion
Formale Beschreibung der in einem bestimmten → Zeitraum in einem Produktionsprozeß anfallenden Kosten K in Abhängigkeit von den ausgebrachten Gütermengen M. Die K. ist eine monoton steigende Funktion, für die generell folgende Aussage gilt: Je größer (kleiner) die Ausbringungsmenge, desto höher (niedriger) sind die Kosten. Da sich die Gesamtkosten K aus den fixen Kosten K_f und den variablen Kosten K_v zusammensetzen und die fixen Kosten unabhängig von den ausgebrachten Mengen sind, ist eine K. i.allg. eine inhomogene Funktion, also eine Funktion mit einem Absolutglied. Eine K. kann wie folgt ermittelt werden: a) empirisch, indem für eine bestimmte Anzahl von Wertepaaren (Mengen-Kosten-Kombinationen) mit Hilfe der → Regressionsanalyse die unbekannten Parameter der K. numerisch bestimmt werden oder b) deduktiv, indem die K. auf Grund von allgemeinen Prämissen aus einer zugrunde liegenden Produktionsfunktion abgeleitet wird. - In der praktischen Arbeit sind vor allem die folgenden Typen von K. gebräuchlich, wobei für alle k = 0, 1,..., K die Parameter b_k theoretisch positive reelle Zahlen sind:

a) Die lineare K.

$$K(M) = b_0 + b_1 M$$

zur Beschreibung eines linear steigenden Kostenverlaufs K(M), so wie er in der folgenden Abbildung skizziert ist:

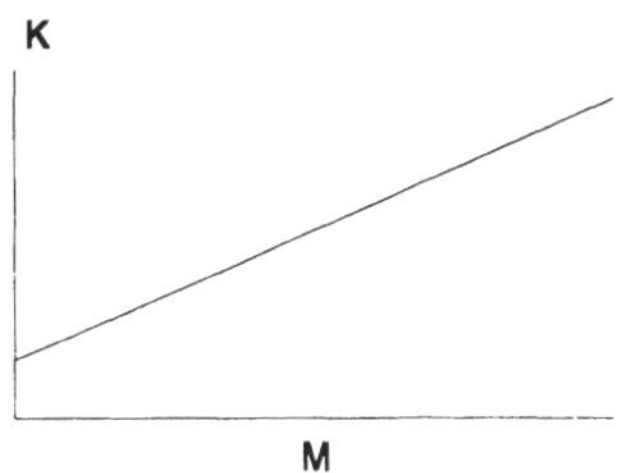

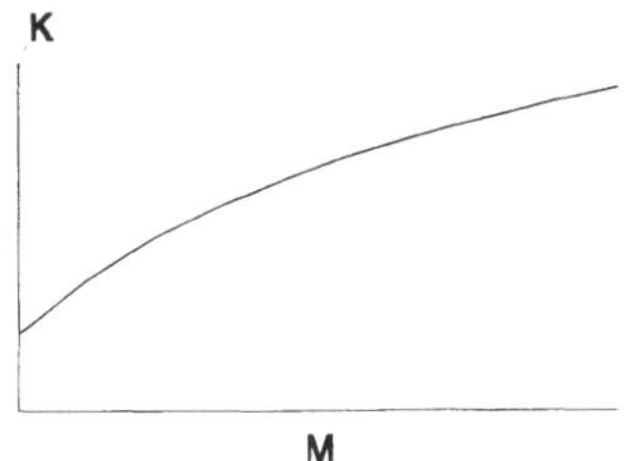

b) Die nichtlineare K. zur Beschreibung eines beschleunigt steigenden Kostenverlaufs K(M), so wie er in der folgenden Abbildung dargestellt ist:

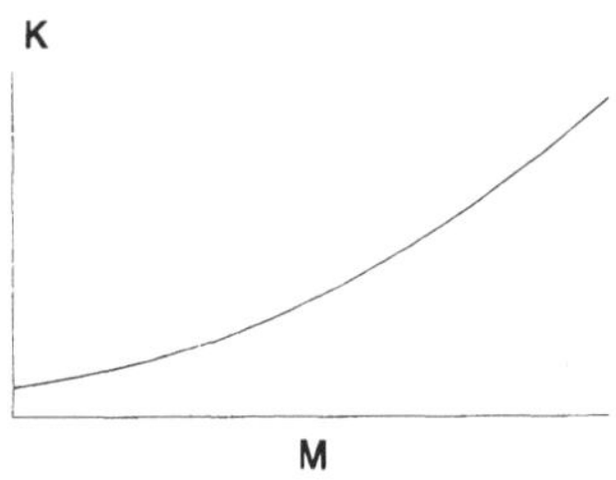

K., die einen beschleunigt steigenden Kostenverlauf nachbilden, sind z.B. die quadratische K. für $b_2 > 0$

$$K(M) = b_0 + b_1 M + b_2 M^2 ,$$

die exponentielle K. für $b_1 > 0$

$$K(M) = b_0 \, e^{b_1 M}$$

oder die spezielle $\rightarrow$ Törnquist-Funktion

$$K(M) = b_0 + b_1 M^2 \frac{M + b_2}{M + b_3} .$$

c) Die nichtlineare K. zur Beschreibung eines gebremst steigenden Kostenverlaufs K(M), so wie er in der folgenden Abbildung skizziert ist:

K., die einen gebremst steigenden Kostenverlauf abbilden, sind z.B. die Wurzelfunktion mit linearem Radikand

$$K(M) = b_0 + \sqrt{b_1 M}$$

oder die spezielle Törnquist-Funktion

$$K(M) = b_0 + b_1 M \frac{M + b_2}{M + b_3} .$$

d) Die aus dem sogenannten Ertragsgesetz abgeleitete K.

$$K(M) = b_0 + b_1 M - b_2 M^2 + b_3 M^3 ,$$

deren Graph unter der Bedingung

$$b_2^2 - 3 b_1 b_3 < 0$$

den folgenden charakteristischen Verlauf

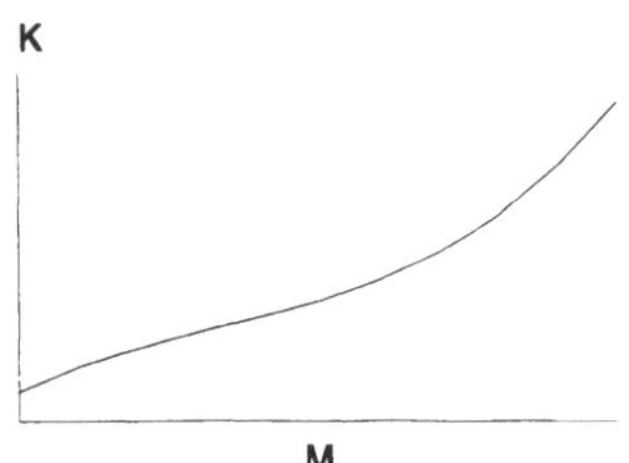

besitzt. Wegen der Eigenschaft, sowohl einen beschleunigt als auch einen gebremst steigenden, also einen

Kovarianz

S-förmigen Kostenverlauf nachbilden zu können, wird dieser Typ der K. auch als Standardkostenfunktion bezeichnet. Bei allen dargestellten K. mißt der Parameter b_0 wegen $K(0) = b_0 = K_f$ das vom Umfang der ausgebrachten Mengen M unabhängige, absolute Niveau der im Produktionsprozeß anfallenden fixen Kosten.

Kovarianz

Maß für die gemeinsame Variabilität zweier metrisch skalierter Variablen X und Y. Die K. aus den Beobachtungswerten (x_i, y_i) einer Gesamtheit ist definiert als

$$s_{xy} = \frac{1}{n} \sum_{i=1}^{n} (x_i - \bar{x})(y_i - \bar{y})$$

mit $\bar{x}$ und $\bar{y}$ als den → arithmetischen Mitteln der beiden Variablen und n als der Anzahl der Beobachtungswerte. Eine positive K. zeigt gleichläufige und eine negative K. gegenläufige Variation der beiden Variablen an. Sind X und Y zwei → Zufallsvariable mit den → Erwartungswerten E(X) und E(Y), dann ist die theoretische K. zwischen diesen beiden Variablen definiert als

$$Cov(X,Y) = \sigma_{xy}$$

$$= E\left[(X - E(X))(Y - E(Y)) \right].$$

Wenn X und Y voneinander stochastisch unabhängig sind, ist $Cov(X,Y) = 0$. Die Umkehrung dieses Satzes gilt nicht zwangsläufig. Die K. mißt die Stärke des linearen Zusammenhanges zwischen X und Y. Da ihr numerischer Wert von den Maßeinheiten der Variablen abhängt und sie kein normiertes Maß ist, wird sie selten als eigenständige Maßzahl verwendet. Sie geht vielmehr in die Berechnung des entsprechenden → Korrelationskoeffizienten und der Regressionskoeffizienten (→ lineare Regressionsfunktion) ein.

Kovarianzanalyse

Analyseverfahren zur Untersuchung des Einflusses von Klassifikationsfaktoren und Einflußvariablen X_1, X_2,... (Regressoren) auf eine (oder mehrere) Ergebnisvariable Y. Die K. vereint in sich Elemente der → Varianzanalyse und der → Regressionsanalyse und bewirkt dadurch i. allg. eine Genauigkeitserhöhung bei der Auswertung von Versuchen. Die Voraussetzungen für die Anwendbarkeit der K. werden naturgemäß durch beide Analysearten bestimmt. Es wird zwischen zwei Grundtypen von Anwendungen unterschieden, je nachdem, ob der Einfluß der Faktoren oder der quantitativen Einflußvariablen, sogenannten Kovariablen, primär von Interesse ist.
a) Varianzanalyse mit → Kovariable (bereinigte Varianzanalyse): In Erweiterung der Varianzanalyse wird der möglicherweise auftretende wechselseitige Einfluß von m nicht interessierenden Einflußvariablen X_1, ..., X_m auf die Ergebnisvariable über einen linearen multiplen Regressionsansatz $\hat{y}_{ik}$ erfaßt. Die Bereinigung y_{ik}^* der Ergebnisvariablen wird mittels der Differenzenbildung $y_{ik}^* = y_{ik} - \hat{y}_{ik}$ (sogenannte Grundgleichung für die Bereinigung) vorgenommen, die i. allg. eine Verkleinerung der Fehlervarianz bewirkt.
b) Gepoolte Regressionsanalyse (bereinigte Regressionsanalyse): Der Einfluß von Klassifikationsfaktoren im klassifizierten Datenmaterial wird ausgeschaltet, und gemeinsame Regressionsfunktionen werden für gleiches Niveau berechnet.

Eine K. wird einfach genannt, wenn unabhängig von der Anzahl der Faktoren nur eine Kovariable betrachtet wird, ansonsten liegt eine mehrfache K. vor. Die Faktorenanzahl bestimmt den Grad der → Klassifikation. Durch die Verbindung unterschiedlicher varianz- und regressionsanalytischer Modelle steht eine Vielzahl von Kovarianz-Modellen zur Verfügung. Es ist wie in der Varianzanalyse üblich, die K. durch eine (m,n)-Klassifikation im Modell I (Modell mit festen Effekten), im Modell II (Modell mit zufälligen Effekten) oder im gemischten Modell zu unterscheiden. m gibt die Anzahl der Klassifikationsfaktoren und n die Anzahl der Kovariablen an. Bei der (1,1)-Klassifikation im Modell II z.B. geht man von dem unten angegebenen Versuchsplan aus. Zu jeder Stufe gehört eine Zufallsstichprobe (Zeile 2) von Untersuchungsobjekten mit entsprechendem Umfang (Zeile 3). In Zeile 4 bzw. 5 sind die Gruppensummen bzw. Gruppenmittelwerte der Meßwerte $x_{1,i,k}$ der Kovariablen X_1 und der Ergebnisvariablen Y enthalten.

	Stufen des Faktors A			
	1		...	p
1	X_1	Y	...	X_1	Y
2	$x_{1,1,1}$ $x_{1,1,2}$ ⋮ $x_{1,1,r}$	$y_{1,1}$ $y_{1,2}$ ⋮ $y_{1,r}$	...	$x_{1,p,1}$ $x_{1,p,2}$ ⋮ $x_{1,p,z}$	$y_{p,1}$ $y_{p,2}$ ⋮ $y_{p,z}$
3	r		...	z	
4	T_{x1}	T_{y1}	...	T_{xp}	T_{yp}
5	$\bar{x}_{11}$	$\bar{y}_1$	...	$\bar{x}_{1p}$	$\bar{y}_p$

Aus Zeile 5 lassen sich die Gesamtmittelwerte $\bar{x}_1$ und $\bar{y}$ für X_1 und Y bestimmen. Bei der bereinigten Varianzanalyse wird der durch die lineare Regressionsfunktion

$$\hat{y}_{ik} = \bar{y} + b_1(x_{1,i,k} - \bar{x}_1)$$

erklärbare Teil des gemessenen Wertes y_{ik} von Y geschätzt und in die Grundgleichung für die Bereinigung eingesetzt. Unter Verwendung der bereinigten Werte y_{ik}^* erfolgt dann analog zur Varianzanalyse die Berechnung der Summe der Abweichungsquadrate (insgesamt) bzw. der Summe der Abweichungsprodukte für die Variable Y und ihre Zerlegung in die einzelnen Variabilitätsursachen. Beim gewählten Signifikanzniveau entscheidet man sich schließlich für die Annahme oder Ablehnung der Hypothese "Gleichheit der Wirkungen des Faktors A auf allen p Stufen" (→ Test). Beispiel: Vergleich von p verschiedenen Lehrmethoden (ein Klassifikationsfaktor in p Stufen) hinsichtlich des Lernerfolges von Studenten (eine Ergebnisvariable) mit unterschiedlichem Vorwissen (eine Kovariable).

Kovarianzmatrix

Streuungsmatrix, Varianz-Kovarianz-Matrix, Dispersionsmatrix, Zusammenstellung aller → Varianzen σ_i^2 und → Kovarianzen σ_{ij} (i,j = 1,..., n) eines Vektors von n → Zufallsvariablen in einem quadratischen Schema (Matrix)

$$\Sigma = \begin{pmatrix} \sigma_1^2 & \sigma_{12} & \cdots & \sigma_{1n} \\ \sigma_{21} & \sigma_2^2 & \cdots & \sigma_{2n} \\ \vdots & \vdots & \ddots & \vdots \\ \sigma_{n1} & \sigma_{n2} & \cdots & \sigma_n^2 \end{pmatrix}.$$

Kreisdiagramm

Die K. ist reell-symmetrisch und positiv (semi-)definit. Sie ist wesentlich für die Verfahren der → multivariaten Statistik.

Kreisdiagramm

Graphische Darstellungsform statistischer Daten durch die Aufteilung einer Kreisfläche in Kreissektoren. Das K. wird bevorzugt für die graphische Wiedergabe a) der → Häufigkeitsverteilung nominalskalierter und ordinalskalierter Merkmale und b) der Gliederung einer Merkmalssumme verwendet. Der Kreis wird entsprechend der Anzahl der Merkmalsausprägungen (bzw. der Anzahl der Merkmalsteilsummen) in Sektoren aufgeteilt, deren Flächen proportional zur Häufigkeit der einzelnen Merkmalsausprägungen (bzw. zur jeweiligen Merkmalsteilsumme) sind (flächenproportionale Darstellung). Zur Konstruktion der Sektoren werden die relativen Häufigkeiten (bzw. die Anteile der Merkmalsteilsummen an der Merkmalssumme) mit 360° multipliziert, wodurch man den jeweiligen Innenwinkel erhält. Das nachstehende K. zeigt die prozentuale Gliederung der Bevölkerung der Bundesrepublik Deutschland nach dem nominalskalierten Merkmal Familienstand.

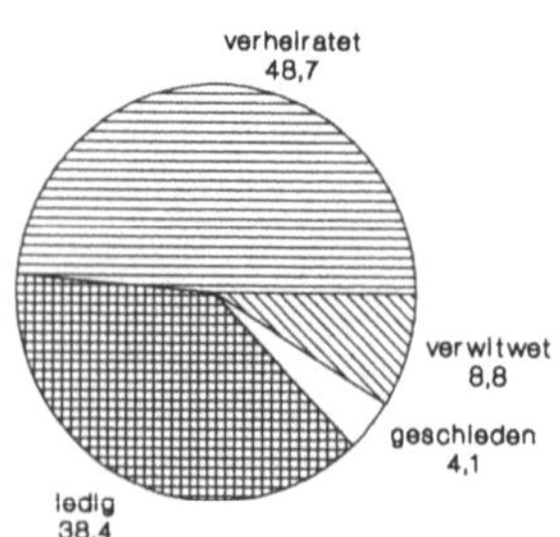

Quelle: Statistisches Bundesamt (Hrsg.), Datenreport 1992, S. 51

Kreuzklassifikation → Klassifikation

Kreuzkorrelationsfunktion

Bedeutsame Kennfunktion $\rho_{XY}(t_1,t_2)$ eines → bivariaten Prozesses $\{X_t,Y_t\}$, die zwei Werten t_1 und t_2 des Zeitparameters t die normierte → Kovarianz $Cov(X_{t1},Y_{t2})$ zwischen den Zufallsvariablen X_{t1} und Y_{t2} zuordnet:

$$\rho_{X,Y}(t_1,t_2) = \frac{Cov(X_{t_1},Y_{t_2})}{\sqrt{Var(X_{t_1})Var(Y_{t_2})}}.$$

Die K. mißt die Stärke der linearen Abhängigkeit zwischen zwei Zufallsvariablen X_{t1} und Y_{t2} eines bivariaten stochastischen Prozesses. Sie gibt insbesondere Aufschluß darüber, wie sich die Abhängigkeit zwischen den Zufallsvariablen mit zeitlicher Entfernung voneinander ändert. Allerdings bleibt diese Aussage an die Zeitparameterwerte t_1 und t_2 gebunden. Bei einem schwach stationären bivariaten Prozeß vereinfacht sich die K. zu einer Funktion der Zeitverschiebung $\tau = t_2 - t_1$:

$$\rho_{X,Y}(\tau) = \frac{Cov\,(X_t,Y_{t+\tau})}{\sqrt{Var(X)\,Var(Y)}}$$

$$= \frac{E[(X_t-\mu_X)(Y_{t+\tau}-\mu_Y)]}{\sigma_X\sigma_Y},$$

deren Werte zwischen -1 und +1 liegen, worin μ_X, μ_Y bzw. σ_X, σ_Y die Erwartungswerte bzw. Standardabweichungen von X und Y sind. Die K. wird mit Hilfe der Kreuzkovarianzen c_{XY}

$$c_{XY}(\tau) = \frac{1}{n} \sum_{k=1}^{n-\tau} (x_k-\bar{x})(y_{k+\tau}-\bar{y})$$

und der Stichprobenstandardabweichungen s_X und s_Y geschätzt:

$$r_{XY}(\tau) = \frac{c_{XY}(\tau)}{s_X\, s_Y}.$$

Die Verlaufsform einer K. enthält Informationen, die für eine Modellbildung nützlich sind. Sind z.B. die Werte der K. erst ab Lag d deutlich von null verschieden, so gehen die beiden Zufallsvariablen zeitverschoben um d Perioden in eine Differenzengleichung ein. Beispiel: Für die lineare Abhängigkeit zwischen täglichen Vorbestellungen und Lieferungen einer Brotsorte mit der zwischenzeitlichen Möglichkeit einer Bestellkorrektur zeigt die folgende Graphik die K. mit dem Zufallshöchstwert auf einem Signifikanzniveau von 95%. Tägliche Vorbestellungen und Lieferungen korrelieren offenbar um eine Zeiteinheit verzögert miteinander, da $r_{xy}(1)$ deutlich oberhalb der Linie des für Signifikanz notwendigen kritischen Wertes liegt.

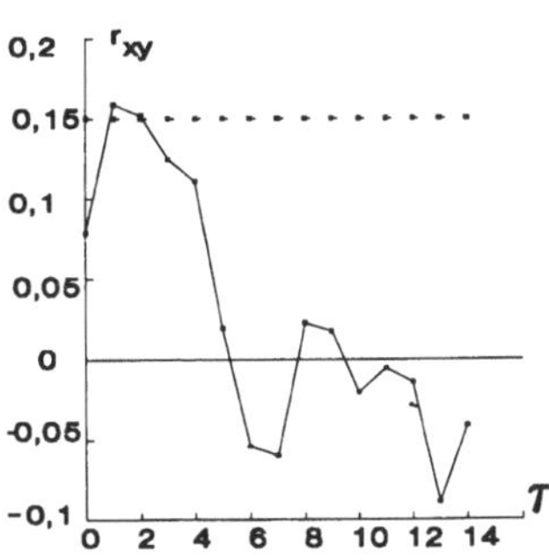

Kreuzpreiselastizität
Maßzahl für die Wirkung der relativen Preisveränderung eines Gutes auf die relative Veränderung in der nachgefragten Menge eines anderen Gu-

tes. Es sei $M_1 = f(M_2, P_1, P_2, Y)$ eine → Nachfragefunktion für die Gütermenge M_1 in Abhängigkeit von der nachgefragten Gütermenge M_2, den Güterpreisen P_1 und P_2 und dem verfügbaren Einkommen Y. Dann ist

$$\varepsilon_{M_1, P_2} = \frac{\dfrac{\partial M_1}{\partial P_2}\, P_2}{M_1} = \frac{\dfrac{\partial M_1}{M_1}}{\dfrac{\partial P_2}{P_2}}$$

die partielle K. der Nachfrage, die näherungsweise die prozentuale Änderung der nachgefragten Menge vom Gut 1 bei einer einprozentigen Preisänderung für Gut 2 mißt, wobei $\partial M_1/\partial P_2$ die partielle Ableitung von M_1 nach P_2 ist. Aufgrund des Vorzeichens der K. läßt sich feststellen, ob zwischen den Gütern eine Substitutions- oder Komplementärbeziehung besteht. Bei Substitutionsgütern ist die K. positiv, d.h., eine Erhöhung des Güterpreises P_2 führt ceteris paribus zu einer erhöhten Güternachfrage M_1 und umgekehrt. Bei einer negativen K. handelt es sich um Komplementärgüter, d.h., eine Erhöhung (eine Senkung) des Güterpreises P_2 bewirkt einen Rückgang (eine Erhöhung) der Güternachfrage M_1. Für Güter, die bezüglich ihrer Preis-Menge-Beziehungen unabhängig voneinander sind, nimmt die K. Werte nahe null an. Je größer der absolute Betrag der K. ist, um so ausgeprägter ist der Grad der Substitutionalität bzw. der Komplementarität der Güter. Praktische Bedeutung kommt der K. als Triffinschem Koeffizienten in der → Marktforschung zu.

Kreuzvalidierung →Cross-Validation

Kritischer Bereich → Ablehnungsbereich

Kruskal-Wallis-Test

H-Test, auf k Stichproben $(x_{1,1}, ..., x_{1,n1}), ..., (x_{k,1}, ..., x_{k,nk})$ basierender nichtparametrischer Test für die Hypothese, daß die Verteilungsfunktionen $F_1, ..., F_k$ von k unabhängigen stetigen Zufallsvariablen $X_1, ..., X_k$ übereinstimmen. Die Hypothese kann auch wie folgt formuliert werden: Die unabhängig voneinander gewonnenen Stichproben stammen aus derselben Grundgesamtheit. Der K.-W.-T. ist ein Ansatz zur Lösung des → k-Stichprobenproblems. Der K.-W.-T. ist ein Rangtest: Die $N = n_1 + ... + n_k$ Werte der k Stichproben werden zusammengelegt und der Größe nach geordnet, beginnend mit dem kleinsten Wert. Die Rangzahl R_{ij} bezeichnet diejenige natürliche Zahl (zwischen 1 und N), die angibt, an welcher Stelle der Wert x_{ij} in dieser Rangordnung steht. Der K.-W.-T. ist auch dann anwendbar, wenn statt der Meßwerte x_{ij} nur die Rangordnung zwischen ihnen bekannt ist. Die Nullhypothese lautet H_0: $F_1 = ... = F_k$, wobei F_i eine stetige Verteilungsfunktion von X_i ist. Die Alternativhypothese ist formuliert als H_1: Es gibt mindestens ein Paar i,t (i ≠ t; i,t = 1, ..., k), so daß $F_i(x) = F_t(x - d)$ für alle x und d ≠ 0 gilt. Als Testvariable wird

$$T = \frac{12}{N(N+1)} \sum_{i=1}^{k} \frac{R_i^2}{n_i} - 3(N+1)$$

mit

$$R_i = \sum_{j=1}^{n_i} R_{ij}$$

verwendet. Für $n_i \to \infty$ hat T asymptotisch eine → Chi-Quadrat-Verteilung mit f = k - 1 Freiheitsgraden. H_0 wird abgelehnt, wenn $T > h_{k,N;1-\alpha}$ ist. Dabei ist α das Signifikanzniveau und $h_{k,N;1-\alpha}$ das Quantil der Ordnung $1-\alpha$ der Verteilung von T, die in Tabellen vorliegt. Für $n_i > 5$, $k \geq 4$ gilt bereits in guter Näherung $h_{k,N;1-\alpha} \approx \chi^2_{k-1;1-\alpha}$. Für k = 2 stimmt der K.-W.-T. mit dem → U-Test überein.

k-Stichprobenproblem

Frage nach der Gleichheit der Verteilungsfunktionen F_i (i = 1, ..., k) auf der Grundlage von k Stichproben aus k Grundgesamtheiten, die i. allg. mittels Tests beantwortet wird. Es wird die Hypothese $F_1 = F_2 = ... = F_k$ getestet. Zu ihrer Prüfung gibt es z.B. den → Friedman-Test, den → Kruskal-Wallis-Test, den → Chi-Quadrat-Test (Homogenitätstest), den → Bartlett-Test, den → Cochran-Test (Varianzvergleich) und die → Varianzanalyse (Mittelwertvergleich). Für k = 2 ergibt sich das → Zweistichprobenproblem.

Kumulierte Häufigkeit → Summenhäufigkeit

Kumulierung

Sukzessive Summierung von Zahlen entsprechend einer Reihenfolgevorschrift. In der Statistik werden beispielsweise Merkmalswerte über die Zeit (z.B. die Schulden der öffentlichen Haushalte), Häufigkeiten (→ Summenhäufigkeit), Wahrscheinlichkeiten zur Gewinnung einer → Verteilungsfunktion kumuliert.

Kurtosis → Exzeß

Kurzzeitgedächtnis → Persistenz

L

Lag

Time lag, Zeitverzögerung, in die Vergangenheit gerichtete → Zeitverschiebung τ vom Zeitraum bzw. Zeitpunkt t zum Zeitraum bzw. Zeitpunkt t-τ. Beispiel: Verzögerung zwischen gestiegener Nachfrage und Produktionserweiterung.

Lageparameter

Statistische Maßzahlen zur Beschreibung der → Lokalisation der empirischen → Häufigkeitsverteilung eines Merkmals oder der theoretischen → Verteilung einer Zufallsvariablen auf der verwendeten Skala. An L. werden folgende allgemeine Anforderungen gestellt: a) Im Sinne der Komprimierung einer größeren Zahl von Merkmalsausprägungen bzw. Variablenwerten sollen sie die Verteilung durch eine einzige Größe möglichst gut repräsentieren. b) Sie sollen als Maßstab für die Beurteilung von einzelnen Merkmalsausprägungen oder Gruppen von Merkmalsausprägungen innerhalb der betrachteten Gesamtheit dienen. c) Sie sollen einen einfachen und schnellen Vergleich der Verteilungen des gleichen Merkmals (bzw. der Variablen) aus verschiedenen Gesamtheiten ermöglichen. Da die Lokalisation auf verschiedene Weise gemessen werden kann, wurden verschiedene L. definiert. Statistisch wichtige L. sind die → Mittelwerte (wie z.B. das → arithmetische Mittel,

der → Median und der → Modus) und die → Quantile.

Lag-Operator

Backshiftoperator, Zeitverschiebeoperator, Familie von Abkürzungen für Zeitverschiebungen in einer → Differenzengleichung. Die Zeitverschiebung eines stochastischen Prozesses $\{X_t\}$ um eine Periode definiert den einfachen L.-O., der mit L symbolisiert wird:

$$LX_t = X_{t-1} .$$

Jede weitere Zeitverschiebung läßt sich als Mehrfachanwendung bzw. Potenz des L.-O. schreiben:

$$L(LX_t) = L^2 X_t = X_{t-2} .$$

Auch bei der → Differenzenbildung ist die Operatorschreibweise nützlich. Beispiele: Einfache Differenz, Monatsdifferenz bzw. Verknüpfung von einfacher und Monatsdifferenz

$$X_t - X_{t-1} = \Delta X_t = X_t - LX_t = (1-L)X_t$$

$$X_t - X_{t-12} = \Delta_{12} X_t = (1-L^{12})X_t$$

$$\Delta \Delta_{12} X_t = (1-L)(1-L^{12})X_t .$$

Mitunter wird anstelle des Symbols L, abgeleitet von → Lag, auch das Symbol B in Anlehnung an Backshift (Rückwärtsverschiebung) verwendet.

Lag-Polynom

Polynom, in dem der → Lag-Operator L wie eine algebraische Variable behandelt wird. L.-P. entstehen bei der Darstellung → stochastischer Prozesse. Sie dienen zur Untersuchung der Struktur von → ARMA-Prozessen. Beispiel: Die definierende Gleichung des ARMA(2,1)-Prozesses

$$X_t - 0{,}4 X_{t-1} - 0{,}2 X_{t-2} = a_t - 0{,}3 a_{t-1}$$

enthält auf der linken Seite ein autoregressives L.-P. zweiten Grades

$$\phi_2(L) = 1 - 0{,}4 L - 0{,}2 L^2$$

und auf der rechten Seite ein Gleitmittel-L.-P. ersten Grades

$$\theta_1(L) = 1 - 0{,}3 L .$$

Die Gleichung läßt sich daher auch kurz in der Form

$$\phi_2(L) X_t = \theta_1(L) a_t$$

schreiben. Mit Hilfe der Nullstellen ihrer L.-P. können ARMA-Prozesse klassifiziert werden.

Lag-Variable → verzögerte Variable

Längsschnittanalyse

Longitudinalstudie, wiederholte Erhebung und Analyse von Daten im Zeitverlauf mit dem Ziel, intertemporale Veränderungen, wie z.B. Trends, zu erkennen. Die L. steht im Gegensatz zur → Querschnittsanalyse. Eine sehr wesentliche Methode zur Gewinnung von Längsschnittdaten in der Marktforschung ist die Panelerhebung (→ Panel). → Zeitreihenanalyse, → Längsschnittdaten

Längsschnittdaten

Verlaufsdaten, für beliebige Zeitpunkte oder Zeiträume statistisch erhobene Ausprägungen eines Merkmals oder mehrerer Merkmale für ein und dasselbe statistische Element. Die Analyse von L. heißt → Längsschnittanalyse. Klassische Anwendungen der Längsschnittanalyse sind die → Kohortenanalyse und die → Zeitreihenanalyse.

Langzeitgedächtnis → Persistenz

Laplacesche Wahrscheinlichkeitsauffassung → Wahrscheinlichkeitsauffassungen

Laplace-Verteilung

Wahrscheinlichkeitsverteilung einer stetigen Zufallsvariablen X mit den Parametern λ ($\lambda > 0$) und μ und der Dichtefunktion

$$f(x) = \frac{1}{2\lambda} e^{-\frac{|x-\mu|}{\lambda}} .$$

Die L.-V. ist symmetrisch, und Modus, Median und Erwartungswert sind gleich: $x_{mod} = x_{0{,}5} = E(X) = \mu$. Die Varianz ist $Var(X) = 2\lambda^2$.

Laspeyres-Index

Arithmetischer Index, dynamische → Indexzahl zur Messung der durchschnittlichen relativen Veränderung einer Sachkomponente (i.allg. eine → Meßzahl oder → Beziehungszahl) unter Einbeziehung von Gewichtsgrößen des Basiszeitraums. Eine häufige Anwendung ist die Messung von Preisveränderungen unter Berücksichtigung konstanter Basismengen. Die Ausdehnung auf den zeitlichen bzw. räumlichen Vergleich von Meß- und Beziehungszahlen unter Verwendung der entsprechenden Basisgewichte ist beliebig denkbar. Als Beispiele werden der Preisindex und der Mengenindex von Laspeyres angegeben. Es seien

$$p = \begin{bmatrix} p_1 \\ p_2 \\ \vdots \\ p_K \end{bmatrix}, \quad q = \begin{bmatrix} q_1 \\ q_2 \\ \vdots \\ q_K \end{bmatrix}$$

$(K \times 1)$-Vektoren der Preise p_k und der Mengen q_k von $k = 1, 2,..., K$ Gütern eines Warenkorbes, die im Berichtszeitraum t und im Basiszeitraum τ statistisch erhoben wurden. Dann heißen die $\rightarrow$ Aggregatformen

$$I_{\tau,t}^{Las,p} = \frac{p_t'q_\tau}{p_\tau'q_\tau}$$

Preisindex nach Laspeyres in vektorieller Darstellung,

$$I_{\tau,t}^{Las,p} = \frac{\displaystyle\sum_{k=1}^{K} p_{kt} \cdot q_{k\tau}}{\displaystyle\sum_{k=1}^{K} p_{k\tau} \cdot q_{k\tau}}$$

Preisindex nach Laspeyres in expliziter Darstellung,

$$I_{\tau,t}^{Las,q} = \frac{p_\tau'q_t}{p_\tau'q_\tau}$$

Mengenindex nach Laspeyres in vektorieller Darstellung und

$$I_{\tau,t}^{Las,q} = \frac{\displaystyle\sum_{k=1}^{K} p_{k\tau} \cdot q_{kt}}{\displaystyle\sum_{k=1}^{K} p_{k\tau} \cdot q_{k\tau}}$$

Mengenindex nach Laspeyres in ex-

pliziter Darstellung. Da sich z.B. der Laspeyres-Preisindex darstellen läßt als ein gewogenes $\rightarrow$ arithmetisches Mittel

$$I_{\tau,t}^{Las,p} = \frac{\displaystyle\sum_{k=1}^{K} i_{\tau,t}^{p}(k) \cdot w_{k\tau}}{\displaystyle\sum_{k=1}^{K} w_{k\tau}}$$

aus den K Preismeßzahlen

$$i_{\tau,t}^{p}(k) = \frac{p_{kt}}{p_{k\tau}}, \quad p_{k\tau} > 0$$

und den K Wertvolumina (Umsätze, Verbrauchsausgaben) des Basiszeitraums τ

$$w_{k\tau} = p_{k\tau} \cdot q_{k\tau},$$

wird der L.-I. auch arithmetischer Index genannt. Die Bedeutung des L.-I. in der praktischen statistischen Arbeit liegt darin begründet, daß für seine Berechnung (etwa in Gestalt eines Preisindex der Lebenshaltungskosten) nur noch die Preisveränderungen, jedoch nicht die Veränderungen der Verbrauchsausgaben statistisch erfaßt werden müssen. Dies ist ein Grund dafür, warum die $\rightarrow$ amtliche Statistik für die Berechnung von Preisindizes der Lebenshaltung den L.-I. und nicht den $\rightarrow$ Paasche-Index verwendet.

Lateinisches Quadrat

Eine quadratische Anordnung von p verschiedenen Elementen (z.B. lateinische Buchstaben) in der Weise, daß jedes Element genau einmal in jeder Zeile und Spalte auftritt. In der $\rightarrow$ Versuchsplanung ist das l.Q. ein spezieller vollständiger Blockplan ($\rightarrow$ Block), mit dem die Wirkung von

Latente Variable

drei (Einfluß-) Faktoren X_1, X_2 und X_3 mit jeweils p Stufen auf eine Ergebnisvariable Y geprüft werden soll, wobei eine mögliche systematische gegenseitige Beeinflussung der Faktoren X_1 und X_2 einerseits und des Faktors X_3 andererseits auszuschalten ist. Beispiel: Zur Fertigung eines Produktes sind die vier Verfahren 1, 2, 3 und 4 (Variable X_3 mit vier Stufen) möglich. Ziel der Versuchsdurchführung ist die Prüfung der Hypothese, daß diese Verfahren zu gleichen mittleren Lebensdauern des Produktes führen. Da die mittlere Lebensdauer in diesem Fall auch von der Materialqualität X_1 und der Qualifikation des Bearbeiters X_2 (in jeweils vier Stufen) abhängt, müssen diese Einflüsse berücksichtigt und gesondert erfaßt werden, um systematische Fehler zu vermeiden. Zu diesem Zweck wird als Versuchsplan ein l.Q. der Größe 4×4 aufgestellt, das allgemein folgende Gestalt hat:

Stufen des Faktors X_1	Stufen des Faktors X_2			
	1	2	3	4
1	Stufe des Faktors X_3			
2				
3				
4				

Die Stufen von X_1 sind den Zeilen, die Stufen von X_2 den Spalten und die Stufen von X_3 den Elementen des Quadrates zugeordnet. Das allgemeine Schema macht deutlich, daß verschiedene mögliche l.Q. für eine gegebene Anzahl von Stufen aufgestellt werden können. Von den möglichen l.Q. wird zufällig eines ausgewählt, das in der nachfolgenden Tabelle wiedergegeben ist.

Stufen des Faktors X_1	Stufen des Faktors X_2			
	1	2	3	4
1	1	2	3	4
2	2	1	4	3
3	3	4	2	1
4	4	3	1	2

Es ist wie folgt zu interpretieren: Befindet sich z.B. der Faktor X_1 auf der Stufe 3 und der Faktor X_2 auf der Stufe 2, dann ist der Versuch mit dem Faktor X_3 auf der Stufe 4 (im l.Q. unterstrichen angegeben) durchzuführen. Nach n-maliger Versuchsdurchführung gemäß dieser Faktorkombination wird die durchschnittliche Lebensdauer des Produktes bestimmt. Bei den anderen Faktorkombinationen wird analog verfahren. L. Q. sind vorzugsweise als Versuchsanlagen mit 3 bis 12 Stufen einzusetzen. Die statistische Auswertung erfolgt mittels → Varianzanalyse.

Latente Variable

Nicht direkt meßbare oder beobachtbare Variable, die jedoch stellvertretend durch eine oder mehrere beobachtbare statistische Merkmale (sogenannte manifeste Variable) gemessen wird. L. V. spielen vor allem in → Pfadmodellen eine entscheidende Rolle. Eine l. V. kann sich von der zugeordneten manifesten Variablen durch den eliminierten Meßfehler unterscheiden, oder sie kann ein theoretisches Konstrukt aus mehreren manifesten Variablen sein (→ PLS, → LISREL). Beispiele für l. V. sind die Konjunkturlage, die indirekt über den Bruttosozialproduktzuwachs, den Beschäftigungsgrad, verschiedene Aktienindizes und viele andere manifeste Variable gemessen werden kann, oder der Umweltzustand, der über manifeste Variable wie Schadstoffwerte und Schädigungsgrad der Wälder beobachtbar wird.

Lead → Zeitverschiebung

Leakage-Effekt → Periodogramm

Lebensbaum einer Bevölkerung → Alterspyramide

Lebensdauer
Zeitspanne zwischen Betriebsbeginn und Ausfall eines Elementes (Objekt, Komponente, System), für das nur die Zustände intakt oder nicht intakt zugelassen sind. Da die L. von vielen zufälligen Faktoren beeinflußt wird, ist sie eine (stetige) → Zufallsvariable, die nur nichtnegative Werte annehmen kann. Bezeichnet T die Zufallsvariable L., dann gibt die → Verteilungsfunktion F(t) = P(T ≤ t) die Wahrscheinlichkeit dafür an, daß das Element den Zeitpunkt t (t ≥ 0) nicht überlebt, bis dahin aber nicht ausfällt. Der → Erwartungswert von T

$$E(T) = \int_0^\infty t\, f(t)\, dt\, ,$$

worin f(t) die → Dichtefunktion der Lebensdauerverteilung ist, heißt mittlere L. Die Zeitspanne zwischen einem gegebenen Zeitpunkt t, den das Element erreicht hat, und dem Ausfall des Elementes ist die Restlebensdauer bezüglich t, deren bedingte Verteilung sich als

$$F(t + \Delta t\,|\,t) = P(T \leq t + \Delta t\,|\,T > t)$$
$$= \frac{F(t + \Delta t) - F(t)}{1 - F(t)}$$

für $\Delta t > 0$ und F(t) ≠ 1 ergibt. Des weiteren erhält man a) mit

$$P(T > t) = 1 - F(t)$$

die Überlebenswahrscheinlichkeit des Elementes für den Zeitpunkt t, d.h. die Wahrscheinlichkeit dafür, daß das Element den Zeitpunkt t überlebt; b) mit

$$P(T > t + \Delta t\,|\,T > t) = \frac{P(T > t + \Delta t)}{P(T > t)}$$
$$= \frac{1 - F(t + \Delta t)}{1 - F(t)}$$

die bedingte Überlebenswahrscheinlichkeit für ein Element mit dem Alter t, d.h. die Wahrscheinlichkeit dafür, daß das Element auch den Zeitpunkt t + Δt überlebt, wenn es den Zeitpunkt t überlebt hat; c) mit

$$r(t) = \frac{f(t)}{1 - F(t)}$$

die Ausfallrate zum Zeitpunkt t. Die Größe r(t)Δt gibt die Wahrscheinlichkeit an, daß ein Element mit dem Alter t im nachfolgenden sehr kleinen Intervall der Länge Δt ausfällt. Eine grundlegende Modellverteilung der L. ist die → Exponentialverteilung F(t) = $1 - e^{-\lambda t}$ (für t ≥ 0). Für sie gilt, daß die Verteilung der Restlebensdauer und die bedingte Überlebenswahrscheinlichkeit unabhängig vom erreichten Alter (Zeitpunkt t) des Elementes sind, denn es ist F(t + $\Delta t\,|\,t$) = $1 - e^{-\lambda \Delta t}$ und $1 - F(t + \Delta t\,|\,t) = e^{-\lambda \Delta t}$ für jedes t ≥ 0 und Δt ≥ 0. Somit ist die Ausfallrate der Exponentialverteilung zu jedem Zeitpunkt t konstant: r(t) = λ. Die mittlere L. nach dieser Verteilung ist E(T) = $1/\lambda$.

Lebenserwartung

Mittlere Lebenserwartung, durchschnittlich fernere Lebenserwartung, Anzahl der Jahre, die eine Person nach Vollendung ihres x-ten Lebensjahres entsprechend den in einem bestimmten Zeitraum gültigen Sterblichkeitsverhältnissen der Bevölkerung eines geographischen Gebiets, der diese Person angehört, im Mittel noch erleben wird; Maßzahl aus einer → Sterbetafel. Grundlage für die statistische Berechnung der L. ist die Gesamtanzahl der Jahre T_x, die die Überlebenden des Alters x der Ausgangskohorte (→ Kohorte) einer Perioden-Sterbetafel bis zu ihrem völligen Absterben gemäß den für einen gegebenen Zeitraum statistisch beobachteten Sterblichkeitsverhältnissen noch zu durchleben haben. Dividiert man die noch zu erwartende Lebensdauer (Verweildauer) T_x aller Überlebenden im Alter x durch die Anzahl der Überlebenden l_x im Alter x, so erhält man die Anzahl der Jahre e_x, die ein Überlebender im Alter x im Mittel noch zu durchleben bzw. zu erwarten hat. Die L. e_x einer x-jährigen Person errechnet sich wie folgt:

$$e_x = \frac{T_x}{l_x} = \frac{1}{2} + \frac{1}{l_x} \cdot \sum_{y=x+1}^{z} l_y \,,$$

wobei z als die Obergrenze der Lebenszeit definiert ist. Setzt man z.B. z = 100 Jahre und x = 0 Jahre, so erhält man mit

$$e_0 = \frac{1}{2} + \frac{1}{l_0} \cdot \sum_{y=1}^{100} l_y$$

die L. eines lebendgeborenen Kindes. Gemäß der für 1986/87 zuletzt veröffentlichten (allgemeinen) Sterbetafel für das Gebiet der DDR betrug die L. eines lebendgeborenen Knaben 69,73 Jahre und die eines lebendgeborenen Mädchens 75,74 Jahre. Für die Bundesrepublik Deutschland beliefen sich die Lebenserwartungen für lebendgeborene Knaben und Mädchen gemäß der (allgemeinen) Sterbetafel von 1986/88 auf 72,21 Jahre bzw. 78,68 Jahre. Die Größe $x + e_x$ wird in der Bevölkerungsstatistik als das durchschnittliche Sterbealter der l_x Personen, die mindestens das Alter von x Jahren erreicht haben, interpretiert. Unterstellt man die Gültigkeit der in den genannten Sterbetafeln tabellierten → Absterbeordnungen auch für den Beginn der 90er Jahre, so hätte etwa ein 1950 in der DDR lebendgeborener Knabe, also eine im Jahre 1993 43-jährige männliche Person, im Mittel noch 29,58 Jahre zu leben. Ihr zu erwartendes Sterbealter läge dann bei 72,58 Jahren.

Lebenshaltungskostenindex → Preisindex der Lebenshaltung

Likelihood-Funktion

Funktion von Stichprobendaten und einem (unbekannten) Parameter, die vor allem für die Konstruktion von optimalen Schätzfunktionen dieses Parameters verwendet wird. Sei $(X_1, ..., X_n)$ eine Stichprobe vom Umfang n aus einer Grundgesamtheit G, deren Wahrscheinlichkeitsverteilung mit der Dichtefunktion $f(x, \pi)$ von einem m-dimensionalen Parameter π abhängt. Das Produkt, das die Funktion

$$f(x_1, \pi) \cdot \ldots \cdot f(x_n, \pi) = L(x_1, \ldots, x_n; \pi)$$

definiert, wird als L.-F. der Stichprobe bezeichnet. X sei eine diskrete Zufallsvariable mit der von π abhängigen Wahrscheinlichkeitsfunktion p. Dann wird für eine konkrete Stichprobe $x_1, ..., x_n$ das Produkt

$$p(x_1, \pi) \cdot ... \cdot p(x_n, \pi) = L(x_1, ..., x_n; \pi)$$

als L.-F. der Stichprobe bezeichnet. Die L.-F. wird praktisch bei der Ermittlung von Punktschätzungen für π mittels der $\rightarrow$ Maximum-Likelihood-Schätzung und im $\rightarrow$ Likelihood-Quotienten-Test angewendet. Zum Beispiel ist die L.-F. für den Parameter p $= P(X=1)$ einer $\rightarrow$ Zweipunktverteilung und für die Stichprobendaten x_1, ..., x_n mit $x_i = 1$ für i = 1,..., k und $x_i = 0$ für i = k+1, ..., n als

$$L(x_1, ..., x_n; p) = p^k (1 - p)^{n-k}$$

gegeben. Häufig wird mit dem Logarithmus der L.-F. gearbeitet.

Likelihood-Quotienten-Test
Test zur Prüfung der Nullhypothese $H_0: \pi \in \Pi_0$ gegen die Alternativhypothese $H_1: \pi \in \Pi \backslash \Pi_0$, der auf dem sogenannten Likelihood-Quotienten als Testvariable beruht, wobei π ein Parameter oder ein Parametervektor einer Zufallsvariablen X ist. Π_0 ist dabei eine vorgegebene eingeschränkte Parametermenge und Π der allgemeine Wertebereich für π. Der Likelihood-Quotient ergibt sich aus der $\rightarrow$ Likelihood-Funktion $L(x, \pi)$ für Beobachtungen x der Zufallsvariablen X als

$$\lambda(x) = \frac{\sup\limits_{\pi \in \Pi_0} L(x, \pi)}{\sup\limits_{\pi \in \Pi} L(x, \pi)} .$$

Es folgt $0 \leq \lambda(x) \leq 1$. Die Nullhypothese wird abgelehnt, wenn $\lambda(x) < \lambda_0$ ist. Der kritische Wert $\lambda_0 > 0$ ist so

zu bestimmen, daß die Wahrscheinlichkeit für die Ablehnung der Hypothese H_0, obwohl sie zutrifft, höchstens gleich dem vorgegebenen Signifikanzniveau α ist. Anstelle des Likelihood-Quotienten kann man eine beliebige monotone und stetige Funktion von ihm betrachten, so insbesondere den Logarithmus davon. Existieren $\rightarrow$ Maximum-Likelihood-Schätzungen $\hat{\pi}_n$ für $\pi \in \Pi$ und $\hat{\pi}_{n,0}$ für $\pi \in \Pi_0$, d.h. gilt für x = $(x_1, ..., x_n)$

$$L(x, \hat{\pi}_n(x)) = \sup\limits_{\pi \in \Pi} L(x, \pi)$$

und

$$L(x, \hat{\pi}_{n,0}(x)) = \sup\limits_{\pi \in \Pi_0} L(x, \pi) ,$$

so lautet der Likelihood-Quotient

$$\lambda_n(x) = \frac{L(x, \hat{\pi}_{n,0}(x))}{L(x, \hat{\pi}_n(x))} ,$$

mit dessen Hilfe ein L.-Q.-T. durchgeführt werden kann. L.-Q.-T. werden z.B. in der $\rightarrow$ Ökonometrie zum Prüfen von linearen Modellen mit und ohne Restriktionen verwendet.

Lineare Regressionsfunktion
Regressionsfunktion, bei der eine lineare Abhängigkeit der $\rightarrow$ endogenen Variablen Y von den $\rightarrow$ exogenen Variablen X_k (k = 1,...,m) angenommen wird. Die l. R. ist die am häufigsten verwendete Funktion in der $\rightarrow$ Regressionsanalyse. Für die multiple l. R. ergibt sich:

$$\hat{y}_i = b_0 + b_1 x_{i1} + ... + b_m x_{im} ,$$

worin $b_0, b_1, ..., b_m$ die auf der Basis von Beobachtungswerten der Variablen nach der $\rightarrow$ Methode der kleinsten Quadrate berechneten Regres-

Lineare Regressionsfunktion

sionsparameter, x_{ik} ($i = 1,..., n$) die Beobachtungswerte der exogenen Variablen X_k ($k = 1,..., m$) und $\hat{y}_i$ die Funktionswerte ($\rightarrow$ Regreßwerte) der endogenen Variablen Y sind. Die Regressionskonstante b_0 gibt den Schnittpunkt mit der Y-Achse in dem (m+1)-dimensionalen Koordinatensystem an. Der Regressionskoeffizient b_k beinhaltet die mittlere absolute Veränderung der Variablen Y, wenn X_k um eine Einheit erhöht wird und die anderen Variablen konstant bleiben. Graphisch einfach darstellen lassen sich die einfache lineare Regressionsfunktion (die Regressionsgerade) $\hat{y}_i = b_0 + b_1 x_i$ und deren Größen, die die Graphik im unteren Teil dieser Seite enthält. Die folgende Abbildung zeigt allgemein ein $\rightarrow$ Streuungsdiagramm und die angepaßte Regressionsgerade.

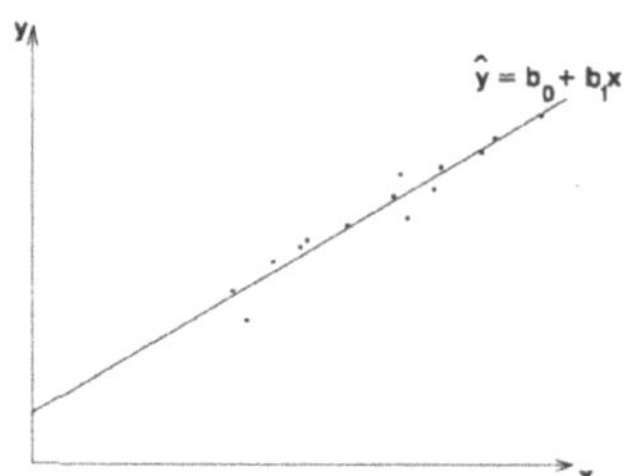

Stellen die Beobachtungswerte der endogenen und exogenen Variablen eine Stichprobe aus einer Grundgesamtheit dar ($\rightarrow$ induktive Statistik), können die Regressionsparameter geschätzt werden (Stichprobenregressionsparameter). Weiterhin können für diese Regressionsparameter, für die Regreßwerte und für Werte der Variablen Y Konfidenzintervalle bestimmt und Hypothesen über die Regressionsparameter der Grundgesamt

Lineare Regressionsfunktion: Regressionsgerade und ihre Parameter

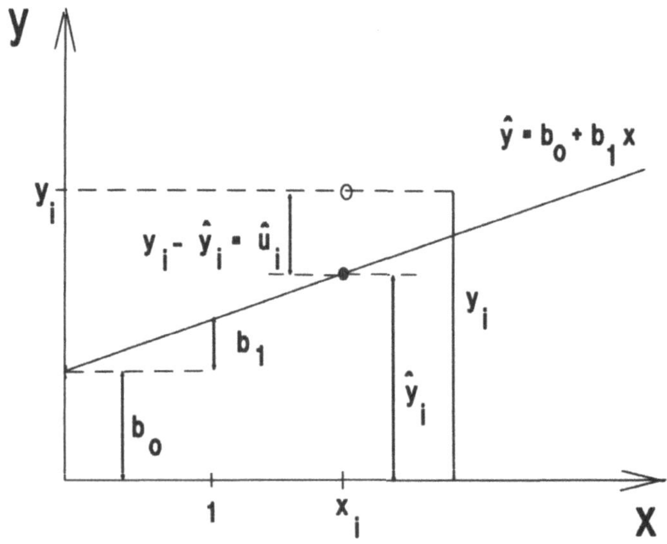

heit geprüft werden. Dafür muß vorausgesetzt werden, daß die Störvariablen U_i normalverteilt sind ($\rightarrow$ Regressionsmodell). Bei der Hypothesenprüfung unterscheidet man i. allg. zwei Fragestellungen: a) Üben die m exogenen Variablen zusammen einen wesentlichen Einfluß auf die Variable Y aus? Diese Hypothese wird über das $\rightarrow$ Bestimmtheitsmaß geprüft. b) Hat der Regressionskoeffizient β_k in der Grundgesamtheit einen angenommenen Wert β_k^{Ho} ? Folgende Hypothesenformulierungen sind möglich:
H_0: $\beta_k = \beta_k^{Ho}$ gegen H_1: $\beta_k \neq \beta_k^{Ho}$
oder
H_0: $\beta_k \leq \beta_k^{Ho}$ gegen H_1: $\beta_k > \beta_k^{Ho}$
oder
H_0: $\beta_k \geq \beta_k^{Ho}$ gegen H_1: $\beta_k < \beta_k^{Ho}$.
In vielen praktischen Fällen wird β_k^{Ho} =0 angenommen, womit geprüft wird, ob die exogene Variable X_k in der Grundgesamtheit einen wesentlichen Einfluß auf die Variable Y ausübt. Die Testvariable

$$T_k = \frac{b_k - \beta_k^{H_0}}{S(b_k)}, \quad k = 0,1,...,m,$$

mit $S(b_k)$ als Standardabweichung des Stichprobenregressionskoeffizienten b_k, folgt unter der Nullhypothese H_0 einer t-Verteilung mit f=n-m-1 Freiheitsgraden. Die Hypothese H_0 wird abgelehnt, wenn für den aus einer Stichprobe berechneten Wert t_k von T_k gilt (je nach Formulierung von H_0): $| t | > t_{1-\alpha/2;f}$ bzw. $t > t_{1-\alpha;f}$ bzw. $t < t_{\alpha;f}$, wobei $t_{1-\alpha/2;f}$, $t_{1-\alpha;f}$ bzw. $t_{\alpha;f}$ Quantile der t-Verteilung mit f Freiheitsgraden zum vorgegebenen Signifikanzniveau α sind. Für eine große Anzahl von Freiheitsgraden f (Faustregel: f > 30) kann anstelle der t-Verteilung approximativ die Standardnormalverteilung verwendet werden.

Linearer Filter $\rightarrow$ Filtration

Linearisierung
Zurückführung einer nichtlinearen Beziehung (Funktion, Modell) auf eine lineare; vor allem in der $\rightarrow$ Zeitreihenanalyse, $\rightarrow$ Regressionsanalyse und $\rightarrow$ Ökonometrie angewandt. Liegt eine Beziehung vor, die nichtlinear in den Variablen, aber linear in den Parametern ist, so ist eine L. durch einfache Umbenennung der Variablen möglich. Beispiel: Das Polynom 2. Grades $y = b_0 + b_1 x + b_2 x^2$ wird durch Umbenennung der Variablen in $x_1 = x$ und $x_2 = x^2$ in die lineare Funktion $y = b_0 + b_1 x_1 + b_2 x_2$ überführt. Liegt eine Beziehung vor, die auch nichtlinear in den Parametern ist, so ist eine L. oft durch $\rightarrow$ Transformation erreichbar. Beispiel: Die Exponentialfunktion $y = ab^x$ ist durch logarithmische Transformation für a > 0 und b>0 äquivalent zu lg y=lg a + x·lg b. Unter Verwendung der Bezeichnungen y^*=lg y, a^*=lg a, b^*=lg b läßt sich die logarithmierte Funktion auch als eine lineare Funktion von x schreiben: $y^* = a^* + b^* x$. - Die Eintragung der Beobachtungspaare (x_i, y_i), i = 1,..., n, in ein normales Koordinatensystem, in einfach- oder doppelt-logarithmisches Papier oder Sinuspapier (allgemein: Funktionspapier) stellt ein wichtiges Hilfsmittel zum Auffinden der entsprechenden Transformation dar. Die Schätzung von Parametern für ein linearisiertes Modell verliert bei der Rücktransformation wünschenswerte Eigenschaften. Nichtlineare Schätzverfahren sind aus dieser Sicht vorzuziehen.

Linearitätstest von Fisher
Test zur Prüfung der Hypothese, daß eine Zielgröße Y linear von Einfluß-

Liniendiagramm

merkmalen $X_1,...,X_m$ abhängt. Es seien $Y_1,..., Y_n$ unabhängige normalverteilte Zufallsvariable und x_{ji} (j=1,..., m; i=1,...,n) die dazugehörigen je n Werte der Merkmale X_j. Ferner seien $(Y_{i1}, ..., Y_{ik_i})$ n Stichproben vom Umfang k_i. Für mindestens eine der Stichproben muß der Umfang k_i größer als 1 sein. Dann ist die Nullhypothese H_0: $E(Y_i)=\beta_0+\beta_1x_{1i}+...+\beta_mx_{mi}$, i=1,...,n. Als Testvariable wird

$$T = \frac{(N - n)\, Q_2}{(n - m - 1)\, Q_1}$$

mit

$$N = \sum_{i=1}^{n} k_i \,,$$

$$Q_1 = \sum_{i=1}^{n} \sum_{j=1}^{k_i} (Y_{ij}-\overline{Y}_i)^2 \,,$$

$$Q_2 = \sum_{i=1}^{n} k_i(b_0+b_1x_{1i}+...+b_mx_{mi}-\overline{Y}_i)^2,$$

$$\overline{Y}_i = \frac{1}{k_i} \sum_{j=1}^{k_i} Y_{ij}$$

verwendet, wobei b_0, b_1, ..., b_m die aus der Stichprobe geschätzten Regressionskoeffizienten sind. T hat unter H_0 eine F-Verteilung mit f_1=n-m-1 und f_2 = N - n Freiheitsgraden. H_0 wird abgelehnt, wenn in der Stichprobe T > $F_{n-m-1,N-n;1-\alpha}$ ausfällt, wobei $F_{n-m-1,N-n;1-\alpha}$ das Quantil der Ordnung $1-\alpha$ der F-Verteilung und α das vorgegebene Signifikanzniveau sind.

Liniendiagramm

Graphische Darstellung statistischer Daten mittels eines gebrochenen Linienzuges (Polygonzug). Hauptanwendungsfeld des L. ist die Darstellung von $\rightarrow$ Zeitreihen. Dazu werden die Werte der statistischen Größe über der Zeitachse abgetragen und die Punkte durch Geraden verbunden. Das folgende L. zeigt die Entwicklung der offenen Stellen in der Bundesrepublik Deutschland von 1981 bis 1989.

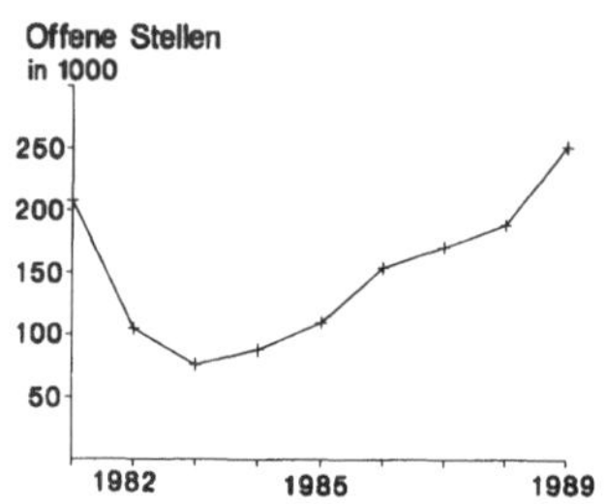

Ein L. kann ebenfalls für die Darstellung der $\rightarrow$ Häufigkeitsverteilung eines metrisch skalierten Merkmals mit Klasseneinteilung gleicher Breite verwendet werden. Dazu trägt man über den Klassenmitten die absoluten bzw. relativen Häufigkeiten ab, verbindet die Punkte geradlinig miteinander und führt den Linienzug an beiden Enden zu den jeweils benachbarten fiktiven Klassenmitten auf der Abszissenachse. Ein derartiges L. wird i. allg. als Häufigkeitspolygon bezeichnet. Die folgende Abbildung zeigt schematisch das L. für eine Häufigkeitsverteilung mit 5 Klassen bei Verwendung der relativen Häufigkeiten f(x).

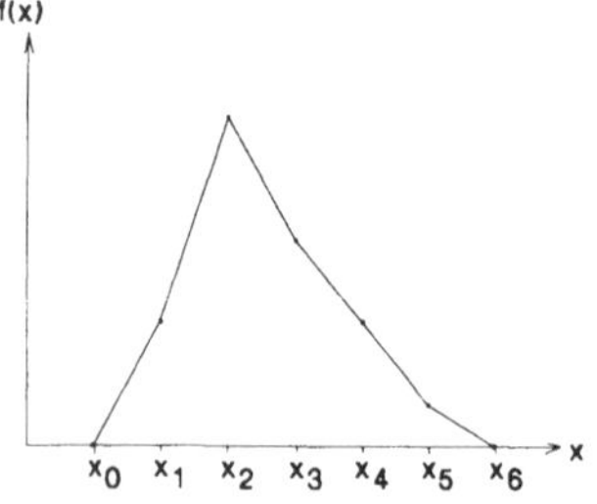

Ebenfalls ein L. ist das graphische Bild der → Summenhäufigkeitsverteilung für Merkmale mit Klassenbildung. In allen Fällen gilt, daß mit zunehmender Anzahl von Punkten im Koordinatensystem der Polygonzug immer mehr in einen Kurvenzug übergeht.

Linksschiefe Verteilung → rechtssteile Verteilung

Linkssteile Verteilung

Rechtsschiefe Verteilung, unimodale Häufigkeitsverteilung (→ unimodale Verteilung) eines wenigstens ordinalskalierten Merkmals oder Dichtefunktion bzw. Wahrscheinlichkeitsfunktion einer Zufallsvariablen mit steil ansteigender linker Flanke (Linksgipfligkeit) und flach auslaufender rechter Flanke der Verteilung. So ist für linkssteile Häufigkeitsverteilungen kennzeichnend, daß ein großer Anteil von statistischen Elementen mit kleinen bzw. mittleren Merkmalswerten und immer weniger Elemente mit immer größeren Merkmalswerten beobachtet werden. Für l. V. gilt in der Regel, daß der → Modus kleiner als der → Median und dieser wiederum kleiner als das → arithmetische Mittel (bzw. der → Erwartungswert) ist. L. V. kommen in der Wirtschaft häufiger vor als → rechtssteile Verteilungen. L.V. sind z.B. die Verteilung des Einkommens oder des Vermögens in einem Lande, die Verteilung der Unternehmen nach Umsatzgröße, die Verteilung des Alters bei der Eheschließung, die Verteilung von Wartezeiten. Beispiel: Die folgende Tabelle enthält die Verteilung der Privathaushalte in der Bundesrepublik Deutschland nach der Zahl der Personen am 6.6.1961.

Personen	Anzahl der Haushalte (1000)	Anteil (%)
1	4010	20,60
2	5156	26,51
3	4389	22,55
4	3118	16,02
5 u.mehr	2787	14,32

Quelle: Statistisches Bundesamt (Hrsg.), Statistisches Jahrbuch 1992 für die Bundesrepublik Deutschland, S. 69

Das zugehörige → Stabdiagramm sieht wie folgt aus:

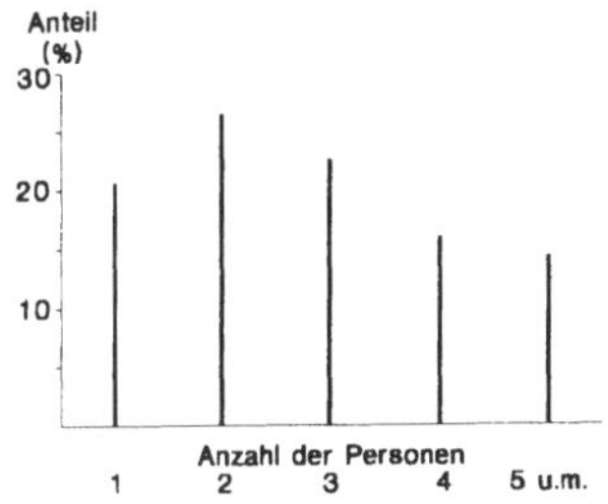

Von den theoretischen Verteilungen von Zufallsvariablen sind z.B. linkssteil: die Wahrscheinlichkeitsfunktion der → Binomialverteilung mit $p < 0,5$ und die Dichtefunktion der → Chi-Quadrat-Verteilung für kleine Werte von n und $n > 2$.

LISREL

Linear Structural Relationships, Modell und Schätzmethode für die Untersuchung von linearen → Pfadmodellen, insbesondere von Modellen mit latenten Variablen, Meßfehlern und Interdependenzen. Die Variablen in diesem Gleichungssystem können entweder direkt beobachtbare Variable oder nichtmeßbare, d.h. latente Variable sein. Latente Variable sind hypothetisch konstruierte Variable, die in enger Beziehung zu beobachtbaren Variablen stehen. In seiner allgemeinen Form postuliert das Modell kausale Strukturen zwischen latenten Variablen. Das LISREL-Modell besteht

a) aus dem Strukturmodell

$$\eta_i = \sum_{k \neq i} \beta_{ik} \, \eta_k + \sum_j \gamma_{ij} \, \xi_j + \tau_i \, ,$$

für i,k = 1,...,I und j = 1,...,J, wobei die τ_i die Fehlervariablen sind und ξ_i und η_j als exogene bzw. endogene latente Variable für I bzw. J Blöcke manifester Variablen stehen;

b) aus dem Meßmodell

$$x_{jr} = \pi_{jr}\xi_j + \varepsilon_{jr} \qquad j=1,...,J; \quad r=1,...,k_j$$

$$y_{ir} = \pi_{ir}\eta_i + \delta_{ir} \qquad i=1,...,I; \quad r=1,...,m_i$$

mit den x_{jr} und y_{ir} als exogene bzw. endogene manifeste Variable im j-ten bzw. i-ten Block und den Fehlervariablen ε_{jr} und δ_{ir}. Das Strukturmodell zeigt die Beziehungen zwischen den latenten Variablen, wie sie von der Theorie angenommen werden, und das Meßmodell enthält die postulierten Beziehungen zwischen den meßbaren manifesten Variablen und den nicht meßbaren latenten Variablen. Das Meßmodell folgt in analoger Verallgemeinerung dem Modell der → Faktoranalyse mit ersten Faktoren ξ_j und η_i. Als Datenbasis verwendet die LISREL-Schätzung die Stichprobenkovarianzmatrix der manifesten Variablen. Die LISREL-Schätzung setzt die Erfüllung einer großen Zahl von Annahmen über die Verteilung der Variablen und die Nichtkorreliertheit der Störvariablen τ_i, ε_{jr} und δ_{ir} untereinander und mit den latenten und manifesten Variablen voraus. Insbesondere wird i. allg. die Nor-

malverteilung der manifesten Variablen vorausgesetzt. Das Schätzprinzip beruht auf bestmöglicher Reproduktion der empirischen Stichprobenkovarianzmatrix S der manifesten Variablen durch die Modellkovarianzmatrix Σ. Dabei werden vorwiegend Maximum-Likelihood- oder verallgemeinerte Kleinstquadratschätzungen verwendet. Hauptziel der LISREL-Modellierung ist das Prüfen einzelner postulierter linearer Beziehungen zwischen latenten Variablen untereinander und zwischen latenten und manifesten Variablen. Das Modell als Ganzes kann mit dem χ^2-Likelihood-Quotienten-Test geprüft werden. Die Schätzung von Scores, d.h. Werten der latenten Variablen, und die Prognose von Werten der manifesten Variablen sind i. allg. weder eindeutig möglich noch beabsichtigt. Ein großer Vorzug von L. als Verfahren ist die Möglichkeit bewußter Einbeziehung vielfältiger Nebenbedingungen für Parameter und Störvariable. So könnten zum Beispiel einzelne latente Variable als fehlerfrei oder als identisch mit einer manifesten Variablen definiert werden. - Das LISREL-Modell deckt eine große Bandbreite von Modellen ab, die in Bereichen der Sozial- und Verhaltenswissenschaften von Nutzen sind. Ein mit L. verwandtes Verfahren zur Schätzung von Pfadmodellen ist EQS (Structural Equations). Eine Alternative zu L. mit weniger harten Voraussetzungen ist → PLS.

Logarithmische Normalverteilung

Lognormalverteilung, Wahrscheinlichkeitsverteilung einer stetigen Zufallsvariablen X mit den Parametern μ, σ^2 und der Dichtefunktion

$$f(x) = \frac{1}{\sqrt{2\pi}\,\sigma x}\, e^{-\frac{(\ln x - \mu)^2}{2\sigma^2}}$$

für $x > 0$ und $f(x) = 0$ sonst. Eine Zufallsvariable X hat eine l. N., wenn $\ln X$ eine $N(\mu,\sigma^2)$-Normalverteilung besitzt. Erwartungswert bzw. Varianz sind

$$E(X) = e^{\mu + \frac{\sigma^2}{2}},$$

$$Var(X) = e^{2\mu + \sigma^2}(e^{\sigma^2} - 1).$$

Die Dichtefunktion nimmt ihren maximalen Wert für

$$x = e^{\mu - \sigma^2}$$

an. Wird in der Dichtefunktion der natürliche Logarithmus durch den dekadischen ersetzt, dann werden Erwartungswert und Varianz

$$E(X) = e^{\mu \ln 10 + \frac{\sigma^2}{2} \ln^2 10},$$

$$Var(X) = e^{2\mu \ln 10 + \sigma^2 \ln^2 10}(e^{\sigma^2 \ln^2 10} - 1).$$

Da sich zahlreiche Zufallserscheinungen mit linkssteiler Verteilung in praktischen Anwendungen durch die l. N. approximieren lassen, kann man sie durch die Transformation $\ln X$ oder $\lg X$ einer Bearbeitung als normalverteilte Zufallsvariable zuführen, wodurch ein breiter Kreis von Analysemethoden zugänglich wird.

Logistische Funktion $\rightarrow$ S-Kurven

Logistische Verteilung
Verteilung einer stetigen Zufallsvariablen X mit den Parametern μ und σ,

der Wahrscheinlichkeitsdichte

$$f(x) = \frac{\pi e^{-\frac{\pi(x - \mu)}{\sigma\sqrt{3}}}}{\sigma\sqrt{3}\left(1 + e^{-\frac{\pi(x - \mu)}{\sigma\sqrt{3}}}\right)^2}$$

und der Verteilungsfunktion

$$F(x) = \frac{1}{1 + e^{-\frac{\pi(x - \mu)}{\sigma\sqrt{3}}}}.$$

Die l.V. ist symmetrisch bezüglich der Achse $x = \mu$. Erwartungswert bzw. Varianz sind $E(X) = \mu$ bzw. $Var(X) = \sigma^2$. Die durch

$$g(x) = \frac{a_0}{1 + a_1 e^{-a_2 x}}$$

definierte logistische Kurve ($a_2 > 0$) für die Modellierung von Wachstumsvorgängen mit Sättigung ergibt bei $a_0 = 1$ mit

$$a_1 = e^{-\frac{\pi \mu}{\sigma\sqrt{3}}}, \qquad a_2 = \frac{\pi}{\sigma\sqrt{3}}$$

die Verteilungsfunktion der l.V.

Lokale Grenzwertsätze
Aussagen über die Konvergenz einer Folge von Wahrscheinlichkeitsdichten für stetige Zufallsvariable bzw. von Wahrscheinlichkeiten für diskrete Zufallsvariable.

Lokale Modelle
Sammelbegriff für Zeitreihenmodelle, bei denen Zeitfunktionen stückweise an die Beobachtungen angepaßt werden, z.B. als lineare Funktionen über stets gleich langen Zeitintervallen (Stützbereich). $\rightarrow$ Gleitender Durchschnitt

Lokalisation

Lage der empirischen → Häufigkeitsverteilung eines beobachteten Merkmals bzw. der theoretischen → Verteilung einer Zufallsvariablen auf der verwendeten Skala. Statistische Maßzahlen der L. sind die → Lageparameter. Im allgemeinen wird bezüglich der Lage das mittlere Niveau zugrunde gelegt, und als Maßzahlen werden → Mittelwerte berechnet.

Longitudinalstudie → Längsschnittanalyse

Long-Memory-Prozeß

Langgedächtnisprozeß, spezieller → stationärer stochastischer Prozeß $\{X_t\}$ zur Modellierung von Zufallsstörungen (→ Schock) mit Langzeitwirkung:

$$(1-L)^d X_t = a_t \,, \ 0 < d < 0,5 \,,$$

wobei L der → Lag-Operator und a_t ein reiner Zufallsprozeß (→ weißes Rauschen) ist. Der Parameter d gibt an, wie langsam die → Autokorrelationsfunktion $\rho(\tau)$ gegen null tendiert und die Schockwirkung abflaut. Je kleiner d, desto langsamer läßt der Schock nach. Beispiel: Weltmarktpreisentwicklung für Rohöl und andere Rohstoffe unter der Langzeitwirkung der OPEC-Politik in der ersten Hälfte der siebziger Jahre. - Die Autokorrelationsfunktion eines L.-M.-P. hat für sehr große Zeitverschiebungen näherungsweise die Gestalt eines Hyperbelastes

$$\rho(\tau) \approx c\tau^{2d-1},$$

wobei c ein positiver Skalierungsfaktor ist. Die Mehrschritt-Prognose eines L.-M.-P. fällt langsamer ab als die vergleichbarer → AR-Prozesse

oder → ARMA-Prozesse mit Kurzzeitgedächtnis. Beispiel: Die folgende Abbildung zeigt eine Mehrschrittprognose $\hat{y}_t$ eines L.-M.-P. $\{Y_t\}$ mit d = 0,4 (als Symbol * dargestellt) im Vergleich mit der Mehrschritt-Prognose $\hat{x}_t$ eines AR(1)-Prozesses $\{X_t\}$ mit dem Parameter $\phi_1 = 0,4$ (mit dem Symbol ⊞ dargestellt)

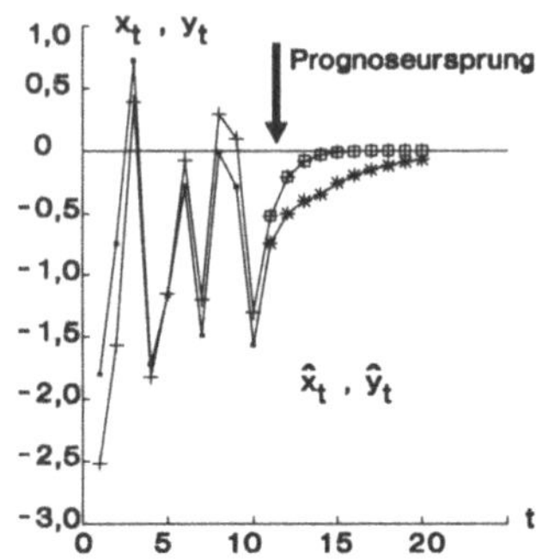

Formal läßt sich ein L.-M.-P. als AR-Prozeß hoher Ordnung darstellen, z.B.:

$$(1-L)^{0,4} X_t$$

$$= X_t + 0,4 X_{t-1} + 0,12 X_{t-2}$$

$$+ 0,06 X_{t-3} + 0,054 X_{t-4} + \ldots = a_t.$$

Lorenzkurve

Lorenzsche Konzentrationskurve, graphische Darstellung der relativen → Konzentration in einem Koordinatensystem. Gegeben sind die verschieden aufgetretenen, nicht negativen und der Größe nach geordneten Merkmalswerte $x_{(j)}$ (j = 1,..., k) eines metrisch skalierten Merkmals X, die an n Merkmalsträgern einer Gesamtheit beobachtet wurden, sowie die zugehörigen absoluten → Häufigkeiten $h(x_{(j)})$. Hierin ist der Fall eingeschlossen, daß jeder Merkmalswert nur einmal auftritt, d.h. $h(x_{(j)}) = 1$ für alle j und k = n ist. Für die Darstellung der L. werden benötigt:

a) die relativen → Summenhäufigkeiten F_i, d.h. die kumulierten Anteile der Merkmalsträger mit den i kleinsten Merkmalswerten an der Gesamtzahl n von Merkmalsträgern,

$$F_i = \frac{1}{n} \sum_{j=1}^{i} h(x_{(j)}) \, , \; i = 1, \ldots, k,$$

b) die Merkmalssumme s_j für dem Merkmalswert $x_{(j)}$:

$$s_j = x_{(j)} \cdot h(x_{(j)}) \, ,$$

c) die Merkmalsteilsumme S_i der i Merkmalsträger mit den kleinsten Merkmalswerten

$$S_i = \sum_{j=1}^{i} s_j = \sum_{j=1}^{i} x_{(j)} h(x_{(j)}) \, ,$$

d) die gesamte Merkmalssumme S

$$S = \sum_{j=1}^{k} x_{(j)} h(x_{(j)}) \, ,$$

d) der Anteil der Merkmalsteilsumme S_i an der gesamten Merkmalssumme

$$v_i = \frac{S_i}{S} = \frac{\sum_{j=1}^{i} x_{(j)} h(x_{(j)})}{\sum_{j=1}^{k} x_{(j)} h(x_{(j)})} \, .$$

Bei klassierten Daten ist entweder die Merkmalssumme s_j jeder Klasse bekannt oder sie wird approximativ unter Verwendung der → Klassenmitten berechnet, wobei unterstellt wird, daß innerhalb der Klassen keine Konzentration vorliegt. F_i und v_i beziehen sich dann auf die obere → Klassengrenze. F_i und v_i werden oft in Prozent angegeben. Unter Hinzufügung von $F_0=0$ und $v_0=0$ ergeben sich k+1 Punkte (F_i, v_i), die in ein Koordinatensystem mit der Abszisse F und der Ordinate v eingetragen werden. Die Verbindung dieser Punkte durch einen Streckenzug ist die L. Außerdem wird die 45°-Linie eingezeichnet. Die L. ist eine monoton wachsende, konvexe Funktion, die die 45°-Linie nicht übersteigt. Bei ungruppierten Daten ist die Interpretation der L. nur an den Knickstellen erlaubt, bei gruppierten Daten approximativ auch an jeder anderen Stelle. Tritt keine Konzentration auf, liegen alle Punkte auf der 45°-Linie, die dann gleich der L. ist. Die Merkmalssumme verteilt sich in diesem Fall gleichmäßig auf alle Merkmalsträger (siehe folgende Abbildung).

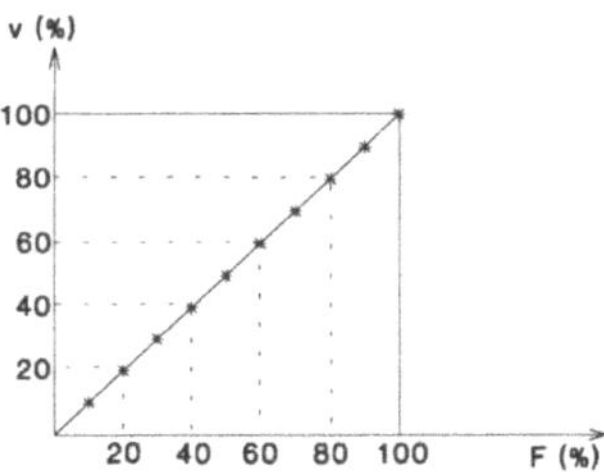

Beispiel: Ist das Merkmal X das Einkommen, so entfallen bei fehlender Konzentration auf 10 % der (ärmsten) Einkommensbezieher 10 % des Gesamteinkommens, auf 20 % der (ärmsten) Einkommensbezieher 20 % des Gesamteinkommens usw. - Je stärker dagegen die L. nach rechts unten von der 45°-Linie abweicht, desto größer ist die Konzentration. Bei maximaler Konzentration verläuft die L. bis zum Punkt $(F_{k-1}, 0)$ auf der Abszisse und steigt dann steil zum Punkt (1,1) an, was in der nächsten Abbildung dargestellt ist.

Lorenzkurve

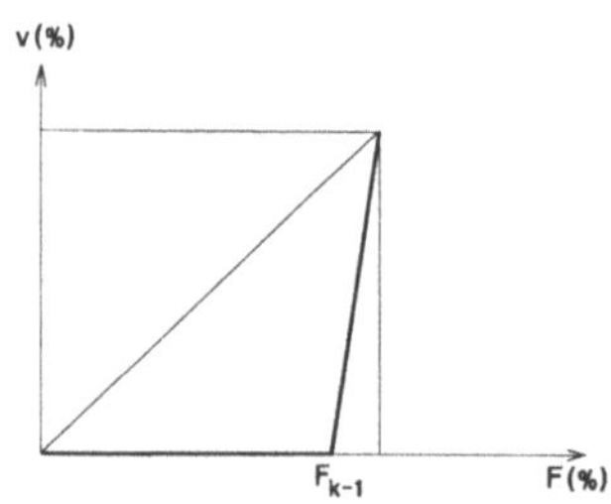

Beispiel: In der untenstehenden Tabelle sind für die Bundesrepublik Deutschland für das Jahr 1988 zwei Merkmale, das Bruttoerwerbseinkommen (Merkmal X, Einkommen vor der Umverteilung) und das verfügbare Einkommen (Merkmal Y, Einkommen nach der Umverteilung), die jeweils nach Klassen von ... bis unter ... 1000 DM gegliedert sind, die Anzahl der Privathaushalte, die in die jeweilige Klasse fallen, die bekannten Merkmalssummen s_j jeder Klasse für beide Merkmale (in Mrd. DM) sowie die Größen F_i und v_i angegeben. Die folgende Graphik zeigt die L. vor der Umverteilung (durchgezogene Linie) und nach der Umverteilung (gepunktete Linie).

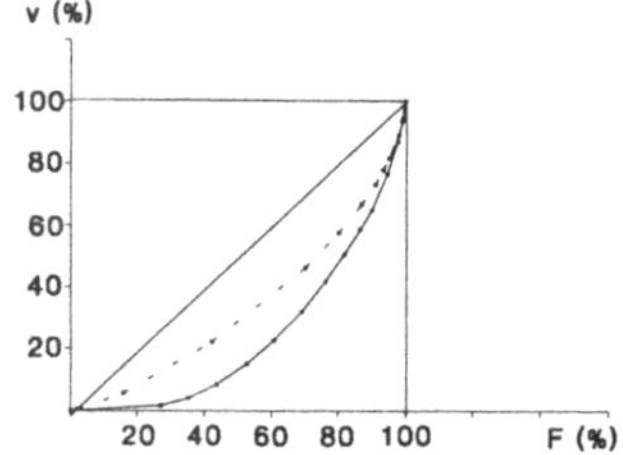

Lorenzkurve: Ausgangsdaten für die graphische Darstellung der relativen Einkommenskonzentration

X	Haushalte $h(x_j)$	s_j	F_i	v_i	Y	Haushalte $h(y_j)$	s_j	F_i	v_i
-1	7067	24	27,0	1,6	-1	516	6	2,0	0,5
1-2	2139	39	35,2	4,1	1-2	3632	67	15,9	5,8
2-3	2265	68	43,8	8,6	2-3	6875	209	42,2	22,2
3-4	2332	98	52,7	15,0	3-4	7278	304	70,0	46,2
4-5	2122	115	60,8	22,6	4-5	2685	144	80,3	57,6
5-6	2161	143	69,1	31,9	5-6	1751	115	87,0	66,6
6-7	1881	147	76,3	41,6	6-7	1056	82	91,0	73,1
7-8	1530	137	82,1	50,6	7-8	668	60	93,5	77,8
8-9	1181	120	86,6	58,4	8-9	453	46	95,2	81,5
9-10	881	100	90,0	65,0	9-10	301	34	96,3	84,1
10-15	1194	174	94,6	76,4	10-15	414	61	97,9	89,0
15-20	790	160	97,6	86,9	15-20	282	58	99,0	93,5
20-25	428	112	99,2	94,2	20-25	165	43	99,6	96,9
25-	216	88	100,0	100,0	25-	111	39	100,0	100,0
Insg.	26187	1 525				26187	1268		

Berechnet nach: DIW-Wochenbericht, 57. Jahrgang, 22/90, Berlin 31.05.1990, S. 311.

Die Konzentration ist durch die Umverteilung geringer geworden. - Ein die L. ergänzendes Maß der relativen Konzentration ist der → Gini-Koeffizient.

Lorenzsches Konzentrationsmaß → Gini-Koeffizient

Lowe-Index

Preisindex von Lowe, dynamische → Indexzahl zur Messung der durchschnittlichen relativen Veränderung der Preise von Gütern eines geeigneten und im Zeitablauf unveränderten, sonst aber beliebigen → Warenkorbes. Man definiert einen im Basiszeitraum τ und im Berichtszeitraum t in seinen K fiktiven Gütermengen q_k zeitlich konstanten Warenkorb. Faßt man die Güterpreise p_k und die Gütermengen q_k in den $(K \times 1)$-Vektoren

$$p = \begin{bmatrix} p_1 \\ p_2 \\ \vdots \\ p_K \end{bmatrix}, \quad q = \begin{bmatrix} q_1 \\ q_2 \\ \vdots \\ q_K \end{bmatrix}$$

zusammen, so stellt die Aggregatformel

$$I_{\tau,t}^{Low,P} = \frac{p_t{}'q}{p_\tau{}'q}$$

den Lowe-Preisindex in vektorieller Schreibweise und

$$I_{\tau,t}^{Low,P} = \frac{\sum_{k=1}^{K} p_{kt} \cdot q_k}{\sum_{k=1}^{K} p_{k\tau} \cdot q_k}$$

den Lowe-Preisindex in expliziter Schreibweise dar. Verwendet man als

konstanten Warenkorb den Warenkorb des Basiszeitraums τ mit den Mengen $q_{k\tau}$ (k = 1,..., K), erhält man als einen Spezialfall des L.-I. den Laspeyres-Preisindex, der in der amtlichen Statistik i.allg. als Berechnungsgrundlage für den Preisindex der Lebenshaltung fungiert. Streng genommen werden vor allem aber die monatlich ermittelten Preisindizes der Lebenshaltung nicht nach der Methode von Laspeyres, sondern nach der von Lowe berechnet, da keineswegs die verbrauchten Gütermengen der befragten Haushalte aus dem Vormonat, sondern die aus den monatlichen Wirtschaftsrechnungen des Vorjahres ermittelten jahresdurchschnittlichen Gütermengen

$$q_k = \bar{q}_k = \frac{\sum_{\tau=1}^{12} q_{k\tau}}{12}$$

die Grundlage der Berechnung bilden. Definiert man hingegen den Warenkorb in seinen K Gütermengen
a) jeweils als Summe aus der Basis- und Berichtsmenge

$$q_k = q_{k\tau} + q_{kt},$$

erhält man als Spezialfall des L.-I. den Preisindex von Bowley (Bowley-Index),
b) jeweils als einfaches → arithmetisches Mittel aus der Basis- und Berichtsmenge

$$q_k = \bar{q}_k^* = \frac{q_{k\tau} + q_{kt}}{2},$$

erhält man als Spezialfall des L.-I. den Preisindex von Marshall-Edgeworth (Marshall - Edgeworth - Index) und

L-Schätzung

c) jeweils als $\rightarrow$ geometrisches Mittel aus der Basis- und Berichtsmenge

$$q_k = q_G = \sqrt{q_{k\tau} \cdot q_{kt}} \, ,$$

erhält man als Spezialfall des L.-I. den Preisindex nach Walsh (Walsh-Index).

L-Schätzung

Linearkombination von Rangstatistiken. $(X_{(1)}, ..., X_{(n)})$ sei eine der Größe nach geordnete Stichprobe. Eine L-S. T_n eines Parameters π hat dann die Form

$$T_n = \sum_{i=1}^{n} a_{ni} \, h(X_{(i)})$$

mit einer geeigneten Funktion h. Ein Beispiel für die L-S. eines Lageparameters ist der Median. Dafür wird $h(X) = X$ festgelegt. Die Gewichte a_{ni} werden bei geradem n für $i = n/2$ und $i = n/2+1$ gleich 1/2 und bei ungeradem n für $i = (n+1)/2$ gleich eins und sonst überall null gesetzt. - L-S. sind konsistent, asymptotisch normalverteilt und unter gewissen Voraussetzungen an h und a_{ni} qualitativ robust ($\rightarrow$ Robustheit).

M

Macht eines Tests → Gütefunktion

Mahalanobisscher Abstand

Mahalanobis-Distanz, ein verallgemeinertes Maß des → Abstandes, das zur Bestimmung der Unterschiede (Ähnlichkeit) zwischen n Objekten (z.B. Personen, Unternehmen) verwendet wird, die durch p verschiedene quantitative Merkmale charakterisiert sind. Sind die Daten in einer (n×p)-Matrix **X** erfaßt, so wird der Unterschied (die Ähnlichkeit) zwischen den Objekten j und k (Zeilenvektoren x_j und x_k) durch den (empirischen) Abstandsindex d(j,k) wie folgt gemessen:

$$d(j,k) = (x_j - x_k)' \, S^{-1} \, (x_j - x_k).$$

Die Matrix S^{-1} ist die Inverse der (empirischen) → Kovarianzmatrix der p Merkmale. Der m.A. berücksichtigt damit auch die Abhängigkeiten der p Merkmale. Er wird weiterhin zur → Klassifikation von neuen Elementen nach dem Kriterium des minimalen Abstandes sowie zur Berechnung von Klassifizierungswahrscheinlichkeiten herangezogen.

Manifeste Variable → latente Variable

Mann-Whitney-Test → U-Test

MA-Prozeß

Moving Average Process, Gleitmittelprozeß, schwach stationärer Prozeß $\{X_t\}$ (→ stationärer stochastischer Prozeß) zur Modellierung kurzfristiger → Schocks in einer Zeitreihe. Ein M.-P. ist ein spezieller → ARMA-Prozeß, dessen erzeugende → Differenzengleichung Zeitverschiebungen der Störvariablen a_t bis zu q Perioden, aber keine Zeitverschiebungen in den Prozeßvariablen X_t enthält. Die maximale Zeitverschiebung q heißt Ordnung des M.-P. Als Schreibweise hat sich MA(q)-Prozeß durchgesetzt. Die Differenzengleichung eines M.-P. kann ausführlich in der Langform

$$X_t = a_t - \theta_1 a_{t-1} - \theta_2 a_{t-2} - \ldots - \theta_q a_{t-q}$$

oder mit Hilfe des → Lag-Operators L in der Kurzform

$$X_t = (1 - \theta_1 L - \theta_2 L^2 - \ldots - \theta_q L^q) a_t$$

geschrieben werden. Die Ordnung q eines M.-P. ist als Fortwirkungsdauer kurzfristiger Zufallsstörungen (→ Schocks) interpretierbar. Zuweilen wird auch vom Kurzzeitgedächtnis der Länge q gesprochen. Wie schnell ein Zufallsschock innerhalb von q Perioden abklingt, geben die Werte der Parameter θ_j (j = 1,..., q) an. Parameterwerte nahe eins verzögern die Schockwirkung stärker als Parameterwerte nahe null. Ein M.-P. der

MA-Prozeß

Ordnung q besitzt Kennfunktionen mit charakteristischen Verlaufsformen. Während seine → Autokorrelationsfunktion nach dem Lag q rasch und unregelmäßig abfällt, schwingt seine → partielle bzw. → inverse Autokorrelationsfunktion gemächlich exponentiell-sinusähnlich ab. Beispiel: Die Zeitreihe x_t eines MA(2)-Prozesses mit den Parametern $\theta_1 = -0{,}5$ und $\theta_2 = 0{,}3$, die in der folgenden Graphik dargestellt ist,

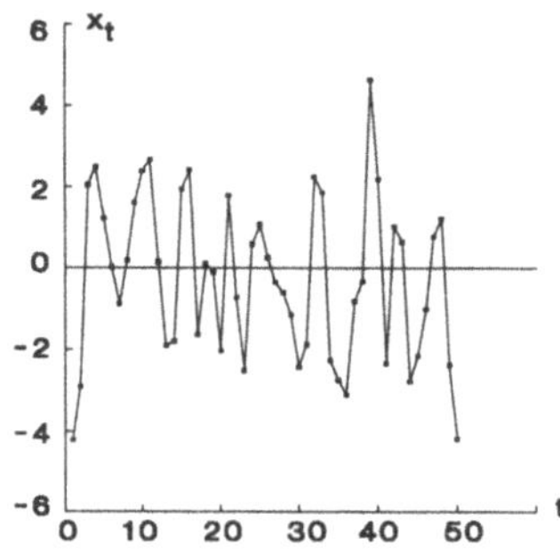

besitzt die geschätzten Kennfunktionen:

a) die Autokorrelationsfunktion $\hat{\rho}_\tau$ mit Angabe der 2σ-Vertrauensgrenzen

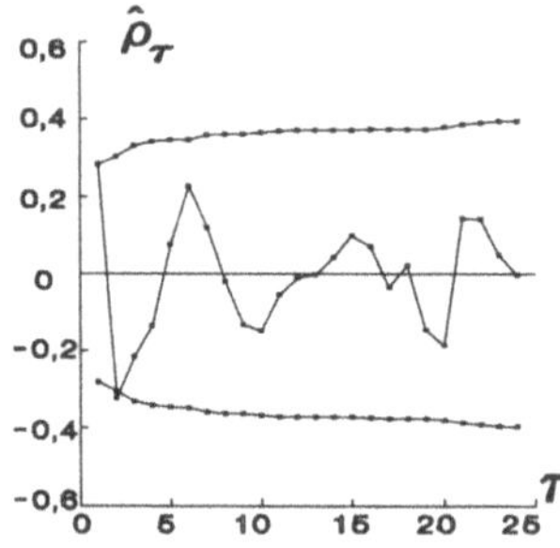

b) die partielle Autokorrelationsfunktion $\hat{\pi}_\tau$ zusammen mit den 2σ-Vertrauensgrenzen

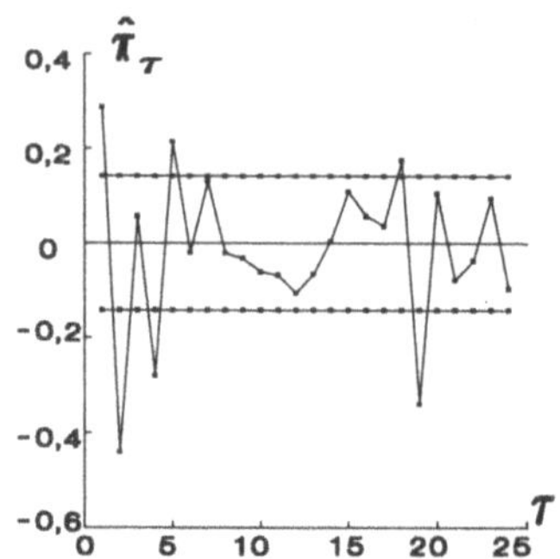

Allerdings können verschiedene M.-P. dieselbe Autokorrelationsfunktion haben. Um einen M.-P. aus seinen Kennfunktionen eindeutig identifizieren zu können, müssen einschränkende Bedingungen für die Werte seiner Parameter θ_j $(j = 1,..., q)$ gefordert werden (Invertibilität). Invertibilität bedeutet, daß die Nullstellen des → Lag-Polynoms

$$1 - \theta_1 L - \theta_2 L^2 - ... - \theta_q L^q = 0$$

dem Betrag nach größer als 1 sind. Beispiel: Der MA(1)-Prozeß

$$X_t = a_t - 0{,}5\,a_{t-1}$$

ist invertibel, da die Nullstelle seines Lag-Polynoms

$$1 - \theta_1 L = 1 - 0{,}5L = 0$$

den Wert L=2 hat. Als Zeitreihenmodell darf ein M.-P. erst angesetzt werden, nachdem instationäre Phänomene in den Zeitreihendaten, wie → Trend, → periodische Schwankungen und Kalendereffekte (→ Kalenderkomponente), durch geeignete Transformationen (→ Differenzenbildung, → Filtration) ausgeschaltet worden sind.

Marginale Verteilung → Randverteilung

Markovscher Prozeß

Nach A. A. Markov (1856-1922) benannte Klasse von stochastischen Prozessen $\{X_t\}$, bei denen in der Gegenwart (Periode t-1) die gesamte für die Zukunft (Periode t) relevante Information enthalten ist (Markov-Eigenschaft). Der M. P. ist ein Prozeß ohne Nachwirkung und ohne Gedächtnis, der sich unter bestimmten Voraussetzungen aufschaukeln kann. Die Markov-Eigenschaft wird für Prognosen ausgenutzt. Beispiel: Die jahresdurchschnittliche Umlaufrendite x_t tarifbesteuerter festverzinslicher Wertpapiere in der Bundesrepublik von 1956-89

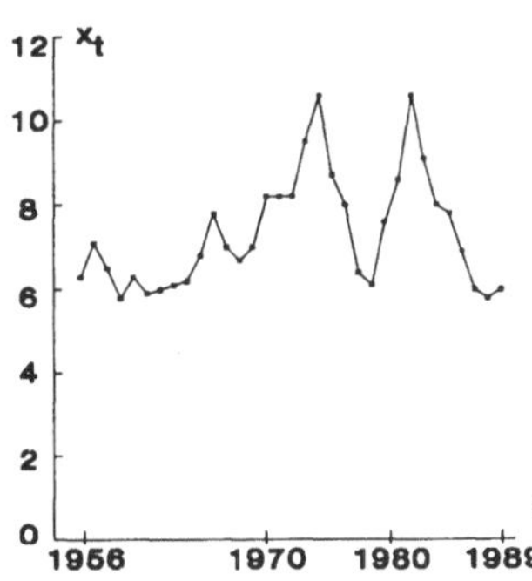

läßt sich mit einem M. P. autoregressiver Struktur (→ AR-Prozeß)

$$X_t = 7,06 + 0,75 X_{t-1} + a_t$$

modellieren, wobei X_t und X_{t-1} die jahresdurchschnittliche Umlaufrendite zum Zeitpunkt t bzw. t-1 und a_t → weißes Rauschen bedeuten. Dieser Prozeß kann sich nicht aufschaukeln, da der Wichtungsfaktor 0,75 für die jüngste Beobachtung x_{t-1} kleiner als 1

ausfällt. Die Renditeprognose $\hat{x}_{t-1}(1)$ am Ende des Jahres t-1 für das Folgejahr t ergibt sich aus der Vorschrift

$$\hat{x}_{t-1}(1) = 7,06 + 0,75 x_{t-1} \, .$$

Eine spezielle Klasse von M. P. bilden die → Geburts- und Todesprozesse.

Markovsche Ungleichung

Die Abschätzung

$$P(|X| \geq \tau) \leq \frac{E(|X|^k)}{\tau^k} \, ,$$

wobei X eine beliebige Zufallsvariable und τ eine beliebige positive reelle Zahl ist. Für k = 2 und X - μ anstelle von X folgt daraus die → Tschebyschewsche Ungleichung.

Marktanalyse

Systematische, i.allg. zeitpunktbezogene Analyse der Stellung eines oder mehrerer erwerbswirtschaftlicher Unternehmen im Marktgeschehen. Die M. wird i.d.R. von der Markterkundung (unsystematische und beiläufige Sammlung von Marktinformationen) und der Marktbeobachtung (systematische und zeitraumbezogene Sammlung von Marktinformationen) inhaltlich abgegrenzt. Die M. ist somit ihrem Wesen nach eine Momentaufnahme der strukturellen Beschaffenheit aller für ein Unternehmen relevanten Marktelemente, die i.allg. folgende Untersuchungsgebiete umfaßt: a) Analyse der Beschaffungsmärkte für Rohstoffe, Werkzeuge, Arbeitskräfte usw., b) Analyse der Finanzierungsmärkte, also der Kapital-, Geld- und Devisenmärkte, und c) Analyse der Absatzmärkte für Haupt-, Neben- und Abfallprodukte. Das Ziel der M., die methodisch auf der → Statistik und der Meinungsforschung beruht und einen integralen Bestandteil der → Marktforschung darstellt, ist die Marktsegmentierung, d.h. die sachliche, zeitliche und räumliche Abgrenzung eines relevanten Marktes sowie die Bestimmung des Marktvolumens, des Marktanteils und des Marktpotentials. Träger der M. sind i. allg. Marktforschungsinstitute und Großunternehmen.

Marktforschung

Systematisch betriebene Erhebung, Sammlung, Aufbereitung, Analyse und Vorhersage von Informationen über aktuelle und potentielle Märkte eines oder mehrerer erwerbswirtschaftlicher Unternehmen. Die M. ist ein wichtiger Bestandteil der nichtamtlichen Statistik (→ amtliche Statistik). Die statistischen Arbeitsprinzipien und -phasen der M. lassen sich wie folgt skizzieren: a) Informationsgewinnung: Sind Personen das Untersuchungsobjekt (→ Element), spricht man von demoskopischer M., bei Unternehmen von ökoskopischer M. Werden über das Marktgeschehen neue Daten erhoben, handelt es sich um eine Primär-Marktforschung. Die Verwendung bereits vorhandener Daten bezeichnet man als Sekundär-Marktforschung. Die Primär-Marktforschung basiert i.d.R. auf verschiedenen statistischen Auswahlverfahren, wobei den → Stichprobenverfahren eine besondere Bedeutung zukommt. Die → Erhebung der Daten erfolgt i.allg. durch → Beobachtung und → Befragung. b) Informationsverarbeitung: Die statistische Aufbereitung und Analyse der Daten orientiert sich an den Untersuchungszielen, der Zahl der zu verarbeitenden Variablen

(univariate und → multivariate Statistik) und der verwendeten → Skala. In der M. häufig verwendete univariate Analyseverfahren sind die → Häufigkeitsverteilung und die → Zeitreihenanalyse. Die in der M. dominanten multivariaten Analyseverfahren sind die → Korrelationsanalyse, die → Regressionsanalyse, die → Varianzanalyse, die → Diskriminanzanalyse, die → Faktoranalyse, die → Clusteranalyse, die Pfadanalyse (→ Pfadmodell) und Strukturgleichungsmodelle. Die Ergebnisse der Datenanalyse bilden die Grundlage für die Diagnose und Prognose künftiger Markt- und Produktentwicklungen, die wiederum Eingang in operative und strategische Marketing-Konzepte finden.

Marshall-Edgeworth-Index → Lowe-Index

Maßkorrelation

Zusammenhang zwischen metrisch skalierten Merkmalen bzw. Variablen, dessen Stärke mittels → Korrelationskoeffizienten gemessen wird.

Maßzahl

Charakteristische Kennzahl, die unter Beachtung der Zahlen- und Sachlogik aus einer Menge statistisch erhobener Merkmalsausprägungen ermittelt, berechnet oder geschätzt wird. Beispiel: Für das nominalskalierte Merkmal "Familienstand" ist es nur sinnvoll, die M. des → Modus in Gestalt der Merkmalsausprägung, die am häufigsten auftritt, zu ermitteln. Die M. des → arithmetischen Mittels der Merkmalswerte ist bei kardinalskalierten Merkmalen, z.B. Einkommen, Körpergröße, rechnerisch bestimmbar, statistisch sinnvoll und in der Regel sachlogisch interpretierbar.

Maximum-Likelihood-Schätzung

Punktschätzung für einen Parameter π einer Zufallsvariablen X, deren Verteilungsgesetz bekannt ist. Ausgehend von einer Stichprobe $x = (x_1,..., x_n)$ vom Umfang n aus einer Grundgesamtheit G bildet man für den unbekannten, aber wohlbestimmten Parameterwert π_0 die $\rightarrow$ Likelihood-Funktion $L(x_1, ..., x_n; \pi_0)$. Als Schätzwert $\hat{\pi}_0 = T(x_1, ..., x_n)$ für π_0 verwendet man einen Wert, für den die Likelihood-Funktion maximal wird. Dieses Vorgehen bedeutet im Fall einer diskreten Wahrscheinlichkeitsverteilung eine solche Wahl des Parameters π, daß dem durch die Stichprobe festgestellten Ereignis $\{X_1=x_1, ..., X_n=x_n\}$ nachträglich maximale Wahrscheinlichkeit zukommt. Man bestimmt also eine Lösung $\hat{\pi}_0 = (\hat{\pi}_0^{(1)},..., \hat{\pi}_0^{(k)})$ der Maximum-Likelihood-Gleichungen

$$\frac{\partial \log L(x_1,..., x_n; \pi)}{\partial \pi^{(i)}} = 0$$

mit $i = 1, 2, ..., k$. Die Lösung $\hat{\pi}_0 = T(x_1, ..., x_n)$ der Maximum-Likelihood-Gleichungen - als Stichprobenfunktion betrachtet - heißt eine M.-L.-S. für π_0. Allgemeiner versteht man unter einer M.-L.-S. $\hat{\pi} = T(X)$ eine Lösung der Gleichung

$$L(X;\hat{\pi}) = \sup_{\pi} L(X;\pi) ,$$

wobei L die Likelihood-Funktion der Zufallsstichprobe X ist. Unter bestimmten Bedingungen ist die M.-L.-S. für π asymptotisch erwartungstreu, konsistent, asymptotisch normalverteilt, suffizient und asymptotisch effizient. Die Maximum-Likelihood-Methode ist eine oft verwendete Alternative zur Methode der kleinsten

Quadrate und liefert unter gewissen Voraussetzungen die gleichen Resultate.

McNemar-Test

Test zum Prüfen der Gleichheit zweier Gesamtheiten hinsichtlich eines Merkmals, d.h. der Gleichheit der Verteilung zweier Zufallsvariablen X und Y. Es liegen zwei verbundene Stichproben $(X_1,...,X_n)$ und $(Y_1,...,Y_n)$ vor, die sich so interpretieren lassen, daß die zweite Stichprobe eine "Kontrolle" der ersten Stichprobe darstellt. Beispiel: Bei den Stichproben kann es sich um zwei, in einem gewissen Zeitabstand durchgeführte Befragungen ein und derselben Versuchspersonen handeln. Dabei seien für die X_i bzw. Y_i nur zwei Werte, z.B. 1 und 0, möglich. Gefragt ist, ob sich die beiden zugehörenden Grundgesamtheiten signifikant unterscheiden. - Es sei $V = (X,Y)$ ein zufälliger Vektor, dessen Komponenten X und Y Zufallsvariablen sind, die nur die Werte eins und null annehmen können, und $((X_1,Y_1), ..., (X_n,Y_n))$ eine Stichprobe daraus vom Umfang n. Die Nullhypothese lautet H_0: X und Y sind identisch verteilt. Die Alternativhypothese formuliert das Gegenteil, d.h. H_1: X und Y haben verschiedene Verteilungen. Als Testvariable T wird entweder

$$T = \frac{(A - B)^2}{A + B}$$

oder

$$T^* = \frac{(|A - B| - 1)^2}{A + B}$$

verwendet, wobei A bzw. B die Anzahl der Paare (1,0) bzw. (0,1) in der Stichprobe angibt. Wenn H_0 wahr ist, hat T für n $\to \infty$ asymptotisch eine $\to$ Chi-Quadrat-Verteilung mit einem Freiheitsgrad. Fällt in der Stichprobe $T > \chi^2_{1;1-\alpha}$ aus, dann wird H_0 abgelehnt. Dabei ist α das vorgegebene Signifikanzniveau und $\chi^2_{1;1-\alpha}$ das Quantil der Ordnung 1-α der χ^2-Verteilung mit einem Freiheitsgrad. Beispiel: Die Werte der Stichprobe X_1, ..., X_n seien das Ergebnis der Befragung von Wählern vor einer Wahl und Y_1, ... , Y_n das Ergebnis der Befragung derselben Personen nach der Wahl zum gleichen Gegenstand. Durch den M.-T. kann geprüft werden, ob sich die Meinung der befragten Personen im Verlauf der Wahl signifikant geändert hat.

Mean-Range-Darstellung

Diagramm zur visuellen Bestimmung des Funktionsparameters λ der $\to$ Box-Cox-Transformation einer $\to$ Zeitreihe. Die Zeitreihe $\{x_t\}$ wird in gleichlange Intervalle unterteilt, deren Anzahl von der Zeitreihenlänge n abhängt und möglichst mehr als 10 betragen sollte. Für jedes Intervall sind das $\to$ arithmetische Mittel $\bar{x}_i$ und die $\to$ Standardabweichung s_i der enthaltenen Beobachtungen zu berechnen und als Diagrammpunkt in die M.-R.-D. einzutragen. Es gilt eine Zuordnungsvorschrift zwischen charakteristischen Kurvenverläufen aus der M.-R.-D. und Wertebereichen des Funktionsparameters λ:

(1) progessiv	$\lambda < 0$
(2) konstant	$\lambda = 1$
(3) degressiv	$0 < \lambda < 1$
(4) linear	$\lambda = 0$
(5) hyperbolisch	$\lambda > 1$

Die folgende Graphik zeigt diese Kurvenverläufe.

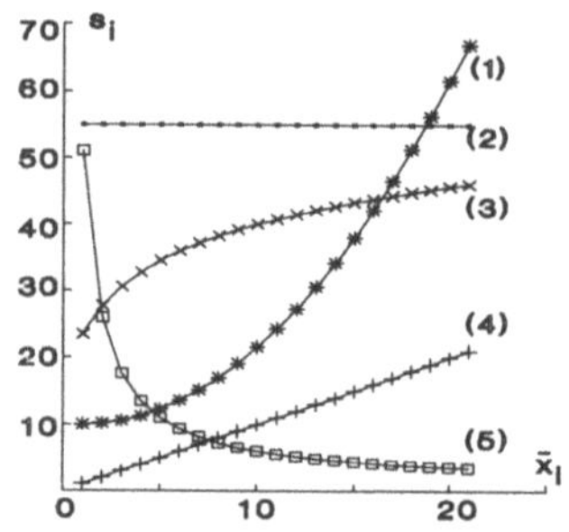

Mean Square Error $\to$ mittlerer quadratischer Fehler

Medialtest

Test zur Untersuchung von Abhängigkeiten zwischen zwei Zufallsvariablen X und Y, dessen Basis die gemeinsame Lage der Werte dieser Zufallsvariablen in der Hälfte mit den größeren Werten ist. Die Nullhypothese lautet H_0: X und Y sind unabhängig ($\to$ Unabhängigkeit zufälliger Variablen). Die Alternativhypothese formuliert das Gegenteil, also H_1: X und Y sind abhängig. Als Testvariable T wird die Anzahl derjenigen Paare (X_i, Y_i), i=1,...,2n, gewählt, für die sowohl $X_i > X_{(n)}$ als auch $Y_i > Y_{(n)}$ ist, wobei $X_{(n)}$ bzw. $Y_{(n)}$ der jeweils n-te Wert der aus X_i bzw. Y_i (i = 1,..., 2n) gebildeten geordneten Stichprobe ist. Unter Gültigkeit von H_0 ist T hypergeometrisch ($\to$ hypergeometrische Verteilung) mit den Parametern 2n,n und n verteilt. H_0 wird abgelehnt, d.h., es wird eine Abhängigkeit zwischen X und Y konstatiert, wenn $T < t_{u,\alpha}$ oder $T > t_{o,\alpha}$ ausfällt. Die Werte $t_{u,\alpha}$ und $t_{o,\alpha}$ ergeben sich durch Kumulation aus der Wahrscheinlichkeitsfunktion der hypergeometrischen Verteilung und liegen in Tafeln vor. Der M. ist ein → nichtparametrischer Test.

Median

Zentralwert, spezieller → Mittelwert eines wenigstens ordinalskalierten (→ Skala) Merkmals, der eine der Größe nach geordnete Reihe von Beobachtungen $x_{(1)}, ..., x_{(n)}$ insofern halbiert, als ungefähr oder genau je 50% der Beobachtungswerte kleiner bzw. größer als der M. sind. Für nicht klassiertes Datenmaterial wird der M. $\tilde{x}_{0,5}$ in folgender Weise ermittelt:

a) Falls n ungerade ist:

$$\tilde{x}_{0,5} = x_{\left(\frac{n+1}{2}\right)} .$$

Der M. ist genau der in der Mitte der geordneten Datenreihe stehende Beobachtungswert.

b) Falls n gerade ist, gibt es zwei mittlere Werte, und jeder Wert zwischen den beiden mittleren Werten ist ein M. Vereinbarungsgemäß wird häufig das → arithmetische Mittel der beiden Werte gewählt:

$$\tilde{x}_{0,5} = \frac{1}{2}\left(x_{\left(\frac{n}{2}\right)} + x_{\left(\frac{n}{2}+1\right)}\right) .$$

Für sehr großes n ist näherungsweise $\tilde{x}_{0,5} = x_{(n/2)}$. - Bei klassierten Beobachtungswerten liegt der M. in der Klasse k, in der die empirische → Verteilungsfunktion den Wert 0,5 erreicht bzw. überschreitet. Unter der Annahme, daß alle Beobachtungswerte innerhalb dieser Medianklasse gleichverteilt sind, läßt sich der M. durch lineare Interpolation bestimmen:

$$\tilde{x}_{0,5} = x_k^u + \frac{0,5 - F(x_k^u)}{f(x_k)} \cdot (x_k^o - x_k^u),$$

worin x_k^u die untere Klassengrenze, x_k^o die obere Klassengrenze, $f(x_k)$ die relative Häufigkeit der Medianklasse k und $F(x_k^u)$ die relative Summenhäufigkeit der der Medianklasse vorausgehenden Klasse

$$F(x_k^u) = F(x_{k-1}^o) = \sum_{j=1}^{k-1} f(x_j)$$

sind. Der M. läßt sich leicht aus der Graphik der empirischen Verteilungsfunktion entnehmen.

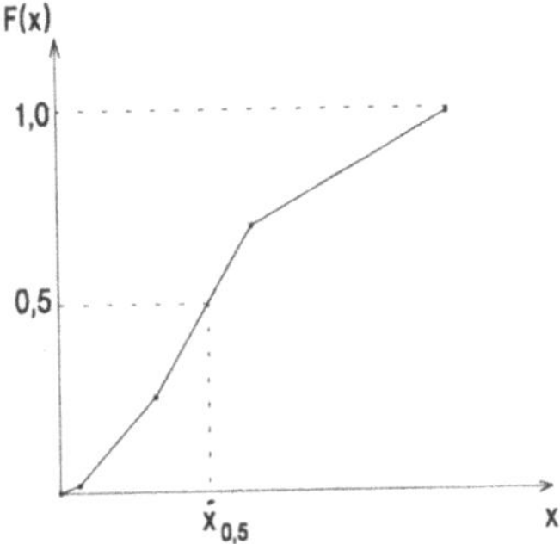

In der Häufigkeitsverteilung halbiert der M. die Gesamtfläche des Histogramms an der Stelle x = $\tilde{x}_{0,5}$.

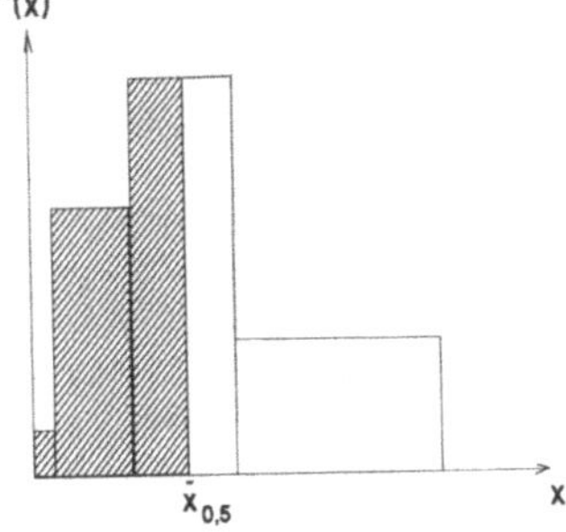

Beispiel: Die folgende Tabelle enthält die Bevölkerung der Bundesrepublik Deutschland am 31.12.1989 nach ausgewählten Altersgruppen.

Alter von ... bis unter ... Jahre	f(x)	F(x)
- 15	0,151	0,151
15-40	0,375	0,526
40-65	0,321	0,847
65 -	0,153	1,000

Quelle: Statistisches Bundesamt (Hrsg.), Datenreport 1992, S. 38

Die Medianklasse ist die zweite Klasse, da in dieser Klasse F(x) den Wert 0,5 erreicht und überschreitet. Die lineare Interpolation ergibt $\tilde{x}_{0,5} \approx 38$ Jahre. Am 31.12.1989 waren 50 % der Bevölkerung höchstens und 50 % der Bevölkerung über 38 Jahre alt. Der M. teilt die Bevölkerung in eine jüngere und eine ältere Hälfte. - In analoger Weise kann der M. für $\rightarrow$ Zufallsvariablen angegeben werden. Ist X eine Zufallsvariable mit der Verteilungsfunktion F(x), so gilt für den theoretischen M. $x_{0,5}$: $P(X \leq x_{0,5}) \geq 0,5$ und $P(X \leq x) < 0,5$ für $x < x_{0,5}$. Im Fall stetiger Zufallsvariablen führt dies zu $F(x_{0,5}) = P(X \leq x_{0,5}) = 0,5$. Der Median entspricht in vielen Fällen besser als andere Mittelwerte der Vorstellung von Mitte. Er ist unempfindlich gegenüber $\rightarrow$ Ausreißern, d.h., er ist ein robuster Mittelwert und eignet sich deshalb besonders für die $\rightarrow$ explorative Datenanalyse. Für metrisch skalierte Merkmale weist er zwei weitere Eigenschaften auf:

a) Die Summe der absoluten Abweichungen der Merkmalswerte vom M. ist ein Minimum im Vergleich zur Summe der absoluten Abweichungen der Merkmalswerte von jedem Wert c, wobei c eine beliebige Konstante ist. Diese Eigenschaft wird als lineare Minimumseigenschaft des M. bezeichnet:

$$\sum_{i=1}^{n} |x_i - \tilde{x}_{0,5}| \leq \sum_{i=1}^{n} |x_i - c|.$$

b) Bei einer linearen $\rightarrow$ Transformation der Werte des Merkmals X gemäß $y_i = a + bx_i$ ($b \neq 0$) wird auch der M. in der gleichen Weise linear transformiert: $\tilde{y}_{0,5} = a + b\tilde{x}_{0,5}$.

Mediantest

Test zur Prüfung einer Hypothese über den Median einer Zufallsvariablen oder über die Mediane zweier Zufallsvariablen.

a) Test zur Prüfung der Hypothese, daß der Median einer vorliegenden Grundgesamtheit gleich einer vorgegebenen Zahl M_0 ist. Der M. kann eine Variante des $\rightarrow$ Zeichentests sein, der als Testgröße die Anzahl der Stichprobenelemente, die kleiner als M_0 sind, benutzt. Bei Vorliegen einer symmetrischen Verteilung mit stetiger Verteilungsfunktion ist der M. der Wilcoxon-Vorzeichen-Rangtest. Als Testvariable wird dann die Summe der Rangzahlen der n Stichprobenelemente benutzt, die kleiner als M_0 sind. Für $n > 20$ kann ihre Verteilung durch die Normalverteilung mit den Parametern

$$\mu = \frac{n(n + 1)}{4}$$

und

$$\sigma^2 = \frac{n(n + 1)(2n + 1)}{24}$$

approximiert werden.

b) Nichtparametrischer Test zur Prüfung der Hypothese, daß zwei vorliegende Stichproben vom Umfang n bzw. m aus Grundgesamtheiten gezogen werden, die den gleichen Median haben. In einer Vierfeldertafel werden die Häufigkeiten derjenigen Elemente der beiden Stichproben zusammengestellt, die größer bzw. kleiner als der aus allen n + m Werten ermittelte Median sind. Dann wird danach der → Fisher-Yates-Test oder der → Chi-Quadrat-Test (Unabhängigkeitstest) angewendet.

Mehrdimensionale Verteilung

Empirische Verteilung oder Wahrscheinlichkeitsverteilung, die sich auf mehr als ein Merkmal oder mehr als eine → Zufallsvariable bezieht. Eine mehrdimensionale → Häufigkeitsverteilung umfaßt die verschiedenen Kombinationen von Klassen bzw. Kategorien der beteiligten Merkmale und die zugehörigen → Häufigkeiten. Speziell ist die zweidimensionale Verteilung der Merkmale X und Y in einer Tabelle darzustellen, in der die Zeilen den Ausprägungen des Merkmals X und die Spalten denen des Merkmals Y zugeordnet werden. Die Summe der Zeilen und Spalten sind die eindimensionalen Verteilungen der Merkmale X bzw. Y. Sie werden als Randverteilungen bezeichnet. Beispiel: Die Erfassung der Arbeitslosen nach Geschlecht, Dauer der Arbeitslosigkeit und Art ihrer Berufsausbildung bezieht drei Merkmale ein und resultiert in einer dreidimensionalen Häufigkeitsverteilung. Eine mehrdimensionale Wahrscheinlichkeitsverteilung ist die Wahrscheinlichkeitsverteilung eines Zufallsvektors, d.h. eines Vektors von Zufallsvariablen. Sie umfaßt bei k beteiligten Zufallsvariablen die k-Tupel von kombinierten Ausprägungen dieser Variablen mit zugehörigen Wahrscheinlichkeiten oder Wahrscheinlichkeitsdichten, die die Wahrscheinlichkeitsfunktion bzw. Dichtefunktion der gemeinsa-

men Wahrscheinlichkeitsverteilung bilden.

Mehrfachregression → multiple Regressionsfunktion

Mehrgipflige Verteilung → multimodale Verteilung

Mehrgleichungsmodell

Regressionsmodell bzw. → ökonometrisches Modell, das aus mehr als einer Gleichung besteht. → simultanes Gleichungsmodell, → rekursives Modell

Mehrschritt-Prognose → Prognose

Mehrstufiges Stichprobenverfahren

Spezielles bedingtes Zufallsauswahlverfahren (→ Stichprobenverfahren), bei dem die Untersuchungseinheiten stufenweise aus einer Grundgesamtheit gezogen werden. In der ersten Stufe werden größere Untersuchungseinheiten, sogenannte Auswahleinheiten 1. Ordnung oder Primäreinheiten, betrachtet. Von diesen wird eine bestimmte Anzahl ausgewählt. In der zweiten Stufe wählt man aus diesen Primäreinheiten eine Stichprobe mit kleineren Einheiten, sogenannte Auswahleinheiten 2. Ordnung oder Sekundäreinheiten, aus. Das Verfahren wird auf so vielen Stufen durchgeführt, bis die gewünschte Art der Untersuchungseinheit vorliegt. Das m. S. wird häufig in der Qualitätskontrolle beim Testen der Produktgüte eingesetzt. So wird z.B. ein zweistufiges Verfahren zum Zweck der Gütekontrolle einer Artikellieferung angewandt, indem auf der ersten Stufe eine bestimmte Anzahl von Kisten (Primäreinheiten) mit dieser Ware

Mengenindex

ausgewählt wird und in der zweiten Stufe aus diesen Kisten einige Artikel (Sekundäreinheiten) zufällig entnommen und überprüft werden.

Mengenindex

Statische oder dynamische → Indexzahl zur Messung des mittleren Niveauunterschieds bzw. der durchschnittlichen relativen Veränderung in aggregierten Mengen von Gütern eines → Warenkorbes. Da die → Aggregation physisch unterschiedlich dimensionierter Mengen an die Bedingung der → Kommensurabilität gebunden ist, ist die statistische Analyse von Aggregaten unterschiedlich dimensionierter Mengen nur über ihre → Bewertung zu laufenden bzw. konstanten Preisen möglich und sinnvoll. Stellvertretend für die Vielzahl möglicher Anwendungen von M. wird der (dynamische) M. von Paasche (→ Paasche-Index) skizziert. Es seien

$$
q_t = \begin{bmatrix} q_{1t} \\ q_{2t} \\ \vdots \\ q_{Kt} \end{bmatrix}, \quad q_\tau = \begin{bmatrix} q_{1\tau} \\ q_{2\tau} \\ \vdots \\ q_{K\tau} \end{bmatrix}, \quad p_t = \begin{bmatrix} p_{1t} \\ p_{2t} \\ \vdots \\ p_{Kt} \end{bmatrix}
$$

(K×1)-Vektoren der Mengen q_{kt} und $q_{k\tau}$ von k = 1, 2,..., K Gütern eines vergleichbaren Warenkorbes, die sowohl im Basiszeitraum τ als auch im Berichtszeitraum t statistisch erfaßt wurden. Dann verkörpert unter Verwendung der Güterpreise p_{kt} aus dem Berichtszeitraum (laufende Berichtspreise) die Aggregatformel

$$
I_{\tau,t}^{Paa,\,q} = \frac{q_t{}'p_t}{q_\tau{}'p_t}
$$

den M. von Paasche in vektorieller Darstellung und die Aggregatformel

$$
I_{\tau,t}^{Paa,\,q} = \frac{\sum_{k=1}^{K} q_{kt} \cdot p_{kt}}{\sum_{k=1}^{K} q_{k\tau} \cdot p_{kt}}
$$

den Paasche-M. in expliziter Darstellung. Aus der Darstellung ist ersichtlich, daß der Paasche-M. seinem Wesen nach eine statistische → Verhältniszahl aus einem nominalen Aggregat (nominale Wertsumme des Warenkorbes, errechnet als Produktsumme aus Berichtsmengen und -preisen) und einem realen Aggregat (reale Wertsumme des Warenkorbes, errechnet als fiktive Produktsumme aus Basismengen und Berichtspreisen) ist. Da man fiktive Menge-Preis-Produktsummen auch als Volumina bezeichnet, werden M. in der statistischen Methodenlehre oft auch als → Volumenindizes dargestellt und interpretiert. Sinnvoll und nützlich für eine plausible Interpretation von M. als → Maßzahlen z.B. für durchschnittliche Veränderungen in Gütermengen ist die Darstellung von M. als gewogene Durchschnitte. Bezeichnet man den (nominalen) Berichtswert eines Warenkorbgutes mit

$$
w_{kt} = q_{kt} \cdot p_{kt}
$$

und die → Meßzahl aus den Berichts- und Basismengen des k-ten Gutes mit

$$
i_{\tau,t}^{q}(k) = \frac{q_{kt}}{q_{k\tau}}, \quad q_{k\tau} > 0 \,,
$$

dann läßt sich der Paasche-M. darstellen als ein gewogenes → harmonisches Mittel aus den K Mengenmeßzahlen, gewichtet mit den Nominalwerten der K Warenkorbgüter, so daß

$$I_{\tau,t}^{Paa,\,q} = \frac{\sum\limits_{k=1}^{K} w_{kt}}{\sum\limits_{k=1}^{K} \dfrac{1}{i_{\tau,t}^{q}(k)} \cdot w_{kt}}$$

gilt. Zu analogen Ergebnissen führt die Betrachtung des M. von Laspeyres ($\to$ Laspeyres-Index), der sich als ein gewogenes $\to$ arithmetisches Mittel aus den K Mengenmeßzahlen, gewichtet mit den (nominalen) Basiswerten der K Warenkorbgüter, darstellen läßt. Beispiele für M. sind $\to$ Produktionsindizes.

Merkmal

Variable, Eigenschaft statistischer $\to$ Elemente, die Gegenstand einer statistischen Untersuchung ist. Es gibt M. mit endlich vielen, abzählbar unendlich vielen und überabzählbar unendlich vielen Merkmalsausprägungen. Man unterscheidet zwischen Identifikations- und Erhebungsmerkmalen (Untersuchungsmerkmale). Die eindeutige Definition und Abgrenzung (Identifikation) statistischer Elemente erfordert die Festlegung mindestens eines sachlichen, örtlichen und zeitlichen Identifikationsmerkmals, das auf jeweils eine Merkmalsausprägung entsprechend dem Untersuchungsziel festgelegt ist. Im Unterschied zu den Identifikationsmerkmalen variieren die Erhebungsmerkmale in ihren Merkmalsausprägungen. Sie sind der Gegenstand der statistischen Erhebung. Beispiel: In Deutschland werden im 5-jährigen Turnus Einkommens- und Verbrauchsstichproben von etwa 50000 inländischen privaten Haushalten jeden Typs (etwa Zweipersonenhaushalt) durchgeführt. Das statistische Element der Erhebung im Jahr 1993 ist durch die folgenden Identifikationsmerkmale definiert: a) sachlich: inländischer privater Zweipersonenhaushalt, b) örtlich: Deutschland und c) zeitlich: 1993. Ein interessierendes Erhebungsmerkmal ist z.B. das monatliche Haushaltsnettoeinkommen. Entsprechend der $\to$ Skala eines M. unterscheidet man folgende Arten von M.:

a) Nominalskaliertes M. (nominales M., kategoriales M., begriffliches M., Attributmerkmal): Eigenschaft eines statistischen Elements, deren Ausprägungen namentlich benannt, unterscheidbar und von endlicher Anzahl sind. Beispiel: In der Personalstandsstatistik eines Unternehmens sind für jeden Arbeitnehmer (Element) solche Angaben zur Person wie Name, Vorname, Beruf, Geschlecht, Familienstand, Postleitzahl, Wohnort erfaßt, die alle nominalskalierte M. sind. Hinsichtlich der Häufbarkeit der Ausprägungen unterscheidet man zwischen häufbaren (Beruf, Vorname) und nichthäufbaren (Familienstand, Geschlecht) nominalskalierten M. Ein nominalskaliertes M., das nur zwei sich gegenseitig ausschließende (disjunkte) Ausprägungen besitzt (Geschlecht), heißt dichotomes M. (binäres M., Alternativmerkmal).

b) Ordinalskaliertes M. (ordinales M., komparatives M., Intensitätsmerkmal, Rangmerkmal): Eigenschaft eines statistischen Elements, deren begriffliche Ausprägungen intensitätsmäßig geordnet, ein- oder abgestuft sind. Beispiel: Der militärische Dienstgrad ist ein ordinalskaliertes M. Mit natürlichen Zahlen codierte begriffliche Merkmalsausprägungen heißen Rangzahlen. Zensuren, Wind- und Erdbebenstärken, Platzziffern und Güteklassen für Produkte sind Beispiele für ordinalskalierte M. mit Rangzahlen. Nominal- und ordinalskalierte M. werden auch als qualitative oder topologische M. bezeichnet.

c) Metrisch skaliertes M. (metrisches M., kardinalskaliertes M., zahlenmäßiges M., quantitatives M.): Eigenschaft eines statistischen Merkmals, deren Ausprägungen als Resultat eines Zähl- oder Meßvorgangs Zahlenwerte sind. Ein metrisch skaliertes M. heißt diskret (diskontinuierlich), wenn es nur endlich oder abzählbar unendlich viele (oftmals ganzzahlige) Werte annehmen kann. Ein diskretes M. ergibt sich häufig im Ergebnis eines Zählvorganges. Ein metrisch skaliertes M. heißt stetig (kontinuierlich), wenn es in jedem beliebig kleinen Intervall überabzählbar unendlich viele Werte (reelle Zahlen) annehmen kann. Ein stetiges M. ist i.allg. Resultat eines Meßvorganges. Beispiel: Während der monatliche Produktionsausstoß von PKW in einem Autokonzern ein diskretes M. ist, stellt die innerhalb eines Tages verkaufte Menge von bleifreiem Benzin an einer Tankstelle ein stetiges Merkmal dar. Ein diskretes M., dessen Anzahl von Ausprägungen in einem gegebenen Intervall sehr groß ist, so daß man es approximativ wie ein stetiges M. behandeln kann, heißt quasi-stetiges M., z.B. der Jahresumsatz eines Unternehmens, in DM gemessen. Bezüglich der Plausibilität der Summenbildung von Merkmalswerten unterscheidet man zwischen intensiven und extensiven M. Ein M. heißt extensiv, wenn die Summe der Merkmalswerte mathematisch möglich und fachwissenschaftlich plausibel interpretierbar ist (→ Konzentration). Ist die Plausibilität der Summenbildung nicht gegeben, spricht man von einem intensiven M. Beispiel: Das monatliche Bruttoeinkommen der Arbeitnehmer eines Unternehmens ist ein extensives M. Körpergröße, Körpergewicht und Alter der Arbeitnehmer sind hingegen intensive M. Hinsichtlich der Beobachtbarkeit unterscheidet man zwischen direkt beobachtbaren (manifesten) und indirekt beobachtbaren M. (→ latente Variable). Beispiel: Das Alter eines Arbeitnehmers ist unmittelbar erfaßbar. Die Intelligenz einer Versuchsperson ist als ein latentes Konstrukt (etwa mittels eines Intelligenzquotienten) nur mittelbar statistisch erfaßbar.

Merkmalsausprägung

Modalität, Realisation, Aussage über eine Eigenschaft (→ Merkmal) eines statistischen → Elements. Eine M. eines metrisch skalierten Merkmals heißt Merkmalswert. Stellen die Aussagen formalisierte Informationen im Sinne der Informatik dar, spricht man von Daten. In der algebraischen Darstellung werden i. allg. Merkmale mit großen Buchstaben und M. mit kleinen Buchstaben bezeichnet. Beispiel: Das Geschlecht G einer Person ist ein dichotomes Merkmal mit seinen möglichen M.: g_1 = männlich oder g_2 = weiblich. Definiert man das Alter A einer Person operational als "Anzahl der vollendeten Jahre", so ist eine mögliche M. der Merkmalswert a = 43.

Merkmalsträger → Element

Meßzahl

Einfache Indexzahl, individueller Index, statistische → Verhältniszahl zweier gleichartiger statistischer Zahlen. Die Gleichartigkeit besteht: a) in der Betrachtung zweier Merkmalswerte ein und desselben kardinalskalierten → Merkmals ein und desselben statistischen Elements für zwei unterschiedliche Zeiträume bzw. Zeitpunkte (zeitlicher Vergleich) oder b) in der Betrachtung zweier Merkmalswerte ein und desselben kardinalskalierten Merkmals zweier unterschiedlicher, vergleichbarer statistischer Elemente für einen gleichen Zeitpunkt bzw. -raum (räumlicher Vergleich). - Die M. ist dimensionslos und dient dem statistischen → Vergleich individueller Phänomene. Eine M., die einem zeitlichen Vergleich dient, heißt dynamische M. Zur Bildung einer dynamischen M. benötigt man aus einer gegebenen → Zeitreihe $\{a_t\}$, t = 1, 2,..., T, eines individuellen Phänomens A einen Basiswert a_τ und einen Berichtswert a_t. Die Zeiger t und τ markieren je einen → Zeitpunkt, falls A eine Bestandsgröße (→ Bestandsmasse) ist, und je einen → Zeitraum, falls A eine Bewegungsgröße (→ Bewegungsmasse) repräsentiert. Die dynamische M. ist für alle $a_\tau \neq 0$ wie folgt definiert:

$$i_{\tau,t} = \frac{a_t}{a_\tau}.$$

$i_{\tau,t}$ mißt die relative zeitliche Veränderung (Dynamik) und

$$i^{*}_{\tau,t} = i_{\tau,t} \cdot 100\%$$

die prozentuale zeitliche Veränderung einer Einzelerscheinung zwischen den Zeitpunkten bzw. Zeiträumen τ und t. Dynamische M. werden gebildet, um Wachstumsprozesse vergleichbar zu machen, die sich i.allg. auf unterschiedlichem Niveau vollziehen. Die geeignete Wahl des Basiswertes ist das praktisch schwerstwiegende Pro

blem. Hinsichtlich der zeitlichen Festlegung des Basiszeitraumes τ unterscheidet man dynamische M. mit konstanter bzw. gleitender (variabler) Basis (→ Indexreihe). Als Basiswert kann auch ein geeigneter → Mittelwert fungieren. Beispiel: In der Statistik der Lebenshaltung werden für die Güter eines → Warenkorbes die relativen zeitlichen Preisveränderungen mit Hilfe von dynamischen Preismeßzahlen erfaßt. Kosteten 100 Liter Heizöl im September 1993 (Basiszeitraum) 45 DM, im Oktober 1993 aber 50 DM, so errechnet man für dieses einzelne Gut eine dynamische Preismeßzahl von

$$i_{9/93,10/93} = \frac{50\ DM/100\ l}{45\ DM/100\ l} = 1,11,$$

die wie folgt zu interpretieren ist: Der Preis für 100 Liter Heizöl ist im Oktober 1993 auf das 1,11fache bzw. auf 111% oder um das 0,11fache bzw. um 11% seines Niveaus vom September 1993 gestiegen. Absolute Veränderungen von M. werden in Prozentpunkten ausgedrückt. Wenn die Preismeßzahl für Heizöl für den Zeitraum September 1993 bezogen auf August 1993 1,05 ergibt, so beträgt die absolute Veränderung der Preismeßzahlen $i_{8/93,9/93}$ und $i_{9/93,10/93}$ 111%-105 %=6 Prozentpunkte. Relativ ist die Preismeßzahl jedoch auf 105,7 % (1,11/1,05 = 1,057·100 %) bzw. um 5,7% gestiegen. - Eine M., die einem räumlichen Vergleich dient, heißt statische M. Die Berechnung einer statischen M. erfordert die Festlegung eines Bezugswertes a_κ und eines Vergleichswertes a_k aus einer Querschnittsdatenmenge. Die statische M. ist für alle $a_\kappa \neq 0$ wie folgt definiert:

Meßzahlenreihe

$$i_{\kappa,k} = \frac{a_k}{a_\kappa} \; .$$

$i_{\kappa,k}$ mißt den relativen Niveauunterschied und

$$i^*_{\kappa,k} = i_{\kappa,k} \cdot 100 \; \%$$

den prozentualen Niveauunterschied zweier Einzelerscheinungen. Beispiel: Die führenden Bundesländer in der Weinmosternte waren 1991 Rheinland-Pfalz (RP) und Baden-Württemberg (BW). Legt man den Hektarertrag an Weißmost in Rheinland-Pfalz als Bezugswert fest, ergibt der Niveauvergleich der Hektarerträge das folgende Bild:

$$i_{RP,BW} = \frac{78 \; hl/ha}{114 \; hl/ha} = 0,68 \; .$$

1991 lag in Baden-Württemberg das Hektarertragsniveau an Weißmost um 32% unter dem von Rheinland-Pfalz bzw. belief es sich auf 68% des Niveaus von Rheinland-Pfalz.

Meßzahlenreihe

Folge zeitlich geordneter dynamischer → Meßzahlen. Man unterscheidet für eine gegebene Zeitreihe $\{a_t\}$, $t = 1,...,T$, eines Merkmals A die M. mit fester (konstanter) Basis τ

$$i_{\tau,1} = \frac{a_1}{a_\tau},..., \; i_{\tau,t} = \frac{a_t}{a_\tau},..., \; i_{\tau,T} = \frac{a_T}{a_\tau},$$

wobei a_τ als Basiswert geeignet festzulegen ist, und die M. mit gleitender (variabler) Basis

$$i_{1,2} = \frac{a_2}{a_1}, \; i_{2,3} = \frac{a_3}{a_2}, \; ...,$$

$$i_{t-1,t} = \frac{a_t}{a_{t-1}}, \; ..., \; i_{T-1,T} = \frac{a_T}{a_{T-1}} \; .$$

Beispiel: Die folgende Tabelle gibt für die Jahre 1985 (t=1) bis 1989 (t=5) die Anzahl der Asylbewerber in der Bundesrepublik Deutschland und die daraus errechneten M. zur konstanten Basis 1985 (τ=1) und zur variablen Basis an.

t	Asylbe-werber	$i_{1,t}$	$i_{t-1,t}$
1	73 832	1,000	-
2	99 650	1,349	1,349
3	57 379	0,777	0,576
4	103 076	1,396	1,796
5	121 318	1,643	1,177

Quelle: Statistisches Bundesamt (Hrsg.), Datenreport 1992, S. 58; Meßzahlenreihen eigene Berechnungen

Die Umrechnung einer M. zur Basis τ in eine M. zur Basis τ^* mittels der Beziehung

$$i_{\tau^*,t} = \frac{i_{\tau,t}}{i_{\tau,\tau^*}}$$

nennt man Umbasierung. Ist speziell τ^*=t-1 für alle t=2,...,T, so erhält man aus einer gegebenen M. mit konstanter Basis τ eine M. mit variabler Basis. Die Multiplikation von Meßzahlen über benachbarte Perioden gemäß

$$i_{\tau,t} = i_{\tau,t^*} \cdot i_{t^*,t}$$

heißt Verkettung. Durch Verkettung kann z.B. eine gegebene M. mit variabler Basis in eine M. mit konstanter Basis $\tau = 1$ umgerechnet werden:

$$i_{1,t} = \prod_{k=2}^{t} i_{k-1,k} \qquad für \; t=2,...,T$$

Durch Umbasierung und/oder Verkettung können zwei gleichartige M. zu den Basen τ und τ^*, die sich mindestens in einer Periode überlappen, in eine M. für den Gesamtzeitraum zur Basis τ bzw. τ^* verknüpft werden.

Methode der kleinsten Quadrate

Verfahren zur Herleitung von Schätzfunktionen und Punktschätzwerten für einen unbekannten Parameter θ einer Grundgesamtheit, das auf der Minimierung der Fehlerquadratsumme beruht. Ausgehend von einer einfachen Zufallsstichprobe $X_1, ..., X_n$ vom Umfang n, die die konkreten Stichprobenwerte $x_1, ..., x_n$ liefert, beruht die M.d.k.Q. darauf, daß der $\rightarrow$ Erwartungswert $E(X_i)$ von X_i, $i=1,...,$ n, eine bekannte Funktion des Parameters θ ist: $E(X_i)=g_i(\theta)$. Ein Schätzwert $\hat{\theta}$ für θ wird nach der M.d.k.Q. so bestimmt, daß die Summe der quadrierten Abweichungen zwischen den Stichprobenwerten x_i und den Parameter abhängigen Funktionswerten $g_i(\hat{\theta})$ minimal wird:

$$\sum_{i=1}^{n} \left(x_i - g_i(\hat{\theta})\right)^2 = \min.$$

Beispiel: Mittels der M.d.k.Q. soll der unbekannte Erwartungswert μ der Zufallsvariablen X in einer Grundgesamtheit geschätzt werden. Ein geeigneter Schätzwert $\hat{\mu}_0$ ist derjenige, der die Forderung

$$\sum_{i=1}^{n} (x_i - \hat{\mu})^2 = \min.$$

erfüllt. Differentiation nach $\hat{\mu}$ und Nullsetzen der 1. Ableitung

$$-2 \sum_{i=1}^{n} (x_i - \hat{\mu}) \doteq 0$$

führt zu der Lösung

$$\hat{\mu}_0 = \frac{1}{n} \sum_{i=1}^{n} x_i = \bar{x} ,$$

d.h., ein Schätzwert $\hat{\mu}$ für μ nach der M.d.k.Q. ist das $\rightarrow$ arithmetische Mittel $\hat{\mu}_0 = \bar{x}$ der Stichprobenwerte. Die zugehörige Stichprobenfunktion als Zufallsvariable ist der Stichprobenmittelwert

$$\bar{X} = \frac{1}{n} \sum_{i=1}^{n} X_i .$$

Gebräuchlich ist die Anwendung der M.d.k.Q. insbesondere in der $\rightarrow$ Regressionsanalyse und in der $\rightarrow$ Ökonometrie zur Bestimmung der unbekannten Regressionskoeffizienten einer Regressionsfunktion ($\rightarrow$ Regressionsschätzung) und in der $\rightarrow$ Zeitreihenanalyse zur Schätzung von Trendfunktionen. Die M.d.k.Q. reagiert empfindlich auf Extremwerte.

Metrische Skala $\rightarrow$ Skala

Metrisch skaliertes Merkmal $\rightarrow$ Merkmal

Midextreme $\rightarrow$ Bereichsmitte

Midrange $\rightarrow$ Bereichsmitte

Migration

Wanderung von Einwohnern eines geographischen Gebiets in einem bestimmten Zeitraum in ein anderes geographisches Gebiet (räumliche $\rightarrow$ Bevölkerungsbewegung). Die statistische Erfassung der M. ist z.B. für die $\rightarrow$ Bevölkerungsfortschreibung und für Arbeitsmarktanalysen von Bedeutung.

Mikrozensus

Eine gesetzlich vorgeschriebene periodisch wiederkehrende amtliche Stichprobenerhebung ($\rightarrow$ Stichprobe), bei der für in der Regel ein Prozent der Wohnbevölkerung schwerpunktmäßig Informationen erfaßt werden. Die $\rightarrow$ Grundgesamtheit, die aus den Personen besteht, welche an einem Stichtag einen ständigen Wohnsitz in Deutschland haben, wird in Schichten ($\rightarrow$ Schichtung) zerlegt, die sich hier durch die einzelnen Bundesländer ergeben. Unabhängig voneinander wird in jedem Bundesland eine Stichprobe nach dem $\rightarrow$ Klumpenstichprobenverfahren gezogen. Erhebungskostenüberlegungen haben dazu geführt, den $\rightarrow$ Auswahlsatz für jedes Bundesland als ein Prozent festzusetzen. Diese Festlegung hat den Vorteil einer gleichen Kostenbelastung für jede Schicht. Die Varianz eines Schätzers ($\rightarrow$ Schätzung) ist jedoch von Schicht zu Schicht unterschiedlich (z.B. bei Bremen wesentlich größer als bei Nordrhein-Westfalen). Das weitere Vorgehen kann wie folgt beschrieben werden: Als ein Klumpen wird eine festgelegte Anzahl örtlich aufeinanderfolgender Haushalte betrachtet, und auf Grund des Auswahlsatzes wird jeder 100. Klumpen in die Stichprobe aufgenommen. Der Beginn der Klumpenauswahl erfolgt per Zufallsstart. Dieser Zufallsstart wird durch eine ausgeloste Zufallsziffer von 1 bis 100 bestimmt. Ist z.B. die Zahl 64 ausgelost worden, so sind in der Stichprobe eines Bundeslandes die Klumpen mit den Nummern 64, 164, 264, ... enthalten (systematische Auswahl). Die dann folgende Erhebung wird in sämtlichen Haushalten dieser Klumpen vorgenommen.

Minimumseigenschaft

Eigenschaft des Mittelwertes Median bzw. arithmetisches Mittel, die in der Statistik eine große Bedeutung hat.

a) Lineare M. des $\rightarrow$ Medians: Die Summe der absoluten Abweichungen der Merkmalswerte x_j vom Median $\tilde{x}_{0,5}$ ist ein Minimum im Vergleich zur Summe der absoluten Abweichungen der Merkmalswerte von jedem Wert c:

$$\sum_{j=1}^{k} |x_j - \tilde{x}_{0,5}| \cdot f(x_j) \le \sum_{j=1}^{k} |x_j - c| \cdot f(x_j),$$

worin $f(x_j)$ die relative Häufigkeit des Merkmalswertes x_j ist. Diese M. des Medians wird bei der Bestimmung der $\rightarrow$ durchschnittlichen absoluten Abweichung ausgenutzt, indem als Bezugswert für dieses Streuungsmaß oftmals der Median verwendet wird. Dadurch erhält man für das gegebene Datenmaterial die kleinstmögliche durchschnittliche absolute Abweichung.

b) Quadratische M. des $\rightarrow$ arithmetischen Mittels: Die Summe der quadratischen Abweichungen der Merkmalswerte x_j vom arithmetischen Mittel $\bar{x}$ ist ein Minimum im Vergleich zur Summe der quadratischen Abweichungen der Merkmalswerte von jedem Wert c:

$$\sum_{j=1}^{k} (x_j - \bar{x})^2 f(x_j) \le \sum_{j=1}^{k} (x_j - c)^2 f(x_j).$$

Die quadratische M. läßt sich mittels des $\rightarrow$ Verschiebungssatzes beweisen. Wegen dieser M. wählt man bei den Streuungsmaßen $\rightarrow$ Varianz und $\rightarrow$ Standardabweichung, denen die quadratischen Abweichungen zugrunde liegen, als Bezugswert das arithmetische Mittel.

Mischverteilung

Zusammengesetzte Verteilung, gewichtete Summe der gemeinsamen Verteilungsfunktion einer Zufallsvarablen X und einer zufälligen diskreten Parametergröße A:

$$H(x) = \sum_n F(x; a_n)\, g_n \,,$$

wobei $F(x; a_n)$, n=1,2,..., die gemeinsame Verteilungsfunktion von X und A und das Gewicht g_n die Wahrscheinlichkeit ist, daß A den Parameterwert a_n annimmt. Entmischung oder Trennung von M. ist der Versuch, bei gegebenem H die Funktion F und das Gewicht g_n zu bestimmen. Zur Entmischung von M. wird oft anhand einer Stichprobe aus einer nach H verteilten Grundgesamtheit versucht, die Verteilung F für jedes n oder ihre Parameter und die Gewichte g_n zu schätzen. Hierfür ist u.a. der → EM-Algorithmus anwendbar. M. treten z.B. auf, wenn sich eine inhomogene Grundgesamtheit aus sehr unterschiedlichen Teilgesamtheiten (z.B. sozialen Schichten in der Bevölkerung) zusammensetzt.

Mittel

Kurzbezeichnung für → Mittelwerte.

Mittelwerte

Statistische Maßzahlen zur Beschreibung des mittleren Niveaus bzw. der mittleren Lage der empirischen → Häufigkeitsverteilung eines Merkmals oder der theoretischen → Verteilung einer → Zufallsvariablen auf der verwendeten Skala. - Der M. einer empirischen Häufigkeitsverteilung gibt einen Punkt auf der Merkmalsachse an, an dem die Merkmalsausprägungen einer statistischen Gesamtheit im Mittel lokalisiert (→ Lokalisation)

sind. Dies impliziert die allgemeine Forderung, daß die Gesamtheit aller Entfernungen zwischen den Merkmalsausprägungen und diesem Punkt minimal wird. Die Entfernung kann dabei unterschiedlich definiert werden, wodurch sich verschiedene M. ergeben. Ist ein metrisch skaliertes Merkmal gegeben, können z.B. folgende Kriterien als Entfernung verwendet werden: a) Der Abstand zwischen dem Merkmalswert x_i (i = 1,..., n) und dem Punkt m: $|x_i - m|$. Der Punkt m auf der Merkmalsachse, für den

$$\sum_{i=1}^n |x_i - m| = min.$$

gilt, ist der als → Median bezeichnete Mittelwert. b) Der quadratische Abstand zwischen dem Merkmalswert x_i und dem Punkt m: $(x_i - m)^2$. Der Punkt m auf der Merkmalsachse, für den das Kriterium

$$\sum_{i=1}^n (x_i - m)^2 = min.$$

erfüllt ist, heißt → arithmetisches Mittel. c) Eine Funktion g zur Feststellung, ob eine Entfernung zwischen Merkmalsausprägung und Punkt m existiert oder nicht:

$$g(x_i - m) = \begin{cases} 0 & wenn\ x = m \\ 1 & wenn\ x \neq m. \end{cases}$$

Der Punkt auf der Merkmalsachse, für den

$$\sum_{i=1}^n g(x_i - m) = min.$$

gilt, ist der als → Modus bezeichnete M. - Weitere M. sind u.a. → harmo-

Mittelwertfunktion

nisches Mittel, → geometrisches Mittel, → chronologisches Mittel, → Bereichsmitte. - Für theoretische Verteilungen von Zufallsvariablen lassen sich entsprechende M. als Maßzahlen der mittleren Lage angeben. Dies sind vor allem → Erwartungswert, theoretischer Median, theoretischer Modus. - Für bedingte Verteilungen können in analoger Weise M. berechnet werden. Sie werden als bedingte M. bezeichnet.

Mittelwertfunktion → Erwartungswertfunktion

Mittlere absolute Abweichung → durchschnittliche absolute Abweichung

Mittlere Lebensdauer → Lebensdauer

Mittlere Lebenserwartung → Lebenserwartung

Mittlere quadratische Abweichung

Arithmetisches Mittel aus den quadratischen Abweichungen der Merkmalswerte von einem Bezugspunkt c auf der Merkmalsachse. Die m. q. A. ist ein → Streuungsmaß, das nur für metrisch skalierte Merkmale sinnvoll ist. Die quadratischen Abweichungen werden verwendet, um das Vorzeichen der Abweichungen auszuschalten. Sind $x_1, ..., x_n$ die in der Urliste enthaltenen Beobachtungswerte eines Merkmals X, so ergibt sich die m. q. A. als

$$MQ(c) = \frac{1}{n} \sum_{i=1}^{n} (x_i - c)^2 .$$

Liegt eine → Häufigkeitsverteilung

vor, d.h. sind die verschieden aufgetretenen Merkmalswerte x_j (j=1,...,k) zusammen mit ihren absoluten Häufigkeiten $h(x_j)$ bzw. relativen Häufigkeiten $f(x_j)$ gegeben und gilt

$$\sum_{j=1}^{k} h(x_j) = n , \quad \sum_{j=1}^{k} f(x_j) = 1 ,$$

so ist die m. q. A. gemäß

$$MQ(c) = \frac{1}{n} \sum_{j=1}^{k} (x_j - c)^2 h(x_j)$$

$$= \sum_{j=1}^{k} (x_j - c)^2 f(x_j)$$

zu berechnen. Bei klassierten Beobachtungswerten kann die m. q. A. nur näherungsweise bestimmt werden, indem die → Klassenmitten für x_j in der obigen Formel verwendet werden. Die m. q. A. wird in dieser Form kaum bei empirischen Untersuchungen angewandt. Sie ist aber wertvoll für theoretische Herleitungen (→ Verschiebungssatz). Für c = x̄ hat die m. q. A. die spezielle Bezeichnung → Varianz.

Mittlerer quadratischer Fehler

Mean Square Error (MSE), durchschnittliche quadratische Abweichung der → Schätzfunktion $\hat{\Pi}(X_1, ..., X_n)$ von dem Parameter π der Grundgesamtheit, der mittels der Schätzfunktion geschätzt werden soll:

$$MSE(\hat{\Pi}) = E[(\hat{\Pi} - \pi)^2].$$

Der m.q.F. gibt an, wie groß der zu erwartende Schätzfehler bei Verwendung der Schätzfunktion $\hat{\Pi}$ ist, wenn der Fehler durch die quadratische Abweichung gemessen wird; er ist ein Maß zur Beurteilung der Schätzfunktion. Der m.q.F. einer Schätzfunktion setzt sich aus zwei additiv verknüpften Komponenten zusammen: der Varianz der Schätzfunktion $Var(\hat{\Pi}) = E[(\hat{\Pi} - E(\hat{\Pi}))^2]$ und dem Quadrat der Differenz zwischen dem Erwartungswert der Schätzfunktion $E(\hat{\Pi})$ und dem unbekannten Parameter π: $[E(\hat{\Pi}) - \pi]^2$. Die Differenz $E(\hat{\Pi}) - \pi$ wird auch als Verzerrung, Bias oder $\rightarrow$ systematischer Fehler bezeichnet. Es gilt somit:

$$E[(\hat{\Pi}-\pi)^2]=E[(\hat{\Pi}-E(\hat{\Pi}))^2] + [E(\hat{\Pi})-\pi]^2$$

bzw.

$$MSE(\hat{\Pi}) = Var(\hat{\Pi}) + (Verzerrung)^2.$$

Der m.q.F. enthält somit zwei wesentliche Parameter zur Charakterisierung des Verteilungsmodells der Schätzfunktion: den Erwartungswert und die Varianz der Schätzfunktion. Für erwartungstreue Schätzfunktionen ($\rightarrow$ Erwartungstreue) ist der m.q.F. wegen $E(\hat{\Pi})=\pi$ gleich der Varianz der Schätzfunktion: $MSE(\hat{\Pi}) = Var(\hat{\Pi})$. Sind $\hat{\Pi}_1$ und $\hat{\Pi}_2$ zwei erwartungstreue Schätzfunktionen für den Parameter π, so ist $\hat{\Pi}_1$ effizienter als $\hat{\Pi}_2$, wenn für alle π $Var(\hat{\Pi}_1) \leq Var(\hat{\Pi}_2)$ bzw. $MSE(\hat{\Pi}_1) \leq MSE(\hat{\Pi}_2)$ gilt ($\rightarrow$ Effizienz).

Mobilität

Beweglichkeit einer Bevölkerung (räumliche $\rightarrow$ Bevölkerungsbewegung).

Mobilitätsmaße

Statistische $\rightarrow$ Verhältniszahlen zur Beschreibung und zum Vergleich der räumlichen $\rightarrow$ Bevölkerungsbewegung (Mobilität, $\rightarrow$ Migration) in gegebenen geographischen Gebieten für bestimmte Zeiträume. Aus Plausibilitätsgründen wird meist mit den 1000fachen bzw. 10000fachen Werten der M. gerechnet. In der Bevölkerungsstatistik berechnet man i.allg. folgende M.:

a) Allgemeine Mobilitätsziffer als Quotient aus der Zahl der $\rightarrow$ Wanderungen (Binnen- oder Außenwanderungen, Zuzüge, Fortzüge oder Wanderungssaldo) und dem mittleren $\rightarrow$ Bevölkerungsstand eines geographischen Gebiets innerhalb eines bestimmten Zeitraums. Beispiel: Für 1990 weist die amtliche Statistik für das frühere Bundesgebiet eine allgemeine (jahresdurchschnittliche) Mobilitätsziffer für die Außenwanderung von 261 Zuzügen, 97 Fortzügen bzw. 164 überschüssigen Zuzügen je 10000 Einwohner aus.

b) Spezifische Mobilitätsziffer als Quotient aus der Zahl der Wanderungen und dem mittleren Bestand einer bestimmten Bevölkerungs- oder Altersgruppe eines geographischen Gebiets in einem bestimmten Zeitraum. Beispiel: 1989 war in der Bundesrepublik Deutschland die höchste altersspezifische Mobilitätsziffer für ausländische Zuwanderer in der Altersgruppe der 18- bis unter 25jährigen Personen zu verzeichnen. Sie belief sich auf 229 ausländische Zuwanderer je 10000 ausländische Einwohner der gleichen Altersklasse.

Modalwert $\rightarrow$ Modus

Modus

Dichtemittel, dichtester Wert, häufigster Wert, Modalwert, spezieller $\rightarrow$ Mittelwert der empirischen Häufigkeitsverteilung eines Merkmals oder der theoretischen Verteilung einer $\rightarrow$ Zufallsvariablen, der für Merkmale

Momente

aller Skalenniveaus ($\rightarrow$ Skala) anwendbar ist. Allerdings ist er für nominalskalierte Merkmale der einzig sinnvolle Mittelwert. Für nominalskalierte, ordinalskalierte sowie metrisch skalierte diskrete Merkmale, die nicht klassiert (gruppiert) sind, ist der M. definiert als diejenige Merkmalsausprägung mit der größten absoluten bzw. relativen Häufigkeit:

$$h(x_{mod}) = \max_i h(x_i) \ .$$

Er kann unmittelbar aus der Häufigkeitsverteilung abgelesen werden.

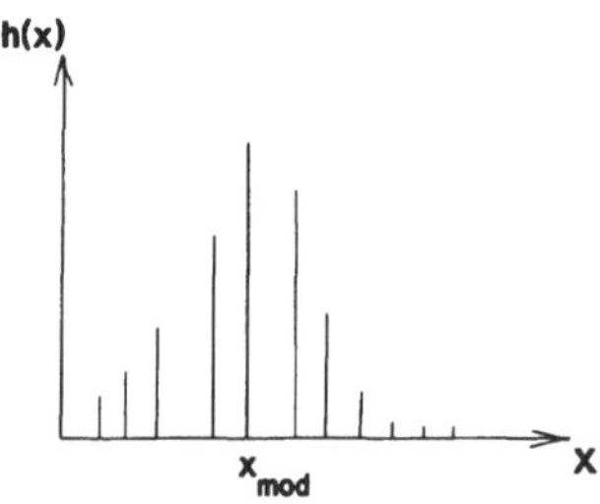

Liegen die Beobachtungsdaten klassiert vor (bei metrisch skalierten stetigen oder bei diskreten Merkmalen mit vielen Merkmalswerten), heißt die Klasse mit der größten $\rightarrow$ Häufigkeitsdichte $f'(x)$ modale Klasse. Als M. nimmt man i.allg. die $\rightarrow$ Klassenmitte, die auch aus dem $\rightarrow$ Histogramm leicht abgelesen werden kann.

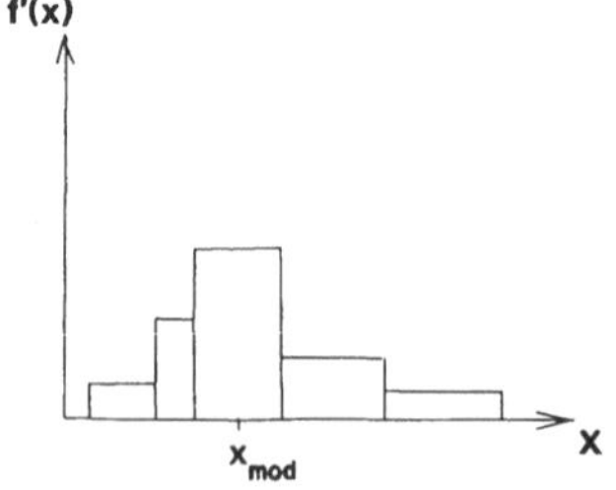

Beispiel: Haushaltsgrößen 1950 in der Bundesrepublik Deutschland

Haushaltsgröße (Personen)	Anteil der Haushalte $f(x_j)$
1	0,194
2	0,253
3	0,230
4	0,162
5 und mehr	0,161

Quelle: Statistisches Bundesamt (Hrsg.), Datenreport 1992, S. 49

Die in der Bundesrepublik 1950 am häufigsten aufgetretene Haushaltsgröße war der Zweipersonenhaushalt. - Ist eine diskrete Zufallsvariable X gegeben, dann ist der M. der wahrscheinlichste Wert:

$$P(X = x_{mod}) = \max_i P(X = x_i) \ .$$

Im Fall einer stetigen Zufallsvariablen mit der $\rightarrow$ Dichtefunktion $f(x)$ gilt für den M.

$$f(x_{mod}) = \max f(x) \ .$$

Der M. braucht nicht eindeutig bestimmt zu sein, d.h., es können mehrere Merkmalsausprägungen die gleiche, größte Häufigkeit/Wahrscheinlichkeit aufweisen. Er ist jedoch nur dann ein sinnvoller Mittelwert, wenn die Verteilung eingipflig (unimodal) ist. Der M. ist unempfindlich gegenüber $\rightarrow$ Ausreißern.

Momente

Klasse von Maßzahlen (Parametern) zur Charakterisierung von Häufigkeitsverteilungen metrisch skalierter Merkmale oder Wahrscheinlichkeitsfunktionen bzw. Dichtefunktionen von Zufallsvariablen. Es werden a) empirische M. und b) M. von Zufallsvariablen unterschieden.

a) Empirische M.: Sind x_1, x_2,..., x_n die Werte eines Merkmals X in einer Urliste bzw. x_j (j = 1,..., k) die Merkmalswerte einer → Häufigkeitsverteilung mit den zugehörigen absoluten bzw. relativen → Häufigkeiten $h(x_j)$ bzw. $f(x_j)$, so heißt

$$m_r(c) = \frac{1}{n} \sum_{i=1}^{n} (x_i - c)^r$$

bzw.

$$m_r(c) = \frac{1}{n} \sum_{j=1}^{k} (x_j - c)^r h(x_j)$$

$$= \sum_{j=1}^{k} (x_j - c)^r f(x_j)$$

das (empirische) M. r-ter Ordnung (bzw. das r-te M., r = 1, 2,...) in bezug auf c. Bei klassierten Daten erhält man einen Näherungswert durch die Verwendung der → Klassenmitten. Von besonderer Bedeutung sind zwei Arten von M. Die M. mit c = 0 werden als gewöhnliche M., M. um null oder Anfangsmomente r-ter Ordnung bezeichnet. Für sie gilt mit den Daten der Urliste

$$m_r(0) = \frac{1}{n} \sum_{i=1}^{n} x_i^r$$

bzw. mit den Beobachtungswerten der Häufigkeitsverteilung

$$m_r(0) = \frac{1}{n} \sum_{j=1}^{k} x_j^r h(x_j) = \sum_{j=1}^{k} x_j^r f(x_j).$$

Die M., bei denen c das → arithmetische Mittel ist (c = $\bar{x}$), heißen zentrale M. r-ter Ordnung. Sie sind definiert als

$$m_r(\bar{x}) = \frac{1}{n} \sum_{i=1}^{n} (x_i - \bar{x})^r$$

bzw.

$$m_r(\bar{x}) = \frac{1}{n} \sum_{j=1}^{k} (x_j - \bar{x})^r h(x_j)$$

$$= \sum_{j=1}^{k} (x_j - \bar{x})^r f(x_j) .$$

b) M. von Zufallsvariablen: In Analogie zu den empirischen M. sind die M. von Zufallsvariablen definiert, die jedoch auf dem Erwartungswertkonzept (→ Erwartungswert) beruhen. Für eine diskrete Zufallsvariable X mit den Wahrscheinlichkeiten $P(X = x_i)$ ist das M. r-ter Ordnung in bezug auf die Konstante c definiert als

$$E[(X-c)^r] = \sum_i (x_i - c)^r \cdot P(X = x_i),$$

das gewöhnliche M. r-ter Ordnung mit c = 0 als

$$E(X^r) = \sum_i x_i^r \cdot P(X = x_i)$$

und das zentrale M. r-ter Ordnung mit c = E(X) = μ als

$$E[(X-\mu)^r] = \sum_i (x_i - \mu)^r \cdot P(X = x_i).$$

Für eine stetige Zufallsvariable X mit der Wahrscheinlichkeitsdichte f(x) ist das M. r-ter Ordnung in bezug auf die Konstante c definiert als

$$E[(X - c)^r] = \int_{-\infty}^{+\infty} (x - c)^r f(x) dx,$$

das gewöhnliche M. r-ter Ordnung mit c = 0 als

$$E(X^r) = \int_{-\infty}^{+\infty} x^r f(x)\,dx$$

und das zentrale M. r-ter Ordnung mit $c = E(X) = \mu$ als

$$E[(X - \mu)^r] = \int_{-\infty}^{+\infty} (x-\mu)^r f(x)\,dx.$$

Das gewöhnliche M. erster Ordnung ($r = 1$) ist das arithmetische Mittel $m_1(0) = \bar{x}$ bzw. der Erwartungswert $E(X) = \mu$. Das zentrale M. zweiter Ordnung ($r = 2$) ist die $\rightarrow$ Varianz $m_2(\bar{x}) = s^2$ bzw. $E[(X - \mu)^2] = \sigma^2$. Das zentrale M. dritter Ordnung dient als Grundlage für die Messung der $\rightarrow$ Schiefe und das zentrale M. vierter Ordnung für die Messung des $\rightarrow$ Exzesses einer Verteilung. Bei symmetrischen Verteilungen sind im Falle der Existenz alle zentralen M. ungerader Ordnung r gleich null. Die zentralen M. lassen sich aus den gewöhnlichen M. ermitteln, z.B. gilt

$$s^2 = m_2(0) - (m_1(0))^2 = \frac{1}{n}\sum_{i=1}^{n} x_i^2 - \bar{x}^2,$$

was mittels des $\rightarrow$ Verschiebungssatzes gezeigt werden kann.

Momentenmethode

Verfahren zur Konstruktion von Punktschätzungen für einen Parameter π aus den empirischen Momenten einer Stichprobe. Die der gegebenen Wahrscheinlichkeitsverteilung F_π entsprechenden Momente m_r hängen von dem s-dimensionalen Parameter $\pi = (\pi^{(1)}, ..., \pi^{(s)})$ ab, d.h., es gilt $m_r = g_r(\pi^{(1)}, ..., \pi^{(s)})$, $r = 1, ..., s$. Ist X eine stetige Zufallsvariable mit der Dichtefunktion $f_\pi(x)$, dann ist das r-te Moment:

$$m_r = \int_{-\infty}^{\infty} x^r f_\pi(x)\,dx .$$

Für eine diskrete Zufallsvariable X mit den Wahrscheinlichkeiten $p_{j,\pi}$ für die Werte x_j sind die Momente:

$$m_r = \sum_{j=-\infty}^{\infty} x_j^r\, p_{j,\pi} .$$

Falls diese Gleichungen eindeutig nach den Komponenten $\pi^{(1)}, ..., \pi^{(s)}$ des Parametervektors π auflösbar sind, erhält man daraus s Funktionen $\pi^{(r)} = T_r(m_1, ..., m_s)$. Ersetzt man darin die s Momente m_r durch die empirischen Momente

$$\hat{m}_r = \frac{1}{n}\sum_{i=1}^{n} x_i^r ,$$

die aus Stichprobenwerten $x_1, ..., x_n$ berechnet werden, so erhält man eine Punktschätzung $\hat{\pi}$ für $\pi = (\pi^{(1)}, ..., \pi^{(s)})$. Die M. ist wegen ihrer Einfachheit in der praktischen Anwendung verbreitet. Von theoretischer Seite ist sie dagegen oft unbefriedigend. Die empirischen Momente sind asymptotisch normalverteilt. Die Schätzung des Erwartungswertes einer Zufallsvariablen in einer Gesamtheit durch den Stichprobendurchschnitt

$$\hat{m}_1 = \frac{1}{n}\sum_{i=1}^{n} x_i$$

ist die einfachste und meistverbreitete Anwendung der M.

Monte-Carlo-Methode

Bezeichnung für eine Gruppe von Verfahren zur numerischen Lösung gewisser mathematischer und statistischer Probleme. Prinzipiell wird folgendermaßen vorgegangen:

a) Anpassung eines Wahrscheinlichkeitsmodells an das zu lösende Problem.

b) Durchführung von Zufallsexperimenten anhand dieses Modells, z.B. mit Hilfe von Zufallszahlen. Durch die Zufallsexperimente werden die interessierenden Zusammenhänge rechnerisch simuliert.

c) Analyse der Ergebnisse der Experimente, indem man daraus für das zu lösende Problem relevante statistische Parameter schätzt. Solche Parameter sind z.B. Wahrscheinlichkeiten eines Ereignisses oder Erwartungswerte, deren Schätzung durch Angabe der relativen Häufigkeit des betrachteten Ereignisses bzw. durch das arithmetische Mittel aus dem Simulationsergebnis erhalten werden kann. Bei hinreichend großer Zahl von Zufallsexperimenten liefern Sätze der mathematischen Statistik, wie das → Gesetz der großen Zahlen und der → zentrale Grenzwertsatz, eine mathematische Begründung der M.-C.-M. Im einfachsten Fall werden Häufigkeiten zufälliger Ereignisse mit dem Ziel simuliert, ihre Wahrscheinlichkeit zu schätzen. Realisierungen eines stochastischen Prozesses zum Zwecke der Schätzung der diesem Prozeß zugrunde liegenden interessierenden stochastischen Kenngrößen können erzeugt werden. Die Monte-Carlo-Simulation hat sich u.a. bei der Lösung von Problemen der Bedienungs- und Lagerhaltungstheorie sowie zum Studium von zufallsbehafteten Produktionsprozessen bewährt.

Mortalität

Sterblichkeit einer Bevölkerung (→ Mortalitätsmaße).

Mortalitätsmaße

Sterbeziffern, Sterberaten, Todesraten, statistische → Verhältniszahlen zur Beschreibung und zum Vergleich der Sterblichkeit (Mortalität) der Bevölkerung gegebener geographischer Gebiete in bestimmten Zeiträumen. Praktisch wird meist mit den 1000fachen bzw. 10000fachen Werten der M. gerechnet. In der Bevölkerungsstatistik berechnet man i.allg. folgende M.:

a) Allgemeine Sterbeziffer (rohe Todesrate, Bruttosterberate) als Quotient aus der Zahl der Gestorbenen und dem mittleren Bevölkerungsstand eines geographischen Gebiets in einem bestimmten Zeitraum. Beispiel: Für 1989 weist die amtliche Statistik für die Bundesrepublik Deutschland eine allgemeine (jahresdurchschnittliche) Sterbeziffer von 112 Gestorbenen je 10000 Einwohner und für die DDR eine allgemeine (jahresdurchschnittliche) Sterbeziffer von 120 Gestorbenen je 10000 Einwohner aus. Da die allgemeine Sterbeziffer sowohl vom Anteil der weiblichen bzw. männlichen Personen am Bevölkerungsstand (→ Geschlechtsverhältniszahl) als auch von der Altersstruktur beeinflußt wird, ist sie für den statistischen Vergleich wenig geeignet. Zu Vergleichszwecken verwendet man i.allg. standardisierte Sterbeziffern (→ Standardisierung).

b) Altersspezifische Sterbeziffer (besondere Sterbeziffer, altersspezifische Sterbeintensität) als Quotient aus der Zahl der Gestorbenen einer bestimmten Altersklasse und dem mittleren Bevölkerungsstand der gleichen Altersklasse eines geographischen Gebiets in einem bestimmten Zeitraum. Die amtliche Statistik weist die altersspezifischen Sterbeziffern i.allg.

gegliedert nach Geschlecht und Familienstand und für Altersklassen mit einer → Klassenbreite von 5 Altersjahren aus. Beispiel: Im Jahresdurchschnitt 1989 belief sich die altersspezifische Sterbeziffer für männliche Personen in der Altersklasse 40 bis unter 45 Jahre in der DDR auf 56 Gestorbene je 10000 Männer und in der Bundesrepublik Deutschland auf 26 Gestorbene je 10000 Männer. Die folgende graphische Darstellung skizziert die altersspezifischen Sterbeziffern für die weiblichen Personen in der DDR im Jahresdurchschnitt 1989.

Altersspezifische Mortalität

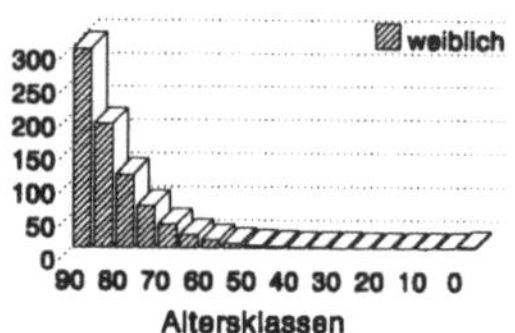

Aus der Graphik wird ersichtlich, daß (analog zur → Absterbeordnung) die altersspezifischen Sterbeintensitäten in den höheren Altersklassen beschleunigt wachsen. Dies gilt gegenwärtig für Bevölkerungen entwickelter Industriestaaten allgemein und unabhängig vom Geschlecht.

c) Standardisierte Sterbeziffer (reine Sterbeziffer) als gewogenes → arithmetisches Mittel aus den altersspezifischen Sterbeziffern eines geographischen Gebiets und bestimmten Zeitraums, gewichtet mit den altersspezifischen Bevölkerungsanteilen (→ Bevölkerungsstruktur) am mittleren Bevölkerungsstand des gleichen geographischen Gebiets in einem festgelegten Vergleichszeitraum (→ Basiszeitraum). Beispiel: Für die Bundesrepublik weist die amtliche Statistik für 1989 eine allgemeine (jahresdurch-

schnittliche) Sterbeziffer für weibliche Personen von 116 Gestorbenen weiblichen Personen je 10000 Einwohner weiblichen Geschlechts aus. Zum gleichen Ergebnis gelangt man, wenn man für die Bundesrepublik und 1989 das gewogene arithmetische Mittel aus den altersspezifischen Sterbeintensitäten für weibliche Personen berechnet und als Gewichtung die entsprechende Altersstruktur der weiblichen Bevölkerung verwendet. Nutzt man hingegen als Gewichtung die Alterstruktur der weiblichen Bevölkerung für den Vergleichszeitraum 1970, erhält man die vom Einfluß der Altersstruktur von 1989 bereinigte, also standardisierte Sterbeziffer von 74 gestorbenen weiblichen Personen je 10000 Einwohner weiblichen Geschlechts. Der erhöhte Ausweis der allgemeinen Sterbeziffer gegenüber der standardisierten Sterbeziffer von fast 57 % erklärt sich daraus, daß 1989 im Vergleich zu 1970 in der Bundesrepublik eine Verschiebung in der Altersstruktur der weiblichen Bevölkerung in die Altersklassen mit den höheren Sterbeintensitäten zu verzeichnen war.

d) Säuglingssterblichkeitsziffer als Quotient aus der Zahl der gestorbenen Säuglinge und der Zahl der Lebendgeborenen eines geographischen Gebiets in einem bestimmten Zeitraum. In der Bevölkerungsstatistik verwendet man den Begriff "Säugling" für ein lebendgeborenes Kind im ersten Lebensjahr. Die amtliche Statistik weist die Säuglingssterblichkeitsziffer insgesamt sowie gegliedert nach dem Alter (Tage, Wochen, Monate), dem Geschlecht und der Ehelichkeit aus. Beispiel: Für das frühere Bundesgebiet wurden für 1990 folgende geschlechtsspezifische Säuglingssterblichkeitsziffern ausgewiesen: 80 gestorbene männliche Säuglinge je 10000 lebendgeborene Knaben und 61 gestorbene weibliche Säuglinge je 10000 lebendgeborene Mädchen.

Moving Average Process → MA-Prozeß

M-Schätzung

Schätzfunktion T_n des Parameters π der Verteilungsfunktion F einer Zufallsvariable X, für die das Minimum von

$$\sum_{i=1}^{n} \theta\,(X_i, T_n)$$

erreicht wird. Dabei ist X_1, ..., X_n eine Stichprobe und θ eine geeignet gewählte Funktion. Besitzt die Verteilungsfunktion F eine Dichte $f(x,\pi)$, so stellt T_n im Falle $\theta(x,\pi)=-\ln f(x,\pi)$ eine → Maximum-Likelihood-Schätzung dar. Ist π ein Lageparameter und setzt man $\theta(x, \pi) = (x - \pi)^2$, so ergibt sich die Schätzung nach der → Methode der kleinsten Quadrate. M.-S. sind unter gewissen Voraussetzungen konsistent, asymptotisch normalverteilt und qualitativ robust (→ Robustheit).

MSE → mittlerer quadratischer Fehler

Multikollinearität

Kollinearität, in der multiplen linearen Regressionsfunktion korrelative lineare Abhängigkeiten zwischen den → exogenen Variablen, die bewirken, daß diese Variablen nicht mehr unabhängig voneinander variieren. Die Stärke der M. kann mittels → Korrelationskoeffizienten gemessen werden. Mit zunehmender M. wird die → Identifikation der Regressionskoeffizienten schwächer und ihre Schätzung immer unzuverlässiger, im Extremfall funktionaler Beziehungen zwischen irgendwelchen exogenen Variablen (vollständige M.) können sie nicht mehr nach der → Methode der kleinsten Quadrate bestimmt werden. Möglichkeiten zur Verminderung der M. sind u.a. Elimination von Variablen, Variablentransformation, Bereinigungsverfahren (z.B. Trendbereinigung), Verwendung externer Informationen.

Multimodale Verteilung

Mehrgipflige Verteilung, Häufigkeitsverteilung eines Merkmals oder Wahrscheinlichkeitsverteilung einer Zufallsvariablen mit mehreren Modalwerten (→ Modus), d.h. mehreren lokalen Maxima. Beispiel für eine bimodale (zweigipflige) Häufigkeitsverteilung: Die Altersgliederung der Arbeitslosen im September 1990 in der Bundesrepublik Deutschland, die in der folgenden Tabelle und Graphik wiedergegeben ist, weist zwei Modi (in der 3. und 9. Altersklasse) auf.

Alter von ... bis unter ... Jahre	Anteil (%)
15 - 20	3,5
20 - 25	12,2
25 - 30	14,5
30 - 35	13,2
35 - 40	10,3
40 - 45	8,0
45 - 50	8,4
50 - 55	11,5
55 - 60	14,6
60 - 65	3,8

Quelle: Statistisches Bundesamt (Hrsg.), Datenreport 1992, S. 108

Multiple Mittelwertvergleiche

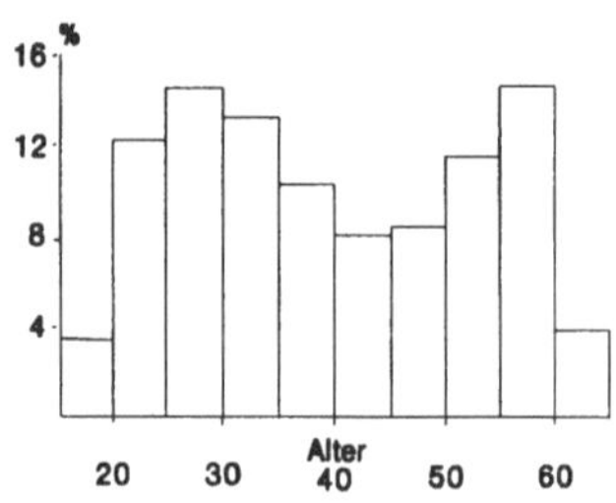

Multiple Mittelwertvergleiche

Verfahren zur Beurteilung der Mittelwerte von Stichproben aus mehr als zwei Grundgesamtheiten. M.M. treten z.B. im Zusammenhang mit der → Varianzanalyse auf. Gegeben seien $p>2$ unabhängige Stichproben $(X_{i1},...,X_{in_i})$ vom Umfang n_i, $i = 1,...,p$, aus normalverteilten Grundgesamtheiten mit Erwartungswerten $E(X_{ik}) = \mu_i$ und gleicher Varianz $Var(X_{ik}) = \sigma^2$ ($k = 1, ..., n_i$, $i = 1,...,p$). Die Linearform

$$L = \sum_{i=1}^{p} c_i \, \mu_i \, ,$$

wobei $(c_1, ..., c_p)$ eine Folge reeller Zahlen mit $\sum c_i = 0$ ist, wird linearer Kontrast genannt. Zur Beurteilung der Mittelwerte werden Tests von Hypothesen der Form H_0: $L = L_0$ (L_0 vorgegebener Zahlenwert für den Kontrast L) verwendet oder Konfidenzintervalle für L zum Konfidenzniveau $\gamma = 1 - \alpha$ konstruiert. Speziell ist die Prüfung der Hypothese H_0: $\mu_i = \mu_t$ für alle Paare i,t ($i \neq t$; i,t = 1, ..., p) gleichbedeutend mit der Hypothese H_0: $L = 0$ für alle einfachen linearen Kontraste $L = \mu_i - \mu_t$. Wird für den Fehler erster Art die Wahrscheinlichkeit α dafür vorgegeben, daß die wahre Hypothese H_0: $\mu_i = \mu_t$ abgelehnt wird, so bezeichnet man α als vergleichsbezogenes Risiko erster

Art. Bedeutet α jedoch die Wahrscheinlichkeit dafür, daß wenigstens eine der $\binom{p}{2}$ möglichen Hypothesen H_0 abgelehnt wird, obwohl sie wahr ist, so spricht man von einem versuchsbezogenen Risiko 1. Art. Analoges gilt für die Wahrscheinlichkeit des Fehlers zweiter Art. Beispiele:

a) Der Duncan-Test ist ein Test zum Vergleich je zweier Mittelwerte aus einer Reihe von p Mittelwerten. Die Nullhypothese H_0: $L = \mu_i - \mu_t = 0$ wird gegen die Alternativhypothese H_1: $\mu_i \neq \mu_t$ für ein festes Paar i,t mit $i \neq t$ (i,t = 1, ..., p) geprüft, wobei $L = \mu_i - \mu_t$ ein einfacher linearer Kontrast ist. Als Testvariable wird

$$T_{it} = \frac{|\overline{X}_{i.} - \overline{X}_{t.}|}{\sqrt{\dfrac{Q}{2}\left(\dfrac{1}{n_i} + \dfrac{1}{n_t}\right)}}$$

mit

$$\overline{X}_{i.} = \frac{1}{n_i} \sum_{k=1}^{n_i} X_{ik} \, ,$$

$$Q = \frac{1}{\sum\limits_{i=1}^{p} n_i - p} \sum_{i=1}^{p} \sum_{k=1}^{n_i} (X_{ik} - \overline{X}_{i.})^2$$

verwendet. H_0 wird abgelehnt, wenn in der Stichprobe

$$T_{it} > d_{1-\alpha}\left(r+2, \sum_{i=1}^{p} n_i - p\right)$$

ist. Das Quantil der Ordnung $1-\alpha$ der Verteilung von T_{it}, $d_{1-\alpha}(r+2, \sum n_i - p)$, ist in Tafeln zu finden. Das Signifikanzniveau α ist hier ein vergleichsbezogenes Risiko 1.Art. Werden die Mittelwerte $\overline{X}_{i.}$ der p Stichproben in der Reihenfolge

$$\overline{X}_{(1).} \geq \overline{X}_{(2).} \geq \dots \geq \overline{X}_{(p).}$$

angeordnet, so ist r die Anzahl der zwischen $\overline{X}_i$ und $\overline{X}_t$ liegenden Mittelwerte.

b) Der Newman-Keuls-Test dient ebenfalls dem Vergleich je zweier Mittelwerte aus einer Reihe von p Mittelwerten. Es wird die Nullhypothese H_0: $\mu_i = \mu_t$ gegen die Alternativhypothese H_1: $\mu_i \neq \mu_t$ für alle Paare i,t (i $\neq$ t; i,t = 1, ..., p) geprüft. Die Testvariable ist die gleiche wie in a) für jedes Paar i,t. Sie genügt unter H_0 der Verteilung der studentisierten Variationsbreite mit (r + 2, $\sum n_i$ - p) Freiheitsgraden. Die Zahl r wird wie in a) bestimmt. Die Hypothese H_0 wird abgelehnt, wenn

$$T_{it} > Q_{1-\alpha}\left(r+2, \sum_{i=1}^{p} n_i - p\right) .$$

Die Quantile der Ordnung 1 - α der Verteilung der studentisierten Variationsbreite $Q_{1-\alpha}(r+2, \sum n_i - p)$ liegen tabelliert vor. Hier ist α das versuchsbezogene Risiko 1. Art.

c) Der Scheffé-Test beruht auf einer Methode zur Konstruktion von Konfidenzintervallen für alle linearen Kontraste L. Die Nullhypothese H_0 lautet

$$H_0: L = \sum_{i=1}^{p} c_i \, \mu_i = L_0$$

für gegebene reelle c_1, ..., c_p, für die $\sum c_i = 0$ gilt. Sie wird gegen die Alternativhypothese H_1: L $\neq L_0$ geprüft. Die Nullhypothese H_0 wird abgelehnt, wenn der absolute Betrag der Testvariablen

$$T = \frac{\displaystyle\sum_{i=1}^{p} c_i \overline{X}_{i.} - L_0}{\sqrt{Q \displaystyle\sum_{i=1}^{p} \frac{c_i^2}{n_i}}}$$

größer als

$$S = \sqrt{(p-1)F_{p-1,\sum_{i=1}^{p} n_i - p; 1-\alpha}}$$

ausfällt. Dabei sind $F_{p-1,\Sigma ni-p;1-\alpha}$ das Quantil der Ordnung 1-α der F-Verteilung mit p-1 und $\sum n_i$-p Freiheitsgraden und α das versuchsbezogene Risiko 1. Art.

d) Der Tukey-Test setzt (im Unterschied zum Scheffé - Test) gleiche Stichprobenumfänge n_i = q für alle i= 1, ..., p voraus. Die Nullhypothese (wie in c)) wird abgelehnt, wenn der absolute Betrag der Testvariablen

$$T = \frac{\displaystyle\sum_{i=1}^{p} c_i \overline{X}_{i.} - L_0}{\sqrt{\dfrac{Q}{2} \displaystyle\sum_{i=1}^{p} |c_i|}}$$

größer als

$$\tau = \frac{1}{\sqrt{q}} Q_{1-\alpha}(p, p(q-1))$$

ausfällt, wobei $Q_{1-\alpha}(p,p(q-1))$ wie in b) ein Quantil der studentisierten Variationsbreite ist. Hier ist α ebenfalls ein versuchsbezogenes Risiko 1. Art.

Multiple Regressionsfunktion

Mehrfachregression, Erklärung der → endogenen Variablen Y in Abhängigkeit von m > 1 → exogenen Variablen X_k aus je n Beobachungen x_{ik} (k = 1, ..., m, i = 1,..., n) mittels der Funktion

Multipler Korrelationskoeffizient

($\rightarrow$ Regressionsfunktion):

$$\hat{y}_i = f(x_{i1}, \ldots, x_{im}) \ .$$

Multipler Korrelationskoeffizient $\rightarrow$ Korrelationskoeffizient

Multiples Bestimmtheitsmaß

Maßzahl für die Güte der Anpassung einer multiplen linearen Regressionsfunktion an die Beobachtungswerte der $\rightarrow$ endogenen Variablen Y. $\rightarrow$ Bestimmtheitsmaß

Multiplikationssätze der Wahrscheinlichkeit

Berechnungsvorschriften für Wahrscheinlichkeiten von Durchschnitten zufälliger Ereignisse.

a) Sind zwei zufällige Ereignisse A und B stochastisch unabhängig, so gilt: $P(A \cap B) = P(A) \cdot P(B)$. Die Wahrscheinlichkeit dafür, daß sowohl A als auch B eintreten, ist also gleich dem Produkt der beiden Einzelwahrscheinlichkeiten.

b) Ohne die Voraussetzung stochastischer Unabhängigkeit ist $P(A \cap B) = P(A) \cdot P(B \mid A)$, wobei $P(B \mid A)$ die bedingte Wahrscheinlichkeit für B ist unter der Bedingung, daß A eingetreten ist. Durch wiederholte Anwendung dieser Formeln lassen sich entsprechende Sätze für mehr als zwei zufällige Ereignisse finden. Umgekehrt können die beiden genannten Sätze als Definitionen für die $\rightarrow$ Unabhängigkeit zufälliger Ereignisse bzw. für die $\rightarrow$ bedingte Wahrscheinlichkeit verwendet werden.

Multivariate Statistik

Teilgebiet der Statistik, das Methoden und Modelle der mehrdimensionalen (multivariaten) Datenanalyse (gleichzeitige Analyse mehrerer Merkmale)

bereitstellt. Die meisten Verfahren der m.S. gehen von einer (n×m) Datenmatrix **X** aus, die die Beobachtungen von jeweils m Merkmalen (z.B. Eigenschaften) an n Objekten (z.B. Personen, Unternehmen) zusammenfaßt:

$$X = \begin{pmatrix} x_{11} & x_{12} & \cdots & x_{1m} \\ x_{21} & x_{22} & \cdots & x_{2m} \\ \vdots & \vdots & \ddots & \vdots \\ x_{n1} & x_{n2} & \cdots & x_{nm} \end{pmatrix} \ .$$

Die i-te Zeile enthält die speziellen Variablenwerte des i-ten Objektes, die j-te Spalte erfaßt die Beobachtungswerte der j-ten Variablen. Richtet sich das Interesse primär auf Variable, die an den Objekten beobachtet wurden, also auf die Spaltenvektoren der Matrix **X**, spricht man von einer R-Technik der m.S. Dazu gehören solche multivariaten Verfahren wie $\rightarrow$ Hauptkomponentenanalyse, $\rightarrow$ Faktoranalyse und die $\rightarrow$ kanonische Korrelation. Ist man an der Strukturierung der Objektmenge interessiert, bedient man sich der Q-Technik der m.S. (Untersuchung der Zeilen der Matrix **X**). Hierzu zählen die $\rightarrow$ Diskriminanzanalyse und die $\rightarrow$ Clusteranalyse. Im Sinne der Q-Technik kann jedoch auch eine Faktoranalyse angewandt werden. Teilt man die Verfahren der m.S. in primär strukturenentdeckende und primär strukturenprüfende Verfahren ein, so gehören die Faktoranalyse, die Clusteranalyse und die multidimensionale Skalierung zur ersten Gruppe, die Regressionsanalyse, die Varianzanalyse und die Diskriminanzanalyse zur zweiten Gruppe.

N

Nachfrageelastizität → Nachfragefunktion

Nachfragefunktion

Formale Beschreibung der Abhängigkeit $M = f(P)$ der in einem bestimmten Zeitraum nachgefragten Menge M eines Gutes oder Produktionsfaktors von seinem Preis P. Ihre Parameter werden i.allg. aus beobachteten Preis-Mengen-Wertepaaren mit Hilfe der → Regressionsanalyse numerisch bestimmt. N. sind i.d.R. monoton fallende Funktionen, deren Graph i.allg. durch den folgenden Verlauf gekennzeichnet ist:

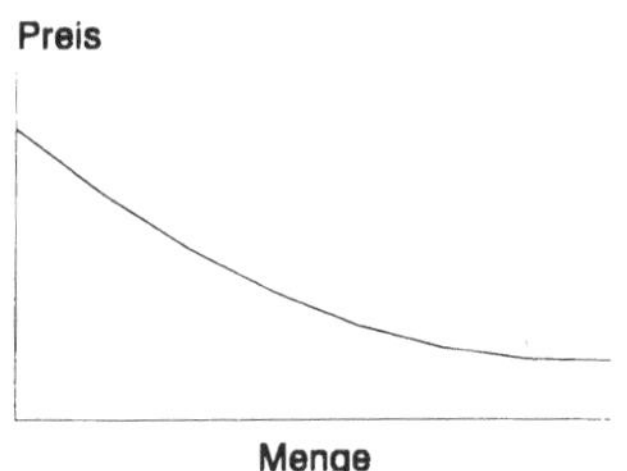

Demnach gilt entsprechend dem Nachfragegesetz für eine normal reagierende Nachfrage die folgende Aussage: Je höher (niedriger) der Preis P, desto geringer (größer) die nachgefragte Menge M. Ist man für eine gegebene N. an Aussagen über die Nachgiebigkeit der nachgefragten Menge M bei (infinitesimal) kleinen Veränderungen in den Güterpreisen P interessiert, ermittelt man mit Hilfe

der marginalen N. M′(P) und der Durchschnitts-N.

$$\bar{m}(P) = \frac{M(P)}{P}$$

die Nachfrageelastizitätsfunktion (des Preises)

$$\varepsilon(P) = \frac{M'(P)}{\bar{m}(P)} \, ,$$

auf deren Grundlage man für einen gegebenen Preis $P = P_0$ die Nachfrageelastizität der Menge M bezüglich des Preises P berechnen kann. Die Nachfrage reagiert elastisch auf Preisveränderungen, falls $\varepsilon(P_0) < -1$ ist, und die Nachfrage ist unelastisch, wenn $-1 < \varepsilon(P_0) < 0$ gilt. Mitunter interpretiert man die N. in der dargestellten Form als → Absatzfunktion, weil der Absatz eines Gutes aus der Sicht des Nachfragers in Abhängigkeit vom Preis betrachtet und analysiert wird. Bedeutungsvoll ist der Zusammenhang zwischen der N. und der → Angebotsfunktion. Da sich das Angebot eines Gutes und die Nachfrage nach dem Gut auf dem Markt begegnen, stellt sich i. allg. ein Gleichgewicht bezüglich der Gleichgewichtsmenge M_G und des Gleichgewichts- oder Marktpreises P_G ein. Stellt man die N. und die Angebotsfunktion im gleichen Koordinatensystem dar, wie in der folgenden Gra-

Natalität

phik skizziert,

Marktgleichgewicht

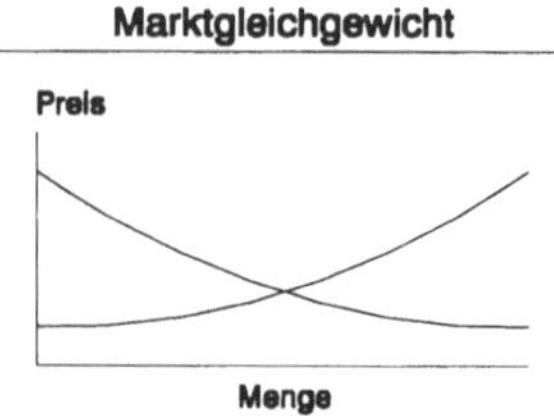

dann kann der Gleichgewichtspunkt (P_G, M_G), also das Marktgleichgewicht, bildhaft dargestellt werden als der Schnittpunkt der Nachfrage- und der Angebotskurve.

Natalität
Geburtlichkeit einer Bevölkerung ($\rightarrow$ Natalitätsmaße).

Natalitätsmaße
Statistische $\rightarrow$ Verhältniszahlen zum Vergleich der Geborenen- oder Geburtenzahlen in verschiedenen Bevölkerungen, Zeiträumen und geographischen Gebieten. Die Bezeichnung der N. z.B. als Geburtenziffern ist allgemein üblich, jedoch nicht exakt, da nicht die Anzahl der Geburtsvorgänge, sondern die Anzahl der Geborenen die Berechnungsgrundlage für die N. bilden. Wegen der Mehrlingsgeburten ist die Anzahl der Geburten in einer Bevölkerung und in einem bestimmten Zeitraum i.d.R. kleiner als die Anzahl der Geborenen. In der Bevölkerungsstatistik berechnet man i.allg. folgende N., für die man meist ihre 1000fachen bzw. 10000fachen Werte angibt:

a) Allgemeine Lebendgeborenenziffer (allgemeine Geburtenziffer) als Quotient aus der Zahl der Lebendgeborenen und dem mittleren Bevölkerungsstand eines geographischen Gebiets in einem bestimmten Zeitraum. Bei-

spiel: Entfielen im Jahresdurchschnitt 1980 in der Bundesrepublik Deutschland auf 10000 Einwohner 101 Lebendgeborene, so waren es in der DDR im gleichen Jahr 146 Lebendgeborene je 10000 Einwohner. Im Jahresdurchschnitt 1990 gab es dagegen im früheren Bundesgebiet 115 Lebendgeborene je 10000 Einwohner und im Gebiet der ehemaligen DDR nur noch 111 Lebendgeborene je 10000 Einwohner.

b) Allgemeine Totgeborenenziffer als Quotient aus der Zahl der Totgeborenen und dem mittleren Bevölkerungsstand eines geographischen Gebiets innerhalb eines bestimmten Zeitraums. Häufiger als die allgemeine Totgeborenenziffer wird in der Praxis die Totgeborenenquote berechnet.

c) Totgeborenenquote als Quotient aus der Zahl der Totgeborenen und der Zahl der Geborenen (Lebend- und Totgeborene) eines geographischen Gebiets in einem bestimmten Zeitraum. Beispiel: Für 1990 errechnet man für das frühere Bundesgebiet eine Totgeborenenquote von 34 und für die ehemalige DDR eine Totgeborenenquote von 40 Totgeborene je 10000 Lebend- und Totgeborene.

d) Nichtehelichenquote der Lebendgeborenen als Quotient aus der Zahl der nichtehelich Lebendgeborenen und der Zahl der Lebendgeborenen eines geographischen Gebiets in einem bestimmten Zeitraum. Da die nichtehelich Lebendgeborenen eine Teilmenge der Lebendgeborenen sind, ist es üblich, die Nichtehelichenquote wie eine Anteilszahl zu interpretieren. Beispiel: Wurden 1989 in der Bundesrepublik Deutschland 10,5 % der Lebendgeborenen nichtehelich geboren, waren es im gleichen Zeitraum in der DDR 33,6 %.

In gleicher Weise werden in der Praxis je nach dem Untersuchungsziel Ehelichenquoten der Lebend- bzw. Totgeborenen errechnet.

e) Sexualproportion als Quotient aus der Zahl der geborenen Knaben und der geborenen Mädchen eines geographischen Gebiets in einem bestimmten Zeitraum. Die Sexualproportion, die eine fundamentale Größe der → Bevölkerungsreproduktion ist, kann auch für lebend- und totgeborene oder ehelich bzw. nichtehelich lebend- oder totgeborene Knaben und Mädchen berechnet werden. Beispiel: Für 1990 errechnet man für das frühere Bundesgebiet unter Verwendung der Zahl der lebendgeborenen Knaben und Mädchen eine Sexualproportion von 1,057:1, d.h., auf 1000 lebendgeborene Mädchen entfielen im Durchschnitt 1057 lebendgeborene Knaben.

f) Altersspezifische Geburtenziffer (altersspezifische Fruchtbarkeitsziffer): → Fertilitätsmaße.

Newman-Keuls-Test → multiple Mittelwertvergleiche

Nichtablehnungsbereich

Bei einem statistischen → Test Teil des Wertebereichs der Testvariablen oder entsprechende Teilmenge der Menge möglicher Stichprobenresultate $(x_1, ..., x_n)$, deren Elemente nicht zur Ablehnung der → Nullhypothese führen. Die Nullhypothese wird nicht abgelehnt, wenn die Testvariable auf Grund einer Stichprobe einen Wert im N. annimmt. I.allg. wird der N. durch einen oder zwei kritische Werte begrenzt, die von der Wahrscheinlichkeitsverteilung der Testvariablen und vom gewählten Signifikanzniveau abhängen. Beispiel: Wird eine

Hypothese über den unbekannten Erwartungswert μ der Zufallsvariablen X auf einem Signifikanzniveau α geprüft und ist X in der Grundgesamtheit normalverteilt, so ist der N. bei einem zweiseitigen Test durch die Menge aller Stichprobenergebnisse $\bar{x}$ mit der Eigenschaft $c_1 \leq \bar{x} \leq c_2$, bei einem linksseitigen Test durch die Menge aller Stichprobenergebnisse $\bar{x}$ mit der Eigenschaft $\bar{x} \geq c$ und bei einem rechtsseitigen Test durch die Menge aller Stichprobenergebnisse $\bar{x}$ mit der Eigenschaft $\bar{x} \leq c$ gegeben, wobei die Konstanten c_1 und c_2 bzw. c als kritische Werte geeignet festgelegt werden müssen. Die drei folgenden Graphiken skizzieren diese N. in gleicher Reihenfolge.

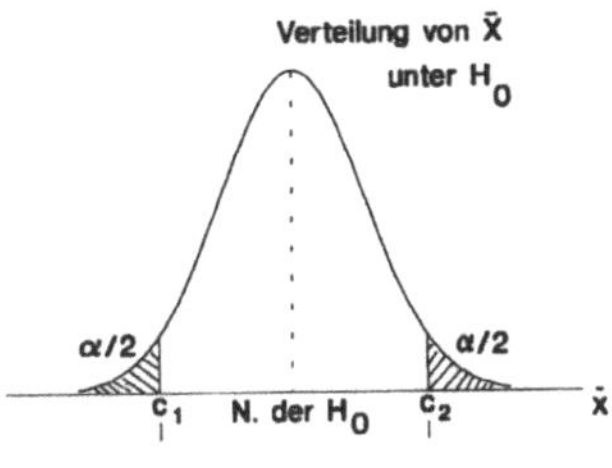

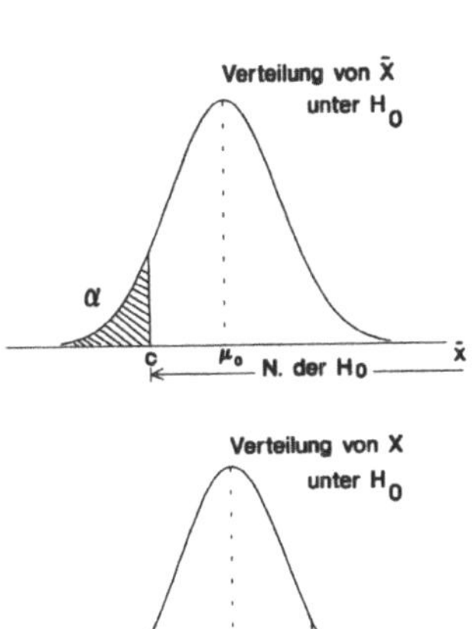

Nichtamtliche Statistik → amtliche Statistik

Nichtlineare Modellierung

Aus stochastischer Sicht die Anpassung von Zufallsprozessen (→ stochastischer Prozeß) an → Zeitreihen, die einer nichtlinearen → Differenzengleichung oder mehreren alternativen linearen Differenzengleichungen unterschiedlicher Struktur folgen. Wenn die Wachstumsrate Y_t

$$Y_t = \frac{X_t - X_{t-1}}{X_{t-1}}$$

eines stochastischen Modellprozesses $\{X_t\}$ als schockanfällig vermutet wird und ein linearer Gleitmittelprozeß mit der mittleren Schockfortwirkungsdauer von einer Periode

$$Y_t = a_t - \theta a_{t-1}$$

angesetzt wird, geht die Differenzengleichung für den Ursprungsprozeß nach Multiplikation mit X_{t-1} über in

$$X_t - X_{t-1} = a_t X_{t-1} - \theta a_{t-1} X_{t-1}.$$

Sie enthält mit den Produkten aus der Störvariablen a_t und der Prozeßvariablen X_t nichtlineare Terme. Ein derartiger Modellprozeß $\{X_t\}$ heißt bilinearer Prozeß. Ein anderer Typ n. M. spielt bei schwellwertabhängigem Zeitverhalten eine Rolle. Für gewisse Intervalle einer Indikatorvariablen, z.B. der Temperatur oder eines Börsenindex, werden verschiedene lineare integrierte autoregressive Modellprozesse an die Zeitreihe angepaßt (→ Schwellwertprozeß). Die Modellparameter der einzelnen Prozesse hängen von den Intervallgrenzen (Schwellen) der Indikatorvariablen ab und sind

nicht mehr konstant wie im Fall eines linearen Ansatzes. Zur Beschreibung kurzzeitiger Turbulenzen (drastische Einbrüche und rasche Erholung) werden zunehmend nichtlineare Modellprozesse vom ARCH-Typ (Autoregressive Conditional Heteroscedasticity Prozeß) verwendet. Ihre Strukturgleichung entspricht der eines → AR-Prozesses. Die Prozeßvarianz ist zeitvariabel und ändert sich nichtlinear in Abhängigkeit von Schocks. Die Störungen ε_t werden oft als normalverteilt mit Erwartungswert 0 und zeitabhängiger Varianz σ_t^2 angenommen: $\varepsilon_t \sim N(0, \sigma_t^2)$. Sie stellen im Gegensatz zu linearen Modellen (→ ARIMA-Prozeß) kein → weißes Rauschen dar. Ein Modellprozeß $\{X_t\}$ vom Typ ARCH(1) hat die Gestalt

$$X_t = \phi X_{t-1} + \varepsilon_t.$$

Seine Varianz hängt quadratisch von der letzten Störung ab

$$\sigma_t^2 = \alpha_0 + \alpha_1 \varepsilon_{t-1}^2.$$

Aus deterministischer Sicht beschreibt die n. M. ein instabiles Systemverhalten (→ Chaos-Theorie) mit Hilfe nichtlinearer Differential- bzw. Differenzengleichungen. Die n. M. wird z.B. zur Analyse und Prognose der Entwicklung eines Devisenmarktes verwendet.

Nichtlineare Regressionsfunktion

Regressionsfunktion, bei der eine nichtlineare Abhängigkeit der → endogenen Variablen Y von den → exogenen Variablen X_k (k = 1,...,m) angenommen wird. In vielen ökonomischen Anwendungen kann durch eine → Transformation der Variablen die komplizierte n. R. vermieden und eine lineare Regressionsfunktion berechnet werden. Ein Beispiel für eine n.R. ist die → Cobb-Douglas-Funktion.

Nichtparametrische Modellierung

Methode der Modellbildung, die kein Wahrscheinlichkeitsmodell (→ Verteilungsfunktion) für die zu analysierenden Merkmale unterstellt. Die Verteilungsfunktion eines Merkmals kann z.B. durch die Glättung seines → Histogramms geschätzt werden (Kerndichteschätzer). Anwendungen gibt es bei der → Regressionsanalyse, sobald die Normalverteilungshypothese verworfen werden muß.

Nichtparametrischer Test

Verteilungsfreies Testverfahren, parameterfreier Test, Test, bei dem keine Anforderung bezüglich des Typs der Verteilung an die untersuchten Variablen gestellt wird, insbesondere keine Normalverteilung vorausgesetzt werden muß. Zu den n.T. gehören u.a. alle Anpassungstests, also Testverfahren, die eine Hypothese über den Verteilungstyp zum Gegenstand haben, und zahlreiche Testverfahren, bei denen nur Rangwerte analysiert werden.

Nichtparametrische Schätzung

→ Schätzung

Nichtstichprobenfehler

Fehler einer Schätzung oder einer anderen Stichprobenfunktion, der nicht dadurch bewirkt wird, daß eine Zufallsauswahl durchgeführt wurde. → systematischer Fehler

Nominalskala → Skala

Nominalskaliertes Merkmal → Merkmal

Normalprozeß → Gaußscher Prozeß

Normalverteilung

Gaußsche Normalverteilung, Wahrscheinlichkeitsverteilung einer stetigen Zufallsvariablen X mit den Parametern μ und σ^2 und der Dichtefunktion

$$\varphi(x) = \frac{1}{\sqrt{2\pi}\,\sigma}\, e^{-\frac{(x-\mu)^2}{2\sigma^2}}\,,$$

wobei x reell ist. Ihre charakteristische Funktion ist

$$E(e^{itX}) = e^{i\mu t - \frac{1}{2}\sigma^2 t^2}\,.$$

Sie hat den Erwartungswert $E(X) = \mu$ und die Varianz $Var(X) = \sigma^2$. Ihre zentralen Momente sind $\mu_{2k+1} = 0$, $\mu_{2k} = 1\cdot 3\cdot\ldots\cdot(2k-1)\sigma^{2k}$. Die Dichtefunktion ist symmetrisch um μ. Sie nimmt für $x = \mu$ ihr Maximum an. Schiefe und Exzeß sind gleich null. Wird $\varphi(x)$ über der x-Achse graphisch abgetragen, dann entsteht die Gaußsche Glockenkurve. Ihre Wendepunkte liegen bei $\mu \pm \sigma$. Die folgende Graphik zeigt die Gaußsche Glockenkurve für $\mu = 10$ und $\sigma^2 = 3$:

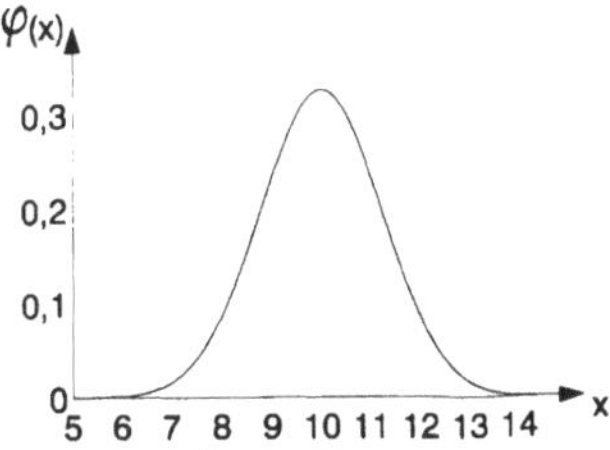

Normierung

Die Zufallsvariable X nimmt Werte innerhalb der 1σ-Grenzen $\mu \pm \sigma$ mit der Wahrscheinlichkeit

$$P(|X-\mu|<\sigma) = 0{,}6827,$$

innerhalb der 2σ-Grenzen $\mu \pm 2\sigma$ mit der Wahrscheinlichkeit

$$P(|X-\mu|<2\sigma) = 0{,}9545$$

und innerhalb der 3σ-Grenzen $\mu \pm 3\sigma$ mit der Wahrscheinlichkeit

$$P(|X-\mu|<3\sigma) = 0{,}9973$$

an. Etwa 95% der Werte der Zufallsvariablen liegen innerhalb der 1,96σ-Grenzen $\mu \pm 1{,}96\sigma$. - Die Summe zweier unabhängiger normalverteilter Zufallsvariablen ist ebenfalls normalverteilt. Nach dem zentralen Grenzwertsatz ist eine additive Überlagerung vieler unabhängiger zufälliger Erscheinungen näherungsweise normalverteilt. Dies ist die Erklärung dafür, daß die N. in der Praxis von Wirtschafts-, Natur- und technischen Wissenschaften sehr häufig dort angewendet wird, wo sich eine Vielzahl zufälliger Effekte zu einer Gesamterscheinung überlagert. Die N. geht auf de Moivre, Laplace und Gauß zurück. - Die Verteilungsfunktion Φ der standardisierten N. ($\to$ Standardnormalverteilung) ist

$$\Phi(x) = \frac{1}{\sqrt{2\pi}} \int_{-\infty}^{x} e^{-\frac{t^2}{2}} \, dt \, .$$

Sie hat den Erwartungswert 0 und die Varianz 1. Die N. wird mit $N(\mu,\sigma^2)$ bezeichnet und somit die standardisierte N. mit $N(0,1)$. Die Dichtefunktion und die Verteilungsfunktion von $N(0,1)$ liegen tabelliert vor. Die N. ist auch für n-dimensionale zufällige Vektoren definiert.

Normierung

Umrechnung gleich und unterschiedlich dimensionierter Daten zu Vergleichs- und Analysezwecken. In der Statistik unterscheidet man i.allg. zwei Formen der N.:

a) Lineartransformation von n Merkmalswerten x_i eines metrisch skalierten ($\to$ Skala) Merkmals X in n normierte Merkmalswerte v_i derart, daß für alle i = 1, ..., n

$$v_i = \frac{x_i}{s_x}$$

gilt, wobei s_x die $\to$ Standardabweichung der Ausgangswerte x_i ist. Die normierten Werte v_i besitzen folgende Eigenschaften: Sie sind dimensionslos, und ihre Standardabweichung s_v nimmt stets den Wert 1 an. Weiterhin ist das $\to$ arithmetische Mittel der normierten Werte v_i

$$\bar{v} = \frac{\bar{x}}{s_x}$$

identisch mit dem $\to$ Variationskoeffizienten der Ausgangswerte x_i.

b) Lineartransformation von n Merkmalswerten x_i eines metrisch skalierten Merkmals X in n Merkmalswerte x_i^* derart, daß für alle i = 1,..., n gilt:

$$x_i^* = \frac{x_i - x_{Min}}{x_{Max} - x_{Min}}, \quad 0 \leq x_i^* \leq 1.$$

x_{Max} bezeichnet dabei den größten und x_{Min} den kleinsten Merkmalswert. Diese Form der N. ist eine häufig verwendete Variablentransformation, wenn es gilt, in Niveau und Dimension unterschiedliche Merkmalswerte auf eine dimensionslose und im Werteniveau einheitliche Norm (meist Null-Eins-Skala) zu transformieren. Beispiel: Für die Ermittlung der → Absatzfunktion eines Gutes mit Hilfe der → Regressionsanalyse erweist es sich als vorteilhaft, die für alle n beobachteten Wertepaare (q_i, p_i) der Absatzmengen q_i und der Preise p_i (i = 1,..., n) zum Zwecke der Bestimmung einer geeigneten → Regressionsfunktion in einem → Streuungsdiagramm graphisch darzustellen. Möchte man die n Wertepaare in einem Streuungsdiagramm mit einer Abszissenlänge a und einer Ordinatenlänge b (etwa a = b = 10 cm) graphisch präsentieren, ermittelt man die jeweils mit dem Faktor a bzw. b gewichteten normierten Variablen

$$p_i^* = a \cdot \frac{p_i - p_{Min}}{p_{Max} - p_{Min}}$$

und

$$q_i^* = b \cdot \frac{q_i - q_{Min}}{q_{Max} - q_{Min}} \, ,$$

die dann ein maßstabgerechtes Streuungsdiagramm garantieren. Analog verfährt man in der Computergraphik bei der graphischen Präsentation von Daten. - Andere N. verwenden als Bezugsgröße z.B. den Mittelwert und die Standardabweichung (→ Standardisierung) oder transformieren das Merkmal auf den Bereich [-1,+1].

Nullhypothese

Die Hypothese, die durch einen → Test geprüft werden soll. Oft wird die N. als Negation einer Arbeitshypothese formuliert. Das Interesse des Praktikers ist dann auf die eventuelle Verwerfung der N. und auf die Be-

schränkung des dabei riskierten Fehlers durch das Signifikanzniveau α (Fehler 1. Art) gerichtet. Mathematisch gesehen ist die N. die Annahme, daß die unbekannte Wahrscheinlichkeitsverteilung P_X einer nichtleeren, echten Teilmenge Q_0 einer Familie Q von Wahrscheinlichkeitsverteilungen angehört. Man schreibt dafür H_0: $P_X \in Q_0$. Eine N. heißt eine einfache N., falls Q_0 einelementig ist. Andernfalls handelt es sich um eine zusammengesetzte N. Ein wichtiger Gesichtspunkt der Testtheorie besteht darin, daß bei einer Entscheidung über Annahme oder Ablehnung der N. H_0 anhand von konkreten Beobachtungen der Stichprobenvariablen $X_1,..., X_n$ nicht nur H_0 selbst, sondern auch die in Betracht kommenden Gegenhypothesen Berücksichtigung finden sollen (→ Alternativhypothese). Liegt die Familie Q möglicher Wahrscheinlichkeitsverteilungen in parametrisierter Form mit einem Parameter $\pi \in \Pi$ vor, so wird die N. unmittelbar mit Hilfe des Parameters π formuliert. Man schreibt, falls Π_0 eine Teilmenge von Π ist, für die N. in parametrischer Form H_0: $\pi \in \Pi_0$. Bei einer einfachen N. besteht Π_0 nur aus einem Element π_0. Die N. wird dann i. allg. folgendermaßen formuliert: H_0: $\pi = \pi_0$. Beispiel: Bei der Herstellung bestimmter Schrauben sei d = 3,5 mm der vorgeschriebene Durchmesser. Anhand einer Stichprobe kann z.B. mit dem → t-Test die N. H_0: E(X) = d geprüft werden, die der Behauptung entspricht, daß zumindest der Erwartungswert des Durchmessers der hergestellten Schrauben der Norm entspricht.

Nyquist-Frequenz → harmonische Analyse

O

Oberschwingung → Periodogramm

OC-Funktion → Operationscharakteristik

Offene Randklasse → Klassengrenze

Ökonometrie

Quantitative Analyse ökonomischer Phänomene, der komplexen, jedoch nicht immer exakt erfaßbaren ökonomischen Zusammenhänge und Prozeßabläufe mit dem Ziel der empirischen Verifizierung theoretisch begründeter Lehrmeinungen, der Stützung wirtschaftspolitischer Entscheidungen bzw. der Ermittlung von Alternativen und der fundierten Prognose wichtiger ökonomischer Größen; Teilgebiet in den Wirtschaftswissenschaften als Vereinigung von Wirtschaftstheorie, induktiver Statistik und Wirtschaftsstatistik. Die qualitativ ausgerichteten ökonomischen Theorien und Hypothesen, die auf dem Weg des abstrakten, gedanklichen Ableitens gewonnen werden und i.d.R. lediglich etwas über die Existenz, höchstens jedoch noch etwas über die Wirkungsrichtung aussagen, werden in ein mathematisches Modell gebracht. Da ökonomische Prozesse auf menschlichen Handlungen beruhen, sind Regelmäßigkeiten in den Beziehungen zwischen ökonomischen Phänomenen nur als allgemeine Tendenzen festzustellen, die nicht zwangsläufig für den Einzelfall gelten. Die Erweiterung des mathematisch-ökonomischen Modells durch stochastische Komponenten und Annahmen trägt dem Rechnung und führt zu einem → ökonometrischen Modell. Um ökonometrische Modelle mit den Daten der ökonomischen Realität, die vorwiegend nichtexperimenteller Natur sind, konfrontieren zu können, bedarf es der Anwendung von wahrscheinlichkeitstheoretischen Methoden der induktiven Statistik, vor allem der Schätz- und Testtheorie. Da die statistischen Verfahren oftmals nicht ausreichend auf diese spezifischen Probleme der Ö. ausgerichtet und spezialisiert sind, ist ein weiteres Ziel der Ö., die zur Bewältigung dieser Aufgaben erforderlichen statistischen Methoden zu entwickeln. Ö. umfaßt somit ökonometrische (theoretische und praktische) Modellbildung und ökonometrische Methodenlehre zugleich. Letztlich versucht die Ö. auch, die Genauigkeit und Verläßlichkeit der auf Stichprobenbasis gewonnenen numerischen Ergebnisse abzuschätzen. Folgende Phasen der ökonometrischen Arbeit werden unterschieden:

a) → Spezifikation des Modells. Die ökonomische Aufgabenstellung entscheidet darüber, ob es sich um ein mikro- oder makroökonometrisches Modell handelt. Mikromodelle dienen dazu, die Verhaltensweise einzelner Wirtschaftssubjekte (z.B. Unternehmen, Haushalte) zu analysieren, während Makromodelle Sektoren oder die Volkswirtschaft insgesamt zum Gegenstand haben.

b) → Identifikation. In dieser Phase wird geprüft, ob sich die Parameter des spezifizierten Modells aus dem vorhandenen Datenmaterial eindeutig bestimmen lassen.

c) Quantitative Bestimmung (Schätzung) der Parameter des Modells auf der Basis von empirischen Daten mittels geeigneter Schätzmethoden (→ ökonometrisches Modell).

d) Hypothesenprüfung unter Verwendung statistischer → Tests. Vor allem werden die stochastischen Annahmen über die → Störvariablen (→ Durbin-Watson-d-Test auf Autokorrelation, Test auf → Heteroskedastizität), Qualität und Stabilität der Modellparameter (→ Signifikanztests der Parameter, Strukturbruchtest) überprüft.

e) Ökonomische Be- und Auswertung der Ergebnisse. Hierzu gehören die Ableitung von Regelmäßigkeiten hinsichtlich des Wirtschaftsablaufes und der Konjunkturbewegungen, Überprüfung und Vergleich von Wirtschaftstheorien, Prognose zukünftiger Entwicklungen, Beurteilung von Wirkungen alternativer wirtschaftspolitischer Maßnahmen durch Simulation mit unterschiedlichen Werten derjenigen Modellvariablen, die durch die Entscheidungsträger beeinflußbar sind.

Ökonometrisches Modell

Erfassung aller für den zu modellierenden mikro- oder makroökonomischen Sachverhalt oder Prozeß relevanten wirtschaftstheoretischen Informationen, institutionellen und technischen Kenntnisse sowie empirischen Erfahrungen in Modellgleichungen unter Hinzufügung einer Zufallskomponente. Ö. M. sind im Gegensatz zu ökonomischen Modellen grundsätzlich stochastischer Art. - Die → Spezifikation umfaßt die Festlegung der Modellart, Modellvariablen, Modellparameter, Funktionsform der Gleichungen sowie die Formulierung von Hypothesen über die Modellparameter und von Annahmen über die zufälligen Störvariablen, deren Wahrscheinlichkeitsverteilung und Parameter. Nach der Anzahl der Gleichungen werden Einzelgleichungs- und Mehrgleichungsmodelle unterschieden. Einzelgleichungsmodelle, die identisch mit stochastischen → Regressionsfunktionen (→ Regressionsanalyse) sind, in denen nur einseitig gerichtete Abhängigkeiten zwischen den Variablen auftreten, spiegeln einen begrenzteren Ausschnitt der ökonomischen Realität wider als Mehrgleichungsmodelle. Ein Mehrgleichungsmodell kann ein System unabhängiger Regressionsfunktionen, ein → rekursives Modell oder ein → simultanes Gleichungsmodell sein. Nur in letzterem werden Interdependenzen zwischen den Variablen erfaßt. Rekursive ö.M. und simultane Gleichungsmodelle können in der → Strukturform oder → reduzierten Form geschrieben und analysiert werden. Jede Form hat ihre spezielle Aussage, Vor- und Nachteile. Die Strukturform ist zur anschaulichen Darstellung ökonomischer Zusammenhänge geeigneter. Jedoch ist die reduzierte Form die Prognoseform ö. M. Durch jedes ö. M. werden ökonomische Größen erklärt, die (modell-) → endogenen Variablen. Die außerhalb des Modellerklärungsansatzes übernommenen Variablen sind die →

exogenen Variablen, die zeitlich unverzögerte oder → verzögerte Variablen sein können. Sie erklären die endogenen Variablen, aber nicht umgekehrt. Statische ö. M. liegen vor, wenn sich die endogenen Variablen nur auf die gleiche Periode beziehen, d.h. nur unverzögert auftreten. Dynamische ö.M. enthalten auch verzögerte endogene Variablen. Treten auch Abhängigkeiten zwischen den unverzögerten endogenen Variablen auf (Interdependenzen), so ist eine weitere Unterscheidung in → gemeinsam abhängige und → vorherbestimmte Variablen bei simultanen Gleichungsmodellen notwendig. Ausgenommen bei → Definitionsgleichungen wird jeder Modellgleichung in jeder Periode eine → Störvariable (i.allg. additiv) hinzugefügt, die alle vorhandenen, aber nicht explizit erfaßten Einflüsse beinhaltet. Diese Störvariablen ermöglichen erst eine Konfrontation des ö. M. mit den empirischen Daten, da Abweichungen von den Beobachtungswerten der gemeinsam abhängigen Variablen auf die Unvollständigkeit des Erklärungsansatzes der Modellgleichungen zurückgeführt werden (Modell mit Fehlern in den Gleichungen). Die Heterogenität und Vielfalt ihres Inhaltes rechtfertigen die Spezifikation als Zufallsvariablen. Über sie müssen eine Reihe von Annahmen getroffen werden, u.a. über Erwartungswert, Varianz, Kovarianz und die gemeinsame Wahrscheinlichkeitsverteilung. Läßt man die Annahme fallen, daß die Werte der beobachtbaren Variablen fehlerfrei erfaßt worden sind, liegt ein Modell mit Fehlern in den Variablen vor. - Der Spezifikation schließt sich die Schätzung aller Parameter des Modells an, d.h. die Quantifizierung der Parameter aufgrund der beobachteten Daten. Bei simultanen Gleichungsmodellen ist dies nur möglich, wenn aus den empirischen Daten die Strukturparameter eindeutig bestimmt werden können (→ Identifikation). Lineare ö. M. und die Gültigkeit ihrer Annahmen unterstellt, kann die gewöhnliche → Methode der kleinsten Quadrate i.allg. für die Schätzung von Einzelgleichungsmodellen, der Gleichungen von Systemen unabhängiger Regressionsfunktionen, rekursiven Modellen und der reduzierten Form simultaner Gleichungsmodelle verwendet werden. Ihre Anwendung auf die einzelnen Strukturgleichungen eines simultanen Gleichungsmodells führt nicht zu brauchbaren Ergebnissen. Zweistufige Methode der kleinsten Quadrate, Instrumentalvariablenschätzer, Schätzung nach dem Prinzip des minimalen Varianzquotienten, k-Klassen-Schätzmethode, Fixpunkt-Schätzung, Maximum-Likelihood-Methode bei beschränkter Information, dreistufige Methode der kleinsten Quadrate, Maximum-Likelihood-Methode bei voller Information sind einige Schätzmethoden für simultane Gleichungsmodelle, die unterschiedlich die Modellinformationen für die Parameterschätzung nutzen. So sind nur die beiden letzten Methoden simultane Schätzmethoden, die die Parameter aller Strukturgleichungen gleichzeitig schätzen (Schätzung mit voller Information). Die anderen Methoden gehen gleichungsweise vor und berücksichtigen somit nur die Restriktionen dieser Gleichung (Schätzung mit beschränkter Information).

Operationscharakteristik
OC-Funktion, Annahmewahrscheinlichkeit $L(\pi)$ für die Nullhypothese

H_0: $\pi = \pi_0$ eines $\to$ Tests unter der Annahme, daß der Parameter π der Grundgesamtheit tatsächlich gleich dem angenommenen Wert π_0 ist, in Abhängigkeit von π. Ist $G(\pi)$ die $\to$ Gütefunktion des Tests, dann gilt $L(\pi) = 1 - G(\pi)$.

Optimale Prognose

Prognose eines $\to$ stochastischen Prozesses $\{X_t\}$, die einem Optimalitätskriterium, vor allem der Forderung nach minimalem mittlerem quadratischem Vorhersagefehler genügt. Die o. P. mit dem Ursprung n für die Periode n+h ergibt sich als Realisierung $\hat{x}_n(h)$ einer Prognosefunktion F der Zufallsvariablen X_1 bis X_n

$$\hat{X}_n(h) = F(X_1,...,X_n)$$

mit der Minimaleigenschaft:

$$E[(X_{n+h} - \hat{X}_n(h))^2] = min.$$

Der Einfachheit halber werden lineare Prognosefunktionen bevorzugt:

$$\hat{X}_n(h) = c_1 X_1 + ... + c_n X_n.$$

Eine lineare o. P. bezieht ihre Wichtungskoeffizienten c_j (j=1,...,n) aus der Minimierungsaufgabe für den mittleren quadratischen Vorhersagefehler. Die optimale lineare Prognose eines $\to$ ARMA(p,q)-Prozesses mit dem Erwartungswert $E(X_t) = 0$ ergibt sich, wenn im Vorhersagehorizont die nicht beobachtbaren Variablen X_{n+t} und die Störterme a_t in der Prognosefunktion in folgender Weise ersetzt werden:

a) $X_{n+h},...,X_{n+1} \leftarrow \hat{X}_n(h),...,\hat{X}_n(1)$

b) $a_{n+h},...,a_{n+1} \leftarrow 0,...,0$,

c) $a_n,...,a_{n-q+1} \leftarrow X_n - \hat{X}_{n-1}(1),...,$

$$X_{n-q+1} - \hat{X}_{n-q}(1).$$

Beispiel: Die ersten 3 Werte einer optimalen Prognosefunktion für einen Monatsprozeß des Typs ARMA(1,1) mit Beobachtungen aus 10 Jahren

$$X_t - 0{,}5 X_{t-1} = a_t - 0{,}2 a_{t-1}$$

sind ausgehend vom letzten Wert der Zeitreihe, d.h. vom Ursprung n=120:

$$\hat{X}_{120}(1) = 0{,}5 X_{120}$$

$$- 0{,}2(X_{120} - 0{,}2\hat{X}_{119}(1))$$

$$\hat{X}_{120}(2) = 0{,}5\hat{X}_{120}(1)$$

$$\hat{X}_{120}(3) = 0{,}5\hat{X}_{120}(2).$$

Ist der Erwartungswert μ eines ARMA(p,q)-Prozesses, wobei p die maximale Zeitverschiebung zwischen zwei voneinander abhängigen Prozeßvariablen und q die Fortwirkungsdauer von Schocks auf den Prozeß bezeichnen, von null verschieden, so muß die Prognosefunktion um den additiven Term $\mu \cdot (1 - \phi_1 -...- \phi_p)$ ergänzt werden. Dabei sind ϕ_1, ..., ϕ_p die AR-Parameter des Prozesses. Die mit dem Prognosehorizont n+t wachsende Varianz des Vorhersagefehlers ergibt sich als Vielfaches der Residualvarianz ($\to$ Reststreuung) vermöge

$$Var(X_{n+t} - \hat{X}_n(t)) =$$

$$\sigma_a^2(1 + \beta_1^2 +... + \beta_{t-1}^2),$$

wobei sich die Gewichte β_k sukzessiv aus den Modellparametern ϕ_i und θ_j

berechnen lassen:

$$\beta_0 = 0$$

$$\beta_1 - \beta_0 \phi_1 = -\theta_1$$

$$\vdots$$

$$\beta_p - \beta_{p-1} \phi_1 - \dots - \beta_0 \phi_p = -\theta_p$$

$$\beta_k = 0 \quad \textit{für} \quad k > q \,.$$

Die Prognose eines ARMA-Prozesses tendiert mit wachsendem Prognosehorizont h gegen den konstanten Erwartungswert $E(X_t)$. Die Varianz des Prognosefehlers strebt gegen die konstante Prozeßvarianz $Var(X_t)$ und stellt die Konfidenzintervalle mit zunehmendem Horizont auf eine konstante Breite ein. Beispiel: Mehrschritt-Prognose $\hat{x}_t$ der Zeitreihe $\{x_t\}$ eines ARMA(1,1)-Prozesses mit den Parametern $\phi = 0{,}4$ und $\theta = -0{,}3$, wobei in der folgenden Graphik die Zeitreihenwerte mit *, die Prognosewerte mit ⊕ und die 95%-Konfidenzintervalle mit Punkten symbolisiert werden.

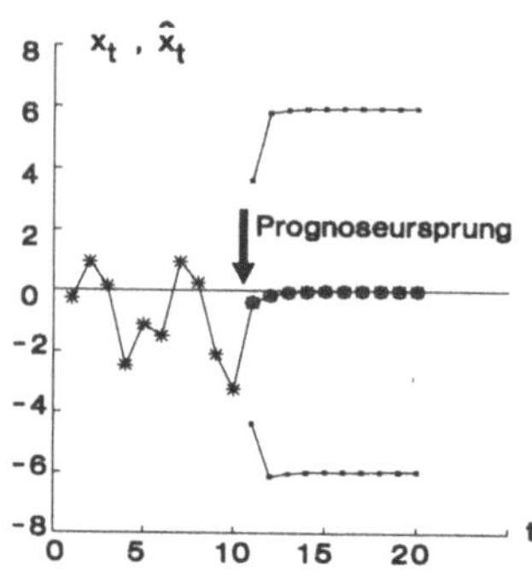

Die autoregressive Modellstruktur bewirkt ein Anschmiegverhalten der Prognosefolge an das Niveau des Erwartungswertes. Beispiel: Eine Mehrschritt-Prognose $\hat{x}_t$ der Zeitreihe $\{x_t\}$ eines reinen AR(2)-Prozesses mit den

Parametern $\phi_1 = 0{,}7$ und $\phi_2 = -0{,}3$ ($\to$ AR-Prozeß):

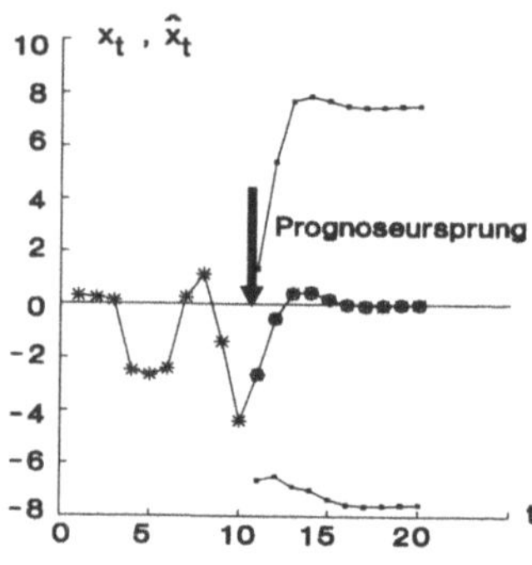

Für reine MA(q)-Prozesse ($\to$ MA-Prozeß) ist ein abrupter Abfall auf das Erwartungswertniveau bereits nach q Perioden charakteristisch. Beispiel: Mehrschritt-Prognose $\hat{x}_t$ der Zeitreihe $\{x_t\}$ eines reinen MA(2)-Prozesses mit den Parametern $\theta_1 = 0{,}5$ und $\theta_2 = -0{,}3$

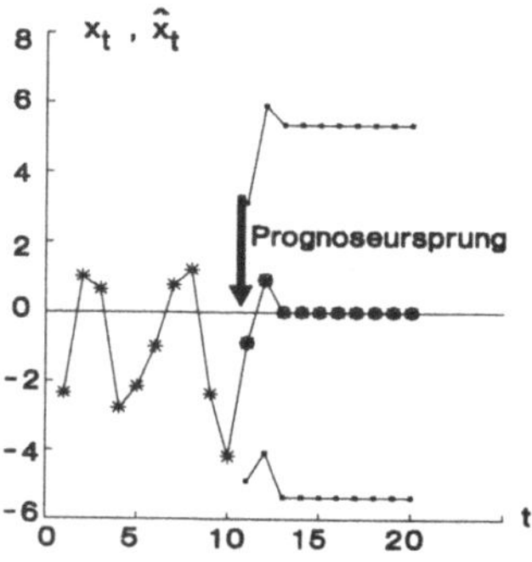

ARMA-Prognosen sind praktisch nur für kurze Horizonte aussagefähig. Die lineare o. P. eines integrierten Prozesses vom Typ ARIMA ergibt sich aus der Prognosefunktion des zugehörigen ARMA-Prozesses nach Umkehrung der Differenzenbildung und unter Beachtung der getroffenen

Vereinbarungen für eine o.P. Die Prognosefolge eines ARIMA-Prozesses tendiert gegen die zeitvariable Erwartungswertfunktion und folgt damit dem Trend- und Saisonverlauf der modellierten Zeitreihe. Die Varianz der Prognosefehler wächst exponentiell mit zunehmendem Horizont, und dementsprechend weitet sich das Konfidenzintervall der Prognose. Beispiel: Mehrschritt-Prognose $\hat{x}_t$ der Zeitreihe $\{x_t\}$ eines → Random Walk mit Drift d = 0,6

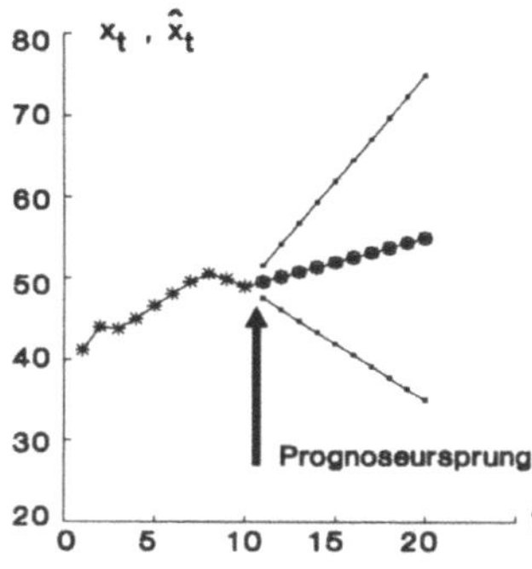

Da die Prognosegüte sehr rasch abnimmt, sollte nur über kurze Horizonte prognostiziert werden. Unter der Normalverteilungsannahme (→ Gaußscher Prozeß) lassen sich aus den Vorhersagefehlern symmetrische Vertrauensintervalle für den zu prognostizierenden Wert um den Erwartungswert der Prognosefunktion

$$\left[\hat{X}_n(h) \pm z_{1-\frac{\alpha}{2}} \sqrt{Var(X_{n+h} - \hat{X}_n(h))} \right]$$

konstruieren, wobei α die Irrtumswahrscheinlichkeit und $z_{1-\alpha/2}$ das entsprechende Quantil der Standardnormalverteilung bezeichnen. Meistens wird das zu einer Irrtumswahrscheinlichkeit von 5 % gehörige Quantil $z_{0.975} = 1{,}96$ gewählt und damit nähe-

rungsweise ein 2σ-Intervall aufgespannt. Sind die Zeitreihendaten vor der Modellierung logarithmiert worden (→ Box-Cox-Transformation), müssen bei der Rücktransformation von Prognose und Vertrauensintervall Korrekturen vorgenommen werden. Der Erwartungswert der Prognosefunktion liegt dann nicht mehr in der Intervallmitte, und die Intervallbreite vergrößert sich. Manche Formeln einer o.P. lassen sich auch aus heuristischen Vorhersageansätzen ableiten. Beispiel: Bei einem ARIMA(0,1,1)-Prozeß mit dem MA-Parameter $\theta = 0{,}3$

$$X_t - X_{t-1} = a_t - 0{,}3 a_{t-1}$$

ist die optimale Einschritt-Prognose

$$\hat{X}_t(1) = X_t - 0{,}3(X_t - \hat{X}_{t-1}(1)).$$

Diese Prognoseformel ist identisch mit der heuristisch konstruierten Prognoseformel der einfachen → exponentiellen Glättung. Für die praktisch sehr oft verwendete → Holt-Winters-Glättung läßt sich allerdings kein Analogon im Sinne der linearen o. P. angeben.

Ordinalskala → Skala

Ordinalskaliertes Merkmal → Merkmal

Oszillation

Zickzackbewegung in einer → Zeitreihe. O. gehört zu den instationären Zeitverläufen (→ Instationarität) und wird bei der Analyse von → Autokorrelation mit dem einfachen → Summenoperator 1+L ausgeschaltet. Dabei ist L der Lag-Operator. Beispiel: Im Modellprozeß $\{X_t\}$ wird eine oszillierende Funktion m + c(-1)^t mit weißem Rauschen $\{a_t\}$ überlagert:

$$X_t = m + c(-1)^t + a_t \, .$$

Dieser Prozeß schwankt beständig um das Niveau m und besitzt den zeitabhängigen Erwartungswert

$$E(X_t) = \begin{cases} m+c \, , & t \text{ gerade} \\ m-c \, , & t \text{ ungerade.} \end{cases}$$

Durch Summation $(1+L)X_t$ entsteht ein → stationärer stochastischer Prozeß

$$(1+L)X_t = X_t + X_{t+1} = 2m + a_t + a_{t-1}$$

mit dem konstanten Erwartungswert 2m und weißem Rauschen $a_t + a_{t-1}$. Für m = 3 und c = 0,6 ist die in folgender Graphik dargestellte Zeitreihe

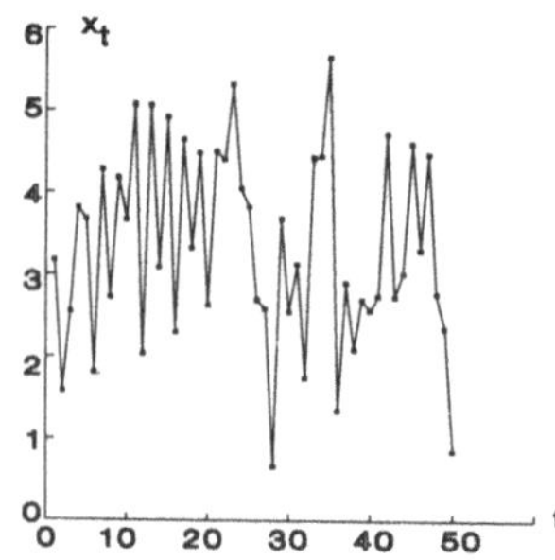

eine Realisierung dieses oszillierenden Prozesses.

P

Paasche-Index

Harmonischer Index, dynamische $\rightarrow$ Indexzahl zur Messung der durchschnittlichen relativen Veränderung einer Sachkomponente unter Verwendung von Gewichtsgrößen des Berichtszeitraums. Stellvertretend für die Vielzahl der praktischen Anwendungen werden der Preis- und der Mengenindex von Paasche skizziert. Es seien

$$p = \begin{bmatrix} p_1 \\ p_2 \\ \vdots \\ p_K \end{bmatrix}, \quad q = \begin{bmatrix} q_1 \\ q_2 \\ \vdots \\ q_K \end{bmatrix}$$

(K×1)-Vektoren der Preise p_k und der Mengen q_k von $k = 1, 2,\dots, K$ Gütern eines vergleichbaren $\rightarrow$ Warenkorbes, die sowohl im Basiszeitraum τ als auch im Berichtszeitraum t statistisch erhoben wurden. Dann sind die Aggregatformeln ($\rightarrow$ Aggregatform)

$$I_{\tau,t}^{Paa,p} = \frac{p_t{'}q_t}{p_\tau{'}q_t}$$

der Paasche-Preisindex in vektorieller Darstellung,

$$I_{\tau,t}^{Paa,p} = \frac{\sum\limits_{k=1}^{K} p_{kt} \cdot q_{kt}}{\sum\limits_{k=1}^{K} p_{k\tau} \cdot q_{kt}}$$

der Paasche-Preisindex in Summendarstellung,

$$I_{\tau,t}^{Paa,q} = \frac{p_t{'}q_t}{p_t{'}q_\tau}$$

der Paasche-Mengenindex in vektorieller Darstellung und

$$I_{\tau,t}^{Paa,q} = \frac{\sum\limits_{k=1}^{K} p_{kt} \cdot q_{kt}}{\sum\limits_{k=1}^{K} p_{kt} \cdot q_{k\tau}}$$

der Paasche-Mengenindex in Summendarstellung. Da sich der P.-I. (z.B. der Paasche-Preisindex) darstellen läßt als ein gewogenes $\rightarrow$ harmonisches Mittel

$$I_{\tau,t}^{Paa,p} = \frac{\sum\limits_{k=1}^{K} w_{kt}}{\sum\limits_{k=1}^{K} \dfrac{1}{i_{\tau,t}^{p}(k)} \cdot w_{kt}}$$

aus den K Preismeßzahlen

$$i_{\tau,t}^{p}(k) = \frac{p_{kt}}{p_{k\tau}}, \quad p_{k\tau} > 0$$

und den K Wertvolumina (meist in Gestalt von Verbrauchsausgabenanteilen) des Berichtszeitraums

$$w_{kt} = p_{kt} \cdot q_{kt}$$

der K Warenkorbgüter, wird der P.-I. auch als harmonischer Index bezeichnet. Die Darstellung des P.-I. als ein gewogener Durchschnitt von Meßzahlen liefert eine plausible Begründung für seine Interpretation als eine Maßzahl für eine durchschnittliche Entwicklung etwa der Preise für die Lebenshaltung unter Berücksichtigung aktueller Verbrauchsgewohnheiten. Daß man in der amtlichen Statistik für die Berechnung des Preisindex der Lebenshaltungskosten den → Laspeyres-Index und nicht den P.-I. bevorzugt, liegt u.a. darin begründet, daß die Berechnung des P.-I. aufwendiger ist als die des Laspeyres-Index, da für den P.-I. neben den monatlichen Preisveränderungen auch die aktuellen Verbrauchsgewohnheiten (widergespiegelt im → Wägungsschema des Berichtsmonats) statistisch zu erheben sind.

Panel

Bestimmte, gleichbleibende, repräsentative Gruppe von Personen, die über einen gleichen Themenkreis wiederholt in einem längeren Zeitraum befragt wird. Die Analyse von Paneldaten ist eine Verbindung von Längs- und Querschnittsanalyse. Je nach Befragtenkreis gibt es z.B. Händler-Panel (Einzel- und Großhandel) und Verbraucher-Panel (Vorverbraucher und Endverbraucher). Händler-Panels beziehen sich in der Regel auf die vorhandene Anzahl von Warengruppen. So werden im Großhandel z.B. das sogenannte GfK-Cash-and-Carry-Panel (GfK-Gesellschaft für Konsumforschung) und das Nielsen-Lebensmittel-Sortimentsgroßhandels-Panel erhoben. Bekannt sind im Einzelhandel u.a. das allgemeine Einzelhandels-Panel und die Fachhandels-Pa-

nels für Apotheken, Drogerien und verwandte Bereiche. Das Haushalts-Panel als bedeutendstes Endverbraucher-Panel bezieht sich auf die Einkäufe der Waren, die in einem Haushalt verbraucht werden. Für die vergleichende Analyse der sozialen und ökonomischen Entwicklung der Bevölkerung in den alten und neuen Bundesländern ist das sozioökonomische P. von großer Bedeutung. Für die Auswahl des Personenkreises ist prinzipiell jedes Stichprobenverfahren möglich. Beachtet werden muß jedoch, daß die Repräsentanz des P. über einen längeren Zeitraum erhalten bleiben sollte, was z.B. durch nachlassendes Interesse, Auflösung von Haushalten und den sogenannten → Paneleffekt oft schwer zu realisieren ist.

Paneleffekt

Erscheinung, daß Personen des → Panels ihr "normales" Verhalten verändern, weil sie unter dem Einfluß der Teilnahme am Panel z.B. die im Fragebogen aufgeführten Produktmarken bewußter prüfen und damit ihr Einkaufsverhalten gegenüber nicht durch das Panel beeinflußten Bürgern verändern.

Parameter

Konstante zur Charakterisierung einer Wahrscheinlichkeitsverteilung oder einer empirischen Verteilung in einer Grundgesamtheit. Bei realen Grundgesamtheiten interessieren vor allem die P. → arithmetisches Mittel, → Streuungsmaße oder Anteil, bei Wahrscheinlichkeitsverteilungen besonders → Erwartungswert und → Varianz sowie andere Kennwerte, die explizit in der → Verteilungsfunktion vorkommen und durch die sich die einzelnen Wahrscheinlichkeitsverteilungen innerhalb einer Klasse unterscheiden. Auch die zu schätzenden Koeffizienten von Regressions-, Zeitreihen- und ökonometrischen Modellen werden als P. bezeichnet.

Parameterfreier Test → nichtparametrischer Test

Parameterschätzung

Zusammenfassende Bezeichnung für die Anwendung von Verfahren der → Punktschätzung und → Intervallschätzung für → Parameter unter Verwendung einer Stichprobe.

Parametersparsamkeit → ARMA-Prozeß

Parametertest

Test zur Prüfung einer Hypothese über unbekannte Parameter einer vorliegenden, dem Typ nach bekannten Wahrscheinlichkeitsverteilung, der diese Kenntnis über den Verteilungstyp wesentlich benutzt. Im Unterschied dazu spricht man von einem parameterfreien, nichtparametrischen oder verteilungsfreien Test, wenn der Typ der vorliegenden Wahrscheinlichkeitsverteilung nicht bekannt ist. Zum Beispiel ist der Test zur Prüfung einer Hypothese über den Erwartungswert der Normalverteilung ein P., wofür z.B. der → t-Test zur Anwendung kommt. Dagegen ist der Test zur Prüfung der Hypothese, daß die Wahrscheinlichkeitsverteilung der Grundgesamtheit, aus der die Stichprobe stammt, eine Normalverteilung ist, ein nichtparametrischer Test, wofür z.B. der Chi-Quadrat-Anpassungstest (→ Chi-Quadrat-Test) angewandt werden kann.

Parität

Kaufkraftparität, Verbrauchergeldparität, statistische → Maßzahl für den räumlichen Preisvergleich. Die praktisch bedeutsamste Form des räumlichen Preisvergleichs ist der internationale Vergleich von Preisen für die Lebenshaltung, der stets die Existenz vergleichbarer Güterbündel bzw. → Warenkörbe erfordert. Die einfachste Form der Ermittlung einer P. ist der Vergleich eines Inlandswarenkorbes I mit einem Auslandswarenkorb A. Es seien

$$p_A = \begin{bmatrix} p_{1A} \\ p_{2A} \\ \vdots \\ p_{KA} \end{bmatrix}, \quad q_A = \begin{bmatrix} q_{1A} \\ q_{2A} \\ \vdots \\ q_{KA} \end{bmatrix}$$

$(K \times 1)$-Vektoren der Preise p_{kA} und der Mengen q_{kA} von $k = 1, 2, ..., K$ Gütern eines (vergleichbaren) Auslandswarenkorbes A und

$$p_I = \begin{bmatrix} p_{1I} \\ p_{2I} \\ \vdots \\ p_{KI} \end{bmatrix}, \quad q_I = \begin{bmatrix} q_{1I} \\ q_{2I} \\ \vdots \\ q_{KI} \end{bmatrix}$$

die entsprechenden $(K \times 1)$-Vektoren der K Güterpreise p_{kI} und K Gütermengen q_{kI} des Inlandswarenkorbes I. Dann stellt die Aggregatformel

$$P_{I,A}^{Las} = \frac{p_A{}' q_I}{p_I{}' q_I}$$

die P. in vektorieller Darstellung auf der Basis des Laspeyres-Ansatzes, die Aggregatformel

Partielle Autokorrelationsfunktion

$$P_{I,A}^{Las} = \frac{\sum_{k=1}^{K} p_{kA} \cdot q_{kI}}{\sum_{k=1}^{K} p_{kI} \cdot q_{kI}}$$

die P. in Summendarstellung auf der Basis des Laspeyres-Ansatzes, die Aggregatformel

$$P_{I,A}^{Paa} = \frac{p_A{'}q_A}{p_I{'}q_A}$$

die P. in vektorieller Darstellung auf der Basis des Paasche-Ansatzes und die Aggregatformel

$$P_{I,A}^{Paa} = \frac{\sum_{k=1}^{K} p_{kA}{'}q_{kA}}{\sum_{k=1}^{K} p_{kI}{'}q_{kA}}$$

die P. in Summendarstellung auf der Basis des Paasche-Ansatzes dar. Der Laspeyres-Ansatz vergleicht demnach die Ausgaben für den Inlandswarenkorb, während der Paasche-Ansatz den Auslandswarenkorb für den Ausgabenvergleich verwendet. Aus statistisch-methodischer Sicht ist die P. vergleichbar mit dem $\rightarrow$ Preisindex, der allerdings i.allg. nicht auf den räumlichen, sondern auf den zeitlichen Preisvergleich zielt. Da sich P. (ähnlich wie Preisindizes) als gewogene Durchschnitte aus (statischen) Preismeßzahlen darstellen und interpretieren lassen, messen sie stets nur den durchschnittlichen Niveauunterschied in den Preisen der betrachteten (vergleichbaren) Warenkörbe. Die amtliche Statistik berechnet in Anlehnung an den $\rightarrow$ Idealindex (nach Drobisch) eine sogenannte Ideal-Parität

als $\rightarrow$ arithmetisches Mittel aus der Laspeyres-Parität und der Paasche-Parität. Die Berechnung von P. ist nützlich für internationale Vergleiche von Inflationsraten und die $\rightarrow$ Deflationierung von Verbrauchsaggregaten in der $\rightarrow$ Volkswirtschaftlichen Gesamtrechnung. Der Vergleich von P. mit Wechselkursen im Sinne von Reisegeldparitäten zur Bestimmung von Kaufkraftgewinnen bzw. -verlusten bei Auslandsreisen ist nur für speziell gebildete Warenkörbe möglich und sinnvoll.

Partielle Autokorrelationsfunktion

Spezielle Kennfunktion eines $\rightarrow$ stochastischen Prozesses $\{X_t\}$ zur Messung des Zusammenhanges zwischen zueinander zeitverschobenen Prozeßvariablen, die auf einem heuristischen Schätzprinzip beruht. An eine Zeitreihe $\{x_t\}$ des Modellprozesses $\{X_t\}$ werden nacheinander autoregressive Prozesse erster, zweiter, dritter usw. Ordnung angepaßt ($\rightarrow$ AR-Prozeß). Die Schätzung nach der $\rightarrow$ Methode der kleinsten Quadrate für die jeweils ordnungsführenden Modellparameter, d.h. ϕ_1 im ersten Fall, ϕ_2 im zweiten Fall, ϕ_3 im dritten Fall usw., werden den Zeitverschiebungen $\tau = 1,2,3,...$ als p.A. $\hat{\pi}_\tau$ zugeordnet. Analog zum partiellen $\rightarrow$ Korrelationskoeffizienten mißt $\hat{\pi}_\tau$ den Zusammenhang zwischen Zeitreihendaten mit der Zeitdifferenz τ unter Ausschaltung des Einflusses von Zusammenhängen zwischen kürzer verzögerten Daten. Die p.A. wird zur Identifikation von $\rightarrow$ ARMA-Prozessen verwendet. Sie besitzt ähnliche Eigenschaften wie die $\rightarrow$ inverse Autokorrelationsfunktion, läßt sich aber einfacher schätzen. Beispiele: a) Für die Zeitreihe $\{x_t\}$ eines AR(1)-

Prozesses mit dem Parameter $\phi_1 = 0,6$

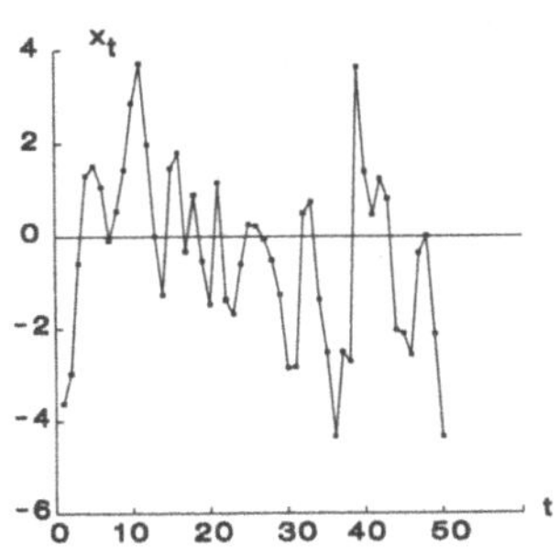

wird eine p. A. der Gestalt

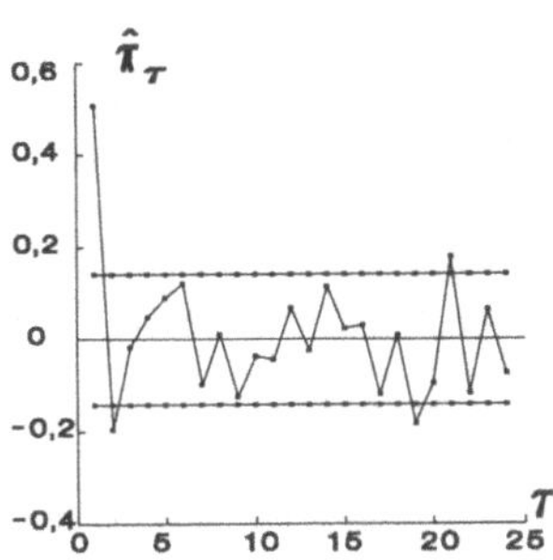

geschätzt. Nur für $\tau=1$ liegt die p.A. deutlich außerhalb der 2σ-Grenzen. Für $\tau>1$ dagegen verläuft sie unregelmäßig und meist innerhalb dieses Konfidenzintervalls. b) Für die Zeitreihe $\{x_t\}$ eines MA(1)-Prozesses mit dem Parameter $\theta = -0,5$ hingegen

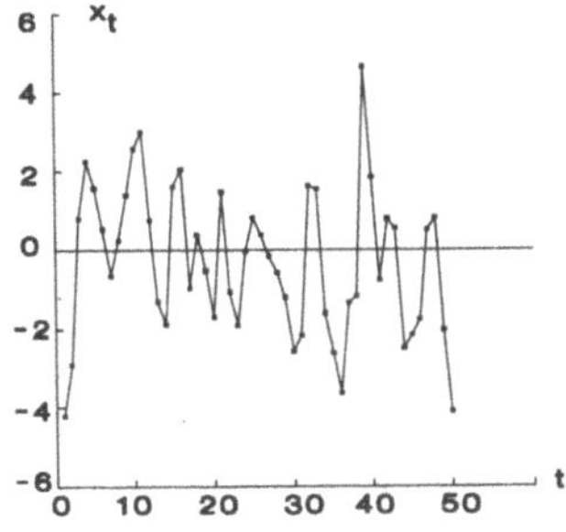

läßt sich eine p. A. der Gestalt

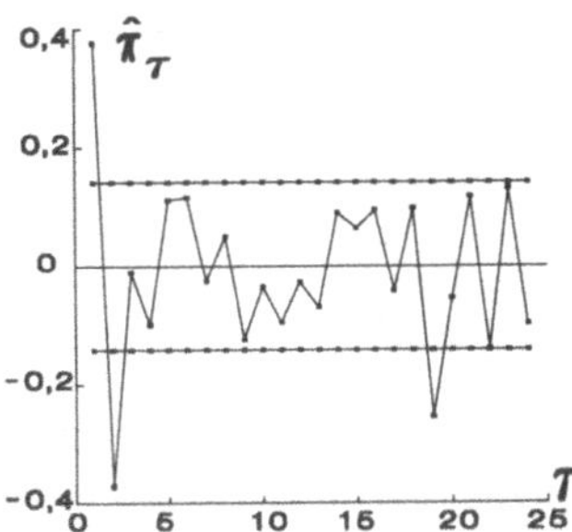

schätzen. Ihre Verlaufsform wird theoretisch durch ein exponentiell-sinusähnliches Abschwingen nach dem ersten Lag gekennzeichnet.

Partieller Korrelationskoeffizient
→ Korrelationskoeffizient

Partielles Bestimmtheitsmaß
Im Fall der multiplen linearen → Regressionsfunktion Maßzahl für den Anteil der nur durch eine → exogene Variable erklärten → Varianz an der Gesamtvarianz der endogenen Variablen. → Bestimmtheitsmaß, → Korrelationskoeffizient

Parzenfenster → Spektraldichtefunktion

Peak → Periodogramm

Periode
Zeittakt der Beobachtung eines → Merkmals. Die P. gibt den zeitlichen Bezug aller Zeitreihenwerte an. Die Beobachtungen können sich auf die P. als Zeitintervall beziehen, z.B. beim Wochenumsatz eines Supermarktes, oder auf einen Zeitpunkt in der P., z.B. beim Bestand eines Lagers am letzten Liefertag des jeweiligen Monats.

Periodische Schwankungen

Tages-, jahreszeitlich oder in Ausnahmefällen auch konjunkturell bedingte Schwankungen eines ökonomischen Merkmals, z.B. des monatlichen Umsatzes eines Warenhauses.

Periodizität

Regelmäßige Wiederkehr gewisser Erscheinungen in bestimmten Zeitabständen. Beispiel: Jährliche Aktualisierung eines Datenpanels. P. zeigt sich in einer Zeitreihe a) als regelmäßige Erfassung von Beobachtungen ($\rightarrow$ Periode), b) als $\rightarrow$ periodische Schwankung in den Beobachtungen. Mitunter wird P. nur vermutet und bei einer $\rightarrow$ harmonischen Analyse der Daten näher untersucht. Die Suche nach versteckten P. stand historisch am Beginn der $\rightarrow$ Spektralanalyse.

Periodogramm

Stichprobenspektrum, eine Funktion $I(\lambda)$ der $\rightarrow$ Frequenz, die zur Erkennung versteckter oder zur Bestätigung vermuteter $\rightarrow$ periodischer Schwankungen in einer $\rightarrow$ Zeitreihe dient. Das P. gibt für jede Frequenz λ ein Maß dafür an, mit welcher Stärke bzw. Intensität eine harmonische Welle dieser Frequenz in der Zeitreihe vorkommt ($\rightarrow$ harmonische Analyse). Seine Berechnung und Auswertung heißt Periodogrammanalyse. Formal ergibt sich das P. für n mittelwertbereinigte Zeitreihendaten x_t aus:

$$I(\lambda) = \frac{1}{n}\left(\sum_{t=1}^{n}(x_t-\bar{x})\cos(2\pi\lambda t)\right)^2$$

$$+ \frac{1}{n}\left(\sum_{t=1}^{n}(x_t-\bar{x})\sin(2\pi\lambda t)\right)^2.$$

Zur Auswertung des P. werden die Ordinaten $I(\lambda)$ über den Frequenzen $\lambda = 1/n,\ 1/(n-1),...,\ 1/2$ graphisch dargestellt. An der Stelle $\lambda = 0$ ergibt sich der Wert null. Mitunter werden bei der Berechnung des P. anstelle der mittelwertbereinigten Zeitreihendaten $x_t - \bar{x}$ die Beobachtungen x_t selbst eingesetzt. Das führt zu einem von null verschiedenen Wert von $I(0)$, der wegen seiner Größe die graphische Darstellung verzerren kann. Die Formel der mittelwertbereinigten Berechnung ist deshalb vorzuziehen. Eine periodische Schwingung mit der Zyklenlänge $1/\lambda$ erscheint im P. als deutliche Spitze (Peak) an der Frequenz λ. Auch die Periodogrammordinaten in unmittelbarer Umgebung einer solchen Frequenz sind erhöht (Leakage-Effekt). Nach dem Peak bei λ erzeugt eine harmonische Welle weitere Spitzen bei den ganzen Vielfachen von λ (Oberschwingungen). Das P. ist typischerweise sehr zerklüftet, was die Erkennung von Peaks erschwert. Die Varianz des P. läßt sich auch durch die Erhöhung der Beobachtungsanzahl in der Zeitreihe nicht beliebig verkleinern (fehlende $\rightarrow$ Konsistenz). Deshalb sind verschiedene Ansätze zur Glättung entwickelt worden ($\rightarrow$ Spektraldichtefunktion). Dabei wird eine Beziehung zwischen dem P. und den Autokovarianzen c_τ der Zeitreihe ($\rightarrow$ Autokovarianzfunktion)

$$I(\lambda) = c_0 + 2\sum_{\tau=1}^{n-1}c_\tau\cos(2\pi\lambda\tau)$$

ausgenutzt, in deren Verlauf sich periodische Schwankungen ebenfalls niederschlagen ($\rightarrow$ Korrelogramm). Die Periodogrammwerte $I(\lambda)$ lassen sich auch aus den Amplitudenquadraten harmonischer Wellen (→ harmonische Analyse) berechnen, womit näherungsweise eine Zerlegung der Varianz der Beobachtungen nach Frequenzen möglich wird:

$$Var(x_t) \approx \frac{2}{n} \sum_{\lambda = \frac{1}{n}}^{\frac{1}{2}} I(\lambda)$$

Graphisch bedeutet dieser Sachverhalt, daß die Fläche unter einem die Periodogrammordinaten verbindenen Polygonzug näherungsweise die Zeitreihenvarianz und ihre Verteilung auf periodische Schwankungen verschiedener Frequenzen ergibt. Beispiel: Die folgende Graphik zeigt das P. einer monatlichen Absatzzeitreihe für Flaschenbier nach Bildung einfacher Differenzen zur Trendbeseitigung.

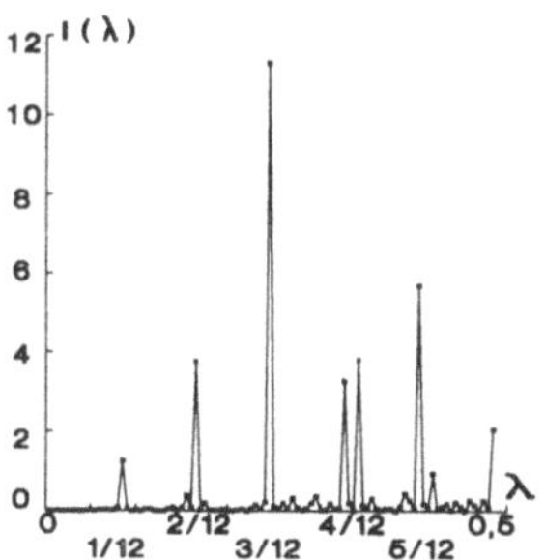

Der Saisonzyklus wird durch den ersten Peak bei $\lambda = 1/12$ angezeigt. Die weiteren Peaks liegen bei ganzen Vielfachen der Saisonfrequenz (Oberschwingungen).

Persistenz

Fortwirkungsdynamik von → Schocks in einem → stationären stochastischen Prozeß $\{X_t\}$ (Gedächtnis). Zur formalen Bestimmung der P. wird eine Folge partieller Ableitungen der Prozeßvariablen X_t nach zeitlich zurück-

liegenden Schocks $a_{t-\tau}$ mit wachsender Zeitverzögerung τ

$$d_\tau = \frac{\partial X_t}{\partial a_{t-\tau}}, \quad \tau = 1, 2, \ldots$$

untersucht. Diese Zahlenfolge ist monoton fallend in τ und sei unabhängig von t. Für → ARMA-Prozesse tendiert sie schon nach wenigen Perioden gegen null, was als Kurzzeitgedächtnis bezeichnet wird, bei → Long-Memory-Prozessen hingegen erst nach sehr vielen Perioden (Langzeitgedächtnis). Beispiel: Die P. des ARMA(1,1)-Prozesses

$$X_t - 0,3X_{t-1} = a_t - 0,2a_{t-1}$$

läßt sich aus der umgeformten Differenzengleichung

$$X_t = a_t + 0,1a_{t-1} + 0,03a_{t-2}$$
$$+ 0,009a_{t-3} + 0,00027a_{t-4} + \ldots$$

(MA-Darstellung) bestimmen. Die stark fallende Folge $d_1 = 0,1$, $d_2 = 0,03$, $d_3 = 0,009$, $d_4 = 0,00027 \ldots$ ist charakteristisch für ein Kurzzeitgedächtnis und weist auf eine geringe P. hin. - In der empirischen Konjunkturforschung werden Persistenzuntersuchungen an Zeitreihen durchgeführt, um die Wirkung von Störungen auf langfristige Wachstumsprozesse zu beschreiben.

Perzentil → Quantil

Pfadmodell

Strukturgleichungsmodell, lineares Mehrgleichungsmodell mit vorwiegend → latenten Variablen, die indirekt über multiple manifeste Variable, sogenannte Indikatoren, beobachtet werden. Das P. ist eine Verbindung von Modellen der → Ökonometrie (P. mit manifesten Variablen) und der Soziometrie/Psychometrie (Modelle mit latenten Variablen). Die folgende Abbildung zeigt ein umweltökonomisches P., das, wie in der Pfadanalyse üblich, durch ein Pfeildiagramm dargestellt wird.

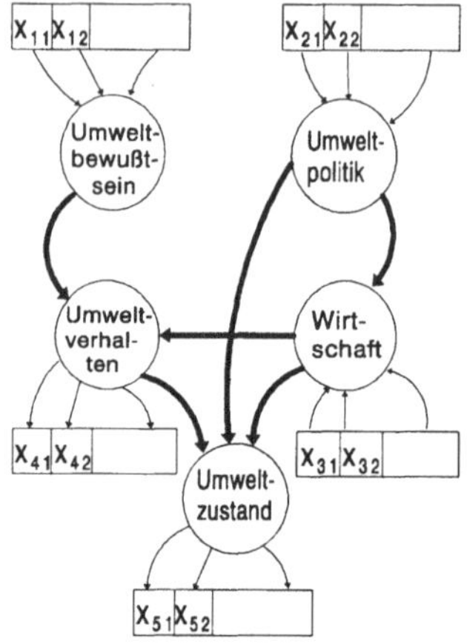

Die nicht direkt meßbaren latenten Variablen werden dabei in Kreisform abgebildet. Sie werden über Blöcke von manifesten Variablen x_{ij} erhoben. Jöreskog entwickelte den ersten allgemeinen Algorithmus für Schätzungen von P., einen Maximum-Likelihood-Ansatz mit dem Namen → LISREL. Wold dagegen verallgemeinerte seine iterative Kleinstquadrateschätzung von Hauptkomponenten-Modellen mit zwei latenten Variablen auf P. mit drei oder mehr latenten Variablen. Das führt zu dem Partial-Least-Squares-Algorithmus (→ PLS). Das PLS-Modell wird auch als "soft model" bezeichnet, da es mit wesentlich weniger Unkorreliertheits- und Verteilungsannahmen als LISREL auskommt. Die latenten Variablen werden hier als direkte Linearkombinationen der manifesten Variablen definiert. Die mit PLS geschätzten Parameter unterscheiden sich i.allg. wesentlich von LISREL-Schätzungen, denn PLS ist nicht nur ein anderes Schätzverfahren, sondern i. allg. auch ein anderes Modell mit völlig anderen Modellvoraussetzungen. Trotzdem lassen sich unter bestimmten Bedingungen enge Beziehungen zwischen den latenten Variablen im LISREL-Modell und im PLS-Modell nachweisen, z.B. die "Consistency at large", d.h. die Annäherung beider für eine sehr große Zahl manifester Variablen.

Phase → harmonische Analyse

Phi-Koeffizient → Assoziationskoeffizient

Piktogramm

Bilddiagramm, graphische Darstellung statistischer Daten durch Bildsymbole, die mit dem darzustellenden Inhalt in Beziehung stehen sollten. P. werden hauptsächlich für die graphische Wiedergabe von → Häufigkeitsverteilungen verwendet, wobei die (absoluten oder relativen) Häufigkeiten durch eine unterschiedliche Anzahl von Bildsymbolen bzw. durch unterschiedlich große Symbole repräsentiert werden. P. sind sehr anschaulich und werden vor allem in populärwissenschaftlichen Schriften verwendet, liefern jedoch im Vergleich zu anderen Möglichkeiten der graphischen Darstellung bzw. zur Häufigkeitstabelle nur grobe Informationen über den Sachverhalt. Beispiel: Bestand an Elefanten in drei afrikanischen Nationalparks am 01.08.1993, wobei ein Symbol 100 Elefanten repräsentiert.

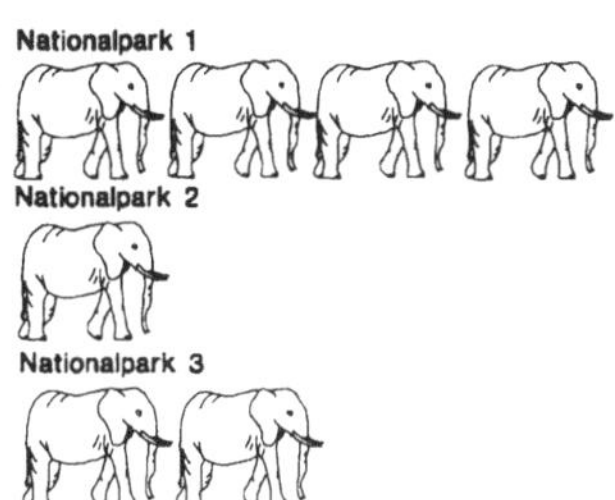

PLS

Partial Least Squares, Methode zur Schätzung von → Pfadmodellen, die die Eigenschaft ökonometrischer Vorhersagemodelle und der psychometrischen Modellierung → latenter Variablen in sich vereinen, und Bezeichnung für diese Modelle selbst. Eine latente Variable wird nur indirekt beobachtet und zwar durch einen Block von i.allg. mehreren meßbaren Indikatoren, die manifeste Variable genannt werden. PLS ist eine Alternative zu → LISREL, das nur die Kovarianzmatrix der manifesten Variablen modelliert, während ein PLS-Modell in erster Linie die Daten der latenten und manifesten Variablen modelliert und damit ihre Prognose ermöglicht. PLS erfordert keine Voraussetzung über die Verteilung der Variablen und über die Unabhängigkeit der Beobachtungen. Analog zum Meßmodell und zum Strukturmodell in Jöreskogs LISREL besteht das PLS-Modell nach H. Wold aus einem äußeren und einem inneren Modell. In Matrizengleichungen zusammengefaßt, enthält das äußere Modell zur Definition der latenten Variablen die Gewichtsrelation $\xi = \omega' x$ mit ξ als Vektor aus latenten Variablen ξ_j, ω als blockdiagonale Matrix der Gewichte ω_{jh} und x als Vektor aus manifesten Variablen x_h. Die umgekehr-

te Beziehung zeigt die Ladungsrelation zur Modellierung der Beziehungen zwischen jeder einzelnen manifesten Variablen und der zugeordneten latenten Variablen:

$$x = \pi_0 + \pi\xi + \varepsilon$$

mit π_0 als (nur gelegentlich verwendeter) Vektor von Lageparametern π_{h0}, π als blockdiagonale Matrix der Ladungen π_{jh} und ε als Vektor von Störvariablen ε_h. Das innere Modell beschreibt die linearen Beziehungen zwischen den latenten Variablen:

$$\xi = \beta_0 + \beta\xi + \tau$$

mit β_0 als (ebenfalls nur gelegentlich verwendetem) Vektor von Lageparametern β_{i0}, β als Matrix der Pfadkoeffizienten β_{ij} und τ als Vektor aus Störvariablen τ_i. Die Modellannahmen, d.h. die Annahmen über die Verteilung der Störvariablen, sind relativ allgemein und "weich": Sie beschränken sich auf $E(\varepsilon_h)=E(\tau_i)=0$. Das Strukturmodell wird als rekursiv vorausgesetzt, d.h., die Pfadkoeffizientenmatrix β kann als eine untere Dreiecksmatrix angenommen werden. PLS ist im Gegensatz zu LISREL stärker rohdatenorientiert. Da dafür das mittlere Niveau der Daten von Bedeutung ist, wird häufig die Einfügung von Lokationsparametern π_{h0} ins äußere Modell und β_{i0} ins innere Modell zweckmäßig. - Die latenten Variablen werden in PLS entsprechend der Gewichtsrelation als gewogenes Mittel der ihnen zugeordneten manifesten Variablen geschätzt. Das Schätzprinzip Partial Least Squares besteht in wiederholten stückweisen Kleinstquadratschätzungen. Im Mittelpunkt dieses Schätzalgorithmus von Wold steht die Bestimmung der Gewichte ω_{jh} für die Zusammensetzung der manifesten Variablen des j-ten Blockes zur latenten Variablen ξ_j. Hierzu geht man von auf null zentrierten Werten der manifesten Variablen x_h und beliebigen Startwerten w_{jh} für die Gewichte aus. Der erste Schritt von PLS besteht in der iterativen Kleinstquadratschätzung der Gewichte w_{jh} für die gewogenen Summen

$$X_{jn} = \sum_h w_{jh}\, x_{jhn} \, ,$$

wobei X_{jn} den einzelnen Wert der Näherung X_j für die latente Variable ξ_j, x_{hn} den einzelnen Wert der manifesten Variablen x_h aus dem j-ten Block und w_{jh} die Schätzung des Gewichtes dieser manifesten Variablen im j-ten Block kennzeichnet. Eine Neuschätzung der Gewichte mit der gewöhnlichen Methode der kleinsten Quadrate unter Berücksichtigung der inneren Modellstruktur wird über Hilfsvariable X_j^* vorgenommen, die gleichsam die durch das innere Modell festgelegte Umgebung der jeweiligen latenten Variablen ξ_j darstellen. Mit den daraus erneut berechneten Näherungen X_j für die latenten Variablen ξ_j wird in den nächsten Iterationszyklus eingestiegen. Bleiben die Veränderungen der Gewichte w_{jh} unterhalb einer vorgegebenen Schranke, wird die Konstruktion der latenten Variablen abgeschlossen. Erfahrungsgemäß konvergiert das Verfahren in diesem Sinne fast immer. Der Schätzalgorithmus ist so strukturiert, daß dabei latente Variable X_j bzw. im Grenzfall ξ_j erzeugt werden, die jeweils über die Gesamtheit aller Fälle die Varianz eins haben. Im zweiten Schritt werden über die gewöhnliche Methode der kleinsten Quadrate die Koeffizienten des inneren Modells, d.h. die Pfadkoeffizienten β_{ij}, und die Koeffizienten des äußeren Modells, d.h. die Ladungen π_h, geschätzt. Dafür werden die im ersten Schritt gewonnenen latenten Variablen verwendet. Die Ladungen π_h beschreiben die Abhängigkeit jeder einzelnen manifesten Variablen x_h des j-ten Blockes von der zugeordneten latenten Variablen ξ_j. In der dritten Stufe werden, soweit benötigt, Lageparameter, also konstante Glieder π_{ho} und β_{io} für die Gleichungen des inneren und äußeren Modells, berechnet. - Die Evaluierung von PLS-Modellen erfolgt über den sogenannten Stone-Geisser-Test, ein deskriptives Verfahren zur Prüfung der Modellanpassung, und die → Jackknife-Schätzung der Standardfehler der Koeffizienten. PLS ist ein wichtiges Instrument der Kausalanalyse. Ziel ist dabei die optimale Reproduktion der Rohdatenmatrix durch das Modell. Anwendungsziele von PLS-Modellen sind die Simulation von Prognosewerten und die Berechnung von Scores (Werten) der latenten Variablen. Eine Hypothesenprüfung ist i.allg. nicht vorgesehen und im strengen Sinne auch nicht durchführbar. Das Verfahren trägt eher einen deskriptiven und explorativen Charakter. PLS läßt sich auch als Fixpunkt-Verfahren darstellen.

Poisson-Prozeß
Stochastischer Prozeß $\{X_t\}$, dessen → Zufallsvariablen X_t mit Hilfe eines → Punktprozesses, des Poisson - Stromes, zeitlich aufeinander folgender Ereignisse definiert werden. Die Zahl eingetretener Ereignisse im Zeitraum von null bis t ist eine Realisierung der Zufallsvariablen X_t. Beispiele:

Anzahl von Übertragungsfehlern in einem Computernetz während einer Stunde, Anzahl der bei einem Möbelhersteller bis zum Zeitpunkt t eingehenden Bestellungen für eine ausgewähltes Modell. Vorausgesetzt wird über die zeitliche Folge der Ereignisse, d.h. über den Punktestrom, daß a) die Wahrscheinlichkeit für den Eintritt eines Ereignisses während einer kleinen Zeitspanne Δt nahezu proportional zu dieser Zeitspanne ist, b) die Wahrscheinlichkeit dafür, daß in einer sehr kleinen Zeitspanne Δt zwei Ereignisse eintreten können, nahezu null ist, c) die Anzahl eintretender Ereignisse in sich nicht überlappenden Zeitspannen voneinander unabhängig sind. Unter diesen Bedingungen kann für jede Zufallsvariable X_t eine $\rightarrow$ Poisson-Verteilung mit dem Parameter λt ($\lambda > 0$) als Wahrscheinlichkeitsmodell angenommen werden. Das bedeutet zugleich, daß die Zeitspanne zwischen zwei eintretenden Ereignissen einer $\rightarrow$ Exponentialverteilung folgt ($\rightarrow$ rekurrenter Prozeß). Der P.-P. ist instationär. Seine $\rightarrow$ Erwartungswertfunktion $\mu(t)$ ergibt sich als Produkt der Intensität λ mit der Zeit t. Wichtige Anwendungen des P.-P. sind u.a. die Erarbeitung von Instandhaltungsstrategien und Ausfallstatistiken sowie die Modellierung von Bestell- und Reklamationsströmen in Bedienungssystemen.

Poisson-Verteilung

Verteilung einer diskreten Zufallsvariablen X mit dem Parameter $\lambda > 0$ und den Wahrscheinlichkeiten

$$p_m = P(X = m) = \frac{\lambda^m}{m!} e^{-\lambda}, \quad m = 0, 1, \ldots$$

Erwartungswert und Varianz sind gleich: $E(X) = Var(X) = \lambda$. Schiefe und Exzeß sind

$$\frac{1}{\sqrt{\lambda}} \quad bzw. \quad \frac{1}{\lambda} \,.$$

Die Wahrscheinlichkeiten p_m wachsen für $m < \lambda$ streng monoton; für $m > \lambda$ sind sie streng monoton fallend. Die Verteilungsfunktion der P.-V. liegt tabelliert vor (siehe Seite 284). Nach dem Grenzwertsatz von Poisson ist die P.-V. für $n \rightarrow \infty$ und $p \rightarrow 0$ Grenzverteilung der Binomialverteilung mit $np = \lambda$, wobei n die Anzahl der Versuche, p die Wahrscheinlichkeit eines Ereignisses E in jedem einzelnen Versuch und m die Häufigkeit des Eintretens von E bezeichnen. Ist z. B. bekannt, daß pro Jahr durchschnittlich 10 Unternehmen bankrott gehen, so wird $\lambda = E(X) = 10$ gesetzt. Damit ist die Wahrscheinlichkeit dafür, daß in einem beliebigen Jahr genau $m = 4$ Unternehmen bankrott gehen, gleich $p_4 = 10^4 e^{-10}/4! = 0,0189$. Die Summe poissonverteilter Zufallsvariablen ist ebenfalls poissonverteilt. Die P.-V. wird unter anderem in der Bedienungstheorie verwendet.

Polygondarstellung

Graphische Darstellung von Punkten in einem Koordinatensystem, die Merkmalswerte mehrerer Merkmale oder Merkmalswerte eines Merkmals und die dazugehörigen Häufigkeiten repräsentieren, und Verbindung dieser Punkte in einer sinnvollen Reihenfolge durch gerade Linien, die in ihrer Gesamtheit einen Polygonzug ergeben. Häufigste Anwendung ist die Darstellung des Verlaufs einer $\rightarrow$ Zeitreihe durch einen Polygonzug. Ein Spezialfall der P. ist die graphische Wiedergabe der $\rightarrow$ Häufigkeitsverteilung für klassierte Daten ($\rightarrow$

Poissonverteilung

Verteilungsfunktion $F(x,\lambda) = \sum\limits_{i=1}^{x} p_i (\lambda) = P(X \leq x)$

x	λ	0,005	0,010	0,020	0,030	0,040	0,050	0,100
0		0,995	0,990	0,980	0,970	0,981	0,951	0,905
1		1,000	1,000	1,000	1,000	0,999	0,999	0,995
2		1,000	1,000	1,000	1,000	1,000	1,000	1,000

x	λ	0,150	0,200	0,300	0,400	0,500	0,600	0,800
0		0,861	0,819	0,741	0,670	0,607	0,549	0,449
1		0,990	0,983	0,963	0,938	0,910	0,878	0,809
2		1,000	0,998	0,996	0,992	0,986	0,977	0,953
3		1,000	1,000	1,000	0,999	0,998	0,997	0,991
4		1,000	1,000	1,000	1,000	1,000	1,000	0,999

x	λ	1,000	1,200	1,400	1,600	2,000	2,500	3,000
0		0,368	0,301	0,247	0,202	0,135	0,082	0,050
1		0,736	0,663	0,592	0,525	0,406	0,237	0,199
2		0,920	0,880	0,834	0,783	0,677	0,544	0,423
3		0,981	0,966	0,946	0,921	0,857	0,758	0,647
4		0,996	0,992	0,986	0,976	0,947	0,891	0,815
5		0,999	0,999	0,997	0,994	0,983	0,958	0,916
6		1,000	1,000	0,999	0,999	0,996	0,986	0,967
7		1,000	1,000	1,000	1,000	0,999	0,996	0,988
8		1,000	1,000	1,000	1,000	1,000	0,999	0,996

x	λ	4,000	5,000	6,000	7,000	8,000	9,000	10,00
0		0,018	0,007	0,003	0,001	0,000	0,000	0,000
1		0,092	0,040	0,017	0,007	0,003	0,001	0,001
2		0,238	0,125	0,062	0,030	0,014	0,006	0,003
3		0,434	0,265	0,151	0,082	0,042	0,021	0,010
4		0,629	0,441	0,285	0,173	0,100	0,055	0,029
5		0,785	0,616	0,446	0,301	0,191	0,116	0,067
6		0,889	0,762	0,606	0,450	0,313	0,207	0,130
7		0,949	0,867	0,744	0,599	0,453	0,324	0,220
8		0,979	0,932	0,847	0,729	0,593	0,456	0,333
9		0,992	0,968	0,916	0,831	0,717	0,587	0,458
10		0,997	0,986	0,957	0,902	0,816	0,706	0,583
11		0,991	0,995	0,980	0,947	0,888	0,803	0,697
12		1,000	0,998	0,991	0,973	0,936	0,876	0,792
13		1,000	0,999	0,996	0,987	0,966	0,926	0,865
14		1,000	1,000	0,999	0,994	0,983	0,959	0,917
15		1,000	1,000	1,000	0,998	0,992	0,978	0,951
16		1,000	1,000	1,000	0,999	0,996	0,989	0,973
17		1,000	1,000	1,000	1,000	0,998	0,995	0,986
18		1,000	1,000	1,000	1,000	0,999	0,998	0,993
19		1,000	1,000	1,000	1,000	1,000	0,999	0,997

Klassierung) bei Unterstellung einer → Gleichverteilung der statistischen Elemente innerhalb der Klassen. Die P. für eine eindimensionale Häufigkeitsverteilung basiert auf dem → Histogramm (Treppenpolygon). Werden dabei wegen der Gleichverteilungsannahme die geometrischen Mitten (→ Klassenmitte) der oberen Säulenbegrenzungen der einzelnen Klassen miteinander verbunden, so wird der resultierende Linienzug Häufigkeitspolygon genannt. Die P. für eine zweidimensionale Häufigkeitsverteilung, die auch als Häufigkeitsgebirge, -fläche oder -netz bezeichnet wird, basiert ebenfalls auf der Gleichverteilungsannahme, wobei hier orthogonal zueinander verlaufende Linienzüge die Diagonalschnittpunkte der Deckflächen der Häufigkeitsquader kreuzen. Auch andere statistische Funktionen können näherungsweise in P. gebracht werden. Beispiel: Die nachstehende Graphik zeigt das Polygon für die altersspezifische Fertilität (→ Fertilitätsmaße) in der Bundesrepublik Deutschland für das Jahr 1989.

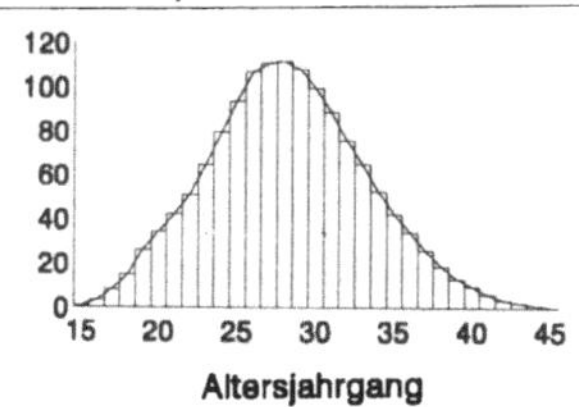

Altersspezifische Fertilität

Polynomialverteilung

Verallgemeinerung der Binomialverteilung für den Fall, daß als Ergebnis eines Versuchs k verschiedene Ereignisse $A_1, ..., A_k$ möglich sind, denen die Wahrscheinlichkeiten $p_1, ..., p_k$ zukommen, und dieser Versuch n-mal (unabhängig) durchgeführt wird.

Die P. $P(X_1 = r_1, ..., X_k = r_k)$ gibt die Wahrscheinlichkeit dafür an, daß das Ereignis A_1 genau r_1-mal und das Ereignis A_2 genau r_2-mal und ... das Ereignis A_k genau r_k-mal eintritt.

Population → Grundgesamtheit

Positionsstichprobe → geordnete Stichprobe

Powerfunktion → Gütefunktion

Prädeterminierte Variable → vorherbestimmte Variable

Präsentationsgraphik → Graphik

Preis-Absatz-Funktion → Absatzfunktion

Preisbereinigung → Deflationierung

Preisindex

Statistische → Maßzahl für den Preisvergleich. Ein P. kann dargestellt und berechnet werden: a) als → Meßzahl aus Durchschnittspreisen (→ Dutot-Index, → Drobisch-Index), b) als Durchschnitt aus Preismeßzahlen (→ Carli-Index, arithmetischer Index, harmonischer Index) und c) als → Indexzahl aus Wert- und Volumenaggregaten (→ Laspeyres-Index, → Lowe-Index, → Paasche-Index). Ein in der → Preisstatistik bedeutungsvoller P. ist der → P. der Lebenshaltung.

Preisindex der Lebenshaltung

Lebenshaltungskostenindex, durchschnittliche → Meßzahl für die Güterpreise eines → Warenkorbes, der auf den Verbrauchsgewohnheiten eines "Indexhaushaltstyps" basiert. Die → amtliche Statistik ermittelt den P.d.L.

Preisindex von Carli

i.allg. für die folgenden Typen privater (Index-)Haushalte: a) Vierpersonenhaushalte von Beamten und Angestellten mit höherem Einkommen, b) Vierpersonenhaushalte von Arbeitern und Angestellten mit mittlerem Einkommen, c) Zweipersonenhaushalte von Renten- und Sozialhilfeempfängern mit geringem Einkommen und d) alle privaten Haushalte. Der P.d.L. wird in Anlehnung an den → Laspeyres-Index bzw. → Lowe-Index als Produktsumme

$$\bar{i}^{Leb,p}_{\tau,t} = \sum_{k=1}^{K} i^{p}_{\tau,t}(k) \cdot a_{k\tau}$$

berechnet. Dabei bedeuten

$$i^{p}_{\tau,t}(k) = \frac{p_{kt}}{p_{k\tau}}, \qquad p_{k\tau} > 0$$

die k = 1, 2,..., K Preismeßzahlen der K Güterpreise p_k im Berichtszeitraum t und im Basiszeitraum τ und

$$a_{k\tau} = \frac{p_{k\tau} \cdot q_{k\tau}}{\sum_{k=1}^{K} p_{k\tau} \cdot q_{k\tau}}$$

die K Verbrauchsausgabenanteile des Basiszeitraums τ, die aus den K Güterpreisen p_k und den K Gütermengen q_k des Basiswarenkorbes ermittelt und im → Wägungsschema zusammengefaßt wurden.

Preisindex von Carli → Carli-Index

Preisindex von Drobisch → Drobisch-Index

Preisindex von Dutot → Dutot-Index

Preisindex von Jevons → Jevons-Index

Preisindex von Lowe → Lowe-Index

Preisstatistik

Erfassung (Preisnotierung) und zeitliche (→ Zeitreihenanalyse, → Preisindex) und räumliche (→ Parität) Analyse von Preisen einzelner Güter oder Leistungen bzw. repräsentativer Güter- und Leistungsbündel (→ Warenkorb). Das Element der P. ist der einzelne Kaufakt, für den neben dem Merkmal "Preis" i.allg. auch die Erhebungsmerkmale "Art", "Menge", "Qualität" usw. des betreffenden Gutes von Interesse sind. In der P. ist der Preis als eine → Beziehungszahl aus den → Bewegungsmassen "Wertvolumen (Geldbetrag)" und "ausgebrachte (umgesetzte, produzierte, verbrauchte) Menge eines Gutes", also als Geldbetrag je Produktmengeneinheit, definiert. Für die P. sind folgende methodischen Grundsätze von Bedeutung: a) Repräsentativität der laufend und an verschiedenen Orten zu notierenden Preise, b) Prinzip des "reinen" Preisvergleichs etwa eines in Art, Menge und Qualität gleichen, stets am gleichen Ort, aber zu verschiedenen Zeitpunkten verkauften Gutes, c) Berücksichtigung von (oft schwer zu identifizierenden) Qualitätsveränderungen bei Leistungen und Gütern, die in gewissen Zeitabständen in der Regel eine "Erneuerung" des Warenkorbes zur Folge haben, d) Bewerkstelligung eines zeitlichen und räumlichen (interregionalen, internationalen) Preisvergleichs, worin vergleichbare Warenkörbe und → Wägungsschemata, gleiche Preisnotierungs- und Analyseverfahren (etwa

Indexformel nach Paasche oder Laspeyres) eingeschlossen sind, und Publikation der Ergebnisse. Die amtliche Statistik weist die Ergebnisse der P. in der Regel mit Hilfe von statischen (z.B. Kaufkraftparitäten) oder dynamischen Preismeßzahlen oder Preisindexzahlen aus. Stellvertretend für die Vielzahl der berechneten und ausgewiesenen Preisindizes seien genannt: der Index der Einzelhandelspreise, der Index der Großhandelsverkaufspreise, der Index der Erzeugerpreise gewerblicher Produkte, der Index der Einfuhr- und Ausfuhrpreise sowie die → Preisindizes der Lebenshaltung.

Primärerhebung
Direkte statistische Erfassung von Elementen und von Ausprägungen derjenigen Merkmale, die für eine statistische Untersuchung von Interesse sind. Die sich aus dieser Erhebung ergebenden Daten bezeichnet man auch als Primärstatistik. Im Unterschied zur → Sekundärerhebung dient die P. ausschließlich statistischen Zwecken. P. erfolgen in der Regel durch direkte Beobachtung (z.B. Messung, Zählung) bzw. durch direkte mündliche (z.B. Interview) oder direkte schriftliche (z.B. Fragebogen) Befragung. Die Qualität der P. wird wesentlich von der Sorgfalt bei der Planung (z.B. eindeutige und adäquate Abgrenzung der Erhebungseinheiten und -merkmale), Organisation (z.B. Schulung des mit der Erhebung betrauten Personals, Auswahl und Aufstellung von Systematiken) und Kontrolle (z.B. Prüfung des Erhebungsmaterials auf Vollständigkeit, Widerspruchsfreiheit und Glaubwürdigkeit) der Erhebungsarbeit bestimmt. Das Resultat einer P. nennt

man Urmaterial. Die Zusammenstellung von Urmaterial in der Reihenfolge seiner Erhebung heißt Urliste.

Produktionselastizität → Cobb-Douglas-Funktion

Produktionsfunktion
Formale Beschreibung der Beziehung zwischen dem Gütereinsatz X (Produktionsfaktoren, Input) und der Güterausbringung Y (Endprodukte, Output) in einem Produktionsprozeß. Die Klassifizierung von P. erfolgt i.allg. auf der Grundlage a) von Eigenschaften (Monotonie, Stetigkeit, Homogenität, Eindeutigkeit, Substitutionselastizität, Substitutionalität, Skalenertrag), b) des produktionstheoretischen Ansatzes (outputorientiert bzw. inputorientiert), c) des Typs (Typ A: ertragsgesetzliche P., Typ B: Gutenberg-P., Typ C: Heinen-P., Typ D: statische P. nach Kloock, Typ E: dynamische P. nach Küpper) oder d) des Anwendungsgebiets (mikro- und makroökonomische P.). Die Unterscheidung zwischen mikro- und makroökonomischen P. besitzt die größte praktische Relevanz. Mikroökonomische P. basieren i.allg. auf dem inputorientierten Ansatz $y=f(x_1,...,x_n)$, d.h., sie zielen i.d.R. auf die Abhängigkeit des Produktionsoutput y vom Einsatz der Produktionsfaktoren x_i, i = 1,..., n, bei gegebener Technologie. In der Betriebswirtschaftslehre haben vor allem wegen ihrer Einfachheit und Praktikabilität die P. vom Typ A und vom Typ B eine elementare Bedeutung erlangt. Die P. vom Typ A ist eine spezielle substitutionale P., die funktional beschreibt, wie sich die Ertragsmenge y eines Unternehmens ändert, wenn die Einsatzmenge x_i nur eines Produktionsfaktors i (z.B.

Produktionsindex

Arbeit) variiert, die Einsatzmengen x_j aller übrigen Produktionsfaktoren i ,j = 1,..., n, i ≠ j, (z.B. Kapital, technischer Fortschritt) unverändert bleiben. Gemäß dem Ertragsgesetz ergibt sich der charakteristische Verlauf der P. vom Typ A, so wie er in der folgenden Graphik skizziert ist.

Produktionsfunktion, Typ A

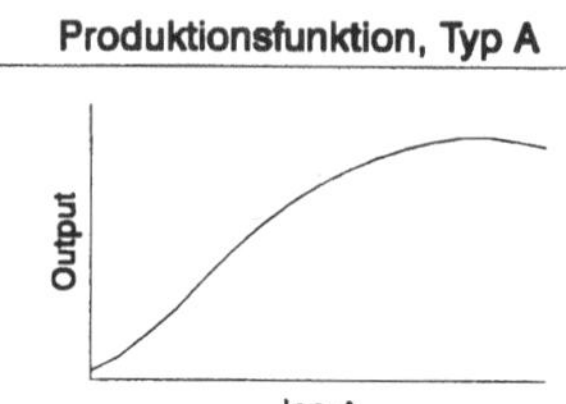

Demnach steigt die Ausbringungsmenge bei kontinuierlich steigendem Einsatz des variablen Produktionsfaktors zunächst überproportional, später unterproportional, bis sie schließlich abnimmt. Ermittelt man die zur skizzierten P. gehörige Umkehrfunktion x = g(y), erhält man die outputorientierte P. (Produktionsfaktoreinsatz-Funktion), die unter Verwendung eines konstanten Faktorpreises unmittelbar zur → Kostenfunktion mit dem ertragsgesetzlichen s-förmigen Verlauf führt. Die P. vom Typ B, auch Gutenberg-P. genannt, beschreibt die Produktion eines Unternehmens, das die Produktionsfaktoren in bestimmten, technologisch notwendigen Proportionen einsetzt. Dabei wird unterstellt, daß der Leistungsgrad der Produktionsfaktoren (Skalenertrag) der Tendenz nach konstant ist, woraus letztlich ein linearer Ertragsverlauf resultiert. Die P. vom Typ B und vom Typ C subsumiert man unter den Begriff der technisch orientierten P., worin noch die Durchsatzfunktionen (Pichler-P.) und die "engineering production functions" nach Chenery eingeschlossen sind. Die P. vom Typ C (Heinen-P.) orientiert auf eine momentane Betrachtung der betrieblichen Teilprozesse der Leistungserstellung und eine anschließende Zusammenfassung. Während die P. vom Typ D nach Kloock den allgemeinen statischen betriebswirtschaftlichen Input-Output-Ansatz verkörpern, stellen die P. vom Typ E nach Küpper die Klasse der dynamischen P. dar. Typisch für die makroökonomische P. ist die Betrachtung des Output y (z. B. Konsum- und Investitionsgüter) als homogenes Produkt einzelner Branchen, gesamter Industrien bzw. der Volkswirtschaft in Abhängigkeit von bestimmten, durch homogene → Aggregation gewonnenen Inputfaktoren x_i (z.B. Arbeit, Kapital, technischer Fortschritt). In der volkswirtschaftlichen Produktionstheorie sind vor allem die folgenden, meist einsektoralen und auf einem hohen Aggregationsgrad beruhenden P. von allgemeiner Bedeutung: die ertragsgesetzliche P., die Leontiev-P., die → Cobb-Douglas-Funktion, die → CES-Funktion, die VES-Funktion sowie die verallgemeinerten P. nach Zellner und Revankar. Eine spezielle Klasse von makroökonomischen P. bilden die mehrstufigen ein- und mehrsektoralen P. niedrigeren Aggregationsgrades. Sie bilden die Basis der volkswirtschaftlichen Input-Output-Analyse.

Produktionsindex

Dynamische → Indexzahl zur Darstellung der von Preis- und Strukturveränderungen bereinigten kurzfristigen Konjunkturentwicklung im produzierenden Gewerbe. Aus statistisch-methodischer Sicht sind P. → Volumenindizes nach Laspeyres (→ Laspeyres-

Index) unter Verwendung konstanter Gewichtungen des Basisjahres. In Abhängigkeit von der Art und Weise der Berechnung, d.h. von den verwendeten Gewichtungen, unterscheidet man Brutto- und Netto-Produktionsindizes. Brutto-Produktionsindizes beschreiben die relative Entwicklung ausgewählter Gütergruppen als Bruttoendprodukte. Netto - Produktionsindizes spiegeln die relative Entwicklung von Eigenleistungs- bzw. Nettoproduktionsgrößen wider, wobei Doppelzählungen von Produktionsleistungen auf den einzelnen Produktionsstufen ausgeschlossen werden. Deshalb kommt den Netto-Produktionsindizes in der Leistungsbewertung des produzierenden Gewerbes die größere praktische Bedeutung zu. Das Statistische Bundesamt veröffentlicht monatlich und vierteljährlich das sogenannte System der P., worin die folgenden Indizes eingeschlossen sind: der Index der Nettoproduktion für das produzierende Gewerbe für fachliche Unternehmensteile (Grundlage: Systematik des Produzierenden Gewerbes, SYPRO) und für Unternehmen (Grundlage: SYPRO und Wertschöpfungsgröße Census-Value-Added, CVA), die Indizes der Arbeitsproduktivität für den Bergbau und das verarbeitende Gewerbe, der Index der Bruttoproduktion für Investitions- und Verbrauchsgüter, die Indizes des Auftragseingangs und des Umsatzes für das verarbeitende Gewerbe sowie der Bauproduktionsindex.

Produktivität

Quotient aus dem Produktionsausstoß (Output) und dem Produktionsfaktoreinsatz (Input) einer produzierenden Einheit in einem bestimmten Zeitraum. Die P., aus statistisch-methodischer Sicht eine → Beziehungszahl, ist die Maßzahl für die Ergiebigkeit eines Produktionsprozesses. Da die P. auf dem güterwirtschaftlichen Konzept beruht, erfordert ihre Berechnung die → Kommensurabilität der Output- und Input-Mengen, die stets für eine einzelne Output- bzw. Input-Menge, i.d.R. aber nicht für die Gesamtheit aller Ausstoß- und Einsatzmengen gegeben ist. Aus diesem Grunde werden nichtkommensurable Mengen zu Aggregations- und Vergleichszwecken mit den entsprechenden laufenden bzw. konstanten Preisen bewertet. Die P. kann generell für jede produzierende Einheit, also für die Gesamtwirtschaft, für einen Wirtschaftszweig, für ein Unternehmen, für einen Betrieb oder für eine Produktionsanlage, berechnet werden. Konzeptionell unterscheidet man folgende Formen der P.: a) Die totale P. ist die Verhältniszahl aus dem Produktionsergebnis und der Wertsumme aller an der Produktion beteiligten Einsatzfaktoren. Da die totale P. nur für aggregierte (meist makroökonomische) Wertgrößen sinnvoll ist, wird sie auch als Wert-Produktivität bezeichnet. Die totale P. wird häufig für internationale Effizienzvergleiche auf volkswirtschaftlicher Ebene verwendet. b) Die partielle P. ist die Verhältniszahl aus dem gesamten mengen- oder wertmäßigen Produktionsergebnis und dem mengen- bzw. wertmäßigen Einsatz eines speziellen Produktionsfaktors. Beispiel: Die Kapital-Produktivität ist der Quotient aus Bruttoinlandsprodukt und Bruttoanlagevermögen. Für Deutschland errechnet man für 1991 zu Preisen von 1985 eine Kapital-Produktivität von 21 DM Bruttoinlandsprodukt je

100 DM eingesetztes Kapital. Neben der Kapital-Produktivität kommt der Arbeitsproduktivität beim Ausweis ökonomischer Effizienz eine besondere Bedeutung zu. Die Arbeitsproduktivität ist das Verhältnis von Produktionsergebnis und eingesetzter Arbeit. Im Unterschied zur Kapital-Produktivität, die eine realistische → Bewertung des Anlagevermögens verlangt, da sich der Kapitaleinsatz i.d.R. physisch nicht ausdrücken läßt, kann die Einsatzmenge des Produktionsfaktors Arbeit in realen (physischen) Einheiten, z.B. durch die Anzahl der Erwerbstätigen oder die von ihnen geleisteten Arbeitsstunden, gemessen werden. Die Arbeitsproduktivität betrug z.B. 1991 in den alten Bundesländern 46,9 DM Bruttosozialprodukt je Erwerbstätigenstunde. Die amtliche Statistik veröffentlicht für das produzierende Gewerbe vier Indizes der Arbeitsproduktivität. Hierzu wird jeweils der Index der Nettoproduktion (→ Produktionsindex) durch die → Meßzahl für den Arbeitseinsatz (entweder die Zahl der Arbeiter, die Zahl der Beschäftigten, die Zahl der Arbeiterstunden oder die Zahl der Beschäftigtenstunden) dividiert. Z.B. ist für die Industrie in den alten Bundesländern von 1985 bis 1991 der Index der Arbeitsproduktivität auf der Basis der Beschäftigtenstunde um 19,7 Prozentpunkte gestiegen. c) Die technische oder physische P. ist der Quotient aus der Produktionsausstoßmenge und einer bestimmten Faktoreinsatzmenge. Beispiel: Der Hektarertrag an Roggen. Er lag in Deutschland 1991 im Mittel bei 46,8 dt/ha.

Produkt-Moment-Korrelationskoeffizient → Korrelationskoeffizient

Produzentenrisiko → Attributprüfung, → Variablenprüfung

Prognose

Vorausberechnung, Vorhersage, Prädiktion, Aussage über zukünftige zu erwartende Beobachtungswerte von Merkmalen, z.B. über den zu erwartenden Kurs einer Aktie zum Beginn der montäglichen Börsenöffnungszeit, ausgehend vom Kurs beim freitäglichen Börsenschluß. Der Zeitraum zwischen dem letzten verwendeten Beobachtungswert, dem Prognoseursprung, und der letzten Prognoseperiode heißt Prognosehorizont. P. werden bei deterministischer Voraussicht meist nur als Einzelwerte (→ Extrapolation), bei stochastischer Voraussicht oft als Intervalle angegeben. P. über nur einen Zeitabschnitt heißen Einschritt-P. $\hat{x}_t(1)$, solche über h > 1 Zeitabschnitte Mehrschritt-P. $\hat{x}_t(h)$. Mitunter ist nur ein Teil des Prognosehorizonts, der Prognosewertesatz, gefragt. Der zeitliche Abstand, in dem P. erstellt werden sollen, gibt den Prognoserhythmus an. Er kennzeichnet zusammen mit dem Prognoseursprung (PU), dem Prognosehorizont (PH) und dem Prognosewertesatz (PWS) den Prognosealgorithmus.

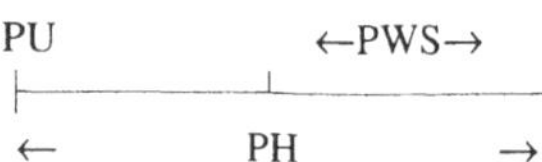

Im Beispiel des Aktienkurses bildet der Kurs bei Börsenschließung am Freitag den Prognoseursprung, der Zeitraum von der Schließung der Börse bis zu ihrer Eröffnung am Montag den Prognosehorizont und der Kurs bei Eröffnung der Börse den Prognosewertesatz. Der Prognoserhythmus beträgt eine Woche. Zur Gewinnung von Prognoseinformationen sind vielfältige → Prognosemethoden in Gebrauch.

Prognosefehler

Differenz zwischen Beobachtungswert x_{t+h} und Prognosewert $\hat{x}_t(h)$ mit dem Prognoseursprung t und dem Prognosehorizont h. Bei Mehrschritt-Prognosen (→ Prognose), werden Fehlermaße gebildet. Weit verbreitet sind der mittlere quadratische Fehler MSE, der mittlere absolute Fehler MAD und der maximale absolute Fehler MAX, die jeweils auch relativ zum Durchschnitt der Beobachtungen ausgewiesen werden können.

$$MSE = \frac{1}{h} \sum_{k=1}^{h} (\hat{x}_t(k) - x_{t+k})^2$$

$$MAD = \frac{1}{h} \sum_{k=1}^{h} |\hat{x}_t(k) - x_{t+k}|$$

$$MAX = \max_{k=1}^{h} |\hat{x}_t(k) - x_{t+k}|$$

Falls der Prognosewertesatz kleiner als der Prognosehorizont ist (→ Prognose), läßt sich die Fehlersumme entspechend reduzieren. Bei stochastischer Sicht auf die Daten (→ Prognosemethode) wird üblicherweise der MSE als Kriterium zur Modellspezifikation (→ Box-Jenkins-Technik) verwendet und nimmt in diesem Fall eine Sonderstellung unter den P. ein.

Prognosemethode

Verfahren zur Ableitung von Prognosen aus fachspezifischem Umfeldwissen und Vergangenheitsdaten. Quantitative P. nutzen ein oder mehrere Prognosemodelle aus der → Ökonometrie oder der → Zeitreihenanalyse.

Qualitative P. stützen sich demgegenüber auf Erfahrungen und subjektive Erwartungen (→ Expertenbefragung). Je nach Anzahl und Länge der Prognoseperioden sind verschiedene P. zu empfehlen. Für Periodenlängen unter einem Jahr und Horizonte von 1-4 Vorhersageperioden (kurz-mittelfristig) werden vorwiegend Prognosemodelle, oft mit einer stochastischen Sicht auf die Daten, genutzt. Solche Modelle basieren typischerweise nur auf sehr wenigen Zeitreihen. Bei Perioden ab einem Jahr und längeren Horizonten (mittel-langfristig) gewinnen qualitative P. an Bedeutung. Eine Flankierung mit einfachen, eher deterministischen Ansätzen aus der Zeitreihenanalyse ist zu empfehlen (→ kombinierte Prognose). Die folgende Tabelle gibt eine Übersicht über Prognosemethoden.

Kurz-Mittel-frist	Mittel-Lang-frist
Glättung	Expertenbefragung
Box-Jenkins-Technik	Trendextrapolation
Dekomposition	Regressionsanalyse
Kointegration	Kombinierte Prognose

Für die Gütebeurteilung einer P. sind neben der verwendeten Informationsbasis und der instrumentellen Fundierung auch die → Prognosefehler wesentlich. Diese können experimentell für einen Teil der Beobachtungen, der nicht zur Modellierung verwendet worden ist, berechnet und begutachtet werden (→ Ex-post-Analyse). Quantitative P. werden auf diese Weise im-

Prognosemodell

mer wieder → Prognosevergleichen unterzogen. Die Fehler einer aus dem Beobachtungszeitraum hinausführenden Prognose sind erst im nachhinein bestimmbar (→ Ex-ante-Analyse). Sie bilden die Grundlage für eventuelle Korrekturen an der P.

Prognosemodell

Hilfsmittel für quantitative → Prognosemethoden. Ein P. besteht aus Gleichungen oder Gleichungssystemen mit zeitabhängigen Variablen und einstellbaren Parametern. Die Verknüpfung kann linear oder nichtlinear sein. Die Struktur eines P. wird durch → Hypothesen über wesentliche, aus der Vergangenheit bekannte Entwicklungsgesetze bestimmt, die meist erst während der Modellbildung überprüft werden können (→ Zeitreihenanalyse, → Ökonometrie). Beispiel: Die jährliche Sparquote x_t in der Bundesrepublik Deutschland (früheres Bundesgebiet) im Zeitraum 1971-1991, symbolisiert durch Sterne, wird zusammen mit den Einschritt-Prognosen nach dem Modell $\hat{x}_t(1)=6{,}65+0{,}53x_t$, symbolisiert durch Kreuze, in der folgenden Graphik dargestellt:

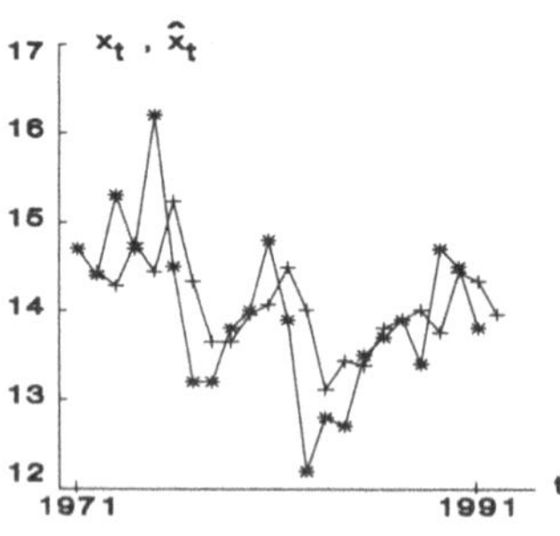

Prognosevergleich

Anwendung von verschiedenen → Prognosemethoden auf eine Auswahl

von → Zeitreihen in Verbindung mit einer → Ex-post-Analyse ihrer Fehler. P. sind üblich zwischen quantitativen Prognosemethoden. Sie liefern Anhaltspunkte für eine problemadäquate Methodenauswahl. Ein sehr umfangreicher P. mit 1001 Zeitreihen wurde 1982 von Makridakis ausgewertet.

Progressive Entwicklung

Verlaufsform einer → Zeitreihe mit zunehmendem Wachstum, z.B. exponentieller Wachstumstyp (→ Trend).

Proximität

Abstandsziffer, mittlerer Abstand oder die durchschnittliche Nähe eines Einwohners zu einem anderen Einwohner; Maßzahl zur Kennzeichnung der Bevölkerungsagglomeration. Bei der Berechnung der P. geht man von folgenden Überlegungen aus: Man denkt sich die Fläche eines geographischen Gebiets mit regelmäßigen Sechsecken bedeckt, in deren Mittelpunkt jeweils ein Einwohner platziert ist. Unter der Annahme, daß die Anzahl der Einwohner des geographischen Gebiets gleich ist mit der Anzahl der Sechsecke, läßt sich zeigen, daß die Fläche eines Sechsecks identisch ist mit der Fläche, die im Mittel auf einen Einwohner entfällt (→ Arealität), und daß der Abstand vom Mittelpunkt eines Sechsecks zum Mittelpunkt eines anderen Sechsecks gleich der P. ist. Bezeichnet man die P. mit P, die Bevölkerungsdichte mit D und die Arealität mit A, so gilt folgende Beziehung:

$$P \approx \sqrt{\frac{2}{D\sqrt{3}}} = \sqrt{\frac{2A}{\sqrt{3}}} \, .$$

Auf der Basis der Arealitätsziffern (Stand: Jahresende 1990) errechnet man für Deutschland eine P. mit

$$P = \sqrt{\frac{2 \cdot 4474 \ m^2}{\sqrt{3}}} \approx 72 \ m$$

und im Vergleich dazu für Berlin eine P. mit

$$P = \sqrt{\frac{2 \cdot 259 \ m^2}{\sqrt{3}}} \approx 17 \ m.$$

Prüfgröße → Testvariable

Prüfvariable → Testvariable

Prüfverfahren

Hypothesenprüfung, Verfahren zur statistischen Prüfung von Hypothesen über die Verteilung von Zufallsvariablen. → Test

Pseudozufallszahl → Zufallszahlen

Punktmasse → Bestandsmasse

Punktprozeß

Zeitliche Folge von Ereignissen, die zufällig eintreten, z.B. Folge von größeren Eisenbahnunfällen oder Folge von Reklamationen bei einem Computerproduzenten. Durch Ankreuzen des jeweiligen Ereigniseintritts auf der Zeitachse, entsteht eine graphische Darstellung des P. als Punktfolge:

Aus einem P. lassen sich → Zeitreihen bilden, z.B. durch Auszählen von Ereignissen pro Zeitintervall, die mit Hilfe geeigneter stochastischer Prozesse untersucht werden können. → Poisson-Prozeß

Punktschätzung

Ermittlung von Schätzwerten für unbekannte Parameter einer Zufallsvariablen in der Grundgesamtheit mit Hilfe von Ergebnissen aus → Stichproben. Der Sinn der Verwendung eines Schätzwertes ergibt sich aus Eigenschaften der zugrundeliegenden Schätzfunktion, wie etwa aus der → Erwartungstreue, der → Wirksamkeit, der → Konsistenz oder der → Robustheit.

Q

Q-Q-Plot

Quantil-Quantil-Diagramm, graphisches Verfahren zum Vergleich von Verteilungen. Zwei Ansätze können grundsätzlich unterschieden werden: a) Vergleich der empirischen Verteilungen der Beobachtungswerte zweier Variablen X und Y: Ausgehend von den in aufsteigender Reihenfolge geordneten Beobachtungsreihen $x_{(1)}$, ..., $x_{(n)}$ und $y_{(1)}$, ..., $y_{(m)}$, werden in einem Koordinatensystem für ausgewählte Anteile p die $\rightarrow$ Quantile y_p gegen die Quantile x_p abgetragen. Liegen die Punkte (x_p, y_p) etwa auf der 45°-Linie, so stimmen die empirischen Verteilungsfunktionen ungefähr überein (Graphik a), andernfalls existieren systematische Unterschiede (Graphiken b und c).

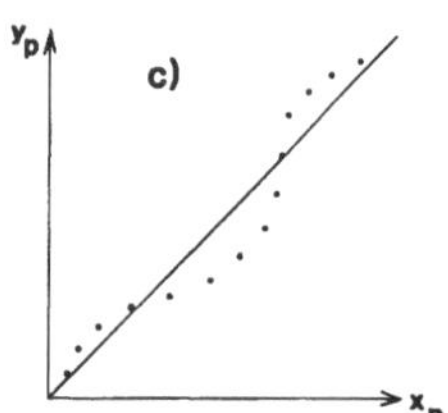

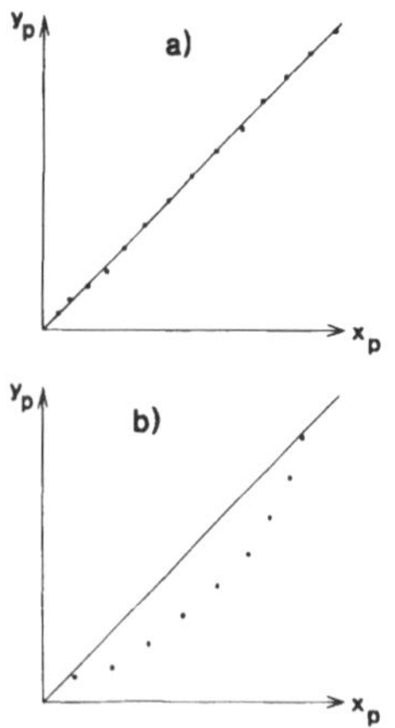

b) Überprüfung von Verteilungsannahmen: Es wird die beobachtete Verteilungsfunktion einer Variablen X gegen ein angenommenes Verteilungsmodell (z.B. Normalverteilung) geprüft. Für p = i/(n+1) werden die empirischen Quantile x_p der geordneten Beobachtungsreihe der Variablen X gegen die entsprechenden theoretischen Quantile δ_p der ausgewählten Verteilung in ein Koordinatensystem abgetragen. Streuen die Punkte (δ_p, x_p) unsystematisch um eine Gerade, kann angenommen werden, daß die Beobachtungswerte aus dieser Verteilung stammen. Bei systematischen Abweichungen von einer Geraden liegt eine andere Verteilung zugrunde. Starke Abweichungen von der Geraden nur an den Eckpunkten signalisieren Ausreißer in den Beobachtungswerten der Variablen X.

Quadrantentest

Verfahren zur Prüfung von Hypothesen über die Unabhängigkeit zweier Zufallsvariablen, das im $\rightarrow$ Medialtest Anwendung findet.

Quadratische Kontingenz → Kontingenzanalyse

Qualitatives Merkmal → Merkmal

Quantil

Fraktil, p-Fraktil, p-Quantil, Punkt auf der Merkmalsachse, der eine der Größe nach in aufsteigender Folge geordnete Reihe von n Beobachtungswerten der Anzahl nach ungefähr oder genau im Verhältnis p zu (1-p) teilt ($0 \leq p \leq 1$). Q. sind spezielle → Lageparameter für mindestens ordinalskalierte Merkmale. - Für nicht klassiertes Datenmaterial ist das Q. x_p wie folgt zu bestimmen: a) Ist n·p keine ganze Zahl und k die auf n·p folgende ganze Zahl, so ist $x_p = x_{(k)}$. k Merkmalsträger haben eine Merkmalsausprägung kleiner oder gleich x_p und n-k Merkmalsträger eine Merkmalsausprägung größer als x_p. b) Ist n·p eine ganze Zahl und k = n·p, so könnte jeder Wert zwischen $x_{(k)}$ und $x_{(k+1)}$ als Q. definiert werden. Vereinbarungsgemäß wird oft das → arithmetische Mittel der beiden Beobachtungswerte gewählt:

$$x_p = \frac{1}{2} \left(x_{(k)} + x_{(k+1)} \right).$$

n·p Merkmalsträger weisen einen Merkmalswert kleiner als x_p und n·(1-p) Merkmalsträger einen Merkmalswert größer als x_p auf.
Bei klassierten Beobachtungswerten liegt das Q. in der Klasse, in der die empirische → Verteilungsfunktion den Wert p erreicht bzw. überschreitet. Der Wert läßt sich durch lineare Interpolation bestimmen:

$$x_p = x_k^u + \frac{p - F(x_k^u)}{f(k)} \cdot (x_k^o - x_k^u),$$

worin x_k^u die untere Klassengrenze, x_k^o die obere Klassengrenze, f(k) die relative Häufigkeit der Quantilsklasse und $F(x_k^u)$ die relative Summenhäufigkeit der der Quantilsklasse vorausgehenden Klasse

$$F(x_k^u) = F(x_{k-1}^o) = \sum_{j=1}^{k-1} f(x_j)$$

sind. Das Q. läßt sich leicht aus der Graphik der empirischen Verteilungsfunktion entnehmen.

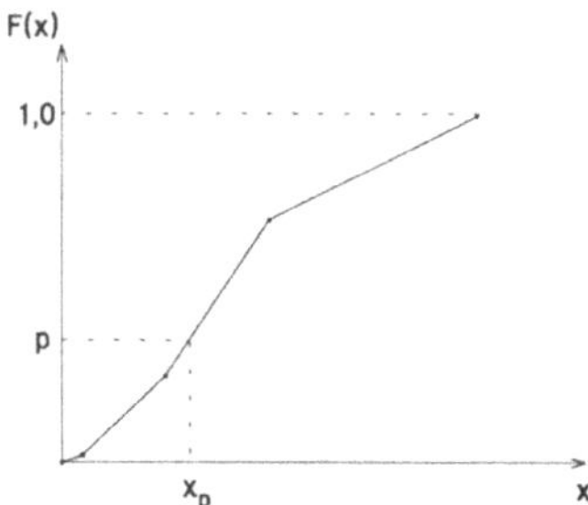

Im → Histogramm liegen p·100 % der Fläche links von x_p.

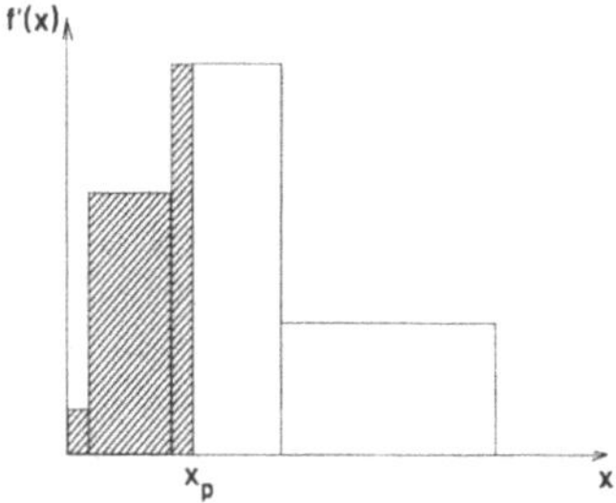

Beispiel: Die folgende Tabelle enthält die Altersverteilung der Bevölkerung der Bundesrepublik Deutschland am 31.12.1989, wobei die Angaben auf vier zusammenfassende Altersklassen beschränkt wurden.

Quantilsabstand

Alter von ... bis unter ... Jahre	Anzahl in 1000	$f(x)$	$F(x)$
- 15	9436	0,151	0,151
15-40	23520	0,375	0,526
40-65	20109	0,321	0,847
65 -	9614	0,153	1,000

Quelle: Statistisches Bundesamt (Hrsg.), Datenreport 1992, S. 38

Für p = 0,7 ergibt sich für diese Altersverteilung das 0,7-Q. zu $x_{0,7}$ = 53,5 Jahre. 70 % der Bevölkerung hatte 1989 ein Alter von höchstens 53,5 Jahren, und 30 % der Bevölkerung war älter. - Einige Q. tragen einen speziellen Namen. p = 0,5 ergibt den → Median $\tilde{x}_{0,5}$ = $x_{0,5}$. Für p = q/4, q = 1,2,3 erhält man die drei Quartile: unteres Quartil, Median bzw. oberes Quartil; für p = r/5, r = 1,...,4 ergeben sich die 4 Quintile, für p = s/10, s = 1,...,9 die 9 Dezile und für p = t/100, t = 1,...,99 die 99 Perzentile. Diese speziellen Q. unterteilen die geordnete Reihe der Beobachtungswerte in 2, 4, 5, 10 bzw. 100 gleiche Teile. Q. geben einen guten Einblick in die Form einer Verteilung. - Analog zum Q. einer empirischen Verteilung führt man das theoretische Q. einer → Zufallsvariablen ein. Ist X eine Zufallsvariable mit der Verteilungsfunktion F(x), so ist mit $0 \leq p \leq 1$ das Q. der Wert x_p, für den gilt:

$$F(x_p) \geq p \, ,$$

$$F(x) < p \quad \text{für} \quad x < x_p \, .$$

Im Fall einer stetigen Zufallsvariablen führt dies zu

$$F(x_p) = P(X \leq x_p) = p \, .$$

Für unbekannte theoretische Q. können auf der Basis von Stichproben Schätzwerte und Konfidenzintervalle bestimmt sowie Hypothesen geprüft werden. Ausgewählte Q. wichtiger theoretischer Verteilungen (z.B. Standardnormalverteilung, t-Verteilung, χ^2-Verteilung, F-Verteilung) liegen in Tabellen vor und werden dabei oft als α-Q. für p=α bezeichnet. Die folgende Tabelle enthält einige Q. einer standardnormalverteilten (→ Standardnormalverteilung) Zufallsvariablen.

α	α-Quantil	
0,01	-2,33	1. Perzentil
0,10	-1,28	1. Dezil
0,25	-0,675	1. Quartil
0,5	0	Median
0,75	0,675	3. Quartil
0,9	1,28	9. Dezil
0,99	2,33	99. Perzentil

Q. haben eine große Bedeutung in der → induktiven Statistik für die Bestimmung von Schwankungsintervallen, Konfidenzintervallen und für die Durchführung von → Tests. → Q-Q-Plot

Quantilsabstand

Streuungsmaß für metrisch skalierte Merkmale bzw. Zufallsvariable, das unter Verwendung der → Quantile berechnet wird. Der Q. weist dieselbe Maßeinheit wie das Merkmal auf. Gegeben seien ein Merkmal X und die der Größe nach in aufsteigender Folge geordneten beobachteten Merkmalswerte $x_{(1)},..., x_{(n)}$. Der Q. ist die Differenz zwischen dem (1-p)-Quantil und dem p-Quantil:

$$QA = x_{1-p} - x_p \, , \quad 0 < p < 0,5 \, .$$

In diesem zentralen Bereich auf der Merkmalsachse liegen $(1-2p)\cdot100$ % der Merkmalsträger mit den mittleren Beobachtungswerten. Für $p = 0{,}25$ ergibt sich speziell der → Quartilsabstand. Beispiel: Die folgende Tabelle enthält die Bevölkerung der Bundesrepublik Deutschland am 31.12.1989 nach ausgewählten Altersgruppen.

Alter von ... bis unter ... Jahre	Anzahl in 1000	f(x)
- 15	9436	0,151
15-40	23520	0,375
40-65	20109	0,321
65 -	9614	0,153

Quelle: Statistisches Bundesamt (Hrsg.), Datenreport 1992, S. 38

Für $p = 0{,}3$ ergibt sich ein Q. von $QA = x_{0,7} - x_{0,3} = 53{,}5 - 24{,}9 = 28{,}6$ Jahre. $(1 - 2\cdot0{,}3)\cdot100\% = 40$ % der Bevölkerung der Bundesrepublik Deutschland hatte am 31.12.1989 ein Alter zwischen 24,9 und 53,5 Jahren, d.h. lag in einem mittleren Altersbereich mit der Länge 28,6 Jahre.

Quantitatives Merkmal → Merkmal

Quartil

Wert auf der Merkmalsachse, der eine der Größe nach geordnete Reihe von Beobachtungswerten eines mindestens ordinalskalierten Merkmals ungefähr oder genau im Verhältnis p zu (1-p) teilt, wobei p=1/4, 1/2 bzw. 3/4 ist. Q. sind spezielle → Quantile. Die drei Q. $x_{0,25}$, $x_{0,5}$ und $x_{0,75}$ zerlegen die geordneten Merkmalswerte in vier gleiche Teile. Das mittlere Q. $x_{0,5}$ ist identisch mit dem → Median. $x_{0,25}$ wird als erstes oder unteres Q., $x_{0,75}$ als drittes oder oberes Q. be-

zeichnet. So beinhaltet das 1. Q. z.B., daß 25 % der Merkmalsträger einen Merkmalswert von höchstens $x_{0,25}$ haben. Q. geben einen guten Einblick in die Form der Häufigkeitsverteilung (→ Box-Plot) und haben große Bedeutung in der → induktiven Statistik und → explorativen Datenanalyse. Beispiel: Verteilung des monatlichen Haushaltsnettoeinkommens (MHNE) 1988 in der Bundesrepublik Deutschland (für Haushalte mit einem monatlichen Haushaltsnettoeinkommen bis unter 25000 DM)

MHNE von ... bis unter ... DM	Anteil der Haushalte f(x)	F(x)
1 - 800	0,044	0,044
800 - 1400	0,166	0,210
1400 - 3000	0,471	0,681
3000 - 5000	0,243	0,924
5000 - 25000	0,076	1,000

Quelle: Statistisches Bundesamt (Hrsg.), Datenreport 1992, S. 114-115

Aus der empirischen Verteilungsfunktion F(x), dargestellt in der folgenden Graphik,

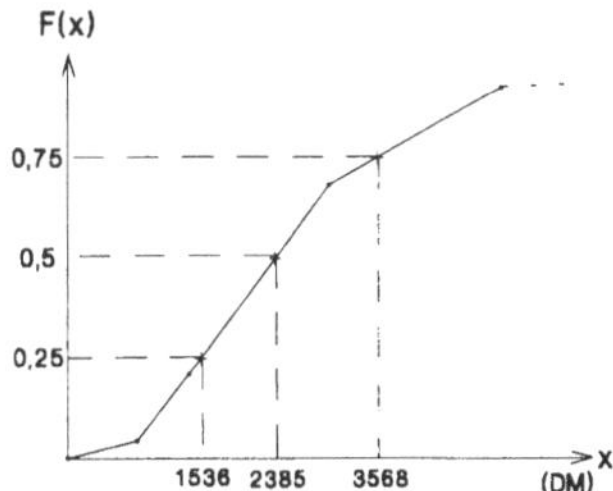

lassen sich leicht die Q. bestimmen: $x_{0,25} = 1536$ DM, $x_{0,5} = 2385$ DM und $x_{0,75} = 3568$ DM. Das "ärmere" Viertel der betrachteten Haushalte hatte 1988 ein monatliches Haushaltsnettoeinkommen von höchstens

Quartilsabstand

1536 DM und das "reichere" Viertel der Haushalte ein monatliches Haushaltsnettoeinkommen von mindestens 3568 DM.

Quartilsabstand

Interquartilsabstand, Differenz zwischen dem oberen → Quartil $x_{0,75}$ und dem unteren Quartil $x_{0,25}$:

$$QA = x_{0,75} - x_{0,25} \, .$$

Dieses → Streuungsmaß ist sinnvoll für metrisch skalierte Merkmale und Zufallsvariable. Der Q. hat dieselbe Maßeinheit wie das Merkmal selbst. Der Q. gibt die Länge des mittleren Bereichs der nach der Größe aufsteigend geordneten Daten an, in dem mindestens 50 % der Merkmalswerte liegen. Der Q. ist unempfindlich gegenüber → Ausreißern. Graphisch wird der Q. im → Box-Plot dargestellt. Beispiel: Monatliches Haushaltsnettoeinkommen (MHNE) 1988 in der Bundesrepublik Deutschland für Haushalte mit einem MHNE bis unter 25000 DM

MHNE von ... bis unter ... DM	Anteil der Haushalte f(x)	F(x)
1 - 800	0,044	0,044
800 - 1400	0,166	0,210
1400 - 3000	0,471	0,681
3000 - 5000	0,243	0,924
5000 -25000	0,076	1,000

Quelle: Statistisches Bundesamt (Hrsg.), Datenreport 1992, S. 114-115

Das untere und obere Quartil der Einkommensverteilung sind: $x_{0,25} = 1536$ DM; $x_{0,75} = 3568$ DM. Die Ausbreitung des Bereiches mit den mittleren MHNE, in dem sich 50 % der Haushalte befinden, beträgt: QA = 3568 - 1536 = 2032 DM. - Auch $(x_{0,75}\text{-}x_{0,25})/2$ wird oft als Q. bezeichnet. Zum Zwecke des Vergleichs zwischen verschiedenen Untersuchungen, z.B. Preisen unterschiedlicher Gebrauchsgüter, wird ein relativer Q. (Quartilsdispersionskoeffizient) als Quotient von Q. und → Median $x_{0,5}$ bestimmt:

$$QA_r = \frac{QA}{x_{0,5}} \, .$$

Querschnittsanalyse

Untersuchung statistischer Gesamtheiten nach ausgewählten Merkmalen für einen bestimmten Zeitpunkt (bei Bestandsgrößen) oder einen Zeitabschnitt (bei Stromgrößen oder Bewegungsmassen) auf der Basis von → Querschnittsdaten. Die Q. dient u.a. der Untersuchung der Struktur, z.B. der Altersstruktur der Bevölkerung oder der Ausgabenstruktur von Haushaltstypen. Sie ist statisch, d.h., Aussagen über den zeitlichen Ablauf sind mit ihr nicht möglich. Gegensatz: → Längsschnittanalyse (→ Zeitreihenanalyse).

Querschnittsdaten

Beobachtungswerte eines Merkmals, die gleichzeitig, d.h. nur zu einem bestimmten Zeitpunkt (Stichtag) oder in einem bestimmten Zeitraum, an verschiedenen statistischen Elementen erfaßt wurden. Da die Zeit konstant ist, variieren Q. entweder nach einem sachlichen Merkmal (z.B. Wahlergebnis der Parteien bei einer Bundestagswahl) oder nach einem geographischen Merkmal (z.B. Wahlergebnis einer Partei in verschiedenen Bundesländern). Q. werden u.a. für die Analyse der Struktur statistischer

Massen verwendet.

Quintil → Quantil

Quote → Gliederungszahl

Quotenauswahl → Quoten-Stichprobenverfahren

Quoten-Stichprobenverfahren

Quotenauswahl, ein spezielles nichtzufälliges, sogenanntes bewußtes
Auswahlverfahren (→ Stichprobenverfahren), bei dem durch die Vorgabe
von relativen Häufigkeiten als Quoten garantiert werden soll, daß in der
Stichprobe bestimmte Merkmalsausprägungen mit denselben relativen
Häufigkeiten wie in der Grundgesamtheit vorkommen. Aus Vorkennt-
nissen über die Grundgesamtheit wird
gezielt versucht, ein kleines Abbild
der Grundgesamtheit zu gewinnen.
Die Quoten werden vorgegeben. Innerhalb dieser Quoten können die
Untersuchungseinheiten zufällig oder
systematisch ausgewählt werden. Das
Q.-S. wird sehr häufig von Markt-
und Meinungsforschungsinstituten
auf Menschen oder Menschengruppen
als Grundgesamtheiten angewandt,
wobei die Quoten einen repräsentativen Bevölkerungsquerschnitt realisieren sollen. So geht man z.B. bei der
Festlegung des Geschlechtsverhältnis-
ses von der (z.B. aus der Volkszählung) bekannten Struktur der Grundgesamtheit von 47 % Männern und
53 % Frauen in Deutschland aus.

Quotientenschätzung → Verhältnisschätzung

R

Randhäufigkeit → Randverteilung

Randomtafel → Zufallszahlentafel

Random Walk

Irrfahrt, instationärer, integrierter Prozeß (→ ARIMA-Prozeß), dessen einfache Differenzen (→ Differenzenbildung) → weißes Rauschen a_t mit Erwartungswert null und Varianz σ^2_a sind:

$$X_t - X_{t-1} = a_t \, .$$

Beispiel: Die folgende Abbildung zeigt eine Zeitreihe $\{x_t\}$, t=1,...,50, eines R.W. ausgehend von einem Startwert $x_0 = 11$:

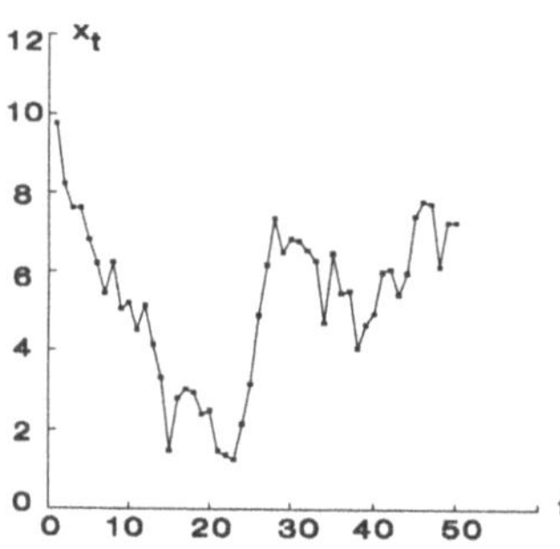

Die täglichen Kursschwankungen einer Aktie können näherungsweise mit einem R. W. erfaßt werden. Der Tageskurs ergibt sich aus dem Vortageskurs zuzüglich eines zufälligen "Fehlers". Beispiel: Die nachstehende Graphik zeigt den Tageskurs der IBM-Aktie über 50 Tage.

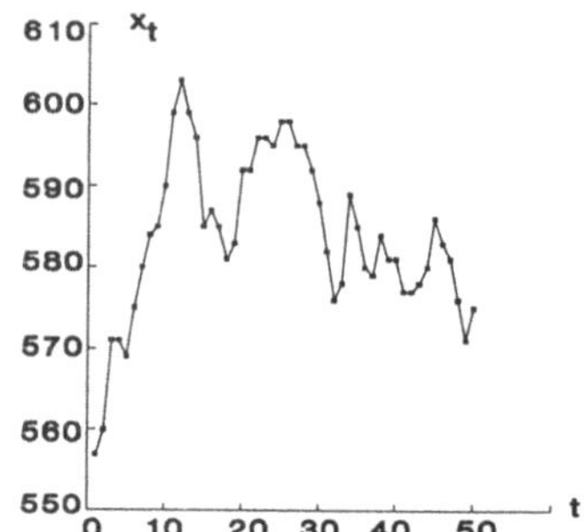

Ein R. W. hat den zeitkonstanten → Erwartungswert $E(X_t) = x_0$ (Startwert) und die zeitvariable → Varianzfunktion $Var(X_t) = t \cdot \sigma^2_a$. Zur Modellierung eines stochastischen Trends in einer Zeitreihe wird dem R. W. ein Absolutglied (Drift) m zugeschlagen:

$$X_t - X_{t-1} = m + a_t \, .$$

Dieser R. W. mit Drift hat die zeitvariable Erwartungswertfunktion $E(X_t) = m \cdot t$ und die zeitvariable Varianzfunktion des gewöhnlichen R. W. Die Realisierungen eines R. W. mit Drift folgen tendenziell einem linearen Trend, um den sie ungleichmäßig schwanken. Beispiel: Die folgende Graphik enthält einen R. W. mit Drift m = 0,2, ausgehend von einem Startwert $x_0 = 1$.

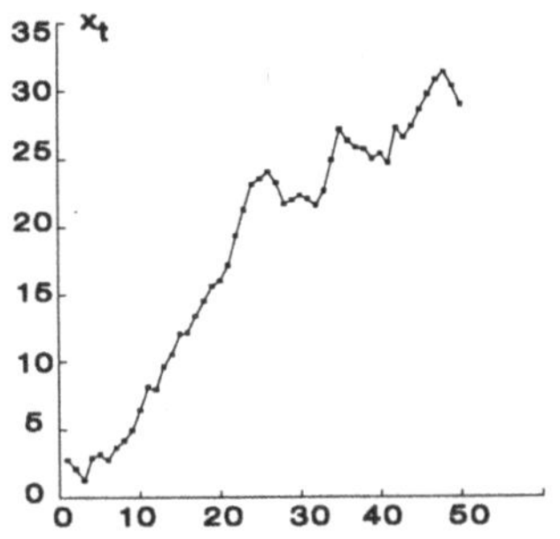

Optisch ist der Unterschied zu einem → trendstationären Prozeß mit zeitkonstanter Varianzfunktion kaum festzustellen. Bei einem saisonalen R. W. sind die Differenzen über s Perioden (Saisonlänge) weißes Rauschen:

$$X_t - X_{t-s} = a_t \,.$$

Der saisonale R. W. steht für eine ungleichmäßige Variation von Beobachtungen um eine gedachte Saisonfunktion mit konstanten Spitzen (starres Saisonmuster). Sein zeitunabhängiger Erwartungswert ist null, seine zeitabhängige Varianz $(t-s)\sigma_a^2$. Beispiel: Saisonaler R.W. für eine Quartalsschwingung.

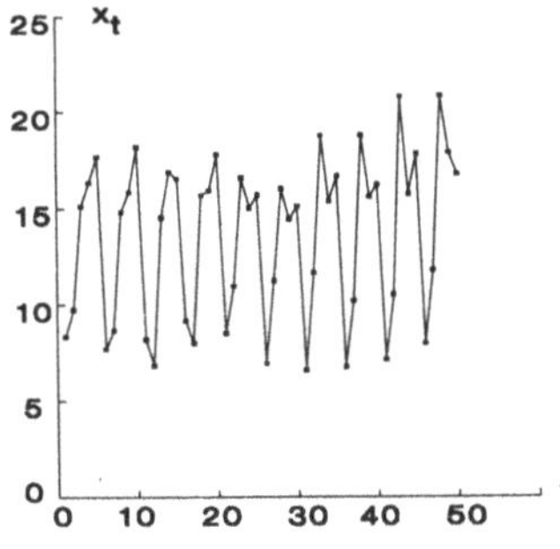

Wird ein Absolutglied m hinzugefügt, entsteht ein saisonaler R. W. mit

Drift:

$$X_t - X_{t-s} = m + a_t \,.$$

Erwartungswert und Varianz dieses R. W. sind zeitvariabel: $E(X_t)=m(t-s)$ und $Var(X_t)=(t-s)\sigma_a^2$. Beispiel: Saisonaler R. W. für eine Quartalsschwingung mit leichtem Drift m = 1.

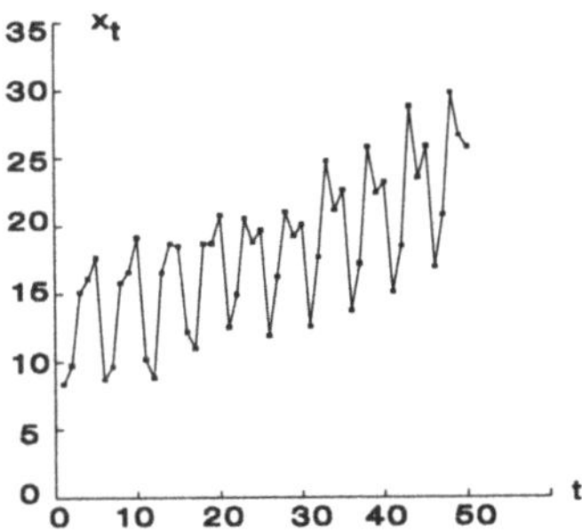

R. W. werden in der empirischen Wirtschaftsforschung zur Konjunkturdiagnose verwendet. Sie beschreiben Trend- und Saisonprozesse in Zeitreihen-Komponenten-Modellen (→ BSM).

Randverteilung

Marginale Verteilung, bei dem gemeinsamen, gleichzeitigen Auftreten mehrerer Merkmale (→ mehrdimensionale Verteilung) die Verteilung nur eines Merkmals ohne Berücksichtigung, welche Ausprägungen die anderen Merkmale angenommen haben. Gleiches gilt für Zufallsvariable. Die R. ist somit eine eindimensionale Verteilung. - Werden zwei Merkmale X und Y gleichzeitig erfaßt, ergibt sich eine zweidimensionale Häufigkeitsverteilung, deren Darstellungsform die zweidimensionale Häufigkeitstabelle (→Korrelationstabelle, → Kontingenztabelle) ist:

Randwertglättung

	y_1	$\cdots$	y_j	$\cdots$	y_m	
x_1	h_{11}	$\cdots$	h_{1j}	$\cdots$	h_{1m}	$h_{1.}$
x_2	h_{21}	$\cdots$	h_{2j}	$\cdots$	h_{2m}	$h_{2.}$
$\vdots$	$\vdots$	$\ddots$	$\vdots$	$\ddots$	$\vdots$	$\vdots$
x_i	h_{i1}	$\cdots$	h_{ij}	$\cdots$	h_{im}	$h_{i.}$
$\vdots$	$\vdots$	$\ddots$	$\vdots$	$\ddots$	$\vdots$	$\vdots$
x_k	h_{k1}	$\cdots$	h_{kj}	$\cdots$	h_{km}	$h_{k.}$
	$h_{.1}$	$\cdots$	$h_{.j}$	$\cdots$	$h_{.m}$	n

Hierin sind: x_i (i=1,...,k) die Ausprägungen des Merkmals X, y_j (j = 1,..., m) die Ausprägungen des Merkmals Y, h_{ij} die absoluten Häufigkeiten des gemeinsamen Auftretens von x_i und y_j und n die Anzahl der untersuchten statistischen Elemente. Statt h_{ij} können auch die relativen Häufigkeiten f_{ij} verwendet werden. Bei dieser zweidimensionalen Häufigkeitsverteilung ergeben sich zwei R.: die R. von X am rechten Rand und die R. von Y am unteren Rand der Tabelle. Man erhält sie, indem die Zeilen- bzw. Spaltensummen über die gemeinsamen Häufigkeiten gebildet werden:

$$h_{i.} = \sum_{j=1}^{m} h_{ij} , \qquad h_{.j} = \sum_{i=1}^{k} h_{ij}$$

bzw.

$$f_{i.} = \sum_{j=1}^{m} f_{ij} , \qquad f_{.j} = \sum_{i=1}^{k} f_{ij} .$$

$h_{i.}$ ist die absolute Randhäufigkeit von X und gibt die Anzahl der statistischen Elemente an, die die Merkmalsausprägung x_i aufweisen, gleichgültig welche Merkmalsausprägung y_j bei diesen Elementen beobachtet wurde. $f_{i.}$ als relative Randhäufigkeit von X gibt den entsprechenden Anteil an. Eine analoge Interpretation ergibt sich für die absolute ($h_{.j}$) bzw. relative ($f_{.j}$) Randhäufigkeit von Y.

Für die Randhäufigkeiten gelten folgende Bedingungen:

$$\sum_{i=1}^{k} h_{i.} = \sum_{j=1}^{m} h_{.j} = n$$

$$\sum_{i=1}^{k} f_{i.} = \sum_{j=1}^{m} f_{.j} = 1 .$$

Beispiel: Bevölkerung nach ausgewählten Altersklassen (Merkmal X) und nach dem Geschlecht (Merkmal Y) am 31.12.1989 in der Bundesrepublik Deutschland.

Alter von ... bis unter ... Jahre	Geschlecht m	w	R. von X
unter 15	0,077	0,074	0,151
15 - 40	0,192	0,183	0,375
40 - 65	0,161	0,160	0,321
65 u. ält.	0,052	0,101	0,153
R. von Y	0,482	0,518	1,000

Berechnet nach: Statistisches Bundesamt (Hrsg.), Datenreport 1992, S. 38

In der letzten Spalte der Tabelle ist die R. des Alters und in der letzten Zeile die R. des Geschlechts unter Verwendung der relativen Randhäufigkeiten angegeben.

Randwertglättung

Technik zur Erzeugung von Randwerten nach der $\rightarrow$ Glättung einer $\rightarrow$ Zeitreihe, die den glättungsbedingten Werteverlust kompensieren soll. Es gibt verschiedene, aber kein ausgezeichnetes Verfahren zur R. Bei einem $\rightarrow$ gleitenden Durchschnitt über 3 Perioden könnten der verlorene Anfangswert $\hat{x}_1^{(3)}$ und Endwert $\hat{x}_n^{(3)}$ z.B. durch gewichtete Mittel aus den Anfangswerten x_1 und x_2 bzw. den Endwerten x_{n-1} und x_n der beobachteten Zeitreihe ersetzt werden:

$$\hat{x}_1^{(3)} = \frac{1}{3}(2x_1 + x_2)$$

$$\hat{x}_n^{(3)} = \frac{1}{3}(x_{n-1} + 2x_n) \, .$$

Abzuraten ist von R. am $\rightarrow$ aktuellen Rand, wenn die Zeitreihe extrapoliert werden soll ($\rightarrow$ Prognose).

Rang $\rightarrow$ Rangzahl

Range $\rightarrow$ Spannweite

Ranggröße $\rightarrow$ Rangzahl

Rangkorrelation
Messung der Stärke des Zusammenhanges zwischen mindestens ordinalskalierten Merkmalen mittels Rangkorrelationskoeffizienten. Voraussetzung dafür ist, daß die Beobachtungen jedes Merkmals ihrer natürlichen Rangordnung bzw. der Größe nach aufsteigend geordnet und ihnen entsprechend ihren Plätzen $\rightarrow$ Rangzahlen zugeordnet wurden. Treten mehrere gleiche Beobachtungen auf (Bindungen), kann diesen das $\rightarrow$ arithmetische Mittel der entsprechenden Rangzahlen zugewiesen werden. - Häufig verwendete Koeffizienten für den Fall von zwei Merkmalen X und Y mit den Rangzahlen $R(x_i)$ und $R(y_i)$, i = 1,...,n, sind:
a) Spearmanscher Rangkorrelationskoeffizient: Er ist der Bravais-Pearsonsche $\rightarrow$ Korrelationskoeffizient als Maß für den linearen Zusammenhang, angewandt auf diese Rangzahlen. Falls keine Bindungen in den Rangreihen vorhanden sind, errechnet er sich als

$$r_S = 1 - \frac{6 \sum_{i=1}^{n} (R(x_i) - R(y_i))^2}{n \, (n^2 - 1)} \, .$$

Beim Auftreten von Bindungen existiert ein korrigierter r_S-Koeffizient. Es ist $-1 \leq r_S \leq +1$. Wenn $R(x_i) = R(y_i)$ für i = 1,..., n gilt, d.h. die beiden Rangreihen völlig gleichsinnig verlaufen, ist $r_S = + 1$. Wenn mit steigenden Rängen von X die Ränge von Y fallen oder umgekehrt, d.h. die Rangreihen völlig gegensinnig verlaufen, ist $r_S = - 1$. Der Spearmansche Rangkorrelationskoeffizient wird häufig in der Psychologie, Soziologie, Qualitätskontrolle und in der $\rightarrow$ Zeitreihenanalyse zur Prüfung auf monotonen Trend angewandt. Beispiel: 2 Gutachter X und Y prüfen 4 Weinsorten W_1 bis W_4 nach festgelegten Kriterien und bringen sie in je eine Rangfolge R(X) und R(Y):

Wein	W_1	W_2	W_3	W_4
R(X)	3	4	2	1
R(Y)	3	1	4	2

Es ist $r_S = - 0,4$, d.h., die Rangeinschätzungen der Gutachter sind mittelstark gegenläufig.
b) Kendallscher Rangkorrelationskoeffizient: Die Rangpaare werden zunächst nach den Rangzahlen der x-Werte geordnet. In der Folge der Rangzahlen von Y wird dann für jede Rangzahl $R(y_i)$, i=1,...,n, festgestellt, wie viele der nachfolgenden Rangzahlen kleiner bzw. größer sind. Diese Anzahlen werden mit q_1, ..., q_n bzw. p_1,...,p_n bezeichnet. Die Gesamtzahl aller zu vergleichenden Ränge der Variablen Y ist n(n - 1)/2. Mit den Summen Q bzw. P dieser Anzahlen

Rangkorrelationskoeffizient

$$Q = \sum_{i=1}^{n} q_i \,, \qquad P = \sum_{i=1}^{n} p_i$$

gilt

$$P + Q = \frac{n\,(\,n-1\,)}{2} \,.$$

Der Kendallsche Rangkorrelations-koeffizient bei Rangreihen ohne Bindungen ist das Verhältnis der Differenz zwischen der Summe aller größeren Rangzahlen (P) und der Summe aller kleineren Rangzahlen (Q) zur Gesamtzahl aller Rangpaare von Y:

$$\tau = \frac{P-Q}{P+Q} \,.$$

Gleichwertige Darstellungen sind:

$$\tau = 1 - \frac{4\,Q}{n(n-1)}$$

und

$$\tau = \frac{4\,P}{n(n-1)} - 1 \,.$$

Es gilt $-1 \leq \tau \leq +1$. $\tau = -1$ tritt ein, wenn $P = 0$, d.h. die Rangreihen von X und Y völlig gegenläufig sind. $\tau = +1$ ergibt sich, wenn $Q = 0$ ist, d.h. die Rangreihen völlig gleichläufig sind. Bei $P = Q$ ist $\tau = 0$, d.h., es ist kein Zusammenhang erkennbar. Beim Auftreten von Bindungen existieren korrigierte τ-Koeffizienten. Beispiel: Untersuchung des Zusammenhanges zwischen sprachlicher und mathematischer Begabung von Schülern anhand der Noten des Faches Mathematik und einer Sprache, die als Rangzahlen verwendet werden, unter Ver-

wendung des Rangkorrelationskoeffizienten von Kendall. - Weitere Koeffizienten im Sinne der R. sind die $\rightarrow$ Konkordanzkoeffizienten.

Rangkorrelationskoeffizient $\rightarrow$ Rangkorrelation

Rangtest

Verteilungsfreier Test, bei dem die Testvariable mit Hilfe einer $\rightarrow$ geordneten Stichprobe gebildet wird. Dabei werden i.allg. nur die Rangzahlen, d.h. die Ordnungszahlen der geordneten Daten, benutzt. Beispiele für R. sind der $\rightarrow$ U-Test und der $\rightarrow$ X-Test.

Rangzahl

Rang, Rangwert, in der Statistik die Platznummer einer Ausprägung in einer geordneten Reihe aller beobachteten Ausprägungen eines wenigstens ordinalskalierten Merkmals in einer Gesamtheit oder Stichprobe. Bei einem auf einer Ordinalskala gemessenen Merkmal, dessen Ausprägungen sich nach der Intensität unterscheiden, ist das Ordnungsprinzip die Stärke dieser Intensität. Bei einem metrisch skalierten Merkmal erfolgt die Ordnung der Merkmalswerte nach ihrer Größe. Werden z.B. die Werte $x_1, x_2, \ldots, x_n$ eines Merkmals X der Größe nach aufsteigend geordnet und entsprechend umbenannt, so daß $x_{(1)} \leq x_{(2)} \leq \ldots \leq x_{(n)}$ gilt, dann wird diese Reihe als Ordnungsstatistik und jedes $x_{(i)}$ $(i=1,\ldots,n)$ als Ranggröße bezeichnet. Die Platznummer (i) in dieser geordneten Reihe ist die R. jedes Merkmalswertes: $R(x_{(i)}) = i$ für $i = 1,\ldots,n$. Treten $\rightarrow$ Bindungen auf, so ordnet man i.allg. allen gleichen Merkmalsausprägungen das $\rightarrow$ arithmetische Mittel derjenigen R. zu, die sie im Fall ihrer Unterscheidbarkeit erhalten hätten. Beispiel: Ordnet man die Beobachtungswerte

$x_1=9$, $x_2=3$, $x_3=6$, $x_4=5$, $x_5=6$, $x_6=8$

aufsteigend der Größe nach, so ergibt sich

$x_{(1)}=3$, $x_{(2)}=5$, $x_{(3)}=x_{(4)}=6$, $x_{(5)}=8$, $x_{(6)}=9$. Daraus erhält man die jedem Merkmalswert zugeordnete R.:

$R(x_1=9) = 6$; $R(x_2=3) = 1$; $R(x_3=6) = R(x_5=6) = (3+4)/2 = 3{,}5$; $R(x_4=5) = 2$ und $R(x_6=8) = 5$.

Ranking

Anordnung von Testobjekten nach der Bewertung (Präferenz) durch befragte Personen. Die durch R. entstandende Rangordnung ist ordinal skaliert. Beispiel: Personen werden bei einer → Befragung gebeten, Automodelle nach ihrer persönlichen Bevorzugung in eine Rangordnung zu bringen.

Rate → Beziehungszahl

Rationale Erwartungen

In der empirischen Wirtschaftsforschung und insbesondere in der Geldtheorie als unverzerrt angenommene Schätzung des bedingten → Erwartungswertes von zu prognostizierenden wirtschaftlichen Zufallsvariablen (z.B. Aktienkurse, Wirtschaftswachstum, Inflationsrate) bei Nutzung aller vorhandenen formalisierbaren Informationen der Wirtschaftssubjekte. Formal heißt das z.B. für den bedingten Erwartungswert $\hat{y}_t = E(Y_t \mid \Gamma_{t-1})$ einer Variablen Y für den Zeitpunkt t, der zum Zeitpunkt t - 1 auf der Grundlage einer Informationsmenge Γ_{t-1} vorhergesagt werden soll, daß mit $\hat{y}_t$ die in Γ_{t-1} enthaltenen Informationen optimal ausgenützt werden. D.h., daß der Vorhersagefehler $Y_t - E(Y_t \mid \Gamma_{t-1})$ nicht mit Informationen korreliert, die

in Γ_{t-1} enthalten sind: $E((Y_t - \hat{y}_t) \mid G_{t-1}) = 0$, wobei G_{t-1} eine beliebige Teilmenge von Γ_{t-1} ist. R. E. finden vorwiegend in der neueren monetären Theorie und in der Geldpolitik Anwendung. Das Hauptproblem bei r. E. ist die Frage, ob tatsächlich alle verfügbaren Informationen in die Prognose einbezogen wurden und ob die in der Theorie der r. E. unterstellte Rationalität der Wirtschaftssubjekte und Effizienz der Marktprozesse vorliegen.

Realisation → Realisierung

Realisierung

Realisation, Wert x einer → Zufallsvariablen X, der sich aus einer Beobachtung ergibt (R. einer Zufallsvariablen) oder Folge von Beobachtungen eines → stochastischen Prozesses, die im Fall diskreter Beobachtungszeitpunkte in zeitlicher Ordnung eine → Zeitreihe ergeben.

Rechteckdiagramm → Flächendiagramm

Rechteckverteilung → Gleichverteilung

Rechtsschiefe Verteilung → linkssteile Verteilung

Rechtssteile Verteilung

Linksschiefe Verteilung, unimodale Häufigkeitsverteilung (→ unimodale Verteilung) eines wenigstens ordinalskalierten Merkmals oder Wahrscheinlichkeitsfunktion bzw. Dichtefunktion einer Zufallsvariablen mit steil ansteigender rechter Flanke und flach auslaufender linker Flanke der Verteilung. Für rechtssteile Häufigkeitsverteilungen ist kennzeichnend,

Reduzierte Form

daß ein großer Anteil von statistischen Elementen mit großen bzw. mittleren Merkmalswerten und immer weniger Elemente mit immer kleineren Merkmalswerten beobachtet werden. Für r. V. gilt in der Regel, daß der → Modus größer als der → Median und dieser wiederum größer als das → arithmetische Mittel (bzw. der → Erwartungswert) ist. R. V. kommen in der Wirtschaft weniger häufig vor als → linkssteile Verteilungen. Beispiel: Nach dem Bundesausbildungsförderungsgesetz Geförderte an Fachschulen 1990 im früheren Gebiet der Bundesrepublik Deutschland nach ausgewählten Größenklassen der monatlichen Förderung (Merkmal X):

mehr als ...bis...DM	Geförderte
bis 100	377
100 - 200	665
200 - 300	1 045
300 - 400	1 406
400 - 500	2 284
500 - 600	10 146
600 - 700	2 951

Quelle: Statistisches Bundesamt (Hrsg.), Statistisches Jahrbuch 1992 für die Bundesrepublik Deutschland, S. 433

Das zur obigen Häufigkeitstabelle gehörige → Histogramm, in dem f '(x) die → Häufigkeitsdichte bezeichnet, ist in der folgenden Graphik dargestellt.

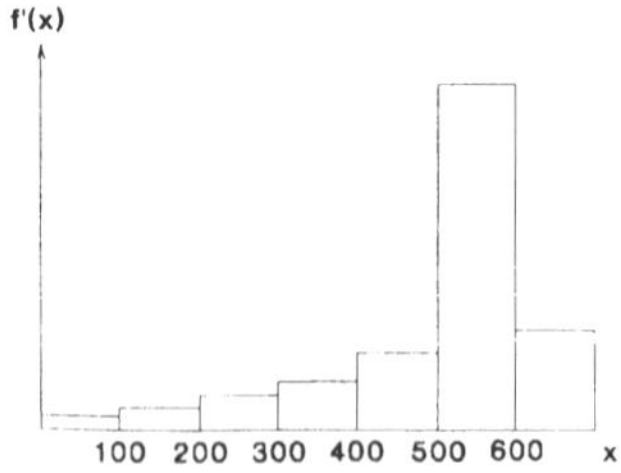

Weitere Beispiele für r. V. sind: Verteilung der Tragzeit von Säugetieren und Verteilung des Kopfumfanges von Neugeborenen. Von den theoretischen Verteilungen von Zufallsvariablen ist z.B. die Wahrscheinlichkeitsfunktion der → Binomialverteilung mit p > 0,5 eine r. V.

Reduzierte Form
Darstellungsform eines vollständigen → simultanen Gleichungsmodells, die die gemeinsam abhängigen Variablen auf lineare Funktionen aller vorherbestimmten Variablen und der Störvariablen zurückführt. Die r.F. läßt sich aus der → Strukturform $\mathbf{Y}\Gamma+\mathbf{X}\mathbf{B}+\mathbf{U}=\mathbf{0}$ durch Multiplikation mit der inversen Matrix Γ^{-1} gewinnen:

$$\mathbf{Y} + \mathbf{XB}\Gamma^{-1} + \mathbf{U}\Gamma^{-1} = \mathbf{0}.$$

Mit $\Pi = -\mathbf{B}\Gamma^{-1}$ und $\mathbf{V} = -\mathbf{U}\Gamma^{-1}$ folgt

$$\mathbf{Y} = \mathbf{X}\Pi + \mathbf{V}$$

bzw. in ausführlicher Schreibweise für die Periode t:

$$y_{t1} = \pi_{11}x_{t1} + ... + \pi_{1m}x_{tm} + v_{t1}$$
$$\vdots$$
$$y_{ti} = \pi_{i1}x_{t1} + ... + \pi_{im}x_{tm} + v_{ti}$$
$$\vdots$$
$$y_{tg} = \pi_{g1}x_{t1} + ... + \pi_{gm}x_{tm} + v_{tg} ,$$

worin y_{ti} die Beobachtungswerte der gemeinsam abhängigen Variablen, x_{tk} die Beobachtungswerte der vorherbestimmten Variablen (t=1,...,T; i=1,..., g; k=1,...,m) sind. Die r.F. ist ein System multipler linearer → Regressionsfunktionen. Die Parameter π_{ik} der r.F. sind Funktionen der Strukturparameter β und γ, d.h. der Elemente von B und Γ. Sie geben den direkten und indirekten Einfluß, d.h. den Gesamteffekt der vorherbestimmten Variablen auf die einzelnen gemeinsam abhängigen Variablen in jeder Periode an, was aus der Strukturform nicht unmittelbar zu erkennen ist. - Die r. F. ist die Prognoseform des $\rightarrow$ ökonometrischen Modells. Nach Schätzung der Parameter und bei Kenntnis der Prognosewerte der vorherbestimmten Variablen lassen sich die Prognosewerte der gemeinsam abhängigen Variablen berechnen. - Sind die Annahmen über die Störvariablen eines ökonometrischen Modells erfüllt, kann zur Schätzung der r.F. die klassische Methode der kleinsten Quadrate angewandt werden.

Regressand $\rightarrow$ endogene Variable

Regressionsanalyse

Analyse der Form statistischer Abhängigkeiten zwischen $\rightarrow$ Merkmalen oder $\rightarrow$ Zufallsvariablen. Die R. gehört zu den multivariaten statistischen Verfahren und kann sowohl im Sinne der deskriptiven Statistik als auch der induktiven Statistik angewandt werden. Ausgehend von dem zugrunde gelegten wirtschaftstheoretischen Ansatz untersucht die R. die einseitig gerichtete Abhängigkeit einer $\rightarrow$ endogenen Variablen (abhängige, zu erklärende Variable, Regressand) von einer oder mehreren $\rightarrow$ exogenen Variablen (unabhängige, erklärende Variable, Regressor) unter Einbeziehung einer zufälligen Komponente ($\rightarrow$ Störvariable). Ziele der R. sind die funktionale Beschreibung und Quantifizierung der Abhängigkeit anhand von Beobachtungswerten der endogenen und exogenen Variablen und die Ermittlung unbekannter Werte der endogenen Variablen. Dabei geht man

von dem Konzept aus, daß der systematische Einfluß der m exogenen Variablen $X_1, ..., X_m$ auf die endogene Variable Y mittels einer Funktion, der $\rightarrow$ Regressionsfunktion $\hat{y} = f(x_1, ..., x_m)$, beschrieben wird. Hauptprobleme der R. sind die Auswahl der einzubeziehenden Variablen, die korrekte Spezifikation der Regressionsfunktion als lineare oder nichtlineare Funktion und ihre Schätzung. Des weiteren wird angenommen, daß die Regressionsfunktion im allgemeinen additiv von einer nicht beobachtbaren zufälligen Störvariablen U überlagert wird:

$$Y = f(x_1, x_2, ..., x_m) + U \, .$$

Die Störvariable U beinhaltet alle weiteren auf Y einwirkenden Faktoren, die nicht explizit als exogene Variablen in der Regressionsfunktion enthalten sind und von denen vorausgesetzt wird, daß sie keinen wesentlichen Einfluß auf Y ausüben. Da U eine unbekannte Zufallsvariable ist, müssen über sie Annahmen u.a. bezüglich des Erwartungswertes, der Varianz und der Verteilung getroffen werden. Die Regressionsfunktion zusammen mit diesen Annahmen bilden das $\rightarrow$ Regressionsmodell.

Regressionsfunktion

Darstellung der mittleren statistischen Abhängigkeit einer $\rightarrow$ endogenen Variablen von einer oder mehreren $\rightarrow$ exogenen Variablen mittels einer mathematischen Funktion auf der Basis von n Beobachtungsdaten der Variablen: $\hat{y}_i = f(x_{i1}, ..., x_{im})$, worin $\hat{y}_i$ der Funktionswert ($\rightarrow$ Regreßwert) und $x_{i1}, ..., x_{im}$ die beobachteten Werte der m exogenen Variablen an n statistischen Elementen oder zu n Zeitpunkten (i = 1,..., n) sind. Die R. erfaßt den einseitig gerichteten, systematischen Einfluß der exogenen Variablen auf die endogene Variable. Im Gegensatz zur mathematischen Funktion ist die R. auf Grund der unterschiedlichen Streuungsverhältnisse ($\rightarrow$ Streuung) nicht umkehrbar. Zu unterscheiden sind: nach der Anzahl der exogenen Variablen $\rightarrow$ einfache R. mit einer exogenen Variablen, $\rightarrow$ multiple R. mit zwei oder mehr exogenen Variablen; hinsichtlich der grundsätzlichen Form der Abhängigkeit: $\rightarrow$ lineare R., $\rightarrow$ nichtlineare R. Die grundlegende Methode zur Bestimmung der Parameter einer vorher festgelegten R. ist die $\rightarrow$ Methode der kleinsten Quadrate. Ein Beispiel soll die Anwendung der R. verdeutlichen: Für die $\rightarrow$ Marktforschung ist u.a. von Interesse, wie bestimmte ökonomische Faktoren auf den Umsatz (Y) wirken. Solche Faktoren (X_k, k=1,..., m) könnten sein: Investitionen, Aufwand für Forschung und Entwicklung, Werbeaufwendungen. Für diese Variablen werden $\rightarrow$ Zeitreihendaten oder $\rightarrow$ Querschnittsdaten erfaßt und eine multiple lineare R. ermittelt. $\rightarrow$ Regressionsmodell

Regressionsgerade

Graphische Darstellung einer einfachen linearen Regressionsfunktion. $\rightarrow$ einfache Regressionsfunktion, $\rightarrow$ lineare Regressionsfunktion

Regressionsmodell

In der $\rightarrow$ Regressionsanalyse die Spezifikation der $\rightarrow$ Regressionsfunktion und der $\rightarrow$ Störvariablen U_i (i=1,...,n) mit ihren stochastischen Eigenschaften. Das klassische multiple lineare R. als gebräuchlichster Ansatz hat folgende Gestalt.

Annahme 1: Lineare Abhängigkeit der $\rightarrow$ endogenen Variablen Y von den $\rightarrow$ exogenen Variablen X_1,..., X_m mit additiver Störvariable. Allgemein folgt bei Beobachtungen an n statistischen Elementen bzw. in n Zeiträumen oder Zeitpunkten:

$$y_1 = \beta_0 + \beta_1 x_{11} + ... + \beta_m x_{1m} + u_1$$
$$\vdots \quad \vdots \quad \vdots \quad \quad \vdots \quad \quad \vdots$$
$$y_i = \beta_0 + \beta_1 x_{i1} + ... + \beta_m x_{im} + u_i$$
$$\vdots \quad \vdots \quad \vdots \quad \quad \vdots \quad \quad \vdots$$
$$y_n = \beta_0 + \beta_1 x_{n1} + ... + \beta_m x_{nm} + u_n.$$

Faßt man die empirischen Werte y_i (i=1,...,n) der Variablen Y in dem $n \times 1$-Vektor **y**, die Beobachtungswerte x_{ij} (j=1,...,m) der Variablen X_1, ..., X_m und den Einser-Vektor bei der Regressionskonstanten ($x_{i0} = 1$ für alle i) zur $n \times (m+1)$-Matrix **X**, die wahren, aber unbekannten Regressionsparameter β_j der $\rightarrow$ Grundgesamtheit in dem $(m+1) \times 1$-Vektor ß und die unbekannten Werte u_i der Störvariablen U_1, ..., U_n in dem $n \times 1$-Vektor **u** zusammen

$$y = \begin{pmatrix} y_1 \\ y_2 \\ \vdots \\ y_n \end{pmatrix}, \quad X = \begin{pmatrix} 1 & x_{11} & \cdots & x_{1m} \\ 1 & x_{21} & \cdots & x_{2m} \\ \vdots & \vdots & \ddots & \vdots \\ 1 & x_{n1} & \cdots & x_{nm} \end{pmatrix},$$

$$u = \begin{pmatrix} u_1 \\ u_2 \\ \vdots \\ u_n \end{pmatrix}, \quad \beta = \begin{pmatrix} \beta_0 \\ \beta_1 \\ \vdots \\ \beta_m \end{pmatrix},$$

so läßt sich das Gleichungssystem vereinfacht als

$$y = X\text{ß} + u$$

schreiben.

Annahme 2: Die Werte x_{ik} der exogenen Variablen sind feste, nichtstochastische Größen, d.h., sie unterliegen keinen zufälligen Störungen.

Annahme 3: Der Rang der Datenmatrix X ist m+1 (Anzahl der Spalten in X) und kleiner als n (Anzahl der Beobachtungen je Variable):

$\text{Rang}(X) = m+1 \; ; \quad m+1 < n.$

Die Annahme beinhaltet, daß es keine starken linearen Abhängigkeiten zwischen den X-Variablen ($\rightarrow$ Multikollinearität) gibt, d.h., sie müssen relativ unabhängig voneinander variieren.

Annahme 4: Der $\rightarrow$ Erwartungswert der Störvariablen ist null: $E(U_i) = 0$.

Annahme 5: Die Störvariablen haben konstante Varianz ($\rightarrow$ Homoskedastizität): $\text{Var}(U_i) = \sigma^2_U$.

Annahme 6: Die n Störvariablen sind nicht miteinander korreliert:

$\text{Cov}(U_iU_j) = 0$ für $i \neq j$

(Abwesenheit von $\rightarrow$ Autokorrelation, wenn die Beobachtungen der Variablen Y und X_j (j=1,...,m) Zeitreihenwerte sind).

Die Annahmen 5 und 6 lassen sich in der folgenden Varianz-Kovarianz-Matrix zusammenfassen:

$$E(uu') = \Sigma_U = \begin{pmatrix} \sigma^2_U & 0 & \cdots & 0 \\ 0 & \sigma^2_U & \cdots & 0 \\ \vdots & \vdots & \ddots & \vdots \\ 0 & 0 & \cdots & \sigma^2_U \end{pmatrix}$$

$$= \sigma^2_U \begin{pmatrix} 1 & 0 & \cdots & 0 \\ 0 & 1 & \cdots & 0 \\ \vdots & \vdots & \ddots & \vdots \\ 0 & 0 & \cdots & 1 \end{pmatrix} = \sigma^2_U I,$$

worin I eine n×n-Einheitsmatrix ist.
Die Annahmen 4 bis 6 werden für die Feststellung der Eigenschaften der $\rightarrow$ Regressionsschätzung benötigt.

Annahme 7: Die Störvariablen sind normalverteilt ($\rightarrow$ Normalverteilung). Diese Annahme wird für $\rightarrow$ Tests und die Konstruktion von $\rightarrow$ Konfidenzintervallen benötigt. Ist auch die Annahme 7 erfüllt, spricht man vom klassischen linearen Modell der Normalregression. - Sind diese Annahmen erfüllt, dann liefert die $\rightarrow$ Methode der kleinsten Quadrate beste lineare unverzerrte $\rightarrow$ Schätzfunktionen für die Regressionsparameter und die Varianz der Störvariablen (best linear unbiased estimator - BLUE), d.h. Schätzfunktionen mit minimaler Varianz in der Klasse aller linearen unverzerrten Schätzfunktionen. Diese Eigenschaften der Schätzungen erlauben auch Intervallschätzungen und Tests von Hypothesen. Sind insbesondere die Annahmen 5 und 6 nicht erfüllt, so kann die verallgemeinerte Methode der kleinsten Quadrate oder eine angepaßte Version der Maximum-Likelihood-Methode verwendet werden.

Regressionsschätzung

Schätzung der unbekannten Regressionsparameter β_0, β_1, ..., β_m und der Varianz der $\rightarrow$ Störvariablen σ^2_U eines $\rightarrow$ Regressionsmodells der Grundgesamtheit auf der Grundlage von Beobachtungswerten einer Stichprobe. Zumeist wird wegen ihrer Optimalitätseigenschaften die $\rightarrow$ Methode der kleinsten Quadrate verwendet. Wird das klassische lineare Modell der Normalregression ($\rightarrow$ Regressionsmodell) unterstellt und sind dessen Annahmen erfüllt, so liefert die Methode der kleinsten Quadrate beste lineare unverzerrte $\rightarrow$ Schätzfunktionen für die Stichprobenregressionsparameter

Regressor

und die Stichprobenvarianz der Störvariablen. Die Schätzwerte werden wie folgt ermittelt: Die Methode der kleinsten Quadrate geht von der Forderung aus, daß die Summe der quadratischen Abweichungen der empirischen Werte der endogenen Variablen y_i (i=1,...,n) von den → Regreßwerten $\hat{y}_i$ ein Minimum ergeben soll:

$$\sum_{i=1}^{n} (y_i - \hat{y}_i)^2 = \sum_{i=1}^{n} \hat{u}_i^2 = min.$$

Ist im weiteren y der Vektor der empirischen Werte der Variablen Y, $\hat{y}$ der Vektor der Regreßwerte, $\hat{u}$ der Vektor der → Residuen, X die Matrix der empirischen Werte der X-Variablen und b der Vektor der Regressionsparameter

$$y = \begin{pmatrix} y_1 \\ y_2 \\ \vdots \\ y_n \end{pmatrix} ; \hat{y} = \begin{pmatrix} \hat{y}_1 \\ \hat{y}_2 \\ \vdots \\ \hat{y}_n \end{pmatrix} ; \hat{u} = \begin{pmatrix} \hat{u}_1 \\ \hat{u}_2 \\ \vdots \\ \hat{u}_n \end{pmatrix}$$

$$X = \begin{pmatrix} 1 & x_{11} & \cdots & x_{1m} \\ 1 & x_{21} & \cdots & x_{2m} \\ \vdots & \vdots & \ddots & \vdots \\ 1 & x_{n1} & \cdots & x_{nm} \end{pmatrix} ; b = \begin{pmatrix} b_0 \\ b_1 \\ \vdots \\ b_m \end{pmatrix},$$

so folgt in Matrizenschreibweise für die lineare Regressionsfunktion

$$\hat{y} = Xb,$$

für die Minimumsforderung

$$\hat{u}'\hat{u} = (y - \hat{y})'(y - \hat{y}) = min.$$

bzw. nach Einsetzen von $\hat{y}$

$$(y - Xb)'(y - Xb) = min.$$

Die linke Seite nach b differenziert und als notwendige Bedingung für ein Minimum gleich null gesetzt, führt zu dem Normalgleichungssystem

$$X'Xb = X'y,$$

aus dem der Vektor b ermittelt werden kann:

$$b = (X'X)^{-1} X'y.$$

Mit den geschätzten Regressionsparametern lassen sich die Residuen $\hat{u}_i = y_i - \hat{y}_i$ (i=1,...,n) und ein Schätzwert

$$s_u^2 = \frac{\sum\limits_{i=1}^{n} \hat{u}_i^2}{n - m - 1}$$

für die Varianz der Störvariablen berechnen. Auf der Basis der Schätzergebnisse lassen sich → Konfidenzintervalle für die Regressionskoeffizienten und die Regreßwerte der → Grundgesamtheit ermitteln und → Hypothesen über die Regressionskoeffizienten prüfen.

Regressor → exogene Variable

Regreßwert
Mittlerer Wert der → endogenen Variablen Y an der Stelle i (i=1,...,n) bei vorgegebenen Werten x_{ik} (k=1,..., m) der → exogenen Variablen in einer → Regressionsfunktion. Der R. erfaßt die systematische Komponente der Variablen Y ohne Zufallseinflüsse.

Rekurrenter Prozeß
Spezieller → Punktprozeß, bei dem die Zeitabstände aufeinanderfolgender Ereignisse (Punkte) unabhängige, positive und identisch verteilte → Zu-

fallsvariablen sind. Beispiel: Die telefonischen Bestellungen bei einem Taxiunternehmen stellen einen r. P. dar. Folgen die Zeitabstände dem Wahrscheinlichkeitsmodell einer → Exponentialverteilung, so läßt sich die aus den Punktezahlen der Intervalle $[0,t]$ gebildete Zeitreihe $\{x_t\}$ mit einem → Poisson-Prozeß beschreiben.

Rekursive Darstellung → exponentielle Glättung.

Rekursives Modell
Spezielle Form eines → ökonometrischen Modells, in dem nur einseitig gerichtete, keine wechselseitigen Beziehungen unter den gemeinsam abhängigen Variablen auftreten, die erklärenden Variablen und die Störvariable in einer Gleichung unkorreliert und die Störvariablen der Gleichungen unabhängig voneinander sind. Diese Bedingungen zeigen sich darin, daß a) sich für ein r. M. eine derartige Anordnung der Strukturgleichungen erreichen läßt, daß in der 1. Gleichung nur eine gemeinsam abhängige Variable auftritt und in den folgenden Gleichungen jeweils eine weitere gemeinsam abhängige Variable hinzukommt und somit die Matrix Γ der → Strukturform eines ökonometrischen Modells $Y\Gamma + XB + U = 0$ eine untere Dreiecksmatrix mit Einser-Diagonale ist:

$$\Gamma = \begin{pmatrix} 1 & 0 & \dots & 0 & 0 \\ \gamma_{21} & 1 & \dots & 0 & 0 \\ \vdots & \vdots & \ddots & \vdots & \vdots \\ \gamma_{g1} & \gamma_{g2} & \dots & \gamma_{gg-1} & 1 \end{pmatrix},$$

b) die Varianz-Kovarianz-Matrix der Störvariablen Σ_U Diagonalgestalt aufweist:

$$\Sigma_U = \begin{pmatrix} \sigma_1^2 & 0 & \dots & 0 \\ 0 & \sigma_2^2 & \dots & 0 \\ \vdots & \vdots & \ddots & \vdots \\ 0 & 0 & \dots & \sigma_g^2 \end{pmatrix}.$$

R. M. können als Folge von Einzelgleichungen mittels der → Methode der kleinsten Quadrate geschätzt werden, wenn die Annahmen über die Störvariablen eines ökonometrischen Modells erfüllt sind.

Relative Häufigkeit → Häufigkeit

Rentabilität
Quotient aus dem Gewinn und dem Kapital einer produzierenden Einheit in einem bestimmten Zeitraum. Die R. ist eine → Beziehungszahl, die vor allem in der betriebswirtschaftlichen Statistik berechnet wird, um zu messen, in welcher Höhe ein eingesetztes Kapital sich in einem bestimmten Zeitraum verzinst hat. Beispiel: Ein Kleinunternehmen hat mit einem Eigenkapital von 50000 DM nach Ablauf eines Geschäftsjahres einen Gewinn in Höhe von 1000 DM erwirtschaftet. Die Eigenkapital-Rentabilität des Kleinunternehmens beträgt daher 2 Pfennige Gewinn je eingesetzte Mark Eigenkapital.

Reparametrisation
Reduktion der Anzahl der unbekannten Parameter oder die Hinzufügung von linearen Nebenbedingungen bezüglich der Parameter zur eindeutigen Schätzung des Parametervektors $\beta = (\beta_1, \beta_2, ..., \beta_q)'$ nach der → Methode der kleinsten Quadrate oder der Maximum-Likelihood-Methode (→ Maximum-Likelihood-Schätzung) in ei-

Repräsentationsschluß

nem linearen Modell $y = X\beta + \varepsilon$, falls der Rang der Matrix **X** kleiner als die Anzahl q der Parameter ist. Beispielsweise tritt das Problem der R. beim Modell I der → Varianzanalyse auf. Weiter wird R. zur Verminderung von → Multikollinearität in ökonometrischen Modellen verwendet.

Repräsentationsschluß

Schluß von einem Befund aus einer → Stichprobe auf den entsprechenden Sachverhalt in der zugehörigen → Grundgesamtheit. Der R. ist das Hauptinstrument von Schätz- und Testverfahren der → induktiven Statistik.

Resampling

Zusammenfassung von Techniken, die in der wiederholten Berechnung von Stichprobenfunktionen auf der Grundlage lediglich einer Stichprobe beruhen. Dazu gehören → Jackknife-Schätzung, → Bootstrap-Schätzung und → Cross-Validation.

Residualanalyse

Analyse der → Residuen zur Beurteilung eines → Regressionsmodells oder eines Zeitreihenmodells (→ Zeitreihenanalyse) und zur Überprüfung der Modellannahmen. Wichtigstes Mittel der R. ist das Residuendiagramm, in dem auf der Ordinate die Residuen $\hat{u}_i$ $=y_i-\hat{y}_i$ und auf der Abszisse entweder die geschätzten Werte $\hat{y}_i$ der endogenen Variablen Y (→ Regreßwert), die Beobachtungswerte x_{ik} einer exogenen Variablen X_k oder der Index i abgetragen werden. Wenn keine Abweichungen von den Modellvoraussetzungen auftreten, zeigt das Residuendiagramm kein systematisches Verhalten der Residuen in der Abwei-

chung von null und in der Streuung:

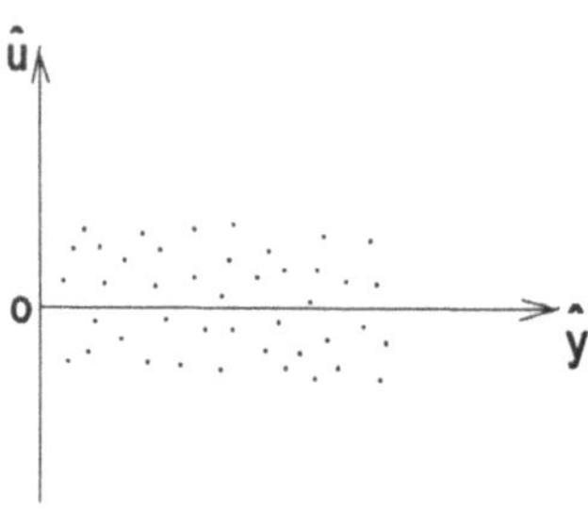

In den folgenden Diagrammen weichen die Residuen systematisch von null ab und signalisieren eine mögliche inadäquate Regressionsfunktion.

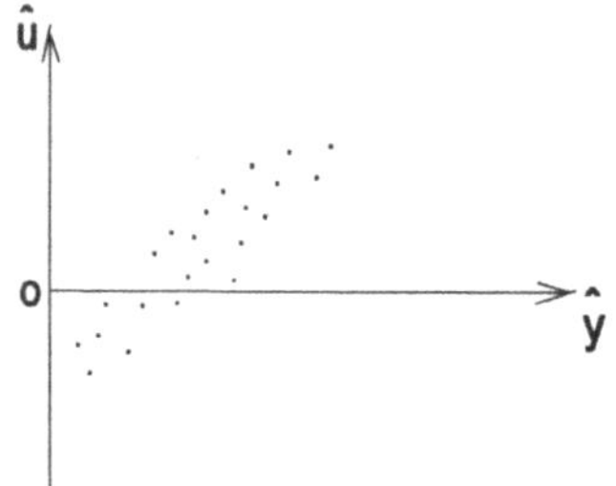

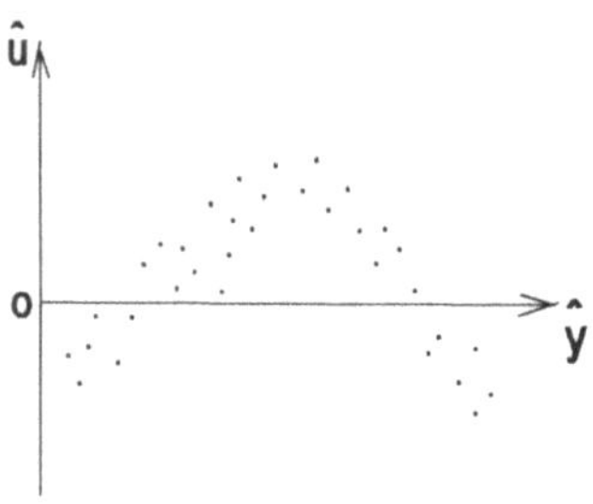

Abweichungen von der Annahme der → Homoskedastizität werden u.a. durch die beiden zunächst folgenden Diagramme angezeigt, während die sich daran anschließenden zwei Diagramme positive bzw. negative Autokorrelation der Residuen signalisieren.

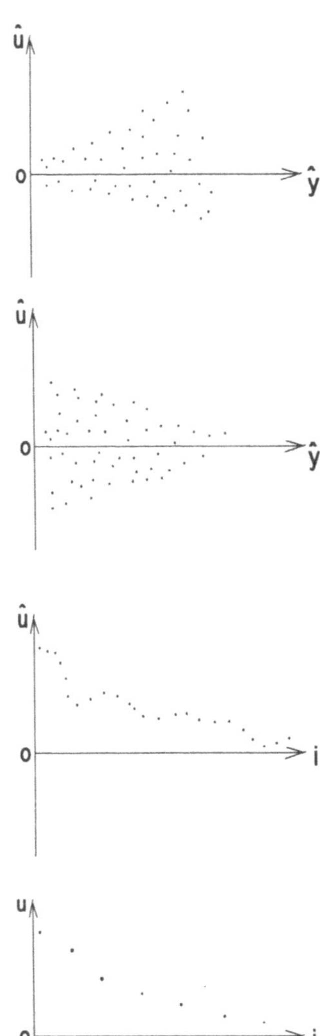

sierte Residuen verwendet

$$e_i = \frac{\hat{u}_i}{s_u} \, ,$$

worin s_u die geschätzte Standardabweichung der Residuen

$$s_u = \sqrt{\frac{\sum\limits_{i=1}^{n} \hat{u}_i^2}{n - m - 1}}$$

ist. Sie werden in Normalverteilungspapier oder in ein → Q-Q-Plot eingetragen.

Residualvarianz → Reststreuung

Residuen

Geschätzte Werte der → Störvariablen in einer → Regressionsfunktion. Z.B. ergeben sich die R., symbolisiert mit $\hat{u}_i$, im Fall der linearen Regressionsfunktion als Differenz zwischen den beobachteten Werten y_i der endogenen Variablen Y und den auf der Regressionsfunktion liegenden Werten (→ Regreßwert) $\hat{y}_i$:

$$\hat{u}_i = y_i - \hat{y}_i \, , \qquad i = 1,...,n \, .$$

Residuentest

Familie von Testverfahren zur Prüfung der → Residuen eines statistischen Modells (→ stochastischer Prozeß, → Regressionsmodell) auf die Eigenschaften von → weißem Rauschen in Längsschnittanalysen, insbesondere auf → Autokorrelation. Die meisten R. setzen zumindest näherungsweise eine Normalverteilung der Residuen als Wahrscheinlichkeitsmodell voraus. In der → Regressionsanalyse wird häufig der → Durbin-Watson-d-Test verwendet. Er prüft auf Autokorrelation 1. Ordnung, d.h. auf

Ausreißer oder Extremwerte können mittels einer R. ebenfalls erkannt werden. Zur Prüfung der Normalverteilungsannahme werden standardi-

Restkomponente

lineare paarweise Abhängigkeit im Zeitabstand von einer Zeiteinheit. Für → ARMA-Prozesse werden andere R. benutzt: a) Box-Ljung-Test zur Prüfung auf Autokorrelation erster und höherer Ordnung, b) Kolmogorow-Smirnow-Test zur Prüfung auf periodische Schwankungen, c) Vorzeichentest zur Prüfung auf Unabhängigkeit. Auf zeitvariable Varianz (→ Heteroskedastizität) der Residuenfolge prüft z.B. der → Bartlett-Test.

Restkomponente

Bestandteil eines Zeitreihen-Komponenten-Modells (→ Dekomposition), der alle Einflüsse auf die Entwicklung eines Merkmals einschließt, die nicht von den eigentlichen Modellkomponenten (Trend, Saison usw.) erfaßt werden können. Beispiel: Die folgende Graphik zeigt die Zeitreihe $x_t = x_R(t)$ eines reinen Zufallsprozesses, der nur aus einer R. besteht.

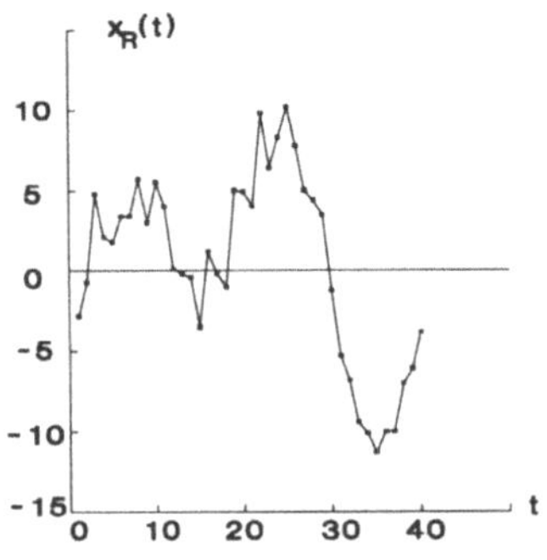

Die R. läßt sich als Modellfehler interpretieren. Ihre Untersuchung (→ Residualanalyse) gibt Aufschluß darüber, ob das angepaßte Zeitreihenmodell die wesentlichen Gesetzmäßigkeiten erfaßt hat (Adäquatheit, → Validität) oder nicht (→ Fehlspezifikation). Die Entscheidung darüber wird durch verschiedene Testverfahren untermauert (→ Residuentest).

Restlebensdauer → Lebensdauer

Reststreuung

Residualvarianz, Anteil der Gesamtvarianz der endogenen Variablen Y einer → Regressionsfunktion, der nicht durch die in der Regressionsfunktion enthaltenen exogenen Variablen X_1, ..., X_m erklärt wird. Die R. ist ein Maß für den Fehler, den man bei der Schätzung von Werten der Variablen Y aus vorgegebenen Werten der exogenen Variablen begeht. → Bestimmtheitsmaß, → Residualanalyse, → Homoskedastizität, → Heteroskedastizität

Risiko

Wahrscheinlichkeit einer falschen Entscheidung eines statistischen → Tests. Entsprechend den möglichen Fehlentscheidungen werden unterschieden:

a) R. des → Fehlers erster Art (R. I): Wahrscheinlichkeit für einen Fehler erster Art, d.h. für die Ablehnung der → Nullhypothese H_0 aufgrund eines konkreten Stichprobenergebnisses, obwohl sie in Wahrheit zutrifft (unberechtigte, irrtümliche Ablehnung von H_0). Das zulässige R. I wird i. allg. mit α symbolisiert und auch als Irrtumswahrscheinlichkeit oder Signifikanzniveau bzw. Überschreitungswahrscheinlichkeit bezeichnet. In der → statistischen Qualitätskontrolle ist die herkömmliche Bezeichnung für das R. I Produzentenrisiko, da es die Wahrscheinlichkeit für die Ablehnung eines noch guten Produktpostens (Los, Partie) angibt (→ Attributprüfung, → Variablenprüfung).

b) R. des → Fehlers zweiter Art (R.

II): Wahrscheinlichkeit für einen Fehler zweiter Art, d.h. für die Nichtablehnung der → Nullhypothese H_0 aufgrund eines konkreten Stichprobenergebnisses, obwohl sie in Wirklichkeit falsch ist (unberechtigte Nichtablehnung von H_0). Das R. II wird i. allg. mit ß symbolisiert. In der statistischen Qualitätskontrolle wird das R. II als Abnehmerrisiko oder Konsumentenrisiko bezeichnet, da es die Wahrscheinlichkeit für die Annahme eines bereits schlechten Produktpostens angibt.

Robuste Glättung → gleitender Median

Robuster Test
Test, der sich durch → Robustheit gegenüber Verletzungen der eigentlich für seine Anwendung erforderlichen Voraussetzungen auszeichnet.

Robuste Schätzung
Schätzverfahren, das sich durch → Robustheit gegenüber Verletzung der eigentlich für seine Anwendung erforderlichen Voraussetzungen auszeichnet. → L-Schätzung, → M-Schätzung, → R-Schätzung

Robuste Statistik
Teilbereich der Statistik, der sich mit der Feststellung oder Messung der → Robustheit von Verfahren und der Entwicklung von Verfahren mit hoher Robustheit befaßt, sowie der Bereich der angewandten Statistik, der wegen ungesicherter Voraussetzungen vorwiegend robuste Verfahren verwendet.

Robustheit
Unempfindlichkeit, Eigenschaft eines statistischen Verfahrens, auch bei Abweichungen von den eigentlich erforderlichen Voraussetzungen noch hinreichend zuverlässige Ergebnisse zu liefern, also unempfindlich oder robust gegenüber den Modellvoraussetzungen zu sein. Es wird angestrebt, Verfahren auf solche R. zu untersuchen und bei negativem Ergebnis durch neue, robustere Verfahren zu ersetzen. Zu dieser Untersuchung werden die Begriffe der qualitativen R. und der quantitativen R. bezüglich eines geeigneten Kriteriums verwendet. Mathematisch gesehen bezieht sich der Robustheitsbegriff auf die Eigenschaft einer Stichprobenfunktion $T_n(X_1,..., X_n)$ einer Stichprobe $X_1, ..., X_n$ für eine Zufallsvariable X mit der Verteilungsfunktion F. T_n heißt qualitativ robust, wenn sich ihre Verteilungsfunktion für kleine Veränderungen von F ebenfalls nur geringfügig verändert, wobei diese Veränderung mit einem geeigneten Abstandsmaß gemessen wird. Kriterien für quantitative R. können z.B. die maximale asymptotische Verzerrung und die maximale asymptotische Streuung der Stichprobenfunktion T_n in Abhängigkeit von der empirischen Verteilungsfunktion der Stichprobe sein. Wichtige Begriffe bei Robustheitsuntersuchungen sind die optimale R., die Einflußkurve von Hampel und die Gross Error Sensitivity, d.h. die Empfindlichkeit gegenüber großen Fehlern. Die Einflußkurve mißt den Einfluß einer zusätzlichen Beobachtung x auf die untersuchte Stichprobenfunktion T_n für $n\rightarrow\infty$. Hinsichtlich der R. bedeutsame Punktschätzungen sind → M-Schätzungen, → L-Schätzungen und → R-Schätzungen. Herkömmliche Schätz- und Testmethoden können auf R. durch Methoden der Monte-Carlo-

Simulation untersucht werden. So kommt man bei der Untersuchung von Tests zum Begriff des ε-robusten Tests. Ausgehend von einem Test zum Signifikanzniveau α, bezeichnet α(n,F) die Wahrscheinlichkeit für einen Fehler 1. Art beim Stichprobenumfang n und der Verteilungsfunktion F für die Grundgesamtheit. F gehöre zu einer gegebenen Klasse von Verteilungsfunktionen. Der Test heißt ε-robust in dieser Klasse von Verteilungen, wenn für alle F

$$\max \; \{ \, | \, \alpha(n,F) - \alpha \, | \, \} \le \varepsilon$$

gilt. Wählt man z.B. ε = 0,2α, so spricht man von 20%-Robustheit. Analog läßt sich ε-Robustheit bezüglich des Fehlers 2. Art definieren. Bei der Monte-Carlo-Simulation schätzt man α(n,F) mit Hilfe der relativen Häufigkeit in den entsprechend der Verteilung F simulierten Stichproben. Bei der Untersuchung von Tests für normalverteilte Grundgesamtheiten wählt man z.B. eine Klasse von Verteilungen vorgegebener Schiefe und vorgegebenen Exzesses oder die Klasse der gestutzten Normalverteilungen. Beispiel: Der Test der Hypothese $\mu = \mu_0$ bei bekannter Varianz ($\rightarrow$ Gauß-Test) oder unbekannter Varianz σ^2 ($\rightarrow$ t-Test) gilt als robust gegenüber Abweichungen von der Normalverteilung ab einem Stichprobenumfang n = 30. Der t-Test zum Vergleich zweier Erwartungswerte ist ebenfalls robust gegenüber Abweichungen von der Normalverteilung. Wenn die Stichprobenumfänge gleich sind, ist er auch robust gegenüber Verletzungen der vorausgesetzten Gleichheit beider Streuungen. Als robuster Ersatz für den gegenüber Abweichungen von der Normalverteilung nicht robusten $\rightarrow$ F-Test zum Vergleich zweier Streuungen und den $\rightarrow$ Bartlett-Test wurden der Mood-Test bzw. der modifizierte Bartlett-Test entwickelt.

Rotationsverfahren

Verfahren zur besseren inhaltlichen Interpretation der Faktoren in der $\rightarrow$ Faktoranalyse durch Transformation der Faktorladungsmatrix in eine (zumindest näherungsweise) Einfachstruktur. Es wird zwischen rechtwinkligen (orthogonalen) und schiefwinkligen Faktorrotationsverfahren unterschieden. Zu den bekanntesten rechtwinkligen R. gehört die Varimax-Methode. Sie dreht unter Beibehaltung der Rechtwinkligkeit des Koordinatensystems die Faktorenachsen so, daß die Faktorladungen der Merkmale immer nur bezüglich eines Faktors hoch und bezüglich aller anderen Faktoren niedrig sind (Einfachstruktur). Im Fall zweier Faktoren bedeutet diese Rotation anschaulich, daß das Faktor-Koordinatensystem so gedreht wird, daß möglichst viele Punkte (Faktorladungen) auf einer der beiden Faktorachsen liegen. Die Güte der Annäherung an die Einfachstruktur kann häufig verbessert werden, wenn man schiefwinklige, korrelierte Faktoren bestimmt. Zu den am häufigsten angewandten schiefwinkligen R. gehört die Methode der Primärfaktoren.

R-Schätzung

Aus Rangtests des $\rightarrow$ Zweistichprobenproblems hergeleitete Schätzung für einen Lageparameter. Für eine reelle Zahl t ordnet man die Stichprobenwerte $x_1, x_2, ..., x_n, 2t-x_1, 2t-x_2, ..., 2t-x_n$ gemeinsam nach ihrer Größe, beginnend mit dem kleinsten Wert. R_i sind in dieser Reihe von 2n Werten nur die Ränge der x_i, i=1,2,...,n. Den Wert von t nimmt man als Schätzung für den Lageparameter, wenn

$$S_n(t) = \frac{1}{n} \sum_{i=1}^{n} a(R_i)$$

den Wert 0 möglichst genau approximiert, wobei

$$a(r) = 2n \cdot \int_{\frac{r-1}{2n}}^{\frac{r}{2n}} J(s)\,ds \ , \ r = 1,...,2n,$$

gilt und J eine Funktion mit

$$\int_0^1 J(s)\,ds = 0$$

ist. Unter relativ allgemeinen Voraussetzungen ist die R-S. qualitativ robust ($\rightarrow$ Robustheit).

S

Saisonbereinigung

Eliminierung saisonaler Schwankungen aus einer → Zeitreihe. Es sind zahlreiche Verfahren der S. in der Praxis etabliert, z.B. das → Berliner Verfahren oder das → Census-X-11-Verfahren. S. ist vor allem für die Konjunkturdiagnose von Bedeutung (→ Konjunkturzyklus). Problematisch ist, daß jedes Verfahren zur S. Nebenwirkungen in der bereinigten Zeitreihe hinterläßt, die nichts mit der Saison zu tun haben, aber eine weiterführende Analyse vor allem überjähriger zyklischer Phänomene erschweren können (→ Spektralanalyse). Bei einer Zeitreihenanalyse ist zu empfehlen, auf die Originaldaten zurückzugreifen. Das Standardverfahren zur S. basiert auf einer gedanklichen, meist additiven Zerlegung einer Zeitreihe $\{x_t\}$ (→ Dekomposition) in eine → glatte Komponente, eine Saisonkomponente und eine → Restkomponente. Es besteht aus den folgenden vier Rechenschritten:

a) Bestimmung der glatten Komponente durch Bildung → gleitender Durchschnitte mit der Saisonlänge als Ordnung. Beispiel: Für die S. einer Quartalszeitreihe $\{x_t\}$ (in der nachstehenden Abbildung durch Punkte symbolisiert) wird ein gleitender Durchschnitt der Ordnung 4 (in der Abbildung durch Kreuze symbolisiert) verwendet.

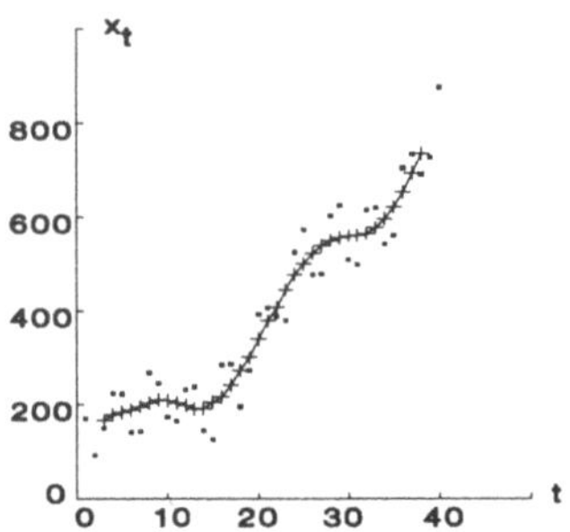

b) Berechnung von Saisonsummanden durch Subtraktion der glatten Komponente von der Zeitreihe und Mittelung der erhaltenen Saisonausschläge über alle Jahre. c) Normierung der Saisonsummanden auf die Summe 0. d) Erzeugen der saisonbereinigten Daten durch Subtraktion des jeweiligen normierten Saisonsummanden vom zugehörigen Beobachtungswert der Zeitreihe. Beispiel: Saisonbereinigte Quartalszeitreihe (+) mit der Originalzeitreihe x_t (•):

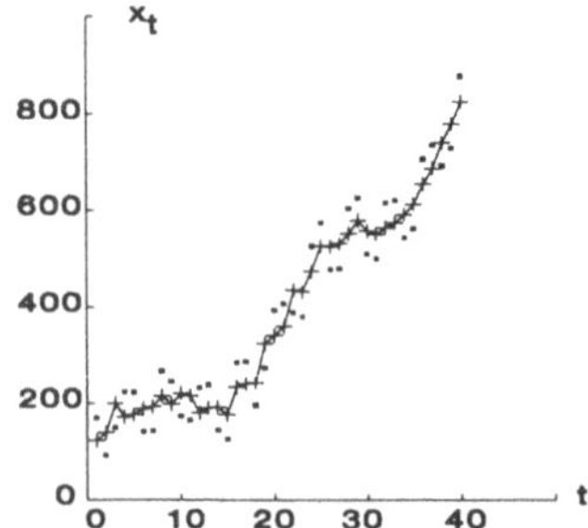

Dieses Verfahren läßt sich auf andere Zerlegungsvorschriften, wie z.B. den rein multiplikativen oder den gemischt additiv-multiplikativen Ansatz übertragen. Dabei entstehen normierte Saisonindizes. Das Berliner Verfahren und das Census-X-11-Verfahren erweitern und verfeinern den Standardansatz der S.

Saisonfunktion

Trigonometrische Funktion $x_S(t)$ zur Modellierung eines jährigen $\rightarrow$ Zyklus. Beispiel: S. der Periodenlänge 4 zur Modellierung von Quartalsdaten mit starrem Saisonmuster

$$x_S(t) = 50 \sin(2\pi \frac{t}{4}) \, ,$$

dargestellt in der folgenden Graphik:

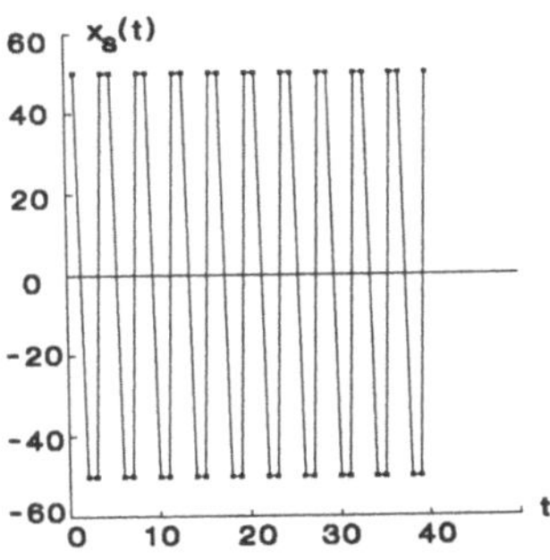

Saisonindex $\rightarrow$ Saisonbereinigung

Saisonschwankungen

Periodische Schwankungen mit einer Periodenlänge, die einer bestimmten Kalendereinheit (z.B. Jahr, Quartal, Monat, Woche, Tag) entspricht. Beispiele sind der Quartalsumsatz eines Kaufhauses, die monatlichen Lebenshaltungskosten eines Vierpersonenhaushalts, der Energieverbrauch im Laufe eines Tages oder die Tagesumsätze eines Supermarktes im Laufe

einer Woche. S. sind meist jahreszeitlich bedingt. Beispiel: Die folgende Graphik zeigt den saisonbedingt schwankenden baugewerblichen Monatsumsatz in der Bundesrepublik Deutschland von 1981 bis 1984 in Mrd. DM:

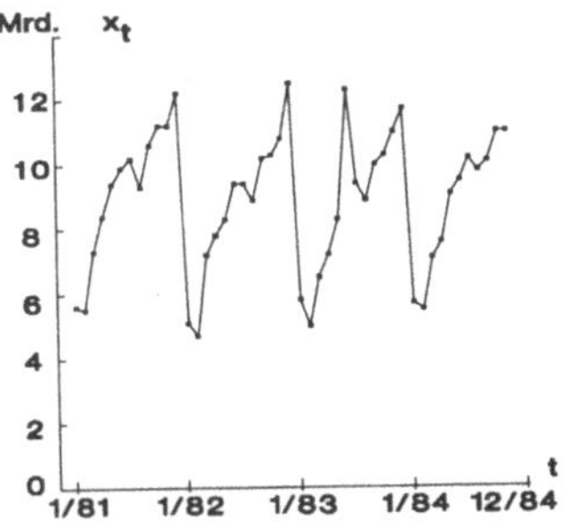

Sättigungsniveau

Grenzwert einer $\rightarrow$ Trendfunktion für stark wachsende Zeitwerte t. Das S. kann entweder als qualitativ begründeter Schätzwert vorgegeben oder als Grenzwert einer den Daten folgenden Trendfunktion quantitativ bestimmt werden ($\rightarrow$ S-Kurven). Beispiel: Der Bestand an Krafträdern wächst in der Bundesrepublik Deutschland seit 1983 nur noch degressiv. Ein Experte schätzt das S. bis zum Jahr 2000 auf ca. 1,3 Millionen. Die folgende Graphik zeigt die Zeitreihenwerte, den geschätzten Trendverlauf und das S.:

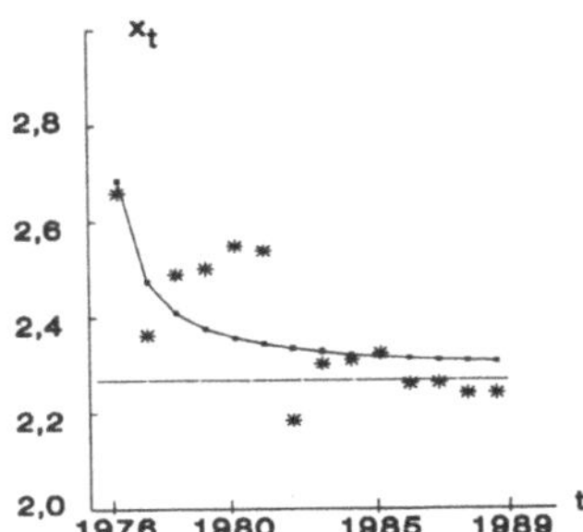

Satz von Gliwenko

Auf einem schrumpfenden Markt kann die untere Umsatzgrenze als verallgemeinerter Sättigungswert bzw. Sättigungsgrad angesehen werden. Beispiel: Der jährliche Zigarettenverbrauch je Person ab 16 Jahre in der Bundesrepublik Deutschland fällt seit Jahren trotz zwischenzeitlicher Belebung tendenziell. Als Trendfunktion wird

$$\hat{x}_t = e^{7{,}73 + \frac{0{,}16}{t}}$$

ermittelt. Sie besitzt den Grenzwert

$$\lim_{t \to \infty} \hat{x}_t = 2276 \ .$$

Aus der graphischen Darstellung mit dem Verbrauch in 1000 Stück (*) und dem S. (-)

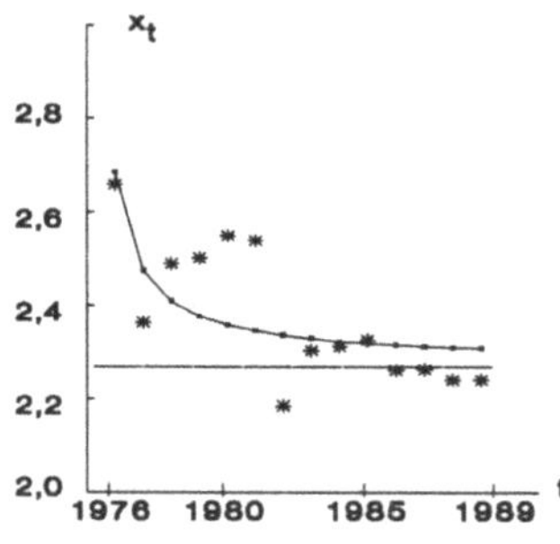

wird deutlich, daß weiterführende qualitative Betrachtungen angeraten sind, um die Schätzung des S. zu verbessern.

Satz von Gliwenko → Hauptsatz der mathematischen Statistik

Satz von Lindeberg-Lévy → Zentraler Grenzwertsatz

Satz von Ljapunoff → Zentraler Grenzwertsatz

Säulendiagramm

Graphische Darstellungsform der → Häufigkeitsverteilung für vornehmlich nominalskalierte, aber auch für ordinalskalierte und metrisch skalierte, diskrete (nicht klassierte) Merkmale, bei der auf einer horizontalen Achse die Merkmalsausprägungen abgetragen und die absoluten bzw. relativen Häufigkeiten durch die Höhe von Rechtecken (Säulen) über den Merkmalsausprägungen dargestellt werden (höhenproportionale Darstellung). Die Rechtecke sollten die gleiche Breite haben und nicht aneinander stoßen. Die Rechtecke können noch unterteilt werden, um zusätzlich nach einem zweiten Merkmal zu untergliedern. S. werden häufig in den Medien (Tageszeitungen, Magazine, Fernsehen usw.) verwendet. Beispiel: Sitzverteilung im Deutschen Bundestag 1990: SPD 239, CDU 268, CSU 51, F.D.P. 79, Bündnis 90/Grüne 8 und PDS 17.

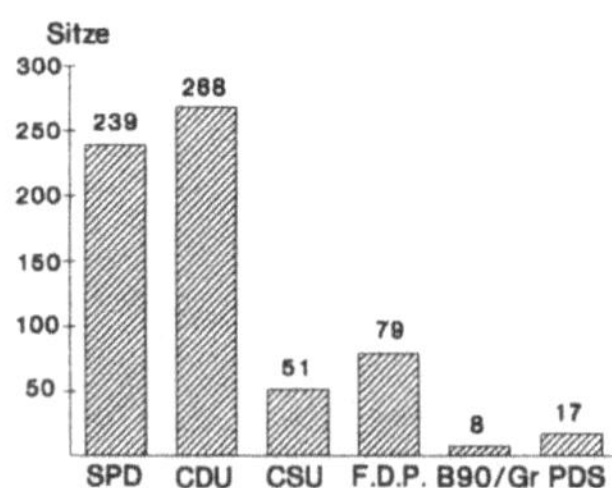

Quelle: Statistisches Bundesamt (Hrsg.), Statistisches Jahrbuch 1992 für die Bundesrepublik Deutschland, S. 98

Scatter-Plot → Streuungsdiagramm

Scatter-Plot-Matrix

Draftsman-Display, graphisches Verfahren zur Veranschaulichung von paarweisen Zusammenhängen zwischen mehr als zwei Merkmalen. Gegeben sind r (r>2) metrisch skalierte Merkmale X_1, ..., X_r, für die Beobachtungen an n statistischen Einheiten vorliegen. Für jeweils zwei Merkmale X_i und X_j ($i \neq j$, $i,j = 1,..., r$) werden die Beobachtungswerte in einem Scatter-Plot ($\rightarrow$ Streuungsdiagramm) graphisch dargestellt. Es ergeben sich insgesamt r(r-1) Plots. Diese werden in Form einer Matrix angeordnet, wobei die Hauptdiagonale leere Flächen enthält, da das Merkmal X_i nicht gegen sich selbst abgetragen wird. Die sich ergebende S.-P.-M. ermöglicht, visuell Beziehungen bzw. Anomalitäten in den Daten zwischen den Merkmalen bzw. Gruppen einander ähnlicher statistischer Einheiten zu entdecken (d.h. eine zunächst nur augenscheinliche Prüfung durchzuführen, ob bestimmte Einheiten bei allen Merkmalspaaren stets eng beieinander liegen) und daraufhin Hypothesen zu formulieren, die mittels statistischer Verfahren zu prüfen sind. Dieses graphische Verfahren ist insbesondere für große Datenmengen unter Verwendung von Computern geeignet. Beispiel: An 74 in den Vereinigten Staaten verkauften Automobilen wurden 1979 u.a. folgende drei Merkmale erfaßt: Preis in Dollar, Kraftstoffverbrauch in Gallonen pro Meile und Gewicht in Pfund (Quelle: Chambers et al., Graphical Methods for Data Analysis, Wadsworth International Group, Belmont, California, Duxbury Press, Boston, 1983, S. 352 ff.). Die untenstehende Graphik zeigt die S.-P.-M. der Daten dieser drei Merkmale in der angegebenen Reihenfolge sowohl in den Spalten als auch in den Zeilen der Matrix.

Schachtelzeichnung $\rightarrow$ Box-Plot

Schätzbereich $\rightarrow$ Intervallschätzung

Scatter-Plot-Matrix: Beispiel

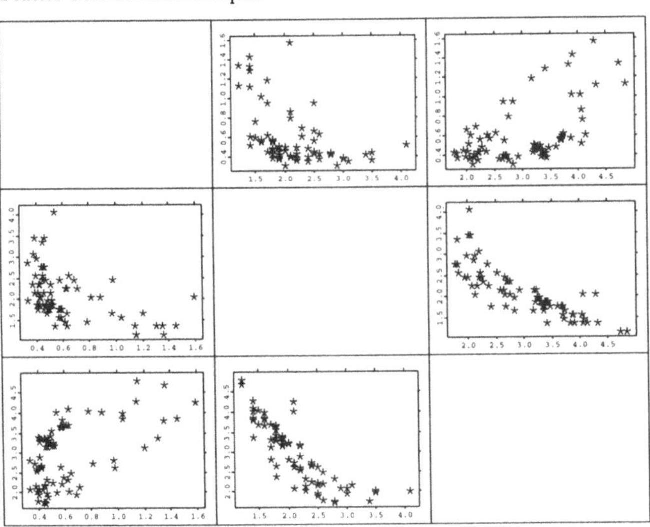

Schätzer

Sammelbegriff für → Schätzfunktion und Schätzwert.

Schätzfehler → Stichprobenzufallsfehler

Schätzfunktion

Funktion der Stichprobenvariablen, die aufgrund ihrer Eigenschaften (wie → Erwartungstreue, → Wirksamkeit, → Konsistenz oder → Robustheit) zur Schätzung eines Parameters der → Grundgesamtheit geeignet ist, z.B. der Stichprobendurchschnitt, der zur Schätzung des Erwartungswertes in der Grundgesamtheit benutzt wird.

Schätztheorie

Theorie und Methodenlehre mit dem Ziel, Wahrscheinlichkeiten zufälliger Ereignisse, Verteilungsfunktionen von zufälligen Variablen oder deren Parameter und weitere statistische Größen wie Momente und Quantile in Grundgesamtheiten auf der Basis von → Stichproben zu schätzen und die Eigenschaften dieser → Schätzungen zu beurteilen. Die S. ist wesentlicher Bestandteil der induktiven Statistik.

Schätzung

a) Näherungsweise Bestimmung von statistischen Größen in Grundgesamtheiten, von Wahrscheinlichkeiten zufälliger Ereignisse, von Verteilungsfunktionen oder Parametern zufälliger Variablen auf der Basis von → Stichproben. Grundlegende Schätzmethoden sind die → Punktschätzung und die → Intervallschätzung. Man unterscheidet weiter zwischen parametrischen und nichtparametrischen S. Im Fall einer Parameterschätzung gibt es einen Wert π_0, den "wahren" Parameter einer als bekannt angenommenen Verteilung der Grundgesamtheit, der geschätzt werden soll. Bei einer nichtparametrischen S. unterbleibt diese Annahme. Ein Beispiel für eine nichtparametrische S. ist die S. der Verteilungsfunktion F einer Zufallsvariablen X durch die empirische Verteilungsfunktion $\hat{F}_n$ mittels einer Stichprobe $(X_1, ..., X_n)$. Beispiel: Die relative Häufigkeit ist eine S. für die Wahrscheinlichkeit P(A) eines zufälligen Ereignisses A. Sie ist eine Parameterschätzung, wenn man den Parameter p = P(A) als Wahrscheinlichkeit für das Annehmen eines der zwei Werte einer Zweipunktverteilung auffaßt.

b) Umgangssprachliche Bezeichnung für den Versuch einer Approximation.

Schätzwert

Einzelne Realisation einer → Schätzfunktion als Punktschätzung auf der Basis einer konkreten Stichprobe, z.B. der berechnete Wert eines Stichprobendurchschnitts als S. für den Erwartungswert in der Grundgesamtheit.

Scheffé-Test → multiple Mittelwertvergleiche

Scheinkorrelation

Sachlogisch nicht begründbarer Zusammenhang zwischen zwei Merkmalen, der oft dadurch hervorgerufen wird, daß beide Merkmale jeweils von einem dritten Merkmal abhängen. Bei Korrelationsberechnung auf Basis von Zeitreihendaten entsteht eine S. oft dadurch, daß beide Merkmale einen ausgeprägten → Trend oder gleiche → periodische Schwankungen aufweisen. Ein Beispiel dafür ist die Korrelation zwischen dem

Bruttosozialprodukt der Bundesrepublik Deutschland und dem Ozongehalt in der Luft in den Jahren 1980 bis 1993, die durch ähnliche Entwicklungen in der Zeit hervorgerufen wird, wobei jedoch das Bruttosozialprodukt nicht direkt, sondern nur mittelbar über andere Größen den Ozongehalt beeinflußt. → Korrelationsanalyse

Scheinvariable → Dummy-Variable

Schicht

Strat, hinsichtlich eines Merkmals relativ homogene Menge von Untersuchungseinheiten (→ Schichtung). Beispiele: Die Verkaufsstände (Untersuchungseinheiten) eines Supermarktes können entsprechend den jeweils angebotenen Waren (wie z.B. Obst und Gemüse, Back- und Teigwaren, Wurst und Fleischwaren) zu Abteilungen zusammengefaßt werden, die die S. bilden.

Schichtung

Aufteilung einer relativ inhomogenen → Grundgesamtheit in voneinander abgegrenzte homogenere Teilgesamtheiten, sogenannte → Schichten, nach einem Schichtungsmerkmal. Beispiel: Die Bevölkerung einer Stadt (Grundgesamtheit) wird nach administrativen Gesichtspunkten (Schichtungsmerkmal) in die Bevölkerung einzelner Stadtteile gegliedert. Der Hauptgrund für die S. ist in der Regel die Verringerung des Schätzfehlers (→ Schätzung) durch Varianzreduktion. Es können aber auch organisatorische Gründe vorliegen. Zur Schätzung der Parameter der Grundgesamtheit wird in jeder Schicht eine Stichprobe nach einem bestimmten → Stichprobenver-

fahren gezogen. Die Gesamtheit der Stichproben bildet eine sogenannte geschichtete Stichprobe (→ geschichtetes Stichprobenverfahren).

Schichtungseffekt → geschichtetes Stichprobenverfahren

Schiefe

Skewness, Asymmetrie einer → unimodalen Häufigkeitsverteilung eines wenigstens ordinalskalierten Merkmals oder einer Wahrscheinlichkeitsfunktion bzw. Dichtefunktion einer Zufallsvariablen. Es gibt → linkssteile (rechtsschiefe) und → rechtssteile (linksschiefe) Verteilungen. Für linkssteile Verteilungen gilt in der Regel, daß der → Modus kleiner als der → Median und dieser wiederum kleiner als das → arithmetische Mittel (bzw. der → Erwartungswert) ist. Für rechtssteile Verteilungen ist die Größenbeziehung umgekehrt. Sind metrisch skalierte Merkmale bzw. Zufallsvariable gegeben, kann die S. mittels Maßzahlen gemessen werden, die die Größenordnung und die Richtung der Abweichung von der Symmetrie angeben. Diese Maßzahlen sind so definiert, daß sie dimensionslos und somit maßstabsunabhängig sind und bei symmetrischen Verteilungen den Wert Null, bei Rechtsschiefe (Linkssteilheit) der Verteilung einen positiven Wert und bei Linksschiefe (Rechtssteilheit) der Verteilung einen negativen Wert annehmen. Für ein metrisch skaliertes Merkmal X mit den Beobachtungswerten x_j ($j = 1,...,n$), den zugehörigen absoluten → Häufigkeiten $h(x_j)$, dem → arithmetischen Mittel $\bar{x}$, dem → Median $\bar{x}_{0,5}$, dem → Modus x_{mod}, der → Standardabweichung s und dem dritten zentralen → Moment $m_3(\bar{x})$ sind die folgen-

Schlechtgrenze

den Schiefemaße gebräuchlich:
a) Das Schiefemaß von Pearson, das auf der Größenbeziehung von $\bar{x}$ und x_{mod} beruht:

$$g_1 = \frac{\bar{x} - x_{mod}}{s} \; .$$

b) Das Schiefemaß von Yule-Pearson, das auf der Größenbeziehung von $\bar{x}$ und $\tilde{x}_{0,5}$ beruht:

$$g_2 = \frac{3(\bar{x} - \tilde{x}_{0,5})}{s} \; .$$

c) Der p-Quantilskoeffizient der S., der auf den → Quantilen mit $0<p<0,5$ und dem Median beruht:

$$g_3 = \frac{(x_{1-p} - \tilde{x}_{0,5}) - (\tilde{x}_{0,5} - x_p)}{x_{1-p} - x_p} \; .$$

Für $p = 0,25$ heißt dieses Maß Quartilskoeffizient der S. (Schiefemaß von Yule).
d) Der Momentkoeffizient der S. (Bowle-Fishersches Schiefemaß), der auf dem 3. zentralen Moment basiert:

$$g_4 = \frac{m_3(\bar{x})}{s^3} = \frac{\frac{1}{n} \sum_{j=1}^{k} (x_j - \bar{x})^3 h(x_j)}{s^3} \; .$$

Diese Schiefemaße werden ebenfalls zur Charakterisierung der Verteilung einer Zufallsvariablen verwendet, wobei entsprechend der Symbolik für Zufallsvariable $\bar{x}$ durch $E(X) = \mu$, $\tilde{x}_{0,5}$ durch $x_{0,5}$, s durch σ und $m_3(\bar{x})$ durch $E[(X-\mu)^3]$ zu ersetzen sind und γ statt g zu ihrer Kennzeichnung benutzt wird.

Schlechtgrenze → Attributprüfung, → Variablenprüfung

Schließende Statistik → induktive Statistik

Schlußziffernverfahren

Spezielle Auswahltechnik eines zufälligen → Stichprobenverfahrens, bei dem aus einer von 1 bis N durchnumerierten Grundgesamtheit diejenigen n Untersuchungseinheiten in die Stichprobe kommen, deren Endziffern mit den Ziffern übereinstimmen, die vorher mit einem bestimmten Zufallsauswahlverfahren festgelegt worden sind. Beispiel: Bei einem Umfang der Grundgesamtheit von $N = 100$ und einem Auswahlsatz von 30 % werden alle Elemente mit z.B. den Endziffern 4, 6 und 9 ausgewählt, d.h. die 30 Elemente mit den Nummern 4, 6, 9, 14, 16, 19, ..., 94, 96 und 99. Die Endziffern können mittels eines → Zufallsgenerators erzeugt werden.

Schock

Zufallsimpuls, Zufallsstörung, Zufallsschock, plötzliche, unvorhersehbare, einmalige Einwirkung auf den zeitlichen Verlauf eines Merkmals. Ein S. kann sich nach wenigen Zeiträumen verlieren (Kurzfristschock), z.B. ein Temperatursturz, oder aber über sehr lange Zeiträume fortwirken (Langzeitschock), wie z.B. der Erdölpreisschock von 1973. In der → Zeitreihenanalyse wird eine zeitliche Folge unabhängiger Zufallsimpulse gebildet (→ weißes Rauschen), um die Wirkung eines S. auf einen Modellprozeß zu untersuchen. Die Reaktion auf Kurzzeitschocks läßt sich mit → ARMA-Prozessen und die Reaktion auf Langzeitschocks mit → Long-Memory-Prozessen beschreiben.

Schwankungsbereich → Spannweite

Schwarzsche Ungleichung

Abschätzung für die Erwartungswerte zweier Zufallsvariablen X und Y :

$$(E(|XY|))^2 \leq E(|X|^2)\, E(|Y|^2)\,.$$

Schwellwertprozeß

Tong-Prozeß, nichtlinearer stochastischer Prozeß $\{X_t\}$ zur Modellierung schwellwertabhängiger Veränderungen eines Merkmals in der Zeit. Beispiel: Der tägliche Umsatz alkoholfreier Getränke in einer Großstadt ist temperaturabhängig. Von einer gewissen Temperaturschwelle an explodiert der Getränkeumsatz, allerdings mit einer Zeitverzögerung von ein bis zwei Tagen. - S. spielen bei der Überwachung von Prozessen und bei kurzrhythmischen → Prognosen eine Rolle. Eine praktisch bedeutsame Klasse bilden die selbsterklärenden autoregressiven S. mit einem Indikatorprozeß $\{Z_t\}$, der auch direkt in das Modell einbezogen werden kann. Die Modellanpassung basiert im einfachsten Fall auf einer Klasseneinteilung der Beobachtungen anhand bekannter Schwellwerte des Indikators. An jede Datenklasse wird nach → Filtration ein autoregressiver Prozeß (→ AR-Prozeß) angepaßt. Die Modellanwendung schließt ein, daß der Indikatorprozeß beobachtet wird und ein Modellwechsel bei Über- oder Unterschreiten eines Schwellwertes erfolgt. Beispiel: In der folgenden Graphik sind die Tagesbestellungen x_t bei einem Getränkeproduzenten (in 100 Kästen) und die Tagesdurchschnittstemperatur z_t (in °C) dargestellt. Hier überschreitet am 10. Tag die Temperatur einen Schwellwert von etwa 20°C, was zwei bis drei Tage später zu einem rapiden Anstieg der Getränkebestellungen führt.

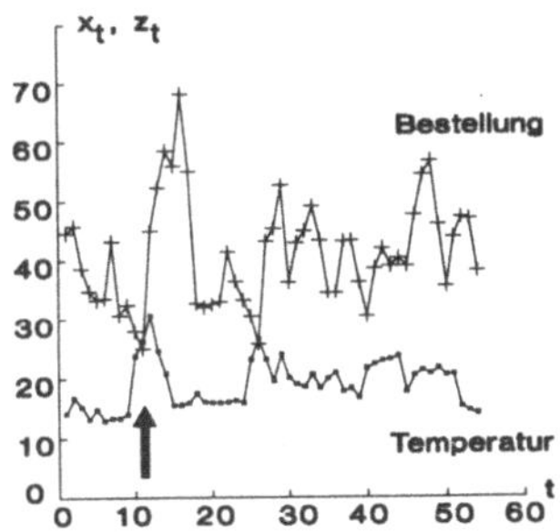

Als Prognosemodell kann ein S., bestehend aus zwei integrierten AR(1)-Prozessen (→ ARIMA-Prozeß) und einer Temperaturschwelle von 20°C angesetzt werden. Für eine Einschritt-Prognose der Bestellungen gilt dann:

$$\hat{X}_t(1) = \begin{cases} 11,4+1,6X_t-0,6X_{t-1} \\ \qquad\quad f\ddot{u}r \;\; Z_{t-2} \leq 20 \\ 11,4+1,9X_t-0,9X_{t-1} \\ \qquad\quad f\ddot{u}r \;\; Z_{t-2} > 20. \end{cases}$$

Hierbei ist der Indikatorprozeß $\{Z_t\}$ die Temperatur.

Sekundärerhebung

Aus bereits vorhandenen, i.allg. nicht für den derzeitigen Untersuchungsgegenstand gesammelten Daten abgeleitete und nachträglich für diesen Untersuchungsgegenstand statistisch ausgewertete Ermittlungen. Sie werden in ihrer Gesamtheit als Sekundärstatistik bezeichnet. Quelle der S. sind in der Regel die staatlichen und kommunalen Verwaltungen, die in Gestalt von Katastern, Registern und Dokumentationen unmittelbar für die Verwaltung Daten erheben. Typische Sekundärstatistiken sind die auf den Standesamtregistern basierenden Geborenen-, Eheschließungs-, Ehescheidungs- und Gestorbenenstatistiken, die durch die → amtliche Statistik neben den primärstatistisch erhobenen Daten aus der → Volkszählung zur → Bevölkerungsfortschreibung verwendet werden. Der Vorteil der S. liegt im Vergleich zur → Primärerhebung vor allem in den niedrigeren Erhebungskosten, der Vollständigkeit und der gelegentlich hohen Qualität der oft urkundlichen Charakter tragenden Informationen. Der Nachteil der S. liegt im Vergleich zu primärstatistischen Erhebungen vor allem darin, daß die in Sekundärstatistiken erhobenen → Elemente, → Merkmale und Merkmalsausprägungen hinsichtlich ihrer Mannigfaltigkeit i.allg. nicht der statistischen Zweckbestimmung des gegebenen Untersuchungsgegenstandes genügen.

Sequentialanalyse

Klasse statistischer Verfahren, bei denen im Fall diskreter Beobachtung die Zahl der Beobachtungszeitpunkte und im Fall kontinuierlicher Beobachtung die Versuchsdauer nicht von vornherein festgelegt ist. Zu einem gegebenen Zeitpunkt wird auf Grund der bis dahin vorliegenden Ergebnisse entschieden, ob die Versuchsserie abgebrochen wird oder fortzusetzen ist. Die S. ist durch einen zufälligen Stichprobenumfang bzw. eine zufällige Beobachtungszeit gekennzeichnet. Wird die Beobachtung in einem gegebenen Zeitpunkt abgebrochen, so ist anhand der bis zu diesem Zeitpunkt vorliegenden Versuchsergebnisse eine statistische Entscheidung, die terminale Entscheidung, zu treffen. Sie kann ein → Test oder eine → Schätzung sein. Anliegen der S. ist, eine statistische Entscheidung möglichst frühzeitig zu treffen, um die

Aufwendungen für die Durchführung der Versuchsserie zu reduzieren. In der S. ist man insbesondere an solchen Verfahren interessiert, die ein möglichst kleines Risiko liefern und fast sicher nach einer endlichen Zeit abbrechen. Ein wichtiges Beispiel für ein sequentielles Testverfahren zum Prüfen zweier einfacher Hypothesen (H_0: $\pi = \pi_0$ gegen H_1: $\pi = \pi_1$) ist der von A. Wald entwickelte sequentielle Likelihood-Quotienten-Test. Eine andere Problemstellung der S. besteht in der Konstruktion von Konfidenzintervallen mit fester Länge für einen unbekannten Parameter oder Parametervektor π, wobei ein vorgegebenes Konfidenzniveau $1 - \alpha$ eingehalten werden soll. X_n sei eine Folge unabhängiger und identisch verteilter Zufallsgrößen, μ ihr Erwartungswert und σ^2 ihre Streuung. Damit ist $\pi = (\mu, \sigma^2)$. Zum Beispiel soll für μ ein Konfidenzintervall der Länge 2d konstruiert werden. Das Intervall

$$I_n = \left[\overline{X}_n - z_{1-\frac{\alpha}{2}} \frac{\sigma}{\sqrt{n}} \, , \; \overline{X}_n + z_{1-\frac{\alpha}{2}} \frac{\sigma}{\sqrt{n}} \right],$$

wobei

$$\overline{X}_n = \frac{1}{n} \sum_{i=1}^{n} X_i$$

ist und $z_{1-\alpha/2}$ das Quantil der Ordnung $1-\alpha/2$ der Standardnormalverteilung (für große n) bezeichnet, ist ein asymptotisches Konfidenzintervall für μ, d.h., es gilt

$$\lim_{n \to \infty} P(\mu \in I_n) = 1 - \alpha \, .$$

Da die Länge $2 \cdot z_{1-\alpha/2}\sigma/\sqrt{n}$ des Intervalls I_n von der i. allg. unbekannten Varianz σ^2 abhängt, schätzt man diese z.B. durch

$$S_n^2 = \frac{1}{n} \sum_{i=1}^{n} (X_i - \overline{X}_n)^2$$

und bricht das Verfahren bei dem kleinsten $n \geq S_n^2 \varrho_n^2 / d^2$ ab, wobei ϱ_n eine Zahlenfolge mit

$$\lim_{n \to \infty} \varrho_n = z_{1 - \frac{\alpha}{2}}$$

ist. Damit ist eine Folge von Intervallen $I_n = [\,\overline{X}_n - d, \, \overline{X}_n + d\,]$ der festen Länge 2d gegeben. - Eine wichtige Rolle spielen in der S. die Bayesschen Verfahren und Minimax-Verfahren. Die S. hängt eng mit Problemen des optimalen Stoppens stochastischer Prozesse zusammen.

Sicherheitswahrscheinlichkeit → statistische Sicherheit

Sigma-Algebra → Wahrscheinlichkeitsraum

Signifikanzniveau
Bei einem → Test die vorzugebende obere Schranke α für die Wahrscheinlichkeit eines Fehlers 1. Art, d.h. für die Wahrscheinlichkeit, die Nullhypothese H_0 abzulehnen, obwohl sie wahr ist. Bei praktischen Fragestellungen werden für α bevorzugt die Werte 0,05 und 0,01 gewählt.

Signifikanztest
Übliche Form eines → Tests, bei der das Risiko, die Nullhypothese H_0 abzulehnen, obwohl sie wahr ist, durch das Signifikanzniveau beschränkt und dadurch objektiv einschätzbar ist.

Simpson-Verteilung → Dreieckverteilung

Simultanes Gleichungsmodell
Mehrgleichungsmodell, in dem die wechselseitigen Beziehungen (Interdependenzen) zwischen ökonomischen Größen erfaßt werden. Wesentliches Kennzeichen s.G. ist, daß eine → endogene (abhängige) Variable in der einen Modellgleichung als erklärende Variable in wenigstens einer anderen Modellgleichung auftritt. Gibt es eine Gruppe von gemeinsam abhängigen Variablen, zwischen denen wechselseitige Abhängigkeiten auftreten und die durch das s. G. gleichzeitig (simultan) jeweils in allen Zeiträumen t des Beobachtungszeitraumes bestimmt werden, spricht man von einem interdependenten Modell. Bezogen auf eine Modellgleichung wird eine wesentliche Annahme des klassischen linearen → Regressionsmodells verletzt, da zwischen den erklärenden Variablen und den → Störvariablen stochastische Abhängigkeiten existieren. Ein s. G. wird als vollständig bezeichnet, wenn die Anzahl der Modellgleichungen mit der Anzahl der gemeinsam abhängigen Variablen übereinstimmt, so daß durch jede Gleichung eine gemeinsam abhängige Variable erklärt werden kann. Eine weitere Gruppe von Variablen eines s. G. sind die → vorherbestimmten (prädeterminierten) Variablen, die die exogenen, verzögerten exogenen und verzögerten endogenen Variablen umfassen und die in der Periode t nicht durch das s. G. bzw. außerhalb des Modells erklärt werden. - Vereinfachtes Beispiel:

NL = f (P, PR, AQ)
P = f (NL, PR, IMP)

Die erste Gleichung erklärt die Nominallöhne (NL) in Abhängigkeit vom Preisniveau des privaten Verbrauchs (P), von der Produktivität (PR) und der Arbeitslosenquote (AQ) und die zweite Gleichung das Preisniveau des privaten Verbrauchs (P) in Abhängigkeit von den Nominallöhnen (NL), der Produktivität (PR) und den Importpreisen (IMP). Zwischen den beiden endogenen Variablen NL und P besteht eine Interdependenz, da sie in der einen Gleichung erklärt werden und in der anderen Gleichung als erklärende Variable auftreten. Sie sind die gemeinsam abhängigen Variablen des Modells. PR, AQ und IMP werden nicht durch dieses Modell erklärt. Sie sind die exogenen und, da keine verzögerten Variablen in diesem s. G. auftreten, auch die vorherbestimmten Variablen des Modells. - Ein s. G. kann Verhaltensgleichungen, technologische Gleichungen, institutionelle Gleichungen und Definitionsgleichungen sowie Gleichgewichtsbedingungen enthalten. Verhaltensgleichungen beschreiben Verhalten und Reaktionen von Wirtschaftssubjekten (z.B. Konsum-, Angebots-, Nachfragegleichungen). Technologische Gleichungen (z.B. → Produktionsfunktionen) beinhalten die Beziehungen zwischen Input, Output und technologischen Gegebenheiten. Institutionelle Gleichungen geben die durch staatliche Institutionen festgelegten Regeln und Mechanismen wieder (z.B. Steuerfunktion). Definitionsgleichungen (Identitäten) sind identisch erfüllte Gleichungen (z.B. Identitäten aus der Volkswirtschaftlichen Gesamtrechnung). Erfordernisse für das Erreichen ökonomischer Gleichgewichte werden in Gleichgewichtsbedingungen erfaßt. Definitionsgleichungen und Gleichgewichtsbedingungen sind deterministisch, d.h., sie enthalten keine Störvariable, und ihre

Parameter sind bekannt. Das ökonometrische Schätzproblem konzentriert sich auf die Verhaltensgleichungen, technologischen und institutionellen Gleichungen, die stochastisch sind und unbekannte Parameter aufweisen. Da sie die grundlegenden strukturellen Beziehungen zwischen den zu modellierenden ökonomischen Größen enthalten, werden sie Strukturgleichungen genannt und bilden zusammen die → Strukturform des s. G. Durch Auflösung nach den gemeinsam abhängigen Variablen kann ein s.G. auch in der → reduzierten Form geschrieben und analysiert werden. → ökonometrisches Modell

Skala

Zeichenmenge, die relationstreu einer Menge von Elementen als Merkmalsausprägungen (empirische Relation) eines statistischen → Merkmals zugeordnet wird. Bezüglich ihrer Wertigkeit (ihres zunehmenden Informationsgehalts) unterscheidet man in der Statistik die folgenden Skalentypen: a) Nominalskala, b) Ordinalskala, c) Kardinalskala mit der weiteren Unterteilung in Intervallskala, Verhältnisskala und Absolutskala.

a) Nominalskala: Eine Nominalskala liegt vor, wenn begriffliche Merkmalsausprägungen durch zugeordnete Zeichen lediglich eine Verschiedenartigkeit zum Ausdruck bringen. Die Nominalskala ist die S. mit dem niedrigsten Informationsgehalt und der geringsten Empfindlichkeit gegenüber Erhebungsfehlern. Die Anwendung statistischer Analyseverfahren ist bei dieser S. i. allg. auf die Erstellung von Häufigkeitstabellen und Häufigkeitsdiagrammen sowie auf die Ermittlung von Anteilszahlen und Modalwerten (→ Modus) begrenzt. Zulässige Relationen und Interpretationen sind "gleich" oder "ungleich". Die Nominalskala ist invariant gegenüber umkehrbar eindeutigen Transformationen. Beispiel: Die amtliche Statistik der Bundesrepublik Deutschland erhebt das nominalskalierte Merkmal "Rechtsform von Kapitalgesellschaften mit DM-Nennkapital" mit den beiden Ausprägungen "Aktiengesellschaft einschließlich Kommanditgesellschaften auf Aktien" und "Gesellschaft mit beschränkter Haftung". Ende 1989 wurden folgende Häufigkeitszahlen ausgewiesen: 2508 Aktiengesellschaften einschließlich Kommanditgesellschaften auf Aktien und 401687 Gesellschaften mit beschränkter Haftung.

b) Ordinalskala: Eine Ordinalskala bzw. Rangskala liegt vor, wenn Merkmalsausprägungen durch zugeordnete Zahlen nicht nur eine Verschiedenartigkeit, sondern auch eine natürliche Rangfolge zum Ausdruck bringen. Alle für die Nominalskala getroffenen Aussagen gelten auch für die Ordinalskala. Zusätzlich für die Ordinalskala definierte Relationen und Interpretationen sind "größer als" und "kleiner als". Die Ordinalskala ist invariant gegenüber streng monoton steigenden (isotonen) Transformationen. Zulässig und sinnvoll ist auch die Bestimmung des → Medians. Die Abstände zwischen den Merkmalsausprägungen sind nicht quantifizierbar. Beispiel: Der Ordinalskala kommt vor allem bei der statistischen Erhebung und Analyse sozialwissenschaftlicher Sachverhalte (Aggressivität, Intelligenz, Autoritätsgläubigkeit, sozialer Status) eine besondere Bedeutung zu. Typische ordinalskalierte Merkmale sind des weiteren Schul- und Prüfungsnoten, Produkt-

güteklassen oder Rangplätze in einer Fußballliga.

c) Kardinalskala oder metrische S.: Eine Kardinalskala liegt vor, wenn Merkmalsausprägungen durch zugeordnete Zahlen (Merkmalswerte) sowohl Verschiedenartigkeit und Rangfolge als auch meß- und quantifizierbare Unterschiede (Abstand, Vielfaches) zum Ausdruck bringen. Eine Kardinalskala kann eine Intervallskala, eine Verhältnisskala oder eine Absolutskala sein. Eine Intervallskala liegt dann vor, wenn Abstände (Differenzen) zwischen Merkmalswerten meßbar und plausibel interpretierbar sind. Die Intervallskala ist invariant gegenüber linearen Transformationen. Sie besitzt keinen natürlichen Nullpunkt und keine natürliche Maßeinheit. Beispiel: Die Temperatur, gemessen auf der Temperaturskala nach Celsius (x °C), ist ein intervallskaliertes Merkmal, dessen Werte über die Lineartransformation y=32+1.8x in Werte y °F der Temperaturskala nach Fahrenheit umgerechnet werden können. 0°C = 32°F ist ein durch Celsius beliebig festgelegter Nullpunkt mit der "künstlich" geschaffenen Maßeinheit °C. Die Aussage "heute ist es um 5°C wärmer als gestern" ist sinnvoll. Nicht sinnvoll ist die Aussage "10°C sind doppelt so warm wie 5°C". Eine Verhältnisskala liegt dann vor, wenn Quotienten von Merkmalswerten berechenbar und plausibel interpretierbar sind. Im Unterschied zur Intervallskala besitzt die Verhältnisskala einen natürlichen Nullpunkt, aber keine natürliche Maßeinheit. Die Verhältnisskala ist invariant gegenüber proportionalen Transformationen. Beispiel: Das Wertvolumen eines Warenkorbes ist ein verhältnisskaliertes Merkmal. Bei der Ermitt-

Skalenelastizität

lung von Teuerungsraten ($\rightarrow$ Preisindex der Lebenshaltung) geht man i. allg. wie folgt vor: Man setzt das Wertvolumen eines in Umfang und Struktur festgelegten Warenkorbes für einen gegebenen Monat ins Verhältnis zu seinem Wertvolumen im Vormonat. Ein Quotient von 1,1 ist dann wie folgt zu interpretieren: Das Wertvolumen des Warenkorbes im Berichtsmonat beträgt das 1,1fache des Wertvolumens im Vormonat. Eine Absolutskala hat zusätzlich zu den Eigenschaften der Verhältnisskala eine natürliche, maßstabsunabhängige Einheit. Als höchstwertige S. ist die Absolutskala nur invariant gegenüber identischen Transformationen. Beispiel: Stückzahlen sind absolutskalierte Merkmalsausprägungen. Die Menge 1 Stück ist (im Unterschied zu 1 DM, 1 kg, 1 m usw.) von keiner "künstlich" festgelegten Maßeinheit abhängig. - Die Skalentypen sind in der angegebenen Reihenfolge hierarchisch. Höherwertig skalierte Merkmale können in darunter liegende S. transformiert werden, aber nicht umgekehrt. Je höherwertig eine S. ist, um so breiter ist das Spektrum der zulässigen statistischen Analyseverfahren.

Skalenelastizität $\rightarrow$ Cobb-Douglas-Funktion

Skalierung

Relationstreue Abbildung einer Zeichenmenge (Skala) auf eine Menge von statistisch erhobenen Elementen bezüglich eines Merkmals. Bezeichnet die S. den Vorgang der Zuordnung einer Skala zu einem statistischen Merkmal, ist der Begriff der Skala auf das Resultat der Zuordnung, das Abbild, die "Meßlatte",

bezogen. Beispiel: Die Rechtsform ist ein qualitatives Merkmal einer Personalgesellschaft mit seinen Merkmalsausprägungen Offene Handelsgesellschaft (OHG) und Kommanditgesellschaft (KG). Die Codierung etwa in Form der Abbildung der natürlichen Zahlen (numerische Relation) auf die Ausprägungen OHG = 1, KG = 2 verändert die Aussage über eine OHG und KG nicht, solange die Zahlen nur die Sachlogik der Merkmalsausprägungen, d.h. die Verschiedenartigkeit der Rechtsformen, zum Ausdruck bringen.

S-Kurve

Trendfunktion mit einstellbarem Sättigungsniveau und Wendepunkt. S-K. spielen in der Marktforschung eine Rolle, z.B. für eine Nachfrageanalyse langlebiger Konsumgüter (Waschmaschinen, Fernsehapparate oder Kühlschränke). Beispiel: Ausstattungsgrad von Privathaushalten in der Bundesrepublik Deutschland mit Farbfernsehgeräten 1972 bis 1990 (Angaben in Prozent).

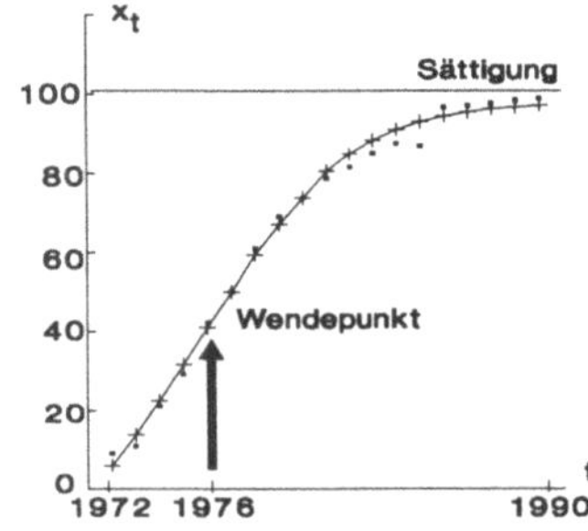

Wichtige Spezialfälle von S-K. sind die logistische Funktion, die Johnson-Funktion und die Gompertz-Funktion. a) Der Prototyp einer S-K. ist die logistische Funktion

$$x_t = \frac{a}{1 + b\,e^{-ct}},$$

die mit wachsendem Zeitindex t sehr schnell gegen den Sättigungswert a strebt. Ihren Wendepunkt hat die logistische Funktion in -(ln b)/c (b>0).
b) Die Johnson-Funktion, für die gilt

$$\ln x_t = \frac{-a}{b + t} + c,$$

strebt hingegen ihrem Sättigungswert e^c langsamer zu als die logistische Funktion. Ihr Wendepunkt liegt bei (a/2) - b.
c) Die Gompertz-Funktion

$$x_t = a\,e^{bc^t}$$

strebt einem Sättigungswert a zu. Ihr Wendepunkt liegt bei lna/lnb. Sie ist meist stärker und gleichmäßiger gekrümmt als die beiden anderen Funktionen. Beispiel: Drei S-K. mit einstellbarem Sättigungsniveau zur Modellierung der Nachfrageentwicklung bei langlebigen Konsumgütern werden in der folgenden Graphik dargestellt: a) logistische Funktion (■) mit Sättigungsniveau (□), b) Johnson-Funktion (+) mit Sättigungsniveau (◊), c) Gompertz-Funktion (*) mit Sättigungsniveau (×).

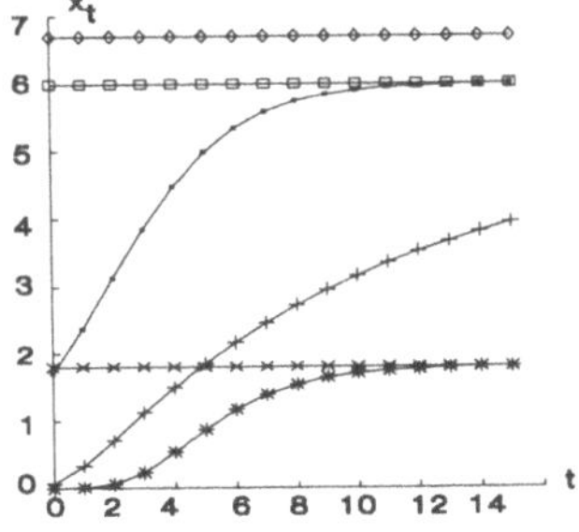

Welche S-K. einer gegebenen Zeitreihe adäquat ist, kann mit einem geeigneten Modellanpassungskriterium ermittelt werden. Neben S-K. mit einem Wendepunkt sind auch Kurven mit zwei Wendepunkten (doppelte S-K.) bedeutsam, um z.B. langfristige Veränderungen des Konsumverhaltens zu modellieren. Beispiel: Der jährlicher Teeverbrauch je Einwohner x_t der Bundesrepublik Deutschland in Gramm (symbolisiert durch *) und die angepaßte S-K. $\hat{x}_t$ (symbolisiert durch Punkte) wird in der folgenden Graphik dargestellt.

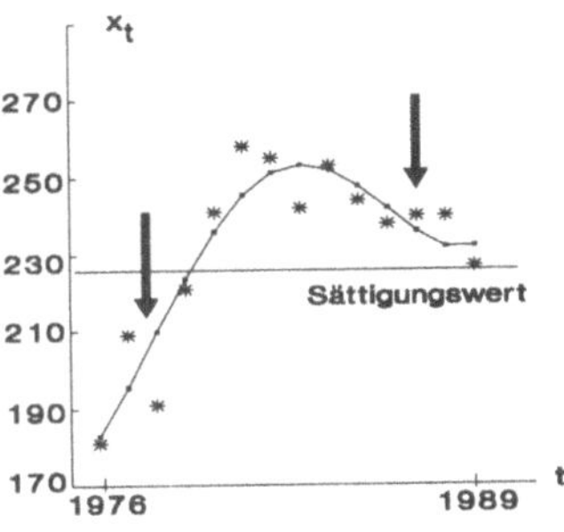

Snedecor-Verteilung → F-Verteilung

Sozialstatistik

Gesamtheit der Verfahren und Methoden zur Gewinnung, Erhebung, Aufbereitung, Analyse und Vorhersage von statistischen Daten über soziale Phänomene zum Zwecke einer umfassenden, kontinuierlichen und aktuellen Information über soziale, sozioökonomische und demographische Zusammenhänge. Im weitesten Sinne subsumiert man unter den Begriff der S. alle Statistiken, die die Lebens- und Reproduktionsbedingungen privater Haushalte, sozialer Gruppen, Bevölkerungen usw. zum Gegenstand haben. Darin eingeschlossen sind die → Bevölkerungsstatistik, die Rechtspflege- und Kriminalstatistik, die Arbeitslosenstatistik, die Verbraucherpreisstatistik, die Einkommensstatistik, die Sozialleistungsstatistik, die Statistik des Gesundheitswesens usw. Die S. ist wie die → Wirtschaftsstatistik ein Teilbereich der → amtlichen Statistik.

Soziometrie

Im weitesten Sinne die Entwicklung und Anwendung mathematisch-statistischer Verfahren und Modelle in den Sozialwissenschaften.

Spannweite

Range, Schwankungsbereich, Variationsbreite, Gesamtausdehnungsbereich der beobachteten Werte eines metrisch skalierten Merkmals. Die S. ist ein sehr einfaches → Streuungsmaß, das die Maßeinheit des Merkmals aufweist. Sind $x_{(1)}$, ..., $x_{(n)}$ die der Größe nach aufsteigend geordneten Beobachtungswerte eines Merkmals X, so ist die S. definiert als die Differenz zwischen dem größten und dem kleinsten Beobachtungswert: $SP = x_{(n)} - x_{(1)}$. Liegt klassiertes Datenmaterial vor, für das die einzelnen Beobachtungswerte nicht mehr bekannt sind, so wird die S. approximativ als Differenz zwischen der oberen Klassengrenze der letzten Klasse x_k^o (unter der Annahme, daß insgesamt k Klassen vorliegen) und der unteren Klassengrenze der ersten Klasse x_1^u bestimmt: $SP = x_k^o - x_1^u$. Wie die Definition der S. bereits impliziert, ist sie extrem empfindlich gegenüber → Ausreißern. Graphisch wird die S. im → Box-Plot dargestellt. Beispiel: Die Befragung von 5 Zweipersonenhaushalten habe folgende Angaben

zum monatlichen Haushaltsnettoeinkommen (in DM) ergeben: 7700, 12400, 9100, 11300, 7600. Die S. dieser monatlichen Haushaltsnettoeinkommen beträgt: SP=12400-7600 = 4800 DM. Die S. wird immer dort zur Anwendung kommen, wo die Extremwerte von Interesse sind, z.B. bei der Angabe von Arbeitslosenquoten, Marktanteilen eines Unternehmens und der Qualitätskontrolle von Produktionsprozessen.

Spearmanscher Rangkorrelationskoeffizient → Rangkorrelation

Spektralanalyse

Sammelbegriff für verschiedene Methoden zur Schätzung der → Spektraldichtefunktion eines → stochastischen Prozesses. Die S. dient zur Aufdeckung und Beschreibung zufallsüberlagerter → periodischer Schwankungen in einer → Zeitreihe. Sie faßt den Modellprozeß als Überlagerung periodischer Schwankungen unterschiedlicher Länge auf und nimmt eine Prozeßzerlegung nach → Frequenzen vor (→ Spektraldarstellung). In der → Zeitreihenanalyse ist die S. das Gegenstück zur Autokovarianzanalyse (→ Autokovarianzfunktion). Bei der Modellierung von Periodizitäten wird die S. wegen erheblicher methodischer und erkenntnismäßer Vorzüge vielseitig eingesetzt.

Spektraldarstellung

Zerlegung eines → stationären stochastischen Prozesses $\{X_t\}$ in eine Summe harmonischer Prozesse (→ Cosinoid-Prozeß). Praktisch wird analog zur → harmonischen Analyse eine endliche S. mit m Cosinoiden für die Frequenzen $\lambda_1,..,\lambda_m$ und → weißem

Rauschen $\{a_t\}$ benutzt:

$$X_t = \sum_{k=1}^{m} [A_k \cos(2\pi\lambda_k t) + B_k \sin(2\pi\lambda_k t)] + a_t .$$

Zur Sicherung von $\rightarrow$ Stationarität müssen die Zufallsvariablen A_k und B_k unkorreliert sein, einen Erwartungswert von null haben und in den Varianzen übereinstimmen:

$$Cov(A_k, B_k) = 0 ,$$

$$E(A_k) = E(B_k) = 0 ,$$

$$Var(A_k) = Var(B_k) .$$

Die endliche S. ermöglicht eine Untersuchung von einander überlagernden periodischen Schwankungen in einer Zeitreihe am Modellprozeß ($\rightarrow$ Spektralanalyse). Wird anstelle der endlichen Summe ein Integral über alle Frequenzen λ zwischen 0 und 0,5 genommen, dann läßt sich X_t sogar exakt, d.h. ohne Fehler a_t, als Überlagerung von Cosinoiden darstellen. Diese unendliche (stetige) S. besitzt mathematisch-technische Vorzüge und erleichtert das Theorieverständnis.

Spektraldichtefunktion

Kennfunktion $f(\lambda)$ eines $\rightarrow$ stochastischen Prozesses mit der $\rightarrow$ Frequenz λ zur Modellierung einer Zeitreihe. Die S. dient i.allg. zur Untersuchung stationärer Prozesse. Sie ergibt sich als Transformation der $\rightarrow$ Autokovarianzfunktion γ_τ eines (schwach) stationären Prozesses $\{X_t\}$

$$f(\lambda) = \gamma_0 + 2 \sum_{\tau=1}^{\infty} \gamma_\tau \cos(2\pi\lambda\tau)$$

mit $\lambda \leq 1/2$, wobei über alle $\rightarrow$ Zeitverschiebungen τ zu addieren ist (Fouriertransformation). Die S. besitzt für $\rightarrow$ ARMA-Prozesse einen der Struktur des Prozesses adäquaten Verlauf, der zur Strukturidentifikation ausgenutzt werden kann. Darüber hinaus gestattet die S. eine Beschreibung der Wirkungsweise von linearen Filtern ($\rightarrow$ Filtration). Für eine stationäre (trend- und saisonbereinigte) Zeitreihe $\{x_t\}$ mit n Beobachtungen ist das $\rightarrow$ Periodogramm

$$\hat{f}(\lambda) = c_0 + 2 \sum_{\tau=1}^{n-1} c_\tau \cos(2\pi\lambda\tau)$$

mit den empirischen Autokovarianzen c_τ eine erwartungstreue, aber nicht konsistente Schätzung der S. Eine konsistente Schätzung kann durch Glättung des Periodogramms erreicht werden, wobei verschiedene Möglichkeiten zur Festlegung der Gewichte w_τ (Fenster) und der oberen Summationsgrenze m (Stutzungspunkt) bestehen:

$$\hat{f}(\lambda) = w_0 c_0 + 2 \sum_{\tau=1}^{m-1} w_\tau c_\tau \cos(2\pi\lambda\tau).$$

Eine praktisch oft verwendete Wichtungsvorschrift

$$w_\tau = \begin{cases} 1 - 6\dfrac{\tau^2}{m} + 6\dfrac{\tau^3}{m} , & 0 \leq \tau \leq \dfrac{m}{2} \\[2ex] 2(1 - \dfrac{\tau}{m})^3 , & \dfrac{m}{2} < \tau \leq m \end{cases}$$

heißt Parzenfenster. Als Stutzungspunkt m ist $m \approx 2\sqrt{n}$ zu empfehlen. Weitere Wichtungsschemata wurden nach Bartlett und Tukey benannt. Die Glättungsvorschrift kann auch auf das recht zerklüftete Periodogramm nicht-

Spektraldichtefunktion

stationärer, aber mittelwertbereinigter Zeitreihen angewandt werden, um die Identifikation periodischer Schwankungen zu erleichtern. Ein erster Gipfel (Peak) bei der Frequenz λ zeigt einen Zyklus mit der Periodenlänge $1/\lambda$ an ($\rightarrow$ Periodogramm). Oft wird die logarithmierte S. geschätzt, für die sich symmetrische Konfidenzintervalle angeben lassen. Beispiel: Zeitreihe $\{x_t\}$ der monatlichen Tankbierlieferungen einer Brauerei in ein Ausflugsgebiet in Kilohektolitern über 10 Jahre:

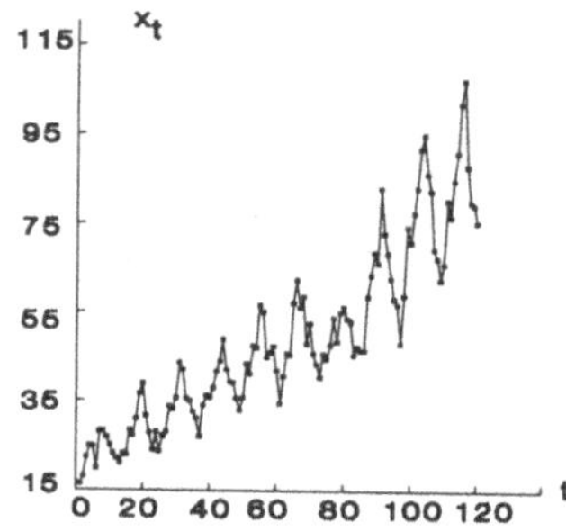

Die S. wird mit einem Stutzungspunkt $m = 20$ und einem Parzenfenster geschätzt. Dargestellt sind die logarithmierten Werte der S. Ihr Verlauf zeigt zunächst nur den Trend in Form einer Spitze bei $\lambda = 0$ an:

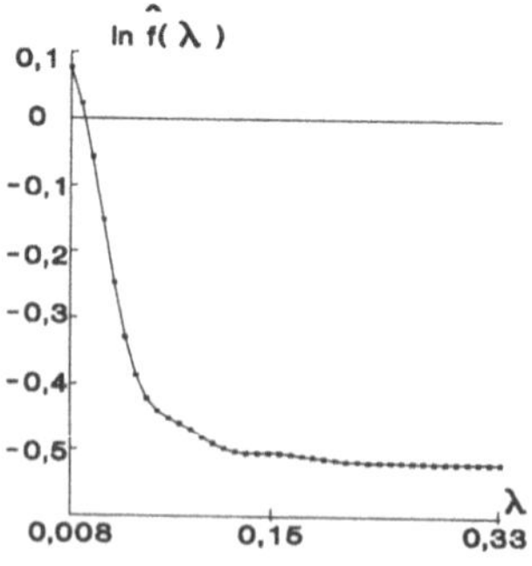

Nach Eliminierung des Trends durch Bildung einfacher Differenzen $x_t - x_{t-1}$ werden Peaks bei den Saison-Frequenzen 1/12 und 2/12 erkennbar:

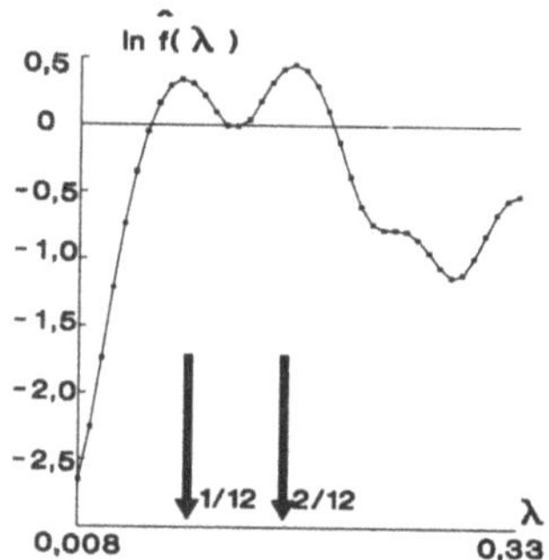

Durch nochmalige Differenzenbildung über 12 Perioden wird der Saisoneinfluß weitgehend eliminiert. Die S. der gefilterten Daten zeigt einen für multiplikative ARMA-Prozesse typischen Schwingungsverlauf an:

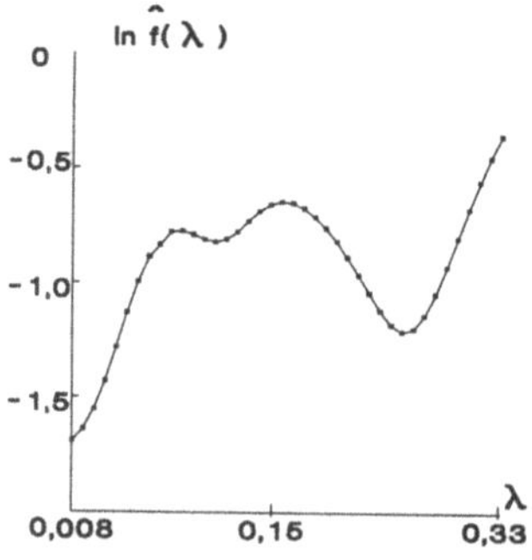

Die Identifikation nach der Box-Jenkins-Technik führt auf einen Modellprozeß der Struktur $(0,1,0)(0,1,1)_{12}$ ($\rightarrow$ ARIMA-Prozeß). Das ungeglättete Periodogramm $I(\lambda)$ der zweifach gefilterten Zeitreihe $(1 - L)(1 - L^{12})x_t$, mit L als $\rightarrow$ Lag-Operator, ist vergleichsweise stark zerklüftet, wie aus der folgenden Graphik zu ersehen ist:

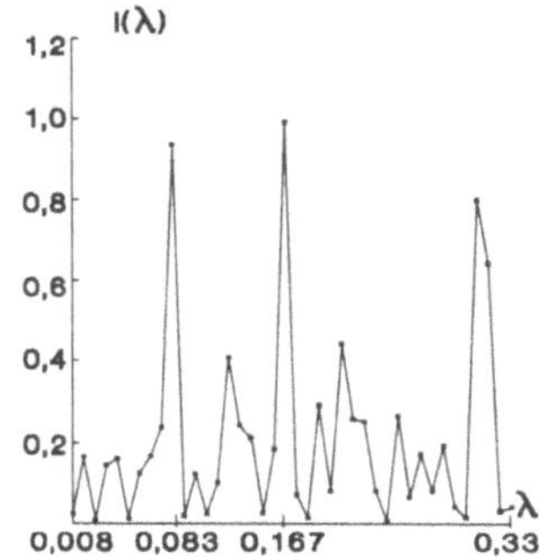

Spezifikation

Erste Phase der Modellentwicklung in der → Regressionsanalyse, der → Zeitreihenanalyse und der → Ökonometrie, in der alle a-priori-Informationen und Vermutungen über den zu modellierenden ökonomischen Sachverhalt allein auf der Grundlage wirtschaftstheoretisch fundierter, institutioneller und technischer Kenntnisse ohne Erhebung empirischer Daten zur Festlegung eines → Regressionsmodells, eines Zeitreihenmodells bzw. eines → ökonometrischen Modells führen. Die S. umfaßt die Bestimmung der einzubeziehenden ökonomischen Größen als endogene, exogene, verzögerte, gemeinsam abhängige, vorherbestimmte Variablen, die Festsetzung der Funktionsform der Modellgleichungen, die Formulierung der stochastischen Eigenschaften des Modells in Form der Modellannahmen und gegebenenfalls die Erfassung von Restriktionen über einige Modellparameter. In der Zeitreihenanalyse steht im Mittelpunkt der S. die Wahl eines geeigneten Modellprozesses. Fehlspezifikationen in dieser Phase führen i.allg. zu fehlerhaften, unplausiblen Parameterschätzungen.

Spline-Polynom → Interpolation

Stabdiagramm

Graphische Darstellungsform der → Häufigkeitsverteilung für ordinalskalierte und metrisch skalierte, diskrete (nicht klassierte) Merkmale. Auf einer horizontalen Achse werden die Merkmalsausprägungen abgetragen. Durch die Länge von Stäben (Strekken, Linien) über den Merkmalsausprägungen werden die absoluten bzw. relativen Häufigkeiten dargestellt (höhenproportionale Darstellung). Beispiel: Erhebung von Privathaushalten in der Bundesrepublik Deutschland nach der Zahl der Personen (Merkmal X) im April 1990 mit den Merkmalsausprägungen 1, 2, 3, 4 bzw. 5 und mehr Personen. In dem folgenden S. wurden die relativen prozentualen Häufigkeiten verwendet.

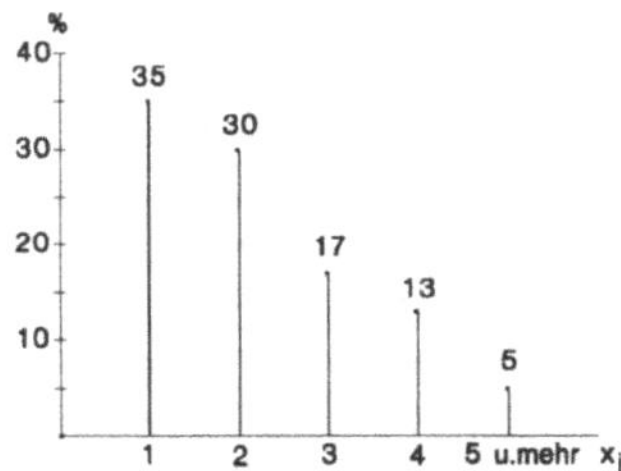

Anteile berechnet nach: Statistisches Bundesamt (Hrsg.), Statistisches Jahrbuch 1992 für die Bundesrepublik Deutschland, S. 69

Stamm-Blatt-Diagramm → Stemleaf-Diagramm

Standardabweichung

Positive Quadratwurzel aus der → Varianz; das am häufigsten verwendete → Streuungsmaß. Die S. hat dieselbe Maßeinheit wie das untersuchte Merkmal.

Standardisierte Regressionskoeffizienten

Koeffizienten einer → linearen Regressionsfunktion auf der Basis standardisierter Variablen. Werden die Beobachtungswerte y_i der Variablen Y und x_{ik} der Variablen X_k ($i=1,...,n$; $k=1,..., m$) einer → Standardisierung gemäß

$$y_i^* = \frac{y_i - \bar{y}}{s_y} \ , \quad x_{ik}^* = \frac{x_{ik} - \bar{x}_k}{s_k}$$

unterzogen, worin $\bar{x}_k$, $\bar{y}$ die → arithmetischen Mittel und s_k, s_y die → Standardabweichungen der Variablen sind, so läßt sich die lineare Regressionsfunktion wie folgt notieren:

$$\hat{y}_i^* = b_1^* x_{i1}^* + ... + b_m^* x_{im}^* \ .$$

In dieser Regressionsfunktion sind die b_k^* die s. R., die mittels der → Methode der kleinsten Quadrate berechnet werden können. Die Regressionskonstante entfällt. Die s. R. sind dimensionslos und eignen sich deshalb für den Vergleich besser als die Regressionskoeffizienten b_k einer Regressionsfunktion mit den Ausgangsvariablen, die i.allg. verschiedene Maßeinheiten und unterschiedlich große Streuungen aufweisen. Durch die s. R. kann auf die relative Bedeutung der → exogenen Variablen X_k für Y geschlossen werden. Zwischen den s. R. und den Regressionskoeffizienten b_k existiert folgende Beziehung:

$$b_k^* = \frac{s_k}{s_y} \, b_k \ ,$$

wodurch sich die einen aus den anderen direkt ermitteln lassen.

Standardisierung

Umrechnung unterschiedlich dimensionierter bzw. strukturierter statistischer Daten zu Vergleichs- und Analysezwecken. In der Statistik unterscheidet man i.allg. zwei Formen der S.: a) Lineartransformation von $i = 1$, ..., n Merkmalswerten x_i eines metrisch skalierten Merkmals X in n standardisierte Merkmalswerte z_i derart, daß gilt:

$$z_i = \frac{x_i - \bar{x}}{s_x} \ ,$$

wobei $\bar{x}$ das → arithmetische Mittel und s_x die → Standardabweichung der Ausgangswerte x_i sind. Diese Form der S. ist das Resultat von → Zentrierung und → Normierung der Ausgangswerte x_i. Die standardisierten Merkmalswerte z_i besitzen folgende Eigenschaften: Sie sind dimensionslos, ihr arithmetisches Mittel $\bar{z}$ ist null, und ihre Standardabweichung s_z ist stets eins. Die S. als Lineartransformation von Einzelwerten unterschiedlich dimensionierter Merkmale ist z.B. eine Voraussetzung für die Anwendung bestimmter Verfahren der → multivariaten Statistik, z.B. der → Faktoranalyse. Sie findet auch Anwendung bei der Bestimmung von Werten der Verteilungsfunktion F einer $N(\mu,\sigma^2)$-verteilten → Zufallsvariablen Y mit Hilfe der Verteilungsfunktion Φ der → Standardnormalverteilung, wobei die folgende Beziehung gilt:

$$P(Y \leq y) = F(y) = \Phi\left(\frac{y-\mu}{\sigma}\right).$$

Beispiel: Der Preis Y (Angaben in DM pro Liter) für Superbenzin an den Tankstellen einer Großstadt sei an einem bestimmten Tag normalverteilt mit dem Mittelwert $\mu = 1,55$ DM und der Standardabweichung $\sigma = 0,02$ DM. Unter Anwendung der Standardnormalverteilung auf den standardisierten Preis $(Y - \mu)/\sigma$ würden demnach wegen

$$\Phi\left(\frac{1,56-1,55}{0,02}\right) - \Phi\left(\frac{1,53-1,55}{0,02}\right)$$

$$= \Phi(0,5) - \Phi(-1)$$

$$= 0,691 - 0,158 = 0,533$$

53,3% der Tankstellen einen Liter Superbenzin in der Preisspanne von 1,53 DM bis 1,56 DM anbieten.
b) Umrechnung von → Verhältniszahlen statistischer Gesamtheiten mit unterschiedlicher Struktur auf eine Vergleichs- oder Normalstruktur. Da eine Verhältniszahl stets ein gewogenes Mittel von speziellen, aus Teilgesamtheiten gebildeten Verhältniszahlen des gleichen Typs ist, können zwei Verhältniszahlen sich allein durch ihre Gewichtung, also aufgrund von Struktureffekten, unterscheiden. Ein in der Praxis übliches Verfahren, um beim statistischen → Vergleich von Verhältniszahlen Struktureffekte auszuschalten, ist die S. Der Extremfall des → statistischen Paradoxons zeigt, daß die Berücksichtigung von Struktureffekten von praktischer Bedeutung ist. Ein Beispiel für diese Form der S. ist die Berechnung standardisierter Sterbeziffern (→ Mortalitätsmaße, → Strukturindex) durch die amtliche Statistik.

Standardnormalverteilung

Spezielle → Normalverteilung mit Erwartungswert $\mu=0$ und Varianz $\sigma^2=1$. Die → Dichtefunktion der S. ist:

$$\varphi(x) = \frac{1}{\sqrt{2\pi}}\, e^{-\frac{x^2}{2}}.$$

Die folgende Graphik zeigt die Dichtefunktion der S., die sogenannte Gaußsche Glockenkurve.

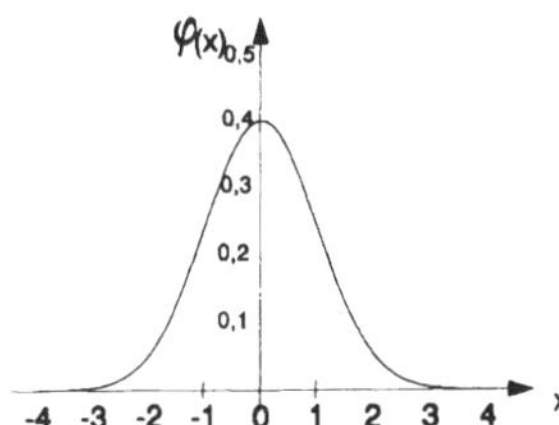

Für die Dichtefunktion und → Verteilungsfunktion der S. (siehe Seite 338) gibt es Tafeln. Mittels dieser Tafeln können auch Werte von Dichtefunktionen bzw. Verteilungsfunktionen beliebiger Normalverteilungen ermittelt werden. Ist Y eine beliebig normalverteilte Zufallsvariable mit dem Erwartungswert $E(Y) = \mu_Y$ und der Standardabweichung σ_Y, dann kann Y durch die Transformation (→ Standardisierung)

$$X = \frac{Y - \mu_Y}{\sigma_Y}$$

in eine standardnormalverteilte Zufallsvariable X überführt werden.

Stapeldiagramm → Flächendiagramm

Stationärer stochastischer Prozeß

Stochastischer Prozeß $\{X_t\}$ mit gewissen zeitkonstanten → Kennfunktionen. Es wird zwischen strenger und schwacher Stationarität unterschieden, je nachdem, ob sämtliche

Standardnormalverteilung

Flächen unter der Gaußschen Glockenkurve $\Phi(x) = \int_{-\infty}^{x} \varphi(t)dt$ für $0 \leq x \leq 3{,}08$

x	0,00	0,02	0,04	0,06	0,08
0,0	.500000	.507978	.515953	.523922	.531881
0,1	.539828	.547758	.555670	.563560	.571424
0,2	.579260	.587064	.594835	.602568	.610261
0,3	.617911	.625616	.633072	.640576	.648027
0,4	.655422	.662757	.670031	.677242	.684386
0,5	.691462	.698468	.705402	.712260	.719043
0,6	.725747	.732371	.738914	.745373	.751748
0,7	.758036	.764238	.770350	.776373	.782305
0,8	.788145	.793892	.799546	.805106	.810570
0,9	.815940	.821214	.826391	.831472	.836457
1,0	.841345	.846136	.850830	.855428	.859929
1,1	.864334	.868643	.872857	.867976	.881000
1,2	.884930	.888768	.892512	.896165	.899727
1,3	.903200	.906582	.909877	.913085	.916207
1,4	.919243	.922196	.925066	.927855	.930563
1,5	.933193	.935744	.938220	.940620	.942947
1,6	.945201	.947384	.949497	.951543	.953521
1,7	.955434	.957284	.959070	.960796	.962462
1,8	.964070	.965620	.967116	.968557	.969946
1,9	.971283	.972571	.973810	.975002	.976138
2,0	.977250	.978308	.979325	.980301	.981237
2,1	.982136	.982997	.983823	.984614	.985371
2,2	.986097	.986791	.987454	.988089	.988690
2,3	.989276	.989830	.990358	.990862	.991344
2,4	.991802	.992240	.992656	.993053	.993431
2,5	.993790	.994132	.994457	.994766	.995060
2,6	.995339	.995604	.995855	.996093	.996319
2,7	.996533	.996736	.996928	.997110	.997282
2,8	.997445	.997599	.997744	.997882	.998012
2,9	.998134	.998250	.998359	.998462	.998559
3,0	.998650	.999313	.999663	.999841	.999928

oder nur ausgewählte Kennfunktionen zeitkonstant sind. Ein schwach s. s. P. hat eine zeitkonstante → Erwartungswertfunktion und eine → Autokovarianzfunktion $\gamma(\tau)$, die nur von der Zeitverschiebung τ zwischen 2 Zufallsvariablen X_t und $X_{t+\tau}$, nicht aber vom Betrachtungszeitpunkt abhängt:

$$E(X_t) = \mu < \infty$$

$$E[(X_t - \mu)(X_{t+\tau} - \mu)] = \gamma(\tau) < \infty$$

für $\tau \geq 0$. Die → Varianzfunktion eines schwach s. s. P. ist ebenfalls zeitkonstant und endlich:

$$\sigma^2(t) = \gamma(0) = \sigma^2 < \infty.$$

Beispiel: In der folgenden Graphik werden 5 Zeitreihen eines schwach s. s.P. vom Typ AR(1) (→ AR-Prozeß) $x_t = 0{,}5\, x_{t-1} + a_t$ dargestellt, die alle vom Startwert $x_0 = 1$ ausgehen und aus 5 verschiedenen Folgen von → weißem Rauschen $\{a_t\}$ hervorgehen.

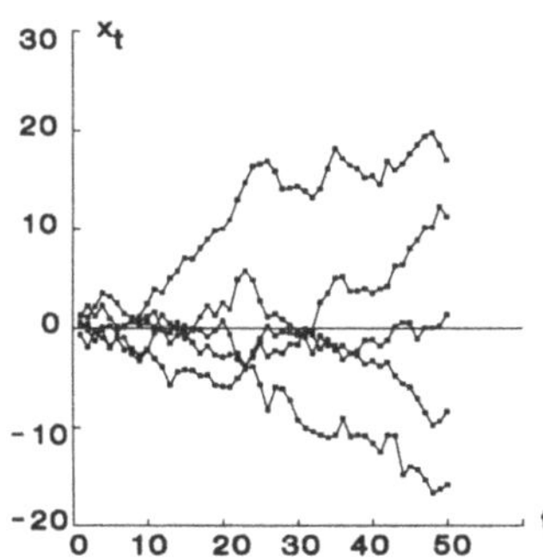

Die Theorie schwach s. s. P. wird zur Fundierung einer stochastischen Zeitreihenanalyse benutzt. Praktisch bedeutsam sind Modellprozesse vom Typ ARMA, deren einfache Struktur sich aus der → Autokovarianzfunk-

tion und deren Transformationen (→ Autokorrelationsfunktion, → inverse Autokorrelationsfunktion, → partielle Autokorrelationsfunktion) identifizieren läßt. Die Zuordnung zwischen dem Verlaufsmuster einer Kennfunktion und der Strukturformel des zugehörigen schwach s.s.P. läßt sich tabellarisch angeben. Eine eindeutige Beziehung zwischen Modellstruktur und Kennfunktionsverlauf läßt sich allerdings erst bei Annahme einer Wahrscheinlichkeitsverteilung, meist der Normalverteilung (→ Gaußscher Prozeß), herstellen. Ausgehend von einer Zeitreihe können unter den üblichen Schätzvoraussetzungen (→ Ergodensätze) empirische Kennfunktionen bestimmt werden, aus deren Verlauf sich einige mögliche Modellstrukturen identifizieren lassen. Die Eindeutigkeit zwischen Modellstruktur und dem Verlauf theoretischer Kennfunktionen geht beim Schätzen in der Regel verloren. Die Modellvielfalt läßt sich jedoch in einer mehrstufigen Selektionsprozedur (→ Box-Jenkins-Technik) verringern. Schwach s.s.P. können unmittelbar nur an Zeitreihen ohne → Trend und ohne → periodische Schwankungen angepaßt werden. Da derartige Zeitreihen in der Wirtschaftspraxis selten rein vorkommen, sind vorausgehende Transformationen (z.B. → Differenzenbildung) notwendig. Wegen nicht erwünschter Nebeneffekte in den Bereinigungsverfahren (→ Saisonbereinigung) werden bei einer simultanen Trend- und Saisonmodellierung seit einigen Jahren nichtstationäre Prozesse bevorzugt (→ Random Walk). Dem s.s.P. bleibt in diesem Fall die Wirkungsanalyse von Zufallsstörungen (→ Schock) vorbehalten (→ Autokorrelation).

Stationarität

Eigenschaft eines stochastischen Prozesses mit gewissen zeitkonstanten → Kennfunktionen. Je nach Kennfunktion unterscheidet man zwischen verschiedenen Arten von S., die bei der → Zeitreihenanalyse bedeutsam sind: a) Erwartungswert-Stationarität, bei der weder → Trend noch → periodische Schwankungen in der Zeitreihe vorhanden sein dürfen. b) Varianz-Stationarität, bei der die Varianz über die Zeit konstant bleibt, was z.B. mit zu- oder abnehmendem Saisoneinfluß unvereinbar ist. c) Kovarianz-Stationarität, die besagt, daß Korrelationen zwischen aufeinanderfolgenden Beobachtungen von der Zeitverschiebung zwischen diesen Beobachtungen, aber nicht von der Zeit selbst abhängen. Stationäres Zeitverhalten ist zwar im Wirtschaftsgeschehen höchst selten und kann näherungsweise erst nach geeigneter Datentransformation (→ Filtration) erreicht werden. S. spielt jedoch bei der Analyse von → Autokorrelation und bei der Strukturidentifikation von Zeitreihenmodellen eine entscheidende Rolle (→ ARIMA-Prozeß).

Statistik

A) Gesamtheit der Verfahren und Methoden zur Gewinnung, Erfassung, Aufbereitung, Analyse, Abbildung, Nachbildung und Vorhersage von zähl-, meß- und systematisch beobachtbaren (möglichst massenhaften) Informationen (Daten) über theoretisch fundierte Sachverhalte (reale Objekte und Vorgänge) zum Zwecke der Erkenntnisgewinnung und Entscheidungsfindung (meist unter Ungewißheit). Als Bindeglied zwischen Empirie und Theorie ist die S. als Wissenschaft der empirischen Erkenntnis aus historischer Sicht sowohl in den Wirtschafts-, Sozial-, Geistes- und Naturwissenschaften als auch in Wirtschaft, Verwaltung, Politik und Gesellschaft zur universellen Anwendung gelangt. Klassische Anwendungsgebiete sind z.B. die → Wirtschafts- und → Bevölkerungsstatistik. Umgangssprachlich wird der Begriff S. a) funktionell im Sinne der Auflistung statistischer Daten etwa in Preis-, Einkommens-, Verbrauchs-, Unfall- oder Besuchsstatistiken und b) institutionell hinsichtlich der daran beteiligten Institutionen, etwa in Gestalt der → amtlichen S., Industrie- oder Bankenstatistik, erweitert und gebraucht. - Die historischen Quellen der S. sind: a) die sogenannte materielle S., deren Aktivitäten, etwa der römische Zensus (→ Bevölkerungsstatistik), der Verwaltung von Gemeinwesen dienten, b) die sogenannte Universitätsstatistik, deren Vertreter mit ihren Vorlesungstiteln zur Staatenkunde "collegium politico-statisticum" (Martin Schmeitzel, 1679-1747) bzw. "noticia politica vulgo statistica" (Gottfried Achenwall, 1719-1772) der S. ihren Namen gaben, c) die sogenannte Politische Arithmetik, deren Vertreter (etwa William Petty (1623-1687), Johann Peter Süßmilch (1707-1767) oder Lambert Adolphe Quetelet (1796-1874)) im Unterschied zur vorwiegend verbalen Kathederlehre der Universitätsstatistiker mit Hilfe von Zahlen auf der Suche nach Gesetzmäßigkeiten wirtschaftlicher und sozialer Zustände und Vorgänge waren, und d) die Wahrscheinlichkeitsrechnung und mathematische S., die, zunächst unabhängig von den zuvor genannten "praktischen" Quellen, ihren Ursprung in theoretischen Abhandlungen über das Glücksspiel hatten. Bedeutende Vertreter wie etwa Jacob Bernoulli (1654-1705) mit seinen Arbeiten zur → Stochastik und zur → Binomialverteilung oder Carl Friedrich Gauß (1777-1855) mit seinen fundamentalen Arbeiten über die → Normalverteilung und die → Methode der kleinsten Quadrate trugen neben vielen anderen dazu bei, aus dem Versuch der Kontrolle des Zufalls eine tragende Säule der modernen S. zu gestalten. - Aus der historischen Entwicklung der S. erklärt sich auch die heute übliche Untergliederung der S. in die Teilgebiete a) der → deskriptiven S. oder beschreibenden S. und b) der → induktiven S. oder schließenden S., die unter Einbeziehung der → Wahrscheinlichkeit von einer beobachteten → Stichprobe hinführt zum Schluß auf die unbekannte → Grundgesamtheit. Vom Standpunkt der statistischen Methodenlehre aus untergliedert man die S. a) in die theoretische und b) in die praktische oder angewandte S. Die theoretische S. umfaßt alle die Methoden, die die statistische Methodenlehre unabhängig von der konkreten fachwissenschaftlichen Anwendung zur Verfügung stellt. Die praktische S. vermittelt die konkrete fachwissenschaftliche Anwendung der Methoden, d.h. die Art und Weise der Ermittlung der statistischen Ergebnisse. Mit der Entwicklung leistungsfähiger Rechentechnik entstanden neue Teilgebiete der S.: die Computerstatistik und die → explorative Datenanalyse. Während die explorative oder erforschende S. sich vor allem der Methoden der deskriptiven S. und der graphischen Datenanalyse bedient, ist die Computerstatistik wegen der Erforschung vor allem spezieller Eigenschaften statistischer → Schätzfunk-

tionen (z.B. Asymptotik oder → Robustheit) stärker an die induktive S. angelehnt. Daneben haben sich entsprechend der vorwiegenden Anwendung statistischer Methoden spezielle Fachgebiete (z.B. → Ökonometrie, → Biometrie) herausgebildet.
B) Bezeichnung für eine → Stichprobenfunktion.

Statistische Definition der Wahrscheinlichkeit
Wahrscheinlichkeitsauffassung, bei der die relative Häufigkeit eines Ereignisses als Wahrscheinlichkeit interpretiert wird. → Wahrscheinlichkeitsauffassungen

Statistische Einheit → Element

Statistische Landkarte → Kartogramm

Statistische Qualitätskontrolle
Gesamtheit der statistischen Verfahren für die Kontrolle der Qualität des laufenden Produktionsprozesses (Produktionskontrolle, Qualitätsregulierung) und die Prüfung der Qualität eines produzierten Postens (Los, Partie) von Vor-, Zwischen- oder Endprodukten (Abnahmeprüfung). Die s. Q. beruht vorwiegend auf zufällig ausgewählten → Stichproben (Stichprobenprüfung, Partialkontrolle). Deren effektive Merkmalsausprägungen im Hinblick auf ein oder mehrere festgelegte(s) Qualitätsmerkmal(e) für ein Produkt oder Verfahren werden mit den geforderten bzw. zulässigen Merkmalsausprägungen (Qualitätsanforderungen) verglichen (Soll-Ist-Vergleich). Ausgehend von einer → Nullhypothese und → Alternativhypothese wird mit Hilfe statistischer → Tests entschieden, ob das Verfahren bzw.

der Produktposten den Qualitätsansprüchen genügt. Bei der Produktionskontrolle werden dafür verschiedene Arten von → Kontrollkarten benutzt, während für die Abnahmeprüfung → Stichprobenpläne verwendet werden. Nach der Art der Erfassung des Qualitätsmerkmales und der Wahl der Prüfmittel unterscheidet man bei der Abnahmeprüfung die → Attributprüfung und die → Variablenprüfung. Die s.Q. als Beschränkung der Kontrolle auf Stichproben ist insbesondere dann erforderlich, wenn die Qualität durch eine zerstörende Prüfung (z.B. Belastungsprüfung, Lebensdauerprüfung) zu kontrollieren ist. Aber auch wegen der wesentlich höheren Kosten einer Totalprüfung wird vielfach der Stichprobenprüfung der Vorzug gegeben.

Statistische Reihe

Aneinanderreihung von statistischen Daten. Diese Daten können Beobachtungswerte eines Merkmals bzw. mehrerer Merkmale oder aus Merkmalswerten abgeleitete statistische → Maßzahlen sein. Bei zwei Merkmalen erhält man eine s. R. von Merkmalspaaren; allgemein bei m Merkmalen eine s. R. von m-Tupeln von Merkmalswerten. Je nach dem Inhalt (sachlich, räumlich, zeitlich) des Merkmals, das die Reihung bewirkt, ergeben sich sachliche, räumliche oder zeitliche Reihen. Sachliche und räumliche Reihen bezeichnet man zusammen als Querschnittsreihen, da sie statistische Daten verschiedener statistischer Elemente für einen bestimmten Zeitpunkt oder Zeitraum enthalten (→ Querschnittsdaten). Bei zeitlichen Reihen (→ Zeitreihe) werden die statistischen Daten eines statistischen Elementes in der Reihen-

folge ihres zeitlichen Anfalls, d.h. für verschiedene Zeitpunkte oder Zeiträume, aufgelistet. Des weiteren werden ungeordnete und geordnete s.R. unterschieden. Die bei der Erhebung des Datenmaterials entstehende ungeordnete Reihe der Beobachtungswerte eines Merkmals wird auch Urliste genannt. Ob eine s.R. geordnet werden kann, richtet sich nach dem Skalenniveau (→ Skala) des Merkmals. Bei nominalskalierten Merkmalen, worunter die räumlichen Merkmale und eine Vielzahl sachlicher Merkmale fallen, ist jede Reihung willkürlich. Sie erfolgt oft nach den aufgetretenen → Häufigkeiten oder alphabetisch bzw. bei räumlichen Merkmalen auch nach der geographischen Lage. Die Ausprägungen werden bei ordinalskalierten Merkmalen i. allg. nach der Stärke der Intensität, die diese Merkmalsausprägungen beinhalten, und bei metrisch skalierten Merkmalen der Größe nach auf- oder absteigend geordnet.

Statistisches Bundesamt

Oberste Bundesbehörde der ausgelösten → amtlichen Statistik in Deutschland. Einige wichtige Aufgaben des S.B. sind: a) methodische und technische Vorbereitung, Weiterentwicklung, Zusammenstellung und Veröffentlichung von Bundesstatistiken sowie Statistiken für die Europäische Union und internationale Organisationen, b) Sammlung und Veröffentlichung wichtiger statistischer Daten fremder Staaten (Auslandsstatistik), c) die → Volkswirtschaftliche Gesamtrechnung, d) gutachtliche Tätigkeit für Bundesministerien, e) Führung von Adreßdateien von Betrieben, Unternehmen und Arbeitsstätten zur rationellen Durchführung von Erhebungen, f) Auswahl, Bestellung und Überwachung von Erhebungsbeauftragten (Zähler, Interviewer). Das S.B. ist die Geschäftsstelle des Sachverständigenrats zur Begutachtung der gesamtwirtschaftlichen Entwicklung. Der Präsident des S.B. ist Bundeswahlleiter. Außerdem hat das S.B. auf die Einheitlichkeit und Vergleichbarkeit der von den statistischen Landesämtern durchgeführten Erhebungen hinzuwirken. Gemäß dem Bundesstatistikgesetz von 1987 dürfen das S.B. und die anderen Behörden der amtlichen Statistik Erhebungen für besondere Zwecke ohne einzelgesetzliche Rechtsgrundlagen durchführen (z.B. zur Klärung wissenschaftlich-methodischer Fragen oder zur Befriedigung eines kurzfristig auftretenden Datenbedarfs zur Vorbereitung und Begründung politischer Entscheidungen). Die Arbeit des S.B. wird durch drei beratende Ausschüsse unterstützt: a) durch den methodisch und sachlich beratenden Statistischen Beirat, b) durch den vor allem neue Vorhaben des S.B. kontrollierenden "Interministeriellen Ausschuß für Koordinierung und Rationalisierung der Statistik" und c) durch den "Abteilungsleiterausschuß Statistik", der mit der steten Überprüfung der Arbeit des S.B. betraut ist. - Die charakteristische Arbeitsweise des S.B. (und damit auch der Ablauf von Bundesstatistiken) läßt sich mit Hilfe der folgenden vier Phasen skizzieren: a) Anregung einer Erhebung meist durch Gesetzgebungsvorhaben (z.B. einer Volkszählung) oder periodisch zu erstattende Berichte (z.B. des Jahreswirtschaftsberichts), b) methodische und technische Vorbereitung (z. B. Fragebogenerstellung, Schaffung der Rechtsgrundlage), c) Durchfüh-

rung der Erhebung einschließlich der Vollständigkeits- und Plausibilitätskontrolle der Ergebnisse und d) Auswertung und Veröffentlichung der Ergebnisse. - Das Veröffentlichungssystem des S.B. ist wie folgt aufgebaut und strukturiert: a) zusammenfassende Veröffentlichungen (z.B. Statistisches Jahrbuch), b) Fachserien (z.B. Bevölkerung und Erwerbstätigkeit), c) systematische Verzeichnisse (z.B. Unternehmens- und Betriebssystematiken), d) statistische Landkarten, e) fremdsprachige Veröffentlichungen über Statistiken der Bundesrepublik Deutschland sowie f) Statistiken des Auslands.

Statistische Sicherheit

Sicherheitswahrscheinlichkeit, bei einem → Test die Wahrscheinlichkeit dafür, die Nullhypothese H_0 nicht abzulehnen, falls sie wahr ist. → Fehler erster Art

Statistisches Paradoxon

Simpsonsches Paradoxon, scheinbar widersinniger Sachverhalt, wonach ein → Mittelwert aus Einzelwerten, die → Verhältniszahlen sind und zu einer Gesamtheit G_1 gehören, größer (kleiner) ist als ein Mittelwert für eine Gesamtheit G_2 gleichartiger Verhältniszahlen, die alle kleiner (größer) sind, als die entsprechenden Verhältniszahlen von G_1. Beispiel: Ein Bäcker bäckt $k = 1, 2$ verschiedene Sorten Brot. Eine Stunde vor Ladenschluß senkt er die Preise für einen Laib um je eine Mark. Die Preise p_k (DM je Laib) für einen Laib Brot, die Mengen q_k der verkauften Laibe und die Durchschnittspreise $\bar{p}$ für beide Verkaufszeiträume $T_1 = \{7$ bis 17 Uhr$\}$ und $T_2 = \{17$ bis 18 Uhr$\}$ dieses Geschäftstages sind in der folgenden Tabelle zusammengefaßt.

k	$p_k(T_1)$	$q_k(T_1)$
1	2	80
2	4	20
$\bar{p}(T_1)$	2,4	
k	$p_k(T_2)$	$q_k(T_2)$
1	1	20
2	3	80
$\bar{p}(T_2)$	2,6	

Obgleich im "Schlußverkauf" die Preise für die beiden Brotsorten gesenkt wurden, ist ihr Durchschnittspreis gegenüber dem "normalen" Durchschnittspreis um 20 Pfennige gestiegen. Dieser als paradox erscheinende Tatbestand erklärt sich aus der Verschiebung der Struktur ($\rightarrow$ Strukturindex) von 20% nach 80% der 100 im Schlußverkauf abgesetzten Brotlaibe zugunsten der Brotsorte k = 2 mit dem höheren Preis p_2 = 3 DM je Laib. - Das s.P. ist bei der Zusammenfassung von $\rightarrow$ Kontingenztabellen zu beachten. Relationen zwischen bedingten relativen Häufigkeiten in den Tabellen der Einzelerhebungen können sich in der Tabelle der Gesamterhebung umkehren.

Stem-leaf-Diagramm

Stamm-Blatt-Diagramm, halbgraphische Darstellung der Werte einer Beobachtungsreihe eines kardinalskalierten Merkmals als Alternative zur Strichliste bei der Gewinnung der Häufigkeitsverteilung. Die 1. Ziffern der Beobachtungswerte werden links von einer senkrechten Linie abgetragen; sie bilden den "Stamm". Die 2. Ziffern werden rechts von dieser Li-

nie aufsteigend geordnet notiert; sie sind die "Blätter". Die verbleibenden Ziffern werden vernachlässigt. Das S.-l.-D. läßt die Struktur der Daten besser erkennen. Beispiel: Bei einer Untersuchung wurden folgende 15 Beobachtungswerte erhoben: 439, 261, 104, 366, 309, 450, 280, 475, 333, 367, 218, 130, 590, 365, 481. Das S.-l.-D. dieser Daten sieht folgendermaßen aus, wobei in der ersten Zeile die im Diagramm verwendete Einheit angegeben wird:

```
(Einheit = 10)
1 | 0 3
2 | 1 6 8
3 | 0 3 6 6 6
4 | 3 5 7 8
5 | 9
```

Für das S.-l.-D. gibt es verschiedene Modifikationen, vor allem um Ausreißer zu verdeutlichen.

Sterbealter $\rightarrow$ Lebenserwartung

Sterbetafel

Mit Hilfe der $\rightarrow$ Tafelrechnung erstelltes und von Zufallseinflüssen bereinigtes Protokoll über den durch die Sterblichkeit bedingten Abbau ($\rightarrow$ Absterbeordnung) einer realen oder fiktiven Ausgangskohorte ($\rightarrow$ Kohorte). Die S. ist von grundlegender Bedeutung für die Berechnung von Versicherungs-, Schadenersatz- und Rentenleistungen sowie für die Erstellung von Bevölkerungsprognosen. Grundsätzlich unterscheidet man zwei Arten von S.:

a) Generationen-Sterbetafel: Sie basiert auf der Betrachtung einer realen Ausgangskohorte in Gestalt der Anzahl der Lebendgeborenen eines bestimmten Geburtsjahrganges und geographischen Gebiets, die bis zu ihrem völligen "Verschwinden durch den Tod" beobachtet wird. Der entscheidende Nachteil der Generationen-Sterbetafel besteht darin, daß sie erst dann erstellt werden kann, wenn alle Kohortenmitglieder gestorben sind. Die Erstellung einer Generationen-Sterbetafel ist praktisch nicht nur problematisch wegen des langen Beobachtungszeitraums von 100 und mehr Jahren, sondern auch wegen der Zu- und Abwanderungen, die die Kohorte ständig verändern. Die für die Realgeltung der Generationen-Sterbetafel so fundamentale Annahme, daß die Kohortenmitglieder die Kohorte nur über den Tod und nicht etwa über die Auswanderung verlassen, ist fragwürdig. Obgleich der Generationen-Sterbetafel aus den genannten Gründen keine praktische Bedeutung zukommt, ist sie als ein klassisches Beispiel für eine → Kohortenanalyse vor allem aus statistisch-methodischer Sicht von Interesse.

b) Perioden-Sterbetafel: Sie beinhaltet die Absterbeordnung einer fiktiven Ausgangskohorte (meist 100000 Personen) unter Zugrundelegung der in einem relativ kurzen Zeitraum (i.allg. drei Jahre) für jeden Altersjahrgang der Bevölkerung eines geographischen Gebiets statistisch beobachteten Sterblichkeitsverhältnisse. Im Gegensatz zur Generationen-Sterbetafel ist die Perioden-Sterbetafel nicht das Resultat einer Längsschnitt-, sondern einer Querschnittsanalyse der Sterblichkeit. Streng genommen täuscht die Perioden-Sterbetafel eine → Kohortenanalyse vor, so als seien tatsächlich die Mitglieder der fiktiven Ausgangskohorte jeweils bis zu ihrem Tod laufend statistisch erfaßt worden. Der Vorteil der Perioden-Sterbetafel gegenüber der Generationen-Sterbetafel besteht darin, daß man die Tafel erstellen kann, ohne die Ausgangskohorte bis zu ihrem völligen Verschwinden beobachten zu müssen. Die sich über die Zeit systematisch verändernde Sterblichkeit einer Bevölkerung erfordert andererseits eine periodische Neuberechnung der S. Das ist auch die Erklärung dafür, warum diese Form der S. als Perioden-Sterbetafel bezeichnet wird. Wegen merklicher Unterschiede in den Sterblichkeitsverhältnissen der Geschlechter wird die Perioden-Sterbetafel in der Regel geschlechtsspezifisch erstellt. Bei der Erstellung der Perioden-Sterbetafel geht man so vor, daß man als erstes für alle Altersjahre x die altersspezifischen einjährigen Sterbewahrscheinlichkeiten q_x aus den altersspezifischen einjährigen Sterbeziffern m_x (→ Mortalitätsmaße) der benachbarten Jahre schätzt. Unter der Annahme, daß sich die Todesfälle (Gestorbenen) innerhalb eines Jahres gleichmäßig auf das Jahr verteilen, läßt sich zeigen, daß die Sterbewahrscheinlichkeiten

$$\hat{q}_x = \frac{m_x}{1 + \dfrac{m_x}{2}}$$

bereits hinreichend gute Schätzungen für die (unbekannten) Sterbewahrscheinlichkeiten q_x darstellen. Oft werden zur Verbesserung der Schätzungen die empirisch ermittelten altersspezifischen Sterbeziffern m_x für bestimmte Altersbereiche unter Verwendung → gleitender Durchschnitte bzw. von Interpolationspolynomen geglättet. Hat man die altersspezifischen Sterbewahrscheinlichkeiten q_x geschätzt, so lassen sich rekursiv für alle Altersjahre x bei Vorgabe eines fiktiven Anfangsbestands l_0 (in der Regel 100000 Personen) die folgenden Kennzahlen der Perioden-Sterbetafel berechnen:

a) Die einjährige altersspezifische Überlebenswahrscheinlichkeit

$$p_x = 1 - q_x \, ,$$

die die Wahrscheinlichkeit dafür angibt, daß eine Person im Alter von x Jahren mindestens das (x+1)-te Altersjahr erreicht. Da die Überlebens- und Sterbewahrscheinlichkeiten die Komplementärwahrscheinlichkeiten sind, gibt die altersspezifische Sterbewahrscheinlichkeit q_x die Wahrscheinlichkeit dafür an, daß eine Person im Alter von x Jahren vor Erreichen des (x+1)-ten Altersjahres stirbt.

b) Die zu erwartende Anzahl der überlebenden Personen

$$l_x = l_{x-1} \cdot p_{x-1} \, ,$$

die mindestens das Alter x erreichen ($\rightarrow$ Absterbeordnung).

c) Die zu erwartende Anzahl der Personen

$$d_x = l_x \cdot q_x \, ,$$

die nach Vollendung des Altersjahres x, aber vor Vollendung des (x+1)-ten Altersjahres sterben.

d) Die mittlere zu erwartende Anzahl der von allen überlebenden x-jährigen Personen bis zum Alter x+1 durchlebten Jahre

$$L_x = l_x - \frac{d_x}{2} \, .$$

e) Die zu erwartende Gesamtzahl der von den Überlebenden im Alter x noch zu durchlebenden Jahre

$$T_x = \sum_{y=x}^{z} L_y \, .$$

f) Die durchschnittliche fernere $\rightarrow$ Lebenserwartung

$$e_x = \frac{T_x}{l_x}$$

einer x-jährigen Person.

Die amtliche Statistik veröffentlicht die Perioden-Sterbetafel entweder in vollständiger oder in verkürzter Form. Die vollständige Form, die auch als allgemeine S. bezeichnet wird, ist noch durch die einwöchige Absterbeordnung der Neugeborenen innerhalb des ersten Lebensmonats und die einmonatige Absterbeordnung der Säuglinge innerhalb des ersten Lebensjahres erweitert. Die verkürzte Form der Perioden-Sterbetafel basiert bis auf die ersten drei Altersjahre auf äquidistanten ($\rightarrow$ Äquidistanz) Altersjahrklassen mit einer $\rightarrow$ Klassenbreite von 5 Jahren. Die Kennzahlen der verkürzten Form sind dann analog zu interpretieren wie in der vollständigen (einjährigen) Form. Bezeichnet man die Altersklassenbreite mit h, so kann z.B. die Sterbewahrscheinlichkeit q_x allgemein als die Wahrscheinlichkeit interpretiert werden, mit der eine Person im Alter von x Jahren vor Erreichen des (x+h)-ten Altersjahres stirbt. Setzt man h = 1, so liegt die einwöchige, einmonatige bzw. einjährige Betrachtungsweise der allgemeinen, vollständigen Perioden-Sterbetafel vor. h=5 bedeutet die 5jährige Betrachtungsweise der verkürzten Perioden-Sterbetafel.

Sterbeziffer $\rightarrow$ Mortalitätsmaße

Stetiges Merkmal → Merkmal

Stetige Zufallsvariable

Zufallsvariable X mit stetiger Verteilungsfunktion F(x). Für die Verteilungsfunktion existiert eine Funktion f(x), so daß gilt

$$F(x) = \int_{-\infty}^{x} f(\xi)\, d\xi \,.$$

Die Funktion f(x) heißt Dichtefunktion der s.Z. Der Wertebereich einer s.Z. besteht aus allen reellen Zahlen eines Intervalls. Bei normalverteilten Zufallsvariablen reicht dieses Intervall von $-\infty$ bis $+\infty$. Der Wertebereich einer χ^2-verteilten Zufallsvariablen umfaßt alle nichtnegativen reellen Zahlen.

Stichprobe

n-elementige Teilmenge aus einer → Grundgesamtheit, die nach bestimmten → Stichprobenverfahren ausgewählt und bezüglich bestimmter Merkmale erfaßt wurde. Die Erhebung einer S. erweist sich gegenüber einer Totalerhebung oft aus folgenden Gründen als notwendig bzw. vorteilhaft: a) zerstörende Erfassung der Elemente (z.B. bei Belastungs- oder Lebensdauerprüfungen), b) unendliche oder sehr große Grundgesamtheit (z.B. bei der Ermittlung der Schädigung des Baumbestandes eines Landes), c) Kostenersparnis, d) Zeitersparnis, e) im Vergleich zur Totalerhebung mögliche größere Genauigkeit durch intensivere Erhebung der Daten. Die exakte Wiedergabe der Grundgesamtheit kann durch kein Verfahren der Stichprobenerhebung garantiert werden. Damit jedoch ein zuverlässiger statistischer Rückschluß von den Stichprobenergebnissen auf die Verteilung bzw. auf die Verteilungsparameter der Grundgesamtheit möglich ist, muß eine Repräsentanz der S. angestrebt werden. Die statistischen Probleme, die bei Stichprobenerhebungen auftreten, insbesondere die der Repräsentanz, sind innerhalb der → Stichprobentheorie untersucht worden. Einer repräsentativen S. wird man am ehesten gerecht, wenn eine hinreichend große Anzahl von Elementen rein zufällig aus der Grundgesamtheit gezogen wird. Die so entstandene S. wird einfache Zufallsstichprobe genannt. "Rein zufällig" bedeutet dabei, daß jedes Element in der Grundgesamtheit die gleiche Auswahlwahrscheinlichkeit besitzt, was z.B. durch ein → Auslosungsstichprobenverfahren realisiert wird.

Stichprobenfunktion

Funktion der Stichprobenvariablen, d.h. der Zufallsvariablen $X_1, \ldots, X_n$, die den n Ziehungen einer Zufallsvariablen X in einer → Stichprobe entsprechen. S. sind selbst wieder Zufallsvariable. Beispiel: Der Stichprobendurchschnitt (Stichprobenmittel)

$$\bar{X} = \frac{\sum_{i=1}^{n} X_i}{n}$$

ist eine Funktion der Zufallsvariablen X_i (i = 1,..., n) und somit eine S. Wichtige S. sind insbesondere die → Schätzfunktionen.

Stichprobenmittel → Stichprobenfunktion

Stichprobenplan

Zusammenfassung von Anweisungen und Vorschriften über das → Stichprobenverfahren und den Umfang der

Stichprobenspektrum

Stichprobe. S. werden vor allem in der → statistischen Qualitätskontrolle eingesetzt. Je nach Wahl der Prüfmittel wird zwischen einem S. für die → Attributprüfung (Prüfung nicht meßbarer Merkmale, Gut-Schlecht-Prüfung) und einem S. für die → Variablenprüfung (Prüfung von meßbaren Merkmalen) unterschieden. Entsprechend dem zugrunde liegenden Test zur Entscheidung über die Annahme oder Zurückweisung des Produktpostens werden die S. unterteilt in: a) Einfachstichprobenplan, bei dem nach der Auswertung einer Stichprobe entschieden wird; b) Mehrfachstichprobenplan, bei dem nach einer festgelegten Anzahl von Stichproben eine Entscheidung getroffen wird; c) sequentieller S., bei dem der Umfang der Stichprobe nicht fest vorgegeben ist und nach jeder Entnahme eines Stichprobenelementes aufgrund der bisherigen Stichprobenergebnisse festzustellen ist, ob der Posten angenommen oder zurückgewiesen oder ob die Stichprobenentnahme fortgesetzt wird (→ Sequentialanalyse). In der Praxis werden in der Regel Tafeln mit vorgefertigten S. verwendet, aus denen bei Vorgabe einer unteren und oberen Schranke p_0 bzw. p_1 für den Ausschußanteil p (die Qualitätsvorschrift) sowie der Wahrscheinlichkeiten für den → Fehler erster Art α bzw. den → Fehler zweiter Art ß ein geeigneter Plan entnommen wird.

Stichprobenspektrum →Periodogramm

Stichprobenstreuung → Varianz

Stichprobentheorie
Methoden und Auswahlverfahren, die es erlauben, mit kontrollierter Fehler-

wahrscheinlichkeit von einer konkreten Teilgesamtheit (→ Stichprobe) aus einer Grundgesamtheit Rückschlüsse auf die Eigenschaften dieser Grundgesamtheit zu ziehen; Teilgebiet der induktiven Statistik. Die Beziehungen zwischen den einzelnen Begriffen sind in der folgenden Abbildung zusammengefaßt:

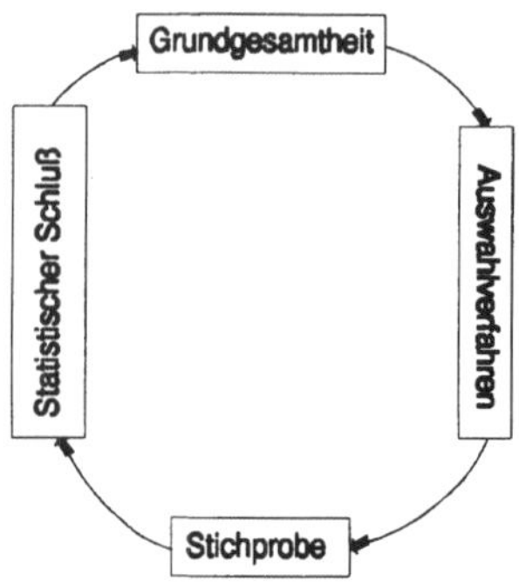

Die S. fordert eine Stichprobe, die die Struktur der Grundgesamtheit deutlich erkennen läßt, d.h., sie muß repräsentativ sein. Es gibt verschiedene Vorgehensweisen zur Gewinnung von Stichproben (→ Stichprobenverfahren), aber nur die nach zufälligen Auswahlverfahren gewonnenen Stichproben lassen einen bewertbaren Rückschluß auf die Grundgesamtheit zu. Die S. gibt u.a. Antwort auf die Fragen: a) Wie sind die Stichprobenelemente aus der Grundgesamtheit zu ziehen? b) Wie groß ist der Stichprobenumfang zu wählen? c) Wie kann die Zuverlässigkeit des Rückschlusses beurteilt werden? In der S. werden die Stichprobenelemente als Realisationen von Zufallsvariablen aufgefaßt. Als mathematisches Modell für eine Stichprobe wird ein n-Tupel von identisch verteilten unabhängigen Zufallsvariablen gewählt. Dieses Tupel wird auch als mathematische Stichprobe bezeichnet, seine Elemente werden entsprechend Stichprobenvariablen genannt. Eine konkrete Stichprobe ist unter dieser Betrachtungsweise als Realisierung einer mathematischen Stichprobe zu interpretieren. Die Menge aller Realisierungen der Stichprobenvariablen bildet schließlich die Grundgesamtheit. Bei statistischen Analysen werden neben den Stichproben auch Funktionen der Stichprobenvariablen, wie z.B. Stichprobenmittelwert und Stichprobenstreuung, verwendet. In der Schätztheorie werden, auf der Grundkonzeption der S. aufbauend, → Punktschätzungen mit optimalen Eigenschaften für die unbekannten Parameter der Grundgesamtheit (→ Erwartungswert, → Varianz) und → Konfidenzintervalle, die die unbekannten Parameter mit einer vorgegebenen Wahrscheinlichkeit überdekken, konstruiert.

Stichprobenvariable
Zufallsvariable X_i, die innerhalb einer Stichprobe vom Umfang n der i-ten Einzelziehung der Erhebung des Untersuchungsmerkmals X zugeordnet wird, i=1,...,n.

Stichprobenvarianz → Varianz

Stichprobenverfahren
Auswahlverfahren, Verfahren zur Auswahl von Elementen aus einer endlichen oder unendlichen Grundgesamtheit. Je nach Form der Grundgesamtheit und den praktischen Erfordernissen gibt es verschiedene S. Grundsätzlich ist zwischen der Zufallsauswahl (reine oder bedingte Zufallsstichprobe), der willkürlichen Auswahl und der bewußten Auswahl zu unterscheiden. Zufallsauswahlverfahren haben den Vorteil, daß der zufällige Stichprobenfehler auf wahrscheinlichkeitstheoretischer Basis berechenbar ist. I.allg. werden diese Verfahren noch in reine und bedingte

Stichprobenverfahren: Übersicht über die wesentlichsten Stichprobenverfahren

Zufallsauswahl	bewußte Auswahl
reine Auswahltechniken: - Auswahl durch Auslosen - Auswahl mittels Zufallszahlen - systematische Auswahl - Schlußziffernauswahl - Geburtstagsauswahl	- typische Auswahl - Quotenauswahl - Abschneideverfahren
bedingte Auswahltechniken: - Auswahl mit Schichtung - Auswahl mit Anordnung - Klumpenauswahl - Flächenauswahl - größenproportionale Auswahl - mehrstufige Auswahl - mehrphasige Auswahl	Sonderformen: - Schneeballverfahren - Random Route

Stichprobenzufallsfehler

Zufallsauswahl unterteilt, die sich durch gleiche bzw. ungleiche Auswahlchancen der Elemente auszeichnen. Von diesen Verfahren sind die Auswahl durch Auslosen (Urnenmodell) und Auswahl mittels Zufallszahlen besonders zu erwähnen, weil sie am ehesten dem reinen Zufallsprinzip entsprechen. Bedingt durch den hohen Vorbereitungsaufwand wird jedoch häufig auf die anderen Zufallsverfahren zurückgegriffen. Bei der willkürlichen Auswahl werden die Erhebungseinheiten nicht zufällig gezogen, sondern so, wie sie sich gerade anbieten (Auswahl aufs Geratewohl). Von diesem Verfahren ist abzuraten, da entscheidende systematische Fehler auftreten können. Die sogenannten bewußten Auswahlverfahren gehören ebenfalls nicht zu den zufallsgesteuerten S., so daß die Wahrscheinlichkeit für die Auswahl eines Elementes aus der Grundgesamtheit nicht berechenbar ist. Es wird jedoch auch bei diesen Verfahren eine repräsentative Auswahl aus der Grundgesamtheit gefordert. Eine Übersicht über die wesentlichen S. ist in der Tabelle auf Seite 349 enthalten.

Stichprobenzufallsfehler

Stichprobenfehler, Schätzfehler, Zufallsfehler, Fehler eines Schätzwertes, der dadurch zustande kommt, daß seiner Berechnung eine Zufallsstichprobe zugrunde liegt.

Stichtag

Referenzzeitpunkt, Zeitpunkt, auf den die statistische Erhebung einer → Bestandsmasse bezogen wird, selbst wenn sich der Vorgang der Erhebung (etwa bei einer Inventur oder einer Volkszählung) über einen mehr oder weniger langen Zeitraum erstreckt. Erfassungsstatistisch ist der S. das zeitliche Identifikationsmerkmal (→ Merkmal) einer Bestandsmasse.

Stochastik

Zusammenfassender Begriff für die Wahrscheinlichkeitsrechnung, die mathematische Statistik und die Anwendungsgebiete der beiden Wissenschaften, die Zufallserscheinungen behandeln.

Stochastische Konvergenz → Konvergenz in Wahrscheinlichkeit

Stochastischer Prozeß

Zufallsprozeß, Wahrscheinlichkeitsmodell für eine → Zeitreihe, das aus einer Folge $\{X_t\}$ von → Zufallsvariablen X_t besteht, deren Zeitparameter t bei diskreten Zeitabständen die natürlichen Zahlen, bei stetiger Zeitachse ein Intervall reeller Zahlen durchläuft. Der Wertebereich ist für jede Zufallsvariable X_t derselbe. Tritt im Ergebnis eines Zufallsversuchs das → Ereignis ω ein, so entsteht aus den zugeordneten Realisierungen der einzelnen Zufallsvariablen X_t eine Zeitreihe $\{x_t\}$ (Trajektorie): $X_t(\omega) = x_t$. S. P. werden in der → Zeitreihenanalyse verwendet, um Gesetzmäßigkeiten in der zeitlichen Entwicklung eines Merkmals aufzudecken. Es ist ein erzeugender s. P. für die jeweilige Zeitreihe zu bestimmen und mit Hilfe von Wahrscheinlichkeitsmodellen zu untersuchen. Die Interpretation seiner Eigenschaften führt zurück zum beobachteten Merkmal. Beispiel: An einer belebten Straßenkreuzung werden jeweils montags rund um die Uhr im Halbstundentakt passierende Kraftfahrzeuge gezählt. Die Fahrzeuganzahl in einem 30-Minuten-Intervall kann als Zufallsvariable angesehen werden. Der Zeitparameter t läuft über alle diese Intervalle, d.h. von 1 bis 48. Jeden Montag ergibt sich eine andere Zeitreihe. Für die Verkehrsplanung ist nicht die einzelne Zeitreihe, sondern das Zeitreihenbündel interessant. Aus der Struktur eines erzeugenden s. P. kann z. B. die mittlere Fortwirkungsdauer einer Überlastung der Kreuzung (Zeit der Stauauflösung) abgeleitet werden. Meist liegt bei ökonomischen Merkmalen nur eine Zeitreihe vor, z.B. der Tageskurs einer Aktie an der Börse oder der monatliche Auftragseingang einer Baufirma, deren Werte zufallsbeeinflußt sind. Die Einzelzeitreihe läßt sich dann als Teil eines Ensembles von Zeitreihen auffassen, die beobachtet werden könnten. Angesichts dieser Informationsknappheit ist damit zu rechnen, daß mehrere erzeugende s. P. als Wahrscheinlichkeitsmodell in Frage kommen und sich unter vielen möglichen ein hinreichend geeigneter s. P. finden läßt. Die Wahrscheinlichkeitsmodelle eines s.P. werden i.allg. wegen mathematischer Probleme meist nicht direkt durch eine Untersuchung der gemeinsamen → Verteilungsfunktion der Zufallsvariablen X_t, sondern durch eine Analyse von → Kennfunktionen des s.P. (→ Erwartungswertfunktion, → Varianzfunktion, → Autokovarianzfunktion) aufgedeckt. Dieses Vorgehen läßt bei → stationären s.P. eine weitreichende Strukturidentifikation zu. Neben s.P. mit nur einer Zufallsvariablenfamilie X_t (univariate s.P.) sind auch s.P. mit mehreren Zufallsvariablenfamilien X_t, Y_t, usw. (multivariate s.P.) von Bedeutung. In der Betriebswirtschaft spielen s.P. mit zwei Familien von Zufallsvariablen

(→ bivariate Prozesse) eine Rolle. Beispiel: Modellierung des Wechselspiels von Angebot und Nachfrage auf dem Zeitungsmarkt. Ein Verlag kann nicht mit dem vollständigen Verkauf seiner Tagesauflage rechnen. Sein Absatz ist als Zufallsvariable interpretierbar und wird von der Zufallsvariablen "Absatz der Konkurrenz" beeinflußt. Bei volkswirtschaftlichen Untersuchungen sind typischerweise mehr als zwei Einflußgrößen zu beachten. Beispiel: Beschreibung der kurzfristigen Zinsentwicklung auf dem nationalen Kapitalmarkt, die sowohl von der langfristigen Zinsentwicklung im eigenen Land als auch von der kurzfristigen Entwicklung auf den Kapitalmärkten anderer Staaten abhängt (→ Kointegration). Weitere praktisch bedeutsame s. P. sind → Poisson-Prozesse, → Geburts- und Todesprozesse und → ARIMA-Prozesse.

Stochastische Unabhängigkeit

a) Eigenschaft zweier zufälliger Ereignisse, daß die Wahrscheinlichkeit ihres gemeinsamen Eintretens gleich dem Produkt der Einzelwahrscheinlichkeiten ist (→ Unabhängigkeit von Ereignissen, → Multiplikationssätze der Wahrscheinlichkeit).

b) Eigenschaft eines Zufallsvektors (X,Y) mit zwei Komponenten, daß deren gemeinsame Verteilungsfunktion $F(x,y)$ das Produkt der Verteilungsfunktionen $F_X(x)$ und $F_Y(y)$ von X bzw. Y ist: $F(x,y) = F_X(x) \cdot F_Y(y)$. Für einen Zufallsvektor mit mehr als zwei Komponenten kann der Begriff der s.U. analog verallgemeinert werden.

Stone-Geisser-Test → PLS

Störvariable

Restvariable, Störgröße, in der → Regressionsanalyse die nicht beobachtbare → Zufallsvariable, die neben den Werten der → exogenen Variablen zur Erklärung der Werte der → endogenen Variablen Y herangezogen wird, wodurch auch Y zufällig wird. Sie repräsentiert alle nicht explizit in der → Regressionsfunktion enthaltenen exogenen Variablen, zufällige Einflüsse und Fehler durch Auswahl einer nicht adäquaten Funktion. Bei einem linearen → Regressionsmodell ergeben sich Schätzwerte für die S. nach der Schätzung der Regressionsfunktion als Differenz zwischen beobachtetem Wert der endogenen Variablen y_i und → Regreßwert $\hat{y}_i$:

$$\hat{u}_i = y_i - \hat{y}_i, \quad i = 1, \dots, n .$$

$\hat{u}_i$ wird als Residuum (→ Residuen) bezeichnet. Über die n S. U_i eines linearen Regressionsmodells werden verschiedene Annahmen getroffen: Ihre → Erwartungswerte $E(U_i)$ sind null; sie sind unkorreliert; ihre Varianzen $Var(U_i)$ sind gleich, und sie sind ggf. normalverteilt.

Streuung

Dispersion, die Variabilität, die Unterschiedlichkeit in den beobachteten Werten eines metrisch skalierten Merkmals bzw. in den Werten einer Zufallsvariablen. Neben der → Lokalisation ist die S. das wichtigste Charakteristikum einer → Verteilung. Zur Messung der S. werden → Streuungsmaße (Streuungsparameter) verwendet, für die es unterschiedliche Ansätze gibt: a) Es wird die Differenz zwischen Merkmalswerten gemessen. Ein diesbezügliches Streuungsmaß ist z.B. die → Spannweite. b) Es werden die Abweichungen der Merkmalswerte von einem Bezugswert (i.allg. bestimmte → Lageparameter) zugrunde gelegt. Wichtige Streuungsmaße bei diesem Konzept sind die → durchschnittliche absolute Abweichung, die → Varianz und die → Standardabweichung. Beispiel: Jeweils 10 Zwei- bzw. Vierpersonenhaushalte wurden nach ihren monatlichen Aufwendungen für Freizeitgüter und Urlaub befragt. Folgende DM-Beträge wurden genannt: von den Zweipersonenhaushalten 210, 250, 340, 360, 400, 430, 440, 450, 530, 630 und von den Vierpersonenhaushalten 340, 350, 360, 380, 390, 410, 420, 440, 460, 490. Die Graphik zeigt die Lage der Einzelwerte auf der Merkmalsachse für beide Haushaltstypen, wobei mit × die Werte der Zweipersonenhaushalte und mit □ die Werte der Vierpersonenhaushalte gekennzeichnet sind:

Die durchschnittlichen Aufwendungen (→ arithmetisches Mittel) sind für die befragten 10 Haushalte beider Haushaltstypen mit 404 DM gleich, d.h., beide Merkmalsreihen haben das gleiche Zentrum auf der Merkmalsachse. Trotzdem unterscheiden sich die beiden Beobachtungsreihen wesentlich. Bei den Vierpersonenhaushalten liegen die Merkmalswerte dichter um das arithmetische Mittel als bei den Zweipersonenhaushalten. Man sagt, die Merkmalswerte der Vierpersonenhaushalte streuen weniger. Neben dem Vergleich verschiedener Verteilungen dient die S. auch dazu, die Qualität, den Aussagewert des zugrunde gelegten Mittelwertes als Lageparameter der Verteilung zu beurteilen. Je weniger die Einzelwerte um den Mittelwert streuen, um so repräsentativer ist i. allg. der Mittelwert.

Streuungsdiagramm

Scatter-Plot, graphische Darstellung der Beobachtungswerte zweier metrisch skalierter Merkmale X und Y in einem kartesischen Koordinatensystem. Auf der Abszisse werden die Werte des Merkmals X und auf der Ordinate die Werte des Merkmals Y abgetragen. Jedes Paar von Beobachtungswerten (x_i, y_i) erscheint als Punkt in der Merkmalsebene, wie in der folgenden Graphik gezeigt wird:

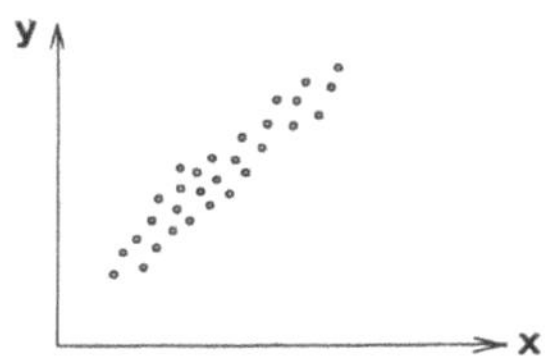

Aus dem S. ergeben sich Hinweise auf die Form der Abhängigkeit ($\rightarrow$ Regressionsanalyse) und die Stärke und Art des Zusammenhanges der Merkmale ($\rightarrow$ Korrelationsanalyse).

Streuungsmaß

Streuungsparameter, statistische Maßzahl der Variabilität, der $\rightarrow$ Streuung in den Beobachtungswerten von metrisch skalierten Merkmalen bzw. in theoretischen Verteilungen von $\rightarrow$ Zufallsvariablen. Für ihre Konstruktion gibt es zwei Ansätze. Zum einen wird für ihre Berechnung von Abweichungen zwischen Merkmalswerten, zum anderen von Abweichungen der Merkmalswerte von einem Bezugswert (i.allg. bestimmte $\rightarrow$ Lageparameter) ausgegangen. Wichtige S. sind

die $\rightarrow$ Spannweite, die $\rightarrow$ durchschnittliche absolute Abweichung, der $\rightarrow$ Quartilsabstand, die $\rightarrow$ Varianz und die $\rightarrow$ Standardabweichung. Von S. wird gefordert, daß sie auf Abstandsänderungen zwischen den Merkmalswerten reagieren, jedoch unberührt von einer reinen Verschiebung in der Lage der Häufigkeitsverteilung bleiben. S. spielen sowohl in der $\rightarrow$ deskriptiven Statistik als auch in der $\rightarrow$ induktiven Statistik eine große Rolle. Sie werden für die Einschätzung der Repräsentativität eines Mittelwertes als Lageparameter einer Häufigkeitsverteilung, für den Vergleich von empirischen Befunden, für die Beurteilung der Genauigkeit von Stichprobenergebnissen, für Intervallschätzungen, für die Durchführung von statistischen Tests usw. benötigt. Es gibt kaum ein Verfahren der Statistik, bei dem nicht auf S. zurückgegriffen wird.

Streuungsmaß von Gini

Durchschnitt ($\rightarrow$ arithmetisches Mittel) aus den absoluten Abweichungen eines jeden Beobachtungswertes von jedem anderen Beobachtungswert. Das S. v. G. ist nur sinnvoll für metrisch skalierte Merkmale, die nicht klassiert ($\rightarrow$ Klassierung) vorliegen. Es hat dieselbe Maßeinheit wie das Merkmal selbst. Die absoluten Abweichungen werden verwendet, da es in diesem Kontext sachlogisch unwesentlich ist, ob die Abweichungen positiv oder negativ sind. Sind $x_1, ..., x_n$ die Beobachtungswerte eines Merkmals X, so sind alle absoluten Abweichungen

$$| x_i - x_j |, \quad i, j = 1, ..., n; \ i \neq j$$

zu ermitteln. Die Anzahl dieser Ab-

Streuungsparameter

weichungen ergibt sich wie folgt:
Aus den n Beobachtungswerten werden jeweils zwei verschiedene ($i \neq j$) ausgewählt. Da der Betrag der Abweichungen interessiert, ist $|x_i - x_j| = |x_j - x_i|$, d.h., die Reihenfolge ihrer Anordnung spielt keine Rolle. Dies ergibt die Anzahl der Kombinationen von n Elementen zur zweiten Klasse ohne Wiederholung:

$$\binom{n}{2} = \frac{n(n-1)}{2} \; .$$

Das S. v. G. ist somit definiert als

$$G = \frac{2}{n(n-1)} \sum_{\substack{i=1 \\ i \neq j}}^{n} \sum_{j=1}^{n} |x_i - x_j|.$$

Das S. v. G. wird relativ selten angewandt.

Streuungsparameter → Streuungsmaß

Struktur

In der Statistik die Zusammensetzung einer Gesamtheit aus Teilgesamtheiten (→ Klassen), zu deren Erkennung vor allem die → Häufigkeitsverteilung bezüglich eines oder mehrerer Merkmale beiträgt; in der Ökonometrie jede konkrete Parameterfestlegung eines → Regressions- oder → ökonometrischen Modells.

Strukturbruch

Abrupte Veränderung von Parametern eines Modells auf der Basis von Zeitreihen. S. können sich im Musterwechsel bei den → Residuen eines Modells zeigen, der im einfachsten Fall bereits aus der graphischen Darstellung einer Zeitreihe erkennbar ist. Beispiel: Die Anzahl x_t der jährlich vom Technischen Überwachungsver-

ein (TÜV) überprüften Kfz, angegeben in Millionen und in der folgenden Graphik durch die Punkte symbolisiert, weist im Zeitraum 1975 bis 1990 einen deutlichen S. auf, so daß für die Teilzeiträume 1975 bis 1984 und 1985 bis 1990 separate lineare Trendfunktionen $\hat{x}_t$ geschätzt werden müssen.

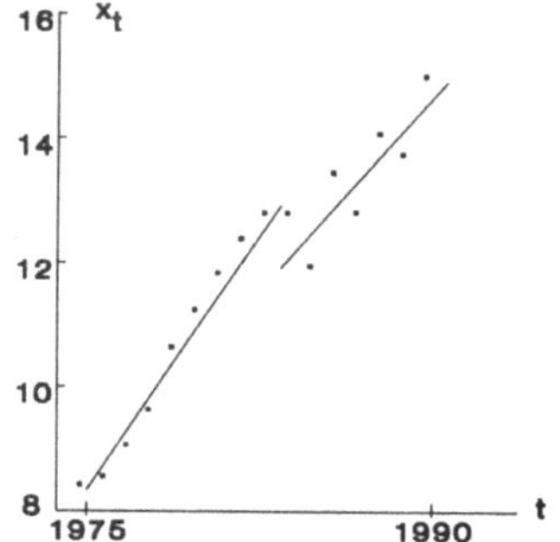

In einem Zeitreihen-Komponenten-Modell (→ Dekomposition) können S. auftreten als: a) Sprünge in der Trendfunktion oder Wechsel des Funktionstyps in der glatten Komponente (Trendbrüche). Beispiel: In der ersten Graphik wird eine Zeitreihe $\{x_t\}$ mit Trendverwerfung und in der zweiten Graphik werden die Residuen a_t gezeigt, die sich bezüglich eines Trend-Saison-Modells ergeben.

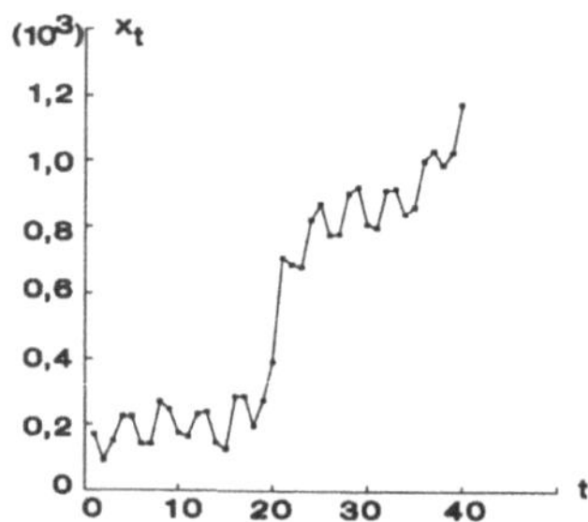

354

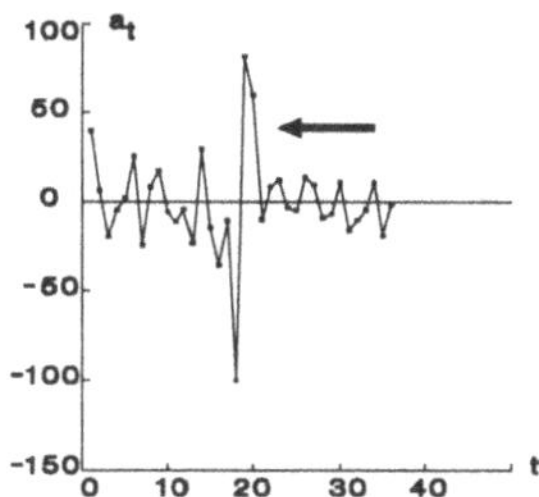

b) Wechsel zwischen ungedämpftem und gedämpftem Verlauf der zyklischen Komponente (Zyklenbrüche).
c) Wechsel zwischen starrem und auf- bzw. abschwingendem Saisonverlauf (Saisonbrüche). Beispiel: Saisonbruch in einer Zeitreihe $\{x_t\}$ mit nachfolgender Darstellung der Residuen a_t eines Saisonmodells.

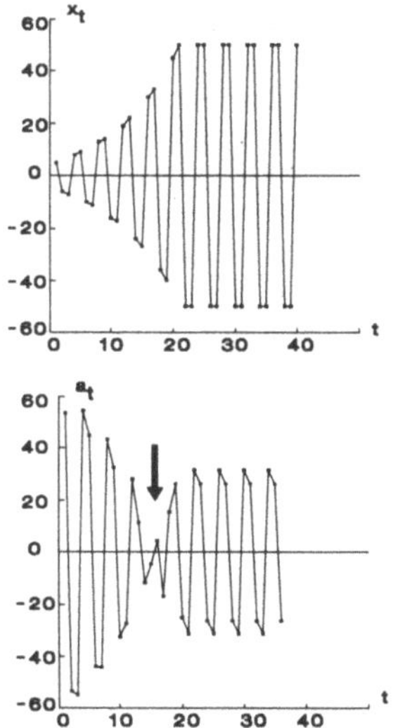

S. können durch Indikatoren angezeigt werden. Z.B. tritt ein sprunghafter Anstieg des täglichen Pro-Kopf-Konsums alkoholfreier Getränke ein, wenn die Tagesdurchschnittstempera-

tur 20°C überschreitet.- In stochastischen Modellen treten S. als Wechsel von → Kennfunktionen auf und sind nicht mehr allein am Bild der Zeitreihe zu erkennen. Ein Musterwechsel der Autokorrelationsfunktion kann z.B. bedeuten, daß sich die mittlere Fortwirkungsdauer von kurzfristigen → Schocks verringert hat oder ein Ereignis mit langfristiger Folgewirkung eingetreten ist (→ Long-Memory-Prozeß). S. sind visuell oft nicht erkennbar, da viele Veränderungen in der Wirtschaft nicht abrupt, sondern eher schleichend vor sich gehen. Deshalb sind statistische Testverfahren (→ Test) zur Überprüfung von Strukturkonstanz hilfreich (→ Durbin-Watson-d-Test, → Chow-Test, CUSUM-Test, CUSUM-of-Squares-Test). Allerdings bedürfen sie angesichts ihrer Sensibilität ergänzender Informationen, um das Risiko einer → Fehlspezifikation zu mindern. Ein identifizierter S. zieht eine Aufteilung der Daten mit gesonderten Modellanpassungen an beide Teilzeitreihen nach sich. Da Zeitreihen ökonomischer Herkunft selten mehr als 100 Beobachtungen zählen, können sich bei einer sehr ungleichmäßigen Datenaufteilung erhebliche Schätzprobleme ergeben. Sind die Indikatoren für einen Musterwechsel bekannt, kann ein übergreifendes nichtlineares Schwellwert-Modell angesetzt werden (→ Schwellwertprozeß). Allerdings muß auch hierfür die Datenanzahl zwischen zwei Schwellwertüberschreitungen hinreichend groß sein.

Strukturform

Strukturelle Form eines → simultanen Gleichungsmodells, die die Abhängigkeitsstruktur der ökonomischen, technologischen und institutionellen

Strukturgleichungsmodell

Größen (Variablen) beschreibt und die Interdependenzen zwischen den → gemeinsam abhängigen Variablen aufzeigt. Entsprechend nennt man die Gleichungen der S. Strukturgleichungen und ihre Parameter Strukturparameter. Bei Annahme linearer Beziehungen zwischen den Variablen sowie additiver Störvariablen kann die S. in Matrixschreibweise als

$$Y\Gamma + XB + U = 0$$

notiert werden, worin die Matrizen **Y** und **X** die Beobachtungswerte der gemeinsam abhängigen bzw. der vorherbestimmten Variablen, die Matrizen Γ und B die unbekannten und zu schätzenden Parameter der gemeinsam abhängigen bzw. der vorherbestimmten Variablen, die Matrix **U** die nicht beobachtbaren Werte der zufälligen Störvariablen enthalten und **0** eine Nullmatrix ist. Das Modell heißt vollständig, wenn a) die Anzahl der Strukturgleichungen mit der Anzahl der gemeinsam abhängigen Variablen übereinstimmt, d.h. durch jede Strukturgleichung eine gemeinsam abhängige Variable erklärt wird, deren Parameter γ in Γ gleich 1 gesetzt wird (Normalisierung); b) die S. eindeutig nach den gemeinsam abhängigen Variablen auflösbar ist, d.h. die Matrix Γ nicht singulär ist und somit invertiert werden kann. - Als notwendige Voraussetzung der Parameterschätzung dürfen nicht alle Variablen in allen Strukturgleichungen auftreten, d.h., eine Reihe von Parametern in den Matrizen Γ und B müssen null sein (→ Identifikation). → ökonometrisches Modell, → reduzierte Form

Strukturgleichungsmodell → Pfadmodell

Strukturindex

Strukturindex nach Drobisch, standardisierte → Meßzahl aus einem realen und einem fiktiven gewogenen Durchschnitt (gewogenes → arithmetisches Mittel) zur Quantifizierung des Einflusses einer Strukturverschiebung in den Gewichten auf die relative zeitliche oder räumliche Veränderung von Durchschnitten. Da Durchschnitte im Ergebnis der → Aggregation von Einzelwerten entstehen, stellt man den S. auch als → Indexzahl dar. Wegen der Bedingung der → Kommensurabilität bleibt die Praktikabilität des S. stark eingeschränkt. Ein wesentlich von eins abweichender S. kann eine plausible Erklärung des → statistischen Paradoxons liefern. Stellvertretend für die Vielzahl der möglichen Darstellungsformen wird die Verwendung des S. beim zeitlichen → Vergleich von allgemeinen Sterbeziffern (→ Mortalitätsmaße) demonstriert. Es sind $s_{kt} = g_{kt}/b_{kt}$ (k= 1,2,...,K) die altersspezifischen Sterbeziffern für K Altersklassen, berechnet als Quotient aus der Zahl der Gestorbenen g_{kt} und dem mittleren Bevölkerungsstand b_{kt} in der k-ten Altersklasse im Berichtsjahr t. Dann heißt die Indexzahl

$$I^{Str,t}_{\tau,t} = \frac{\dfrac{\sum\limits_{k=1}^{K} s_{kt} \cdot b_{kt}}{\sum\limits_{k=1}^{K} b_{kt}}}{\dfrac{\sum\limits_{k=1}^{K} s_{kt} \cdot b_{k\tau}}{\sum\limits_{k=1}^{K} b_{k\tau}}}$$

S. zur Messung des Einflusses der Veränderungen der Bevölkerungsstruktur auf die relative zeitliche Veränderung der allgemeinen Sterbeziffer zwischen dem Basisjahr τ und dem Berichtsjahr t, wobei Veränderungen in der Bevölkerungsstruktur auf der Basis der altersspezifischen Sterbeziffern des Berichtszeitraums t gemessen werden. Da für alle K Altersklassen die Anteile

$$a_{kt} = \frac{b_{kt}}{\sum_{k=1}^{K} b_{kt}}$$

die Bevölkerungsstruktur kennzeichnen, vereinfacht sich die Darstellung des S., wenn man die K altersspezifischen Sterbeziffern s_k und die K altersspezifischen Bevölkerungsanteilszahlen a_k für den Berichtszeitraum t und den Basiszeitraum τ zu den $(K \times 1)$-Spaltenvektoren

$$S = \begin{bmatrix} s_1 \\ s_2 \\ \vdots \\ s_K \end{bmatrix}, \quad a_t = \begin{bmatrix} a_{1t} \\ a_{2t} \\ \vdots \\ a_{Kt} \end{bmatrix}, \quad a_\tau = \begin{bmatrix} a_{1\tau} \\ a_{2\tau} \\ \vdots \\ a_{K\tau} \end{bmatrix}$$

zusammenfaßt, so daß jetzt gilt:

$$I_{\tau,t}^{Str,t} = \frac{s_t' a_t}{s_t' a_\tau} .$$

Der Bevölkerungsstruktureffekt kann auch auf der Grundlage der Sterblichkeitsverhältnisse des Basiszeitraums τ gemessen werden. Verwendet man die in der Tabelle aufgelisteten stark aggregierten bzw. geschätzten Daten über die altersspezifischen Sterblichkeiten s_k (Angaben in: Gestorbene je 100000 Einwohner der jeweiligen Altersklasse) und die Bevölkerungsanteile in den jeweiligen Altersklassen für Deutschland im Berichtsjahr t

= 1992 und im Basisjahr τ = 1985, so erhält man das folgende Ergebnis:

k	Alter	s_{k92}	a_{k85}	a_{k92}
1	0-15	75	0,16	0,15
2	15-65	605	0,70	0,69
3	65-	4825	0,14	0,16

$$I_{85,92}^{Str,92} = \frac{1201}{1111} = 1,08 .$$

Da der S. > 1 ist, verzeichnet man eine (bereits in den Tabellenwerten ersichtliche) Verschiebung in der Bevölkerungsstruktur hin zu den Altersklassen mit den höheren altersspezifischen Sterbeziffern. Ein S. = 1 signalisiert keine, ein S. < 1 dagegen eine Strukturverschiebung hin zu den Altersklassen mit den niedrigeren altersspezifischen Sterbeziffern. Zwischen dem S., dem $\rightarrow$ Drobisch-Index, dem $\rightarrow$ Paasche-Index und dem $\rightarrow$ Laspeyres-Index bestehen folgende allgemeingültige Beziehungen:

$$I^{Dro} = I^{Paa} . \ I^{Str, Bas} = I^{Las} . \ I^{Str, Ber} .$$

Die Extensionen Bas und Ber kennzeichnen den Bezug auf Basis- bzw. Berichtszeitraumsachkomponente bei der Berechnung des S.

Strukturmodell $\rightarrow$ LISREL

Student-Verteilung $\rightarrow$ t-Verteilung

Stutzungspunkt $\rightarrow$ Spektraldichtefunktion

Subjektive Wahrscheinlichkeit
Quantitativ festgelegter Überzeugtheitsgrad eines Subjektes, z.B. eines Experten, über den Eintritt eines zufälligen Ereignisses. Auch bei der Festlegung von s. W. sollen die Axi-

ome der → Wahrscheinlichkeitsrechnung beachtet werden. S.W. werden z.B. in der Entscheidungstheorie oder im Marketing verwendet, wenn hier relative Häufigkeiten zur Objektivierung von Wahrscheinlichkeitswerten nicht zur Verfügung stehen.

Substitutionselastizität → CES-Funktion

Suffizienz

Eigenschaft einer Schätzfunktion T_n für einen Parameter π auf der Grundlage einer Stichprobe $X = (X_1,..., X_n)$ mit der von π abhängigen Wahrscheinlichkeitsverteilung P_X, die der Vorstellung entspricht, daß bei der durch $T_n(X)$ vermittelten Datenreduktion kein Verlust an Information über die zugrunde liegende Verteilung oder den Parameter $\pi \in \Pi$ eintritt, wobei Π der Wertebereich von π ist. Man bezeichnet dementsprechend eine → Punktschätzung T_n als suffizient (hinreichend, erschöpfend) für $\pi \in \Pi$, wenn die → bedingte Wahrscheinlichkeitsverteilung von X unter der Annahme, daß T_n = t ist, unabhängig von $\pi \in \Pi$ wählbar ist. Eine für $\pi \in \Pi$ suffiziente Punktschätzung ist also dadurch gekennzeichnet, daß die spezielle Lage der Beobachtung x = $(x_1,..., x_n)$ innerhalb der Teilmenge aller x, denen T(x) = t gemeinsam ist, keine weitere Information über den gesuchten Parameter π enthält. Beispiel: Bei der Stichprobe X = $(X_1,..., X_n)$ handele es sich um die Beobachtung in einem → Bernoulli-Schema, d.h., die unabhängigen Zufallsvariablen $X_1, ..., X_n$ sind die Indikatorvariablen eines Ereignisses A mit den Werten 0 und 1 und der unbekannten Erfolgswahrscheinlichkeit p = P(A) = $P(X_i=1)$ (i = 1,..., n).

Dann besitzt X die Wahrscheinlichkeitsverteilung

$$P(X=x) = P_X(x) = p^{\sum_{i=1}^{n} x_i} (1-p)^{n - \sum_{i=1}^{n} x_i}$$

mit p $\in$ [0,1] und x = $(x_1,..., x_n)$, die außer von p nur von der Gesamtzahl $\sum x_i$ der Erfolge abhängt. Betrachtet man in einer Stichprobe X=$(X_1,...,X_n)$ die Punktschätzung für den Parameter π = p, die die relative Häufigkeit T_n = $\sum x_i/n$ ist, so ist die bedingte Wahrscheinlichkeitsverteilung

$$P(X=x \mid T_n=t) = \binom{n}{nt}^{-1}$$

für alle x, die der Bedingung $T_n(x)=t$ genügen, und gleich null für alle übrigen x. Sie ist unabhängig von p, und mithin ist die Schätzung T_n = $\sum X_i/n$ suffizient für p $\in$ [0,1]. - Eine Schätzfunktion T_n für einen Parameter π ist genau dann suffizient, wenn sich die → Likelihood-Funktion L der Stichprobe in der Form

$$L(X;\pi) = g(T_n,\pi) \cdot h(X)$$

darstellen läßt. Die Funktion $g(T_n,\pi)$ hängt nicht explizit von $X_1,..., X_n$ ab, und h ist eine von π nicht direkt abhängige Funktion dieser Stichprobenvariablen.

Summenhäufigkeit

Kumulierte Häufigkeit, Anzahl bzw. Anteil der statistischen Elemente mit Beobachtungswerten, die einen vorgegebenen Merkmalswert nicht überschreiten. Die S. setzt wenigstens ordinalskalierte Merkmale voraus. Sie ergibt sich durch sukzessive Summierung (Kumulierung) der einzelnen Häufigkeiten. Entsprechend diesen

Häufigkeiten unterscheidet man:
a) Absolute S.: Sind x_j (j=1,...,k) die verschieden aufgetretenen Merkmalswerte eines Merkmals X und $h(x_j)$ die zugehörigen absoluten $\rightarrow$ Häufigkeiten, so ist die absolute S. $H(x_j \leq x_i)$ = $H(x_i)$ die Anzahl der statistischen Elemente mit Merkmalswerten x_j, die kleiner oder gleich einem Merkmalswert x_i sind:

$$H(x_i) = \sum_{j \mid x_j \leq x_i} h(x_j) \ .$$

Wurde eine $\rightarrow$ Klassierung der Merkmalswerte in k Klassen vorgenommen und sind $h(x_j)$ die jeweiligen Klassenhäufigkeiten, so kann die S. nur für die oberen $\rightarrow$ Klassengrenzen angegeben werden, da die einzelnen Beobachtungswerte nicht mehr bekannt sind. Ist bei allen Klassen (j = 1,...,k) die obere Klassengrenze mit einbezogen ($x_j^u < x \leq x_j^o$), so ist die absolute S. für die i-te Klassenobergrenze x_i^o gegeben durch

$$H(x_i^o) = \sum_{j=1}^{i} h(x_j) \ .$$

Ist bei allen Klassen die untere Klassengrenze mit einbezogen ($x_j^u \leq x < x_j^o$), dann beinhaltet die absolute S. nach der angegebenen Formel die Anzahl der statistischen Elemente mit Merkmalswerten kleiner als die obere Klassengrenze der i-ten Klasse.
b) Relative S.: Sie ist im Falle von Einzelbeobachtungen die sukzessive Summierung der entsprechenden relativen Häufigkeiten $f(x_j)$ oder die absolute S., dividiert durch den Umfang n der Gesamtheit bzw. $\rightarrow$ Stichprobe:

$$F(x_i) = \sum_{j \mid x_j \leq x_i} f(x_j) = \frac{H(x_i)}{n}$$

bzw. für klassierte Daten

$$F(x_i^o) = \sum_{j=1}^{i} f(x_j) = \frac{H(x_i^o)}{n} \ .$$

Die relative S. gibt den Anteil der statistischen Elemente mit Merkmalsausprägungen an, die kleiner oder gleich einem Merkmalswert x_i bzw. einer oberen Klassengrenze x_i^o sind.

Summenhäufigkeitsverteilung

Summenfunktion, Funktion, die jeder rellen Zahl die Anzahl bzw. den Anteil derjenigen Elemente zuordnet, deren Merkmalswerte diese Zahl nicht überschreiten. Die S. setzt wenigstens ordinalskalierte Merkmale und eine der Größe nach aufsteigend geordnete Reihe der Beobachtungswerte voraus. Die absolute S. ist durch die Folge der absoluten $\rightarrow$ Summenhäufigkeiten und die relative S. (oft auch empirische Verteilungsfunktion genannt) durch die Folge der relativen Summenhäufigkeiten gegeben, wobei vor allem letztere angewandt wird. Die Darstellungsform ist eine Tabelle oder Graphik. Man unterscheidet:
a) Relative S. für Merkmale ohne Klassenbildung ($\rightarrow$ Klassierung): Sind x_j (j=1,...,k) die verschiedenen möglichen, in aufsteigender Reihenfolge geordneten Merkmalsausprägungen eines Merkmals X und $f(x_j)$ die zugehörigen relativen $\rightarrow$ Häufigkeiten, so gilt für alle Zahlen x

$$F(x) = \begin{cases} 0 & \text{für } x < x_1 \\ \sum_{j=1}^{i} f(x_j) & \text{für } x_i \leq x < x_{i+1}, \\ & i = 1,...,k-1, \\ 1 & \text{für } x_k \leq x, \end{cases}$$

Summenhäufigkeitsverteilung

worin

$$\sum_{j=1}^{i} f(x_j) = F(x_i)$$

gerade die relative Summenhäufigkeit ist. Die S. ist eine Treppenfunktion. Sie ist null vor dem kleinsten Beobachtungswert, springt an jeder Stelle $x = x_i$ um die relative Häufigkeit $f(x_i)$ und bleibt im Intervall $x_i \leq x < x_{i+1}$ konstant, da zwischen den Werten x_i und x_{i+1} der geordneten Reihe kein weiterer Beobachtungswert liegt. Ab $x = x_k$ nimmt sie den Wert 1 an. Das graphische Bild der S. ergibt eine Treppenkurve, wie die nachstehende Abbildung zeigt. Beispiel: Die folgende Tabelle und Graphik beinhalten die Verteilung der Privathaushalte nach der Zahl der Personen (Merkmal X) im April 1990 in der Bundesrepublik Deutschland.

Anzahl der Personen	f(x)	F(x)
1	0,35	0,35
2	0,30	0,65
3	0,17	0,82
4	0,13	0,95
5 und mehr	0,05	1,00

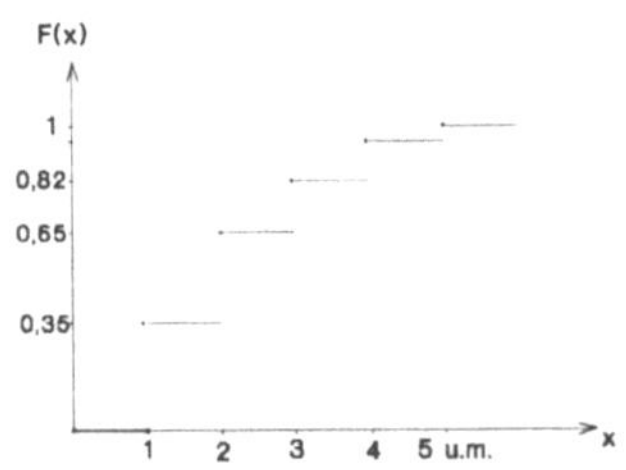

b) Relative S. für Merkmale mit Klassenbildung: Wurde eine Klassierung der Merkmalswerte eines Merkmals X in k Klassen vorgenommen, so sind die einzelnen Beobachtungs-

werte mit ihren Häufigkeiten nicht bekannt, sondern nur die Klassenhäufigkeiten $f(x_j)$ und die Summenhäufigkeiten $F(x_i^o)$ für die oberen → Klassengrenzen x_i^o. Damit ist die S. lediglich an diesen Klassengrenzen bekannt, die mit den Sprungstellen zusammenfallen. Liegt ein → stetiges Merkmal vor, so kann das Merkmal theoretisch jeden Wert zwischen der unteren und oberen Klassengrenze annehmen. Deshalb wird angenommen, daß die beobachteten Merkmalswerte gleichmäßig über die jeweilige Klasse verteilt sind. Durch lineare Interpolation ergibt sich die relative S. eines stetigen Merkmals dann wie folgt:

$$F(x) = \begin{cases} 0 & \text{für } x < x_0^o \\[2ex] F(x_{i-1}^o) + \dfrac{x - x_{i-1}^o}{x_i^o - x_{i-1}^o} f(x_i) & \\[2ex] & \text{für } x_{i-1}^o < x \leq x_i^o \\[2ex] 1 & \text{für } x_k^o \leq x \end{cases}$$

Darin ist $x_0^o = x_1^u$ die untere Grenze der ersten Klasse und $F(x_{i-1}^o)$ die relative Summenhäufigkeit der (i-1)-ten Klasse. Das graphische Bild dieser S. ergibt eine stückweise lineare Funktion (Polygonzug). Die folgende Abbildung zeigt schematisch die S. für k = 4 Klassen.

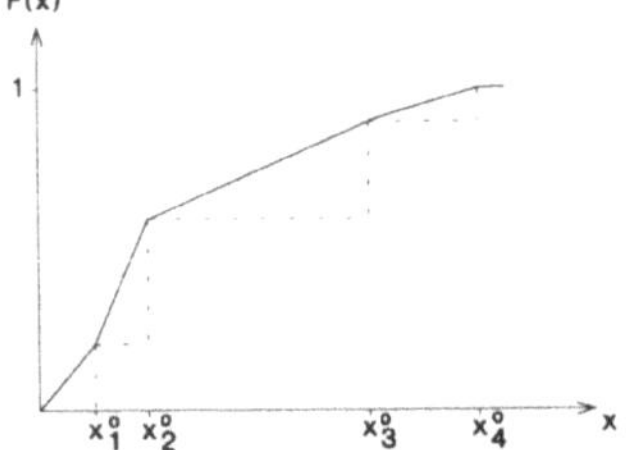

Zum Vergleich zeigt die gestrichelte Linie die Treppenkurve im Fall eines diskreten Merkmals. Beispiel: Verteilung der Haushalte nach dem monatlichen Haushaltsnettoeinkommen (MHNE) bis unter 25000 DM in der Bundesrepublik Deutschland 1988.

MHNE von ... bis unter ... DM	$f(x_j)$	$F(x_j^o)$
unter 800	0,044	0,044
800 - 1400	0,166	0,210
1400 - 3000	0,471	0,681
3000 - 5000	0,243	0,924
5000 - 25000	0,076	1,000

Quelle: Statistisches Bundesamt (Hrsg.), Datenreport 1992, S. 114-115

Die letzte Spalte der Tabelle enthält die Werte der S. für die oberen Klassengrenzen. Durch die lineare Interpolation erhält man z.B. für x = 2500 DM den Wert der S. F(2500) = 0,53, d.h., 53 % der beobachteten Haushalte hatten ein monatliches Haushaltsnettoeinkommen von höchstens 2500 DM.

Summenoperator

Zusammengesetzter → Lag-Operator $S_m(L)$ zur Modellierung → periodischer Schwankungen in Zeitreihen über m Perioden. Zur Identität 1 werden die ersten m-1 Potenzen des einfachen Lag-Operators L addiert:

$$S_m(L) = 1 + L + L^2 + ... + L^{m-1} .$$

Beispiel: Die 4 Saisonausschläge x_t (→ Saisonbereinigung) einer ungedämpften und nicht gestörten Quartalsschwingung (starres, deterministisches Saisonmuster) addieren sich stets zu null:

$$S_4(L)x_t = (1 + L + L^2 + L^3)x_t$$
$$= x_t + x_{t-1} + x_{t-2} + x_{t-3} = 0.$$

Der S. läßt sich bei ungeradem Saisonzyklus m als Produkt von (m-1)/2 speziellen Lag-Operatoren $\gamma_j(L)$, den trigonometrischen Operatoren, darstellen:

$$\gamma_j(L) = 1 - (2\cos\lambda_j)L + L^2$$

für j=1,...,(m-1)/2, $0<\lambda_j<\pi$ und mit

$$\lambda_j = \frac{2\pi j}{m} .$$

Ist m gerade, tritt noch der einfache Summenoperator 1 + L hinzu. Er modelliert eine Zickzack-Bewegung (→ Oszillation) und wird auch als alternierender Operator bezeichnet. Diese Zerlegung spielt bei der → harmonischen Analyse eine Rolle. Beispiel: Die Zerlegung des S. einer Quartalsschwingung (m = 4) in zwei Faktoren

$$S_4(L) = 1 + L + L^2 + L^3$$
$$= (1 - 2\cos\frac{\pi}{2}L + L^2)(1 + L)$$

zeigt, daß beim Addieren von vier Saisonausschlägen neben den periodischen Schwankungen auch eine Zickzack-Bewegung modelliert wird. Der S. $S_m(L)$, die Saisondifferenz $(1-L^m)$ und die einfache Differenz $(1-L)$ hängen über die Beziehung

$$1 - L^m = (1 - L)S_m(L)$$

miteinander zusammen. Die Saisondifferenz schaltet somit nicht nur eine periodische Schwankung, sondern gleichzeitig einen linearen Trend und eine Oszillationsbewegung aus. Beispiel: Die Strukturzerlegung einer

Symmetrietest

Quartalsdifferenz

$$1 - L^4 = (1 - L)\,(1 + L^2)(1 + L)$$

zeigt, daß sie wegen des Faktors 1-L neben der eigentlichen Saisonbereinigung auch eine eventuell nicht beabsichtigte Trendbereinigung bewirkt. Beispiel: Bei der Autokorrelationsanalyse von trend- und saisonbehafteten Umsatzzeitreihen sind die Saisondifferenzen meist schon als stationär anzusehen, d.h., es ist kein zusätzlicher einfacher Differenzenfilter für die Trendbereinigung mehr erforderlich. Wenn eine saisonbehaftete Umsatzzeitreihe keinen Trend aufweist, ist anstelle des Differenzenoperators der entsprechende S. anzuwenden.

Symmetrie-Test

Nichtparametrischer Test zum Prüfen der Hypothese, daß k unabhängige Zufallsvariable $X_1, ..., X_k$ symmetrisch bezüglich des Nullpunktes verteilt sind, aber nicht notwendig ein und dieselbe Verteilungsfunktion besitzen.

Symmetrische Verteilung

Häufigkeitsverteilung eines wenigstens ordinalskalierten Merkmals oder Dichtefunktion bzw. Wahrscheinlichkeitsfunktion einer Zufallsvariablen, die links und rechts von einer parallel zur Ordinate abgetragenen Senkrechten $x = x_0$ die gleiche Gestalt hat. Für s. V. diskreter Merkmale bzw. Zufallsvariable gilt, daß die Werte symmetrisch zum Symmetriepunkt x_0 liegen und die links und rechts von x_0 gleich weit entfernten Werte die gleiche Häufigkeit bzw. Wahrscheinlichkeit haben. Ein Beispiel für eine s. V. ist die in dem folgenden → Stabdiagramm dargestellte Wahrscheinlichkeitsfunktion einer diskreten Zufallsvariablen.

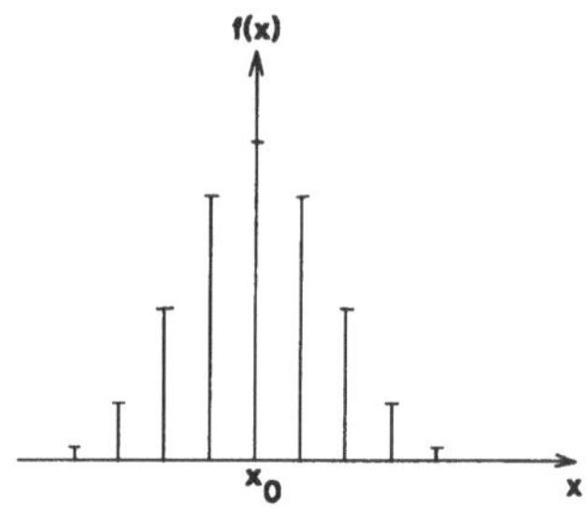

Für s. V. stetiger Merkmale bzw. Zufallsvariable gilt $f(x_0 + c) = f(x_0 - c)$, wobei f(x) die Dichtefunktion ist.

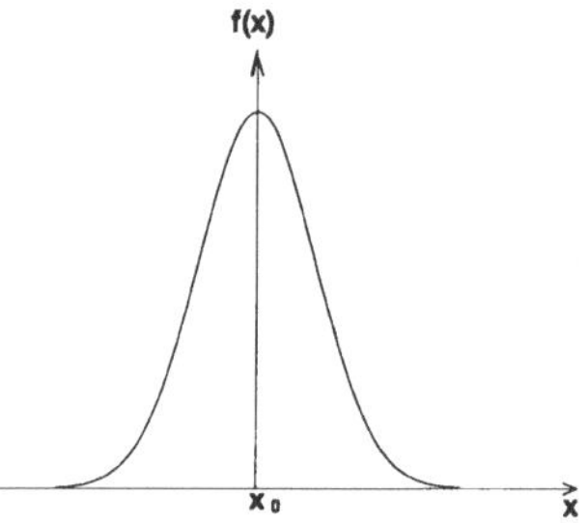

Bei s. V. sind der → Median und das → arithmetische Mittel bzw. der → Erwartungswert identisch mit dem Symmetriepunkt x_0. Handelt es sich um eine → unimodale Verteilung, so fällt auch der → Modus mit x_0 zusammen. S. V. kommen in der Wirtschaft sehr selten vor. S.V. unter den theoretischen Verteilungen von Zufallsvariablen sind z.B. die → Binomialverteilung mit p = 0,5, die → Normalverteilung und die → t-Verteilung.

Systematik

Nomenklatur, geordnete Liste verschlüsselter (kodierter) Ausprägungen eines qualitativen Merkmals. S. dienen der einheitlichen Erfassung statistischer Elemente einer Gesamtheit nach einem bestimmten Merkmal. S. sind i.allg. hierarchische Begriffsgliederungen und daher meist dekadisch verschlüsselt. Damit wird nicht nur die → Aggregation und Disaggregation statistisch erhobener Daten erleichtert, sondern auch die Voraussetzung für ihre Vergleichbarkeit und automatisierte Verarbeitung geschaffen. Die Konstruktion von geeigneten S. ist eine der schwierigsten Aufgaben der praktischen Statistik. Für ihre Erstellung gelten folgende methodischen Grundsätze: a) Eine S. ist eine eindeutige Funktion, deren Wertebereich eine Nominalskala (→ Skala) ist. b) Gliederungprinzip und Gliederungstiefe einer S. müssen dem Verwendungszweck adäquat sein. c) Die Gliederung einer S. muß operational sein, d.h., ihre Harmonisierung mit anderen S. sollte i.allg. möglich sein (z.B. anhand sogenannter Umsteigeschlüssel). S. sind vor allem für die → Wirtschaftsstatistik von Bedeutung. - Zu den wichtigsten S. gehören: a) S. für die Wirtschaftszweige. Sie sieht z.B. die Gliederung der Wirtschaftszweige in die Abteilungen 0 - Land- und Forstwirtschaft, Fischerei; 1 - Energie- und Wasserversorgung, Bergbau; 2 - verarbeitendes Gewerbe usw. vor, die wiederum in Unterabteilungen, Gruppen und Untergruppen usw. gegliedert sind. Die für die Begriffsebenen verwendeten Bezeichnungen (Kapitel, Abteilung, Abschnitt, Gruppe, Position, Klasse) sind i.allg. bei den einzelnen S. unterschiedlich. So ist z.B. das verarbeitende Gewerbe mit der dekadischen Abteilungsschlüsselnummer 2 in Unterabteilungen bzw. Abschnitte wie z.B. 22 - Gewinnung und Verarbeitung von Steinen und Erden, Feinkeramik, Glasgewerbe; 23 - Metallerzeugung und -bearbeitung usw. ge-

gliedert. b) Güter-S., die in ihrer Gesamtheit die Dienstleistungs-S. und die Waren-S. umfassen. Sie bilden z.B. die Grundlage für die Erstellung des → Warenkorbes zur Berechnung des → Preisindex der Lebenshaltung für die privaten Haushalte. c) Personen-S. Zu ihnen gehören z.B. die nationalen und internationalen Berufssystematiken (z.B. International Standard Classification of Occupation, ISCO) sowie Handbücher für Tätigkeitsmerkmale, Krankheiten und Todesursachen usw. d) Spezielle statistische S., wie z.B. die S. für das produzierende Gewerbe, abgekürzt SYPRO, die die Basis für die Erstellung der → Produktionsindizes ist. - Neben den statistischen S. gibt es eine Vielzahl nicht unmittelbar für statistische Zwecke erstellter S. Ein Beispiel dafür ist die seit Juli 1993 für Deutschland gültige fünfstellige Postleitzahlen-S.

Systematischer Fehler

Verzerrung, *Bias*, *Nichtstichprobenfehler*, Fehler einer Schätzung, der nicht auf die Zufallsauswahl der Stichprobe zurückzuführen ist. Bei einer nicht erwartungstreuen → Punktschätzung ist der s.F. die Differenz zwischen dem wahren Wert des zu schätzenden Parameters π und dem Erwartungswert der → Schätzfunktion $\hat{\pi}$. Im Fall eines s.F. von null heißt die Schätzfunktion erwartungstreu (→ Erwartungstreue) oder unverzerrt.

Szenario-Technik

Verbindung von quantitativen und qualitativen → Prognosemethoden zur Modellierung globaler Probleme. Die S.-T. wird zur Fundierung langfristiger Strategien benutzt.

T

Tabelle

Systematische Anordnung statistischer Daten in einem rechteckigen Schema von Zeilen und Spalten. Diese Daten können Beobachtungswerte eines Merkmals bzw. mehrerer Merkmale oder aus Merkmalswerten abgeleitete statistischen Maßzahlen sein. Die T. ist die grundlegende Wiedergabeform statistischen Zahlenmaterials. Eine T. hat i. allg. folgenden Aufbau:

Überschrift

*	Tabellenkopf		
Vor-			
spalte			
↓			
↓			

Fußnoten:

a) Eine Überschrift soll in knapper Form den sachlichen, zeitlichen und geographischen Bezug der in der T. enthaltenen Daten angeben. b) Der Tabellenkopf (Kopf, Kopfzeile) kennzeichnet in der ersten Zeile den Inhalt der einzelnen Spalten. c) Die Vorspalte (erste Spalte) kennzeichnet den Inhalt der einzelnen Zeilen. d) Das Fach links vom Tabellenkopf und oberhalb der Vorspalte (im Schema mit * gekennzeichnet) kann entweder als Kopf zur Vorspalte, als Vorspalte zum Kopf oder für beides dienen, wobei im letteren Fall das Fach durch einen Diagonalstrich von links oben nach rechts unten geteilt wird. Die Teile b), c) und d) bilden den Textteil der T. e) Der Teil der T. unterhalb des Tabellenkopfes und rechts von der Vorspalte nimmt die Zahlen auf (Zahlenteil). f) Fußnoten nehmen die Quellenangabe und eventuell notwendige Erläuterungen zu einzelnen Zeilen, Spalten oder Zahlenangaben auf. Jede T. muß auch die Maßeinheit der Zahlenangaben entweder in der Überschrift, dem Tabellenkopf und/oder der Vorspalte ausweisen. Im Zahlenteil soll kein Feld leer bleiben. Das kann durch Verwendung folgender Symbole erreicht werden:

- : Der Wert ist null.

0; 0,0;

0,00 : Der Wert ist vorhanden, aber kleiner als die Hälfte der Maßeinheit, eines Zehntels bzw. eines Hundertstels der Maßeinheit.

... : Die Angabe fällt später an.

• : Die Angabe ist unbekannt.

× : Die Angabe ist sachlogisch nicht sinnvoll.

Wird ein Merkmal in Klassen bzw. Kategorien aufgespalten, so ist zu unterscheiden zwischen Davon-Angaben, was eine vollständige Auflistung aller Teilgrößen beinhaltet, und Darunter-Angaben, wobei nur ausgewählte Teilgrößen angegeben werden.

Tafelrechnung

Tafelmethode, Verfahren zur zahlenmäßigen Darstellung eines Ereignisablaufs in einer "Tafel". Stellt man den zeitlichen Ablauf sich nicht wiederholender Ereignisse (z.B. Tod, Verschrottung) in einer Tafel dar, spricht man von Dekrementtafel. Sie werden i.allg. dann angewandt, wenn zu zeigen ist, wie sich die Abgangsordnung eines gegebenen Bestandes gestaltet. Die praktischen Anwendungen reichen von Verschrottungstafeln für Anlagegüter bis hin zu $\rightarrow$ Sterbetafeln für die Bevölkerung eines geographischen Gebiets. Die T. wird auch für die Analyse des zeitlichen Ablaufs wiederkehrender (rekurrenter) Ereignisse (z.B. Heiraten, Gebären) eingesetzt. Typische Anwendungen sind vor allem in der $\rightarrow$ Bevölkerungsstatistik in Gestalt von Heiratstafeln, Ehedauertafeln und $\rightarrow$ Fruchtbarkeitstafeln anzutreffen.

Teilerhebung $\rightarrow$ Grundgesamtheit

Test

Statistischer Test, Verfahren zur Überprüfung, ob eine Annahme (Hypothese) über die Wahrscheinlichkeitsverteilung einer Zufallsvariablen X mit einer bestimmten Stichprobe verträglich ist oder ob die wahre Verteilung von der angenommenen Verteilung signifikant abweicht (Signifikanztest). Die zu prüfende Annahme wird als Nullhypothese H_0 formuliert, während in der Alternativhypothese H_1 alle oder nur ein Teil der in Frage kommenden anderen Möglichkeiten erfaßt werden. Bei der Überprüfung, ob z.B. der Erwartungswert μ der Zufallsvariable X gleich einem vorgegebenen Wert μ_0 ist, also der Überprüfung der Nullhypothese H_0: $\mu = \mu_0$, sind mögliche Alternativhypothesen H_1: $\mu \neq \mu_0$ oder H_1^{0}: $\mu > \mu_0$ oder H_1^{u}: $\mu < \mu_0$. Bei einem Signifikanztest wird i.allg. in folgenden Schritten vorgegangen:

1. Aufstellen einer Nullhypothese H_0 und einer Alternativhypothese H_1.

2. Konstruktion einer Testvariablen T als Stichprobenfunktion $T = T(X_1,..., X_n)$, wobei X_i (i = 1, ..., n) die $\rightarrow$ Stichprobenvariablen von X sind. Die Verteilungsfunktion von T muß in der Regel unter der Annahme, daß die Hypothese H_0 wahr ist, bekannt sein.

3. Bestimmung eines Ablehnungsbereiches im Wertebereich der Testgröße T, so daß die Wahrscheinlichkeit dafür, daß T Werte aus diesem Ablehnungsbereich annimmt, nicht größer als eine vorgegebene Zahl α ($0<\alpha<1$) ausfällt, falls H_0 wahr ist. Die Zahl α heißt Signifikanzniveau. Ihre Festlegung ergibt sich aus der praktisch zu realisierenden statistischen Sicherheit. Der Ablehnungsbereich kann zusammenhängend sein, z.B. $-\infty < T < t_{krit}$ bzw. $t_{krit} < T < \infty$ (einseitiger Test), oder er kann aus zwei Teilen bestehen $-\infty < T < t_{krit}^{u}$ und $t_{krit}^{0} < T < \infty$ (zweiseitiger Test), wobei die kritischen Werte t_{krit}, t_{krit}^{u} und t_{krit}^{0} aus der Wahrscheinlichkeitsverteilung von T zu bestimmen sind. Betrachtet man z.B. im Test zur Überprüfung des Erwartungswertes μ die Nullhypothese H_0: $\mu = \mu_0$ mit der Alternativhypothese H_1: $\mu \neq \mu_0$, so ergibt sich ein zweiseitiger kritischer Bereich oder Ablehnungsbereich. Die Dichtefunktion f(t) der Testvariablen ist zusammen mit diesem zweiseitigen Ablehnungsbreich in der folgenden Graphik dargestellt.

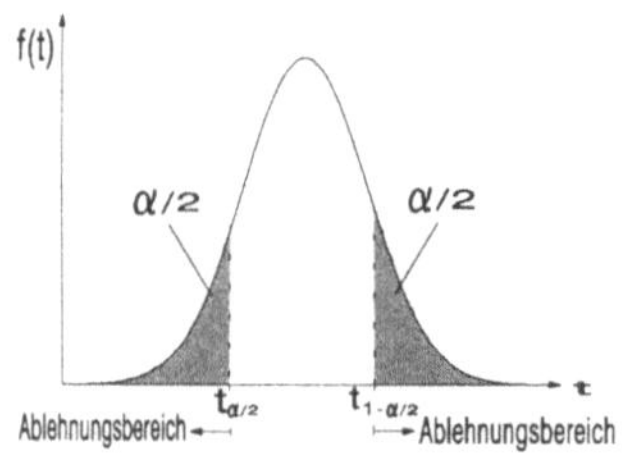

Wird aber eine der Alternativhypothesen H_1^0: $\mu > \mu_0$ oder H_1^u: $\mu < \mu_0$ gewählt, so ist der kritische Bereich einseitig nach rechts bzw. nach links. Ob ein zweiseitiger oder ein einseitiger Ablehnungsbereich zu verwenden ist, muß sich aus der praktischen Fragestellung ergeben.

4. Ziehung einer Zufallsstichprobe vom Umfang n und Berechnung der Realisierung t (Prüfwert) der Testvariablen T.

5. Testentscheidung: Die Nullhypothese wird abgelehnt, wenn der aus der Stichprobe bestimmte Wert t von T in den Ablehnungsbereich fällt. Bei einem Signifikanztest kann man die Wahrscheinlichkeit einer Fehlentscheidung objektiv einschätzen: Die Wahrscheinlichkeit α', die Hypothese H_0 abzulehnen, obwohl sie wahr ist (Fehler 1.Art), ist nicht größer als α. Sie heißt Irrtumswahrscheinlichkeit. $1-\alpha'$ ($\geq 1 - \alpha$) heißt statistische Sicherheit von H_0. Die Wahrscheinlichkeit für einen Fehler 2.Art (Annahme der Nullhypothese H_0, obwohl die Alternativhypothese H_1 wahr ist) bleibt i.allg. unberücksichtigt. Sie kann aber bei einem T. zum Signifikanzniveau α, der auf einem kleinen Stichprobenumfang beruht, mitunter sehr groß sein. Daher ist die Entscheidung "Annahme der Hypothese H_0" nicht vertretbar, und der Signifikanztest kann lediglich zur Entscheidungsfindung

über eine Ablehnung von H_0 führen. H_0 wird dann zugunsten der betrachteten Alternativhypothese H_1 abgelehnt. Beispiele für Signifikanztests sind der → Gauß-Test, der → t-Test, der → Chi-Quadrat-Test, der → F-Test.

Teststärke → Gütefunktion

Testtheorie
Theoretisches Lehrgebäude für die Entwicklung und Anwendung statistischer → Tests zur Prüfung von Hypothesen auf Grund von empirischen Befunden, d.h. i.allg. von Zufallsstichproben. Die T. ist ein bedeutender Bestandteil der → induktiven Statistik.

Testvariable
Prüfvariable, Prüffunktion, Prüfgröße, Testgröße, Teststatistik, Zufallsvariable, mit deren konkreter Ausprägung aufgrund einer Zufallsstichprobe vom Umfang n bei statistischen → Tests überprüft wird, ob diese Stichprobe mit der angenommenen Nullhypothese verträglich ist oder nicht. Zur Entscheidung ist die Nullverteilung der T., also die Verteilung der T. bei Gültigkeit der Nullhypothese, heranzuziehen. → Test

Test zur Prüfung einer Wahrscheinlichkeit
Binomialtest, Test zur Prüfung von Hypothesen über Anteile, relative Häufigkeiten oder Wahrscheinlichkeiten. A sei ein zufälliges Ereignis, das mit der unbekannten Wahrscheinlichkeit $P(A) = p$ eintritt, und p_0 sei ein vorgegebener Zahlenwert. Dann können folgende Hypothesen geprüft werden:

a) H_0: $p = p_0$ gegen H_1: $p \neq p_0$ (zweiseitiger Test) oder b) H_0: $p \geq p_0$ gegen H_1: $p < p_0$ (linksseitiger Test) oder c) H_0: $p \leq p_0$ gegen H_1: $p > p_0$ (rechtsseitiger Test). Als Testvariable T wird die Anzahl des Eintretens von A in n Versuchen genommen. T ist bei Gültigkeit der Hypothese H_0 binomialverteilt mit den Parametern n und p_0. Die Nullhypothese wird abgelehnt, wenn beim zweiseitigen Test $T > b_{1-\alpha/2}$ oder $T < b_{\alpha/2}$, beim linksseitigen Test $T < b_\alpha$ und beim rechtsseitigen Test $T > b_{1-\alpha}$ ausfällt. $b_{1-\alpha/2}$, b_α bzw. $b_{1-\alpha}$ ist das Quantil der Ordnung $1 - \alpha/2$, α bzw. $1 - \alpha$ der Binomialverteilung mit den Parametern n und p_0, und α ist das vorgegebene Signifikanzniveau. Für großes n erfordert die Berechnung der Quantile b_q der Binomialverteilung viel Rechenaufwand. Daher macht man sich die Tatsache zunutze, daß für großes n die Testgröße T asymptotisch normalverteilt mit den Parametern $\mu = np_0$ und $\sigma^2 = np_0(1-p_0)$ ist. Als Faustregel für die Anwendbarkeit gilt: $np_0(1-p_0) > 9$. Man verwendet dann oft folgende Näherung:

$$b_q \approx np_0 + z_q \sqrt{np_0(1-p_0)}\,,$$

wobei z_q das entsprechende Quantil der $\rightarrow$ Standardnormalverteilung ist. Hieraus ergibt sich folgender approximativer Ablehnungsbereich für den Test:

$$\left| \frac{T - np_0}{\sqrt{np_0(1-p_0)}} \right| > z_{1-\frac{\alpha}{2}}\,.$$

Im Falle eines einseitigen Tests, z.B. bei der Alternativhypothese H_1: $p > p_0$, verändert sich die Bedingung für die Ablehnung der Hypothese H_0 approximativ zu

$$\frac{T - np_0}{\sqrt{np_0(1-p_0)}} > z_{1-\alpha}\,.$$

Tiefpassfilter $\rightarrow$ Filtration

Time lag $\rightarrow$ Lag

Todesprozeß $\rightarrow$ Geburts- und Todesprozeß

Toleranzschätzung

Schätzmethode der $\rightarrow$ statistischen Qualitätskontrolle zur Realisierung eines vorgegebenen Anteils p von Teilen in einem Lieferposten, deren Kennwerte innerhalb eines Toleranzbereiches liegen. Wird der Toleranzbereich so bestimmt, daß für ein vorgegebenes $\alpha < 1$ mit der Wahrscheinlichkeit $1-\alpha$ mindestens $p \cdot 100\,\%$ der gemessenen Kennwerte von dem Toleranzbereich eingeschlossen werden, so spricht man von einer T. vom Typ A. Wird der Toleranzbereich dagegen so ermittelt, daß im Durchschnitt $p \cdot 100\,\%$ der gemessenen Kennwerte darin liegen, so handelt es sich um eine T. vom Typ B.

Törnquist-Funktionen

Familie von $\rightarrow$ Trendfunktionen und $\rightarrow$ Regressionsfunktionen mit asymptotischem Verlauf. T.-F. spielen in der Marktforschung eine Rolle. Drei Funktionstypen werden unterschieden:

$$\text{Typ I} \quad x_t = \frac{at}{b+t}\,,$$

$$\text{Typ II} \quad x_t = \frac{a(t-b)}{t+c}\,,$$

$$\text{Typ III} \quad x_t = \frac{at(t-b)}{t+c}\,.$$

Totalerhebung

Beispiel: Die nachstehende Graphik zeigt eine T.-F. des Typs I (+) mit den Parametern a = 4, b = 3 und dem Sättigungsniveau (□), eine T.-F. des Typs II (•) mit den Parametern a = 1,3, b = -2, c = 0,8 und dem Sättigungsniveau (×) sowie eine T.-F. des Typs III (*) mit den Parametern a = 0,29, b= -1 und c = 15,8:

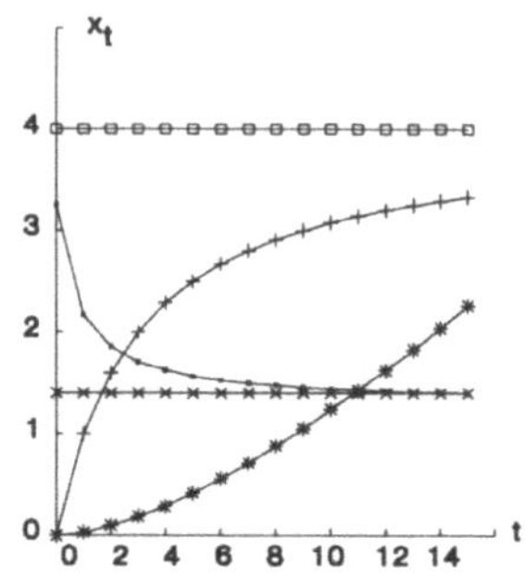

Totalerhebung → Grundgesamtheit

Totzeit → Zeitverschiebung

Trägheit → Zeitverschiebung

Trajektorie → stochastischer Prozeß

Transformation

Merkmalstransformation, Variablentransformation, Übergang von einer Variablen X mittels einer Funktion derselben zu einer neuen Variablen Y. Dabei wird jedem Wert der Variablen X entsprechend der Transformationsvorschrift T ein Wert der Variablen Y zugeordnet: y := T(x). Beispiele: T. einer Währung in eine andere (y = ax; mit a als Wechselkurs); Temperaturumrechnung von °C in °F (y = 1,8x+32). Nicht bei allen T. bleibt das Skalenniveau (→ Skala) erhalten. T. dienen dem Ziel, eine neue Variable zu erhalten, die die Voraussetzungen für bestimmte statistische Methoden besser erfüllt als die Ausgangsvariable. Beispiele: a) T. der Werte einer Variablen mit großem Zahlenbereich zur übersichtlichen Darstellung der → Häufigkeitsverteilung; b) T. einer Variablen mit schiefer → Verteilung in eine mit symmetrischer Verteilung (z.B. in eine → Normalverteilung); c) T. zur Erzielung von Gleichheit der → Varianzen, wenn mit dem Niveau der Variablenwerte auch das Streuungsverhalten variiert (u.a. notwendig in der → Varianzanalyse, → Zeitreihenanalyse, → Regressionsanalyse, → Ökonometrie); d) T. in der Zeitreihen-, Regressionsanalyse, Ökonometrie zur → Linearisierung einer Funktion, eines Modells (linearisierende T.), zur Verminderung der → Multikollinearität oder zur Beseitigung von → Autokorrelation bzw. → Heteroskedastizität der Störvariablen. Die Auswahl einer geeigneten T. ist oftmals ein Versuch-Irrtum-Verfahren. Beispiel: Einen breiten Bereich der für a) bis d) notwendigen T. decken die Potenztransformationen

$$T_m(x) = \begin{cases} (x+c)^m & m \neq 0 \\ \ln(x+c) & m = 0 \end{cases}$$

ab. Die Konstante c wird z.B. so gewählt, daß alle Werte der transformierten Variablen positiv werden. Die Wirkung dieser T. zeigt die Leiter der T., die auf der Seite 369 angegeben ist.

Trend

Niveauveränderung eines Merkmals über eine Vielzahl von → Perioden. Oft wird der gesamte Beobachtungszeitraum betrachtet. T. steht auch für Entwicklungstendenz schlechthin. Er wird nach verschiedenen Verlaufsmustern (wachsend/fallend oder progressiv/degressiv) klassifiziert. Einer Interpretation zugänglich sind die Übergänge zwischen einzelnen Verlaufsmustern sowie Gipfel, Täler und Sättigungsniveaus. Modelliert wird der T. häufig mit → Trendfunktionen.

Beispiel: In der Graphik auf Seite 370 ist der jährliche Kohlenmonoxydausstoß x_t von Kraftfahrzeugen in der Bundesrepublik Deutschland in Millionen Tonnen, symbolisiert durch Sterne, zusammen mit den geschätzten Werten einer Trendparabel 3. Grades, symbolisiert durch Punkte, für den Zeitraum 1966 bis 1990 (erfaßt im Zweijahrestakt) dargestellt.

Transformation: Leiter der Transformation

m	transf. Werte x^m	Transformation zur Symmetrisierung	Transformation zur Linearisierung
.	.		
.	.	für linksschiefe Verteilungen	wenn überproportional wachsende Änderungen der Y-Werte auftreten
3	x^3		
.	.		
.	.	∧	∧
2	x^2		
.	.		
.	.		
1	x^1	ohne Effekt	ohne Effekt
.	.		
.	.		
0,5	$x^{0,5}$	∨	∨
.	.		
.	.		
ln	ln x	für rechtsschiefe Verteilungen	wenn mit wachsenden X-Werten die Änderungen der Y-Werte schwächer werden
.	.		
.	.		
-0,5	$1/x^{0,5}$		
.	.		
.	.		
-1	$1/x$		
.	.		
.	.		
-2	$1/x^2$		
.	.		
. .	.		

Quelle: Zusammengestellt nach Schlittgen, R., Einführung in die Statistik, R. Oldenbourg Verlag, München, Wien, 1990, S. 155, 427

Trendfunktion

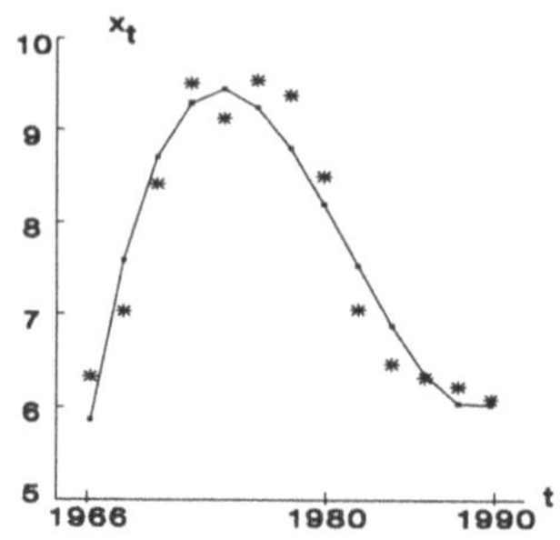

Bei kurzen Perioden (Stunden, Tage, Wochen) kann eine stochastische Sicht durch die Modellierung von Trendprozessen hilfreich sein ($\rightarrow$ BSM). Trendanalysen sind bedeutsam für die Konjunkturdiagnose und -prognose. In der Marktforschung wird der T. von der Produktionsführung bis zur Bedarfssättigung untersucht.

Trendfunktion

Analytische Funktion x_t in der Zeit t. Nach den globalen Verlaufsformen lassen sich drei Verlaufsmuster unterscheiden: a) Funktionen, die stetig und monoton fallen bzw. wachsen. Beispiel: Graphische Dastellung der linearen Funktion $x_t = 8 - 0{,}5t$, symbolisiert durch Punkte, und der Logarithmusfunktion $x_t = 8 - 2 \cdot \ln(t+1)$, symbolisiert durch Kreuze:

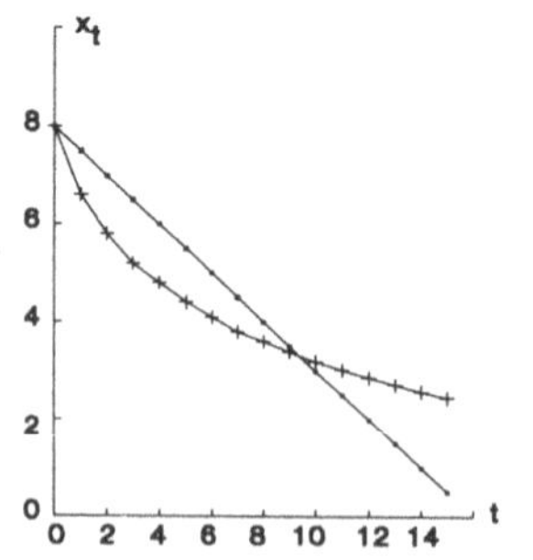

Das Wachstum kann degressiv oder progressiv ausfallen. Beispiel: Graphische Darstellung der Exponentialfunktion $x_t = 4e^{0{,}07t}$, symbolisiert durch Kreuze, und der Logarithmusfunktion $x_t = 1 + 2 \cdot \ln(t+1)$, symbolisiert durch Punkte:

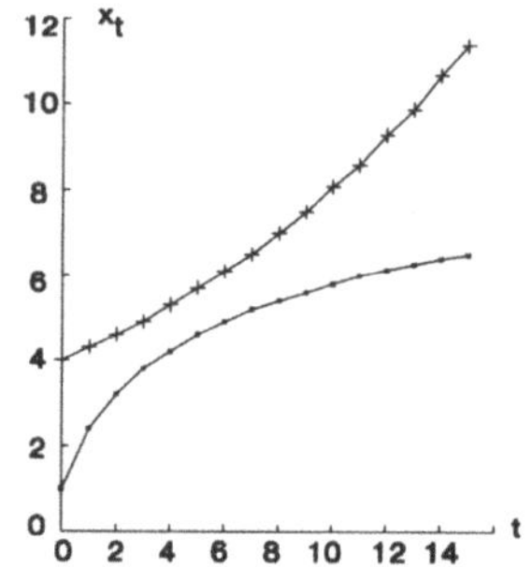

b) Funktionen, die einem Sättigungsniveau zustreben. Typische Vertreter sind $\rightarrow$ Törnquist - Funktionen und Hyperbelfunktionen. Dabei kann progressives Wachstum in degressives Wachstum (Wendepunkt) umschlagen ($\rightarrow$ S-Kurven). Beispiel: Graphische Darstellung der Johnson-Funktion ($\bullet$)

$$x_t = \frac{2}{e^{\frac{1}{t+1}}}$$

und der logistischen Funktion (+) mit Sättigungsniveau (*)

$$x_t = \frac{2}{1 + 5e^{-0{,}4t}}$$

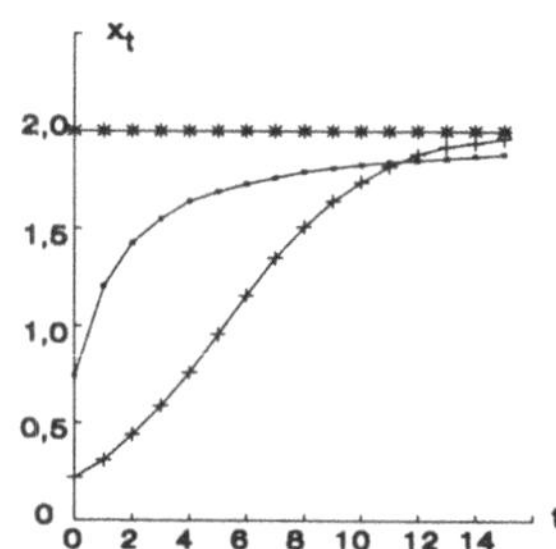

c) Funktionen, die steil einem Maximum zustreben und danach abfallen. Der Abfall kann nach unten durch einen Sättigungswert begrenzt sein. Beispiel: Graphische Darstellung der Hyperbel 2.Grades (■) mit Sättigungsniveau (+)

$$x_t = 1{,}3 + \frac{1{,}6}{t+1} - \frac{3{,}9}{(t+1)^2}$$

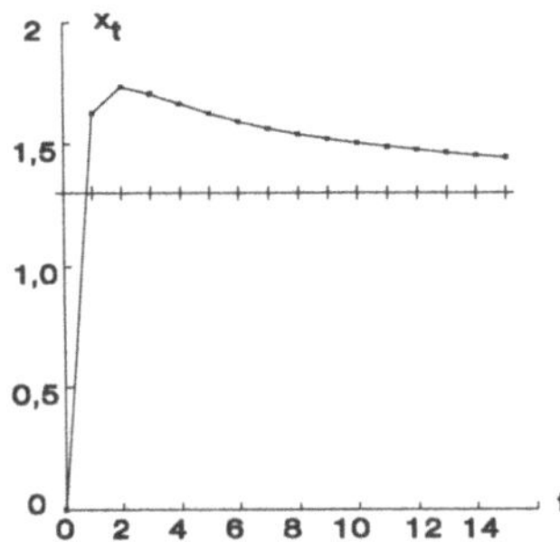

Die Wahl eines geeigneten Funktionstyps zwecks → Extrapolation des Trends hängt von der globalen Einschätzung des Wachstumsverhaltens eines Merkmals ab. Bei einigen T. ist zusätzlich ein Sättigungsniveau vorzugeben. Die Funktionen können auf verschiedene Weise an die Daten angepaßt werden. Üblich ist die Anwendung der gewöhnlichen oder gewichteten → Methode der kleinsten Quadrate. Die Funktionsauswahl läßt sich automatisieren. Als Auswahlkriterien bieten sich Fehlermaße für Vergleichsprognosen oder für Wachstumsvergleiche mit Hilfe der → Anstiegscharakteristik an. Eine Vorauswahl von Wachstumstypen durch visuelle Inspektion der Daten (graphische Darstellung) kann den Suchalgorithmus beschleunigen. Unterschiedliche Annahmen über die Wachstumsdynamik am aktuellen Rand der Zeitreihe wirken sich zwangsläufig auf

Funktionswahl und Prognose aus. Durch Kombination von Prognosen mit verschiedenen T. lassen sich heuristische Prognoseintervalle angeben. Beispiel: Graphische Darstellung der Einschachtelung der zwei jüngsten Beobachtungen einer Zeitreihe mit den Jahresabsatzdaten x_t eines Getränkeunternehmens (■) durch eine lineare (-) und eine logarithmische (+) T. (→ Ex-post-Analyse)

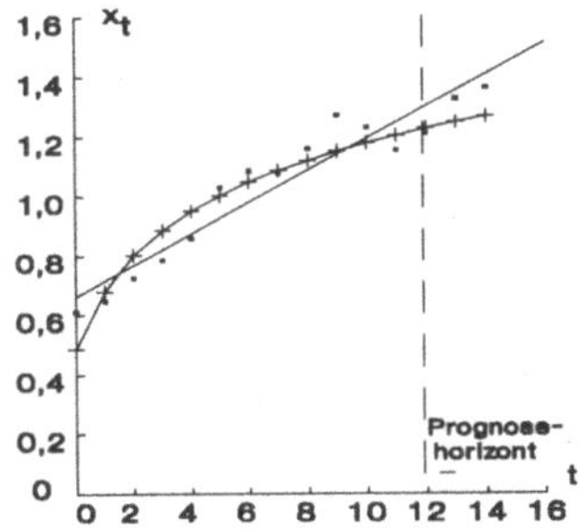

Die lineare T. bringt eine optimistische, die logarithmische T. eine eher pessimistische Sicht der zu erwartenden Absatzentwicklung im Prognoseursprung t = 12 zum Ausdruck. Die tatsächliche Entwicklung liegt dazwischen.

Trendglättung

Prognosetechnik nach dem Prinzip der → exponentiellen Glättung. Bei degressiver T. wird der Trendglätter w_t über den Prognosehorizont h gewichtet und dem Niveauglätter u_t additiv zugeschlagen. Der Prognosewert für die Periode t+h ist

$$\hat{x}_t(h) = u_t + \sum_{i=1}^{h} k^i w_t, \quad 0 < k < 1 \, .$$

Der Wichtungskoeffizient k ist vorzugeben. Bei exponentieller T. erfolgt eine multiplikative Verknüpfung zwischen dem Niveauglätter u_t und der h-ten Potenz des Trendglätters w_t. Der Prognosewert ist hier

$$\hat{x}_t(h) = u_t w_t^h .$$

T. empfiehlt sich bei Prognosehorizonten von mehr als einer Periode. Die Entscheidung für eine der beiden Arten von T. sollte durch → Ex-post-Analyse der Prognosefehler unterstützt werden.

Trendstationärer Prozeß

Familie instationärer → stochastischer Prozesse, die durch die Addition eines stationären Prozesses und eines Trendpolynoms (→ Trendfunktion) entstehen. Im einfachsten Fall kann der stationäre Prozeß → weißes Rauschen $\{a_t\}$ sein. Die → Erwartungswertfunktion eines t. P. ist zeitvariabel, seine → Varianzfunktion und Kovarianzfunktion hingegen sind zeitkonstant. Beispiel: Der t. P. erster Ordnung mit Niveaukonstante m und Trendkonstante c

$$X_t = m + ct + a_t$$

hat eine zeitabhängige Erwartungswertfunktion

$$\mu(t) = m + ct$$

und eine konstante Varianz σ_a^2, die mit der Varianz des weißen Rauschens übereinstimmt. Die Beobachtungen variieren gleichmäßig um eine Gerade. Der Unterschied zu einem → Random Walk mit zeitvariabler Varianzfunktion ist optisch schwer auszumachen, für die Modellierung und Prognose aber von erheblicher Bedeutung. Mit Hilfe von → Einheitswurzeltests kann eine Strukturhypo-

these unterstützt werden. Beispiel: Graphische Darstellung der Zeitreihe eines t. P. mit m = 3 und c = 0,6.

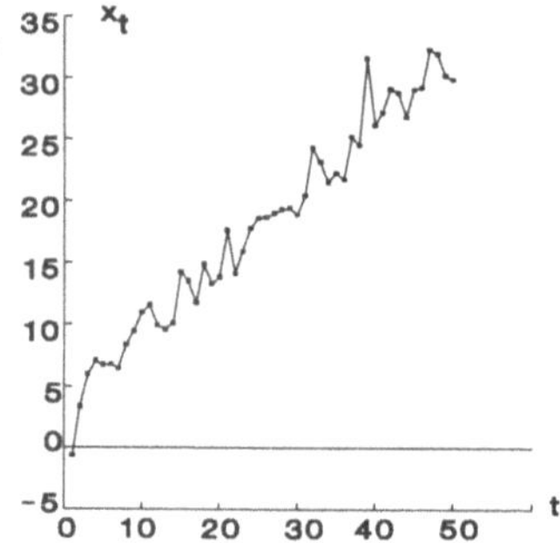

und eines Random Walks ohne Drift mit Startpunkt $x_0 = 1$

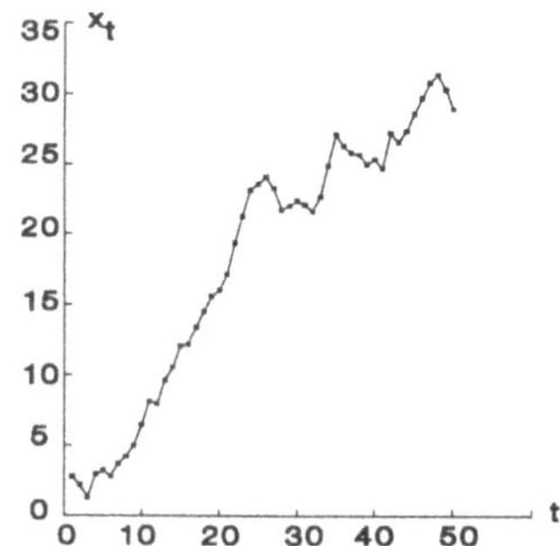

Eine Verfeinerung des t. P. zu einem trendstationären → ARMA-Prozeß ergibt sich, wenn anstelle des weißen Rauschens $\{a_t\}$ ein autokorrelierter Störprozeß vom Typ ARMA angesetzt wird.

Trennfunktion → Diskriminanzanalyse

Trennschärfe → Gütefunktion

Trennverfahren → Diskriminanzanalyse

Treppenfunktion $\to$ Summenhäufigkeitsverteilung

Trigonometrischer Operator $\to$ Summenoperator

Tschebyschewsche Ungleichung
Spezialfall der Markovschen Ungleichung

$$P\,(\,|X-\mu|\geq\tau) \leq \frac{\sigma^2}{\tau^2}\,,$$

wobei $E(X) = \mu$ der Erwartungswert und $Var(X) = \sigma^2$ die Varianz der Zufallsvariablen X ist. Graphisch ist die abgeschätzte Wahrscheinlichkeit die nicht schraffierte Fläche unter der Kurve:

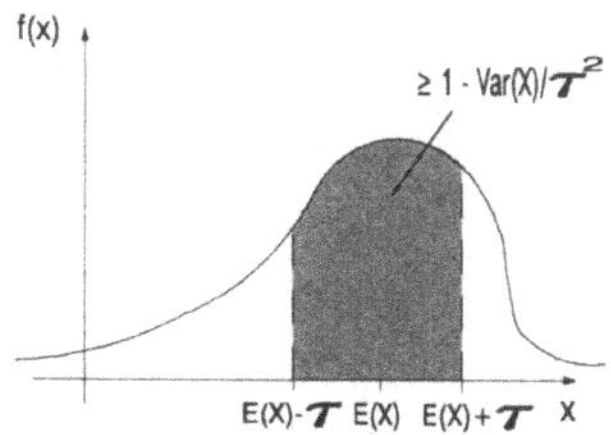

Die T.U. ist sehr nützlich bei der Bestimmung von Schwankungsintervallen für Schätzfunktionen mit unbekanntem Verteilungstyp (wie z.B. des Stichprobendurchschnitts, basierend auf einem kleinen Stichprobenumfang n aus Grundgesamtheiten mit unbekannter Verteilung). So liegt z.B. der Stichprobendurchschnitt $\overline{X}$ für eine Zufallsvariable mit dem Erwartungswert $\mu = 3$ und der Streuung $\sigma = 2$ bei einem Stichprobenumfang von n = 4 wegen $\sigma_{\overline{X}}^2 = \sigma^2/n = 1$ auf Grund der T.U. mit einer Wahrscheinlichkeit von

$$P(\,|\overline{X}-\mu|\geq 2\sigma_{\overline{X}}) \leq \frac{\sigma_{\overline{X}}^2}{4\sigma_{\overline{X}}^2} = 0{,}25$$

außerhalb des Intervalls $(\mu-2\sigma_{\overline{X}};\ \mu+2\sigma_{\overline{X}}) = (1;5)$. Das heißt, mit einer Wahrscheinlichkeit von mehr als 0,75 fällt dieser Stichprobendurchschnitt in das Intervall (1;5).

t-Test
Student-Test, Test zur Prüfung von Hypothesen über Erwartungswerte normalverteilter Zufallsvariablen, bei dem die $\to$ t-Verteilung eine wesentliche Rolle spielt.

a) Einstichproben-t-Test: Er ist ein Test zum Prüfen einer Hypothese über den Erwartungswert μ einer normalverteilten Zufallsvariablen X bei unbekannter Streuung σ anhand einer Stichprobe $(X_1, ..., X_n)$. Es wird die Nullhypothese H_0: $\mu = \mu_0$ gegen die Alternativhypothese H_1: $\mu \neq \mu_0$ oder H_1^u: $\mu < \mu_0$ oder H_1^o: $\mu > \mu_0$ geprüft, wobei μ_0 ein vorgegebener Wert ist. Die Testvariable

$$T = \frac{(\overline{X} - \mu_0)}{S}\,\sqrt{n}$$

besitzt unter H_0 eine t-Verteilung mit $f = n - 1$ Freiheitsgraden, wobei $\overline{X}$ der Stichprobendurchschnitt und S die Stichprobenstreuung der Stichprobe vom Umfang n sind. Die Nullhypothese wird abgelehnt, wenn $|T| > t_{n-1;1-\alpha/2}$ (bei der Alternativhypothese H_1) oder $T < -t_{n-1;1-\alpha}$ (bei der Alternativhypothese H_1^u) oder $T > t_{n-1;1-\alpha}$ (bei der Alternativhypothese H_1^o) ausfällt. Dabei sind $t_{n-1;1-\alpha/2}$ bzw. $t_{n-1;1-\alpha}$ die Quantile der Ordnung $1-\alpha$ bzw. $1-\alpha/2$ einer t-Verteilung mit $f = n - 1$ Freiheitsgraden bei gegebenem Signifikanzniveau α. Beispiel: Der Sollwert μ_0 für die Länge von bestimmten maschinell gefertigten Teilen beträgt 5 cm. Es soll geprüft werden, ob die gefertigte Menge im Durchschnitt wesentlich davon abweicht. D.h., gegen die Nullhypothese H_0: $\mu = 5$ wird die Alternativhypothese H_1: $\mu \neq 5$ gesetzt. Als Signifikanzniveau wird $\alpha = 0,01$ festgelegt. Eine Stichprobe vom Umfang n=25 ergibt eine durchschnittliche Länge von $\bar{x} = 5,05$ cm mit einer Stichprobenstreuung s = 0,1 cm. Dann hat die Testvariable T einen Wert von t = (5,05-5)·5/0,1 = 2,5. Das Quantil der t-Verteilung ist $t_{24;0,995} = 2,795$, und für den Ablehnungsbereich der H_0 gilt |T| > 2,795. Da der Absolutwert der Testvariablen kleiner als $t_{24;0,995}$ ausfällt, kann die Nullhypothese nicht abgelehnt werden. Soll dagegen als Alternativhypothese nur eine Abweichung nach oben angenommen werden, also H_1^0: $\mu > 5$, dann wird das Quantil $t_{24;0,99} = 2,492$ verwendet. Der Wert der Testvariablen 2,5 liegt darüber, so daß bei 1% Irrtumswahrscheinlichkeit die Nullhypothese zugunsten der Feststellung, daß die hergestellten Teile im Durchschnitt länger als 5 cm sind, abgelehnt werden kann.

b) Zweistichproben-t-Test: Er ist ein Test zum Prüfen der Hypothese über die Gleichheit der Erwartungswerte μ_X und μ_Y zweier unabhängiger normalverteilter Zufallsvariablen X und Y bei unbekannten, aber gleichen Streuungen $\sigma_X=\sigma_Y=\sigma$ anhand zweier Stichproben $(X_1, ..., X_m)$ und $(Y_1, ..., Y_n)$. Die Nullhypothese H_0: $\mu_X = \mu_Y$ wird gegen die Alternativhypothese H_1: $\mu_X \neq \mu_Y$ oder gegen die Alternativhypothese H_1^c: $\mu_X < \mu_Y$ geprüft. Die Testvariable

$$T = \frac{(\bar{Y} - \bar{X})\sqrt{\dfrac{m\,n\,(m+n-2)}{m+n}}}{\sqrt{(m-1)S_X^2 + (n-1)S_Y^2}}$$

hat unter der Nullhypothese H_0 eine t-Verteilung mit f = m + n - 2 Freiheitsgraden, wobei $\bar{X}$ bzw. $\bar{Y}$ die Stichprobendurchschnitte und S_X und S_Y die Stichprobenstreuungen der Stichproben vom Umfang m bzw. n sind. Die Nullhypothese H_0 wird abgelehnt, wenn in den Stichproben $|T| > t_{m+n-2;1-\alpha/2}$ (Alternativhypothese H_1) oder $T > t_{m+n-2;1-\alpha}$ (bei der Alternativhypothese H_1^c) ausfällt. Dabei sind die kritischen Werte $t_{m+n-2;1-\alpha/2}$ bzw. $t_{m+n-2;1-\alpha}$ die Quantile der Ordnung $1-\alpha/2$ bzw. $1-\alpha$ einer t-Verteilung mit f = m + n - 2 Freiheitsgraden.

Tukey-Test $\rightarrow$ Multiple Mittelwertvergleiche

t-Verteilung
Student-Verteilung, Verteilung einer stetigen Zufallsvariablen T, die die Dichtefunktion

$$f(t) = \frac{\Gamma\left(\dfrac{n+1}{2}\right)}{\Gamma\left(\dfrac{n}{2}\right)\sqrt{\pi n}} \left(1 + \frac{t^2}{n}\right)^{-\frac{n+1}{2}}$$

$(-\infty < t < \infty)$ hat. Γ ist die $\rightarrow$ Gamma-Funktion. Die natürliche Zahl n ist die Zahl der Freiheitsgrade. Es gilt für n > k

$$E(T^k) = n^{\frac{k}{2}} \frac{1 \cdot 3 \cdots (k-1)}{(n-2)(n-4)\cdots(n-k)},$$

falls k gerade ist, bzw. $E(T^k) = 0$, falls k ungerade ist. Für $n \geq 2$ ist der

t-Verteilung

Quantile t der Verteilungsfunktion F für die Wahrscheinlichkeit $\gamma = 1 - \alpha$ und f Freiheitsgrade $F(t) = P(T \leq t) = 1 - \alpha$

f	1 - α							
	0,75	0,90	0,95	0,975	0,99	0,995	0,999	0,9995
1	1,000	3,078	6,314	12,706	31,821	63,657	318,315	636,619
2	0,816	1,886	2,920	4,303	6,965	9,925	22,327	31,598
3	0,765	1,638	2,353	3,182	4,541	5,841	10,215	12,924
4	0,741	1,533	2,132	2,776	3,747	4,604	7,173	8,610
5	0,727	1,476	2,015	2,571	3,365	4,032	5,894	6,869
6	0,718	1,440	1,943	2,447	3,143	3,707	5,208	5,959
7	0,711	1,415	1,895	2,365	2,998	3,499	4,785	5,408
8	0,706	1,397	1,860	2,306	2,896	3,355	4,501	5,041
9	0,703	1,383	1,833	2,262	2,821	3,250	4,297	4,781
10	0,700	1,372	1,812	2,228	2,764	3,169	4,144	4,587
11	0,697	1,363	1,796	2,201	2,718	3,106	4,025	4,437
12	0,695	1,356	1,782	2,179	2,681	3,055	3,930	4,318
13	0,694	1,350	1,771	2,160	2,650	3,012	3,852	4,221
14	0,692	1,345	1,761	2,145	2,624	2,977	3,787	4,140
15	0,691	1,341	1,753	2,131	2,602	2,947	3,733	4,073
16	0,690	1,337	1,746	2,120	2,583	2,921	3,686	4,015
17	0,689	1,333	1,740	2,110	2,567	2,898	3,646	3,965
18	0,688	1,330	1,734	2,101	2,552	2,878	3,611	3,922
19	0,688	1,328	1,729	2,093	2,539	2,861	3,579	3,883
20	0,687	1,325	1,725	2,086	2,528	2,845	3,552	3,849
21	0,686	1,323	1,721	2,080	2,518	2,831	3,527	3,819
22	0,686	1,321	1,717	2,074	2,508	2,819	3,505	3,792
23	0,685	1,319	1,714	2,069	2,500	2,807	3,485	3,767
24	0,685	1,318	1,711	2,064	2,492	2,797	3,467	3,745
25	0,684	1,316	1,708	2,060	2,485	2,787	3,450	3,725
26	0,684	1,315	1,706	2,056	2,479	2,779	3,435	3,707
27	0,684	1,314	1,703	2,052	2,473	2,771	3,421	3,690
28	0,683	1,313	1,701	2,048	2,467	2,763	3,408	3,674
29	0,683	1,311	1,699	2,045	2,462	2,756	3,396	3,659
30	0,683	1,310	1,697	2,042	2,457	2,750	3,385	3,646
40	0,681	1,303	1,684	2,021	2,423	2,704	3,307	3,551
60	0,679	1,296	1,671	2,000	2,390	2,660	3,232	3,460
120	0,677	1,289	1,658	1,980	2,358	2,617	3,170	3,373
∞	0,674	1,282	1,645	1,960	2,326	2,576	3,090	3,291

t-Verteilung

Erwartungswert gleich null, und für $n \geq 3$ ist die Varianz gleich $n/(n-2)$. Die t-V. ist symmetrisch, und damit sind der → Median und der → Modus gleich null. Für eine wachsende Zahl der Freiheitsgrade konvergiert die Verteilungsfunktion der t-V. gegen die Normalverteilung mit dem Erwartungswert 0 und der Varianz 1 (→ Standardnormalverteilung). Für den Fall $n = 1$ ist die t-V. eine Cauchy-Verteilung mit den Parametern $\mu = 0$ und $\lambda = 1$. Die folgende Graphik zeigt die Dichtefunktion der t-Verteilung für verschiedene Freiheitsgrade.

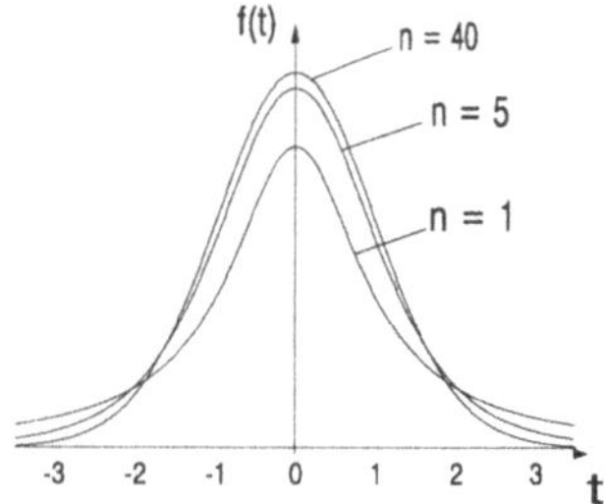

Die t-V. ist eine der in der Praxis der mathematischen Statistik meistverwendeten Verteilungen (z.B. → t-Test). Dafür werden die benötigten Quantile $t_{n;q}$ der Ordnung q der t-V. mit n Freiheitsgraden i.allg. Tafeln (siehe Seite 375) entnommen.

U

Überlebenswahrscheinlichkeit → Lebensdauer

Umbasierung → Meßzahlenreihe

Umfang
In der Statistik die Anzahl der statistischen → Elemente in einer → Grundgesamtheit oder in einer → Stichprobe.

Umschlagsgeschwindigkeit → Verweildauer

Umweltstatistik
Gesamtheit der Verfahren und Methoden zur Erfassung, Aufbereitung, Analyse, Modellierung und Prognose von beobachtbaren Daten über Belastungen und Maßnahmen zum Schutz der natürlichen Umwelt. Zur U. gehören u.a. Statistiken a) der Versorgung mit Umweltgütern (z.B. Wasserversorgung), b) der Beseitigung von Abfall und Abwasser, insbesondere der Entsorgung, des Transports und der Lagerung gefährlicher Güter sowie der damit verbundenen Unfälle, c) der Produktion von Umweltschutzgütern und der Investitionen im Umweltschutz, d) der Umweltschutzaktivitäten in den Bereichen des Gewässerschutzes, der Lärmbekämpfung und der Luftreinhaltung.

Unabhängige Variable → exogene Variable

Unabhängigkeitstest
Statistischer Test zur Prüfung der Unabhängigkeit von zufälligen Variablen. Spezielle Beispiele dafür sind der → Chi-Quadrat-Test auf Unabhängigkeit, der → Fisher-Yates-Test und die Tests für die Signifikanz von → Korrelationskoeffizienten und Regressionskoeffizienten (→ Regressionsfunktion).

Unabhängigkeit von Ereignissen
Eigenschaft zweier zufälliger Ereignisse A und B, daß die Wahrscheinlichkeit für das Eintreten des einen Ereignisses nicht vom Eintreten des anderen Ereignisses beeinflußt wird, d.h., daß gilt $P(A \cap B) = P(A) \cdot P(B)$. Für $P(B) > 0$ bedeutet dies, daß die bedingte Wahrscheinlichkeit $P(A|B)$ des Ereignisses A unter der Voraussetzung, daß B eingetreten ist, mit der Wahrscheinlichkeit $P(A)$ des Ereignisses A ohne Annahme über B übereinstimmt: $P(A|B) = P(A)$. Die Ereignisse $A_1, ..., A_n$ heißen in ihrer Gesamtheit unabhängig, wenn

$$P\left(\bigcap_{k=1}^{m} A_{i_k}\right) = \prod_{k=1}^{m} P(A_{i_k})$$

für jede Folge $(i_1, ..., i_m)$ mit $1 \leq i_1 < ... < i_m \leq n$, $m = 2, ..., n$, gilt. Diese Ereignisse A_j heißen paarweise unabhägig, wenn $P(A_j \cap A_k) = P(A_j) \cdot P(A_k)$ für alle $j \neq k$ gilt. Aus der paarweisen U. v. E. folgt nicht die Unabhängigkeit dieser Ereignisse in ihrer Gesamtheit, aus letzterer jedoch die paarweise U. v. E.

Unabhängigkeit zufälliger Variablen

Eigenschaft zweier Zufallsvariablen X_1 und X_2 mit den Verteilungsfunktionen F_1 und F_2, daß ihre gemeinsame Verteilungsfunktion $F_{1,2}$ bestimmt wird durch

$$F_{1,2}(x_1, x_2) = P(X_1 \leq x_1, X_2 \leq x_2)$$
$$= P(X_1 \leq x_1) \cdot P(X_2 \leq x_2)$$
$$= F_1(x_1) \cdot F_2(x_2).$$

Sind die Zufallsvariablen X_1 und X_2 stetig und besitzen sie die gemeinsame Dichte $f_{1,2}$, so ist die Unabhängigkeit auch gleichbedeutend mit

$$f_{1,2}(x_1, x_2) = f_1(x_1) \cdot f_2(x_2),$$

wobei f_1 und f_2 die Dichtefunktionen von X_1 bzw. X_2 sind.

Unbestimmtheitsmaß

Maßzahl für die Unschärfe der Anpassung einer → Regressionsfunktion an die Beobachtungswerte der endogenen Variablen Y. Die Berechnung des U. basiert auf der Zerlegung der Varianz (→ Varianzzerlegung) der Beobachtungswerte y_i der Variablen Y (Gesamtvarianz)

$$s^2(y) = \frac{\sum_{i=1}^{n} (y_i - \bar{y})^2}{n}$$

in die durch die Regressionsfunktion erklärte Teilvarianz

$$s^2(\hat{y}) = \frac{\sum_{i=1}^{n} (\hat{y}_i - \bar{y})^2}{n}$$

und in die durch die Regressionsfunktion nicht erklärte Teilvarianz

$$s^2(\hat{u}) = \frac{\sum_{i=1}^{n} (y_i - \hat{y}_i)^2}{n},$$

worin $\bar{y}$ das → arithmetische Mittel und n die Anzahl der Beobachtungswerte der Variablen Y und $\hat{y}_i$ die nach der → Methode der kleinsten Quadrate ermittelten → Regreßwerte sind. Somit gilt die Streuungs- oder Varianzzerlegung:

$$s^2(y) = s^2(\hat{y}) + s^2(\hat{u})$$

bzw.

$$\sum_{i=1}^{n} (y_i - \bar{y})^2 = \sum_{i=1}^{n} (\hat{y}_i - \bar{y})^2 + \sum_{i=1}^{n} (y_i - \hat{y}_i)^2 \, .$$

Das U. gibt den Anteil der nicht erklärten Varianz an der Gesamtvarianz an:

$$U = \frac{\sum_{i=1}^{n} (y_i - \hat{y}_i)^2}{\sum_{i=1}^{n} (y_i - \bar{y})^2} \, .$$

Es gilt $0 \leq U \leq 1$. $U = 0$ bedeutet, daß die in der Regressionsfunktion enthaltenen exogenen Variablen die Variation der Werte der Variablen Y vollständig erklären. $U = 1$ zeigt, daß in den Beobachtungswerten der durch die Regressionsfunktion postulierte Einfluß der exogenen Variablen auf die Variable Y in dieser Form nicht vorliegt. Wurde das → Bestimmtheitsmaß B bereits berechnet, so ergibt sich das U. als $U = 1 - B$.

Unempfindlichkeit → Robustheit

Ungleichungen in der Wahrscheinlichkeitstheorie

Wichtige Abschätzungen für Zufallsvariable. Eine allgemeine Abschätzung ist die folgende: Es seien $g(x) \geq 0$ eine für $x \geq 0$ definierte monoton wachsende Funktion und X eine Zufallsvariable. Dann gilt für jedes $\tau > 0$

$$P(|X| \geq \tau) \leq \frac{E(g(|X|))}{g(\tau)} \, ,$$

sofern $E(g(|x|))$ überhaupt existiert. Weitere U.i.d.W. sind die → Markovsche Ungleichung, die → Tschebyschewsche Ungleichung, die → Ungleichung von Kolmogorow, die → Gaußschen Ungleichungen, die → Bernsteinsche Ungleichung, die → Cantellischen Ungleichungen und die → Schwarzsche Ungleichung.

Ungleichung von Kolmogorow

Abschätzung für in ihrer Gesamtheit unabhängige Zufallsvariablen $X_1,\ldots,$ X_n mit den Erwartungswerten $E(X_i) = \mu_i$ und den Varianzen $Var(X_i) = \sigma^2_i$, $i=1,\ldots,n$, nach der für jedes $\tau > 0$ gilt:

$$P\left(\max_{k \leq n} |\sum_{j=1}^{k} (X_j - \mu_j)| \geq \tau\right) \leq \frac{1}{\tau^2} \sum_{i=1}^{n} \sigma_i^2.$$

Unimodale Verteilung

Eingipflige Verteilung, Häufigkeitsverteilung eines Merkmals oder Wahrscheinlichkeitsverteilung bzw. Dichtefunktion einer Zufallsvariablen mit nur einem → Modus, d.h. nur einem lokalen Maximum, das gleichzeitig globales Maximum ist. Beispiel für eine unimodale Häufigkeitsverteilung: Verteilung der Wohnungen in Wohn- und Nichtwohngebäuden in

der Bundesrepublik Deutschland im Jahre 1990 nach dem Merkmal Anzahl der Räume.

Anzahl der Räume	Anteil (%)
1	2,19
2	6,45
3	22,33
4 (Modus)	30,94
5	18,95
6	9,78
7 und mehr	9,36

Anteile berechnet nach: Statistisches Bundesamt (Hrsg.), Statistisches Jahrbuch 1992 für die Bundesrepublik Deutschland, S. 258

Das zugehörige → Stabdiagramm sieht wie folgt aus:

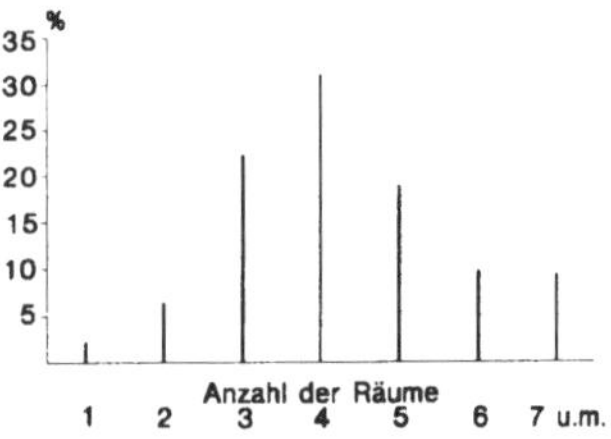

Unter den theoretischen Verteilungen von Zufallsvariablen ist z.B. die → Normalverteilung eine u. V.

Unmögliches Ereignis → zufälliges Ereignis

Unverzerrte Schätzfunktion

Schätzfunktion $\hat{\pi}$ für einen Parameter π mit der Eigenschaft, daß ihr Erwartungswert gleich π ist: $E(\hat{\pi}) = \pi$ für alle π. → Erwartungstreue

Unverzögerte Variable

Die zum jeweils gegenwärtigen Zeitpunkt oder in der jeweils gegenwärtigen Zeitperiode beobachtete Variable in einer → Regressionsfunktion, einem Zeitreihenmodell oder einem → ökonometrischen Modell. Gegensatz: → verzögerte Variable.

Urliste → Primärerhebung

Urmaterial → Primärerhebung

Urnenmodell

Gedankliches oder praktisches Hilfsmittel zur Veranschaulichung eines elementaren Zufallsvorgangs, wobei die Wahrscheinlichkeit des Auftretens einer Merkmalsausprägung durch die Häufigkeit dieser Ausprägung unter den Elementen in einer Urne modelliert wird. Solche Elemente können z.B. verschiedenfarbige Kugeln sein. Beim einfachen U. mit Zurücklegen werden aus einer Urne, die die → Grundgesamtheit darstellt, n Elemente zufällig derart entnommen, daß jedes Element in der Urne im Augenblick der Einzelziehung die gleiche Chance hat, entnommen zu werden, und jedes entnommene Element nach Feststellung seiner Merkmalsausprägung sofort in die Urne zurückgelegt wird. Ein und dasselbe Element kann gegebenenfalls mehrfach in die → Stichprobe gelangen. Die Häufigkeit einer vorgegebenen Merkmalsausprägung in der Stichprobe hat eine → Binomialverteilung. Beim einfachen U. ohne Zurücklegen werden die Elemente nicht in die Urne zurückgelegt, so daß jedes Element der Grundgesamtheit höchstens einmal in die Stichprobe gelangen kann. Weiterhin ändert sich dadurch nach jeder Ziehung die Auswahlwahrscheinlichkeit, denn für bereits gezogene Kugeln ist diese gleich null, während sie für die noch in der Urne vorhandenen Kugeln ansteigt. Die Häufigkeit einer vorgegebenen Merkmalsausprägung

in der Stichprobe hat dann eine → hypergeometrische Verteilung.

U-Test

Wilcoxon-Test, Mann-Whitney-Test, nichtparametrischer Test zur Prüfung der Hypothese, daß zwei unabhängig voneinander gewonnene Stichproben ein und derselben Grundgesamtheit entstammen. Mathematisch ausgedrückt soll anhand der Stichproben $(X_1, ..., X_m)$ und $(Y_1, ..., Y_n)$ geprüft werden, ob die Verteilungsfunktionen F_X und F_Y zweier unabhängiger Zufallsvariablen X und Y übereinstimmen. Die Nullypothese H_0: $F_X = F_Y$ wird gegen die Alternativhypothese H_1: $F_Y(x) = F_X(x-d)$ für alle x und $d \neq 0$ (Lagealternative) geprüft. Die Testvariable

$$T = \frac{U - \dfrac{m\,n}{2}}{\sqrt{\dfrac{m\,n\,(m+n+1)}{12}}}$$

hat unter der Nullhypothese asymptopisch eine standardisierte Normalverteilung. U ist die Anzahl der Inversionen von X bezüglich Y, die auftreten, wenn man die $m + n$ Stichprobenvariablen $X_1, ..., X_m, Y_1, ..., Y_n$ gemeinsam der Größe nach ordnet. X_i und Y_j bilden eine Inversion von X bezüglich Y, wenn $X_i > Y_j$ gilt. H_0 wird abgelehnt, wenn für die Stichproben $|T| > z_{1-\alpha/2}$ ausfällt, wobei $z_{1-\alpha/2}$ das Quantil der → Standardnormalverteilung zum Signifikanzniveau α ist. Die Testvariable kann auch mit Hilfe von

$$U = r - \frac{m\,(m+1)}{2}$$

bestimmt werden, wobei r die Summe

$$r = \sum_{j=1}^{m} Rg\,(x_j)$$

der Rangzahlen $Rg(x_j)$ der x_j-Werte ist, die sich aus der gemeinsam geordneten Stichprobe aller m + n Werte ergeben. Zur Durchführung des U-T. ist relativ wenig Rechenaufwand erforderlich. Die Testvariable T ist in guter Näherung standardnormalverteilt, wenn m ≥ 4, n ≥ 4 und m + n ≥ 20 gelten. - Beispiel: Für eine Gesamtheit von Arbeitnehmern soll auf dem 5%-Signifikanzniveau geprüft werden, ob die Verteilung des Jahreseinkommens bei Frauen (Merkmal X) gleich der bei Männern (Merkmal Y) ist (Nullhypthese H_0). Eine Stichprobe von m=5 Frauen und n=15 Männern brachte folgende gemeinsame geordnete Reihe (in 1000 DM), wobei die Daten der Frauen durch x gekennzeichnet sind: 29, 30(x), 37, 39, 40(x), 45, 51, 56, 60(x), 62, 70(x), 75, 79, 80(x), 84, 92, 98, 111, 125, 131. Die Rangsumme der x-Werte ist damit r = 2+5+9+11+14 = 41. Daraus folgt U = 41-5·6/2 = 26 und

$$T = \frac{26 - \dfrac{5\cdot 15}{2}}{\sqrt{\dfrac{5\cdot 15(5+15+1)}{12}}} = -1{,}004.$$

Wegen $z_{0,975} = 1{,}96$ gilt $|T| < z_{0,975}$. Also kann auf der Grundlage dieser Stichprobe die Hypothese, daß die Einkommen der Frauen und Männer der gleichen Verteilung folgen, bei einem Signifikanzniveau von 5% nicht abgelehnt werden. - Eine Verallgemeinerung des U-T. auf mehr als 2 Stichproben ist der → Kruskal-Wallis-Test.

V

Validität

Güte, Maßzahl für den Grad von Übereinstimmung (Adäquatheit) zwischen Modell und Beobachtungen. Zwei Formen von V. sind bedeutsam: a) die Modellvalidität als Erklärungsgüte für die zur Modellschätzung verwendeten Beobachtungswerte ($\rightarrow$ Reststreuung), b) die Vorhersagevalidität als Abweichungsmaß zwischen Modellprognosen und Beobachtungen ($\rightarrow$ Prognosefehler). Es gibt verschiedene Techniken zur Modellanpassung (Kreuzvalidierung, Vorwärtsvalidierung), die je nach dem Ziel der Analyse (Erklärung, Prognose) die V. maximieren. Ein Kompromiß zwischen Erklärungs- und Prognosegüte wird durch Validierungskriterien hergestellt ($\rightarrow$ Akaike-Kriterium).

Variablenprüfung

Abnahmeprüfung in der $\rightarrow$ statistischen Qualitätskontrolle für meßbare Merkmale. Bei der V. wird die Ausführungsqualität eines Produktes aufgrund von unabhängigen Meßergebnissen eines stetigen Qualitätsmerkmales X (z.B. Gewicht, Länge, Temperatur, Bruchlast), das normalverteilt ($\rightarrow$ Normalverteilung) sein muß, oder anhand von aus diesen Meßergebnissen ermittelten Maßzahlen (z.B. $\rightarrow$ Mittelwerte, $\rightarrow$ Streuungsmaße) geprüft. Die V. ist eine messende Prüfung. Die Vorteile der V. gegenüber der $\rightarrow$ Attributprüfung liegen darin, daß man mit einem wesentlich kleineren Stichprobenumfang auskommt und mehr Informationen erhält. Die Nachteile sind: Erhöhung des Prüfaufwandes durch zeitintensive Meß- und Rechenarbeit, mögliche Meß- und Rechenfehler, Möglichkeit der Prüfung nur eines Merkmals. Da die V. die Normalverteilung voraussetzt, ist sie auch nicht auf alle meßbaren Qualitätsmerkmale anwendbar. Bei der V. gilt ein Produkt als fehlerhaft, wenn das untersuchte Merkmal außerhalb technologisch bestimmter Toleranzgrenzen liegt. Ist $\bar{x}$ der Mittelwert aus einer Stichprobe vom Umfang n mit den Werten $x_1, ..., x_n$, so ist der Produktposten (Los, Partie) abzulehnen, wenn $\bar{x} - k\sigma \leq T_u$ für die untere Toleranzgrenze oder $\bar{x} + k\sigma \geq T_o$ für die obere Toleranzgrenze eintritt, worin σ die Standardabweichung des Merkmals X ist. Der Stichprobenplan bei der V. ist neben dem Stichprobenumfang n durch das Annahmekriterium k bestimmt, das Bestandteil der Prüfgröße des Tests (auf der linken Seite der Ungleichungen) ist. Die Prüfgröße gehorcht bei bekanntem σ einer Normalverteilung, falls die Normalverteilungsannahme für X richtig ist. Da der Posten i.allg. nach dem (unbekannten) Anteil fehlerhafter Produkte p beurteilt wird, kann mittels der Normalverteilung die Annahmewahrscheinlichkeit L(p) in Abhängigkeit von p bestimmt werden. Die sich ergebende Funktion heißt →Operationscharakteristik (Annahmekennlinie) und errechnet sich als 1 minus Gütefunktion des Tests. Von der Operationscharakteristik fordert man, daß sie (etwa) durch die vorgegebenen Punkte ($p_{1-\alpha}$, $1-\alpha$) und (p_β, ß) verläuft, wobei der Ausschußanteil $p_{1-\alpha}$ die Annahmegrenze (Gutgrenze) und p_β die Ablehngrenze (Schlechtgrenze) ist. α gibt die Wahrscheinlichkeit an, einen noch guten Posten abzulehnen, wird als Produzentenrisiko bezeichnet und ist aus Sicht der Testtheorie die Wahrscheinlichkeit für den → Fehler erster Art. ß ist die Wahrscheinlichkeit dafür, einen bereits schlechten Posten anzunehmen, heißt Abnehmerrisiko und ist die Wahrscheinlichkeit für den → Fehler zweiter Art. Mittels der Abszissenwerte der Normalverteilung für $p_{1-\alpha}$, p_β, α und ß lassen sich Formeln für die Bestimmung des Annahmekriteriums k und des Stichprobenumfanges n angeben, die jedoch auch davon abhängen, ob σ bekannt oder unbekannt ist und ob es sich um eine einseitige oder zweiseitige Prüfung (→ Test) handelt.

Varianz

Mittlere quadratische Abweichung um das → arithmetische Mittel, gebräuchlichstes Streuungsmaß der empirischen Verteilung eines metrisch skalierten Merkmals bzw. der theoretischen Verteilung einer Zufallsvariablen. Sind $x_1, ..., x_n$ die in der Urliste enthaltenen Beobachtungswerte eines Merkmals X und $\bar{x}$ das → arithmetische Mittel, so ergibt sich die (empirische) V. als arithmetisches Mittel aus den quadrierten Abweichungen der Beobachtungswerte von ihrem arithmetischen Mittel:

$$s^2 = \frac{1}{n} \sum_{i=1}^{n} (x_i - \bar{x})^2 = \frac{1}{n} \sum_{i=1}^{n} x_i^2 - \bar{x}^2 .$$

Liegt eine → Häufigkeitsverteilung der verschieden aufgetretenen Merkmalswerte x_j (j=1,...,k) mit den absoluten Häufigkeiten $h(x_j)$ bzw. relativen Häufigkeiten $f(x_j)$ vor und gilt

$$\sum_{j=1}^{k} h(x_j) = n , \quad \sum_{j=1}^{k} f(x_j) = 1 ,$$

so ist die V. gemäß

$$s^2 = \frac{1}{n} \sum_{j=1}^{k} (x_j - \bar{x})^2 h(x_j)$$

$$= \sum_{j=1}^{k} (x_j - \bar{x})^2 f(x_j)$$

zu berechnen. Bei klassiertem Datenmaterial, bei dem die Einzelwerte nicht mehr bekannt sind, kann die V. nur näherungsweise bestimmt werden, indem die → Klassenmitten für x_j in der obigen Formel verwendet werden. Sind die Einzelwerte bekannt, ergibt sich die V. als Summe von interner V. und externer V. (→ Varianzzerlegung). Die V. reagiert sehr empfindlich auf Extremwerte. Die Maßeinheit der V. ist das Quadrat der Maßeinheit des Merkmals X. Es wird deshalb als Maß für die Streuung die Standardabweichung als Quadratwurzel aus der V. verwendet:

$$s = \sqrt{s^2} .$$

Beispiel: Die Befragung von 5 Zweipersonenhaushalten habe folgende Angaben zum monatlichen Haushaltsnettoeinkommen (HNE, in DM) ergeben: 7700, 12400, 9100, 11300, 7600. Bei einem Durchschnitts-HNE

Varianz

x̄ in Höhe von 9620 DM ergibt sich für die V. $s^2 = 3\ 717\ 600$ DM^2, was keine verständliche Interpretation erlaubt. Die Standardabweichung s = 1928 DM besagt, daß im Mittel das HNE dieser Haushalte um 1928 DM vom Durchschnitts-HNE abweicht. - Werden die Merkmalswerte x_i einer linearen Transformation $y_i = a + bx_i$ unterzogen, so erhält man die V. bzw. Standardabweichung der transformierten Werte y_i gemäß

$$s_y^2 = b^2 \cdot s_x^2 ; \qquad s_y = |b| s_x .$$

Werden r verschiedene, sich gegenseitig ausschließende Datensätze mit den Umfängen $n_1, ..., n_r$, den arithmetischen Mitteln $\bar{x}_1, ..., \bar{x}_r$ und den V. $s_1^2, ..., s_r^2$ zusammengefaßt, dann gilt für die V. des → gepoolten Datensatzes (→ Varianzzerlegung)

$$s^2 = \sum_{l=1}^{r} \frac{n_l}{n} s_l^2 + \sum_{l=1}^{r} \frac{n_l}{n} (\bar{x}_l - \bar{x})^2 ,$$

worin $n=n_1+...+n_r$ und x̄ das arithmetische Mittel des gepoolten Datensatzes sind. - Ist X eine → Zufallsvariable, so ist die (theoretische) V. definiert als die erwartete quadratische Abweichung der Zufallsvariablen von ihrem → Erwartungswert E(X) = μ:

$$Var(X) = \sigma^2 = E[(X - E(X))^2]$$

$$= E(X^2) - [E(X)]^2 .$$

Ist X eine diskrete Zufallsvariable mit der Wahrscheinlichkeitsfunktion $f(x_i) = P(X = x_i)$, so berechnet sich die V. als

$$\sigma^2 = \sum_{i=1}^{n} (x_i - \mu)^2 f(x_i) .$$

Für eine stetige Zufallsvariable mit der Dichte f(x) folgt

$$\sigma^2 = \int_{-\infty}^{+\infty} (x - \mu)^2 f(x) dx$$

$$= \int_{-\infty}^{+\infty} x^2 f(x) dx - \mu^2 .$$

Die Standardabweichung einer Zufallsvariablen ist ebenfalls die Wurzel aus der V. - Soll die unbekannte V. σ^2 einer → Grundgesamtheit aufgrund einer einfachen Zufallsstichprobe vom Umfang n geschätzt werden, so wird die Stichprobenvarianz verwendet. Bei bekanntem Erwartungswert E(X) = μ der Grundgesamtheit ist sie definiert als

$$S_*^2 = \frac{1}{n} \sum_{i=1}^{n} (X_i - \mu)^2$$

und bei unbekanntem Erwartungswert μ als

$$S^2 = \frac{1}{n-1} \sum_{i=1}^{n} (X_i - \bar{X})^2 .$$

In beiden Fällen ist die Stichprobenvarianz eine erwartungstreue Schätzfunktion (Schätzer) für σ^2. Einen Schätzwert für σ^2 erhält man, wenn die Ergebnisse der Stichprobe eingesetzt werden:

$$s_*^2 = \frac{1}{n} \sum_{i=1}^{n} (x_i - \mu)^2$$

bzw.

$$s^2 = \frac{1}{n-1} \sum_{i=1}^{n} (x_i - \bar{x})^2 .$$

Die Stichprobenstreuung s_* bzw. s ist die Wurzel aus der Stichprobenvarianz.

Varianzanalyse

Verfahren der → multivariaten Statistik zur Untersuchung der Wirkung von → Faktoren (Einflußvariablen) auf eine oder mehrere metrisch skalierte Ergebnisvariable. Die V. ist das klassische Verfahren zur statistischen Auswertung von Versuchsanordnungen (Designs). Typische Aufgabenstellungen der V. sind: a) Schätzung der mittleren → Effekte und Wechselwirkungen von verschiedenen Stufen (Ausprägungen) der Faktoren auf die Ergebnisvariable(n) und die Prüfung ihrer Signifikanz, b) Abschätzung des Gesamteinflusses eines Faktors oder einer Gruppe von Faktoren auf die Ergebnisvariable(n). - Die V. i.w.S. umfaßt eine → Versuchplanung sowie eine statistische Analyse und die Interpretation der Versuchsergebnisse. Das Grundprinzip der V. besteht in der Zerlegung der Gesamtvariabilität SQ_G der Ergebnisvariable(n) in die Variabilität SQ_x zwischen den Gruppen und in die Variabilität SQ_r innerhalb der Gruppen. Zur Gruppenbildung werden dabei die verschiedenen Stufen der Faktoren herangezogen. In Abhängigkeit von der Wahl der Faktorstufen wird zwischen drei Modelltypen unterschieden:

Modell I (Modell mit festen Effekten): Die Stufen der einzelnen Faktoren werden je nach praktischem Interesse vor dem Versuch festgelegt und die Aufgabenstellung a) betrachtet. Im wesentlichen handelt es sich beim Modell I um Mittelwertvergleiche und die Anwendung von Signifikanztests bezüglich dieser Effekte.

Modell II (Modell mit zufälligen Effekten): Die Stufen der einzelnen Faktoren werden zufällig aus der Stufenmenge ausgewählt.

Modell III (Gemischtes Modell): Die Stufen eines Teiles der Faktoren werden vor dem Versuch festgelegt, die der verbleibenden Faktoren zufällig ausgewählt.

Unterstellt man bei der Untersuchung nur eine Ergebnisvariable, so wird je nach Anzahl der Faktoren zwischen einfaktorrieller (einfacher), zweifaktorieller (zweifacher) usw. V. unterschieden. Bei mindestens zwei Ergebnisvariablen spricht man von einer mehrdimensionalen V. Das grundsätzliche Vorgehen soll an der einfaktoriellen V. auf der Basis des Modells I verdeutlicht werden. Geprüft werden soll die Wirkung von p Werbemaßnahmen (Faktor X mit p systematisch ausgewählten Stufen) auf die Bewertung (Ergebnisvariable Y mit den sieben "Noten" 1,...,7) von n zufällig ausgewählten Testpersonen. In jeder Stufe i (i = 1, ..., p) werden n_i Testpersonen befragt ($n_1 + n_2 +...+ n_p$ = n). Der hierfür anzuwendende Versuchsplan ist in der folgenden Tabelle angegeben.

Stufe	Einzelversuche je Stufe des Faktors (Behandlung)			
i	1	...	n_i	$\bar{y}_{i.}$
1	y_{11}	...	y_{1n1}	$\bar{y}_{1.}$
2	y_{21}	...	y_{2n2}	$\bar{y}_{2.}$
...	...	⋱	...	...
p	y_{p1}	...	y_{pnp}	$\bar{y}_{p.}$
				$\bar{y}_{..}$

Es liegen somit p zufällige Stichproben (Gruppen, Klassen) vom Umfang n_i vor. Der Wert y_{ik} gibt dabei die Bewertungszahl der k-ten Person (k = 1,...,n_i) für die Werbemaßnahme i an. Die Wirkung des Faktors X drückt

Varianzanalyse

sich in den p Zeilenmittelwerten (den durchschnittlichen Beurteilungen der einzelnen Werbemaßnahmen)

$$\bar{y}_{i.} = \frac{1}{n_i} \sum_{k=1}^{n_i} y_{ik}, \quad i=1,\dots,p$$

aus, die es zu vergleichen gilt. Entstammen alle Stichproben derselben Grundgesamtheit, dann sollten die → Varianzen der p Stichproben ungefähr gleich groß sein. Ist dies nicht der Fall, dann befinden sich unter diesen Stichproben solche mit unterschiedlichen Mittelwerten. Zur statistischen Überprüfung geht das Modell I der einfaktoriellen V. von der Zerlegung der Stichprobenvariablen Y_{ik} in der Form: $Y_{ik}=\mu_i+\varepsilon_{ik}=\mu+\alpha_i+\varepsilon_{ik}$ mit $\alpha_i = \mu_i - \mu$ aus. Dabei ist μ_i der → Erwartungswert von Y_{ik} und μ ein allgemeines "Mittel". Die als Versuchsfehler interpretierbare Variable ε_{ik} ist eine unabhängige normalverteilte Zufallsvariable mit dem Erwartungswert $E(\varepsilon_{ik}) = 0$ und der Varianz $Var(\varepsilon_{ik}) = \sigma^2$. Die als Wirkung der i-ten Stufe des Faktors anzusehende

Konstante α_i wird durch $\hat{\alpha}_i = \bar{y}_{i.} - \bar{y}_{..}$ geschätzt, wobei $\bar{y}_{..}$ je nach vorheriger Festlegung von μ eine Schätzung des Gesamtmittelwertes aller Beobachtungswerte ist. Wird das allgemeine Mittel μ durch

$$\mu = \frac{\sum_{i=1}^{p} n_i \mu_i}{\sum_{i=1}^{p} n_i}$$

bestimmt, gilt die sogenannten → Reparametrisierungsbedingung

$$\sum_{i=1}^{p} n_i \alpha_i = 0 .$$

Ersetzt man μ_i durch $\bar{y}_{i.}$, so erhält man einen Schätzwert $\bar{y}_{..}$ für μ. Geprüft wird die Nullhypothese H_0: $\mu_1 = \mu_2 = \dots = \mu_p$ gegen die Alternativhypothese H_1: mindestens zwei der μ_i sind verschieden. Zur Testdurchführung wird die Abweichung des Beobachtungswertes y_{ik} vom Gesamtmittelwert $\bar{y}_{..}$ in eine nicht erklärte und eine erklärte Abweichung zerlegt: $y_{ik} - \bar{y}_{..} = (y_{ik} - \bar{y}_{i.}) + (\bar{y}_{i.} - \bar{y}_{..})$.

Varianzanalyse: Varianztabelle

Variations- quelle	Summe der quadratischen Abweichungen (SQ)	FG	Mittlere Quadrat- summe (MQ)
zwischen den Stufen (erklärte Abweichung)	$SQ_x = \sum_{i=1}^{p} n_i (\bar{y}_{i.} - \bar{y}_{..})^2$	p-1	$MQ_x = \dfrac{SQ_x}{p-1}$
innerhalb der Stufen (nicht erklärte Abweichung)	$SQ_r = \sum_{i=1}^{p} \sum_{k=1}^{n_i} (y_{ik} - \bar{y}_{i.})^2$	n-p	$MQ_r = \dfrac{SQ_r}{n-p}$

Daraus resultiert die Zerlegung der Gesamtvarianz MQ_G in die Varianz innerhalb der Klassen MQ_r (Innerklassenvarianz, innere Varianz, interne Varianz) und in die Varianz zwischen den Klassen MQ_X (Zwischenklassenvarianz, äußerer Varianz, externe Varianz). Die V. läßt sich übersichtlich mittels einer sogenannten Varianztabelle durchführen, wie sie auf Seite 386 dargestellt ist. H_0 wird beim vorgegebenen → Signifikanzniveau α abgelehnt, wenn $MQ_x/MQ_r >$ $F_{p-1,n-p;1-\alpha}$ gilt, wobei $F_{p-1,n-p;1-\alpha}$ das → Quantil der Ordnung $1-\alpha$ der → F-Verteilung mit (p-1, n-p) Freiheitsgraden (FG) ist. - Die V. ist verhältnismäßig robust gegenüber Verletzungen der Voraussetzungen ihres Grundansatzes. Zu empfehlen ist die Wahl gleich großer Stichprobenumfänge für jede der p Stichproben. Wenn die Daten nach zwei oder mehreren Gesichtspunkten klassifiziert werden, so ist die Anwendung einer zwei- oder mehrfaktoriellen V. erforderlich. Innerhalb dieser V. gliedert man in die Kreuzklassifikation und die hierarchische Klassifikation.

Varianzfunktion

Kennfunktion $\sigma^2(t)$ eines → stochastischen Prozesses $\{X_t\}$, die jedem Wert des Zeitparameters t die → Varianz $Var(X_t)$ der Zufallsvariablen X_t zuordnet:

$$\sigma^2(t) = Var(X_t) = E[X_t - E(X_t)]^2 .$$

Die V. gibt an, wie sich die Variation von möglichen Beobachtungswerten der Zufallsvariablen X_t um den Erwartungswert $E(X_t)$ (→ Erwartungswertfunktion) mit der Zeit verändert. Aus der Sicht einer → Prognose dient die V. zur Konstruktion von → Konfi-

denzintervallen, in denen zukünftige Beobachtungen im Sinne einer Wahrscheinlichkeitsaussage zu erwarten sind. Die Modellanpassung wird erschwert, wenn eine zeitvariable Varianz (→ Heteroskedastizität) auftritt. Mittels einer geeigneten Datentransformation kann oft eine näherungsweise konstante V. erzeugt werden (→ Box-Cox-Transformation).

Varianzzerlegung

Streuungszerlegung, Aufteilung der gesamten → Varianz eines metrisch skalierten Merkmals, das in Klassen untergliedert vorliegt. Sind für ein Merkmal X k Klassen mit jeweils n_j Merkmalsträgern gegeben und bezeichnet j=1,...,k die Klassen und i=1,...,n_j die Merkmalsträger in der j-ten Klasse, dann ist x_{ij} der i-te Beobachtungswert in der j-ten Klasse. Ferner sei n die Gesamtzahl der Merkmalsträger, $\bar{x}_j$ das → arithmetische Mittel und s_j^2 die Varianz innerhalb der j-ten Klasse, $\bar{x}$ das arithmetische Mittel aller Beobachtungswerte und s^2 die Gesamtvarianz des Merkmals X, wobei gilt

$$n = \sum_{j=1}^{k} n_j , \quad \bar{x}_j = \frac{1}{n_j} \sum_{i=1}^{n_j} x_{ij} ,$$

$$s_j^2 = \frac{1}{n_j} \sum_{i=1}^{n_j} (x_{ij} - \bar{x}_j)^2 ,$$

$$\bar{x} = \frac{1}{n} \sum_{j=1}^{k} \bar{x}_j \cdot n_j = \frac{1}{n} \sum_{j=1}^{k} \sum_{i=1}^{n_j} x_{ij},$$

$$s^2 = \frac{1}{n} \sum_{j=1}^{k} \sum_{i=1}^{n_j} (x_{ij} - \bar{x})^2 .$$

Für den Einzelwert x_{ij} läßt sich folgende Aufspaltung der Abweichung zu $\bar{x}$ angeben

Variationsbreite

$$(x_{ij} - \bar{x}) = (x_{ij} - \bar{x}_j) + (\bar{x}_j - \bar{x})$$

mit der graphischen Darstellung auf der Merkmalsachse:

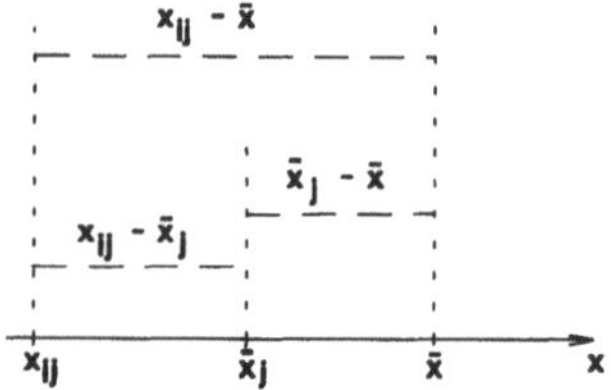

Bildet man das Quadrat auf beiden Seiten der Gleichung, summiert über alle i und j und dividiert durch n, folgt schließlich die V.:

$$\frac{1}{n} \sum_{j=1}^{k} \sum_{i=1}^{n_j} (x_{ij} - \bar{x})^2 =$$

$$\frac{1}{n} \sum_{j=1}^{k} \sum_{i=1}^{n_j} (x_{ij} - \bar{x}_j)^2 + \frac{1}{n} \sum_{j=1}^{k} n_j (\bar{x}_j - \bar{x})^2$$

bzw.

$$s^2 = \sum_{j=1}^{k} \frac{n_j}{n} s_j^2 + \sum_{j=1}^{k} \frac{n_j}{n} (\bar{x}_j - \bar{x})^2.$$

Die Gesamtvarianz s^2 wurde in zwei Komponenten zerlegt: a) die Varianz innerhalb der Klassen s_I^2 (interne Varianz) als gewogenes arithmetisches Mittel der Varianzen innerhalb der Klassen, das ist der Teil der Gesamtvarianz, der nicht durch die Klassierung erklärt wird, und b) die Varianz zwischen den Klassen s_Z^2 (externe Varianz), das ist der Teil der Gesamtvarianz, der durch die Klassierung erklärbar ist:

$$s^2 = s_I^2 + s_Z^2.$$

Die V. wird bei verschiedenen stati-stischen Methoden verwendet, z.B. in der → Varianzanalyse und für die Berechnung des → Bestimmtheitsmaßes. Aber auch die Umkehrung der V., die Berechnung der Gesamtvarianz aus ihren Bestandteilen, wird z.B. bei der Zusammenfassung verschiedener Datensätze zu einem → gepoolten Datensatz angewandt.

Variationsbreite → Spannweite

Variationskoeffizient

Quotient v aus → Standardabweichung s und → arithmetischem Mittel x̄ für ein metrisch skaliertes Merkmal:

$$v = \frac{s}{\bar{x}}, \quad \bar{x} > 0.$$

Der V. ist ein relatives → Streuungsmaß, das dimensionslos ist und häufig in Prozent (v·100%) angegeben wird. Er ist nur sinnvoll, wenn alle Merkmalswerte positiv sind. Da die Standardabweichung immer an das Niveau und die Maßeinheit des zugrunde liegenden Merkmals gebunden ist, muß der V. immer dann verwendet werden, wenn Häufigkeitsverteilungen bezüglich ihrer Variabilität verglichen werden sollen. Beispiel: Die Einkommens- und Verbrauchsstichprobe in einem bestimmten Jahr habe ergeben, daß die durchschnittlichen monatlichen Ausgaben für den privaten Verbrauch der Haushalte vom Typ I $\bar{x}_I = 3450$ DM bei einer Standardabweichung von $s_I = 860$ DM und für die Haushalte vom Typ II $\bar{x}_{II} = 5100$ DM bei einer Standardabweichung von $s_{II} = 930$ DM betragen. Obwohl $s_{II} > s_I$ ist, zeigt die Berechnung der V. ($v_I = 860/3450 = 0{,}25$; $v_{II} = 930/5100 = 0{,}18$), daß die Variabilität der Ausgaben für den privaten Verbrauch, bezogen auf das mittlere Niveau ($\bar{x}$), für den Haushaltstyp II geringer ist.

Vektorkorrelationsfunktion

Zweidimensionale Kennfunktion eines $\rightarrow$ stochastischen Prozesses $\{X_t\}$ zur Messung linearer Abhängigkeit zwischen zwei Gruppen aus jeweils $k+1$ zeitlich aufeinanderfolgenden Prozeßvariablen, zwischen denen eine Zeitverschiebung (Gruppenverschiebung) von $r + 1$ Perioden besteht: $(X_t, X_{t+1}, X_{t+2}, ..., X_{t+k})$ und $(X_{t+r+1}, X_{t+r+2}, X_{t+r+3}, ..., X_{t+r+k+1})$. Die V. wird mit Hilfe der $\rightarrow$ Autokovarianzfunktion $\gamma(\tau)$ des Prozesses berechnet

$$\lambda(k,r) = (-1)^k \frac{D_{k+1,r+1}}{D_{k+1,0}},$$

wobei $D_{k,r}$ die Korrelationsdeterminante

$$D_{k,r} = \begin{vmatrix} \gamma(r) & \cdots & \gamma(r+k-1) \\ \vdots & \ddots & \vdots \\ \gamma(r-k+1) & \cdots & \gamma(r) \end{vmatrix}$$

ist. Die $\gamma(\tau)$ werden über die $\rightarrow$ Autokorrelationskoeffizienten geschätzt. Die V. $\lambda(k,r)$ geht für $k=0$ in die Autokorrelationsfunktion $\lambda(0,r) = \varrho(r+1)$ und für $r=0$ in die $\rightarrow$ partielle Autokorrelationsfunktion $\lambda(k,0) = \pi(k+1)$ über. Die V. ist eine Hilfe bei der Identifikation der Ordnungen p und q eines $\rightarrow$ ARMA(p,q)-Prozesses. Die Werte $\lambda(k,r)$ verschwinden in diesem Fall bei Zeitverschiebungen über p und q Perioden hinaus: $\lambda(k,r) = 0$ für $k > p$ und $r > q$. In der tabellarischen Funktionsdarstellung von $\lambda(k,r)$ muß sich demzufolge ein Nullenfeld ausmachen lassen, dessen linke obere Ecke im Punkt (p+1;q+1) liegt. Beispiel: In der untenstehenden Tabelle wird die V. eines ARMA(2,2) - Pro-

Vektorkorrelationsfunktion: Vektorkorrelationsfunktion eines simulierten ARMA(2,2)-Prozesses

k\r	0	1	2	3	4	5
0	-0,5	0,51	-0,49	0,60	-0,48	0,44
1	0,35	-0,02	0,09	-0,17	0,05	0,05
2	-0,23	-0,07	-0,01	0,05	-0,02	0,01
3	0,37	-0,12	0,04	**0,0**	**0,0**	**0,0**
4	-0,08	0,01	-0,01	**0,0**	**0,0**	**0,0**
5	-0,01	0,01	0,0	**0,0**	**0,0**	**0,0**

zesses dargestellt, in der für variierende k und r die Werte $\lambda(k,r)$ angegeben sind. Die linke obere Ecke (3;3) des Nullenfeldes in der Tabelle auf Seite 389 weist auf $p = 2$ und $q = 2$ hin, was den ARMA(2,2)-Prozeß bestätigt.

Verallgemeinertes lineares Regressionsmodell

Lineares $\rightarrow$ Regressionsmodell, für das die Annahme von $\rightarrow$ Homoskedastizität der Störvariablen und/oder die Annahme der Abwesenheit von $\rightarrow$ Autokorrelation der Störvariablen im Falle von Zeitreihendaten fallengelassen werden. Das v.l.R. ist wie folgt definiert:

a) Die lineare Abhängigkeit der $\rightarrow$ endogenen Variablen Y von den $\rightarrow$ exogenen Variablen $X_1, ..., X_m$ mit einer additiven Störvariablen wird in dem Gleichungssystem

$$y = X\beta + u$$

erfaßt. Darin sind y der $n \times 1$-Vektor der empirischen Werte der Variablen Y, X die $n \times (m+1)$-Matrix der Beobachtungswerte der Variablen $X_1, ...,$ X_k zusammen mit dem Einser-Vektor bei der Regressionskonstanten ($x_{i0} \equiv 1$ für alle $i = 1, ..., n$), β der $(m+1) \times 1$-Vektor der wahren, aber unbekannten Regressionsparameter der $\rightarrow$ Grundgesamtheit und u der $n \times 1$-Vektor der unbekannten Werte $u_1, ..., u_n$ der Störvariablen $U_1, ..., U_n$:

$$y = \begin{pmatrix} y_1 \\ y_2 \\ \vdots \\ y_n \end{pmatrix}, \quad X = \begin{pmatrix} x_{10} & x_{11} & \cdots & x_{1m} \\ x_{20} & x_{21} & \cdots & x_{2m} \\ \vdots & \vdots & \ddots & \vdots \\ x_{n0} & x_{n1} & \cdots & x_{nm} \end{pmatrix},$$

$$u = \begin{pmatrix} u_1 \\ u_2 \\ \vdots \\ u_n \end{pmatrix}, \quad \beta = \begin{pmatrix} \beta_0 \\ \beta_1 \\ \vdots \\ \beta_m \end{pmatrix}.$$

b) Es werden folgende Modellannahmen getroffen:

Annahme 1: Die Werte x_{ik} ($i = 1, ..., n$; $k = 1, ..., m$) der exogenen Variablen sind feste Größen.

Annahme 2: Der Rang der Datenmatrix X ist $m+1$ (Anzahl der Spalten in X) und kleiner als n (Anzahl der Beobachtungen je Variable, d.h. der Anzahl der Zeilen in X):

$\text{Rang}(X) = m + 1; \quad m + 1 < n.$

Die Annahme beinhaltet, daß es keine extremen linearen Abhängigkeiten zwischen den X-Variablen ($\rightarrow$ Multikollinearität) gibt, d.h., daß sie relativ unabhängig voneinander variieren.

Annahme 3: Der $\rightarrow$ Erwartungswert der Störvariablen ist null: $E(U_i) = 0$ für $i = 1, ..., n$.

Annahme 4: Die Varianz-Kovarianz-Matrix der Störvariablen hat die folgende allgemeine Gestalt, worin σ^2 ein i. allg. unbekannter positiver Skalar und Ω eine symmetrische positiv definite Matrix sind:

$$E(uu') = \Sigma_U = \begin{pmatrix} \sigma_1^2 & \sigma_{12} & \cdots & \sigma_{1n} \\ \sigma_{21} & \sigma_2^2 & \cdots & \sigma_{2n} \\ \vdots & \vdots & \ddots & \vdots \\ \sigma_{n1} & \sigma_{n2} & \cdots & \sigma_n^2 \end{pmatrix}$$

$$= \sigma^2 \, \Omega \, .$$

Diese Annahme beinhaltet den Unterschied zwischen dem klassischen linearen Regressionsmodell und dem v.l.R. Sie ist durchaus realistisch, da vor allem bei ökonometrischen Modellen auf Basis von Zeitreihendaten Schwankungen der im Modell nicht enthaltenen exogenen Variablen sich i.allg. in Autokorrelation der Störvariablen, d.h. $\sigma_{ij}^2 \neq 0$ für $i,j = 1, ..., n$; $i \neq j$, niederschlagen werden. Zum anderen ist oftmals Heteroskedastizität der Störvariablen ($\sigma_i^2 \neq \sigma_j^2$ mit $i \neq j$) zu beobachten, d.h., die Varianz der Störvariablen verändert sich in der Zeit bzw. bei Querschnittsdaten über die ökonomischen Einheiten.

Oft wird die Annahme 5 hinzugefügt, daß die Störvariablen normalverteilt ($\rightarrow$ Normalverteilung) sind.

Zur Schätzung der unbekannten Parameter des v.l.R. ist eine verallgemeinerte Methode der kleinsten Quadrate anzuwenden. Da i.allg. jedoch die Varianz - Kovarianz - Matrix der Störvariablen Σ_U unbekannt ist, müssen über ihre Struktur weitere Annahmen (z.B. über die spezielle Form der Autokorrelation oder der Heteroskedastizität der Störvariablen) getroffen werden, um die Anzahl der unbekannten Parameter einzuschränken. - Modelle vom Typ $\rightarrow$ BSM lassen sich als v.l.R. formulieren und schätzen. Der Vorteil gegenüber einer nichtlinearen Schätzung besteht darin, daß keine Anfangswerte zu bestimmen sind.

Verbrauchsfunktion $\rightarrow$ Konsumfunktion

Vereinigung von Ereignissen

Im mengentheoretischen Sinn die Vereinigungsmenge A∪B zweier Ereignisse A und B und damit das Ereignis, das darin besteht, daß wenigstens eines der Ereignisse A und B im Ergebnis eines Zufallsversuches eintritt. Beispiel: Es sei A das Ereignis, daß der Kurs einer Aktie bei Börsenschluß zwischen 200 und 210 liegt, und B, daß der Kurs dieser Aktie zwischen 206 und 215 liegt. Dann ist A∪B das Ereignis, daß der Kurs dieser Aktie zwischen 200 und 215 liegt. - Durch wiederholte Anwendung läßt sich die Definition der V. v. E. auf mehr als 2 Ereignisse verallgemeinern.

Verflechtungsbilanz

Input-Output-Tabelle, Instrument der $\rightarrow$ Volkswirtschaftlichen Gesamtrechnung, das in Form von Tabellen bzw. Matrizen die durch Bezug (Input) und Absatz (Output) von Gütern und Leistungen entstehende Verflechtung zwischen den Sektoren einer Volkswirtschaft abbildet. Da es mit Hilfe der V. möglich ist, nicht nur die volkswirtschaftliche Produktionsverflechtung, sondern auch die Beiträge der einzelnen Wirtschaftsbereiche zur Wertschöpfung einschließlich aller Vorleistungsströme sichtbar zu machen, bildet die V. als Nebenrechnung zur Volkswirtschaftlichen Gesamtrechnung die Grundlage sowohl für die Input-Output-Analyse als auch für die Erfassung des Strukturwandels in einer Volkswirtschaft. Die auf Seite 392 angegebene Übersicht skizziert das Grundschema einer V. Die Felder der quadratischen, nicht aber symmetrischen Transaktionsmatrix, auch Quadrant I (Q. I) oder Zentralmatrix genannt, enthalten die zu laufenden Preisen bewerteten wertmäßigen Lieferungen der produzierenden Sektoren untereinander. Eine Matrixzeile stellt die Güteraufkommens-, Liefer-, Ausstoß- oder Outputstruktur eines produzierenden Sektors dar. Eine Matrixspalte kennzeichnet

Grundschema einer Verflechtungsbilanz:

	empfangende Wirtschaftsbereiche	Endnachfragekomponenten (finale Outputs)
liefernde Wirtschaftsbreiche	Transaktionsmatrix (Q. I)	Matrix der Endnachfrage (Q. II)
primäre Inputs	Matrix der Primäraufwendungen (Q. III)	

die intermediäre Güterverwendungs-, Bezugs-, Einsatz- oder Inputstruktur eines produzierenden Sektors. Die Transaktionsmatrix der V. des → Statistischen Bundesamtes enthält in ihrer detaillierten Gliederung 60 produzierende Bereiche, die bezüglich der Gewinnung, Herstellung und Bearbeitung von Gütern zu 9 Bereichen wie z.B. land-, forst- und jagdwirtschaftliche Erzeugnisse, energetische Erzeugnisse usw. aggregiert werden. Bildet man für jede Spalte die Summe der Wertgrößen, erhält man die gesamten Vorleistungen, d.h. den Wertausdruck aller für die laufende Produktion bezogenen und verbrauchten Güter und Leistungen. In der Matrix der Endnachfrage, auch als Quadrant II (Q. II) bezeichnet, wird die Verwendung von Gütern als Endprodukte für Konsum und Investition

dargestellt. Schließlich wird in der Matrix der Primäraufwendungen, auch als Quadrant III (Q. III) gekennzeichnet, das Aufkommen an Faktorleistungen, also die Bruttowertschöpfung, ausgewiesen. Die Quadranten II und III der V. stellen die funktionelle, auf Gütergruppen basierende Schnittstelle zur Verwendungs- und Entstehungsrechnung der Volkswirtschaftlichen Gesamtrechnung dar, die im Gegensatz zur V. auf der institutionellen Gliederung der Volkswirtschaft mit dem Unternehmen als kleinster bilanzierender Einheit basiert. Vorläufer der heute verwendeten V. waren das 1758 von F. Quesnay entwickelte "Tableau économique" und die 1936 von W. Leontiev veröffentlichte erste umfassende V. für die USA.

Vergleich

Gegenseitig bewertende Betrachtung statistischer Gesamtheiten, die hinsichtlich ein und derselben sachlichen, aber für unterschiedliche örtliche oder zeitliche → Merkmale abgegrenzt sind. Der V. ist ein grundlegendes Arbeitsprinzip in der Statistik. Man unterscheidet i.allg. folgende Arten des statistischen V.: a) Statischer V. zur Sichtbarmachung räumlicher bzw. örtlicher Unterschiede in Umfang, Struktur und Niveau der betrachteten Gesamtheiten. Beispiel: Bei der Ermittlung von → Paritäten werden die Wertvolumina (sachliches Merkmal) vergleichbarer Warenkörbe zu einem bestimmten Zeitpunkt (zeitliches Merkmal) für unterschiedliche Länder (örtliches Merkmal) verglichen. b) Dynamischer V. zur Sichtbarmachung zeitlicher Unterschiede in Umfang, Struktur und Niveau örtlich und sachlich gleich abgegrenzter

Gesamtheiten. Beispiel: Bei der Ermittlung von → Preisindizes der Lebenshaltung wird das Wertvolumen (sachliches Merkmal) ein und desselben Warenkorbes ein und desselben Landes (örtliches Merkmal) zu verschiedenen Zeitpunkten verglichen. c) Soll-Ist-V. als Sonderfall des V. zur Sichtbarmachung eines erreichten Entwicklungsstands sachlich, örtlich und zeitlich gleich abgegrenzter Gesamtheiten. Beispiel: Ein Unternehmen kalkuliert unter den gegebenen Marktbedingungen einen maximalen Gewinn für ein Wirtschaftsjahr bei einem Produktionsausstoß (Sollmenge) von 500 Stück. Nach Ablauf des Jahres wurden insgesamt 300 Stück (Istmenge) hergestellt. Demnach sind im Soll-Ist-V. der zu produzierenden Mengen 60 Prozent der veranschlagten Mengen produziert worden. - Generell dienen alle → Meßzahlen und → Indexzahlen dem statistischen V. Methodisch ist zwischen dem statistischen V. und der statistischen Gegenüberstellung zu unterscheiden. Werden nach gleichen sachlichen Merkmalen abgegrenzte Gesamtheiten miteinander verglichen, so können nach verschiedenen sachlichen Merkmalen abgegrenzte Gesamtheiten einander höchstens gegenübergestellt werden. Beispiel: Die → Bevölkerungsdichte ist eine Maßzahl zur statistischen Gegenüberstellung von zwei verschiedenen, aber in einem sachlichen Zusammenhang stehenden Merkmale (Bevölkerung und Katasterfläche) ein und desselben geographischen Gebiets (örtliches Merkmal) zu einem bestimmten Zeitpunkt (zeitliches Merkmal). Ist der V. ein analytischer Vorgang, also ein statistisches Arbeitsprinzip, so ist die Vergleichbarkeit die notwendige Bedingung für

den V., also die Gewähr zumindest nach gleichen sachlichen Merkmalen abgegrenzter Gesamtheiten. Ist die Vergleichbarkeit nicht von vornherein durch die statistische Erhebung gegeben, so ist sie (soweit überhaupt möglich) unter Verwendung einheitlicher sachlicher (z.B. Systematiken), örtlicher (z.B. Verwaltungseinheiten) oder zeitlicher (z.B. Zeiträume) Identifikationsmerkmale und/oder Erhebungsmerkmale herzustellen. Eine Vergleichbarkeit der Daten kann unter Umständen z.B. durch entsprechende Umrechnungen erreicht werden. Beispiel: Relativierung von → Häufigkeiten durch Berechnung von Häufigkeitsdichten bei der Bestimmung von Modalwerten für klassierte Daten mit unterschiedlicher Klassenbreite.

Vergleichbarkeit → Vergleich

Verhältnisschätzung

Quotientenschätzung, Art der Hochrechnung, die gekennzeichnet ist durch die zusätzliche Auswertung von Informationen, die eine Basisvariable oder einen Basiszeitraum betreffen. Ist z.B. die Summe S_1 eines Merkmals Y in einer Grundgesamtheit aufgrund des Resultats aus einer Zufallsstichprobe zu schätzen und kennt man die Merkmalssumme S_0 aus einer früheren Totalerhebung, so wird bei der V. der Wert $\hat{S}_1 = S_0 \cdot \bar{y}_1 / \bar{y}_0$ als Schätzwert für S_1 angesetzt. Dabei ist $\bar{y}_1$ der Durchschnitt der aktuellen, $\bar{y}_0$ der Durchschnitt einer früheren Stichprobe. Oft wird mittels V. eine deutliche Verkleinerung der Varianz einer Schätzung und damit eine Erhöhung der Effizienz bewirkt, weil die Basisvariable S_0 und die Untersuchungsvariable S_1

Verhältnisskala

hoch korreliert sind. Allerdings ist die V. nicht erwartungstreu. Für die Verzerrung existieren Abschätzungen. Beispiel: 1802 schätzte Laplace die Gesamtzahl S_1 der Geburten in Frankreich, indem er die Gesamtzahl S_0 im Vorjahr und die Geburtenzahlen y_0 des Vorjahres sowie die Geburtenzahlen y_1 des laufenden Jahres in einer Stichprobe von Gemeinden verwendete.

Verhältnisskala $\to$ Skala

Verhältniszahl
Quotient zweier sachlogisch verbundener statistischer Zahlen mit gleichen oder verschiedenen Maßeinheiten. In der statistischen Methodenlehre unterscheidet man folgende Typen einer V.: a) $\to$ Gliederungszahl, b) $\to$ Beziehungszahl, c) $\to$ Meßzahl und d) $\to$ Indexzahl.

Verkettung $\to$ Meßzahlenreihe

Verlaufsdaten $\to$ Längsschnittdaten

Verschiebungssatz
Zusammenhang zwischen der $\to$ mittleren quadratischen Abweichung von einem Bezugspunkt c, bezeichnet mit MQ(c), und der $\to$ Varianz s^2. Sind x_i die Werte eines metrisch skalierten Merkmals X und $\bar{x}$ das $\to$ arithmetische Mittel, so gilt

$$MQ(c) = \frac{1}{n} \sum_{i=1}^{n} (x_i - c)^2$$

$$= \frac{1}{n} \sum_{i=1}^{n} \left[(x_i - \bar{x}) + (\bar{x} - c) \right]^2$$

$$= \frac{1}{n} \sum_{i=1}^{n} (x_i - \bar{x})^2 + (\bar{x} - c)^2$$

bzw.

$$MQ(c) = s^2 + (\bar{x} - c)^2 .$$

Nur für $c = \bar{x}$ ist die mittlere quadratische Abweichung MQ(c) gleich der Varianz. In allen anderen Fällen ist sie größer, was die quadratische $\to$ Minimumseigenschaft des arithmetischen Mittels verdeutlicht. Speziell für $c = 0$ ergibt sich

$$s^2 = \frac{1}{n} \sum_{i=1}^{n} x_i^2 - \bar{x}^2 = \overline{x^2} - \bar{x}^2$$

als eine vereinfachte Berechnungsmöglichkeit für die Varianz. Der V. gilt ebenso für $\to$ Zufallsvariable. Beispiel: Die Befragung von 5 Zweipersonenhaushalten habe folgende Angaben zum monatlichen Haushaltsnettoeinkommen (in DM) ergeben: 7600, 7700, 9100, 11300, 12400. Der $\to$ Median dieser Angaben ist $\tilde{x}_{0.5} = 9100$ DM und das arithmetische Mittel $\bar{x} = 9620$ DM. Für $c = \tilde{x}_{0.5}$ folgt $MQ(\tilde{x}_{0.5}) = 3988000$ und $(\bar{x} - \tilde{x}_{0.5})^2 = 270400$. Unter Verwendung des V. ergibt sich $s^2 = 3717600$.

Versuch
Zufallsexperiment, Zufallsvorgang, in der Wahrscheinlichkeitrechnung ein Vorgang, der sich im Prinzip unter gleichen Bedingungen beliebig oft wiederholen läßt und dessen Ergebnis ungewiß ist. Deshalb spricht man im allgemeinen von einem Zufallsversuch. Die Ergebnisse eines zufälligen V. heißen zufällige Ereignisse. Ein typisches Beispiel für einen zufälligen V. ist das Werfen einer Münze. Die zufälligen Ereignisse sind "Zahl" oder "Wappen". Bei einer idealen Münze wird angenommen, daß beide Ereignisse die gleiche Chance des

Eintretens haben. Daraus leitet sich für sie jeweils die Wahrscheinlichkeit 1/2 ab. In den Anwendungen der Wahrscheinlichkeitsrechnung wird der Begriff des V. sehr weit gefaßt. Hier werden als V. alle Arten von Messungen, Zählungen, Befragungen, Stichprobenziehungen und andere Arten der statistischen Erhebung unter Unsicherheit betrachtet. Die beliebige Wiederholbarkeit ist hier oft nur gedanklich gegeben. Aus der Vielzahl der Anwendungen seien als Beispiele für zufällige V. genannt: mit Fehlern behaftete Messungen, Auszählungen von radioaktiven Zerfallsprozessen, Registrierung der Anzahl von Anrufen im Fernsprechverkehr. Mathematisch dargestellt werden zufällige V. und aus ihnen resultierende zufällige Ereignisse in der Wahrscheinlichkeitstheorie durch die Begriffe $\rightarrow$ Ereignisraum, $\rightarrow$ Ereignisfeld und $\rightarrow$ Wahrscheinlichkeit.

Versuchsplanung

Erarbeitung einer Rahmenvorschrift zur Durchführung eines statistischen Versuches ($\rightarrow$ Experiment) und eines statistischen Modells für die Versuchsauswertung. Eine V. umfaßt insbesondere die Lösung der Aufgaben: präzise Formulierung des Problems, Wahl des mathematischen Modells, Wahl des Versuchsplanes, Planung der Auswertung. Zur Problemformulierung gehören eine klare Fragestellung und eine Genauigkeitsanforderung. Da zur Lösung der Aufgabe eine $\rightarrow$ Stichprobe aus einer $\rightarrow$ Grundgesamtheit gezogen wird, ist weiterhin eine Präzisierung des $\rightarrow$ Aussagebereiches des Versuches (der zu betrachtenden Grundgesamtheit) erforderlich. Nur dann kann auf die Grundgesamtheit, aus der die Stich-

probe gezogen wurde, geschlossen werden. Faßt man einen Versuch als Gewinnung eines Wertes der Ergebnisvariablen Y bei vorgegebenem Werte-n-Tupel der n Einflußfaktoren $\mathbf{x}_i = (x_{i1}, x_{i2},..., x_{in})$, i. allg. als Versuchspunkt i (i = 1, 2,...) bezeichnet, auf, so wird die Gesamtheit aller realisierbaren Versuche als Versuchsplan bezeichnet. Die dazugehörigen Versuchspunkte $\mathbf{x}_i$ bilden den Versuchsbereich T. Ein konkreter (diskreter) Versuchsplan T_n vom Umfang n liegt vor, wenn m voneinander verschiedene Versuchspunkte mit ihren $\rightarrow$ relativen Häufigkeiten f_j (j = 1,..., m) ausgewählt worden sind, d.h.

$$T_n = \begin{pmatrix} x_1, x_2,..., x_m \\ f_1, f_2,..., f_m \end{pmatrix}.$$

T_n gibt also an, an welchen Stellen $\mathbf{x}_j$ und mit welchen absoluten Häufigkeiten $n \cdot f_j$ dort die Messungen durchgeführt werden sollen. Bei einer präzisen V., insbesondere bei Versuchen in den Wirtschafts- und Sozialwissenschaften, ist die Einhaltung folgender Prinzipien notwendig: a) Wiederholung der Messungen zur Schätzung des Versuchsfehlers, b) zufällige Zuordnung der Objekte oder Personen zu den Stufen der $\rightarrow$ Faktoren (Randomisieren) zur Vermeidung von systematischen Fehlern bei der Zuordnung ($\rightarrow$ Stichprobenverfahren), c) Blockbildung zur weiteren Reduzierung des Versuchsfehlers ($\rightarrow$ Block), d) Einbeziehung von Kontrollgruppen zum Vergleich. - Ein Versuchsplan sollte balanciert ($\rightarrow$ balancierter Versuchsplan) sein, da er dann rechnerisch einfacher und robust gegenüber Verletzungen von Verfahrensvoraussetzungen ist. - Versuchspläne werden z.B. mit Hilfe von Analyseverfahren wie → Varianzanalyse, → Kovarianzanalyse oder → Regressionsanalyse ausgewertet.

Verteilung
In der Statistik Kurzbezeichnung für → Häufigkeitsverteilung oder → Summenhäufigkeitsverteilung eines Merkmals oder mehrerer Merkmale bzw. für → Wahrscheinlichkeitsfunktion, → Dichtefunktion bzw. → Verteilungsfunktion einer oder mehrerer Zufallsvariablen. Wenn nur ein Merkmal oder eine Zufallsvariable einbezogen wird, spricht man von eindimensionaler V., andernfalls von mehrdimensionaler V. Bei eindimensionalen V. von quantitativen Merkmalen und Zufallsvariablen werden nach der Gestalt der V. allgemein folgende Verteilungsformen unterschieden: a) → unimodale V. und → multimodale V., b) → symmetrische und asymmetrische V. Die asymmetrischen V. werden weiterhin in → rechtssteile V. und → linkssteile V. unterteilt.

Verteilungsfreie Testverfahren
→ nichtparametrischer Test

Verteilungsfunktion
Funktion, die jeder rellen Zahl x die → Wahrscheinlichkeit $P(X \leq x) = F(x)$ dafür zuordnet, daß die → Zufallsvariable X einen Wert von höchstens x annimmt. Die V. ist eine nichtfallende Funktion, die nur Werte von 0 bis 1 annehmen kann. Bei einer diskreten Zufallsvariablen mit den Ausprägungen x_i kann man die V. aus der → Wahrscheinlichkeitsfunktion $p(x)$ durch Kumulierung, also gemäß

$$F(x) = \sum_{x_i \leq x} p(x_i)$$

ermitteln. Die folgenden Graphiken zeigen die V. und die Wahrscheinlichkeitsfunktion für eine diskrete Zufallsvariable.

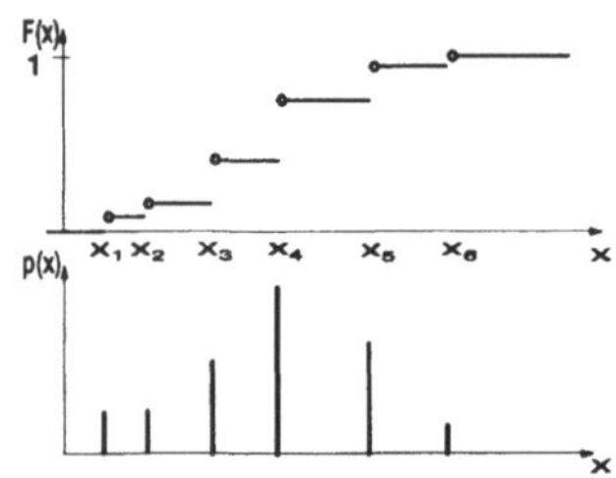

Bei einer stetigen Zufallsvariablen ist die V. das Integral der → Dichtefunktion f(x):

$$F(x) = \int\limits_{-\infty}^{x} f(\xi)d\xi \; .$$

Bei empirischen → Verteilungen wird die relative kumulierte Häufigkeit als empirische V. bezeichnet.

Verteilungsgesetz
Gebräuchliche Bezeichnung für eine Klasse von → Wahrscheinlichkeitsverteilungen, die sich nur durch ihre → Parameter unterscheiden, z.B. die Klasse aller → Normalverteilungen.

Vertrauensbereich → Konfidenzintervall

Vertrauensgrenze
Obere oder untere Grenze des → Konfidenzintervalls bei der → Intervallschätzung. → Konfidenzgrenze

Vertrauensintervall → Konfidenzintervall

Verweildauer
Zeitspanne zwischen dem Zugang eines statistischen Elementes in eine →

Bestandsmasse und dem Abgang aus dieser Bestandsmasse. Die V. gibt an, wie lange das Element zu der Bestandsmasse gehört. Die V. ist ein Begriff der Bestandsanalyse. Vorausgesetzt, der Zeitpunkt des Zuganges t_i^Z und der Zeitpunkt des Abganges t_i^A jedes Elementes i sind bekannt, läßt sich die V. jedes Elementes i als Differenz von t_i^A und t_i^Z berechnen: $d_i = t_i^A - t_i^Z$. Die V. der einzelnen Elemente einer Bestandsmasse für einen vorgegebenen Zeitraum lassen sich graphisch im Verweildiagramm veranschaulichen.

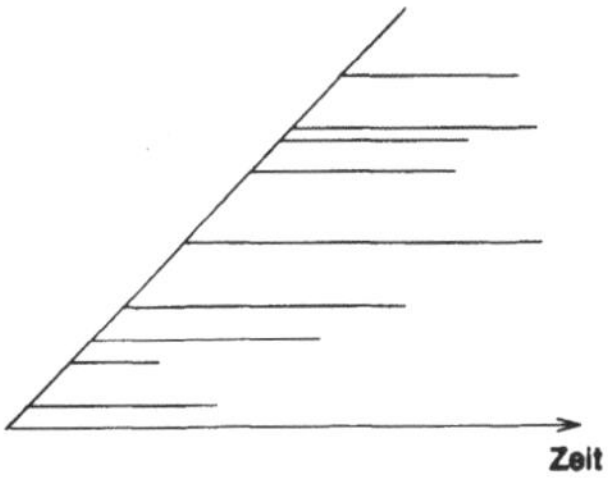

Jedes Element wird durch eine Strecke (Verweillinie) parallel zur Zeitachse so dargestellt, daß Anfang und Ende der Strecke den Zeitpunkten t_i^Z und t_i^A entsprechen. Die Verweillinien werden zur besseren Darstellung durch eine Linie im Winkel von 45° zur Zeitachse auseinandergezogen. Die V. kann für einen festgelegten Zeitpunkt t in die bisherige V. als Zeitspanne zwischen Zugang des Elementes und dem Zeitpunkt t und in die Rest-V. als Zeitspanne vom Zeitpunkt t bis zum Abgang des Elements aus der Bestandsmasse unterteilt werden. Beispiele: V. von Produkten im Lager eines Unternehmens oder Handelsbetriebes, V. von Besuchern in einer Ausstellung, V. von Patienten im Krankenhaus oder im Wartezimmer eines Arztes. Die

durchschnittliche V. innerhalb eines Betrachtungszeitraumes gibt an, wie lange ein einzelnes Element durchschnittlich in der Bestandsmasse verbleibt. Bei der Berechnung der durchschnittlichen V. ist zwischen geschlossenen und offenen Bestandsmassen zu unterscheiden. Eine Bestandsmasse heißt geschlossen, wenn der Bestand vor und nach dem Betrachtungszeitraum null ist, d.h. wenn keines ihrer i = 1,..., n Elemente vor einem Zeitpunkt t_0 zugegangen und nach einem Zeitpunkt t_k aus dem Bestand abgegangen ist. Beispiel: Die an einem bestimmten Tag registrierten Messebesucher stellen eine geschlossene Bestandsmasse dar, da vor der Öffnung der Messe an diesem Tag (Zeitpunkt t_0) und nach Schließung der Messe an diesem Tag (Zeitpunkt t_k) der Bestand jeweils null ist. Eine Bestandsmasse, die nicht geschlossen ist, heißt offene Bestandsmasse. Beispiel: Die in einem Bundesland im März 1994 erfaßten Arbeitslosen stellen eine offene Bestandsmasse dar, da ein Arbeitsloser bereits vor dem 1.3.1994 zum Bestand gehören und ein Arbeitsloser auch nach dem 31.3.1994 im Bestand verbleiben kann. Für eine geschlossene Bestandsmasse kann die durchschnittliche V. als → arithmetisches Mittel aus den einzelnen V. berechnet werden:

$$\bar{d} = \frac{\sum\limits_{i=1}^{n} d_i}{n},$$

sofern die einzelnen V. d_i bekannt sind. Die statistische Analyse der durchschnittlichen V. ist in der Praxis u.a. dann von Interesse, wenn eine Bestandsmasse in Gestalt eines Lagerbestandes aus Produkten mit begrenzter Haltbarkeit besteht. Die Summe der einzelnen V. wird auch als Zeitmengenbestand bzw. Zeitmengenfläche bezeichnet, da sie geometrisch die Fläche darstellt, die von der Bestandsfunktion B(t) als Zuordnung der Bestände zu den einzelnen Zeitpunkten bzw. Zeiträumen und der Zeitachse im Zeitintervall $[t_0, t_k]$ eingeschlossen wird, wie in der folgenden Abbildung dargestellt.

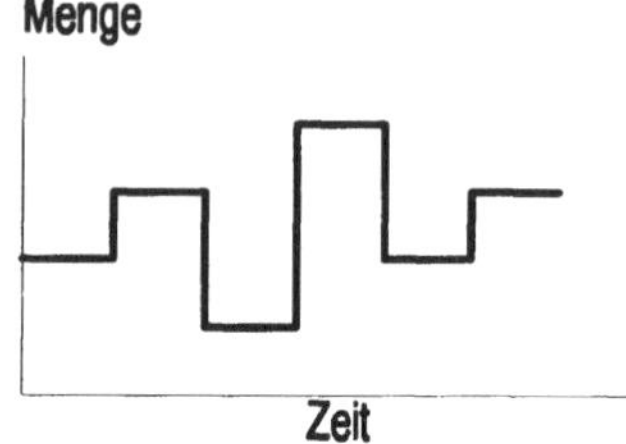

Bezieht man den Zeitmengenbestand auf die Länge des betrachteten Zeitraums $\tau = t_k - t_0$, dann erhält man den Zeitmengenbestand pro Zeiteinheit

$$\overline{B} = \frac{\sum_{i=1}^{n} d_i}{\tau},$$

der auch als Durchschnittsbestand bezeichnet wird. Er gibt die durchschnittliche Anzahl der Elemente an, die im Beobachtungszeitraum von der Länge τ zur Bestandsmasse gehörten. Liegen keine Angaben über die V. der Elemente einer geschlossenen Bestandsmasse vor, wie das häufig in der Praxis der Fall ist, kann der Zeitmengenbestand nur näherungsweise berechnet werden, indem man innerhalb des Beobachtungszeitraumes von der Länge τ den Bestand in gewissen (möglichst gleichen) Zeitabständen ermittelt und den Durchschnittsbe-

stand unter Verwendung des → chronologischen Mittels aus den einzelnen Beständen schätzt. Die durchschnittliche V. kann in diesem Fall auch nur näherungsweise mittels

$$\overline{d} \approx \overline{B}^* \cdot \frac{\tau}{n}$$

berechnet werden, wobei $\overline{B}^*$ der geschätzte Durchschnittsbestand ist. Für eine offene Bestandsmasse gilt näherungsweise

$$\overline{d} \approx \frac{2 \cdot \overline{B}^* \cdot \tau}{A + Z}.$$

Die Variablen A und Z werden in der Bestandsanalyse mißverständlich als Abgangs- und Zugangsquote bezeichnet und beinhalten die Summe aller Abgänge bzw. die Summe aller Zugänge im Beobachtungszeitraum (→ Fortschreibung). Der Quotient aus der Länge τ des Beobachtungszeitraumes und der zugehörigen durchschnittlichen V. (bzw. aus der Anzahl n der Elemente der Bestandsmasse und dem Durchschnittbestand im Beobachtungszeitraum)

$$U = \frac{\tau}{\overline{d}} = \frac{n}{\overline{B}}$$

heißt Umschlagsgeschwindigkeit oder Umschlagshäufigkeit U, die i. allg. als die mittlere Anzahl von Erneuerungen des Bestandes im Beobachtungszeitraum von der Länge τ interpretiert wird. Die Analyse der Umschlagshäufigkeit ist u.a. im Bereich der Lagerwirtschaft von allgemeiner Bedeutung, da ein Lager um so kostengünstiger bewirtschaftet wird, je größer die Umschlagshäufigkeit ist. Für die V. als Zufallsvariable wird häufig eine → Exponentialverteilung oder eine → Weibull-Verteilung angenommen.

Verwerfungsbereich → Ablehnungsbereich

Verzerrung → systematischer Fehler, → mittlerer quadratischer Fehler

Verzögerte Variable
Lag-Variable, Variable einer → Regressionsfunktion oder eines → ökonometrischen Modells, die mit einer zeitlichen Verzögerung (→ Lag) auf die endogene Variable wirkt. Beispiel: Die Wohnungsbauinvestitionen als endogene Variable werden vom verfügbaren Einkommen der privaten Haushalte mit einem Lag von vier Quartalen und vom Kapitalmarktzins mit einem Lag von sechs Quartalen als verzögerte exogene Variable beeinflußt.

VES-Funktion → CES-Funktion

Vierfeldertafel
Häufigkeitstabelle zweier nominalskalierter → Merkmale X und Y mit jeweils zwei Merkmalsausprägungen $(x_1, x_2$ und $y_1, y_2)$:

$x_i\backslash y_j$	y_1	y_2	$h_{i.}$
x_1	h_{11}	h_{12}	$h_{1.}$
x_2	h_{21}	h_{22}	$h_{2.}$
$h_{.j}$	$h_{.1}$	$h_{.2}$	n

h_{ij} $(i,j=1,2)$ ist die absolute Häufigkeit des gemeinsamen Auftretens von x_i und y_j. In der letzten Spalte ist die → Häufigkeitsverteilung des Merkmals X (Randverteilung von X) und in der letzten Zeile die Häufigkeitsverteilung des Merkmals Y (Randvertei-

lung von Y) angegeben. Für sie gilt: $h_{i.}=h_{i1}+h_{i2}$ und $h_{.j}=h_{1j}+h_{2j}$. Die V. bildet die Grundlage vor allem für die Feststellung, ob ein Zusammenhang zwischen beiden Merkmalen existiert. Beispiel: Erfassung von n=31305000 Erwerbspersonen nach dem Merkmal Beteiligung am Erwerbsleben (X) mit den Ausprägungen Erwerbstätige (x_1) und Erwerbslose (x_2) und dem Merkmal Geschlecht (Y) mit den Ausprägungen männlich (y_1) und weiblich (y_2) in der Bundesrepublik Deutschland für April 1990, Angaben in 1000:

$x_i\backslash y_j$	y_1	y_2	$h_{i.}$
x_1	17 585	11 749	29 334
x_2	943	1 028	1 971
$h_{.j}$	18 528	12 777	31 305

Quelle: Statistisches Bundesamt (Hrsg.), Datenreport 1992, S. 90

Von den insgesamt registrierten Erwerbspersonen waren $h_{1.}$=29 334 000 erwerbstätig und $h_{2.}$ = 1 971 000 erwerbslos (Randverteilung in der letzten Spalte der V.), $h_{.1}$ = 18 528 000 männlich und $h_{.2}$ = 12 777 000 weiblich (Randverteilung in der letzten Zeile der V.). h_{11} besagt z.B., daß es 1990 im April 17 585 000 männliche Erwerbstätige gab.

Volkswirtschaftliche Gesamtrechnung
System gesamtwirtschaftlich definierter, durch → Aggregation gebildeter und in Geldeinheiten bewerteter (→ Bewertung) Stromgrößen (→ Bewegungsmasse) zur zahlenmäßigen Darstellung des volkswirtschaftlichen Kreislaufs in einem abgeschlossenen Zeitraum. Da in der V.G. die Transaktionen (z.B. Kauf und Verkauf von

Waren, Dienst- und Faktorleistungen) der Wirtschaftssubjekte (z.B. Haushalte, Unternehmen, Staat) durch ihre doppelte Buchung in einem System von Konten wertmäßig erfaßt werden, stellt sie als Wertrechnung eine Art "nationale Buchhaltung" dar. Die vorrangige Aufgabe der V.G. ist die Erfassung der in einem bestimmten Zeitraum (meist ein Jahr) gesamtwirtschaftlich neu geschaffenen Werte und ihre Darstellung im Kernstück der V.G., der Sozialproduktsrechnung. Die Erfassung des gesamtwirtschaftlichen Produktionsergebnisses im nationalen Produktionskonto und seine Darstellung in den Wertgrößen Bruttoinlands- und Nettoinlandsprodukt zu Marktpreisen sowie Nettoinlandsprodukt zu Faktorkosten (Wertschöpfungsgröße) kennzeichnet die Enstehungsrechnung des Sozialprodukts. Die Verteilung und Umverteilung des Sozialprodukts und seine Widerspiegelung (z.B. nach dem Inländerkonzept) als primärverteiltes (z.B. Bruttoeinkommen aus unselbständiger Arbeit oder Unternehmertätigkeit) oder sekundärverteiltes (z.B. verfügbares Einkommen) Volkseinkommen werden in der Verteilungsrechnung erfaßt. Die Ausgabenrichtungen des Sozialprodukts werden mit Hilfe solcher Kenngrößen wie z.B. privater Verbrauch, Staatsverbrauch, Investitionen, Ex- und Import usw. in der Verwendungsrechnung nachgewiesen. Gleich welche Ebene der V.G. betrachtet wird, sie hat stets die Gewinnung eines wirklichkeitsnahen quantitativen Gesamtbilds über das in einem bestimmten Zeitraum erreichte Ergebnis wirtschaftlichen Geschehens in einer Volkswirtschaft zum Ziel.

Volkszählung

Feststellung des → Bevölkerungsstands, der → Bevölkerungsstruktur und der räumlichen Bevölkerungsverteilung (→ Agglomeration) in einem geographischen Gebiet zu einem bestimmten Zeitpunkt. In der Bundesrepublik Deutschland ist gemäß dem Volkszählungsgesetz von 1987 die V. eine Totalerhebung (→ Grundgesamtheit) der Wohnbevölkerung. Die Bedeutung der V. besteht nicht nur in der Erfassung des Bevölkerungsstands, sondern vor allem auch darin, daß sie grundlegende und aktuelle Informationen für die → Bevölkerungsstatistik, → Wirtschaftsstatistik und → Sozialstatistik liefert. V. sind in der Menschheitsgeschichte seit mehr als 5000 Jahren bekannt. Seit der Gründung des Deutschen Reiches 1871 fanden in Deutschland (einschließlich der ehemaligen DDR) bis 1987 insgesamt 19 V. statt.

Vollerhebung → Grundgesamtheit

Volumenindex

Mengenindex, statische oder dynamische → Indexzahl aus einer (nominalen) Wertsumme und einem Volumen. Volumina sind fiktive Preis-Mengen-Produktsummen, die zum Zwecke der → Aggregation physisch unterschiedlich dimensionierter Mengen (→ Kommensurabilität) von Gütern eines → Warenkorbes ermittelt werden. Aus diesem Grunde werden in der statistischen Methodenlehre die Mengenindizes von Paasche (→ Paasche-Index) und Laspeyres (→ Laspeyres-Index) i.allg. auch als V. dargestellt und interpretiert.

Vorausberechnung → Prognose

Vorherbestimmte Variable

Prädeterminierte Variable, diejenige
Variable eines → ökonometrischen
Modells, die in einer gegebenen Periode t nicht durch das Modell erklärt
wird. Zu den v.V. gehören: alle →
exogenen Variablen (→ unverzögerte
Variable und → verzögerte Variable),
da sie nicht durch das Modell bestimmt werden, und die verzögerten
endogenen Variablen, deren Vorher-
bestimmtheit sich aus ihrer zeitlich
vorangegangenen Erklärung in dem
Modell ergibt und die somit nicht in
der Periode t erklärt werden. → simultanes Gleichungsmodell

Vorhersage → Prognose

Vorzeichentest → Zeichentest

W

Wachstumsrate

Zuwachsrate, Maßzahl zur Kennzeichnung der relativen zeitlichen Veränderung eines metrisch skalierten → Merkmals. Die Berechnung von W. ist vor allem in den Wirtschaftswissenschaften weit verbreitet und von allgemeiner Bedeutung. Bei der Analyse von Wachstumsprozessen unterscheidet man zwischen diskontinuierlichem (zeitdiskretem) und kontinuierlichem (zeitstetigem) Wachstum. Obgleich Wachstumsprozesse ihrem Wesen nach stets kontinuierlich sind, wird vor allem in den ökonomischen Anwendungen (z.B. Zinseszinsrechnung, Analyse von Wirtschaftswachstum) die Berechnung von W. auf der Basis der diskontinuierlichen Wachstumsanalyse bevorzugt. Es sei X ein Merkmal, dessen Merkmalswerte x_t nach der diskreten Zeitvariablen $t = 1, 2, ..., T$ geordnet sind (→ Zeitreihe), dann ist für alle $t \geq 2$

$$\Delta x_t = x_t - x_{t-1}$$

der absolute Zuwachs (absolutes Wachstum, absolute Veränderung),

$$q_t = \frac{x_t}{x_{t-1}}$$

das Wachstumstempo (Wachstumsfaktor, dynamische → Meßzahl) und

$$r_t = \frac{x_t - x_{t-1}}{x_{t-1}} = \frac{\Delta x_t}{x_{t-1}} = q_t - 1$$

die W. (Zuwachsrate, relativer Zuwachs, relatives Wachstum, relative Veränderung) des Merkmals X zum Zeitpunkt t im Vergleich zum vorhergehenden Zeitpunkt t-1. Während der absolute Zuwachs stets die Dimension des zu analysierenden Merkmals trägt, sind das Wachstumstempo und die W. immer dimensionslose Maßzahlen. Ist die W. $r_t = r$ konstant für alle t, gilt die folgende Wachstumsgleichung

$$x_t = x_1 \cdot q^{t-1} = x_1 \cdot (1+r)^{t-1},$$

die in der Finanzmathematik als die Leibnizsche Zinseszinsformel bezeichnet wird. Für variierende W. verwendet man

$$x_t = x_1 \cdot \prod_{k=2}^{t} q_k = x_1 \cdot \prod_{k=2}^{t} (1+r_k)$$

als Wachstumsgleichung, die wiederum die Grundlage für die Berechnung der mittleren W.

$$\bar{r} = \sqrt[T-1]{\prod_{t=2}^{T} (1+r_t)} - 1$$

bildet. Die mittlere W. für alle $t \geq 2$ ist also über das → geometrische Mittel der T - 1 Wachstumstempi q_t zu berechnen und nicht über das → arithmetische Mittel der T - 1 W. Unter Verwendung der originären Zeitreihendaten x_t berechnet man die mittlere W. einfacher mit Hilfe der folgenden Formel:

$$\bar{r} = \sqrt[T-1]{\frac{x_T}{x_1}} - 1 \, .$$

Beispiel: Die folgende Tabelle enthält für die Jahre (diskrete Zeiträume) von 1988 (t=1) bis 1991 (t=4) die Bruttosozialproduktzahlen (BSP_t, in Mrd. DM) für das frühere Bundesgebiet zu den Marktpreisen von 1985 und die jährlichen prozentualen W. $r_t^* = r_t \cdot 100$ des Bruttosozialprodukts.

Jahr	t	BSP_t	r_t^* (%)
1988	1	1972	×
1989	2	2047	3,80
1990	3	2139	4,49
1991	4	2206	3,13

Demnach betrug z.B. das Bruttosozialprodukt 1991 2206 Mrd. DM und ist 1991 gegenüber 1990 um ΔBSP_4 = 67 Mrd. DM gestiegen, was einem Wachstumstempo von q_4 = 1,0313 und einer prozentualen W. von r_4^* = 3,13 % entspricht. Das Bruttosozialprodukt ist 1991 demzufolge auf das 1,0313fache bzw. auf 103,13 % seines wertmäßigen Volumens von 1990 gestiegen, was einer relativen Steigerung um 3,13 % gleichkommt. Für die mittlere W. errechnet man einen Wert von 0,0381. Somit ist das Bruttosozialprodukt im betrachteten Zeitraum von 1988 bis 1991 von Jahr zu Jahr im Mittel um 3,81 % gewachsen.

Wachstumstempo → Wachstumsrate

Wägungsschema
Gewichtungsfaktoren, Verbrauchsausgabenstruktur, Struktur der Wertvolumenanteile der Güter eines → Warenkorbes. Stellt man einen Warenkorb von K verschiedenen Gütern zusammen und erhebt für alle k = 1, ..., K Güter jeweils die statistischen → Merkmale Preis p_k und Menge q_k, dann stellen für alle k die Wertvolumenanteile

$$a_k = \frac{p_k \cdot q_k}{\sum_{k=1}^{K} p_k \cdot q_k}$$

das W. für den betrachteten Warenkorb dar, wobei

$$\sum_{k=1}^{K} a_k = 1$$

gilt. Hat man für einen festgelegten Warenkorb das W. ermittelt und kann man es für einen bestimmten Zeitraum als adäquate, somit "gültige" Basisgewichtungsstruktur ansehen, braucht man im gegebenen Fall nur noch die einzelnen → Meßzahlen der Güterpreise mit den Komponenten des W. zu gewichten, um als Produktsumme eine durchschnittliche Preismeßzahl (→ Laspeyres-Index, → Lowe-Index) als Indikator für die relativen Veränderungen in den Güterpreisen zu erhalten. In analoger Form verfährt die amtliche Statistik bei der Ermittlung der → Preisindizes der Lebenshaltung. Die angeführte Tabelle beinhaltet für das frühere Bundesgebiet und das Jahr 1991 das in Bedarfsgruppen aggregierte W. für einen Vierpersonenhaushalt mit mittlerem Einkommen.

Bedarfsgruppe	Verbrauchs-ausgaben in %
Nahrungs- und Genußmittel	23,3
Kleidung und Schuhe	8,0
Wohnungs-mieten	21,0
Energie	5,4
Übrige Haus-haltsführung	7,5
Verkehr und Nachrichten	17,3
Körperpflege und Gesundheit	3,8
Bildung und Unterhaltung	10,3
Sonstiges	3,4

Wahrscheinlichkeit

Maß für den Grad der Sicherheit des Eintretens eines Ereignisses im Rahmen eines Zufallsversuches. Die W. liegt zwischen null und eins. Mathematisch präzise begründet wird der Begriff "Wahrscheinlichkeit" durch das → Kolmogorowsche Axiomensystem. Häufig verwendete Modelle für die W. sind die → klassische Definition der W. und die relative → Häufigkeit.

Wahrscheinlichkeitsauffassungen

Konzeptionen zur Definition der Wahrscheinlichkeit, wie sie in verschiedenen Anwendungsgebieten der Wahrscheinlichkeitsrechnung zur numerischen Objektivierung herange-

zogen werden.
a) Der klassischen W. (Laplacesche W.) liegt die Vorstellung zugrunde, daß bei einem Zufallsexperiment Elementarereignisse unterschieden werden können, die alle dieselbe Eintrittswahrscheinlichkeit haben. Die Wahrscheinlichkeit für das Eintreten eines Ereignisses A ist der Quotient aus der Anzahl der für dieses Ereignis günstigen und der Anzahl der überhaupt möglichen Elementarereignisse. So ist bei einem Würfel die Wahrscheinlichkeit, eine gerade Augenzahl zu erhalten, $3/6 = 0,5$.
b) Bei der statistischen W. (Häufigkeitsinterpretation der Wahrscheinlichkeit) wird als Wahrscheinlichkeit eines Ereignisses der Grenzwert der relativen Häufigkeit des Eintretens dieses Ereignisses bei zunehmender Anzahl von Wiederholungen des Zufallsexperimentes verstanden. Die statistische W. liegt z.B. den von einer Seefahrtsversicherung verwendeten Havariewahrscheinlichkeiten zugrunde.
c) Als subjektive Wahrscheinlichkeit wird der Überzeugtheitsgrad einer Person vom Eintreten eines zufälligen Ereignisses, etwa eine Expertenmeinung, angesetzt.
d) Die axiomatische W. ist eine den vorgenannten drei W. übergeordnete mathematische Theorie, der das Kolmogorowsche Axiomensystem zugrunde liegt.

Wahrscheinlichkeitsdichte

Wert der → Dichtefunktion einer stetigen Zufallsvariablen X. Die W. $f(x)$ ist nicht selbst unmittelbar interpretierbar, aber $f(x) \cdot \Delta x$ ist bei kleinem Δx eine Näherung für die Wahrscheinlichkeit, daß X einen Wert im Intervall $(x; x + \Delta x)$ annimmt.

Wahrscheinlichkeitsfunktion

Bei einer diskreten Zufallsvariablen X mit den Ausprägungen x_i (i=1,2,...) die Funktion $f(x) = P(X=x_i)$ für x = x_i und $f(x) = 0$ sonst überall. Sie ordnet jeder reellen Zahl x die Wahrscheinlichkeit dafür zu, daß X den Wert x annimmt. I. allg. wird die W. als Formel oder $\rightarrow$ Wahrscheinlichkeitstabelle nur für die Werte angegeben, die zum Wertebereich der Zufallsvariablen X gehören, d.h. für die Ausprägungen x_i.

Wahrscheinlichkeitsraum

Zusammenfassung $[\Omega, \mathscr{F}, P]$ einer Menge Ω von $\rightarrow$ Elementarereignissen, der Menge $\mathscr{F}$ ($\rightarrow$ Ereignisfeld) von Teilmengen von Ω, die die mathematischen Eigenschaften einer sogenannten Sigma-Algebra (σ-Algebra) hat, und einer Funktion P, die jedem Zufallsereignis $A \in \mathscr{F}$ eine reelle Zahl P(A), die $\rightarrow$ Wahrscheinlichkeit, zuordnet und die das $\rightarrow$ Kolmogorowsche Axiomensystem erfüllt. Die zu einem Zufallsexperiment gehörigen zufälligen Ereignisse A werden als Teilmengen der Menge Ω ($\rightarrow$ Ereignisraum) aufgefaßt. $\mathscr{F}$ ist eine Sigma-Algebra, wenn mit jeder unendlichen Folge A_1, A_2, A_3, ..., A_i,... von Ereignissen auch die Vereinigung $A_1 \cup A_2 \cup A_3 \cup ... \cup A_i \cup...$ zu $\mathscr{F}$ gehört. Durch die Definition der Wahrscheinlichkeit über einem W. kann man in der Wahrscheinlichkeitstheorie die Ergebnisse der Maßtheorie einsetzen.

Wahrscheinlichkeitsrechnung

Teilgebiet der Mathematik mit vielfältiger Anwendung in den Natur-, Wirtschafts- und Sozialwissenschaften sowie in der Industrie und Verwaltung. Gegenstand sind die Gesetzmäßigkeiten beim Eintreten zufälliger $\rightarrow$ Ereignisse. Sie werden als $\rightarrow$ Wahrscheinlichkeit dieses Eintretens formuliert. Die Regeln der modernen W. sind aus den Kolmogorowschen Axiomen abzuleiten: 1. Jedem zufälligen Ereignis A ist eine bestimmte Zahl P(A), also eine Wahrscheinlichkeit zugeordnet, die größer oder gleich null ist. 2. Die Wahrscheinlichkeit des sicheren Ereignisses ist eins. 3. Die Wahrscheinlichkeit dafür, daß eines von endlich oder abzählbar unendlich vielen unvereinbaren Ereignissen eintritt, ist gleich der Summe der Wahrscheinlichkeiten dieser Ereignisse. Die primäre Wertezuweisung von Wahrscheinlichkeiten erfolgt nach verschiedenen $\rightarrow$ Wahrscheinlichkeitsauffassungen.

Wahrscheinlichkeitstabelle

Tabellarische gegenseitige Zuordnung der möglichen Ausprägungen einer diskreten Zufallsvariablen und der zugehörigen Werte der Wahrscheinlichkeitsfunktion. Bei einer zweidimensionalen Zufallsvariablen ist die W. eine Tabelle mit den Ausprägungen je eines Merkmals in der Kopfzeile bzw. Vorspalte und enthält in den Feldern die Wahrscheinlichkeiten für die möglichen Paare von Ausprägungen der beiden Variablen. In der Randzeile bzw. Randspalte ist die Wahrscheinlichkeitsfunktion jeweils einer der beiden Zufallsvariablen verzeichnet.

Wahrscheinlichkeitsverteilung

Zusammenfassende Bezeichnung für die Wahrscheinlichkeitsfunktion oder die Dichtefunktion einer $\rightarrow$ Zufallsvariablen X mit der Verteilungsfunktion F(x).

Wald-Test

Test zum Prüfen von Hypothesen, z.B. bezüglich des Erfülltseins von Nebenbedingungen für die wahren Parameter eines Regressionsmodells, deren Schätzwerte mit einer bestimmten Schätzfunktion bestimmt werden. Die Testvariable W des W.-T. ist χ^2-verteilt ($\rightarrow$ Chi-Quadrat-Verteilung). Der W.-T. ist eine Alternative zum $\rightarrow$ Likelihood-Quotienten-Test.

Walsh-Index $\rightarrow$ Lowe-Index

Wanderung

Räumliche $\rightarrow$ Bevölkerungsbewegung durch Wechsel des Wohnsitzes natürlicher Personen ($\rightarrow$ Mobilität). Die grundlegenden Motive der W. sind arbeits-, ausbildungs-, familien- oder wohnungsorientiert. Erfassungsstatistisch ist zwischen dem Vorgang ($\rightarrow$ Element) der W. und der daran beteiligten Person, dem Wandernden, zu unterscheiden, da innerhalb eines bestimmten Zeitraums ein und dieselbe Person durchaus mehrmals "wandern" und somit in der Wanderungsstatistik unerkannt öfter als einmal erscheinen kann. Die $\rightarrow$ amtliche Statistik weist durch die Auswertung der An- und Abmeldescheine des Bundesmeldewesens (Einwohnermeldeämter) die Wanderungsvorgänge in Gestalt von Zu- und Fortzügen in der Wanderungsstatistik aus. W. innerhalb der Bundesrepublik Deutschland werden seit dem 3. Quartal 1990 in der Binnenwanderung und über die Grenzen Deutschlands in der Außenwanderung zusammengefaßt. Umzüge innerhalb der Gemeinden (Ortsumzüge) werden in der Wanderungsstatistik nicht erfaßt. Die Pendelwanderung, d.h. die W. zwischen Wohn- und Arbeits- bzw. Ausbildungsort, wird nur im Rahmen einer $\rightarrow$ Volkszählung statistisch erhoben und analysiert. Die Differenz aus den Zu- und Fortzügen innerhalb eines bestimmten Zeitraumes bezeichnet man als Wanderungssaldo oder Wanderungsbilanz. Für die $\rightarrow$ Bevölkerungsfortschreibung ist lediglich die Außenwanderungsbilanz von Interesse. Für den Zeitraum von 1985 bis 1992 wird für das frühere Bundesgebiet eine positive Außenwanderungsbilanz (ein Überschuß der Zuzüge gegenüber den Fortzügen) ausgewiesen.

Warenkorb

Güterkorb, Güterbündel, Zusammenstellung von k = 1, 2,..., K repräsentativen Gütern und Leistungen in entsprechend gegebenen Mengen q_k, meist um $\rightarrow$ Preisindizes oder Kaufkraftparitäten ($\rightarrow$ Parität) zu berechnen. Formal ist ein W. hinreichend genau durch den (K×1)-Vektor $q = [q_1 \, q_2 \, ... \, q_K]'$ der Gütermengen q_k beschrieben. Von besonderer Bedeutung sind die durch die $\rightarrow$ amtliche Statistik festgelegten W. der "Indexhaushalte" zur Berechnung der $\rightarrow$ Preisindizes der Lebenshaltung für die einzelnen Typen der privaten Haushalte. Gegenwärtig umfaßt der W. eines "Indexhaushaltstyps" ca. 900 Güter und Leistungen, die die Verbrauchsgewohnheiten der jeweiligen Bevölkerungsgruppe repräsentieren sollen. Der Inhalt des W. wird auf der Basis von Wirtschaftlichkeitsrechnungen für eine $\rightarrow$ Stichprobe von ca. 300 "buchführenden Indexhaushalten" aus der Menge aller Haushalte der jeweiligen Bevölkerungsgruppe bestimmt und der Übersichtlichkeit wegen i. allg. in die Bedarfsgruppen "Nahrungs- und Genußmittel", "Kleidung und Schuhe", "Energie", "Wohnungs-

mieten", "Übrige Güter für die Haus-
haltsführung", "Verkehr und Nachrichten", "Körper- und Gesundheits-
pflege", "Bildung und Unterhaltung"
sowie "Sonstiges" untergliedert. Für
jede Indexwarenkorbposition werden
aus den detaillierten Haushaltsbuch-
führungen die durchschittlichen Ausgaben (Wertvolumina) ermittelt, die
die Grundlage für die Ermittlung der
entsprechenden → Wägungsschemata
und der Preisindizes der Lebenshaltung bilden. Für das frühere Bundesgebiet wurde 1950 der erste W. festgelegt, der im Unterschied zum W.
von 1991 z.B. keinen Farbfernseher
und Videorekorder, dafür aber Kern-
seife, Kaffee-Ersatz und Brennholz
enthielt. Die in bestimmten Abständen erforderliche Neufestlegung eines
W. resultiert aus den sich verändern-
den Verbrauchsgewohnheiten der Indexhaushalte und den Veränderungen
im Güter- und Leistungsangebot.

Warngrenze → Kontrollgrenze, →
Kontrollkarte

Weibull-Verteilung

Verteilung einer stetigen Zufallsvariablen X mit den Parametern α und ß
(α, ß > 0) und der Dichtefunktion

$$f(x) = \alpha \beta x^{\beta-1} e^{-\alpha x^\beta}$$

für x > 0. Für ß = 1 ergibt sich die →
Exponentialverteilung mit dem Parameter α. Die W.-V. wird bei der
Analyse von Verweildauern und Lebensdauern und auf die Untersuchung
von Materialermüdungserscheinun-
gen angewendet. Hat die Verweildauer eines Elementes in einer Gesamtheit eine W.-V. mit Parametern α
und ß, dann beträgt die Abgangsrate
des Elementes nach einer bisherigen

Verweildauer von x Zeiteinheiten
gerade $\alpha\beta x^{\beta-1}$. Die Wahrscheinlichkeit dafür, daß dieses Element in dem
Intervall [x; x + Δx] ausscheidet. ist
ungefähr $\alpha\beta x^{\beta-1}\cdot\Delta$x.

Weißes Rauschen

White Noise, reiner Zufallsprozeß,
stationärer stochastischer Prozeß $\{X_t\}$
= $\{a_t\}$ zur Modellierung von Störungen. Die Störvariablen a_t sind für
unterschiedliche Zeitpunkte t und t'
stochastisch unabhängig, d.h., es besteht keine → Autokorrelation. W. R.
ist somit unkorreliert und gedächtnis-
los. Es kann mit anderen stochastischen Prozessen vermischt werden (→
ARMA-Prozeß), ohne deren innere
Abhängigkeitsstruktur (Autokorrelation) zu beeinflussen. Der → Erwartungswert μ_a und die → Varianz σ_a^2
sind konstant und endlich. Bei der
Modellierung wird μ_a typischerweise
auf null gesetzt und oft eine identi-
sche → Normalverteilung als Wahrscheinlichkeitsmodell unterstellt. Die
→ Residuen eines Zeitreihenmodells
(→ stochastischer Prozeß) werden mit
Hilfe statistischer Testverfahren (→
Residuentests) auf die Eigenschaften
von w. R. geprüft. Beispiel: Die folgende Graphik zeigt eine Zeitreihe
$\{x_t\}$ als Realisierung von w.R. mit
Erwartungswert 0 und Varianz 1:

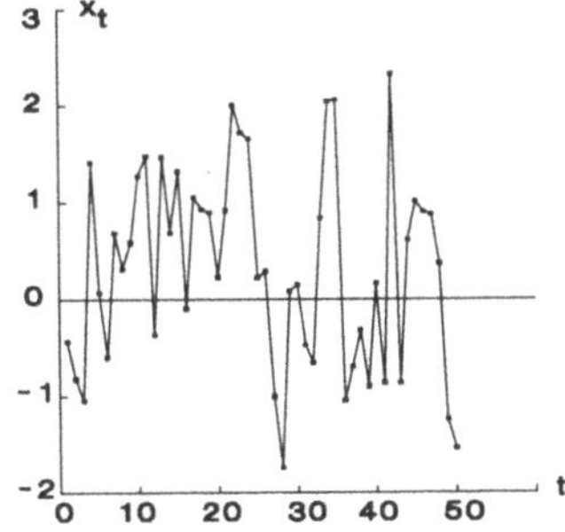

Welch-Analyse

Quadratische Diskriminanzanalyse, Analyseverfahren zur Trennung von Objekten und Zuordnung dieser Objekte zu zwei Gruppen ohne die Voraussetzung der Gleichheit der → Kovarianzmatrizen der Gruppen. Im Gegensatz dazu wird bei der linearen → Diskriminanzanalyse die Gleichheit der Kovarianzmatrizen vorausgesetzt. Die W.-A. geht (im Fall, daß ein Merkmal X_1 zur Trennung ausreicht) davon aus, daß das Element mit dem Wert x_{s1} der Gruppe zugeordnet wird, bei der die Ausprägung dieses Merkmals die größte Häufigkeit besitzt. Sind die Wahrscheinlichkeitsdichten $f_1\,(x_1)$ und $f_2\,(x_1)$ der beiden Gruppen bekannt, so wird das Element in die Gruppe 1 eingeordnet, falls die Beziehung $f_1(x_1)/f_2(x_1) > 1$ gilt. Im Fall $f_1(x_1)/f_2(x_1) < 1$ wird das Element der Gruppe 2 zugeordnet. So gehört z.B. in der folgenden Abbildung der Wert x_{s1} der Gruppe 1 an:

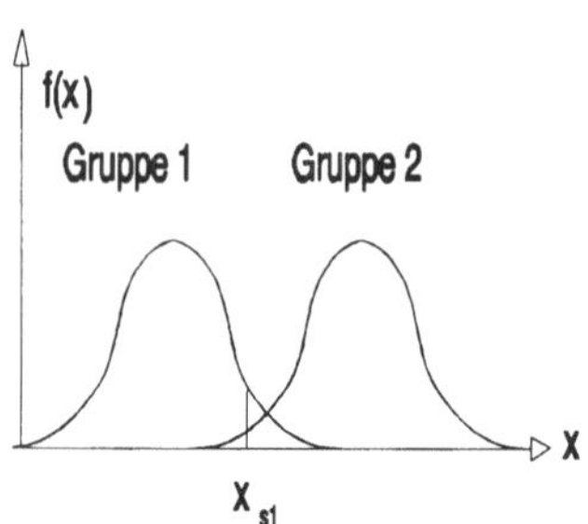

Üblich ist die Angabe der Diskriminanzfunktion für ein Merkmal in der logarithmierten Form:

$$D = \lg f_1(x_1) - \lg f_2(x_1).$$

Da ein Merkmal selten zur Trennung zweier Gruppen ausreicht, wird eine Diskriminanzfunktion mit p Merkmalen $X_1, X_2,..., X_p$ der Form

$$D = \lg f_1(x_1,..., x_p) - \lg f_2(x_1,..., x_p)$$

verwendet, wobei $f_i(x_1, ..., x_p)$ die Dichtefunktion einer p-dimensionalen Zufallsvariablen ist. Sind die Gruppen mehrdimensional normalverteilt, so entsteht eine quadratische Diskriminanzfunktion.

Wertindex

Meßzahl für den zeitlichen und räumlichen Vergleich von nominalen Wertvolumina. Da sich Wertvolumina i.allg. als Aggregate sinnvoll miteinander verknüpfter statistischer → Merkmale darstellen lassen, wird der W. in der statistischen Methodenlehre auch als eine → Indexzahl definiert. Stellvertretend für die Vielzahl der praktischen Anwendungen wird der W. im folgenden in Gestalt des Umsatzindex skizziert. Es seien

$$p = \begin{bmatrix} p_1 \\ p_2 \\ \vdots \\ p_K \end{bmatrix}, \quad q = \begin{bmatrix} q_1 \\ q_2 \\ \vdots \\ q_K \end{bmatrix}$$

(K×1)-Vektoren der Preise p_k und der verkauften Mengen q_k von k=1,2,...,K Gütern, die sowohl im Basiszeitraum τ als auch im Berichtszeitraum t statistisch erhoben wurden. Dann ist das Wertvolumen

$$w_k = p_k \cdot q_k$$

der erzielte Umsatz aus dem Verkauf des Gutes k und das Aggregat

$$\sum_{k=1}^{K} w_k = \sum_{k=1}^{K} p_k \cdot q_k$$

der erzielte Umsatz aus dem Verkauf

aller K Güter. Die daraus gebildeten Maßzahlen heißen dann: a) Umsatzmeßzahl für das k-te Gut

$$i_{\tau,t}^{w}(k) = \frac{w_{kt}}{w_{k\tau}} , \qquad w_{k\tau} > 0 ,$$

b) Umsatzindex in vektorieller Darstellung

$$I_{\tau,t}^{w} = \frac{p_t{}' q_t}{p_\tau{}' q_\tau}$$

und c) Umsatzindex in Summendarstellung für alle K Güter

$$I_{\tau,t}^{w} = \frac{\sum\limits_{k=1}^{K} w_{kt}}{\sum\limits_{k=1}^{K} w_{k\tau}} = \frac{\sum\limits_{k=1}^{K} p_{kt} \cdot q_{kt}}{\sum\limits_{k=1}^{K} p_{k\tau} \cdot q_{k\tau}} .$$

Beispiel: Ein Kaufhaus realisierte im II. Quartal 1993 (τ) einen Umsatz in Höhe von 1,2 Millionen DM und im III. Quartal 1993 (t) einen Umsatz in Höhe von 1,26 Millionen DM. Dann ist der Umsatzindex

$$I_{II\,93,\,III\,93}^{w} = \frac{1,26\ \textit{Mill. DM}}{1,20\ \textit{Mill. DM}} = 1,05$$

wie folgt zu interpretieren: Im III. Quartal 1993 belief sich der Umsatz auf das 1,05-fache bzw. auf 105% seines Niveaus vom II. Quartal 1993. Dies entspricht einer Umsatzsteigerung um das 0,05-fache bzw. um 5% ($\to$ Wachstumsrate). Ein (dynamischer) W. größer als 1 bzw. 100% signalisiert stets eine Steigerung, ein W. = 1 bzw. 100% keine Veränderung und ein W. kleiner als 1 bzw. 100% stets einen Rückgang im absoluten Niveau der betrachteten

Wertvolumina. Der W. ist unter Verwendung der $\to$ Paasche-Indizes und der $\to$ Laspeyres-Indizes auch als Indexsystem

$$\begin{aligned} I_{\tau,t}^{w} &= I_{\tau,t}^{Paa,\,p} \cdot I_{\tau,t}^{Las,\,q} \\ &= I_{\tau,t}^{Las,\,p} \cdot I_{\tau,t}^{Paa,\,q} \end{aligned}$$

darstellbar.

Wiener-Prozeß

Nach N. Wiener (1894-1984) benannter $\to$ stochastischer Prozeß $\{X_t\}$ zur näherungsweisen quantitativen Beschreibung der Brownschen Molekularbewegung. Der W.-P. spielte historisch gesehen eine tragende Rolle bei der Entwicklung der Theorie stochastischer Prozesse. Er beschreibt ein Zeitverhalten, bei dem der Erwartungswert unverändert gleich null ist, die Streuung um den Erwartungswert hingegen ständig zunimmt. Die Abhängigkeit von der Vergangenheit steigt ebenfalls, die Zuwächse (Differenzen) sind jedoch unabhängig voneinander. Der W.-P. ist ein instationärer $\to$ Gaußscher Prozeß mit den folgenden Kennfunktionen: Erwartungswertfunktion $E(X_t) = 0$, Varianzfunktion $Var(X_t) = t$ und Autokovarianzfunktion $Cov(X_{t-\tau}, X_t) = t - \tau$, $\tau \geq 0$.

Wilcoxon-Test $\to$ U-Test

Wirksamkeit $\to$ Effizienz

Wirtschaftsstatistik

Gesamtheit der Verfahren und Methoden zur Gewinnung, Erfassung, Aufbereitung, Analyse und Vorhersage von zähl-, meß- und systematisch beobachtbaren (möglichst massenhaften) Daten über wirtschaftliche Tatbestände zum Zwecke einer umfassenden, kontinuierlichen und aktuellen Information über wirtschaftliche, ökologische und soziale Zusammenhänge. Aus institutioneller Sicht können unter den Begriff W. die Agrarstatistik, die Bankenstatistik, die Industriestatistik, die Städtestatistik, die Verkehrsstatistik usw. subsumiert werden. Unter Berücksichtigung des Funktionalaspekts bilden die Erwerbsstatistik, die → Preisstatistik, die einzelwirtschaftlichen Gesamtrechnungen, die → Volkswirtschaftliche Gesamtrechnung, die Statistik des produzierenden Gewerbes, die Finanzstatistik, die Lohn-, Einkommens- und Verbrauchsstatistik, die Außenhandelsstatistik usw. die tragenden Säulen der W. Mit der W. untrennbar verbunden ist die → Sozialstatistik, die ebenfalls wie die W. der → amtlichen Statistik zugerechnet wird.

Wölbung → Exzeß

X-Test

Test von van der Waerden, nichtparametrischer Test zur Prüfung der Hypothese, daß zwei unabhängig voneinander gewonnene Stichproben ein und derselben Grundgesamtheit entstammen. Mathematisch formuliert soll anhand von Stichproben $(X_1,...,X_m)$ und $(Y_1,..., Y_n)$ geprüft werden, ob die Verteilungsfunktionen F_X und F_Y zweier unabhängiger Zufallsvariablen X und Y identisch sind. Daraus ergeben sich die Nullhypothese H_0: $F_X = F_Y$ und die Alternativhypothese H_1: $F_Y(x) = F_X(x-d)$ für alle x und d $\neq 0$ (Lagealternative). Als Testvariable wird

$$T = \frac{X}{\sqrt{\dfrac{m \cdot n}{m + n - 1}} \cdot Q}$$

verwendet. Dabei gilt

$$X = \sum_{j=1}^{m} \Psi\left(\frac{Rg(X_j)}{m + n + 1}\right)$$

und

$$Q = \frac{1}{m + n} \sum_{i=1}^{m+n} \Psi^2\left(\frac{i}{m+n+1}\right).$$

$Rg(X_j)$ ist die Rangzahl der j-ten Stichprobenziehung X_j (j = 1,..., m) in der gemeinsamen Größenanordnung der $X_1,..., X_m, Y_1,..., Y_n$. Ψ ist die Umkehrfunktion der Verteilungsfunktion der Standardnormalverteilung. Falls die Hypothese H_0 wahr ist, hat die Testgröße T asymptotisch eine standardisierte Normalverteilung. Damit wird H_0 verworfen, wenn $|T| > z_{1-\alpha/2}$ ausfällt, wobei $z_{1-\alpha/2}$ das Quantil der Ordnung $1 - \alpha/2$ der standardisierten Normalverteilung und α das Signifikanzniveau ist.

Z

Zählung

Ermittlung des Umfangs einer statistischen Gesamtheit oder der absoluten $\rightarrow$ Häufigkeit voneinander verschiedener Merkmalsausprägungen eines Merkmals.

Zeichentest

Vorzeichentest, Test zum Vergleich zweier verschiedener Verfahren, z.B. Behandlungen, Technologien, wobei n Paare von Merkmalswerten, die für die beiden zu vergleichenden Verfahren charakteristisch sind, zur Verfügung stehen (verbundene Stichprobe). Geprüft wird, ob die beiden Verfahren die gleiche Wirkung haben. Dafür sei (X,Y) ein zufälliger Vektor, dessen Komponenten X und Y stetige Zufallsvariablen mit der Verteilungsfunktion F_X bzw. F_Y sind. Es wird $((X_1, Y_1), ..., (X_n, Y_n))$ als Stichprobe vom Umfang n gezogen. Damit soll die Hypothese geprüft werden, daß X und Y dieselbe Verteilungsfunktion besitzen. Es wird die Nullhypothese H_0: $F_X = F_Y$ gegen die Alternativhypothese H_1: $F_X \neq F_Y$ geprüft. Unter der Voraussetzung, daß die Nullhypothese H_0 wahr ist, sind die Wahrscheinlichkeiten, daß ein Wert der Variablen X kleiner bzw. größer als der zugehörige Wert der Variablen Y ausfällt, gleich. Also gilt $P(X_i - Y_i < 0) = 1/2$ und $P(X_i - Y_i > 0) = 1/2$ für $i = 1,.., n$. Bezeichnet man mit A das zufällige Ereignis "$X_i < Y_i$", so ist

die Hypothese H_0^*: $P(A) = p_0 = 1/2$ äquivalent zu H_0. Der Test besteht darin, die Hypothese H_0^* zu prüfen und aus deren Ablehnung auf die Ablehnung von H_0 zu schließen ($\rightarrow$ Test zur Prüfung einer Wahrscheinlichkeit). Man ermittelt als Testvariable T die Häufigkeit des Eintretens des Ereignisses A, d.h. der Paare mit $X_i < Y_i$, und entscheidet folgendermaßen: Ist $T \leq b_{\alpha/2}$ oder $T > b_{1-\alpha/2}$, so lehnt man beim gewählten Signifikanzniveau α die Hypothese H_0^* ab. Dabei bezeichnet $b_{1-\alpha/2}$ das Quantil der Ordnung $1-\alpha/2$ der Binomialverteilung mit den Parametern n und $p = 1/2$ (analog $b_{\alpha/2}$). Für großes n läßt sich als Näherung die Normalverteilung verwenden. - Der Z. wird auch zum Prüfen einer Hypothese über den Median einer stetigen Zufallsvariablen anhand einer Stichprobe $(X_1, ..., X_n)$ vom Umfang n verwendet (Mediantest). In diesem Fall lautet die Nullhypothese H_0: $x_{0,5} = M_0$, wobei M_0 ein vorgegebener Zahlenwert für den Median ist, und die Alternativhypothese ist H_1: $x_{0,5} \neq M_0$. Bezeichnet man jetzt mit A das Ereignis "$X_i < M_0$", so ist hier ebenfalls die Hypothese H_0^*: $P(A) = p_0 = 1/2$ wahr, wenn H_0 wahr ist. Das Testverfahren besteht wieder darin, die Hypothese H_0^* zu prüfen und bei deren Ablehnung auch H_0 abzulehnen. Der Z. ist wegen seines geringen Aufwandes ein sogenannter Schnelltest. Beispiel:

Es ist die Behauptung zu prüfen, daß das mittlere Nettoeinkommen (als Median) einer bestimmten Bevölkerungsgruppe $M_0 = 2000$ DM betrage. Als Signifikanzniveau wird $\alpha = 0,05$ festgelegt. Eine Stichprobe ergibt folgende Werte: 1800, 2200, 3600, 1200, 1400, 2700, 2100, 1900, 3300, 1700, 1800, 2300, 2400, 4300, 3800 und 3100. Davon liegen 6 unter dem hypothetischen Median 2000. Die Quantile der Verteilungsfunktion der Binomialverteilung mit den Parametern $n = 16$ und $p = 0,5$ sind $b_{0.025} = 3$ und $b_{0,975} = 11$. Die Zahl 6 liegt nicht außerhalb des Intervalls [3;11]. Damit kann die Nullhypothese H_0: $x_{0,5} = 2000$ nicht zugunsten von H_1: $x_{0,5} \neq 2000$ abgelehnt werden.

Zeitpunkt

Einzelne Ausprägung des Merkmals Zeit bei der Erhebung von $\rightarrow$ Bestandsmassen und Zustandsmerkmalen. Bestandsmassen können theoretisch nur zu einem bestimmten Z. erhoben werden. Dennoch wird häufig der Z. operational als der vergleichsweise kleine Zeitraum eines Tages, als der sogenannte Stichtag, definiert (z.B. Lagerbestände mittels Inventur). Ordnet man zu jedem Z. t $= 1, ..., T$ einem statistischen Element dessen Merkmalsausprägung x_t des Merkmals X zu, so erhält man eine $\rightarrow$ Zeitreihe, und zwar speziell eine Zeitpunktreihe.

Zeitraum

Periode, Zeitstrecke, ein durch zwei voneinander verschiedene Zeitpunkte eindeutig bestimmtes Intervall des Merkmals Zeit und Ausprägung dieses Merkmals bei der Erhebung von $\rightarrow$ Bewegungsmassen. Bei der statistischen Erhebung von wirtschafts- und sozialwissenschaftlichen Sachverhalten bildet das Kalenderjahr den Einheitszeitraum. Erfassungstechnisch übliche unterjährige Z. sind Tage, Monate, Quartale und Halbjahre. Die Ausprägungen y_t eines Merkmals Y für ein statistisches Element oder die Umfänge einer Bewegungsmasse führen zu einer $\rightarrow$ Zeitreihe $\{y_t\}$, t=1,..., T, und zwar speziell zu einer Zeitintervallreihe. Beispiel: Die statistische Analyse des Bruttosozialprodukts der Bundesrepublik Deutschland im Z. vom 1. Quartal 1991 bis einschließlich 2. Quartal 1993 umspannt einen Beobachtungshorizont von $T = 10$ Quartalen. Analysiert man hingegen für den gleichen Z. die in Umlauf befindliche Geldmenge M1 unter Verwendung von Quartalsendbeständen, umfaßt der Beobachtungshorizont 11 Zeitpunkte, mit deren Hilfe T=10 Teilzeiträume (Quartale) definiert werden.

Zeitreihe

Menge von Daten $\{x_t\}$ für ein statistisches Merkmal, die in zeitlicher Reihenfolge t=1,...,n angeordnet sind. Die Daten (Zeitreihenwerte) $x_1, ... x_n$ können sich auf $\rightarrow$ Zeitpunkte, z.B. Kassenstand am Monatsende, oder auf $\rightarrow$ Zeiträume, z.B. Jahresumsatz eines Unternehmens, beziehen. Zeitreihenwerte fallen regelmäßig oder mit Unterbrechungen an. Lücken in einer Z. können z.B. saison- oder kalenderbedingt sein. Eine Z. spiegelt die Entwicklung von $\rightarrow$ Beobachtungen eines statistischen $\rightarrow$ Merkmals in der Zeit wider. Beispiel: Die folgende Graphik zeigt die Z. des Jahresabsatzes eines Getränkeproduzenten von 1973-1987 (Mio hl) in $\rightarrow$ Polygondarstellung:

Zeitreihenanalyse

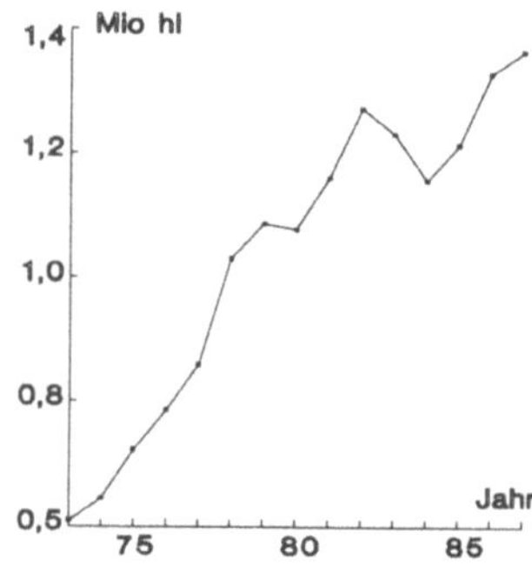

Zeitreihenanalyse

Untersuchung einer oder mehrerer → Zeitreihe(n) zur Aufdeckung von Gesetzmäßigkeiten, die zur Erklärung oder → Prognose durch Anpassung eines Modells an die Daten dienen können. Methoden der Z. lassen sich nach deterministischen oder stochastischen, univariaten oder multivariaten Ansätzen unterscheiden. Ein univariater deterministischer Ansatz beschreibt den Trend, mögliche zyklische Schwankungen, Saisonschwankungen oder auch Kalendereffekte mit Funktionen, die meist additiv zu einem Komponentenmodell zusammengefaßt werden (→ Dekomposition). Mitunter werden → Trendfunktion, → Saisonfunktion bzw. → Kalenderfunktion multiplikativ oder gemischt additiv-multiplikativ verbunden (→ Holt-Winters-Glättung). Ein einfaches Kriterium für die Wahl eines den Daten adäquaten Komponentenmodells enthält die → Methode der kleinsten Quadrate. Der multivariate deterministische Ansatz beschreibt Beziehungen zwischen verschiedenen Zeitreihen, z.B. Monatsumsatz und Monatskosten, mit Hilfe von → Regressionsfunktionen. Ein stochastischer Ansatz faßt die Daten als Rea-

lisierungen eines oder mehrerer adäquater stochastischer Modellprozesse (→ stochastischer Prozeß) auf und untersucht deren Gesetzmäßigkeiten. Ein univariater stochastischer Ansatz schließt die Suche nach versteckten Periodizitäten (→ Spektralanalyse) ein. Lassen sich Trend-, Saison- und Kalendereffekte aus den Daten durch → Differenzenbildung entfernen, kann eine Autokorrelationsanalyse Aufschluß über typische Reaktionen auf Zufallsstörungen (→ Schocks), z.B. Witterungs- oder Preisveränderungen, geben. Häufig verwendete Modellprozesse sind → ARIMA-Prozesse. Zur Spezifikation von ARIMA-Prozessen wird oft die → Box-Jenkins-Technik eingesetzt. Analog zum deterministischen Ansatz kann eine additive Dekomposition spezieller Modellprozesse für Trend-, Saison- oder Konjunktureffekte nützlich sein. Zunehmend werden hierfür Modellprozesse vom Typ → BSM verwendet. Treten Kalendereffekte hinzu, entstehen gemischte, deterministisch-stochastische Komponentenmodelle. Ein multivariater stochastischer Ansatz untersucht Beziehungen zwischen mehreren Modellprozessen, z.B. zwischen der Tagesdurchschnittstemperatur und dem Energieverbrauch eines Kühlhauses. Dazu dienen die Kreuzspektral- und die Kreuzkorrelationsanalyse (→ Kreuzkorrelationsfunktion). Im Fall zweier nichtstationärer Modellprozesse kann es sinnvoll sein, Linearkombinationen zwischen diesen Prozessen zu untersuchen (→ Kointegration). Spezielle Probleme der Z. bestehen im Auffinden und Modellieren von extremen Beobachtungen (→ Ausreißer) und von Verwerfungen (→ Strukturbruch). Darüber hinaus sind Ansätze zur Behandlung von Lücken (→ Interpolation) und von Eruptionen (→ Chaos-Theorie) zu erwähnen.

Zeitreihenwert → Zeitreihe

Zeitverschiebung

Delay, Totzeit, Trägheit, ausgehend von einem aktuellen → Zeitraum t das Voranschreiten (Zeitvorgriff, Lead) der Beobachtung eines Merkmals um k Zeiträume bis zum Zeitraum t+k oder das Zurückverfolgen (Zeitrückgriff, Lag) um k Zeiträume bis zum Zeitraum t-k. Der Zeitvorgriff eines Indikators gibt z.B. an, ab wann beim zugehörigen Merkmal Veränderungen eintreten können. Der Zeitrückgriff in einem → Prognosemodell besagt, wie viele Beobachtungen aus der jüngsten Vergangenheit einbezogen werden. Z. sind bei der → dynamischen Modellierung in der → Zeitreihenanalyse und in der → Ökonometrie von Bedeutung.

Zeitverzögerung → Lag

Zensus

Vollständige Erfassung der Bevölkerung eines geographischen Gebiets zu einem bestimmten Zeitpunkt. Ursprünglich stammt der Begriff des Z. aus dem Römischen Reich als Bezeichnung für die Einschätzung der Bürger nach ihrem Vermögen. Während der Begriff des Z. für eine Totalerhebung steht, kennzeichnet der Begriff des Mikrozensus die z.B. 1957 in der Bundesrepublik Deutschland per Gesetz eingeführte "Repräsentativerhebung der Bevölkerung und des Erwerbslebens", die in der Regel jährlich i. allg. mit einem → Auswahlsatz von 1 % durchgeführt wird.

Zentraler Grenzwertsatz

Grundlegende Aussage der Wahrscheinlichkeitstheorie, die die zentrale Bedeutung der Normalverteilung hervorhebt: Sei X_k (k = 1,2,...) eine Folge unabhängiger Zufallsvariablen mit beliebigen Verteilungen mit den Erwartungswerten $E(X_k) = \mu_k$ und den Varianzen $Var(X_k) = \sigma_k^2 > 0$. Die Verteilung $F^{(n)}$ der zugehörigen Folge von Summenvariablen

$$X^{(n)} = \sum_{k=1}^{n} X_k$$

mit

$$\mu^{(n)} = \sum_{k=1}^{n} \mu_k, \quad \sigma^{(n)} = \sqrt{\sum_{k=1}^{n} \sigma_k^2}$$

strebt unter sehr allgemeinen Voraussetzungen (Satz von Ljapunoff) nach einer Standardisierung der Form

$$Z^{(n)} = \frac{1}{\sigma^{(n)}} \left(X^{(n)} - \mu^{(n)} \right)$$

gegen die → Standardnormalverteilung:

$$\lim_{n \to \infty} F^{(n)}(z) = \Phi(z) = \frac{1}{\sqrt{2\pi}} \int_{-\infty}^{z} e^{-\frac{t^2}{2}} dt.$$

Für n → ∞ gilt außerdem $\sigma^{(n)} \to \infty$ und

$$\max_{k=1,\dots,n} \frac{\sigma_k}{\sigma^{(n)}} \to 0.$$

Dieser z.G. ist von großer Bedeutung für praktische Anwendungen, weil er theoretisch bestätigt, daß Zufallserscheinungen, die sich aus der Überlagerung einer Vielzahl zufälliger Einzeleffekte ergeben, wie z.B. Meßfehler, oft durch die bekannte Normalverteilung erfaßt werden können.

Zentralwert

Wird zusätzlich vorausgesetzt (Satz von Lindeberg-Lévy), daß die Zufallsvariablen X_k identisch verteilt sind mit $E(X_k) = \mu$ und den Varianzen $Var(X_k) = \sigma^2 < \infty$, dann ist das arithmetische Mittel der Beobachtungswerte in einer Zufallsstichprobe bei großem Stichprobenumfang approximativ normalverteilt, d.h., es gilt für $n \to \infty$

$$P\left(\frac{\frac{1}{n}\sum_{k=1}^{n} X_k - \mu}{\sigma/\sqrt{n}} < z\right) \to \Phi(z) \ ,$$

wobei $\Phi(z)$ die Verteilungsfunktion der standardisierten Normalverteilung ist. Das bedeutet, daß auch die standardisierte Summe einer Vielzahl identisch verteilter Zufallsvariablen praktisch standardnormalverteilt ist. Diese Feststellung wird in der Stichproben-, Schätz- und Testtheorie sehr breit genutzt. Sie ermöglicht es, Verfahren der Intervallschätzung und Testverfahren auf der Grundlage der Normalverteilung auch dort einzusetzen, wo eine Normalverteilung nicht anzunehmen ist. Diese Möglichkeit ist in der Wirtschaftsstatistik von größter praktischer Bedeutung.

Zentralwert $\to$ Median

Zentrierung

Lineartransformation von $i = 1,2,...,n$ Merkmalswerten x_i eines metrisch skalierten Merkmals X in n Merkmalswerte $x_i{}^*$ derart, daß gilt:

$$x_i^* = x_i - \bar{x} \ .$$

Da $\bar{x}$ das $\to$ arithmetische Mittel der Ausgangswerte x_i ist, kennzeichnet die Z. die "Bereinigung" der Ausgangswerte von ihrem arithmetischen

Mittel. Wegen der Nulleigenschaft

$$\sum_{i=1}^{n} x_i^* = \sum_{i=1}^{n} (x_i - \bar{x}) = 0$$

des arithmetischen Mittels und der resultierenden Vereinfachung ist die Z. eine häufig benutzte $\to$ Transformation von Variablen. Beispiel: Die deskriptive numerische Bestimmung der Parameter b_0 und b_1 der einfachen linearen $\to$ Regressionsfunktion $\hat{y}_i = b_0 + b_1 x_i$ aus den beobachteten Wertepaaren (y_i, x_i), $i=1,...,n$, mit Hilfe der $\to$ Methode der kleinsten Quadrate erfordert unter Verwendung der zentrierten Variablen

$$y_i^* = y_i - \bar{y} \ , \quad x_i^* = x_i - \bar{x}$$

nur die Lösung der Normalgleichung

$$b_1 \cdot \sum_{i=1}^{n} (x_i^*)^2 = \sum_{i=1}^{n} y_i^* \cdot x_i^* \ .$$

Die vereinfachten Berechnungsformeln für die Parameter b_1 und b_0 sind dann

$$b_1 = \frac{\sum_{i=1}^{n} y_i^* \cdot x_i^*}{\sum_{i=1}^{n} (x_i^*)^2}$$

und

$$b_0 = \bar{y} - b_1 \cdot \bar{x} \ .$$

Zufälliger Versuch $\to$ Versuch

Zufälliges Ereignis

Resultat eines Zufallsvorgangs, das auch in der Zusammenfassung mehrerer Einzelergebnisse ($\to$ Elementarereignis) bestehen kann. Mengentheoretisch ist ein z. E. eine Teilmenge des → Ereignisraums. Die Menge aller z.E. im Rahmen eines Zufallsvorganges bildet das → Ereignisfeld. In der → Wahrscheinlichkeitsrechnung wird einem z.E. eine Wahrscheinlichkeit als Grad der Möglichkeit seines Eintretens zugeordnet. Sonderfälle eines z.E. sind das unmögliche Ereignis, das der leeren Menge entspricht, und das sichere Ereignis, das die Menge aller Elementarereignisse umfaßt.

Zufälligkeitstest

Test zur Prüfung der Hypothese, daß die Stichprobenvariablen in einer Stichprobe vom Umfang n unabhängig sind und deshalb die Anordnung der vorliegenden Stichprobenwerte rein zufällig entstanden ist.

Zufallsauswahl → Stichprobenverfahren

Zufallsexperiment → Versuch

Zufallsgenerator

Algorithmus zur Erzeugung von → Zufallszahlen. Die durch einen Z. im Computer erzeugte Folge von Zufallszahlen muß einer vorgegebenen Verteilung, i. allg. der Gleichverteilung, folgen und unabhängig sein. Verwendet wird z.B. die Lehmersche Kongruenz-Methode, nach der eine Folge ganzer Zahlen durch einfache arithmetische Schritte erzeugt wird: Nach Multiplizieren der vorherigen Zahl x_n mit einer ganzzahligen Konstanten k wird eine andere ganzzahlige Konstante c addiert und das Ergebnis durch m dividiert, wobei der Rest die nächste Zufallszahl ergibt:
$$x_{n+1} = (kx_n + c) \bmod m.$$
Dabei sind x_0 ein beliebiger Startwert und m (der Modulus) eine sehr große

ganze Zahl. Aus der gewonnenen Folge x_i können durch Transformationsfunktionen beliebige Verteilungen erzeugt werden.

Zufallshöchstwert

Kritischer Wert des einfachen linearen → Korrelationskoeffizienten für ein vorgegebenes Signifikanzniveau α und den Stichprobenumfang n. Der Z. wird zur Prüfung der → Nullhypothese verwendet, daß der Korrelationskoeffizient in der Grundgesamtheit gleich null ist, d.h. kein linearer Zusammenhang zwischen den Variablen X und Y besteht. Er wird wie folgt berechnet:

$$r_{f,\frac{\alpha}{2}} = \frac{\left| t_{f,\frac{\alpha}{2}} \right|}{\sqrt{t_{f,\frac{\alpha}{2}}^2 + n - 2}},$$

worin $t_{f,\alpha/2}$ das Quantil zur Ordnung $\alpha/2$ der → t-Verteilung und f=n-2 die Zahl der Freiheitsgrade sind. Wenn der aus der Stichprobe errechnete Korrelationskoeffizient r_{yx} größer als der Z. $r_{f,\alpha/2}$ ist, so ist auf dem Signifikanzniveau α die Nullhypothese abzulehnen.

Zufallsimpuls → Schock

Zufallsstichprobe → Stichprobenverfahren

Zufallsstörung → Schock

Zufallsvariable

Zahlenmäßig erfaßbares Merkmal bei zufälligen Erscheinungen; Grundbegriff der Wahrscheinlichkeitsrechnung. Z.B. werden die Anzahl der Krankmeldungen an einem bestimmten Tag in einem Betrieb, die Anzahl

Zufallsversuch

der in einer radioaktiven Substanz in einer bestimmten Zeit zerfallenen Teilchen, die Lebensdauer eines Motors, das Ergebnis irgendeiner Befragung in der Marktanalyse durch Z. beschrieben. Für die wahrscheinlichkeitstheoretische Definition einer Z. müssen neben der Menge ihrer möglichen Werte die → Wahrscheinlichkeiten bestimmter zufälliger Ereignisse angegeben werden, z.B. die Wahrscheinlichkeiten, mit denen Werte aus bestimmten Intervallen angenommen werden. Man nennt eine auf einem → Ereignisraum Ω definierte reellwertige Funktion X eine Z., wenn für jedes x eine Funktion F mit folgenden zwei Eigenschaften erklärt ist:

$$\lim_{x \to -\infty} F(x) = 0 \, ,$$

$$\lim_{x \to \infty} F(x) = 1 \, .$$

F ist monoton wachsend und wird i.allg. als rechtsstetig definiert, so daß für h > 0 gilt

$$\lim_{h \to 0} F(x+h) = F(x) \, .$$

(In der Wahrscheinlichkeitstheorie wird F stattdessen gelegentlich auch als linksseitig stetig definiert.) Diese der Z. X zugeordnete Funktion F heißt → Verteilungsfunktion von X. Eine diskrete Z. ist dadurch gekennzeichnet, daß sie höchstens abzählbar unendlich viele verschiedene Werte annehmen kann. Ihre Verteilung kann durch eine → Wahrscheinlichkeitsfunktion dargestellt werden. Eine stetige Z. kann mehr als abzählbar unendlich viele Werte annehmen. Ihre Verteilung wird durch eine → Dichtefunktion repräsentiert.

Zufallsversuch → Versuch

Zufallsvorgang → Versuch

Zufallszahlen

Eine Folge von Zahlen, die als Realisierungen einer Folge von identisch verteilten Zufallsvariablen aufgefaßt werden können. Am bekanntesten sind die Zufallsziffern, die auf dem Wertebereich 0, 1, 2, 3, 4, 5, 6, 7, 8 und 9 gleichverteilt sind. Sie werden in kleinerem Umfang in Zufallszahlentafeln präsentiert oder für Massenanwendungen durch Computer mit Hilfe von → Zufallsgeneratoren produziert. Ausgehend von gleichverteilten Z. lassen sich durch Transformation nach beliebigen Verteilungsfunktionen verteilte (vor allem normalverteilte) Z. gewinnen. Z. können z. B. durch Wurf mit einem Würfel erzeugt werden. Auch durch Beobachtung physikalischer Vorgänge (z.B. radioaktiver Zerfall) sind Z. zu gewinnen. Durch spezielle deterministische Algorithmen (z.B. Quadratmittenmethode, Kongruenzmethode) auf Computern erzeugte Z. heißen Pseudozufallszahlen. Z. finden u.a. bei Stichprobenentnahmen, stochastischen Suchverfahren und Simulationen (z.B. von störanfälligen Produktionsprozessen oder umweltökonomischen Szenarien) und der → Monte-Carlo-Methode Anwendung.

Zufallszahlentafel

Randomtafel, Verzeichnis von gleichverteilten → Zufallszahlen, das z.B. bei der Auswahl einer Zufallsstichprobe verwendet wird.

Zufallsziffernstichprobenverfahren

Spezielles reines Zufallsauswahlverfahren (→ Stichprobenverfahren), bei dem jedes Element der Grundgesamtheit numeriert und jeweils dasjenige Element herausgezogen wird, welches der aus einer Zufallszahlentafel ausgewählten ein- oder mehrstelligen Zufallszahl entspricht.

Zugangsfunktion $\rightarrow$ dynamische Modellierung

Zugangsprozeß $\rightarrow$ dynamische Modellierung

Zusammengesetzte Verteilung $\rightarrow$ Mischverteilung

Zustandsraum-Modell

Modell zur Beschreibung der Dynamik eines nicht direkt beobachtbaren Zustands mit Hilfe von Zeitreihen unter der Annahme, daß die für eine Prognose wesentliche Information in der unmittelbaren Gegenwart enthalten ist ($\rightarrow$ Markovscher-Prozeß). Beispiel: Der Informationsbedarf einer Bevölkerung ist nicht direkt beobachtbar. Er läßt sich jedoch mit Hilfe von Einschaltquoten für Nachrichtensendungen beschreiben. - Der Zustand wird durch einen fiktiven, nicht beobachtbaren $\rightarrow$ stochastischen Prozeß $\{X_t\}$ dargestellt, der einer $\rightarrow$ Differenzengleichung (Systemgleichung) mit unkorrelierten Störungen ε_t und zeitvariablen reellen Parametern A_t und B_t folgt:

$$X_{t+1} = A_t X_t + B_t \varepsilon_{t+1} \, .$$

Der Zusammenhang mit einem beobachtbaren stochastischen Modellprozeß $\{Y_t\}$ wird durch die Beobachtungsgleichung

$$Y_t = C_t X_t + \eta_t$$

mit einem zeitvariablen Parameter C_t

und einer unkorrelierten Störung η_t hergestellt. Die Varianzen der Störprozesse sind im Unterschied zu $\rightarrow$ ARMA-Prozessen zeitabhängig. Die Eigenschaften des $\rightarrow$ weißen Rauschens sind demzufolge nicht erfüllt. In einem zweistufigen Vorgehen wird zunächst beobachtet und anschließend auf die kommende Zustandsänderung geschlossen. Sehr viele Ansätze der $\rightarrow$ Zeitreihenanalyse lassen sich als Z.-M. formulieren. Dabei wird der Zustand durch einen Vektor von Zufallsvariablen beschrieben. Anstelle von reellwertigen Parametern treten Parametermatrizen auf. Beispiel: Für den $\rightarrow$ trendstationären Prozeß erster Ordnung $Y_t = f(t) + a_t$ mit $f(t) = m + ct$ wird der Zustandsvektor mit der Zeitfunktion $f(t)$ gebildet. Die Systemgleichung lautet in Matrizenschreibweise

$$\begin{pmatrix} f(t+1) \\ 1 \end{pmatrix} = \begin{pmatrix} 1 & c \\ 0 & 1 \end{pmatrix} \begin{pmatrix} f(t) \\ 1 \end{pmatrix} .$$

Die Beobachtungsgleichung nimmt die Gestalt

$$Y_t = (1 \quad 0) \begin{pmatrix} f(t) \\ 1 \end{pmatrix} + a_t$$

an. Stationäre ARMA-Prozesse lassen sich ebenfalls in eine Zustandsdarstellung überführen. Beispiel: Mit einem Zustandsvektor, bestehend aus Y_{t+1} und der Störung a_t, kann ein ARMA(1,1)-Prozeß

$$Y_{t+1} = \phi Y_t + a_{t+1} + \theta a_t$$

als Systemgleichung

$$\begin{pmatrix} Y_{t+1} \\ a_t \end{pmatrix} = \begin{pmatrix} \phi & \theta \\ 0 & 1 \end{pmatrix} \begin{pmatrix} Y_t \\ a_t \end{pmatrix} + \begin{pmatrix} 1 \\ 0 \end{pmatrix} a_{t+1}$$

und als Beobachtungsgleichung

$$Y_t = (1 \quad 0) \begin{pmatrix} Y_t \\ a_t \end{pmatrix}$$

angegeben werden. Die Modellparameter ϕ und θ bestimmen die Zustandsdynamik. Die Formulierung als Z.-M. ist allerdings nicht eindeutig. Die Schätzung des Zustandsvektors verläuft rekursiv in zwei Schritten (Kalman-Rekursion): a) Aus dem Schätzwert für den alten Zustand $\hat{X}_t$ in der Periode t wird eine Einschritt-Prognose $\hat{Y}_{t-1}(1)$ des beobachtbaren Prozesses und mit deren Hilfe ein erster Näherungswert für den neuen Zustand in der Periode t+1 berechnet (Prädiktionsschritt). b) Nach Beobachtung von Y_t entsteht aus dem ersten Näherungswert nach additiver Korrektur durch den gewichteten Prognosefehler $\hat{Y}_{t-1}(1) - Y_t$ der Schätzwert $\hat{X}_{t+1}$ für die Periode t+1 (Korrekturschritt). Um die Rekursion beginnen zu können, müssen Startwerte für den Systemzustand ermittelt werden (Initialisierung). Oft begnügt man sich mit dem Nullvektor. Neben der Prädiktion des Systemzustands ist auch eine Abschätzung des Prognosefehlers, d.h. der Varianz $Var(X_t - \hat{X}_t)$, wünschenswert. Die Kalman-Rekursion benötigt auch hierfür geeignete Startwerte.

Zuverlässigkeit

Fähigkeit eines technischen, ökonomischen oder biologisch-medizinischen Systems, die für seinen Verwendungszweck notwendigen Eigenschaften unter bestimmten Nutzungsbedingungen während einer gegebenen Zeitdauer oder in einer gewissen Anzahl von Anwendungsfällen zu bewahren. Ein System kann dabei z.B. eine Baugruppe einer Maschine, ein Computer, eine Waschmaschine, eine Telefonanlage oder ein kompliziertes Sicherheitsüberwachungssystem sein. Als quantitatives Maß für die Z. wird häufig die → Wahrscheinlichkeit benutzt. Eine Z. von beispielsweise 0,9 bedeutet, daß das Element im Mittel 90% der vorgegebenen Zeitdauer ohne Störung funktionieren wird, was aufgrund einer langen Versuchsreihe (→ statistische Definition der Wahrscheinlichkeit) ermittelt wurde.

Zuverlässigkeitstheorie

Spektrum wahrscheinlichkeitstheoretischer und statistischer Methoden zur Untersuchung der → Zuverlässigkeit von Systemen. Die Z. ist in vielen Wirtschaftsbereichen, den Naturwissenschaften, der Technik und der Medizin von großer Bedeutung, da durch den zufälligen Ausfall einzelner Komponenten viele ökonomische, technische und biologisch-medizinische Systeme störanfällig sind. Problemkreise der Z. sind u.a.: a) Strukturanalyse, d.h. Bestimmung des Zustandes des Systems in einem festen Zeitpunkt aus den Zuständen seiner Komponenten. Dazu werden Strukturfunktionen, Zuverlässigkeitsfunktionen sowie als graphische Darstellungsform Zuverlässigkeitsschaltbilder genutzt. Bei der Analyse komplexer Systeme zur Bestimmung möglicher Ursachen und zur Berechnung der Wahrscheinlichkeit eines Systemausfalls sowie von Systemen mit mehrphasigen Missionen (z.B. Planung der Reaktion auf etwaige Katastrophen, Raumfahrzeug), bei denen die Komponenten in verschiedenen Phasen verschiedene Aufgaben zu erfüllen haben, wird eine Fehlerbaumanalyse verwendet, bei der die Zustände der Systemkomponenten, verknüpft mit UND- und ODER-Gliedern, in einem Netzwerk graphisch dargestellt werden und anstelle der Funktionstüchtigkeit des Systems der Ausfall betrachtet wird. b) Zuverlässigkeitsuntersuchungen in Abhängigkeit von der Zeit. Hierzu gehören die Bestimmung der → Lebensdauer von Systemen und ihrer Verteilung, die u.a. nach wachsender oder fallender → Ausfallrate in Klassen eingeteilt werden. Als Verteilungsmodelle der Lebensdauer werden hauptsächlich die → Exponentialverteilung, die → Weibull-Verteilung, die → Gammaverteilung und die → logarithmische Normalverteilung verwendet. Wichtige Probleme der Lebensdaueruntersuchungen sind die → Schätzung unbekannter Parameter der Lebensdauerverteilungen (z.B. der mittleren Lebensdauer) mittels Stichproben, → Tests über die Lebensdauerverteilung einer Grundgesamtheit, die eine Einordnung spezieller Systeme in die Klassen von Lebensdauerverteilungen erlauben, sowie die zeitraffende Lebensdauerprüfung sehr langlebiger Systeme (z.B. Kondensatoren) und die Extrapolation der Ergebnisse auf normale Bedingungen. c) Entwicklung von Wartungs-, Erneuerungs- und Instandhaltungsmodellen und die Ableitung adäquater Strategien.

Zuwachsrate → Wachstumsrate

Zweidimensionale Verteilung → Häufigkeitsverteilung, → mehrdimensionale Verteilung

Zweipunktverteilung
Wahrscheinlichkeitsverteilung einer diskreten Zufallsvariablen X mit dem aus den Punkten a und b (a ≠ b) bestehenden Wertebereich, so daß gilt: $P(X=a)=p$ und $P(X=b) = 1-p$. Erwartungswert und Varianz sind $E(X) = pa+(1-p)b$ und $Var(X) = p(1-p)(a-b)^2$. Eine Z. mit $a = 1$ und $b = 0$ ist eine → Binomialverteilung mit den Parametern $n = 1$ und p, die auch als Bernoulli-Verteilung bezeichnet wird. Die Wahrscheinlichkeitsfunktion einer Z. mit $p = 0,2$ hat z.B. folgende graphische Darstellung

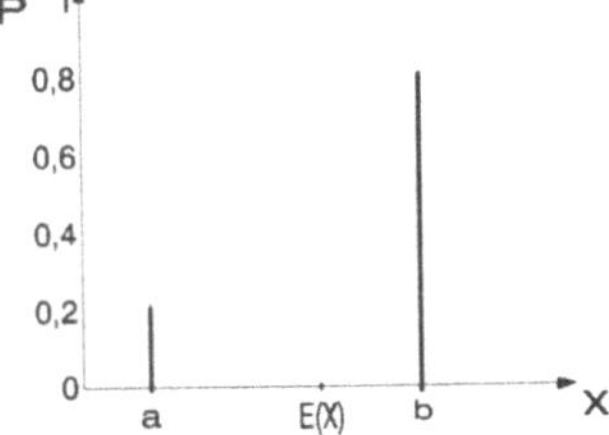

Zweiseitige Fragestellung
Bei statistischen → Tests die Prüfung einer Hypothese über den Wert eines Parameters, wobei der Ablehnungsbereich, der mit Hilfe einer geeigneten → Testvariablen abgegrenzt wird, aus zwei getrennten Teilintervallen besteht. Die Hypothese wird abgelehnt, falls die Testvariable einen sehr niedrigen oder hohen Wert annimmt. Die folgende Abbildung zeigt die Dichtefunktion einer Testvariablen T unter der Nullhypothese.

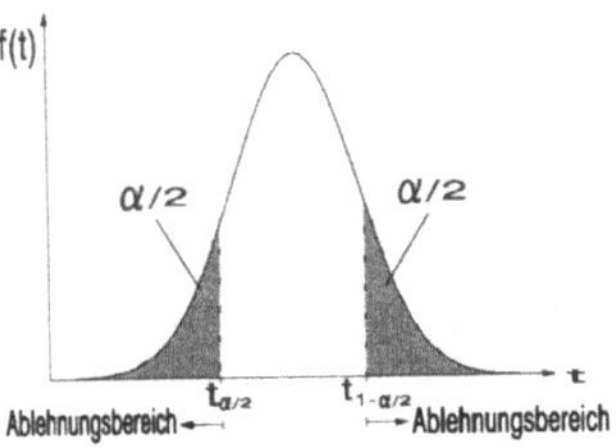

Hier wird die → Nullhypothese bei einer Irrtumswahrscheinlichkeit α abgelehnt, wenn der Wert von T entweder kleiner als $t_{\alpha/2}$, das $\alpha/2$-Quantil von T, oder größer als $t_{1-\alpha/2}$, das $(1-\alpha/2)$-Quantil von T, ausfällt.

Zweistichprobenproblem

Fragestellung und Test zur Prüfung der Gleichheit zweier Zufallsvariablen bzw. ihrer Verteilungsfunktionen anhand zweier Stichproben. Dabei sei $(X_1,..., X_n)$ eine Stichprobe vom Umfang n aus einer Grundgesamtheit mit der Verteilungsfunktion F_X und $(Y_1,..., Y_m)$ eine zweite Stichprobe vom Umfang m aus einer Grundgesamtheit mit der Verteilungsfunktion F_Y. Die Nullhypothese lautet H_0: $F_X = F_Y$. Beispiele für unter bestimmten Voraussetzungen anwendbare Testverfahren für das Z. sind der → Kolmogorow-Smirnow-Test, der → Zeichentest, der → U-Test, der → Iterationstest von Wald und Wolfowitz, der → X-Test, der χ^2-Homogenitätstest (→ Chi-Quadrat-Test), der → F-Test und der → t-Test.

Zweistufige Methode der kleinsten Quadrate

Schätzverfahren für die Strukturparameter eines → ökonometrischen Modells, das in einer zweistufigen Anwendung der → Methode der kleinsten Quadrate besteht. Betrachtet wird eine Gleichung der → Strukturform, z.B. die erste Gleichung

$$y_1 = Y_1\gamma_1 + X_1\beta_1 + u_1,$$

worin y_1 der Vektor der Beobachtungen der durch die 1. Gleichung zu bestimmenden → gemeinsam abhängigen Variablen Y_1, Y_1 die Matrix der Beobachtungen der in der 1. Gleichung außerdem enthaltenen ge-

meinsam abhängigen Variablen und γ_1 der Vektor der Parameter dieser Variablen, X_1 die Matrix der Beobachtungen der in der 1. Gleichung enthaltenen → vorherbestimmten Variablen und β_1 der Vektor der Parameter dieser Variablen und u_1 der Vektor der → Störvariablen der 1. Gleichung sind. Vorausgesetzt wird, daß die Strukturgleichung identifizierbar ist (genau identifiziert oder überidentifiziert, → Identifikation). Da eine direkte Anwendung der Methode der kleinsten Quadrate auf diese Strukturgleichung wegen der stochastischen Abhängigkeit der gemeinsam abhängigen Variablen in Y_1 von den Störvariablen in u_1 zu inkonsistenten Schätzungen führt, besteht die Idee dieses Verfahrens darin, diese Abhängigkeit zu beseitigen, indem die Beobachtungswerte in Y_1 durch Schätzwerte (→ Regreßwert) ersetzt werden, die über die → reduzierte Form

$$Y_1 = X\Pi_1 + V_1$$

gewonnen werden. In einer ersten Stufe werden mittels der Methode der kleinsten Quadrate die Parameter der reduzierten Form Π_1 geschätzt und die Matrix der Regreßwerte über

$$\hat{Y}_1 = X\hat{\Pi}_1 = Y_1 - \hat{V}_1$$

bestimmt, wobei $\hat{V}_1$ die Matrix der Residuen der Regression von Y_1 bezüglich aller X-Variablen des Modells ist. Nach Ersetzung von Y_1 in der ersten Strukturgleichung durch $Y_1 = \hat{Y}_1 + \hat{V}_1$ werden in einer zweiten Stufe ebenfalls mittels der Methode der kleinsten Quadrate die Parameter dieser veränderten Strukturgleichung geschätzt. Die z.M.d.k.Q. gehört zu den Schätzmethoden mit beschränkter Information (→ ökonometrisches Modell), da sie nur die Informationen (apriori-Restriktionen) der betrachteten Strukturgleichung verwendet. Allerdings müssen für die Schätzung der Parameter der reduzierten Form alle vorherbestimmten Variablen des Modells bekannt und durch ihre Beobachtungswerte, d.h. die Matrix **X**, gegeben sein.

Zweiwegklassifikation → Klassifikation

Zweizeilen-Korrelationskoeffizient → biserialer Koeffizient

Zyklische Funktion

Funktion zur Modellierung → periodischer Schwankungen in einer → Zeitreihe. Als z. F. werden typischerweise Sinus- oder Kosinusfunktionen verwendet. Beispiel: Die folgende Graphik zeigt die z. F. mit der Periodenlänge 40

$$x_z(t) = 50\sin\left(2\pi\,\frac{t}{40}\right)$$

zur Modellierung eines 10-Jahres-Zyklus in einer Quartalszeitreihe:

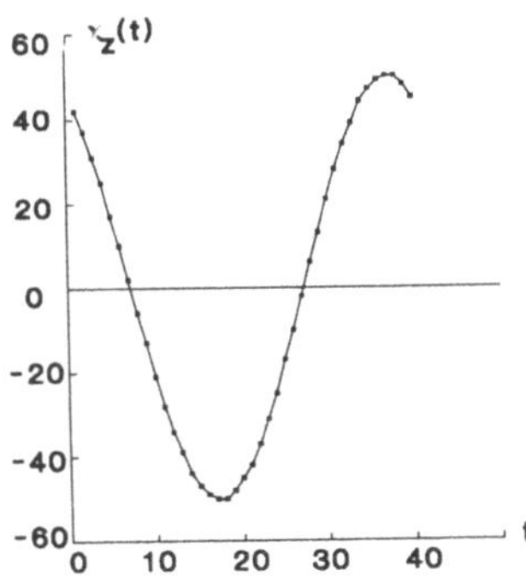

Z. F. werden gelegentlich mit einem Dämpfungsfaktor k^t, $0 < k < 1$, multipliziert, um z.B. eine auf- oder abschwingende Konjunkturentwicklung modellmäßig zu erfassen (→ Konjunkturzyklus). Beispiel: Die nachstehende Graphik zeigt eine gedämpfte z.F. der Periodenlänge 40 mit Dämpfungsfaktor 0,9 zur Modellierung einer stark nachlassenden periodischen Schwankung in den Zeitreihendaten:

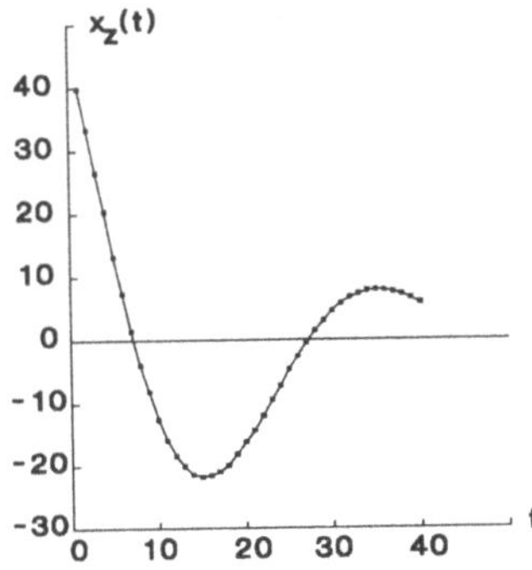

Zyklische Komponente

Bestandteil eines Zeitreihen-Komponenten-Modells zur Erfassung überjähriger periodischer oder näherungsweise periodischer Schwankungen (→ Dekomposition). Es kann sich um Konjunktureinflüsse in Monats- oder Quartals- oder Jahreszeitreihen handeln.

Zyklus

Zeitliche Dauer einer → periodischen Schwankung. Der Z. wird als Periodenanzahl ausgewiesen. Eine → Zeitreihe kann auch mehrere Z. aufweisen. Die Aufdeckung von Z. ist Inhalt der Periodogrammanalyse (→ Periodogramm). Die folgende Tabelle enthält Z. verschiedener Zeitreihen:

Zyklus

Periode	Zy-klus	Bezeichnung
Jahr	7	7-Jahres-Z.
Halbjahr	2	Jahres-Z.
Quartal	4	Jahres-Z.
Monat	12	Jahres-Z.
Monat	6	Halb-Jahres-Z.
Monat	4	Quartals-Z.
Woche	52	Jahres-Z.
Tag	7	Wochen-Z.
Stunde	24	Tages-Z.
Stunde	168	Wochen-Z.